PASS

지적

기사 · 산업기사 실기

필답형 + 작업형

예문사

머리말 PREFACE

1910년대에 창설된 우리나라의 지적제도는 최근 지적행정과 지적측량업무 이외에도 3차원 공간정보를 구축하고 활용할 수 있는 신기술 등의 분야까지 그 업무의 영역이 확대되고 있습니다.

지적기술 관련 자격제도는 지난 1974년 '지적기사 1급', '지적기사 2급'으로 제정된 이래, 1998년 5월 대통령령 제15794호에 의해 '지적기사'와 '지적산업기사'로 제정되어 현재까지 자격제도가 이어지고 있습니다.

이전에는 측량기기 및 기술의 발전, 장비의 최신화 및 다양화 등으로 지적분야 산업계에서 사용하지 않는 측량방식을 지적기술 관련 자격제도의 실기시험에 적용하여, 자격을 취득하더라도 지적분야 산업계에서 활용할 수 있는 부분이 극히 미약한 한계가 있었습니다. 이에 대한 현실적 개선이 필요하여 2017년부터 국가기술자격 실기시험 평가방법이 개발되어 2021년 제3회 작업형 실기시험부터 토털스테이션을 활용한 세부측량이 새롭게 적용되었습니다.

이러한 시대 흐름에 맞추어 본서는 변경된 지적기사 · 산업기사 자격시험에 철저히 대비할 수 있도록 필수적으로 이해하여야 할 이론의 기초에서부터 심화에 이르기까지 상세하게 수록하였으며, 실전문제 및 실전모의고사에 대한 명확한 해설 및 변경된 작업형(외업)에 대한 자세한 설명도 함께 수록하였습니다.

본서는 제1편 필답형, 제2편 필답형 실전모의고사 및 해설, 제3편 작업형(외업)의 순으로 최근 변경된 토털스테이션을 활용한 세부측량 등을 반영하여 출제기준에 적합하도록 구성하였습니다.

지적분야와 관련하여 독자 여러분의 폭넓은 이해를 돕고 지적기사 · 산업기사 수험서로서 본연의 역할에 충실할 수 있도록 최선을 다하였지만 아직 미숙한 점이 많으리라 판단됩니다. 앞으로 더 알찬 수험서가 될 수 있도록 독자 여러분의 많은 충고와 격려를 바라며 본서가 지적기사 · 산업기사 자격을 취득하는 데 밑거름이 될 수 있기를 기원합니다.

끝으로, 본서가 출판되기까지 많은 도움을 주신 예문사 직원 여러분께도 깊은 감사를 드립니다.

저 자 일동

시험정보 INFORMATION

지적기사 · 산업기사 실기시험 출제기준 및 검정방법

1. 지적기사 출제기준

실기과목명	주요항목	세부항목	세세항목
기초측량 및 세부측량	1. 지적기준점측량	1. 지적삼각점 측량하기	1. 지적측량시행규칙에서 규정하고 있는 지적삼각점 측량의 절차 및 방법을 파악하고 측량계획을 수립할 수 있다. 2. 지적측량시행규칙에서 규정하고 있는 관측오차를 파악하고 지적삼각점 관측과 계산을 할 수 있다.
		2. 지적삼각보조점 측량하기	1. 지적측량시행규칙에서 규정하고 있는 지적삼각보조점 측량의 절차 및 방법을 파악하고 측량계획을 수립할 수 있다. 2. 지적측량시행규칙에서 규정하고 있는 관측오차를 파악하고 지적삼각보조점 관측과 계산을 할 수 있다.
		3. 지적도근점 측량하기	1. 지적측량시행규칙에서 규정하고 있는 지적도근점 측량의 절차 및 방법을 파악하고 측량계획을 수립할 수 있다. 2. 지적측량시행규칙에서 규정하고 있는 관측오차를 파악하고 지적도근점 관측과 계산을 할 수 있다.
	2. 세부측량	1. 현지 측량하기	1. 지적측량시행규칙에서 규정하고 있는 세부측량의 기준 및 방법을 파악하고 현지측량을 실시할 수 있다. 2. 세부측량의 기준이 되는 기준점을 확인하고 활용할 수 있다. 3. 측량기기를 현지에 설치하고 관측 및 오차를 조정할 수 있다.
		2. 성과 결정하기	1. 지적측량시행규칙에서 규정하고 있는 성과결정방법을 파악할 수 있다. 2. 기지경계선과 도상경계선의 부합여부를 확인하여 성과를 결정할 수 있다. 3. 지적측량시행규칙에서 정하고 있는 필지에 대한 면적을 측정하고 계산할 수 있다.
		3. 결과부 작성하기	1. 지적측량시행규칙에서 규정하고 있는 측량결과부에 등록할 사항을 파악할 수 있다. 2. 성과결정에 따른 측량결과도 및 측량성과도를 작성할 수 있다. 3. 지적공부 정리에 필요한 측량결과 파일을 생성할 수 있다.

2. 지적산업기사 출제기준

실기과목명	주요항목	세부항목	세세항목
기초측량 및 세부측량	1. 지적기준점측량	1. 지적삼각보조점 측량하기	1. 지적측량시행규칙에서 규정하고 있는 지적삼각보조점 측량의 절차 및 방법을 파악하고 측량계획을 수립할 수 있다. 2. 지적측량시행규칙에서 규정하고 있는 관측오차를 파악하고 지적삼각보조점 관측과 계산을 할 수 있다.
		2. 지적도근점 측량하기	1. 지적측량시행규칙에서 규정하고 있는 지적도근점 측량의 절차 및 방법을 파악하고 측량계획을 수립할 수 있다. 2. 지적측량시행규칙에서 규정하고 있는 관측오차를 파악하고 지적도근점 관측과 계산을 할 수 있다.
	2. 세부측량	1. 현지 측량하기	1. 지적측량시행규칙에서 규정하고 있는 세부측량의 기준 및 방법을 파악하고 현지측량을 실시할 수 있다. 2. 세부측량의 기준이 되는 기준점을 확인하고 활용할 수 있다. 3. 측량기기를 현지에 설치하고 관측 및 오차를 조정할 수 있다.
		2. 성과 결정하기	1. 지적측량시행규칙에서 규정하고 있는 성과결정방법을 파악할 수 있다. 2. 기지경계선과 도상경계선의 부합여부를 확인하여 성과를 결정할 수 있다. 3. 지적측량시행규칙에서 정하고 있는 필지에 대한 면적을 측정하고 계산할 수 있다.
		3. 결과부 작성하기	1. 지적측량시행규칙에서 규정하고 있는 측량결과부에 등록할 사항을 파악할 수 있다. 2. 성과결정에 따른 측량결과도 및 측량성과도를 작성할 수 있다. 3. 지적공부 정리에 필요한 측량결과 파일을 생성할 수 있다.

3. 검정방법

종목	시험방법	시험시간	채점방법	배점
지적 기사	주관식 필기시험(6~10)문제와 작업형(100점 만점에 60점 이상)	필답형 : 3시간 작업형 : 1시간 30분	필답형 : 중앙채점 작업형 : 현지채점	필답형 : 55점 작업형 : 45점
지적 산업기사	주관식 필기시험(6~10)문제와 작업형(100점 만점에 60점 이상)	필답형 : 2시간 30분 작업형 : 1시간	필답형 : 중앙채점 작업형 : 현지채점	필답형 : 55점 작업형 : 45점

차례 CONTENTS

PART 01 필답형

Chapter 03 지적도근점측량

Chapter 04 세부측량

차 례 CONTENTS

PART

02

작업형 (외업)

PART 03 필답형 실전 모의고사 및 해설

Chapter 01 지적기사 실전모의고사 및 해설

Chapter 02 지적산업기사 실전모의고사 및 해설

차 례 CONTENTS

PART 04
과년도 기출 복원문제

Chapter 01 지적기사 기출복원문제 및 해설

Chapter 02 지적산업기사 기출복원문제 및 해설

PART

01

필답형

CHAPTER

01 지적삼각점측량

CADASTRAL SURVEYING

01 개요

지적삼각점측량은 측량지역의 지형상 지적삼각점 설치 또는 재설치가 필요한 경우, 지적도근점의 설치 또는 재설치를 위하여 지적삼각점 설치가 필요한 경우, 세부측량을 하기 위하여 지적삼각점 설치가 필요한 경우에 실시한다.

02 Basic Frame

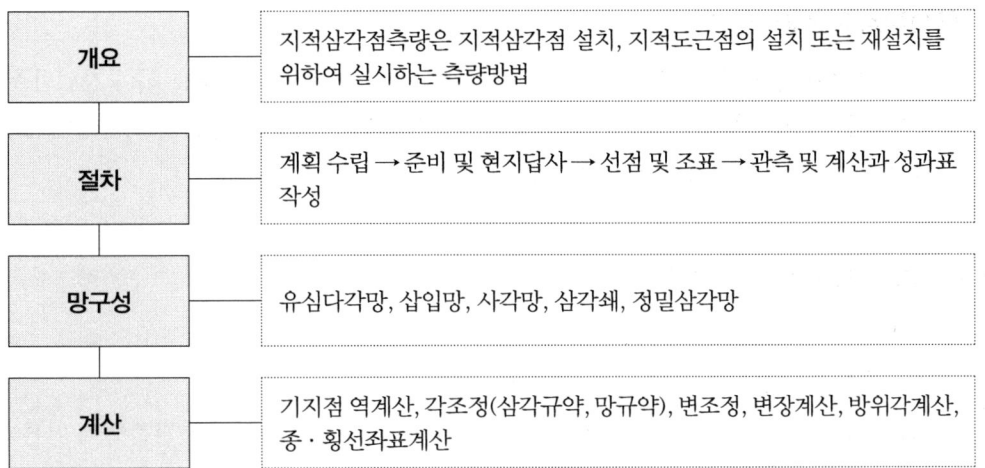

개요	지적삼각점측량은 지적삼각점 설치, 지적도근점의 설치 또는 재설치를 위하여 실시하는 측량방법
절차	계획 수립 → 준비 및 현지답사 → 선점 및 조표 → 관측 및 계산과 성과표 작성
망구성	유심다각망, 삽입망, 사각망, 삼각쇄, 정밀삼각망
계산	기지점 역계산, 각조정(삼각규약, 망규약), 변조정, 변장계산, 방위각계산, 종 · 횡선좌표계산

03 핵심 이론

1. 지적삼각점측량 원리

(1) 지적삼각점측량은 기선 거리와 삼각망을 이루는 삼각형의 내각만을 관측하고 삼각법을 이용해서 각 측점의 위치(좌표)를 계산하는 방법이다.

(2) 삼각형의 한 변과 세 내각을 측정하고 sin 법칙을 이용하여 나머지 두 변의 길이를 계산하여 각 측점의 위치를 결정한다.

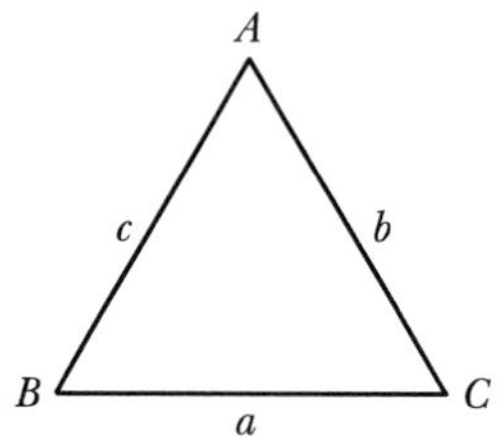

$$\frac{a}{\sin A} = \frac{b}{\sin B} = \frac{c}{\sin C}, \quad \therefore\ a = \frac{\sin A}{\sin C} \times c,\ b = \frac{\sin B}{\sin C} \times c$$

2. 지적삼각점측량 방법

지적삼각점측량은 위성기준점, 통합기준점, 삼각점 및 지적삼각점을 기초로 하여 경위의측량방법, 전파기 또는 광파기측량방법, 위성측량방법 및 국토교통부장관이 승인한 측량방법에 따르며, 그 계산은 평균계산법이나 망평균계산법에 따른다.

3. 지적삼각점측량 실시기준

(1) 경위의측량방법

① 관측은 10초독 이상의 경위의를 사용한다.

② 수평각 관측은 3대회(윤곽도는 0도, 60도, 120도로 한다.)의 방향관측법에 따른다.

③ 수평각의 측각공차

종별	1방향각	1측회의 폐색	삼각형 내각관측의 합과 180도와 차	기지각과 차
공차	30초 이내	±30초 이내	±30초 이내	±40초 이내

(2) 전파기 또는 광파기측량방법

① 전파 또는 광파측거기는 표준편차가 ±[5밀리미터+5피피엠(ppm)] 이상인 정밀측거기를 사용한다.

② 점간거리 및 삼각형의 내각 계산

점간거리는 5회 측정하여 최대치와 최소치의 교차	삼각형의 내각은 세 변의 평면거리에 따라 계산하며, 기지각과의 차
10만분의 1미터	±40초 이내

(3) 연직각 관측 및 계산

① 각 측점에서 정 · 반으로 각 2회 관측한다.

② 관측치의 최대치와 최소치의 교차가 30초 이내일 때에는 그 평균치를 연직각으로 한다.

③ 2점의 기지점에서 소구점의 표고를 계산한 결과 그 교차가 $0.05\text{m}+0.05(S_1+S_2)\text{m}$ 이하일 때에는 그 평균치를 표고로 한다.(S_1과 S_2는 기지점에서 소구점까지의 평면거리로서 km 단위로 표시한 수)

(4) 계산단위

지적삼각점의 계산은 진수를 사용하여 각규약과 변규약에 따른 평균계산법 또는 망평균계산법에 따른다.

종별	각	변의 길이	진수	좌표 또는 표고	경위도	자오선수차
단위	초	센티미터	6자리 이상	센티미터	초 아래 3자리	초 아래 1자리

4. 방위각 및 거리 계산

(1) 방위 계산

방위각을 계산하기 전에 먼저 방위를 계산하며 방위는 각 점 간의 좌표를 이용하여 산출한다.

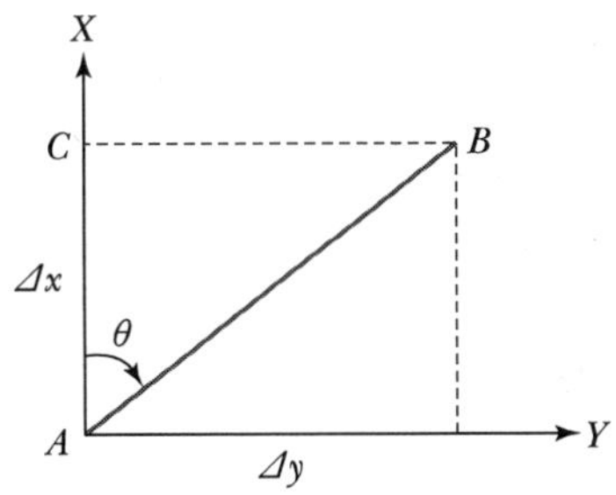

종선차$(\Delta x) = B_x - A_x$

횡선차$(\Delta y) = B_y - A_y$

여기서 θ는 $\angle CAB$로서 삼각함수로 풀이하면

$\tan\theta = \dfrac{\Delta y}{\Delta x}$이며 $\theta = \tan^{-1}\dfrac{\Delta y}{\Delta x}$이다.

(2) 거리 계산

AB 간의 거리는 피타고라스 정리에 의하여

$$\overline{AB}=\sqrt{(B_x-A_x)^2+(B_y-A_y)^2}=\sqrt{(\Delta x)^2+(\Delta y)^2}$$

(3) 방위각 및 방위 계산

1) 방위각 계산

① 교각 관측 시 방위각 계산 방법

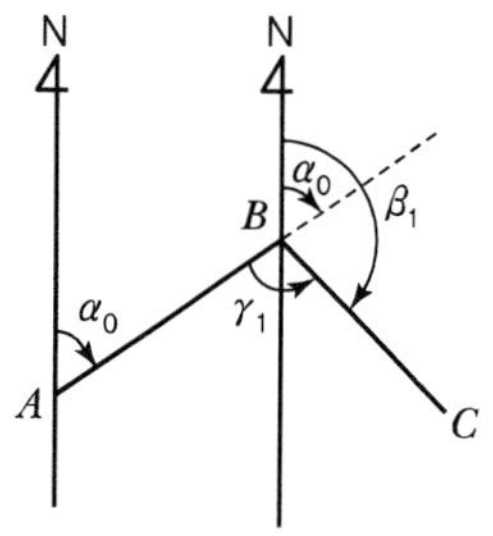

[그림 1－1] 방위각 산정(I)

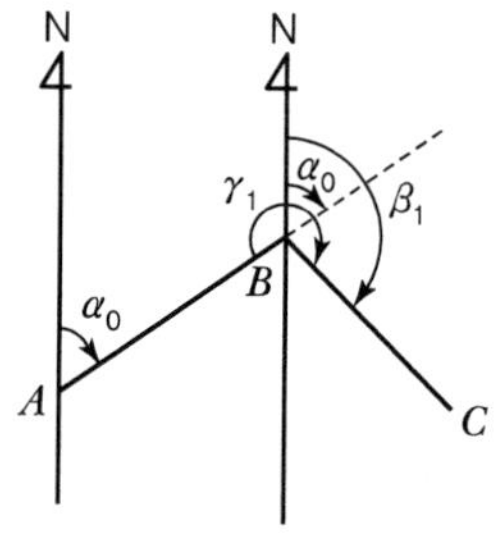

[그림 1－2] 방위각 산정(II)

㉠ 진행방향 : 시계방향
측각방향 : 우측
$\overline{BC}$ 의 방위각 $\beta_1=\alpha_0+180°-\gamma_1$

㉡ 진행방향 : 시계방향
측각방향 : 좌측
$\overline{BC}$ 의 방위각 $\beta_1=\alpha_0-180°+\gamma_1$

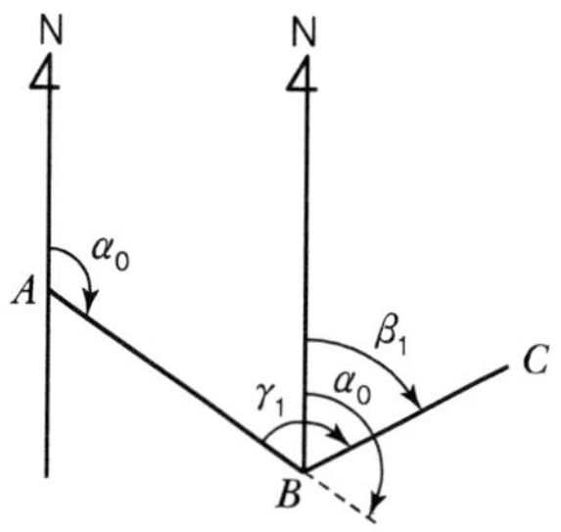

[그림 1－3] 방위각 산정(III)

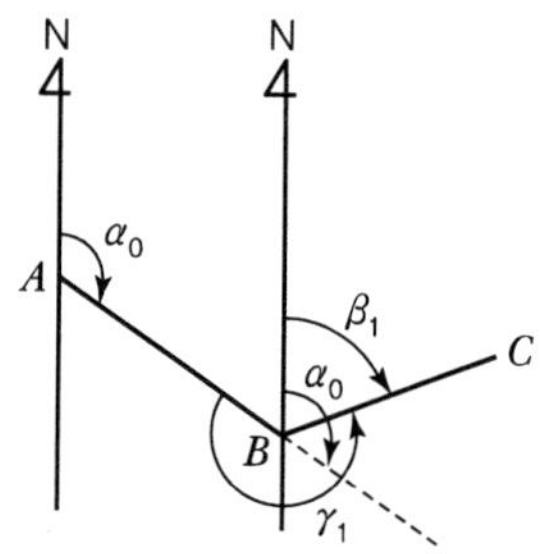

[그림 1－4] 방위각 산정(IV)

㉢ 진행방향 : 반시계방향
측각방향 : 좌측
$\overline{BC}$ 의 방위각 $\beta_1=\alpha_0-180°+\gamma_1$

㉣ 진행방향 : 반시계방향
측각방향 : 우측
$\overline{BC}$ 의 방위각 $\beta_1=\alpha_0+180°-\gamma_1$

② 편각 관측 시 방위각 계산 방법

연장선에서 시계방향 관측각을 (+)편각, 반시계 방향 관측각을 (−)편각이라 정한다.

$$\beta=\alpha_0+\alpha_1$$
$$\gamma=\beta-\alpha_2$$

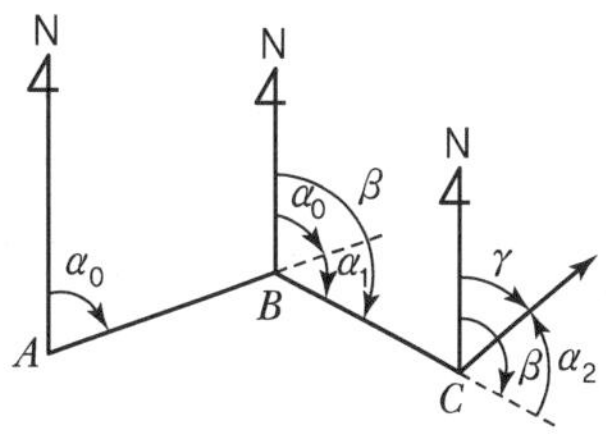

[그림 1−5] 방위각 산정(Ⅴ)

즉, 어느 측선의 방위각 = 전 측선의 방위각 ± 해당 측선의 편각

2) 방위 계산

4개의 상한으로 나누어 남북선을 기준으로 하여 90°이하 각으로 나타낸다.

※ 방위각과 방위의 관계

방위각	상한	방위
0°～90°	제1상한	N0°～90°E
90°～180°	제2상한	S0°～90°E
180°～270°	제3상한	S0°～90°W
270°～360°	제4상한	N0°～90°W

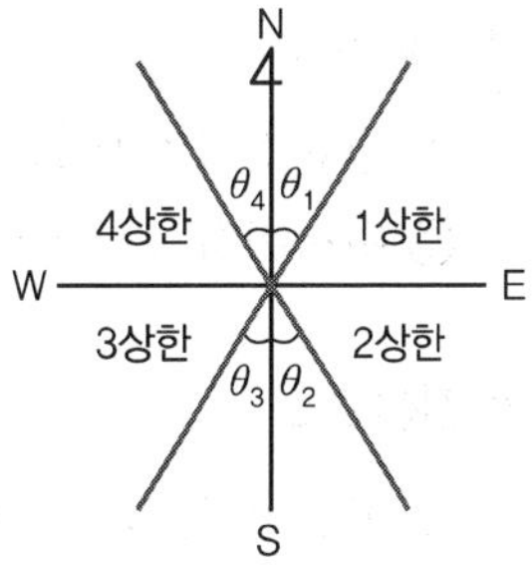

[그림 1−6] 방위 표현

Example 01

다음에 주어진 A점과 B점의 좌표를 이용하여 두 점 간의 거리, 방위각을 계산하시오.

점명	X좌표	Y좌표
A	446352.57	205428.05
B	451123.21	202167.49

해설 및 정답

(1) AB 두 점 간의 거리

$\Delta x=451123.21-446352.57=4770.64$

$\Delta y=202167.49-205428.05=-3260.56$

$\overline{AB}=\sqrt{(\Delta x)^2+(\Delta y)^2}=\sqrt{(4770.64)^2+(-3260.56)^2}=5778.43\text{m}$

(2) 방위각(V_A^B)

방위$(\theta)=\tan^{-1}\dfrac{\Delta y}{\Delta x}=\tan^{-1}\left(\dfrac{-3260.56}{+4770.64}\right)=34°21'04''$ (4상한)

Point

방위 계산 시 Δx와 Δy의 부호는 (+)값으로 계산하고 부호는 상한 결정에만 사용한다.

방위각(V_A^B)$=360° - \theta = 360° - 34°21'04'' = 325°38'56''$

5. 수평각 측점귀심 계산

삼각측량에서 삼각점의 표석, 측표 및 기계중심이 연직선의 한 점에 일치될 수 없는 조건에서 부득이 측량하여야 할 때에는 편심을 시켜서 관측하는데 이를 편심관측 또는 귀심관측이라 한다.

(1) 편심의 종류

① 점표귀심 : 점표가 편심하는 경우

② 측점귀심 : 기계가 편심하는 경우

(2) 편심요소

① 편심거리(e) : 관측점과 표석 중심점 간의 거리로 mm까지 관측

② 편심각(ϕ) : 방향관측법에 의함

(3) 편심조정

1) 점표귀심

$\angle ACB$를 관측하여야 하나 B점의 중심을 관측할 수 없어 $\angle ACB'$로 편심관측하여 $\angle ACB$의 값을 계산하는 방법이다.

$\dfrac{BE}{\sin\gamma} = \dfrac{D}{\sin 90°}$로 계산하며 $\sin 90° = 1$이므로 $\sin\gamma = \dfrac{BE}{D}$이며

$\gamma = \sin^{-1}\left(\dfrac{BE}{D}\right)$ 또는 $\gamma'' = \sin^{-1}\left(\dfrac{BE}{D \times \sin 1''}\right)$

중심방향선의 방향에 따라 우측에 있을 때는 "−", 좌측에 있을 때는 "+" 부호를 붙인다.

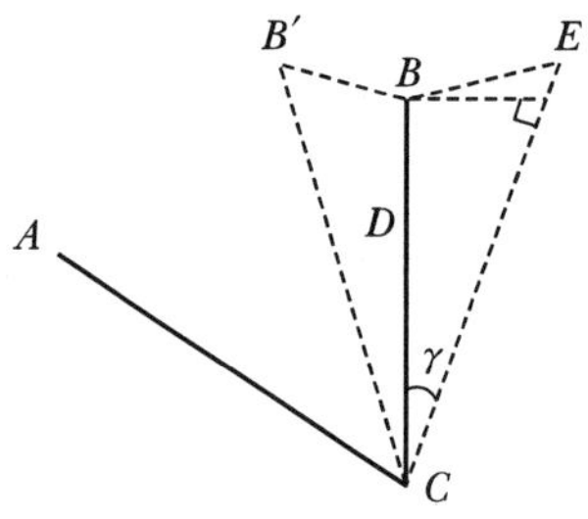

Example 02

지적삼각점 A에 기계를 설치하여 지적삼각점 B가 시준되지 않아 P를 관측하여 T'=46°20′14″를 얻었다. 보정각 T를 구하시오.(단, S=1.5km, e=10m, ϕ=300°23′10″, 각은 초 단위까지 계산하시오.)

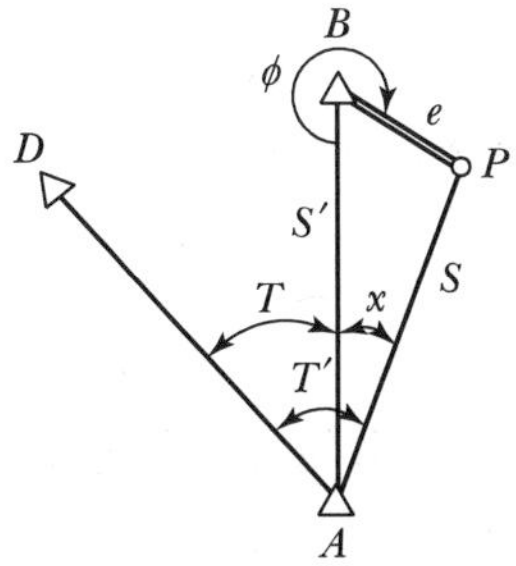

해설 및 정답

(1) x 계산

$$\frac{e}{\sin x}=\frac{S}{\sin(360°-\phi)}$$

$$\frac{10}{\sin x}=\frac{1500}{\sin(360°-300°23'10'')}$$

$$x=\sin^{-1}\left(\frac{10\times\sin(360°-300°23'10'')}{1500}\right)=0°19'46''$$

(2) T 계산

$$T=T'-x$$
$$=46°20'14''-0°19'46''=46°00'28''$$

2) 측점귀심

중심삼각점 C에서 관측하여야 하나 시준장애가 있어 K(편심거리)와 편심각(α)만큼 이동된 측점 E에서 편심관측하는 방법이다.

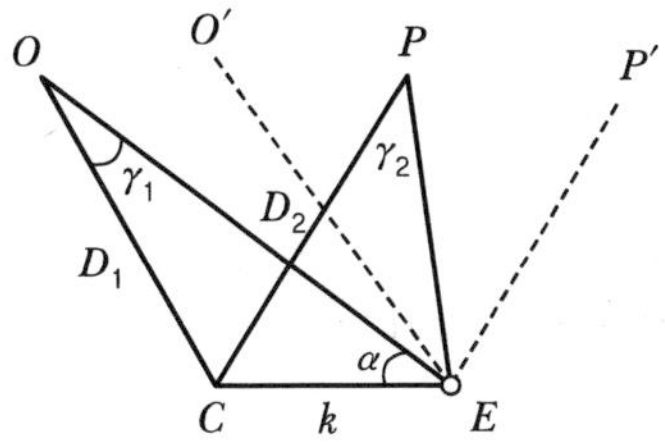

편심거리 K에 비교하면 D_1, D_2의 값이 월등히 크므로 각 γ는 미세하고, D_1, D_2의 값은 동일하다고 볼 수 있다. 관측된 EO 방향을 CO에 평행한 EO'로 환산할 때 필요한 γ_1은 다음과 같다.

삼각형 COE에서 $\frac{K}{\sin\gamma_1} = \frac{D_1}{\sin\alpha}$이므로, $\sin\gamma_1 = \frac{K\times\sin\alpha}{D_1}$이며

$\gamma_1 = \sin^{-1}\left(\frac{K\times\sin\alpha}{D_1}\right)$ 또는 $\gamma_1'' = \frac{K\times\sin\alpha}{D_1\times\sin1''}$이므로 $\gamma_1'' = \frac{K\times\sin\alpha}{D_1}\rho''$이다.

편심관측은 EO를 시준하며, 실제 시준선인 CO에 평행한 EO'로 환산한 중심각은 $\alpha+\gamma_1$이 된다.

따라서, $\angle COE = \gamma_1 = \angle OEO'$이다.

Example 03

지적삼각점 C와 관측점 B가 일치하지 않는 다음과 같은 상태에서 $T' = 42°40'15''$를 얻었다. 각 T를 구하시오.(단, S_1=1.5km, S_2=2.0km, e=2.0m, ϕ=295°20′13″, 각은 0.1″까지 계산하시오.)

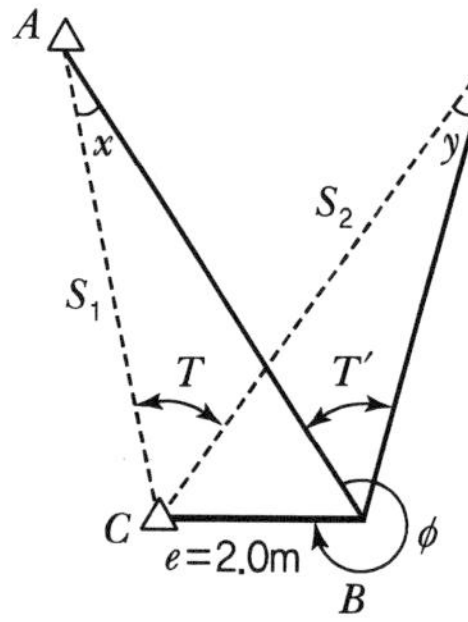

해설 및 정답

(1) x 계산

$$\frac{e}{\sin x} = \frac{S_1}{\sin(360° - \phi)}$$

$$\frac{2.0}{\sin x} = \frac{1500}{\sin(360° - 295°20'13'')}$$

$$\therefore\ x = 0°04'08.6''$$

(2) y 계산

$$\frac{e}{\sin y} = \frac{S_2}{\sin(360° - \phi + T')}$$

$$\frac{2.0}{\sin y} = \frac{2000}{\sin(360° - 295°20'13'' + 42°40'15'')}$$

$$\therefore\ y = 0°03'16.9''$$

(3) T 계산

$$T = T' + y - x$$

$$= 42°40'15'' + 0°03'16.9'' - 0°04'08.6'' = 42°39'23.3''$$

6. 평면거리 계산

지적측량에 사용하는 거리는 모두 평면거리이다. 평면거리는 기준면상 거리를 평면에 투영했을 때의 거리를 말하며, 연직각에 의한 기준면거리와 표고에 의한 기준면거리를 구한 다음 축척계수를 이용하여 계산한다.

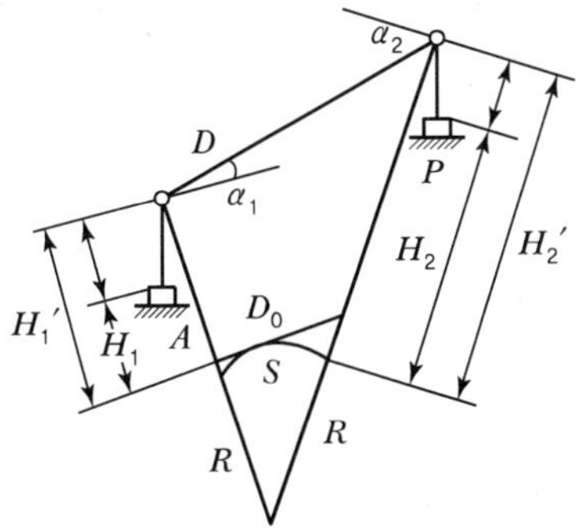

1) 연직각에 의한 계산

$$\text{기준면상 거리}(S) = D \times \cos\frac{1}{2}(\alpha_1 + \alpha_2) - \frac{D(H_1' + H_2')}{2R}$$

$$\text{축척계수}(K) = 1 + \frac{(Y_1 + Y_2)^2}{8R^2}$$

$$\text{평면거리}(D_0) = S \times K$$

여기서, D : 경사거리

α_1, α_2 : 연직각(절대치)

H_1, H_2 : 표고

$H_1' = H_1 + i$, $H_2' = H_2 + f$, i : 기계고, f : 시준고

R : 곡률반경(6372199.7m)

Y_1, Y_2 : 원점에서 삼각점까지의 횡선거리(km)

2) 표고에 의한 계산

$$\text{기준면상 거리}(S) = D - \frac{(H_1' - H_2')^2}{2D} - \frac{D(H_1' + H_2')}{2R}$$

$$\text{축척계수}(K) = 1 + \frac{(Y_1 + Y_2)^2}{8R^2}$$

$$\text{평면거리}(D_0) = S \times K$$

여기서, D : 경사거리

H_1, H_2 : 표고

$H_1' = H_1 + i$, $H_2' = H_2 + f$, i : 기계고, f : 시준고

R : 곡률반경(6372199.7m)
Y_1, Y_2 : 원점에서 삼각점까지의 횡선거리(km)

Example 04

광파거리측량기에 의해 두 점 간(송파1－송파2)의 거리를 측정하여 다음과 같은 측량결과를 얻었다. 주어진 서식을 이용하여 두 점 간의 평면거리를 계산하시오.

- 측정거리(D) $= 3516.43\text{m}$
- 연직각(α_1) $= +3°15'03''$
- 연직각(α_2) $= -3°14'57''$
- 기지점표고(H_1) $= 315.67\text{m}$
- 시준점표고(H_2) $= 507.24\text{m}$
- 기계고(i) $= 1.35\text{m}$
- 시준고(f) $= 1.45\text{m}$
- 원점에서 삼각점까지의 횡선거리 $Y_1 = 25.0\text{km}$, $Y_2 = 27.5\text{km}$

해설 및 정답

(1) 연직각에 의한 계산

① $\frac{1}{2}(\alpha_1+\alpha_2) = \frac{1}{2}(3°15'03''+3°14'57'') = 3°15'00''$ [α_1, α_2는 절대치]

② 수평거리로 환산

$$D \cdot \cos\frac{1}{2}(\alpha_1+\alpha_2) = 3516.43 \times \cos 3°15'00'' = 3510.78\text{m}$$

③ H_1' 및 H_2' 계산

$H_1' = H_1 + i =$ 표고+기계고 $= 315.67 + 1.35 = 317.02\text{m}$

$H_2' = H_2 + f =$ 표고+시준고 $= 507.24 + 1.45 = 508.69\text{m}$

④ 연직각에 의한 기준면거리(S) 계산

$$S = D \cdot \cos\frac{1}{2}(\alpha_1+\alpha_2) - \frac{D(H_1'+H_2')}{2R} = 3510.78 - 0.228 = 3510.552\text{m}$$

⑤ 축척계수(K) 계산

$$K = 1 + \frac{(Y_1+Y_2)^2}{8R^2} = 1 + \frac{(25.0+27.5)^2}{324839427.7} = 1.000008$$

⑥ 평면거리(D) 계산

$$D = S \times K = 3510.552 \times 1.000008 = 3510.580\text{m}$$

(2) 표고에 의한 계산

① $(H_1' - H_2')$ 계산

$$H_1' - H_2' = 317.02 - 508.69 = -191.67\text{m}$$

② 수평거리로 환산

$$D - \frac{(H_1'-H_2')^2}{2D} = 3516.43 - \frac{(317.02-508.69)^2}{2 \times 3516.43} = 3511.21\text{m}$$

③ 표고에 의한 기준면거리(S) 계산

$$S = D - \frac{(H_1' - H_2')^2}{2D} - \frac{D(H_1' + H_2')}{2R} = 3511.21 - 0.228 = 3510.982\text{m}$$

④ 축척계수(K) 계산

$$K = 1 + \frac{(Y_1 + Y_2)^2}{8R^2} = 1 + \frac{(25.0 + 27.5)^2}{324839427.7} = 1.000008$$

⑤ 평면거리(D) 계산

$$D = S \times K = 3510.982 \times 1.000008 = 3511.010\text{m}$$

(3) 평면거리 평균(D_0) 계산

$$D_0 = \frac{(3510.580 + 3511.010)}{2} = 3510.80\text{m}$$

보충 + 설명

오사오입(五捨五入)

지적측량에서 구하려는 끝자리의 다음 숫자가 5 미만일 때에는 버리고 5를 초과할 때에는 올리며, 5일 때에는 구하려는 끝자리의 숫자가 0 또는 짝수이면 버리고 홀수이면 올린다. 즉, 올림을 하여 짝수로 만드는 방법이다.

예시) 아래와 같이 관측각과 면적이 측정되었을 때 결정 방법(각은 초 단위, 면적은 m^2 단위)

각	관측 각	10°11′11.3″	10°11′11.7″	10°11′11.5″	10°11′12.5″
		↓	↓	↓	↓
	결정 각	10°11′11″	10°11′12″	10°11′12″	10°11′12″

면적	측정 면적	1234.4m^2	1234.6m^2	1233.5m^2	1234.5m^2
		↓	↓	↓	↓
	결정 면적	1234m^2	1235m^2	1234m^2	1234m^2

평 면 거 리 계 산 부

약도

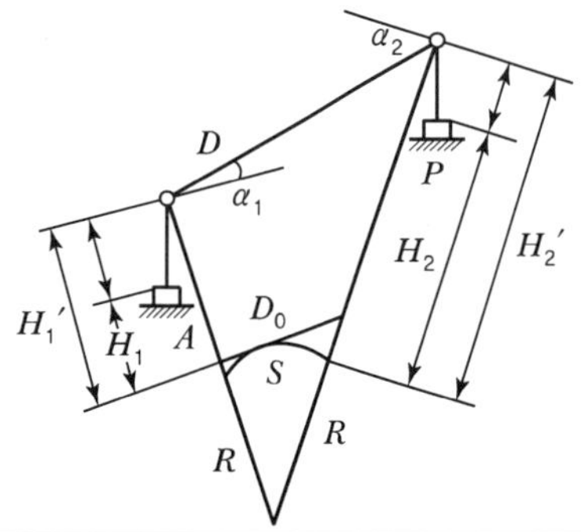

공식

- 연직각에 의한 계산 $S = D \cdot \cos\frac{1}{2}(\alpha_1 + \alpha_2) - \frac{D(H_1' + H_2')}{2R}$
- 표고에 의한 계산 $S = D - \frac{(H_1' - H_2')^2}{2D} - \frac{D(H_1' + H_2')}{2R}$
- 평면거리 $D_0 = S \times K (K = 1 + \frac{(Y_1 + Y_2)^2}{8R^2})$

D=경사거리, S=기준면거리, H_1, H_2=표고
R=곡률반경(6372199.7m), i=기계고, f=시준고
α_1, α_2=연직각(절대치), K=축척계수
Y_1, Y_2=원점에서 삼각점까지의 횡선거리(km)

연직각에 의한 계산		표고에 의한 계산	
방향	송파 1점 → 송파 2점		
D	3516.43 m	D	3516.43 m
α_1	+3° 15′ 03″	$2D$	7032.86
α_2	−3 14 57	H_1'	317.02
$\frac{1}{2}(\alpha_1 + \alpha_2)$	3 15 00	H_2'	508.69
$\cos\frac{1}{2}(\alpha_1 + \alpha_2)$	0.998392	$(H_1' - H_2')$	−191.67
$D \cdot \cos\frac{1}{2}(\alpha_1 + \alpha_2)$	3510.78 m	$(H_1' - H_2')^2$	36737.39

$H_1' = H_1 + i$	317.02	$\frac{(H_1' - H_2')^2}{2D}$	5.22
$H_2' = H_2 + f$	508.69	$D - \frac{(H_1' - H_2')^2}{2D}$	3511.21
R	6372199.7	R	6372199.7
$2R$	12744399.3	$2R$	12744399.3
$\frac{D(H_1' + H_2')}{2R}$	0.228	$\frac{D(H_1' + H_2')}{2R}$	0.228
S	3510.552	S	3510.982
Y_1	25.0 km	Y_1	25.0 km
Y_2	27.5 km	Y_2	27.5 km
$(Y_1 + Y_2)^2$	2756.25	$(Y_1 + Y_2)^2$	2756.25
$8R^2$	324839427.7 km	$8R^2$	324839427.7 km
$K = 1 + \frac{(Y_1 + Y_2)^2}{8R^2}$	1.000008	$K = 1 + \frac{(Y_1 + Y_2)^2}{8R^2}$	1.000008
$S \times K$	3510.580 m	$S \times K$	3511.010 m
평균(D_0)	3510.80 m		
계산자		검사자	

7. 표고 계산

지적삼각점측량에서 광파기 또는 전파기 측량방법으로 측정한 거리를 평면거리로 환산하기 위해 측점의 표고를 알아야 한다. 표고를 계산하기 위해서는 연직각을 측정하여야 하며, 연직각 측정은 양차를 소거하기 위해 두 점 간을 교호 측정한다.

(1) 수평거리 계산

광파거리기 또는 전파거리기로 경사거리를 측정하였을 경우에는 다음 식에 의해 수평거리로 계산하여야 한다.

$$L = D \cdot \cos\alpha_1 \text{ 또는 } \alpha_2$$

(2) 고저차 계산

고저차는 두 점 간의 연직거리로 다음 식에 의해 계산한다.

$$h = L \cdot \tan\frac{(\alpha_1 - \alpha_2)}{2} + \frac{(i_1 - i_2 + f_1 - f_2)}{2}$$

여기서, α_1, α_2 : 두 점 간의 연직각

i_1, i_2 : 두 점에서의 기계고

f_1, f_2 : 시준점의 시준고

(3) 표고 계산

$$H_2 = H_1 + h$$

여기서, H_1 : 기지점의 표고

h : 고저차

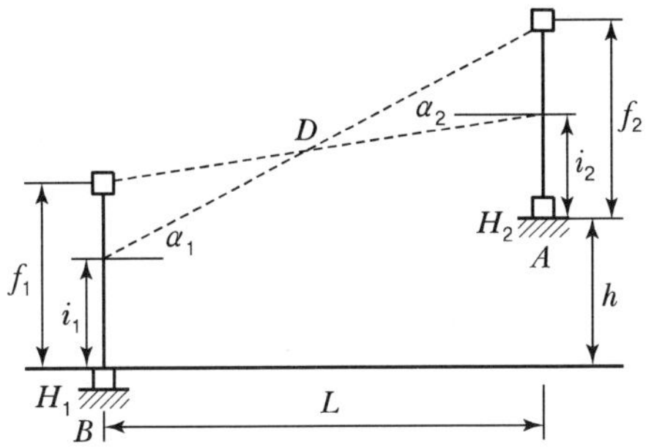

(4) 공차 및 표고 결정

2점에서 소구점의 표고를 계산한 결과 공차가 $0.05\text{m} + 0.05(S_1 + S_2)\text{m}$ 이하일 때에 그 평균치를 표고로 결정한다.(단, S_1과 S_2는 기지점에서 소구점까지의 평면거리로서 km 단위로 표시한 수)

Example 05

기지점 서울 3에서 소구점 강남에 대한 표고를 구하기 위해 다음의 값을 얻었다. 표고를 계산하시오.

수평거리 L(m)	연직각		기계고(m)		시준고(m)		표고(m)
	α_1	α_2	i_1	i_2	f_1	f_2	H_1
1731.65	88°11′45″	91°49′17″	1.51	1.43	1.87	1.65	165.20

해설 및 정답

(1) $\alpha_1 - \alpha_2 = 88°11'45'' - 91°49'17'' = -3°37'32''$

(2) 고저차(h) 계산

$$h = L \cdot \tan\frac{(\alpha_1 - \alpha_2)}{2} + \frac{(i_1 - i_2 + f_1 - f_2)}{2}$$

$$h = \left(1731.65 \times \tan\frac{-3°37'32''}{2}\right) + \frac{(1.51 - 1.43 + 1.87 - 1.65)}{2} = -54.66\text{m}$$

(3) 표고 계산

$H_2 = H_1 + h = 165.20 - 54.66 = 110.54\text{m}$

8. 지적삼각점망 구성

지적삼각점망은 유심다각망 · 삽입망 · 사각망 · 삼각쇄 또는 삼변 이상의 망으로 구성한다.

유심다각망	• 대규모 지역의 측량에 적합한 망이며 많이 사용된다. • 1개의 기선에서 확대되므로 기선이 확고하여야 한다. • 삼각형의 중심각 조건을 만족하는 각조건과 변조건에 대한 조정을 실시한다. • 2점 삼각점을 이용하여 1개의 기지변을 사용하므로 정확도가 사변형보다 낮다.
삽입망	• 기지변이 2개로 구성되어 있다. • 변장의 계산은 기지변에서 출발하여 도착기지변에 폐색하므로 가장 합리적이다. • 삼각형의 번호와 기호는 출발변에서 시작하여 도착변 쪽으로 순차적으로 부여한다. • 기지점 3개에 의해 소구점 1개 또는 2개 이상 결정 시 사용된다. • 지적삼각점측량에서 가장 적합한 형태이며 가장 많이 사용된다.
사각망	• 이론상 가장 이상적인 방법이나 계산방법이 복잡하다. • 사각형의 기하학적 성질을 이용하여 각조건과 변조건에 대한 조정을 실시한다. • 최근 컴퓨터의 발달로 많이 이용한다. • 높은 정밀도를 필요로 하는 측량이나 기선의 확대 등에 많이 이용되는 방법이다.
삼각쇄	• 노선, 하천, 터널 등 폭이 좁고 길이가 긴 지역에 적합하다. • 거리에 비해 관측량이 적어 신속하고 경제적이다. • 조건식이 적어 정도가 낮다.
정밀삼각망	• 소구점을 중앙에 두고 기지삼각점을 주위에 두는 망 형태이다. • 삼각망의 형태는 기하학적인 조건을 충분히 만족하여야 한다. • 계산방식이 복잡하나 최근에는 컴퓨터의 발달로 많이 이용된다. • 정밀조정을 필요로 할 때 적합한 조직이다.

(1) 유심다각망

1) 유심다각망 조정계산

유심다각망	조정계산 방법
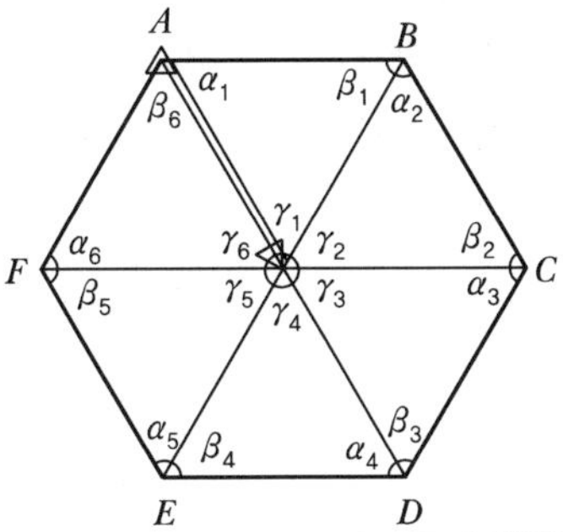	• 각규약에 의한 조정 – 삼각규약(각 삼각형의 내각의 합은 180°) – 망규약(유심다각망 중심점에서 관측각의 합은 360°) • 변규약에 의한 조정 기선을 기초로 하여 계산하는 변장이 계산경로에 관계없이 반드시 동일한 값이 되도록 하는 조정

2) 조정순서

각규약(삼각규약) 오차 계산
$\varepsilon=(\alpha+\beta+\gamma)-180°$

⬇

각규약(망규약) 오차 계산
$e=\sum\gamma-360°$

⬇

각규약 조정각 계산
$(\text{I})=\dfrac{-\varepsilon-(\text{II})}{3}$, $(\text{II})=\dfrac{\sum\varepsilon-3e}{2n}$

⬇

변규약 조정
E_1, E_2

⬇

변규약 조정각 계산
경정수(x_1', x_2'')

⬇

변장 및 방위각 계산

⬇

종 · 횡선좌표 계산 및 평균 계산

3) 세부 조정 방법

① 각규약에 의한 조정

㉠ 삼각규약

유심다각망에서 관측한 각 삼각형의 내각은 관측각이므로 각에는 오차가 포함되어 있다. 그러므로 삼각규약에 의해 "각 삼각형의 내각은 180°가 되어야 한다."는 조건을 이용하여 조정한다.

①번 삼각형	$\alpha_1+\beta_1+\gamma_1=180°$	$\alpha_1+\beta_1+\gamma_1-180°=\varepsilon_1$
②번 삼각형	$\alpha_2+\beta_2+\gamma_2=180°$	$\alpha_2+\beta_2+\gamma_2-180°=\varepsilon_2$
③번 삼각형	$\alpha_3+\beta_3+\gamma_3=180°$	$\alpha_3+\beta_3+\gamma_3-180°=\varepsilon_3$
⋮	⋮	⋮
⑥번 삼각형	$\alpha_6+\beta_6+\gamma_6=180°$	$\alpha_6+\beta_6+\gamma_6-180°=\varepsilon_6$

$$\sum\varepsilon=\varepsilon_1+\varepsilon_2+\varepsilon_3+\cdots\cdots+\varepsilon_6$$

$$\text{삼각규약 조정량}(\text{I})=\frac{-\varepsilon-(\text{II})}{3}$$

보충 + 설명

단수처리 관계로 각 오차와 차이가 발생하면 90°에 가까운 각에 0.1초를 가감한다.

㉡ 망규약

유심다각망의 "중심점에서 관측한 각(γ)의 합은 360°가 되어야 한다."는 조건을 이용하여 조정한다.

$$\gamma_1 + \gamma_2 + \gamma_3 + \cdots\cdots + \gamma_6 - 360° = e$$

$$\text{망규약 조정량(II)} = \frac{\sum \varepsilon - 3e}{2n}$$

② **변규약에 의한 조정**

기선을 기준으로 하여 계산하는 변장이 계산경로에 관계없이 반드시 동일한 값이 되도록 하는 조정으로 기선에서 출발하여 삼각형 번호에 따라 시계방향으로 변장을 계산하여 "도착변이 출발기선과 일치하여야 한다."는 조건을 이용하여 조정한다.

변 방정식은 $\dfrac{\sin\alpha_1 \cdot \sin\alpha_2 \cdot \sin\alpha_3 \cdot \sin\alpha_4 \cdot \sin\alpha_5 \cdot \sin\alpha_6}{\sin\beta_1 \cdot \sin\beta_2 \cdot \sin\beta_3 \cdot \sin\beta_4 \cdot \sin\beta_5 \cdot \sin\beta_6} = 1$이며,

이것을 고쳐 쓰면 $\dfrac{\Pi \sin\alpha}{\Pi \sin\beta} = 1$

㉠ E_1 계산

$$E_1 = \frac{\Pi \sin\alpha}{\Pi \sin\beta} - 1$$

㉡ E_2 계산

각규약 조정각으로 계산한 sin 값에 초차(Δ)를 더하여 $\sin\alpha'$와 $\sin\beta'$를 구한 후 E_2의 값을 계산한다.

$$\Delta = (\sin 10'' \times 10^6) \times \cos\alpha(\text{또는 } \beta)$$
$$= 48.4814 \times \cos\alpha(\text{또는 } \beta)$$

$$E_2 = \frac{\Pi \sin\alpha'}{\Pi \sin\beta'} - 1$$

보충 + 설명

sin 값에 초차(Δ)는 $\sin 1''$에 대한 변화량으로 값이 미소하므로 $10''$에 대한 값으로 계산한다.

㉢ 경정수 x'' 계산

변규약 경정수 x_1은 $10'' : |E_1 - E_2| = x_1 : E_1$에 의하여

$$x_1'' = \frac{10'' \times E_1}{|E_1 - E_2|}, \quad x_2'' = \frac{10'' \times E_2}{|E_1 - E_2|}$$

> 변규약에 따른 오차 배부
>
> $\alpha =$ 각규약 조정각 $- x_1''$
>
> $\beta =$ 각규약 조정각 $+ x_1''$

4) 종 · 횡선좌표 계산

① 변장 계산

소구변의 변장은 기지변과 각 삼각형의 내각을 이용하여 sin 법칙에 의하여 계산한다.

$$\text{소구변의 변장} = \frac{\sin(\text{소구변의 내각})}{\sin(\text{기지변의 대각})} \times \text{기지 변장}$$

② 방위각 계산

$\triangle ABO$에서 A에서 B점에 대한 방위각 계산은 $V_A^B = (V_O^A \pm 180°) - \alpha_1$

O에서 B점에 대한 방위각 계산은 $V_O^B = V_O^A + \gamma_1$

$\triangle BCO$에서 B에서 C점에 대한 방위각 계산은 $V_B^C = (V_O^B \pm 180°) - \alpha_2$

O에서 C점에 대한 방위각 계산은 $V_O^C = V_O^B + \gamma_2$

③ 종 · 횡선좌표 계산

종선좌표 = 기지점의 X좌표 $+ (l \times \cos V)$

횡선좌표 = 기지점의 Y좌표 $+ (l \times \sin V)$

평균좌표 : $X = \dfrac{(X_1 + X_2)}{2}$, $Y = \dfrac{(Y_1 + Y_2)}{2}$

Example 06

다음의 유심다각망을 각규약과 변규약에 의해 관측각을 조정하시오.

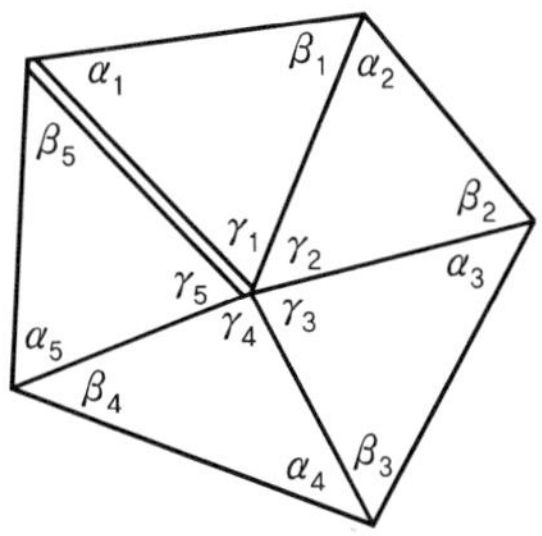

α_1	39°59′10.1″	α_2	60°29′02.0″
β_1	55°20′45.8″	β_2	44°38′05.6″
γ_1	84°40′16.2″	γ_2	74°52′42.9″
α_3	59°08′41.5″	α_4	47°29′21.1″
β_3	54°11′00.0″	β_4	56°43′12.7″
γ_3	66°40′12.5″	γ_4	75°47′32.8″
α_5	66°14′51.3″		
β_5	55°45′52.9″		
γ_5	57°59′10.0″		

해설 및 정답

(1) 각규약에 의한 조정각 계산

1) 삼각규약 오차 계산

삼각형	관측각의 합	180도와의 차(ε)	내각오차의 합($\Sigma\varepsilon$)
①	180°00′12.1″	+12.1″	$\Sigma\varepsilon = -2.6''$
②	179°59′50.5″	−9.5″	
③	179°59′54.0″	−6.0″	
④	180°00′06.6″	+6.6″	
⑤	179°59′54.2″	−5.8″	

2) 망규약 오차 계산

① $\Sigma\gamma = 359°59'54.4''$

② 기지내각= 360°(유심다각망의 기지내각은 360°이다.)

③ 망규약 오차(e) 계산

$e = \Sigma\gamma - \text{기지내각} = 359°59'54.4'' - 360° = -5.6''$

3) 오차 배부

① 망규약에 의한 오차 배부

$$(\text{II}) = \frac{\Sigma\varepsilon - 3e}{2n} = \frac{(-2.6) - (3\times(-5.6))}{2\times5} = +1.4''$$

② 삼각규약에 의한 오차 배부

$(\text{I}) = \dfrac{-\varepsilon - (\text{II})}{3}$	①번 삼각형 : $\dfrac{-(12.1)-(1.4)}{3} = -4.5''$ ②번 삼각형 : $\dfrac{-(-9.5)-(1.4)}{3} = +2.7''$ ③번 삼각형 : $\dfrac{-(-6.0)-(1.4)}{3} = +1.5''$ ④번 삼각형 : $\dfrac{-(6.6)-(1.4)}{3} = -2.7''$ ⑤번 삼각형 : $\dfrac{-(-5.8)-(1.4)}{3} = +1.5''$

(2) 변규약에 의한 조정각 계산

1) E_1 계산

① $\sin\alpha$, $\sin\beta$ 계산

② $E_1 = \dfrac{\Pi \sin\alpha}{\Pi \sin\beta} - 1$

$$= \left(\frac{0.642586 \times 0.870224 \times 0.858470 \times 0.737141 \times 0.915297}{0.822589 \times 0.702596 \times 0.810898 \times 0.835994 \times 0.826738}\right) - 1$$

$$= \frac{0.323892}{0.323911} - 1 = -0.000059 = -59$$

2) $\Delta\alpha$, $\Delta\beta$ 계산

$\Delta\alpha = 48.4814 \times \cos\alpha$, $\Delta\beta = 48.4814 \times \cos\beta$

3) E_2 계산

① $\sin\alpha'$, $\sin\beta'$ 계산

$\sin\alpha' = \sin\alpha + \Delta\alpha$, $\sin\beta' = \sin\beta + \Delta\beta$

② $E_2 = \dfrac{\Pi \sin\alpha'}{\Pi \sin\beta'} - 1$

$$= \left(\frac{0.642623 \times 0.870248 \times 0.858495 \times 0.737174 \times 0.915317}{0.822561 \times 0.702562 \times 0.810870 \times 0.835967 \times 0.826711}\right) - 1$$

$$= \frac{0.323950}{0.323852} - 1 = +0.000303 = +303$$

③ $|E_1 - E_2| = |(-59) - 303| = 362$

4) 경정수(x_1'', x_2'') 계산

$$x_1'' = \frac{10'' \times E_1}{|E_1 - E_2|} = \frac{10'' \times (-59)}{362} = -1.6''$$

$$x_2'' = \frac{10'' \times E_2}{|E_1 - E_2|} = \frac{10'' \times 303}{362} = +8.4''$$

검산 : $x_1'' + x_2'' = 10''$

5) 각규약 및 변규약 조정각

삼각형	각명	관측각	각규약			sinα sinβ	$\Delta\alpha$ $\Delta\beta$	sinα' sinβ'	$\alpha-x_1''$ $\beta+x_1''$	변규약 조정각
			I	II	조정각					
①	α_1	39°59′10.1″	−4.5		39°59′05.6″	0.642586	+37	0.642623	+1.6	39°59′07.2″
	β_1	55°20′45.8″	−4.5		55°20′41.3″	0.822589	−28	0.822561	−1.6	55°20′39.7″
	γ_1	84°40′16.2″	−4.5	+1.4	84°40′13.1″					84°40′13.1″
	+)	180°00′12.1″								
	ε_1	+12.1″								
②	α_2	60°29′02.0″	+2.7		60°29′04.7″	0.870224	+24	0.870248	+1.6	60°29′06.3″
	β_2	44°38′05.6″	+2.7		44°38′08.3″	0.702596	−34	0.702562	−1.6	44°38′06.7″
	γ_2	74°52′42.9″	+2.7	+1.4	74°52′47.0″					74°52′47.0″
	+)	179°59′50.5″								
	ε_2	−9.5″								
③	α_3	59°08′41.5″	+1.5		59°08′43.0″	0.858470	+25	0.858495	+1.6	59°08′44.6″
	β_3	54°11′00.0″	+1.5		54°11′01.5″	0.810898	−28	0.810870	−1.6	54°10′59.9″
	γ_3	66°40′12.5″	+1.6	+1.4	66°40′15.5″					66°40′15.5″
	+)	179°59′54.0″								
	ε_3	−6.0″								
④	α_4	47°29′21.1″	−2.7		47°29′18.4″	0.737141	+33	0.737174	+1.6	47°29′20.0″
	β_4	56°43′12.7″	−2.7		56°43′10.0″	0.835994	−27	0.835967	−1.6	56°43′08.4″
	γ_4	75°47′32.8″	−2.6	+1.4	75°47′31.6″					75°47′31.6″
	+)	180°00′06.6″								
	ε_4	+6.6″								
⑤	α_5	66°14′51.3″	+1.4		66°14′52.7″	0.915297	+20	0.915317	+1.6	66°14′54.3″
	β_5	55°45′52.9″	+1.5		55°45′54.4″	0.826738	−27	0.826711	−1.6	55°45′52.8″
	γ_5	57°59′10.0″	+1.5	+1.4	57°59′12.9″					57°59′12.9″
	+)	179°59′44.2″								
	ε_5	−5.8″								

(2) 삽입망

1) 삽입망 조정계산

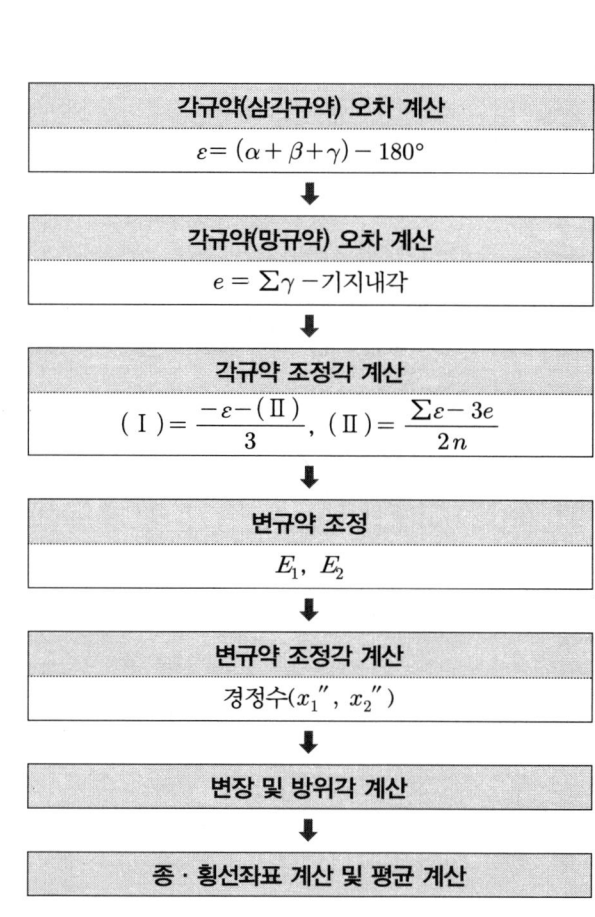

삽입망	조정계산 방법
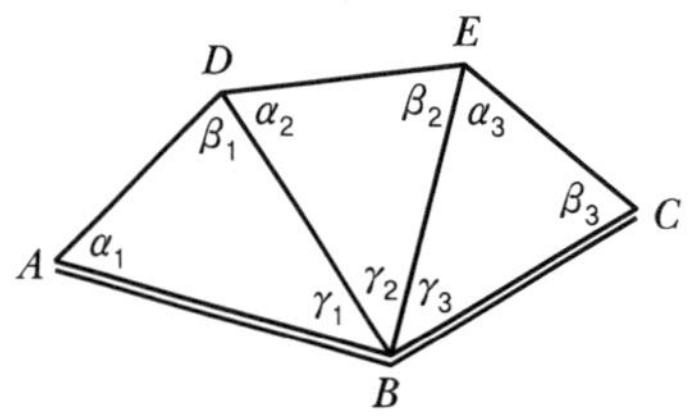	• 각규약에 의한 조정 – 삼각규약(각 삼각형의 내각의 합은 180°) – 망규약(각 삼각형의 중심각의 합과 기지내각이 동일) • 변규약에 의한 조정 기선을 기초로 하여 계산하는 변장이 계산경로에 관계없이 반드시 동일한 값이 되도록 하는 조정

2) 조정순서

각규약(삼각규약) 오차 계산

$\varepsilon = (\alpha + \beta + \gamma) - 180°$

⬇

각규약(망규약) 오차 계산

$e = \sum\gamma -$ 기지내각

⬇

각규약 조정각 계산

$(\text{I}) = \dfrac{-\varepsilon - (\text{II})}{3}, \ (\text{II}) = \dfrac{\sum\varepsilon - 3e}{2n}$

⬇

변규약 조정

$E_1, \ E_2$

⬇

변규약 조정각 계산

경정수(x_1'', x_2'')

⬇

변장 및 방위각 계산

⬇

종 · 횡선좌표 계산 및 평균 계산

3) 삽입망 유형

일반 삽입망	복 삽입망
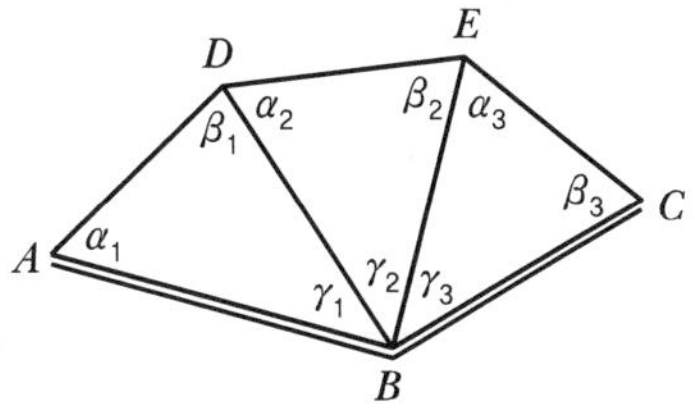	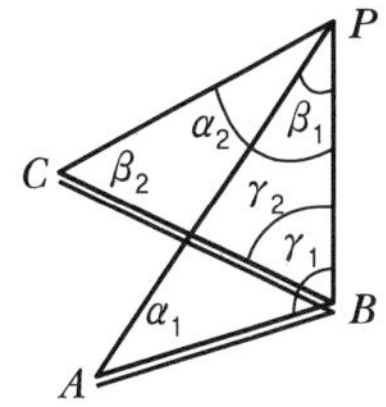

4) 세부 조정 방법

① 각규약에 의한 조정

㉠ 삼각규약

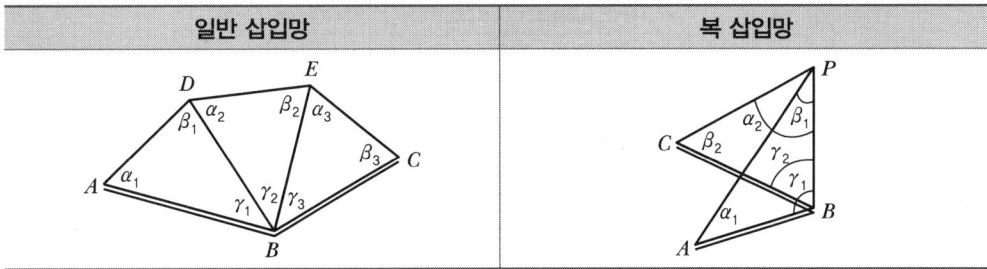

삽입망에서 관측한 각 삼각형의 내각은 관측각이므로 각에는 오차가 포함되어 있다. 그러므로 삼각규약에 의해 "각 삼각형의 내각은 180°가 되어야 한다"는 조건을 이용하여 조정한다.

①번 삼각형	$\alpha_1+\beta_1+\gamma_1=180°$	$\alpha_1+\beta_1+\gamma_1-180°=\varepsilon_1$
②번 삼각형	$\alpha_2+\beta_2+\gamma_2=180°$	$\alpha_2+\beta_2+\gamma_2-180°=\varepsilon_2$
③번 삼각형	$\alpha_3+\beta_3+\gamma_3=180°$	$\alpha_3+\beta_3+\gamma_3-180°=\varepsilon_3$
④번 삼각형	$\alpha_4+\beta_4+\gamma_4=180°$	$\alpha_4+\beta_4+\gamma_4-180°=\varepsilon_6$

$$\varepsilon_1+\varepsilon_2+\varepsilon_3+\varepsilon_4=\Sigma\varepsilon$$

$$\text{삼각규약 조정량(I)}=\frac{-\varepsilon-(\text{II})}{3}$$

보충 + 설명

단수처리 관계로 각 오차와 차이가 발생하면 90°에 가까운 각에 0.1초를 가감한다.

㉡ 망규약

"각 삼각형의 중심각의 합과 기지내각이 동일하여야 한다."는 조건을 이용하여 조정한다.

$$\gamma_1+\gamma_2+\gamma_3+\gamma_4-\text{기지내각}=e$$

$$\text{망규약 조정량(II)}=\frac{\Sigma\varepsilon-3e}{2n}$$

② 변규약에 의한 조정

변규약 조정식은 $\frac{\sin\alpha_1 \cdot \sin\alpha_2 \cdot \sin\alpha_3 \cdot \sin\alpha_4 \cdot l_1}{\sin\beta_1 \cdot \sin\beta_2 \cdot \sin\beta_3 \cdot \sin\beta_4 \cdot l_2} = 1$이며,

이것을 고쳐 쓰면 $\frac{\Pi \sin\alpha \times l_1}{\Pi \sin\beta \times l_2} = 1$

㉠ E_1 계산

$$E_1 = \frac{\Pi \sin\alpha \times l_1}{\Pi \sin\beta \times l_2} - 1$$

㉡ E_2 계산

각규약 조정각으로 계산한 sin 값에 초차(Δ)를 더하여 $\sin\alpha'$와 $\sin\beta'$를 구한 후 E_2의 값을 계산한다.

$$\Delta = (\sin 10'' \times 10^6) \times \cos\alpha(\text{또는 } \beta)$$
$$= 48.4814 \times \cos\alpha(\text{또는 } \beta)$$

$$E_2 = \frac{\Pi \sin\alpha' \times l_1}{\Pi \sin\beta' \times l_2} - 1$$

보충 + 설명

sin 값에 초차(Δ)는 $\sin 1''$에 대한 변화량으로 값이 미소하므로 $10''$에 대한 값으로 계산한다.

㉢ 경정수 x'' 계산

$$x_1'' = \frac{10'' \times E_1}{|E_1 - E_2|}, \quad x_2'' = \frac{10'' \times E_2}{|E_1 - E_2|}$$

변규약에 따른 오차 배부

$\alpha =$ 각규약 조정각 $- x_1''$

$\beta =$ 각규약 조정각 $+ x_1''$

5) 종 · 횡선좌표 계산

① 변장 계산

소구변의 변장은 기지변과 각 삼각형의 내각을 이용하여 sin 법칙에 의하여 계산한다.

$$\text{소구변의 변장} = \frac{\sin(\text{소구변의 내각})}{\sin(\text{기지변의 대각})} \times \text{기지 변장}$$

② 방위각 계산

$\triangle ABD$에서 B에서 D점에 대한 방위각 계산은 $V_B^D = V_B^A + \gamma_1$

A에서 D점에 대한 방위각 계산은 $V_A^D = (V_B^A \pm 180°) - \alpha_1$

$\triangle BDE$에서 B에서 E점에 대한 방위각 계산은 $V_B^E = V_B^D + \gamma_2$

D에서 E점에 대한 방위각 계산은 $V_D^E = (V_B^D \pm 180°) - \alpha_2$

$\triangle BCE$에서 B에서 C점에 대한 방위각 계산은 $V_B^C = V_B^E + \gamma_3$

E에서 C점에 대한 방위각 계산은 $V_E^C = (V_B^E \pm 180°) - \alpha_3$

③ 종 · 횡선좌표 계산

종선좌표＝기지점의 X좌표＋$(l \times \cos V)$
횡선좌표＝기지점의 Y좌표＋$(l \times \sin V)$

평균좌표 : $X = \dfrac{(X_1 + X_2)}{2}$, $Y = \dfrac{(Y_1 + Y_2)}{2}$

Example 07

삽입망 조정계산에서 기지점좌표와 γ가 다음과 같을 때 망규약 오차를 계산하시오.(단, 초 단위는 0.1초까지 계산하시오.)

	점명	종선좌표	횡선좌표		γ
기지점	경1	429751.84	196731.45	관측각	$\gamma_1=48°52'28''$
	경3	427511.49	195429.32		$\gamma_2=43°25'24''$
	경5	425073.20	196442.81		$\gamma_3=34°57'55''$

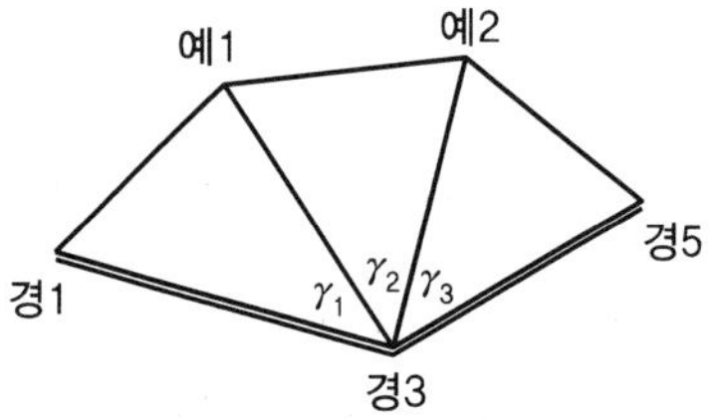

해설 및 정답

(1) 기지점 간 거리 및 방위각 계산

구분	경3 → 경1	경3 → 경5
$\Delta X,\ \Delta Y$	$\Delta X=429751.84-427511.49=+2240.35$	$\Delta X=425073.20-427511.49=-2438.29$
	$\Delta Y=196731.45-195429.32=+1302.13$	$\Delta Y=196442.81-195429.32=+1013.49$
방위	$\tan^{-1}\left(\frac{+1302.13}{+2240.35}\right)=30°09'57.2''$(I 상한)	$\tan^{-1}\left(\frac{+1013.49}{-2438.29}\right)=22°34'13.8''$(II 상한)
방위각	$V=\theta=30°09'57.2''$	$V=180°-\theta=180°-22°34'13.8''=157°25'46.2''$

(2) 망규약 조정

① $\Sigma\gamma=(48°52'28''+43°25'24''+34°57'55'')=127°15'47.0''$

② 기지내각$=V_{경3}^{경5}-V_{경3}^{경1}=157°25'46.2''-30°09'57.2''=127°15'49.0''$

③ 망규약 오차(e) 계산

$e=\Sigma\gamma-$기지내각$=127°15'47.0''-127°15'49.0''=-2.0''$

(3) 사각망

1) 사각망 조정계산

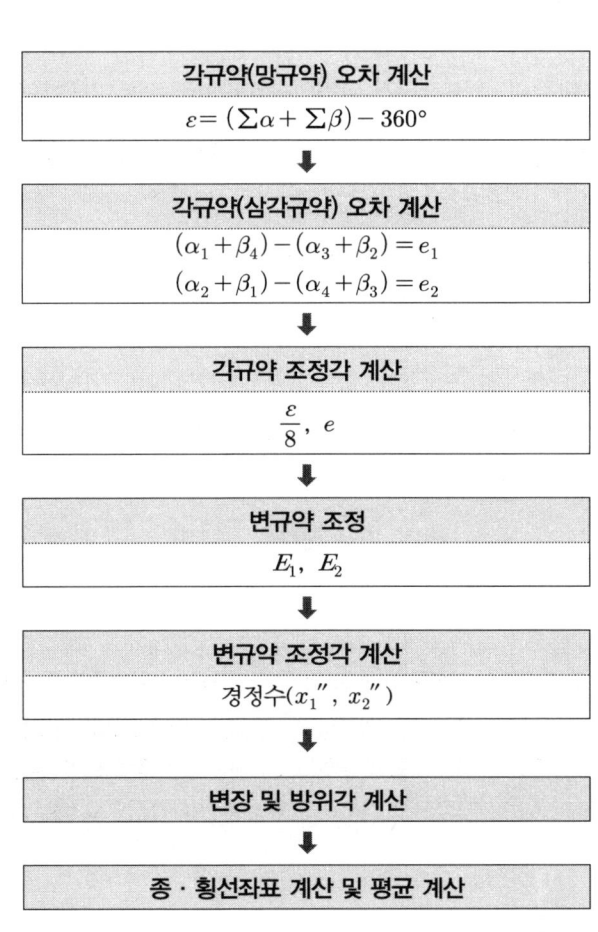

사각망	조정계산 방법
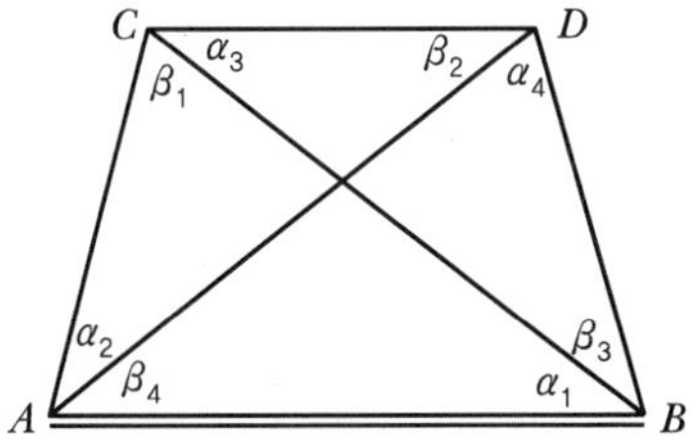	• 각규약에 의한 조정 – 망규약(사각망 내각의 합은 360°) – 삼각규약 $(\alpha_1+\beta_4)-(\alpha_3+\beta_2)=e_1$ $(\alpha_2+\beta_1)-(\alpha_4+\beta_3)=e_2$ • 변규약에 의한 조정 기선을 기초로 하여 계산하는 변장이 계산경로에 관계없이 반드시 동일한 값이 되도록 하는 조정

2) 조정순서

각규약(망규약) 오차 계산

$\varepsilon=(\sum\alpha+\sum\beta)-360°$

⬇

각규약(삼각규약) 오차 계산

$(\alpha_1+\beta_4)-(\alpha_3+\beta_2)=e_1$

$(\alpha_2+\beta_1)-(\alpha_4+\beta_3)=e_2$

⬇

각규약 조정각 계산

$\frac{\varepsilon}{8}$, e

⬇

변규약 조정

E_1, E_2

⬇

변규약 조정각 계산

경정수(x_1'', x_2'')

⬇

변장 및 방위각 계산

⬇

종 · 횡선좌표 계산 및 평균 계산

3) 사각망 유형

기선이 AB인 유형	기선이 AD인 유형
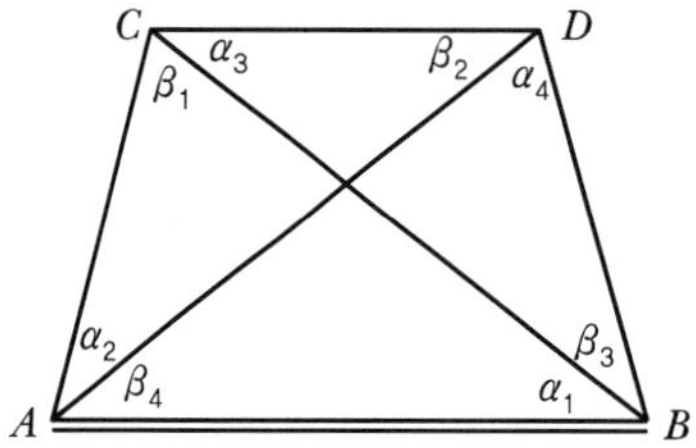	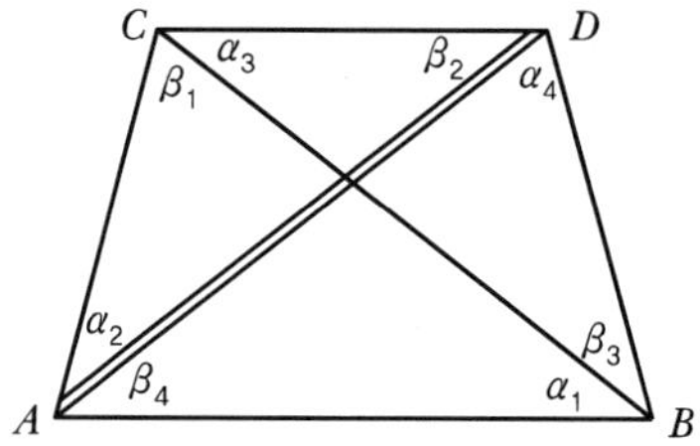

4) 세부 조정 방법

① 각규약에 의한 조정

㉠ 망규약

사각망의 내각의 합은 360°가 되어야 한다는 조건을 이용하여 조정한다.

$$\alpha_1+\beta_1+\alpha_2+\beta_2+\alpha_3+\beta_3+\alpha_4+\beta_4-360°=(\sum\alpha+\sum\beta)-360°=\varepsilon$$

망규약 조정량= $\dfrac{\varepsilon}{8}$

㉡ 삼각규약

$$(\alpha_1+\beta_4)-(\alpha_3+\beta_2)=e_1,\ (\alpha_2+\beta_1)-(\alpha_4+\beta_3)=e_2$$

삼각규약 조정량= $\dfrac{e_1}{4}$ 또는 $\dfrac{e_2}{4}$

보충 + 설명

- e_1이 (+)일 경우 α_1, β_4는 (−)값으로 배부하고 α_3, β_2는 (+)값으로 배부한다.
- e_1이 (−)일 경우 α_1, β_4는 (+)값으로 배부하고 α_3, β_2는 (−)값으로 배부한다.
- e_2가 (+)일 경우 α_2, β_1은 (−)값으로 배부하고 α_4, β_3는 (+)값으로 배부한다.
- e_2가 (−)일 경우 α_2, β_1은 (+)값으로 배부하고 α_4, β_3는 (−)값으로 배부한다.

② 변규약에 의한 조정

변규약 조정식은 $\dfrac{\sin\alpha_1\cdot\sin\alpha_2\cdot\sin\alpha_3\cdot\sin\alpha_4}{\sin\beta_1\cdot\sin\beta_2\cdot\sin\beta_3\cdot\sin\beta_4}=1$이며,

이것을 고쳐 쓰면 $\dfrac{\Pi\sin\alpha}{\Pi\sin\beta}=1$

㉠ E_1 계산

$$E_1 = \frac{\Pi \sin\alpha}{\Pi \sin\beta} - 1$$

㉡ E_2 계산

각규약 조정각으로 계산한 sin 값에 초차(Δ)를 더하여 $\sin\alpha'$와 $\sin\beta'$를 구한 후 E_2의 값을 계산한다.

$$\Delta = (\sin 10'' \times 10^6) \times \cos\alpha(\text{또는 } \beta)$$
$$= 48.4814 \times \cos\alpha(\text{또는} \beta)$$

$$E_2 = \frac{\Pi \sin\alpha'}{\Pi \sin\beta'} - 1$$

보충 + 설명

sin 값에 초차(Δ)는 $\sin 1''$에 대한 변화량으로 값이 미소하므로 $10''$에 대한 값으로 계산한다.

㉢ 경정수 x'' 계산

$$x_1'' = \frac{10'' \times E_1}{|E_1 - E_2|}, \quad x_2'' = \frac{10'' \times E_2}{|E_1 - E_2|}$$

변규약에 따른 오차 배부

$\alpha =$ 각규약 조정각 $- x_1''$

$\beta =$ 각규약 조정각 $+ x_1''$

5) 종 · 횡선좌표 계산

① 변장 계산

소구변의 변장은 기지변과 각 삼각형의 내각을 이용하여 sin 법칙에 의하여 계산한다.

$$\text{소구변의 변장} = \frac{\sin(\text{소구변의 내각})}{\sin(\text{기지변의 대각})} \times \text{기지 변장}$$

② 방위각 계산

$\triangle ABC$에서 A에서 C점에 대한 방위각 계산은 $V_A^C = V_A^B - \gamma_1$

B에서 C점에 대한 방위각 계산은 $V_B^C = (V_A^B \pm 180°) + \alpha_1$

$\triangle ACD$에서 A에서 D점에 대한 방위각 계산은 $V_A^D = V_A^C + \alpha_2$

C에서 D점에 대한 방위각 계산은 $V_C^D = (V_A^C \pm 180°) - \gamma_2$

$\triangle BCD$에서 C에서 B점에 대한 방위각 계산은 $V_C^B = V_C^D + \alpha_3$

D에서 B점에 대한 방위각 계산은 $V_D^B = (V_C^D \pm 180°) - \gamma_3$

$\triangle ABD$에서 B에서 A점에 대한 방위각 계산은 $V_B^A = V_B^D - \gamma_4$

D에서 A점에 대한 방위각 계산은 $V_D^A = (V_B^D \pm 180°) + \alpha_4$

③ 종 · 횡선좌표 계산

종선좌표＝기지점의 X좌표＋$(l \times \cos V)$

횡선좌표＝기지점의 Y좌표＋$(l \times \sin V)$

평균좌표 : $X = \dfrac{(X_1 + X_2)}{2}$, $Y = \dfrac{(Y_1 + Y_2)}{2}$

Example 08

사각망 조정계산에서 관측각이 다음과 같을 때 α_1의 각규약에 의한 조정량은?(단, 초 단위는 0.1초까지 계산하시오.)

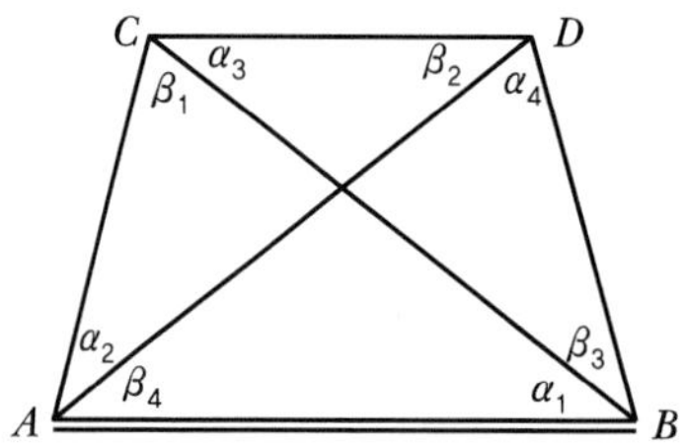

관측각
$\alpha_1 = 48°31'50.3''$
$\beta_2 = 53°03'57.2''$
$\alpha_3 = 22°44'29.2''$
$\beta_4 = 27°16'36.9''$

해설 및 정답

삼각규약에 의하여

$e_1 = (\alpha_1 + \beta_4) - (\alpha_3 + \beta_2)$

$= (48°31'50.3'' + 27°16'36.9'') - (22°44'29.2'' + 53°03'57.2'')$

$= 0°00'00.8''$

$\therefore \dfrac{e_1}{4} = \dfrac{0.8}{4} = +0.2''$

따라서, α_1의 조정량은 $\alpha_1 = -0.2''$

Point

e_1이 (+)일 경우, α_1, β_4는 (−)값으로 배부하고 α_3, β_2는 (+)값으로 배부한다.

Example 09

그림과 같은 사각망에서 기지점좌표와 관측내각이 다음과 같을 때, 서식에 의해 각규약과 변규약에 의하여 관측내각을 조정하시오.(단, 초 단위는 0.1초까지 계산하시오.)

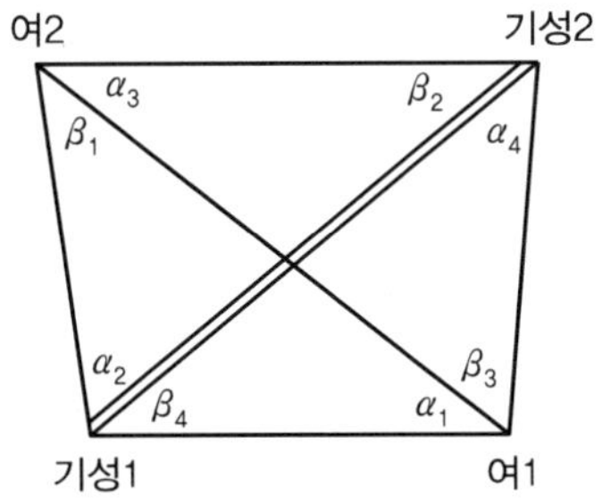

기지점	점명	X(m)	Y(m)
기지점	기성1	453278.75	192562.46
	기성2	454263.52	194459.26

관측내각

$\alpha_1 = 37°08'20.2''$, $\beta_1 = 35°24'36.4''$

$\alpha_2 = 59°53'15.4''$, $\beta_2 = 49°47'59.4''$

$\alpha_3 = 34°53'47.4''$, $\beta_3 = 44°51'35.8''$

$\alpha_4 = 50°26'12.8''$, $\beta_4 = 47°33'50.2''$

해설 및 정답

(1) 각규약 조정

1) 망규약 오차 계산

$(\sum\alpha + \sum\beta) - 360° = \varepsilon$

$(182°21'35.8'' + 177°38'01.8'') - 360° = -22.4''$

조정량 $\dfrac{\varepsilon}{8} = \dfrac{-22.4}{8} = -2.8''$

2) 삼각규약 오차 계산

① $(\alpha_1 + \beta_4) - (\alpha_3 + \beta_2) = e_1$

$(84°42'10.4'') - (84°41'46.8'') = +23.6''$

조정량 $\dfrac{e_1}{4} = \dfrac{23.6}{4} = +5.9''$

② $(\alpha_2 + \beta_1) - (\alpha_4 + \beta_3) = e_2$

$(95°17'51.8'') - (95°17'48.6'') = +3.2''$

조정량 $\dfrac{e_2}{4} = \dfrac{3.2}{4} = +0.8''$

3) 각규약 조정각

각명	관측각	각규약		
		$\frac{\varepsilon}{8}$	e	조정각
α_1 β_1	37°08′20.2″ 35°24′36.4″	+2.8 +2.8	−5.9 −0.8	37°08′17.1″ 35°24′38.4″
α_2 β_2	59°53′15.4″ 49°47′59.4″	+2.8 +2.8	−0.8 +5.9	59°53′17.4″ 49°48′08.1″
α_3 β_3	34°53′47.4″ 44°51′35.8″	+2.8 +2.8	+5.9 +0.8	34°53′56.1″ 44°51′39.4″
α_4 β_4	50°26′12.8″ 47°33′50.2″	+2.8 +2.8	+0.8 −5.9	50°26′16.4″ 47°33′47.1″

Point

- e_1이 (+)일 경우, α_1, β_4는 (−)값으로 배부하고, α_3, β_2는 (+)값으로 배부한다.
- e_2가 (+)일 경우, α_2, β_1은 (−)값으로 배부하고, α_4, β_3는 (+)값으로 배부한다.

(2) 변규약 조정

1) E_1 계산

① $\sin\alpha$, $\sin\beta$ 계산

② $E_1 = \dfrac{\Pi \sin\alpha}{\Pi \sin\beta} - 1 = \left(\dfrac{0.603738 \times 0.865048 \times 0.572130 \times 0.770935}{0.579433 \times 0.763821 \times 0.705389 \times 0.738021}\right) - 1$

$= \dfrac{0.230357}{0.230405} - 1 = -0.000208 = -208$

2) $\Delta\alpha$, $\Delta\beta$ 계산

$\Delta\alpha = 48.4814 \times \cos\alpha$, $\Delta\beta = 48.4814 \times \cos\beta$

3) E_2 계산

① $\sin\alpha'$, $\sin\beta'$ 계산

$\sin\alpha' = \sin\alpha + \Delta\alpha$, $\sin\beta' = \sin\beta + \Delta\beta$

② $E_2 = \dfrac{\Pi \sin\alpha'}{\Pi \sin\beta'} - 1 = \left(\dfrac{0.603777 \times 0.865072 \times 0.572170 \times 0.770966}{0.579393 \times 0.763790 \times 0.705355 \times 0.737988}\right) - 1$

$= \dfrac{0.230404}{0.230359} - 1 = +0.000195 = +195$

③ $|E_1 - E_2| = |(-208) - 195| = 403$

4) 경정수(x_1'', x_2'') 계산

$$x_1'' = \frac{10'' \times E_1}{|E_1 - E_2|} = \frac{10'' \times (-208)}{403} = -5.2''$$

$$x_2'' = \frac{10'' \times E_2}{|E_1 - E_2|} = \frac{10'' \times 195}{403} = +4.8''$$

검산 : $x_1'' + x_2'' = 10''$

5) 변규약 조정각

γ 계산 : $\gamma_1 = \alpha_2 + \beta_4$, $\gamma_2 = \alpha_3 + \beta_1$, $\gamma_3 = \alpha_4 + \beta_2$, $\gamma_4 = \alpha_1 + \beta_3$

각명	각규약 조정각	$\sin\alpha$ $\sin\beta$	$\Delta\alpha$ $\Delta\beta$	$\sin\alpha'$ 계산 $\sin\beta'$ 계산	$\sin\alpha'$ $\sin\beta'$	$\alpha - x_1''$ $\beta + x_1''$	변규약 조정각
α_1	37°08′17.1″	0.603738	+39	0.603738+39	0.603777	+5.2	37°08′22.3″
β_1	35°24′38.4″	0.579433	−40	0.579433−40	0.579393	−5.2	35°24′33.2″
γ_1							107°27′04.5″
α_2	59°53′17.4″	0.865048	+24	0.865048+24	0.865072	+5.2	59°53′22.6″
β_2	49°48′08.1″	0.763821	−31	0.763821−31	0.763790	−5.2	49°48′02.9″
γ_2							70°18′34.5″
α_3	34°53′56.1″	0.572130	+40	0.572130+40	0.572170	+5.2	34°54′01.3″
β_3	44°51′39.4″	0.705389	−34	0.705389−34	0.705355	−5.2	44°51′34.2″
γ_3							100°14′24.5″
α_4	50°26′16.4″	0.770935	+31	0.770935+31	0.770966	+5.2	50°26′21.6″
β_4	47°33′47.1″	0.738021	−33	0.738021−33	0.737988	−5.2	47°33′41.9″
γ_4							81°59′56.5″

(4) 삼각쇄

1) 삼각쇄 조정계산

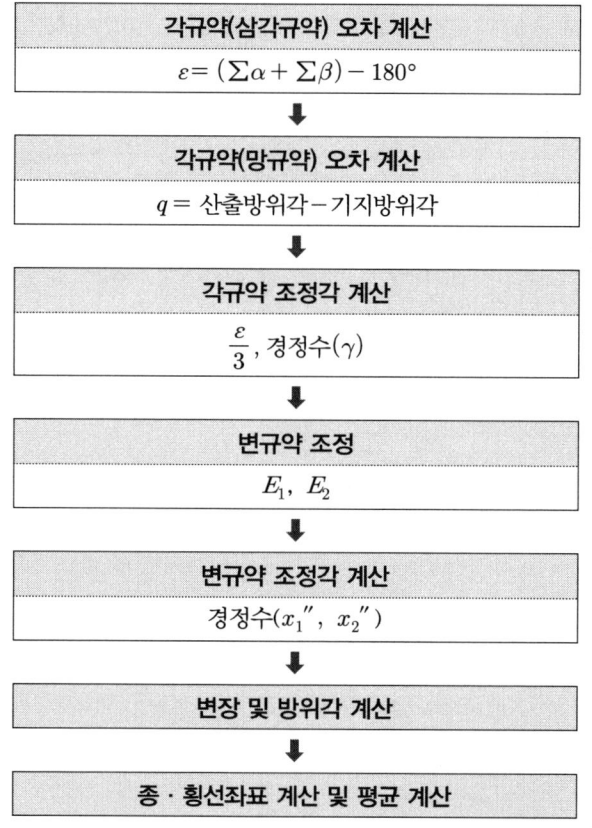

삼각쇄	조정계산 방법
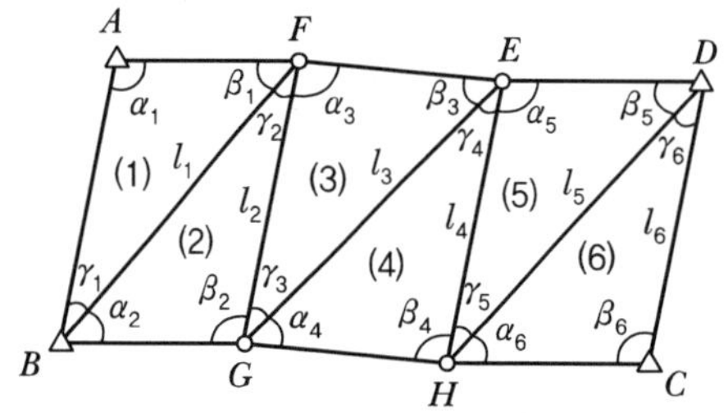	• 각규약에 의한 조정 – 삼각규약(각 삼각형의 내각의 합은 180°) – 망규약(산출 도착방위각과 기지 도착방위각이 동일하다.) • 변규약에 의한 조정 기선을 기초로 하여 계산하는 변장이 계산경로에 관계없이 반드시 동일한 값이 되도록 하는 조정

2) 조정순서

각규약(삼각규약) 오차 계산

$\varepsilon = (\sum\alpha + \sum\beta) - 180°$

⬇

각규약(망규약) 오차 계산

$q =$ 산출방위각 − 기지방위각

⬇

각규약 조정각 계산

$\frac{\varepsilon}{3}$, 경정수(γ)

⬇

변규약 조정

E_1, E_2

⬇

변규약 조정각 계산

경정수(x_1'', x_2'')

⬇

변장 및 방위각 계산

⬇

종 · 횡선좌표 계산 및 평균 계산

3) 세부 조정 방법

① 각규약에 의한 조정

㉠ 삼각규약

각 삼각형의 내각의 합은 180°가 되어야 한다는 조건을 이용하여 조정한다.

$\alpha_1 + \beta_1 + \gamma_1 - 180° = \varepsilon_1$

$$삼각규약\ 조정량 = \frac{\varepsilon}{3}$$

㉡ 망규약

출발방위각으로부터 각 삼각형의 γ 각을 이용하여 방위각을 계산하여 도착점에 폐색시키는 방법으로 산출한 산출방위각과 도착점의 기지방위각의 차이에 의한 오차를 계산한다.

출발방위각 + $\Sigma\gamma$(홀수) − $\Sigma\gamma$(짝수) = 도착 산출방위각

도착 산출방위각 − 도착 기지방위각 = q

$$망규약\ 조정량(경정수)\ \alpha = \pm \frac{q}{2n},\ \beta = \pm \frac{q}{2n},\ \gamma = \mp \frac{q}{n}$$

보충 + 설명

삼각형에 배분한 각의 흐트러짐을 방지하기 위해 α, β에 절반씩 배부한다.

② 변규약에 의한 조정

변규약 조정식은 $\dfrac{\sin\alpha_1 \cdot \sin\alpha_2 \cdot \sin\alpha_3 \cdot \sin\alpha_4 \cdot l_1}{\sin\beta_1 \cdot \sin\beta_2 \cdot \sin\beta_3 \cdot \sin\beta_4 \cdot l_2} = 1$이며,

이것을 고쳐 쓰면 $\dfrac{\Pi \sin\alpha \times l_1}{\Pi \sin\beta \times l_2} = 1$

㉠ E_1 계산

$$E_1 = \frac{\Pi \sin\alpha \times l_1}{\Pi \sin\beta \times l_2} - 1$$

㉡ E_2 계산

각규약 조정각으로 계산한 sin 값에 초차(Δ)를 더하여 $\sin\alpha'$와 $\sin\beta'$를 구한 후 E_2의 값을 계산한다.

$$\Delta = (\sin 10'' \times 10^6) \times \cos\alpha(\text{또는 } \beta)$$
$$= 48.4814 \times \cos\alpha(\text{또는} \beta)$$

$$E_2 = \frac{\Pi \sin\alpha' \times l_1}{\Pi \sin\beta' \times l_2} - 1$$

보충 + 설명

sin 값에 초차(Δ)는 sin1″에 대한 변화량으로 값이 미소하므로 10″에 대한 값으로 계산한다.

㉢ 경정수 x'' 계산

$$x_1'' = \frac{10'' \times E_1}{|E_1 - E_2|}, \quad x_2'' = \frac{10'' \times E_2}{|E_1 - E_2|}$$

변규약에 따른 오차 배부

$\alpha =$ 각규약 조정각 $- x_1''$

$\beta =$ 각규약 조정각 $+ x_1''$

4) 종 · 횡선좌표 계산

① 변장 계산

소구변의 변장은 기지변과 각 삼각형의 내각을 이용하여 sin 법칙에 의하여 계산한다.

$$\text{소구변의 변장} = \frac{\sin(\text{소구변의 내각})}{\sin(\text{기지변의 대각})} \times \text{기지 변장}$$

② 방위각 계산

$\triangle ABF$에서 A에서 F점에 대한 방위각 계산은 $V_A^F = V_A^B - \alpha_1$

B에서 F점에 대한 방위각 계산은 $V_B^F = (V_A^B \pm 180°) + \gamma_1$

$\triangle BFG$에서 B에서 G점에 대한 방위각 계산은 $V_B^G = V_B^F + \alpha_2$

F에서 G점에 대한 방위각 계산은 $V_F^G = (V_B^F \pm 180°) - \gamma_2$

$\triangle FGE$에서 G에서 E점에 대한 방위각 계산은 $V_G^E = V_G^F + \gamma_3$

F에서 E점에 대한 방위각 계산은 $V_F^E = (V_G^F \pm 180°) - \alpha_3$

$\triangle GHE$에서 G에서 H점에 대한 방위각 계산은 $V_G^H = V_G^E + \alpha_4$

E에서 H점에 대한 방위각 계산은 $V_E^H = (V_G^E \pm 180°) - \gamma_4$

③ 종 · 횡선좌표 계산

종선좌표＝기지점의 X좌표＋($l\times\cos V$)
횡선좌표＝기지점의 Y좌표＋($l\times\sin V$)

평균좌표 : $X=\dfrac{(X_1+X_2)}{2}$, $Y=\dfrac{(Y_1+Y_2)}{2}$

Example 10

다음 그림과 같은 삼각쇄에서 기지 방위각의 오차가 +24″일 때 ③ 삼각형의 γ각 보정량은?

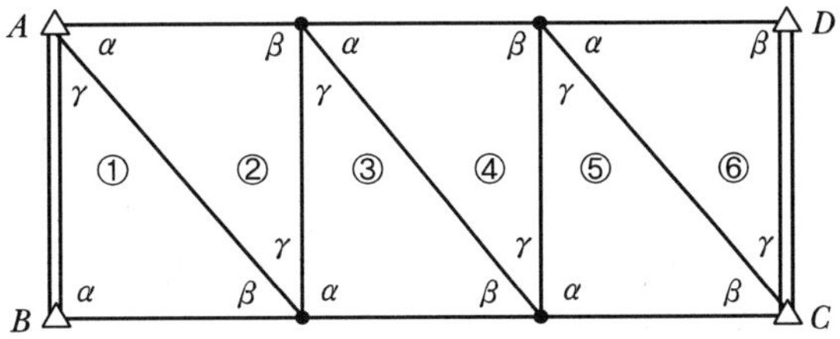

해설 및 정답

γ각이 좌측에 있을 때 (+), 우측에 있을 때 (−) 배부하며, 삼각형에 배분한 각의 흐트러짐을 방지하기 위해 α, β에 절반씩 배부한다.

경정수는 $\alpha=\pm\dfrac{q}{2n}$, $\beta=\pm\dfrac{q}{2n}$, $\gamma=\mp\dfrac{q}{n}$이며

$\gamma=+\dfrac{q}{n}=+\dfrac{24}{6}=+4''$

CHAPTER 01

실전문제 및 해설

CADASTRAL SURVEYING

01

완산3에서 측점귀심방법으로 수평각을 측정하여 측점귀심 인자 편심거리(K)=4.450m, θ=125°13′40″를 측정하였다. 다음 시준점에 대한 관측방향각을 측정하였다면 주어진 서식에 의해 중심각을 산출하시오.

시준점	예5	예7	예9	예11
관측방향각	0°00′00.0″	23°12′42.5″	79°54′34.6″	199°22′15.7″
거리	3021.70m	2175.43m	3623.56m	4029.69m

해설 및 정답

(1) 수평각측점귀심계산부 서식에 측점명(완산3), 편심거리(K=4.450m), 편심점에서의 관측협각 (θ=125°13′40″) 기재

(2) 360° − θ 계산

360° − 125°13′40.0″ = 234°46′20.0″

(3) α 계산(α = 관측방향각 + (360° − θ))

시준점	O=예5	P=예7	Q=예9	R=예11
관측방향각	0°00′00.0″	23°12′42.5″	79°54′34.6″	199°22′15.7″
360° − θ	234°46′20.0″	234°46′20.0″	234°46′20.0″	234°46′20.0″
α	234°46′20.0″	257°59′02.5″	314°40′54.6″	74°08′35.7″

(4) $\frac{1}{D}$ 계산

시준점	O=예5	P=예7	Q=예9	R=예11
관측거리(D)	3021.70m	2175.43m	3623.56m	4029.69m
$\frac{1}{D}$	0.000331	0.000460	0.000276	0.000248

(5) sinα 계산

시준점	O=예5	P=예7	Q=예9	R=예11
α	234°46′20.0″	257°59′02.5″	314°40′54.6″	74°08′35.7″
sinα	−0.816865	−0.978090	−0.711022	0.961948

(6) r'' 계산

$$r'' = \frac{K \cdot \sin\alpha}{D \cdot \sin 1''} = \frac{1}{D} \times \frac{1}{\sin 1''} \times K \times \sin\alpha$$

- 예5의 $r'' = 0.000331 \times 206264.8 \times 4.450 \times -0.816865 = -248.2''$
- 예7의 $r'' = 0.000460 \times 206264.8 \times 4.450 \times -0.978090 = -413.0''$
- 예9의 $r'' = 0.000276 \times 206264.8 \times 4.450 \times -0.711022 = -180.1''$
- 예11의 $r'' = 0.000248 \times 206264.8 \times 4.450 \times 0.961948 = +219.0''$

(7) r 계산(r''를 분, 초로 환산)

(8) 중심방향각 계산

중심방향각 = 관측방향각 + r

- 예5의 중심방향각 $= 0°00'00.0'' + (-4'08.2'') = -0°04'08.2''$
- 예7의 중심방향각 $= 23°12'42.5'' + (-6'53.0'') = 23°05'49.5''$
- 예9의 중심방향각 $= 79°54'34.6'' + (-3'00.1'') = 79°51'34.5''$
- 예11의 중심방향각 $= 199°22'15.7'' + (+3'39.0'') = 199°25'54.7''$

(9) C점에서 O점을 $0°$로 한 중심방향각 계산

중심방향각 = 각각의 시준점 중심방향각 − 원방향각의 r

- 예5의 중심방향각 $= -0°04'08.2'' - (-4'08.2'') = 0°00'00.0''$
- 예7의 중심방향각 $= 23°05'49.5'' - (-4'08.2'') = 23°09'57.7''$
- 예9의 중심방향각 $= 79°51'34.5'' - (-4'08.2'') = 79°55'42.7''$
- 예11의 중심방향각 $= 199°25'54.7'' - (-4'08.2'') = 199°30'02.9''$

(10) 중심각 계산

중심각 = 앞선방향각 − 뒤에 따른 방향각

- ∠예5, 완산3, 예7 $= 23°09'57.7'' - 0°00'00.0'' = 23°09'57.7''$
- ∠예7, 완산3, 예9 $= 79°55'42.7'' - 23°09'57.7'' = 56°45'45.0''$
- ∠예9, 완산3, 예11 $= 199°30'02.9'' - 79°55'42.7'' = 119°34'20.2''$
- ∠예11, 완산3, 예5 $= 360°00'00.0'' - 199°30'02.9'' = 160°29'57.1''$

계 : $360°00'00.0''$

수 평 각 측 점 귀 심 계 산 부

측점명　완산3점

$$r'' = \frac{K \cdot \sin\alpha}{D \cdot \sin 1''}$$

α : 관측방향각 + $(360° - \theta)$

K : 편심거리(5m 이내)

D : 삼각점 간 거리(약치도 가능함)

$K = 4^{\text{m}}.450$

360°00′00.0″

$\theta = 125°13'40.0''$

$360° - \theta = 234°46'20.0''$

시준점	O=예5	P=예7	Q=예9	R=예11	S=
관측방향각	0° 00′ 00″.0	23° 12′ 42″.5	79° 54′ 34″.6	199° 22′ 15″.7	° ′ ″.
$360° - \theta$	234 46 20.0	234 46 20.0	234 46 20.0	234 46 20.0	.
α	+) 234 46 20.0	+) 257 59 02.5	+) 314 40 54.6	+) 74 08 35.7	+) .
	(3021.70)	(2175.43)	(3623.56)	(4029.69)	
$\frac{1}{D}$	0.0003310	0.0004600	0.0002760	0.000248	.
$\frac{1}{\sin 1''}$	206264.8	206264.8	206264.8	206264.8	206264.8
K	4 m.450	4 m.450	4 m.450	4 m.450	m.
$\sin\alpha$	−0.816865	−0.97809 0	−0.711022	0.961948	.
r''	×) −248″.2	×) −413″.0	×) −180″.1	×) +219″.0	×) ″.
r	− 4′ 08″.2	− 6′ 53″.0	− 3′ 00″.1	+ 3′ 39″.0	′ ″.
중심방향각	− 0° 04′ 08″.2	23° 05′ 49″.5	79° 51′ 34″.5	199° 25′ 54″.7	° ′ ″.
C점에서 O점을 0°로 한 중심방향각	0 00 00 0	23 09 57 7	79 55 42 7	199 30 02 9	
중심각	23° 09′ 57″.7	56° 45′ 45″.0	119° 34′ 20″.2	160° 29′ 57″.1	
비고	D : 중심 삼각점과 시준점 간 거리 r'' : 초를 단위로 한 귀심화수 r : 분초를 환산한 귀심화수 } 부호는 $\sin\alpha$의 정, 부에 따라 붙임				
약도	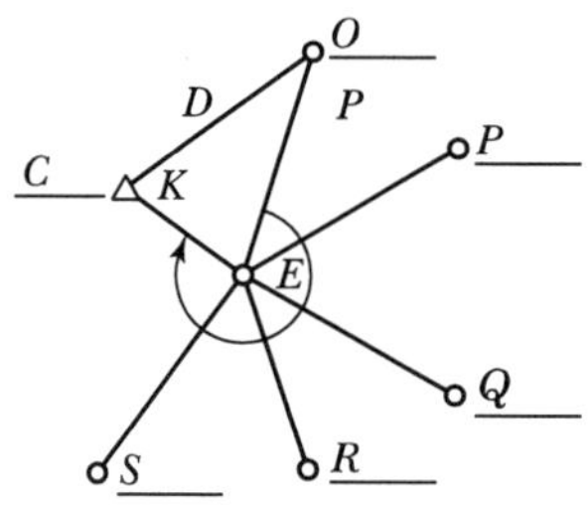				

C : 중심삼각점

E : 편심측점

K : 편심거리

02 모악산에서 장애물로 인하여 중심각을 측정하지 못하여 다음과 같이 편심 관측하였다. 주어진 서식에 의해 중심방향각을 산출하시오.

구분	전북	완산	덕진
관측방향각	0°00′30.9″	63°12′42.5″	179°54′34.6″
편심거리	1.20m	1.43m	2.23m
삼각점 간 거리	8021.70m·	5175.43m	7623.56m

해설 및 정답

(1) 수평각점표귀심계산부 서식의 하단 약도 작성

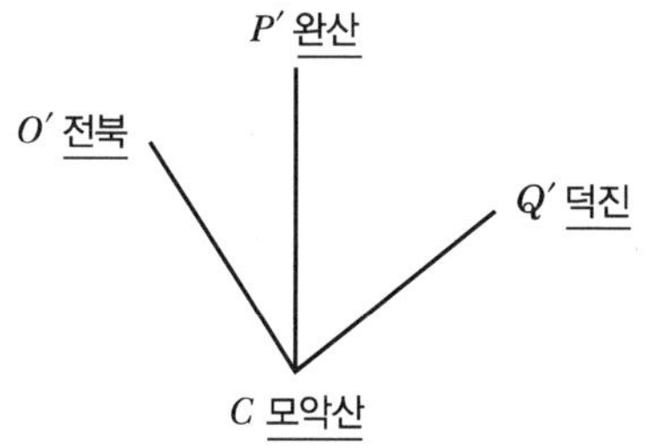

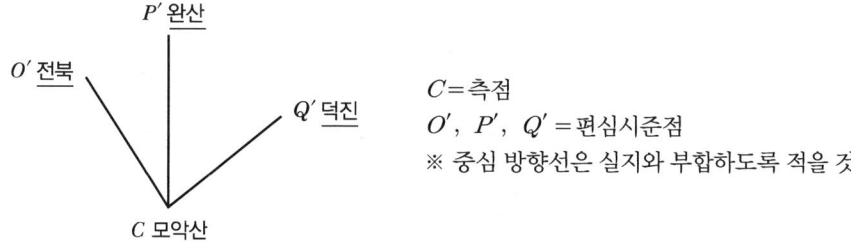

C=측점
O', P', Q' =편심시준점
※ 중심 방향선은 실지와 부합하도록 적을 것

(2) 측정명(모악산)과 주어진 조건인 편심거리, 삼각점 간 거리 기재

- 편심거리(K) = 1.20m
  = 1.43m
  = 2.23m
- 삼각점 간 거리(D) = 8021.70m
  = 5175.43m
  = 7623.56m

(3) 편심시준점, 관측방향각, 편심거리(K)

편심시준점	O' = 전북	P' = 완산	Q' = 덕진
관측방향각	0°00′30.9″	63°12′42.5″	179°54′34.6″
편심거리(K)	1.20m	1.43m	2.23m

(4) $\frac{1}{D}$ 계산

$\frac{1}{D}$	0.000125	0.000193	0.000131

(5) $\frac{1}{\sin 1''}$ 는 서식에서 206264.81″로 주어짐

(6) r'' 계산

$$r'' = \frac{K}{D \cdot \sin 1''}$$

- 모악산 − 전북 : $r'' = 1.20 \times 0.000125 \times 206264.81 = 30.9''$
- 모악산 − 완산 : $r'' = 1.43 \times 0.000193 \times 206264.81 = 56.9''$
- 모악산 − 덕진 : $r'' = 2.23 \times 0.000131 \times 206264.81 = 60.3''$

(7) 귀심화수(r) 계산

O' 전북의 관측방향각이 0°00′30.9″로 중심방향선의 우측에 있는 경우이므로 (−)부호를 붙임

- 모악산−전북 : $r = -30.9''$
- 모악산−완산 : $r = -56.9''$
- 모악산−덕진 : $r = -60.3'' = -1'00.3''$

보충 + 설명

r''를 분, 초로 환산하여 적고, 편심 관측방향이 중심방향선의 좌측에 있는 경우에는 (+), 우측에 있는 경우에는 (−) 부호를 붙인다.

(8) 중심방향각 계산

$$\text{중심방향각} = \text{관측방향각} + r$$

- 모악산−전북 : 중심방향각 = 0°00′30.9″ − 30.9″ = 0°00′00.0″
- 모악산−완산 : 중심방향각 = 63°12′42.5″ − 56.9″ = 63°11′45.6″
- 모악산−덕진 : 중심방향각 = 179°54′34.6″ − 1′00.3″ = 179°53′34.3″

수 평 각 점 표 귀 심 계 산 부

측점명 모악산점

$$r'' = \frac{K}{D \cdot \sin 1''}$$

K : 편심거리
D : 삼각점 간 거리

$K = 1^{m}.20$
$= 1.43$
$= 2.23$

$D = 8021^{m}.70$
$= 5175.43$
$= 7623.56$

편심시준점	O' = 전북	P' = 완산	Q' = 덕진
관측방향각	0° 00′ 30″.9	63° 12′ 42″.5	179° 54′ 34″.6
K	$1^{m}.20$	$1^{m}.43$	$2^{m}.23$
$\frac{1}{D}$	0.000125	0.000193	0.000131
$\frac{1}{\sin 1''}$	206264.81	206264.81	206264.81
r''	×) 30″.9	×) 56″.9	×) 60″.3
r	−30″.9	−56″.9	−1′ 00″.3
중심방향각	0° 00′ 00″.0	63° 11′ 45″.6	179° 53′ 34″.3
비고	r : r''를 분, 초로 환산 기입하고 편심 관측방향이 중심방향선의 좌측에 있는 때에는 (+), 우측에 있는 때에는 (−)부호를 붙인다. K : 5m 이내일 것 D : 약치라도 가능함		
약도	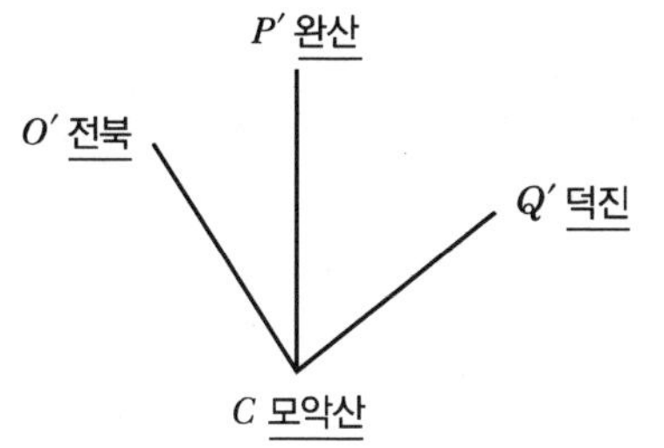 C=측점 O', P', Q' =편심시준점 ※ 중심방향선은 실지와 부합하도록 적을 것		

03 토털스테이션에 의해 두 점 간(예1 – 예5)의 거리를 측정하여 다음과 같은 측량결과를 취득하였다. 주어진 서식을 이용하여 두 점 간의 평면거리를 계산하시오.

- 측정거리$(D)=1934.17\text{m}$
- 연직각$(\alpha_1)=-2°24'16''$
- 연직각$(\alpha_2)=+2°24'08''$
- 기지점표고$(H_1)=91.05\text{m}$
- 시준점표고$(H_2)=8.69\text{m}$
- 기계고$(i)=1.45\text{m}$
- 시준고$(f)=1.45\text{m}$
- 원점에서 삼각점까지의 횡선거리 $Y_1=20.3\text{km}$, $Y_2=15.7\text{km}$

해설 및 정답

(1) 연직각에 의한 계산

① 평면거리계산부 서식에 방향(예1 → 예5), 측정거리(D), 연직각$(\alpha_1,\ \alpha_2)$ 기재

② $\frac{1}{2}(\alpha_1+\alpha_2)=\frac{1}{2}(2°24'16''+2°24'08'')=2°24'12''$ [α_1, α_2는 절대치]

③ $\cos\frac{1}{2}(\alpha_1+\alpha_2)=\cos\frac{1}{2}(2°24'12'')=0.999120$

④ $D\cdot\cos\frac{1}{2}(\alpha_1+\alpha_2)=1934.17\times0.999120=1932.47\text{m}$

⑤ H_1' 및 H_2' 계산

- $H_1'=H_1+i=$표고$+$기계고$=91.05+1.45=92.50\text{m}$
- $H_2'=H_2+f=$표고$+$시준고$=8.69+1.45=10.14\text{m}$

⑥ R과 $2R$의 값은 평면거리계산부 서식에 주어짐

⑦ $\dfrac{D(H_1'+H_2')}{2R}$ 계산

$$\frac{D(H_1'+H_2')}{2R}=\frac{1934.17(92.50+10.14)}{12744399.3}=0.016\text{m}$$

⑧ 기준면거리(S) 계산

$$S=D\cdot\cos\frac{1}{2}(\alpha_1+\alpha_2)-\frac{D(H_1'+H_2')}{2R}$$

$$S=D\cdot\cos\frac{1}{2}(\alpha_1+\alpha_2)-\frac{D(H_1'+H_2')}{2R}=1932.47-0.016=1932.454\text{m}$$

⑨ $(Y_1+Y_2)^2$ 계산

$(Y_1+Y_2)^2=(20.3+15.7)^2=1296.00\text{km}$

⑩ 축척계수(K) 계산

$$K=1+\frac{(Y_1+Y_2)^2}{8R^2}$$

$$K=1+\frac{(Y_1+Y_2)^2}{8R^2}=1+\frac{1296.00}{324839427.7}=1.000004$$

⑪ 평면거리(D) 계산

평면거리(D) $= S\times K=1932.454\times 1.000004=1932.462\text{m}$

(2) 표고에 의한 계산

① 평면거리계산부 서식에 측정거리(D) 기재

② $2D$ 계산

$2D=2\times 1934.17=3868.34\text{m}$

③ H_1', H_2' 계산

H_1', H_2'는 연직각에 의한 계산에서 산출된 H_1', H_2'값 기재

④ $(H_1'-H_2')$ 계산

$(H_1'-H_2')=92.50\text{-}10.14=82.36\text{m}$

⑤ $(H_1'-H_2')^2$ 계산

$(H_1'-H_2')^2=(82.36)^2=6783.17\text{m}$

⑥ $\dfrac{(H_1'-H_2')^2}{2D}$ 계산

$$\frac{(H_1'-H_2')^2}{2D}=\frac{6783.17}{3868.34}=1.75\text{m}$$

⑦ $D-\dfrac{(H_1'-H_2')^2}{2D}$ 계산

$$D-\frac{(H_1'-H_2')^2}{2D}=1934.17-1.75=1932.42\text{m}$$

⑧ R과 $2R$의 값은 평면거리계산부 서식에 주어짐

⑨ $\dfrac{D(H_1'+H_2')}{2R}$ 계산

$$\frac{D(H_1'+H_2')}{2R}=\frac{1934.17(92.50+10.14)}{12744399.3}=0.016\text{m}$$

⑩ 기준면거리(S) 계산

$$S = D - \frac{(H_1' - H_2')^2}{2D} - \frac{D(H_1' + H_2')}{2R}$$

$$S = D - \frac{(H_1' - H_2')^2}{2D} - \frac{D(H_1' + H_2')}{2R} = 1932.42 - 0.016 = 1932.404\text{m}$$

⑪ 평면거리계산부 서식에 Y_1, Y_2 기재

※ Y_1, Y_2는 원점에서 삼각점까지의 횡선거리(km)

⑫ $(Y_1 + Y_2)^2$ 계산

$(Y_1 + Y_2)^2 = (20.3 + 15.7)^2 = 1296.00\text{km}$

⑬ 축척계수(K) 계산

$$K = 1 + \frac{(Y_1 + Y_2)^2}{8R^2}$$

$$K = 1 + \frac{(Y_1 + Y_2)^2}{8R^2} = 1 + \frac{1296.00}{324839427.7} = 1.000004$$

⑭ 평면거리(D) 계산

평면거리(D) $= S \times K =$ 기준면거리 $\times$ 축척계수 $= 1932.404 \times 1.000004 = 1932.412\text{m}$

(3) 평면거리 평균(D_0) 계산

$$D_0 = \frac{(1932.462 + 1932.412)}{2} = 1932.44\text{m}$$

평 면 거 리 계 산 부

약도

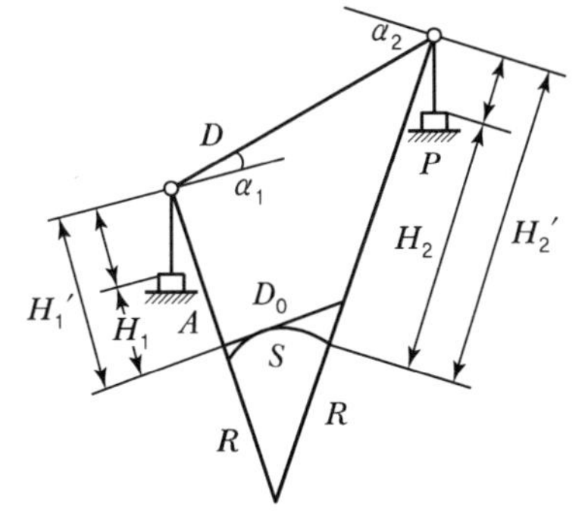

공식

○ 연직각에 의한 계산

$$S = D \cdot \cos\frac{1}{2}(\alpha_1 + \alpha_2) - \frac{D(H_1' + H_2')}{2R}$$

○ 표고에 의한 계산

$$S = D - \frac{(H_1' - H_2')^2}{2D} - \frac{D(H_1' + H_2')}{2R}$$

○ 평면거리

$$D_0 = S \times K \left(K = 1 + \frac{(Y_1 + Y_2)^2}{8R^2}\right)$$

D = 경사거리, S = 기준면거리, H_1, H_2 = 표고
R = 곡률반경(6372199.7m), i = 기계고, f = 시준고
α_1, α_2 = 연직각(절대치), K = 축척계수
Y_1, Y_2 = 원점에서 삼각점까지의 횡선거리(km)

연직각에 의한 계산		표고에 의한 계산	
방향	예 1점 → 예 5점		
D	1934.17 m	D	1934.17 m
α_1	−2° 24′ 16″	$2D$	3868.34
α_2	+2 24 08	H_1'	92.50
$\frac{1}{2}(\alpha_1+\alpha_2)$	2 24 12	H_2'	10.14
$\cos\frac{1}{2}(\alpha_1+\alpha_2)$	0.999120	$(H_1'-H_2')$	82.36
$D\cdot\cos\frac{1}{2}(\alpha_1+\alpha_2)$	1932.47 m	$(H_1'-H_2')^2$	6783.17

$H_1' = H_1 + i$	92.50	$\frac{(H_1'-H_2')^2}{2D}$	1.75
$H_2' = H_2 + f$	10.14	$D - \frac{(H_1'-H_2')^2}{2D}$	1932.42
R	6372199.7	R	6372199.7
$2R$	12744399.3	$2R$	12744399.3
$\frac{D(H_1'+H_2')}{2R}$	0.016	$\frac{D(H_1'+H_2')}{2R}$	0.016
S	1932.454	S	1932.404
Y_1	20.3 km	Y_1	20.3 km
Y_2	15.7 km	Y_2	15.7 km
$(Y_1+Y_2)^2$	1296.00	$(Y_1+Y_2)^2$	1296.00
$8R^2$	324839427.7 km	$8R^2$	324839427.7 km
$K = 1 + \frac{(Y_1+Y_2)^2}{8R^2}$	1.000004	$K = 1 + \frac{(Y_1+Y_2)^2}{8R^2}$	1.000004
$S \times K$	1932.462 m	$S \times K$	1932.412 m
평균(D_0)	1932.44 m		
계산자		검사자	

04 기지점 예1과 예5에서부터 소구점 보3에 대한 표고를 구하기 위해 연직각을 측정하였다. 주어진 서식에 의해 표고를 계산하시오.

구분	예1 → 보3	예5 → 보3
수평거리(L)	3976.99m	4712.65m
연직각 (α_1)	+1°53′47″	+2°16′50″
연직각 (α_2)	−1°53′40″	−2°16′38″
기계고 (i_1)	1.68m	1.65m
기계고 (i_2)	1.65m	1.64m
시준고 (f_1)	3.40m	3.24m
시준고 (f_2)	3.27m	3.14m
표고(H_1)	515.77m	459.75m

해설 및 정답

(1) 예1 → 보3의 고저차(h) 계산

$$\text{고저차}(h) = L \cdot \tan\frac{(\alpha_1 - \alpha_2)}{2} + \frac{(i_1 - i_2 + f_1 - f_2)}{2}$$

① $(\alpha_1 - \alpha_2) = (+1°53'47'') - (-1°53'40'') = +3°47'27''$

② $\tan\frac{(\alpha_1 - \alpha_2)}{2} = \tan\frac{(3°47'27'')}{2} = 0.033093$

③ $L \cdot \tan\frac{(\alpha_1 - \alpha_2)}{2} = 3976.99 \times 0.033093 = 131.61\text{m}$

④ $\frac{(i_1 - i_2 + f_1 - f_2)}{2} = \frac{(1.68 - 1.65 + 3.40 - 3.27)}{2} = +0.08\text{m}$

⑤ $\text{고저차}(h) = L \cdot \tan\frac{(\alpha_1 - \alpha_2)}{2} + \frac{(i_1 - i_2 + f_1 - f_2)}{2} = 131.61 + 0.08 = +131.69\text{m}$

(2) 소구점 표고(H_2) 계산

$H_2 = H_1 + h = \text{기지점 표고} + \text{고저차} = 515.77 + 131.69 = 647.46\text{m}$

(3) 예5 → 보3의 고저차(h) 계산

① $(\alpha_1 - \alpha_2) = (+2°16'50'') - (-2°16'38'') = +4°33'28''$

② $\tan\frac{(\alpha_1 - \alpha_2)}{2} = \tan\frac{(4°33'28'')}{2} = 0.039795$

③ $L \cdot \tan\frac{(\alpha_1 - \alpha_2)}{2} = 4712.65 \times 0.039795 = 187.54\text{m}$

④ $\frac{(i_1 - i_2 + f_1 - f_2)}{2} = \frac{(1.65 - 1.64 + 3.24 - 3.14)}{2} = +0.06\text{m}$

⑤ $h = L \cdot \tan\frac{(\alpha_1 - \alpha_2)}{2} + \frac{(i_1 - i_2 + f_1 - f_2)}{2} = 187.54 + 0.06 = +187.60\text{m}$

(4) 소구점 표고(H_2) 계산

$H_2 = H_1 + h$=기지점 표고+고저차$= 459.75 + 187.60 = 647.35$m

(5) 표고의 평균 계산

$$H_2 \text{의 평균} = \frac{(647.46 + 647.35)}{2} = 647.40\text{m}$$

(6) 교차 및 공차 계산

① 교차$= 647.46 - 647.35 = 0.11$m

② 공차$= 0.05 + 0.05(S_1 + S_2) = 0.05 + 0.05(3.97699 + 4.71265) \fallingdotseq 0.484 = \pm 0.48$m

표 고 계 산 부

약도

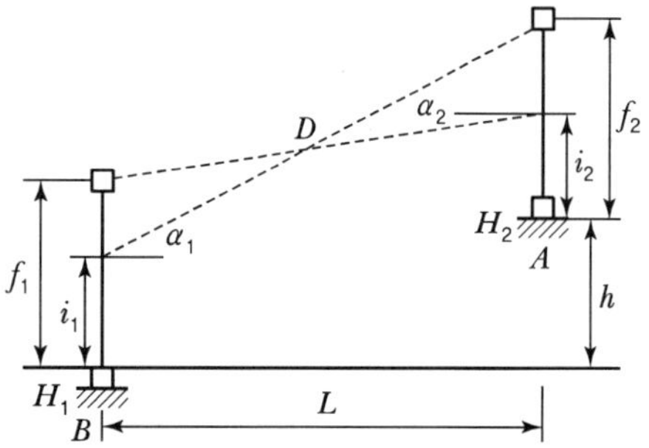

공식

$$H_2 = H_1 + h$$

$$h = L \cdot \tan\frac{(\alpha_1 - \alpha_2)}{2} + \frac{(i_1 - i_2 + f_1 - f_2)}{2}$$

$L = D \cdot \cos\alpha_1$ 또는 α_2

H_1 : 기지점 표고 　 α_1, α_2 : 연직각

H_2 : 소구점 표고 　 i_1, i_2 : 기계고

h : 고저차 　 f_1, f_2 : 시준고

L : 수평거리 　 D : 경사거리

기지점명	예 1 점	예 5 점	점	점
소구점명	보 3 점		점	
L	3976.99 m	4712.65 m	. m	. m
α_1	+1° 53′ 47″	+2° 16′ 50″	° ′ ″	° ′ ″
α_2	−1 53 40	−2 16 38		
$(\alpha_1 - \alpha_2)$	+3 47 27	+4 33 28		
$\tan\frac{(\alpha_1 - \alpha_2)}{2}$	0.033093	0.039795	.	.
$L \cdot \tan\frac{(\alpha_1 - \alpha_2)}{2}$	131.61 m	187.54 m	. m	. m
i_1	1.68	1.65	.	.
i_2	1.65	1.64	.	.
f_1	3.40	3.24	.	.
f_2	3.27	3.14	.	.
$\frac{(i_1 - i_2 + f_1 - f_2)}{2}$	+0.08	+0.06	.	.
h	+131.69	+187.60	.	.
H_1	515.77	459.75	.	.
H_2	647.46	647.35	.	.
평균	647.40 m		. m	
교차	0.11 m		. m	
공차	±0.48 m		. m	

계산자		검사자	

05 다음과 같이 유심다각망에서 수평각을 관측하여 다음과 같은 관측값을 얻었다. 주어진 서식에 의해 계산하시오.(단, 거리는 cm 단위, 각은 0.1″ 단위까지 계산하시오.)

(1) 기지점좌표

점명	종선좌표	횡선좌표
완산	418335.01	203542.46
혁신	415664.33	206419.33

(2) 관측각

점명	각명	관측각	점명	각명	관측각
혁신	α_1	48°44′44.2″	전주1	α_2	49°05′23.6″
전주1	β_1	52°30′40.3″	전주2	β_2	49°17′04.3″
완산	γ_1	78°44′16.6″	완산	γ_2	81°37′16.2″
전주2	α_3	44°30′36.7″	전주3	α_4	76°41′41.3″
전주3	β_3	49°51′32.3″	전주4	β_4	34°56′20.7″
완산	γ_3	85°38′06.3″	완산	γ_4	68°22′09.1″
전주4	α_5	42°45′53.7″			
혁신	β_5	91°35′56.2″			
완산	γ_5	45°38′20.3″			

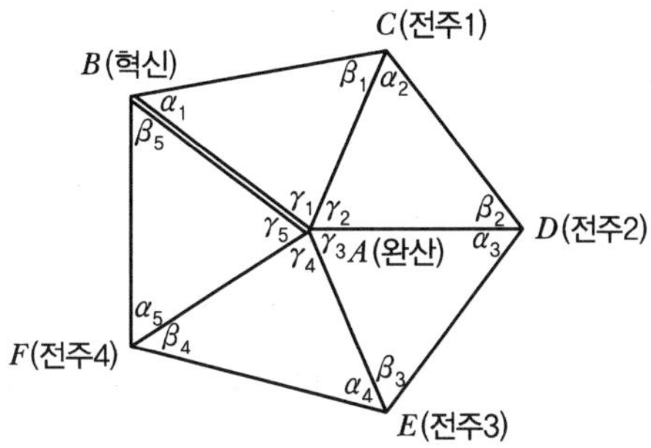

해설 및 정답

(1) 기지점 간 거리 및 방위각 계산

구분	완산 → 혁신
ΔX, ΔY	$\Delta X = 415664.33 - 418335.01 = -2670.68$
	$\Delta Y = 206419.33 - 203542.46 = +2876.87$
거리	$\sqrt{(-2670.68)^2 + (2876.87)^2} = 3925.42\text{m}$
방위	$\tan^{-1}\left(\frac{+2876.87}{-2670.68}\right) = 47°07'42.9''$(Ⅱ상한)
방위각	$V = (180° - \theta) = 180° - 47°07'42.9'' = 132°52'17.1''$

(2) 각규약 조정

1) 삼각규약 오차 계산

삼각규약 조건	$(\alpha+\beta+\gamma)=180°$	
오차	$\varepsilon=(\alpha+\beta+\gamma)-180°$	
오차 계산	**삼각형 번호**	**관측각의 합**	**$\varepsilon=(\alpha+\beta+\gamma)-180°$**
	①	179°59′41.1″	−18.9″
	②	179°59′44.1″	−15.9″
	③	180°00′15.3″	+15.3″
	④	180°00′11.1″	+11.1″
	⑤	180°00′10.2″	+10.2″
	오차의 합	$\Sigma\varepsilon=\varepsilon_1+\varepsilon_2+\varepsilon_3+\varepsilon_4+\varepsilon_5$ $=(-18.9)+(-15.9)+15.3+11.1+10.2=+1.8''$	

2) 망규약 오차 계산

망규약 조건	$\Sigma\gamma=360°$
오차	$e=\Sigma\gamma-360°$
오차 계산	• $\Sigma\gamma=78°44'16.6''+81°37'16.2''+85°38'06.3''+68°22'09.1''+45°38'20.3''$ $=360°00'08.5''$ • 기지내각 $=360°00'00.0''$ • $e=\Sigma\gamma-360°=360°00'08.5''-360°00'00.0''=+8.5''$

3) 오차 조정

오차 조정은 망규약에 의한 오차(Ⅱ) 조정 이후, 삼각규약에 의한 오차(Ⅰ)를 조정한다.

① 망규약에 의한 오차 조정

$$(\text{Ⅱ})=\frac{\Sigma\varepsilon-3e}{2n}=\frac{(1.8)-(3\times8.5)}{2\times5}=-2.37=-2.4''$$

② 삼각규약에 의한 오차 조정

$(\text{Ⅰ})=\dfrac{-\varepsilon-(\text{Ⅱ})}{3}$	①번 삼각형 : $\dfrac{-(-18.9)-(-2.4)}{3}=+7.1''$ ②번 삼각형 : $\dfrac{-(-15.9)-(-2.4)}{3}=+6.1''$ ③번 삼각형 : $\dfrac{-(+15.3)-(-2.4)}{3}=-4.3''$ ④번 삼각형 : $\dfrac{-(+11.1)-(-2.4)}{3}=-2.9''$ ⑤번 삼각형 : $\dfrac{-(+10.2)-(-2.4)}{3}=-2.6''$

4) 각규약 조정각

각명	관측각	각규약		
		I	II	조정각
α_1	48°44′44.2″	+7.1		48°44′51.3″
β_1	52°30′40.3″	+7.1		52°30′47.4″
γ_1	78°44′16.6″	+7.1	−2.4	78°44′21.3″
α_2	49°05′23.6″	+6.1		49°05′29.7″
β_2	49°17′04.3″	+6.1		49°17′10.4″
γ_2	81°37′16.2″	+6.1	−2.4	81°37′19.9″
α_3	44°30′36.7″	−4.3		44°30′32.4″
β_3	49°51′32.3″	−4.3		49°51′28.0″
γ_3	85°38′06.3″	−4.3	−2.4	85°37′59.6″
α_4	76°41′41.3″	−2.9		76°41′38.4″
β_4	34°56′20.7″	−2.9		34°56′17.8″
γ_4	68°22′09.1″	−2.9	−2.4	68°22′03.8″
α_5	42°45′53.7″	−2.6		42°45′51.1″
β_5	91°35′56.2″	−2.6		91°35′53.6″
γ_5	45°38′20.3″	−2.6	−2.4	45°38′15.3″

(3) 변규약 조정

변 방정식 $\dfrac{\sin\alpha_1 \cdot \sin\alpha_2 \cdot \sin\alpha_3 \cdot \sin\alpha_4 \cdot l_1}{\sin\beta_1 \cdot \sin\beta_2 \cdot \sin\beta_3 \cdot \sin\beta_4 \cdot l_2} = 1,\ \dfrac{\Pi \sin\alpha \cdot l_1}{\Pi \sin\beta \cdot l_2} = 1$

※ 유심다각망에서는 l_1, l_2를 적용하지 않는다.

1) E_1 계산

① $\sin\alpha$, $\sin\beta$ 계산

② $E_1 = \dfrac{\Pi \sin\alpha}{\Pi \sin\beta} - 1$

$$= \left(\frac{0.751812 \times 0.755757 \times 0.701021 \times 0.973155 \times 0.678983}{0.793493 \times 0.757978 \times 0.764447 \times 0.572694 \times 0.999611}\right) - 1$$

$$= \frac{0.263186}{0.263209} - 1 = -0.000087 = -87$$

보충 + 설명

E_1 계산 부호가 (+)이면 $\Delta\alpha$ 계산 수치 앞에 (−)부호, $\Delta\beta$ 계산 수치 앞에 (+)부호를 부여하며, E_1 계산 부호가 (−)이면 $\Delta\alpha$ 계산 수치 앞에 (+)부호, $\Delta\beta$ 계산 수치 앞에 (−)부호를 부여한다.

2) $\Delta\alpha$, $\Delta\beta$ 계산

$\Delta\alpha = 48.4814 \times \cos\alpha$, $\Delta\beta = 48.4814 \times \cos\beta$

3) E_2 계산

① $\sin\alpha'$, $\sin\beta'$ 계산

$\sin\alpha' = \sin\alpha + \Delta\alpha$, $\sin\beta' = \sin\beta + \Delta\beta$

② $E_2 = \dfrac{\Pi \sin\alpha'}{\Pi \sin\beta'} - 1$

$$= \left(\frac{0.751844 \times 0.755789 \times 0.701056 \times 0.973166 \times 0.679019}{0.793463 \times 0.757946 \times 0.764416 \times 0.572654 \times 0.999612}\right) - 1$$

$$= \frac{0.263239}{0.263159} - 1 = +0.000304 = +304$$

③ $|E_1 - E_2| = |(-87) - 304| = 391$

4) 경정수(x_1'', x_2'') 계산

$$x_1'' = \frac{10'' \times E_1}{|E_1 - E_2|} = \frac{10'' \times (-87)}{391} = -2.2''$$

$$x_2'' = \frac{10'' \times E_2}{|E_1 - E_2|} = \frac{10'' \times (304)}{391} = +7.8''$$

검산 : $x_1'' + x_2'' = 10''$

보충 + 설명

x_1'' 의 부호가 (+)이면 각각의 α각에 $(-x_1'')$, 각각의 β각에 $(+x_1'')$를 배부하고, x_1'' 의 부호가 (−)이면 각각의 α각에 $(+x_1'')$, 각각의 β각에 $(-x_1'')$를 배부한다.

5) 변규약 조정각

α각의 변규약 조정각=각규약 조정각+$(\alpha - x_1'')$

β각의 변규약 조정각=각규약 조정각+$(\beta + x_1'')$

각명	각규약 조정각	$\sin\alpha$ $\sin\beta$	$\Delta\alpha$ $\Delta\beta$	$\sin\alpha'$ 계산 $\sin\beta'$ 계산	$\sin\alpha'$ $\sin\beta'$	$\alpha - x_1''$ $\beta + x_1''$	변규약 조정각
α_1	48°44′51.3″	0.751812	+32	0.751812+32	0.751844	+2.2	48°44′53.5″
β_1	52°30′47.4″	0.793493	−30	0.793493−30	0.793463	−2.2	52°30′45.2″
γ_1	78°44′21.3″						78°44′21.3″
α_2	49°05′29.7″	0.755757	+32	0.755757+32	0.755789	+2.2	49°05′31.9″
β_2	49°17′10.4″	0.757978	−32	0.757978−32	0.757946	−2.2	49°17′08.2″
γ_2	81°37′19.9″						81°37′19.9″
α_3	44°30′32.4″	0.701021	+35	0.701021+35	0.701056	+2.2	44°30′34.6″
β_3	49°51′28.0″	0.764447	−31	0.764447−31	0.764416	−2.2	49°51′25.8″
γ_3	85°37′59.6″						85°37′59.6″

각명	각규약 조정각	$\sin\alpha$ $\sin\beta$	$\Delta\alpha$ $\Delta\beta$	$\sin\alpha'$ 계산 $\sin\beta'$ 계산	$\sin\alpha'$ $\sin\beta'$	$\alpha - x_1''$ $\beta + x_1''$	변규약 조정각
α_4	76°41′38.4″	0.973155	+11	0.973155+11	0.973166	+2.2	76°41′40.6″
β_4	34°56′17.8″	0.572694	−40	0.572694−40	0.572654	−2.2	34°56′15.6″
γ_4	68°22′03.8″						68°22′03.8″
α_5	42°45′51.1″	0.678983	+36	0.678983+36	0.679019	+2.2	42°45′53.3″
β_5	91°35′53.6″	0.999611	−(−1)	0.999611+1	0.999612	−2.2	91°35′51.4″
γ_5	45°38′15.3″						45°38′15.3″

(4) 변장 및 방위각 계산

1) 변장 계산

방향	변장 계산	변장
완산 → 혁신	$\sqrt{(\Delta X)^2 + (\Delta Y)^2} = \sqrt{(-2670.68)^2 + (2876.87)^2}$	=3925.42m
혁신 → 전주1	$\frac{\sin\gamma_1}{\sin\beta_1} \times \overline{AB} = \frac{\sin 78°44'21.3''}{\sin 52°30'45.2''} \times 3925.42$	=4851.81m
완산 → 전주1	$\frac{\sin\alpha_1}{\sin\beta_1} \times \overline{AB} = \frac{\sin 48°44'53.5''}{\sin 52°30'45.2''} \times 3925.42$	=3719.29m
전주1 → 전주2	$\frac{\sin\gamma_2}{\sin\beta_2} \times \overline{AC} = \frac{\sin 81°37'19.9''}{\sin 49°17'08.2''} \times 3719.29$	=4854.54m
완산 → 전주2	$\frac{\sin\alpha_2}{\sin\beta_2} \times \overline{AC} = \frac{\sin 49°05'31.9''}{\sin 49°17'08.2''} \times 3719.29$	=3708.46m
전주2 → 전주3	$\frac{\sin\gamma_3}{\sin\beta_3} \times \overline{AD} = \frac{\sin 85°37'59.6''}{\sin 49°51'25.8''} \times 3708.46$	=4837.13m
완산 → 전주3	$\frac{\sin\alpha_3}{\sin\beta_3} \times \overline{AD} = \frac{\sin 44°30'34.6''}{\sin 49°51'25.8''} \times 3708.46$	=3400.84m
전주3 → 전주4	$\frac{\sin\gamma_4}{\sin\beta_4} \times \overline{AE} = \frac{\sin 68°22'03.8''}{\sin 34°56'15.6''} \times 3400.84$	=5520.17m
완산 → 전주4	$\frac{\sin\alpha_4}{\sin\beta_4} \times \overline{AE} = \frac{\sin 76°41'40.6''}{\sin 34°56'15.6''} \times 3400.84$	=5779.01m
전주4 → 혁신	$\frac{\sin\gamma_5}{\sin\beta_5} \times \overline{AF} = \frac{\sin 45°38'15.3''}{\sin 91°35'51.4''} \times 5779.01$	=4133.20m
완산 → 혁신	$\frac{\sin\alpha_5}{\sin\beta_5} \times \overline{AF} = \frac{\sin 42°45'53.3''}{\sin 91°35'51.4''} \times 5779.01$	=3925.42m

2) 방위각 계산

방향	방위각 계산	방위각
완산 → 혁신	$\theta = \tan^{-1}\left(\frac{+2876.87}{-2670.68}\right) = 47°07'42.9''$ (Ⅱ상한)	$= 132°52'17.1''$
혁신 → 전주1	$V_B^A - \alpha_1 = (132°52'17.1'' + 180°) - 48°44'53.5''$	$= 264°07'23.6''$
완산 → 전주1	$V_A^B + \gamma_1 = 132°52'17.1'' + 78°44'21.3''$	$= 211°36'38.4''$
전주1 → 전주2	$V_C^A - \alpha_2 = (211°36'38.4'' + 180°) - 49°05'31.9''$	$= 342°31'06.5''$
완산 → 전주2	$V_A^C + \gamma_2 = 211°36'38.4'' + 81°37'19.9''$	$= 293°13'58.3''$
전주2 → 전주3	$V_D^A - \alpha_3 = (293°13'58.3'' - 180°) - 44°30'34.6''$	$= 68°43'23.7''$
완산 → 전주3	$V_A^D + \gamma_3 = 293°13'58.3'' + 85°37'59.6''$	$= 18°51'57.9''$
전주3 → 전주4	$V_E^A - \alpha_4 = (18°51'57.9'' + 180°) - 76°41'40.6''$	$= 122°10'17.3''$
완산 → 전주4	$V_A^E + \gamma_4 = 18°51'57.9'' + 68°22'03.8''$	$= 87°14'01.7''$
전주4 → 혁신	$V_F^A - \alpha_5 = (87°14'01.7'' + 180°) - 42°45'53.3''$	$= 224°28'08.4''$
완산 → 혁신	$V_A^F + \gamma_5 = 87°14'01.7'' + 45°38'15.3''$	$= 132°52'17.0''$

(5) 종 · 횡선좌표 계산

$\Delta X = l \cdot \cos V,\ \Delta Y = l \cdot \sin V$

구분	종선좌표 = 기지점의 X좌표 + ΔX	횡선좌표 = 기지점의 Y좌표 + ΔY
혁신 → 전주1	415664.33 + (−496.77) = 415167.56	206419.33 + (−4826.31) = 201593.02
완산 → 전주1	418335.01 + (−3167.46) = 415167.55	203542.46 + (−1949.45) = 201593.01
평균	415167.56	201593.02
전주1 → 전주2	415167.56 + 4630.33 = 419797.89	201593.02 + (−1458.30) = 200134.72
완산 → 전주2	418335.01 + 1462.87 = 419797.88	203542.46 + (−3407.74) = 200134.72
평균	419797.88	200134.72
전주2 → 전주3	419797.88 + 1755.26 = 421553.14	200134.72 + 4507.42 = 204642.14
완산 → 전주3	418335.01 + 3218.14 = 421553.15	203542.46 + 1099.69 = 204642.15
평균	421553.14	204642.14
전주3 → 전주4	421553.14 + (−2939.24) = 418613.90	204642.14 + 4672.59 = 209314.73
완산 → 전주4	418335.01 + 278.90 = 418613.91	203542.46 + 5772.28 = 209314.74
평균	418613.90	209314.74
전주4 → 혁신	418613.90 + (−2949.57) = 415664.33	209314.74 + (−2895.40) = 206419.34
완산 → 혁신	418335.01 + (−2670.68) = 415664.33	203542.46 + 2876.87 = 206419.33
평균	415664.33	206419.34

유 심 다 각 망 조 정 계

삼각형	점명	각명	관측각	각규약 I	각규약 II	조정각	sinα / sinβ	Δα / Δβ	sinα′ / sinβ′
1	혁신	α_1	48°44′44.″2	+7.″1		48°44′51.″3	0.751812	+32	0.75184
	전주1	β_1	52 30 40.3	+7.1		52 30 47.4	0.793493	−30	0.79346
	완산	γ_1	78 44 16.6	+7.1	−2.″4	78 44 21.3			
		+)	179 59 41.1			180 00 00.0			
			180 00 00.0						
		−) ε_1	= −18.9						
2	전주1	α_2	49°05′23.″6	+6.″1		49°05′29.″7	0.755757	+32	0.7557
	전주2	β_2	49 17 04.3	+6.1		49 17 10.4	0.757978	−32	0.7579
	완산	γ_2	81 37 16.2	+6.1	−2.″4	81 37 19.9			
		+)	179 59 44.1			180 00 00.0			
			180 00 00.0						
		−) ε_2	= −15.9						
3	전주2	α_3	44°30′36.″7	−4.″3		44°30′32.″4	0.701021	+35	0.7010
	전주3	β_3	49 51 32.3	−4.3		49 51 28.0	0.764447	−31	0.7644
	완산	γ_3	85 38 06.3	−4.3	−2.″4	85 37 59.6			
		+)	180 00 15.3			180 00 00.0			
			180 00 00.0						
		−) ε_3	= +15.3						
4	전주3	α_4	76°41′41.″3	−2.″9		76°41′38.″4	0.973155	+11	0.9731
	전주4	β_4	34 56 20.7	−2.9		34 56 17.8	0.572694	−40	0.5726
	완산	γ_4	68 22 09.1	−2.9	−2.″4	68 22 03.8			
		+)	180 00 11.1			180 00 00.0			
			180 00 00.0						
		−) ε_4	= +11.1						
5	전주4	α_5	42°45′53.″7	−2.″6		42°45′51.″1	0.678983	+36	0.6790
	혁신	β_5	91 35 56.2	−2.6		91 35 53.6	0.999611	+1	0.9996
	완산	γ_5	45 38 20.3	−2.6	−2.″4	45 38 15.3			
		+)	180 00 10.2			180 00 00.0			
			180 00 00.0						
		−) ε_5	= +10.2						
6		α_6	° ′ .″	.″		° ′ .″	.		.
		β_6	.	.		.	.		.
		γ_6	.	.	.″	.			
		+)	.			.			
			180 00 00.0						
		−) ε_6	= .						
$\Sigma\gamma$			360°00′08.″5	제1기선 l_1	m		Π sinα · l_1		Π sin…
360° 또는 기지내각			360 00 00.0	제2기선 l_2	.		0.263186		0.2…
		−) e	= +08.5				E_1 Π sinβ · l_2		E_2 Π si…
							0.263209		0.…

$\Sigma\varepsilon = -18.9 + (-15.9) + 15.3 + 11.1 + 10.2 = +1.8''$

$(\text{II}) = \dfrac{\Sigma\varepsilon - 3e}{2n} = \dfrac{1.8 - (3\times 8.5)}{2\times 5} = -2.4''$

$(\text{I}) = \dfrac{-\varepsilon - (\text{II})}{3} =$ ① $+7.1''$ ② $+6.1''$ ③ $-4.3''$ ④ $-2.9''$ ⑤ $-2.6''$

n : 삼각형 수

$E_1 = \dfrac{\Pi\ \sin\alpha \cdot l_1}{\Pi\ \sin\beta \cdot l_2} - 1 = -87$

$E_2 = \dfrac{\Pi\ \sin\alpha' \cdot l_1}{\Pi\ \sin\beta' \cdot l_2} - 1 = +304$

$|E_1 - E_2| = 391$

$\Delta\alpha,\ \Delta\beta = 10''$차임

$x_1'' = \dfrac{10'' \times E_1}{|E_1 - E_2|} = -2.2''$

$x_2'' = \dfrac{10'' \times E_2}{|E_1 - E_2|} = +7.8''$

검산 : $x_1'' + x_2'' = 10''$

산 부		변 장 $a\times\frac{\sin\alpha(\gamma)}{\sin\beta}$	방 위 각	종 횡 선 좌 표 X	Y	점명
$\alpha-x_1''$	변 규 약	완산점 → 혁신점	완산점 → 혁신점	418335.01 m	203542.46 m	완산
$\beta+x_1''$	조 정 각	3925.42 m	132°52′17″.1	415664.33	206419.33	혁신
4 +2″.2	48°44′53″.5	혁신 → 전주1	혁신 → 전주1	415167.56	201593.02	
3 −2.2	52 30 45.2	4851.81	264 07 23 6			
γ_1	78 44 21.3	완산 → 전주1	완산 → 전주1	415167.55	201593.01	전주1
		3719.29	211 36 38 4			
			평 균	415167.56	201593.02	
9 +2″.2	49°05′31″.9	전주1 → 전주2	전주1 → 전주2	419797.89	200134.72	
6 −2.2	49 17 08.2	4854.54	342 31 06 5			
γ_2	81 37 19.9	완산 → 전주2	완산 → 전주2	419797.88	200134.72	전주2
		3708.46	293 13 58 3			
			평 균	419797.88	200134.72	
6 +2″.2	44°30′34″.6	전주2 → 전주3	전주2 → 전주3	421553.14	204642.14	
6 −2.2	49 51 25.8	4837.13	68 43 23 7			
γ_3	85 37 59.6	완산 → 전주3	완산 → 전주3	421553.15	204642.15	전주3
		3400.84	18 51 57 9			
			평 균	421553.14	204642.14	
6 +2″.2	76°41′40″.6	전주3 → 전주4	전주3 → 전주4	418613.90	209314.73	
4 −2.2	34 56 15.6	5520.17	122 10 17 3			
γ_4	68 22 03.8	완산 → 전주4	완산 → 전주4	418613.91	209314.74	전주4
		5779.01	87 14 01 7			
			평 균	418613.90	209314.74	
9 +2″.2	42°45′53″.3	전주4 → 혁신	전주4 → 혁신	415664.33	206419.34	
2 −2.2	91 35 51.4	4133.20	224 28 08 4			
γ_5	45 38 15.3	완산 → 혁신	완산 → 혁신	415664.33	206419.33	혁신
		3925.42	132 52 17 0			
			평 균	415664.33	206419.34	
″.	° ′ ″.	→	→	.	.	
.	.	.	.			
γ_6	.	→	→	.	.	
		.	.			
			평 균	.	.	
$\alpha'\cdot l_1$						
63239				.	.	
$\beta'\cdot l_2$						
63159						

약도

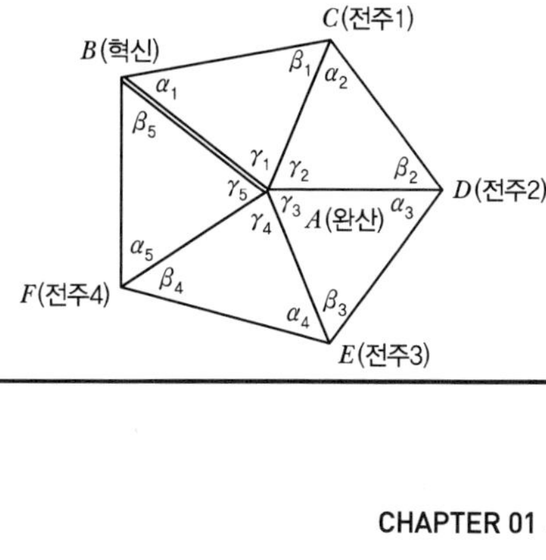

06

다음과 같이 삽입망에서 수평각을 관측하여 다음과 같은 관측값을 얻었다. 주어진 서식에 의해 계산하시오.(단, 거리는 cm 단위, 각은 0.1″ 단위까지 계산하시오.)

(1) 기지점좌표

점명	종선좌표	횡선좌표
전1	411465.61	202383.79
전2	414662.60	203179.11
전3	417664.77	206419.33

(2) 관측각

점명	각명	관측각	점명	각명	관측각
전1	α_1	73°12′45.2″	보1	α_2	76°32′24.8″
보1	β_1	39°55′07.1″	보2	β_2	49°13′32.7″
전2	γ_1	66°52′23.4″	전2	γ_2	54°14′24.1″
보2	α_3	30°13′56.3″	보3	α_4	78°44′14.2″
보3	β_3	110°10′23.1″	전3	β_4	48°44′55.3″
전2	γ_3	39°35′20.2″	전2	γ_4	52°30′31.6″

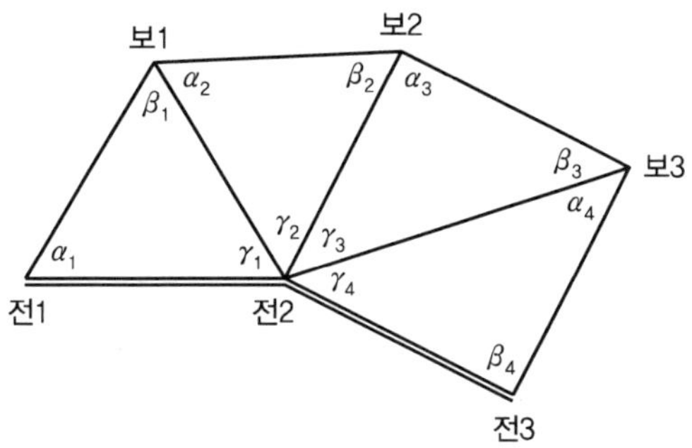

해설 및 정답

(1) 기지점 간 거리 및 방위각 계산

구분	전2 → 전1	전2 → 전3
$\Delta X,\ \Delta Y$	$\Delta X = 411465.61 - 414662.60 = -3196.99$	$\Delta X = 417664.77 - 414662.60 = +3002.17$
	$\Delta Y = 202383.79 - 203179.11 = -795.32$	$\Delta Y = 206419.33 - 203179.11 = +3240.22$
거리	$\sqrt{(-3196.99)^2 + (-795.32)^2} = 3294.43\text{m}$	$\sqrt{(3002.17)^2 + (3240.22)^2} = 4417.24\text{m}$
방위	$\tan^{-1}\left(\frac{-795.32}{-3196.99}\right) = 13°58′11.9″$(Ⅲ상한)	$\tan^{-1}\left(\frac{3240.22}{3002.17}\right) = 47°11′02.0″$(Ⅰ상한)
방위각	$V = (180° + \theta)$ $= 180° + 13°58′11.9″ = 193°58′11.9″$	$V = (\theta) = 47°11′02.0″$

(2) 각규약 조정

1) 삼각규약 오차 계산

삼각규약 조건	$(\alpha+\beta+\gamma)=180°$		
오차	$\varepsilon=(\alpha+\beta+\gamma)-180°$		
오차 계산	삼각형 번호	관측각의 합	$\varepsilon=(\alpha+\beta+\gamma)-180°$
	①	180°00′15.7″	+15.7″
	②	180°00′21.6″	+21.6″
	③	179°59′39.6″	−20.4″
	④	179°59′41.1″	−18.9″
	오차의 합	$\sum\varepsilon=\varepsilon_1+\varepsilon_2+\varepsilon_3+\varepsilon_4$ $=15.7+21.6+(-20.4)+(-18.9)=-2.0''$	

2) 망규약 오차 계산

망규약 조건	$\sum\gamma$=기지내각
오차	$e=\sum\gamma-$기지내각
오차 계산	• $\sum\gamma=66°52'23.4''+54°14'24.1''+39°35'20.2''+52°30'31.6''=213°12'39.3''$ • 기지내각 $=V_{전2}^{전3}-V_{전2}^{전1}=47°11'02.0''-193°58'11.9''$ $=213°12'50.1''$(360° 가산) • $e=\sum\gamma-$기지내각$=213°12'39.3''-213°12'50.1''=-10.8''$

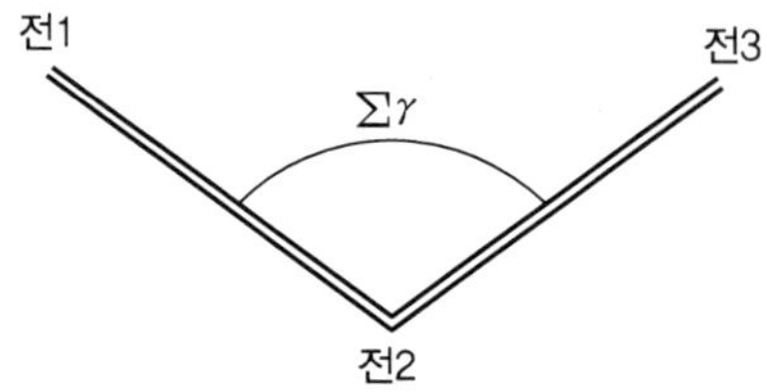

3) 오차 조정

오차 조정은 망규약에 의한 오차(Ⅱ) 조정 이후, 삼각규약에 의한 오차(Ⅰ)를 조정한다.

① 망규약에 의한 오차 조정

$$(\text{Ⅱ})=\frac{\sum\varepsilon-3e}{2n}=\frac{-2.0-(3\times(-10.8))}{2\times4}=+3.8''$$

② 삼각규약에 의한 오차 조정

$(\text{Ⅰ})=\dfrac{-\varepsilon-(\text{Ⅱ})}{3}$	①번 삼각형 : $\dfrac{-(15.7)-(+3.8)}{3}=-6.5''$ ②번 삼각형 : $\dfrac{-(21.6)-(+3.8)}{3}=-8.5''$ ③번 삼각형 : $\dfrac{-(-20.4)-(+3.8)}{3}=+5.5''$ ④번 삼각형 : $\dfrac{-(-18.9)-(+3.8)}{3}=+5.0''$

4) 각규약 조정각

각명	관측각	각규약		
		I	II	조정각
α_1	73°12′45.2″	−6.5		73°12′38.7″
β_1	39°55′07.1″	−6.5		39°55′00.6″
γ_1	66°52′23.4″	−6.5	+3.8	66°52′20.7″
α_2	76°32′24.8″	−8.5 → −8.4		76°32′16.4″
β_2	49°13′32.7″	−8.5		49°13′24.2″
γ_2	54°14′24.1″	−8.5	+3.8	54°14′19.4″
α_3	30°13′56.3″	+5.5		30°14′01.8″
β_3	110°10′23.1″	+5.5 → +5.6		110°10′28.7″
γ_3	39°35′20.2″	+5.5	+3.8	39°35′29.5″
α_4	78°44′14.2″	+5.0 → +5.1		78°44′19.3″
β_4	48°44′55.3″	+5.0		48°45′00.3″
γ_4	52°30′31.6″	+5.0	+3.8	52°30′40.4″

보충 + 설명

각 규약(삼각규약 및 망규약)의 합과 각 삼각형의 오차(ε)와 부호는 반대지만 크기가 같아야 한다. 만약, 각 오차와 차이가 발생하면 90°에 가까운 각에 0.1초를 가감한다.

(3) 변규약 조정

변 방정식 $\dfrac{\sin\alpha_1 \cdot \sin\alpha_2 \cdot \sin\alpha_3 \cdot \sin\alpha_4 \cdot l_1}{\sin\beta_1 \cdot \sin\beta_2 \cdot \sin\beta_3 \cdot \sin\beta_4 \cdot l_2} = 1$, $\dfrac{\Pi \sin\alpha \cdot l_1}{\Pi \sin\beta \cdot l_2} = 1$

1) E_1 계산

① $\sin\alpha$, $\sin\beta$ 계산

② $E_1 = \dfrac{\Pi \sin\alpha \cdot l_1}{\Pi \sin\beta \cdot l_2} - 1$

$$= \left(\frac{0.957374 \times 0.972524 \times 0.503530 \times 0.980747 \times 3294.43}{0.641675 \times 0.757262 \times 0.938646 \times 0.751841 \times 4417.24}\right) - 1$$

$$= \frac{1514.762621}{1514.747062} - 1 = +0.000010 = +10$$

보충 + 설명

E_1 계산 부호가 (+)이면 $\Delta\alpha$ 계산 수치 앞에 (−)부호, $\Delta\beta$ 계산 수치 앞에 (+)부호를 부여하며, E_1 계산 부호가 (−)이면 $\Delta\alpha$ 계산 수치 앞에 (+)부호, $\Delta\beta$ 계산 수치 앞에 (−)부호를 부여한다.

2) $\Delta\alpha$, $\Delta\beta$ 계산

$\Delta\alpha = 48.4814 \times \cos\alpha$, $\Delta\beta = 48.4814 \times \cos\beta$

3) E_2 계산

① $\sin\alpha'$, $\sin\beta'$ 계산

$\sin\alpha' = \sin\alpha + \Delta\alpha$, $\sin\beta' = \sin\beta + \Delta\beta$

② $E_2 = \dfrac{\Pi \sin\alpha' \cdot l_1}{\Pi \sin\beta' \cdot l_2} - 1$

$$= \left(\frac{0.957360 \times 0.972513 \times 0.503488 \times 0.980738 \times 3294.43}{0.641712 \times 0.757294 \times 0.938629 \times 0.751873 \times 4417.24}\right) - 1$$

$$= \frac{1514.583093}{1514.935457} - 1 = -0.000233 = -233$$

③ $|E_1 - E_2| = |+10 - (-233)| = 243$

4) 경정수(x_1'', x_2'') 계산

$$x_1'' = \frac{10'' \times E_1}{|E_1 - E_2|} = \frac{10'' \times (+10)}{243} = +0.4''$$

$$x_2'' = \frac{10'' \times E_2}{|E_1 - E_2|} = \frac{10'' \times (-233)}{243} = -9.6''$$

검산 : $x_1'' + x_2'' = 10''$

보충 + 설명

x_1'' 의 부호가 (+)이면 각각의 α각에 ($-x_1''$), 각각의 β각에 ($+x_1''$)를 배부하고, x_1'' 의 부호가 (−)이면 각각의 α각에 ($+x_1''$), 각각의 β각에 ($-x_1''$)를 배부한다.

5) 변규약 조정각

α각의 변규약 조정각=각규약 조정각+($\alpha - x_1''$)

β각의 변규약 조정각=각규약 조정각+($\beta + x_1''$)

각명	각규약 조정각	$\sin\alpha$ $\sin\beta$	$\Delta\alpha$ $\Delta\beta$	$\sin\alpha'$ 계산 $\sin\beta'$ 계산	$\sin\alpha'$ $\sin\beta'$	$\alpha - x_1''$ $\beta + x_1''$	변규약 조정각
α_1	73°12′38.7″	0.957374	−14	0.957374−14	0.957360	−0.4	73°12′38.3″
β_1	39°55′00.6″	0.641675	+37	0.641675+37	0.641712	+0.4	39°55′01.0″
γ_1	66°52′20.7″						66°52′20.7″
α_2	76°32′16.4″	0.972524	−11	0.972524−11	0.972513	−0.4	76°32′16.0″
β_2	49°13′24.2″	0.757262	+32	0.757262+32	0.757294	+0.4	49°13′24.6″
γ_2	54°14′19.4″						54°14′19.4″
α_3	30°14′01.8″	0.503530	−42	0.503530−42	0.503488	−0.4	30°14′01.4″
β_3	110°10′28.7″	0.938646	+(−17)	0.938646−17	0.938629	+0.4	110°10′29.1″
γ_3	39°35′29.5″						39°35′29.5″
α_4	78°44′19.3″	0.980747	−9	0.980747−9	0.980738	−0.4	78°44′18.9″
β_4	48°45′00.3″	0.751841	+32	0.751841+32	0.751873	+0.4	48°45′00.7″
γ_4	52°30′40.4″						52°30′40.4″

(4) 변장 및 방위각 계산

1) 변장 계산

방향	변장 계산	변장
전1 → 전2	$\sqrt{(\Delta X)^2+(\Delta Y)^2}=\sqrt{(3196.99)^2+(795.32)^2}$	=3294.43m
전1 → 보1	$\frac{\sin\gamma_1}{\sin\beta_1}\times\overline{(전1-전2)}=\frac{\sin66°52'20.7''}{\sin39°55'01.0''}\times3294.43$	=4721.48m
전2 → 보1	$\frac{\sin\alpha_1}{\sin\beta_1}\times\overline{(전1-전2)}=\frac{\sin73°12'38.3''}{\sin39°55'01.0''}\times3294.43$	=4915.25m
보1 → 보2	$\frac{\sin\gamma_2}{\sin\beta_2}\times\overline{(전2-보1)}=\frac{\sin54°14'19.4''}{\sin49°13'24.6''}\times4915.25$	=5267.03m
전2 → 보2	$\frac{\sin\alpha_2}{\sin\beta_2}\times\overline{(전2-보1)}=\frac{\sin76°32'16.0''}{\sin49°13'24.6''}\times4915.25$	=6312.47m
보2 → 보3	$\frac{\sin\gamma_3}{\sin\beta_3}\times\overline{(전2-보2)}=\frac{\sin39°35'29.5''}{\sin110°10'29.1''}\times6312.47$	=4285.97m
전2 → 보3	$\frac{\sin\alpha_3}{\sin\beta_3}\times\overline{(전2-보2)}=\frac{\sin30°14'01.4''}{\sin110°10'29.1''}\times6312.47$	=3386.27m
보3 → 전3	$\frac{\sin\gamma_4}{\sin\beta_4}\times\overline{(전2-보3)}=\frac{\sin52°30'40.4''}{\sin48°45'00.7''}\times3386.27$	=3573.77m
전2 → 전3	$\frac{\sin\alpha_4}{\sin\beta_4}\times\overline{(전2-보3)}=\frac{\sin78°44'18.9''}{\sin48°45'00.7''}\times3386.27$	=4417.25m

2) 방위각 계산

방향	방위각 계산	방위각
전1 → 전2	$\theta=\tan^{-1}\left(\frac{+795.32}{+3196.99}\right)=13°58'11.9''$(I 상한)	=13°58′11.9″
전1 → 보1	$V_{전1}^{전2}-\alpha_1=13°58'11.9''-73°12'38.3''$	=300°45′33.6″
전2 → 보1	$V_{전2}^{전1}+\gamma_1=(13°58'11.9''+180°)+66°52'20.7''$	=260°50′32.6″
보1 → 보2	$V_{보1}^{전2}-\alpha_2=(260°50'32.6''-180°)-76°32'16.0''$	=4°18′16.6″
전2 → 보2	$V_{전2}^{보1}+\gamma_2=260°50'32.6''+54°14'19.4''$	=315°04′52.0″
보2 → 보3	$V_{보2}^{전2}-\alpha_3=(315°04'52.0''-180°)-30°14'01.4''$	=104°50′50.6″
전2 → 보3	$V_{전2}^{보2}+\gamma_3=315°04'52.0''+39°35'29.5''$	=354°40′21.5″
보3 → 전3	$V_{보3}^{전2}-\alpha_4=(354°40'21.5''-180°)-78°44'18.9''$	=95°56′02.6″
전2 → 전3	$V_{전2}^{보3}+\gamma_4=354°40'21.5''+52°30'40.4''$	=47°11′01.9″

(5) 종 · 횡선좌표 계산

$\Delta X = l \cdot \cos V,\ \ \Delta Y = l \cdot \sin V$

구분	종선좌표 = 기지점의 X좌표 + ΔX	횡선좌표 = 기지점의 Y좌표 + ΔY
전1 → 보1	411465.61 + 2414.72 = 413880.33	202383.79 + (−4057.28) = 198326.51
전2 → 보1	414662.60 + (−782.27) = 413880.33	203179.11 + (−4852.60) = 198326.51
평균	413880.33	198326.51
보1 → 보2	413880.33 + 5252.17 = 419132.50	198326.51 + 395.34 = 198721.85
전2 → 보2	414662.60 + 4469.90 = 419132.50	203179.11 + (−4457.27) = 198721.84
평균	419132.50	198721.84
보2 → 보3	419132.50 + (−1098.26) = 418034.24	198721.84 + 4142.87 = 202864.71
전2 → 보3	414662.60 + 3371.64 = 418034.24	203179.11 + (−314.40) = 202864.71
평균	418034.24	202864.71
보3 → 전3	418034.24 + (−369.47) = 417664.77	202864.71 + 3554.62 = 206419.33
전2 → 전3	414662.60 + 3002.17 = 417664.77	203179.11 + 3240.22 = 206419.33
평균	417664.77	206419.33

삽 입 망 조 정 계 산 부

삼각형	점명	각명	관측각	각규약 I	각규약 II	조정각	sinα / sinβ	Δα / Δβ	sinα′ / sinβ′	α−x₁″ / β+x₁″	변규약 조정각
1	전1	α_1	73° 12′ 45″.2	−6″.5		73° 12′ 38″.7	0.957374	−14	0.957360	−0″.4	73° 12′ 38″.3
	보1	β_1	39 55 07.1	−6.5		39 55 00.6	0.641675	+37	0.641712	+0.4	39 55 01.0
	전2	γ_1	66 52 23.4	−6.5	+3″.8	66 52 20.7				γ_1	66 52 20.7
		+)	180 00 15.7			180 00 00.0					
			180 00 00.0								
		−) ε_1	= +15.7								
2	보1	α_2	76° 32′ 24″.8	−8″.4		76° 32′ 16″.4	0.972524	−11	0.972513	−0″.4	76° 32′ 16″.0
	보2	β_2	49 13 32.7	−8.5		49 13 24.2	0.757262	+32	0.757294	+0.4	49 13 24.6
	전2	γ_2	54 14 24.1	−8.5	+3″.8	54 14 19.4				γ_2	54 14 19.4
		+)	180 00 21.6			180 00 00.0					
			180 00 00.0								
		−) ε_2	= +21.6								
3	보2	α_3	30° 13′ 56″.3	+5″.5		30° 14′ 01″.8	0.503530	−42	0.503488	−0″.4	30° 14′ 01″.4
	보3	β_3	110 10 23.1	+5.6		110 10 28.7	0.938646	−17	0.938629	+0.4	110 10 29.1
	전2	γ_3	39 35 20.2	+5.5	+3″.8	39 35 29.5				γ_3	39 35 29.5
		+)	179 59 39.6			180 00 00.0					
			180 00 00.0								
		−) ε_3	= −20.4								
4	보3	α_4	78° 44′ 14″.2	+5″.1		78° 44′ 19″.3	0.980747	−9	0.980738	−0″.4	78° 44′ 18″.9
	전3	β_4	48 44 55.3	+5.0		48 45 00.3	0.751841	+32	0.751873	+0.4	48 45 00.7
	전2	γ_4	52 30 31.6	+5.0	+3″.8	52 30 40.4				γ_4	52 30 40.4
		+)	179 59 41.1			180 00 00.0					
			180 00 00.0								
		−) ε_4	= −18.9								
5		α_5	° ′ ″	″		° ′ ″	.		.	″	° ′ ″
		β_5	.	.		.	.		.	.	.
		γ_5	.	.	″	.				γ_5	.
		+)	.			.					
			180 00 00.0								
		−) ε_5	= .								
6		α_6	° ′ ″	″		° ′ ″	.		.	″	° ′ ″
		β_6	.	.		.	.		.	.	.
		γ_6	.	.	″	.				γ_6	.
		+)	.			.					
			180 00 00.0								
		−) ε_6	= .								
Σγ			213° 12′ 39″.3	제1기선 l_1		3294.m43					
360° 또는 기지내각			213 12 50.1	제2기선 l_2		4417.24					
−) e			= −10.8								

변장 $a\times\frac{\sin\alpha(\gamma)}{\sin\beta}$	방위각	종횡선좌표 X	종횡선좌표 Y	점명
전1점 → 전2점	전1점 → 전2점	411465.m61	202383.m79	전1
3294.m43	13° 58′ 11″.9	414662.60	203179.11	전2
전1 → 보1	전1 → 보1	413880.33	198326.51	
4721.48	300 45 33 6			
전2 → 보1	전2 → 보1	413880.33	198326.51	보1
4915.25	260 50 32 6			
	평균	413880.33	198326.51	
보1 → 보2	보1 → 보2	419132.50	198721.85	
5267.03	4 18 16 6			
전2 → 보2	전2 → 보2	419132.50	198721.84	보2
6312.47	315 04 52 0			
	평균	419132.50	198721.84	
보2 → 보3	보2 → 보3	418034.24	202864.71	
4285.97	104 50 50 6			
전2 → 보3	전2 → 보3	418034.24	202864.71	보3
3386.27	354 40 21 5			
	평균	418034.24	202864.71	
보3 → 전3	보3 → 전3	417664.77	206419.33	
3573.77	95 56 02 6			
전2 → 전3	전2 → 전3	417664.77	206419.33	전3
4417.25	47 11 01 9			
	평균	417664.77	206419.33	
→	→	.	.	
.	.			
→	→	.	.	
.	.			
	평균	.	.	
→	→	.	.	
.	.			
→	→	.	.	
.	.			
	평균	.	.	
전2점 → 전3점	전2점 → 전3점	417664.77	206419.33	전3
4417.m24	47° 11′ 02″.0			

	E_1		E_2
Ⅱ sinα · l_1	1514.762621	Ⅱ sinα′ · l_1	1514.583093
Ⅱ sinβ · l_2	1514.747062	Ⅱ sinβ′ · l_2	1514.935457

약도

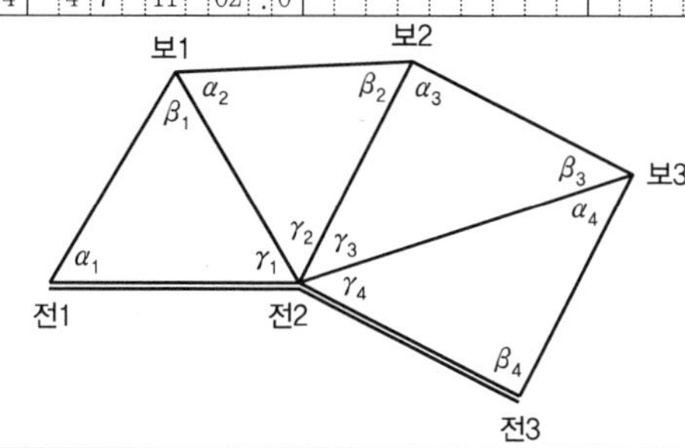

$\sum\varepsilon = 15.7 + 21.6 + (-20.4) + (-18.9) = -2.0''$

$(\text{Ⅱ}) = \frac{\sum\varepsilon - 3e}{2n} = \frac{-2.0-(3\times-10.8)}{2\times4} = +3.8''$

$(\text{Ⅰ}) = \frac{-\varepsilon-(\text{Ⅱ})}{3} =$ ① $-6.5''$ ② $-8.5''$ ③ $+5.5''$ ④ $+5.0''$

n : 삼각형 수

$E_1 = \frac{\text{Ⅱ}\sin\alpha \cdot l_1}{\text{Ⅱ}\sin\beta \cdot l_2} - 1 = +10$

$E_2 = \frac{\text{Ⅱ}\sin\alpha' \cdot l_1}{\text{Ⅱ}\sin\beta' \cdot l_2} - 1 = -233$

$|E_1 - E_2| = 243$

$\Delta\alpha,\ \Delta\beta = 10''$차임

$x_1'' = \frac{10''\times E_1}{|E_1-E_2|} = +0.4''$

$x_2'' = \frac{10''\times E_2}{|E_1-E_2|} = -9.6''$

검산 : $x_1'' + x_2'' = 10''$

07 다음 그림의 사각망에서 수평각 관측치가 다음과 같을 때 관측각을 주어진 서식에 의하여 계산하시오.(단, 거리는 cm 단위, 각은 0.1″ 단위까지 계산하시오.)

(1) 수평각 관측값

각명	관측각	각명	관측각
α_1 β_1	30°20′13.3″ 35°39′40.6″	α_2 β_2	68°22′09.2″ 34°56′18.6″
α_3 β_3	41°02′11.4″ 61°15′48.2″	α_4 β_4	42°45′46.8″ 45°38′14.3″

(2) 기지점좌표

점명	종선좌표	횡선좌표
모악	417333.28	200302.24
천잠	414662.60	203179.11

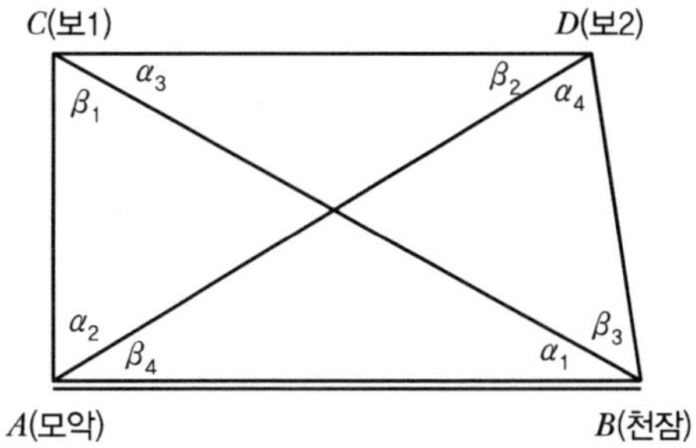

해설 및 정답

(1) 기지점 간 거리 및 방위각 계산

구분	모악 → 천잠
$\Delta X,\ \Delta Y$	$\Delta X = 414662.60 - 417333.28 = -2670.68$
	$\Delta Y = 203179.11 - 200302.24 = +2876.87$
거리	$\sqrt{(\Delta X)^2 + (\Delta Y)^2} = \sqrt{(-2670.68)^2 + (2876.87)^2} = 3925.42\text{m}$
방위	$\tan^{-1}\left(\frac{+2876.87}{-2670.68}\right) = 47°07′42.9″$(Ⅱ 상한)
방위각	$V = (180° - \theta) = 132°52′17.1″$

(2) 각규약 조정

1) 망규약 오차 계산

망규약 조건	$\Sigma\alpha + \Sigma\beta = 360°$
오차 계산	$e = (\Sigma\alpha + \Sigma\beta) - 360° = (182°30′20.7″ + 177°30′01.7″) - 360° = +22.4″$
조정량	$\frac{\varepsilon}{8} = \frac{+22.4}{8} = +2.8″$

보충 + 설명

망규약 계산으로 발생한 오차의 조정량 부호는 반대부호로 조정한다. 즉, 사각망에서 망규약 조건은 내각의 합이 360°이므로 망규약 오차 조정은 내각의 합이 360° 미만이면 (+), 360°를 초과하면 (−)로 조정한다.

2) 삼각규약 오차 계산

삼각규약 조건	$(\alpha_1+\beta_4)-(\alpha_3+\beta_2)=0$	$(\alpha_2+\beta_1)-(\alpha_4+\beta_3)=0$
오차	$e_1=(\alpha_1+\beta_4)-(\alpha_3+\beta_2)$	$e_2=(\alpha_2+\beta_1)-(\alpha_4+\beta_3)$
오차 계산	$\alpha_1+\beta_4=75°58'27.6''$ $-)\ \alpha_3+\beta_2=75°58'30.0''$ $e_1=-2.4''$	$\alpha_2+\beta_1=104°01'49.8''$ $-)\ \alpha_4+\beta_3=104°01'35.0''$ $e_2=+14.8''$
조정량	$\frac{e_1}{4}=\frac{-(-2.4)}{4}=+0.6''$	$\frac{e_2}{4}=\frac{-(14.8)}{4}=-3.7''$
배부방법	e_1이 (−)일 경우, α_1, β_4는 (+)값으로, α_3, β_2는 (−)값으로 배부	e_2가 (+)일 경우, α_2, β_1은 (−)값으로, α_4, β_3는 (+)값으로 배부

3) 각규약 조정각

각명	관측각	$\frac{\varepsilon}{8}$	e	조정각
α_1	30°20′13.3″	−2.8″	+0.6″	30°20′11.1″
β_1	35°39′40.6″	−2.8″	−3.7″	35°39′34.1″
α_2	68°22′09.2″	−2.8″	−3.7″	68°22′02.7″
β_2	34°56′18.6″	−2.8″	−0.6″	34°56′15.2″
α_3	41°02′11.4″	−2.8″	−0.6″	41°02′08.0″
β_3	61°15′48.2″	−2.8″	+3.7″	61°15′49.1″
α_4	42°45′46.8″	−2.8″	+3.7″	42°45′47.7″
β_4	45°38′14.3″	−2.8″	+0.6″	45°38′12.1″

(3) 변규약 조정

변 방정식 $\frac{\sin\alpha_1\cdot\sin\alpha_2\cdot\sin\alpha_3\cdot\sin\alpha_4}{\sin\beta_1\cdot\sin\beta_2\cdot\sin\beta_3\cdot\sin\beta_4}=1,\ \frac{\Pi\sin\alpha}{\Pi\sin\beta}=1$

1) E_1 계산

① $\sin\alpha$, $\sin\beta$ 계산

② $E_1=\frac{\Pi\sin\alpha}{\Pi\sin\beta}-1$

$$=\left(\frac{0.505076\times0.929567\times0.656527\times0.678971}{0.582967\times0.572683\times0.876841\times0.714921}\right)-1$$

$$=\frac{0.209287}{0.209285}-1=+0.000010=+10$$

보충 + 설명

E_1 계산 부호가 (+)이면 $\Delta\alpha$ 계산 수치 앞에 (−)부호, $\Delta\beta$ 계산 수치 앞에 (+)부호를 부여하며, E_1 계산 부호가 (−)이면 $\Delta\alpha$ 계산 수치 앞에 (+)부호, $\Delta\beta$ 계산 수치 앞에 (−)부호를 부여한다.

2) $\Delta\alpha$, $\Delta\beta$ 계산

$\Delta\alpha = 48.4814 \times \cos\alpha$, $\Delta\beta = 48.4814 \times \cos\beta$

3) E_2 계산

① $\sin\alpha'$, $\sin\beta'$ 계산

$\sin\alpha' = \sin\alpha + \Delta\alpha$, $\sin\beta' = \sin\beta + \Delta\beta$

② $$E_2 = \frac{\Pi \sin\alpha'}{\Pi \sin\beta'} - 1$$

$$= \left(\frac{0.505034 \times 0.929549 \times 0.656490 \times 0.678935}{0.583006 \times 0.572723 \times 0.876864 \times 0.714955}\right) - 1$$

$$= \frac{0.209242}{0.209329} - 1 = -0.000416 = -416$$

③ $|E_1 - E_2| = |10 - (-416)| = 426$

4) 경정수(x_1'', x_2'') 계산

$$x_1'' = \frac{10'' \times E_1}{|E_1 - E_2|} = \frac{10'' \times (+10)}{426} = +0.2''$$

$$x_2'' = \frac{10'' \times E_2}{|E_1 - E_2|} = \frac{10'' \times (-416)}{426} = -9.8''$$

검산 : $x_1'' + x_2'' = 10''$

보충 + 설명

x_1'' 의 부호가 (+)이면 각각의 α각에 $(-x_1'')$, 각각의 β각에 $(+x_1'')$를 배부하고, x_1'' 의 부호가 (−)이면 각각의 α각에 $(+x_1'')$, 각각의 β각에 $(-x_1'')$를 배부한다.

5) 변규약 조정각

① 변규약 조정각

α각의 변규약 조정각=각규약 조정각+$(\alpha - x_1'')$

β각의 변규약 조정각=각규약 조정각+$(\beta + x_1'')$

② γ 결정

$$\gamma_1 = \alpha_2 + \beta_4,\ \gamma_2 = \alpha_3 + \beta_1,\ \gamma_3 = \alpha_4 + \beta_2,\ \gamma_4 = \alpha_1 + \beta_3$$

- $\gamma_1 = (68°22'02.5'' + 45°38'12.3'') = 114°00'14.8''$
- $\gamma_2 = (41°02'07.8'' + 35°39'34.3'') = 76°41'42.1''$
- $\gamma_3 = (42°45'47.5'' + 34°56'15.4'') = 77°42'02.9''$

• $\gamma_4 = (30°20'10.9'' + 61°15'49.3'') = 91°36'00.2''$

각명	각규약 조정각	$\sin\alpha$ $\sin\beta$	$\Delta\alpha$ $\Delta\beta$	$\sin\alpha'$ 계산 $\sin\beta'$ 계산	$\sin\alpha'$ $\sin\beta'$	$\alpha - x_1''$ $\beta + x_1''$	변규약 조정각
α_1	30°20'11.1"	0.505076	−42	0.505076−42	0.505034	−0.2	30°20'10.9"
β_1	35°39'34.1"	0.582967	+39	0.582967+39	0.583006	+0.2	35°39'34.3"
γ_1							114°00'14.8"
α_2	68°22'02.7"	0.929567	−18	0.929567−18	0.929549	−0.2	68°22'02.5"
β_2	34°56'15.2"	0.572683	+40	0.572683+40	0.572723	+0.2	34°56'15.4"
γ_2							76°41'42.1"
α_3	41°02'08.0"	0.656527	−37	0.656527−37	0.656490	−0.2	41°02'07.8"
β_3	61°15'49.1"	0.876841	+23	0.876841+23	0.876864	+0.2	61°15'49.3"
γ_3							77°42'02.9"
α_4	42°45'47.7"	0.678971	−36	0.678971−36	0.678935	−0.2	42°45'47.5"
β_4	45°38'12.1"	0.714921	+34	0.714921+34	0.714955	+0.2	45°38'12.3"
γ_4							91°36'00.2"

(4) 변장 및 방위각 계산

1) 사각망 구성

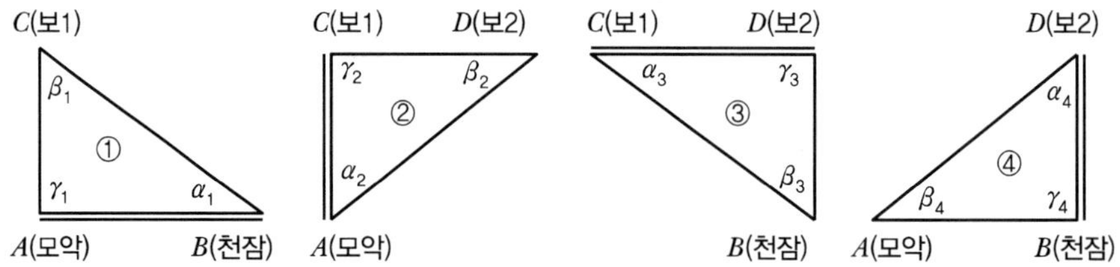

2) 변장 계산

방향	변장 계산	변장
모악 → 천잠	$\sqrt{(\Delta X)^2+(\Delta Y)^2}=\sqrt{(-2670.68)^2+(2876.87)^2}$	=3925.42m
천잠 → 보1	$\frac{\sin\gamma_1}{\sin\beta_1}\times\overline{AB}=\frac{\sin114°00'14.8''}{\sin35°39'34.3''}\times3925.42$	=6151.18m
모악 → 보1	$\frac{\sin\alpha_1}{\sin\beta_1}\times\overline{AB}=\frac{\sin30°20'10.9''}{\sin35°39'34.3''}\times3925.42$	=3400.93m
보1 → 보2	$\frac{\sin\alpha_2}{\sin\beta_2}\times\overline{AC}=\frac{\sin68°22'02.5''}{\sin34°56'15.4''}\times3400.93$	=5520.30m
모악 → 보2	$\frac{\sin\gamma_2}{\sin\beta_2}\times\overline{AC}=\frac{\sin76°41'42.1''}{\sin34°56'15.4''}\times3400.93$	=5779.18m
보2 → 천잠	$\frac{\sin\alpha_3}{\sin\beta_3}\times\overline{CD}=\frac{\sin41°02'07.8''}{\sin61°15'49.3''}\times5520.30$	=4133.27m
보1 → 천잠	$\frac{\sin\gamma_3}{\sin\beta_3}\times\overline{CD}=\frac{\sin77°42'02.9''}{\sin61°15'49.3''}\times5520.30$	=6151.17m
천잠 → 모악	$\frac{\sin\alpha_4}{\sin\beta_4}\times\overline{BD}=\frac{\sin42°45'47.5''}{\sin45°38'12.3''}\times4133.27$	=3925.42m
보2 → 모악	$\frac{\sin\gamma_4}{\sin\beta_4}\times\overline{BD}=\frac{\sin91°36'00.2''}{\sin45°38'12.3''}\times4133.27$	=5779.18m

3) 방위각 계산

방향	방위각 계산	방위각
모악 → 천잠	$\theta=\tan^{-1}\left(\frac{+2876.87}{-2670.68}\right)=47°07'42.9''$(Ⅱ상한)	=132°52′17.1″
천잠 → 보1	$V_B^A+\alpha_1=(132°52'17.1''+180°)+30°20'10.9''$	=343°12′28.0″
모악 → 보1	$V_A^B-\gamma_1=132°52'17.1''-114°00'14.8''$	=18°52′02.3″
보1 → 보2	$V_C^A-\gamma_2=(18°52'02.3''+180°)-76°41'42.1''$	=122°10′20.2″
모악 → 보2	$V_A^C+\alpha_2=18°52'02.3''+68°22'02.5''$	=87°14′04.8″
보2 → 천잠	$V_D^C-\gamma_3=(122°10'20.2''+180°)-77°42'02.9''$	=224°28′17.3″
보1 → 천잠	$V_C^D+\alpha_3=122°10'20.2''+41°02'07.8''$	=163°12′28.0″
천잠 → 모악	$V_B^D-\gamma_4=(224°28'17.3''+180°)-91°36'00.2''$	=312°52′17.1″
보2 → 모악	$V_D^B+\alpha_4=224°28'17.3''+42°45'47.5''$	=267°14′04.8″

(5) 종 · 횡선좌표 계산

$\Delta X = l \cdot \cos V,\ \ \Delta Y = l \cdot \sin V$

구분	종선좌표 = 기지점의 X좌표 + ΔX	횡선좌표 = 기지점의 Y좌표 + ΔY
천잠 → 보1	414662.60 + 5888.89 = 420551.49	203179.11 + (− 1777.09) = 201402.02
모악 → 보1	417333.28 + 3218.20 = 420551.48	200302.24 + 1099.78 = 201402.02
평균	420551.48	201402.02
보1 → 보2	420551.48 + (− 2939.38) = 417612.10	201402.02 + 4672.66 = 206074.68
모악 → 보2	417333.28 + 278.82 = 417612.10	200302.24 + 5772.45 = 206074.69
평균	417612.10	206074.68
보2 → 천잠	417612.10 + (− 2949.50) = 414662.60	206074.68 + (− 2895.58) = 203179.10
보1 → 천잠	420551.48 + (− 5888.88) = 414662.60	201402.02 + 1777.08 = 203179.10
평균	414662.60	203179.10
천잠 → 모악	414662.60 + 2670.68 = 417333.28	203179.10 + (− 2876.87) = 200302.23
보2 → 모악	417612.10 + (− 278.82) = 417333.28	206074.68 + (− 5772.45) = 200302.23
평균	417333.28	200302.23

사각망 조정계산부

점명	각명	관측각	각규약 $\varepsilon/8$	각규약 e	각규약 조정각	$\sin\alpha$ / $\sin\beta$	$\Delta\alpha$ / $\Delta\beta$	$\sin\alpha'$ / $\sin\beta'$	$\alpha-x_1''$ / $\beta+x_1''$	변규약 조정각
천잠	α_1	30°20′13″.3	−2″.8	+0″.6	30°20′11″.1	0.505076	−42	0.505034	−0″.2	30°20′10″.9
보1	β_1	35 39 40.6	−2.8	−3.7	35 39 34.1	0.582967	+39	0.583006	+0.2	35 39 34.3
									γ_1	114 00 14.8
모악	α_2	68°22′09″.2	−2″.8	−3″.7	68°22′02″.7	0.929567	−18	0.929549	−0″.2	68°22′02″.5
보2	β_2	34 56 18.6	−2.8	−0.6	34 56 15.2	0.572683	+40	0.572723	+0.2	34 56 15.4
									γ_2	76 41 42.1
보1	α_3	41°02′11″.4	−2″.8	−0″.6	41°02′08″.0	0.656527	−37	0.656490	−0″.2	41°02′07″.8
천잠	β_3	61 15 48.2	−2.8	+3.7	61 15 49.1	0.876841	+23	0.876864	+0.2	61 15 49.3
									γ_3	77 42 02.9
보2	α_4	42°45′46″.8	−2″.8	+3″.7	42°45′47″.7	0.678971	−36	0.678935	−0″.2	42°45′47″.5
모악	β_4	45 38 14.3	−2.8	+0.6	45 38 12.1	0.714921	+34	0.714955	+0.2	45 38 12.3
									γ_4	91 36 00.2
$\Sigma\alpha+\Sigma\beta=$		360°00′22″.4			360°00′00″.0					
	−)	360 00 00.0								
		$\varepsilon=$ +22.4								
		$\varepsilon/8=$ +2.8								

변장 $a\times\frac{\sin\alpha(\gamma)}{\sin\beta}$	방위각	종횡선좌표 X	종횡선좌표 Y	점명
모악점 → 천잠점	모악점 → 천잠점	417333.m28	200302.m24	모악
3925.m42	132°52′17″.1	414662.60	203179.11	천잠
천잠 → 보1	천잠 → 보1			
6151.18	343 12 28 0	420551.49	201402.02	보1
모악 → 보1	모악 → 보1			
3400.93	18 52 02 3	420551.48	201402.02	보1
	평균	420551.48	201402.02	보1
보1 → 보2	보1 → 보2			
5520.30	122 10 20 2	417612.10	206074.68	보2
모악 → 보2	모악 → 보2			
5779.18	87 14 04 8	417612.10	206074.69	보2
	평균	417612.10	206074.68	보2
보2 → 천잠	보2 → 천잠			
4133.27	224 28 17 3	414662.60	203179.10	천잠
보1 → 천잠	보1 → 천잠			
6151.17	163 12 28 0	414662.60	203179.10	천잠
	평균	414662.60	203179.10	천잠
천잠 → 모악	천잠 → 모악			
3925.42	312 52 17 1	417333.28	200302.23	모악
보2 → 모악	보2 → 모악			
5779.18	267 14 04 8	417333.28	200302.23	모악
천잠 → 모악	천잠 → 모악			
3925.42	312 52 17 1	417333.28	200302.23	모악

	E_1		E_2
$\Pi\sin\alpha$	0.209287	$\Pi\sin\alpha'$	0.209242
$\Pi\sin\beta$	0.209285	$\Pi\sin\beta'$	0.209329

$\alpha_1+\beta_4=$ 75°58′27″.6
−) $\alpha_3+\beta_2=$ 75 58 30 0

$\frac{e_1}{4}=+0.6''$

$e_1=-2.4''$

$\alpha_2+\beta_1=$ 104°01′49″.8
−) $\alpha_4+\beta_3=$ 104 01 35.0

$\frac{e_2}{4}=-3.7''$

$e_2=+14.8''$

$$E_1=\frac{\Pi\sin\alpha}{\Pi\sin\beta}-1=+10$$

$$E_2=\frac{\Pi\sin\alpha'}{\Pi\sin\beta'}-1=-416$$

$$|E_1-E_2|=426$$

$\Delta\alpha,\ \Delta\beta=10''$차임

$$x_1''=\frac{10''\times E_1}{|E_1-E_2|}=+0.2''$$

$$x_2''=\frac{10''\times E_2}{|E_1-E_2|}=-9.8''$$

검산 : $x_1''+x_2''=10''$

약도

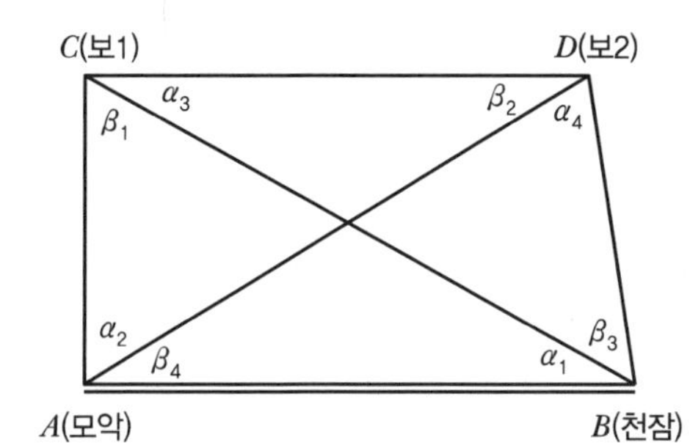

08

다음 그림과 같은 사각망에서 기지점좌표와 관측내각이 다음과 같을 때 주어진 서식에 의해 관측내각을 조정하고 소구점의 좌표를 계산하시오.(단, 각도는 초 단위로 소수 1자리, 거리 및 좌표는 소수 2자리까지 계산하시오.)

(1) 기지점좌표

점명	종선좌표	횡선좌표
전북1	466736.27	192741.81
전북2	469147.94	193922.17

(2) 관측내각

각명	관측내각	각명	관측내각
α_1 β_1	20°49′09.9″ 24°00′11.1″	α_2 β_2	74°24′19.5″ 40°55′34.0″
α_3 β_3	40°39′39.2″ 47°49′36.4″	α_4 β_4	50°35′06.2″ 60°46′02.1″

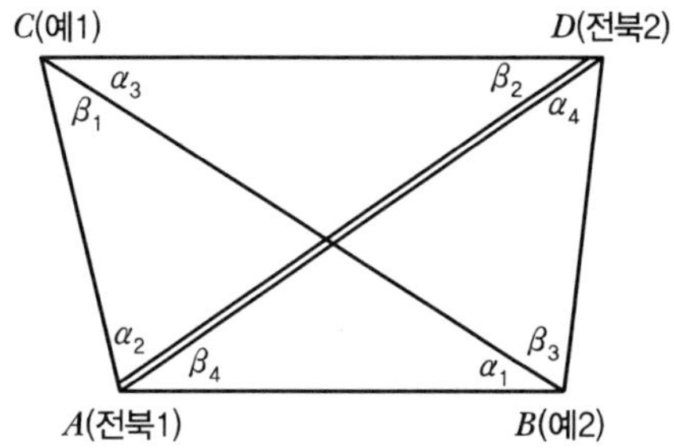

해설 및 정답

(1) 기지점 간 거리 및 방위각 계산

구분	전북1 → 전북2
$\Delta X,\ \Delta Y$	$\Delta X = 469147.94 - 466736.27 = +2411.67$ $\Delta Y = 193922.17 - 192741.81 = +1180.36$
거리	$\sqrt{(\Delta X)^2 + (\Delta Y)^2} = \sqrt{(2411.67)^2 + (1180.36)^2} = 2685.03\text{m}$
방위	$\tan^{-1}\left(\dfrac{1180.36}{2411.67}\right) = 26°04'43.8''$(I 상한)
방위각	$V = (\theta) = 26°04'43.8''$

(2) 각규약 조정

1) 망규약 오차 계산

망규약 조건	$\Sigma\alpha + \Sigma\beta = 360°$
오차 계산	$e = (\Sigma\alpha + \Sigma\beta) - 360° = (186°28'14.8'' + 173°31'23.6'') - 360° = -21.6''$
조정량	$\dfrac{\varepsilon}{8} = \dfrac{-21.6}{8} = -2.7''$

보충 + 설명

망규약 계산으로 발생한 오차의 조정량 부호는 반대부호로 조정한다. 즉, 사각망에서 망규약 조건은 내각의 합이 360°이므로 망규약 오차 조정은 내각의 합이 360° 미만이면 (+), 360°를 초과하면 (−)로 조정한다.

2) 삼각규약 오차 계산

삼각규약 조건	$(\alpha_1+\beta_4)-(\alpha_3+\beta_2)=0$	$(\alpha_2+\beta_1)-(\alpha_4+\beta_3)=0$
오차 계산	$\alpha_1+\beta_4=81°35'12.0''$ $-)\ \alpha_3+\beta_2=81°35'13.2''$ $e_1=-1.2''$	$\alpha_2+\beta_1=98°24'30.6''$ $-)\ \alpha_4+\beta_3=98°24'42.6''$ $e_2=-12.0''$
조정량	$\frac{e_1}{4}=\frac{-1.2}{4}=-0.3''$	$\frac{e_2}{4}=\frac{-12}{4}=-3.0''$
배부방법	e_1이 (−)일 경우, α_1, β_4는 (+)값으로, α_3, β_2는 (−)값으로 배부	e_2가 (−)일 경우, α_2, β_1은 (+)값으로, α_4, β_3는 (−)값으로 배부

3) 각규약 조정각

각명	관측각	각규약		
		$\frac{\varepsilon}{8}$	e	조정각
α_1	20°49′09.9″	+2.7″	+0.3″	20°49′12.9″
β_1	24°00′11.1″	+2.7″	+3.0″	24°00′16.8″
α_2	74°24′19.5″	+2.7″	+3.0″	74°24′25.2″
β_2	40°55′34.0″	+2.7″	−0.3″	40°55′36.4″
α_3	40°39′39.2″	+2.7″	−0.3″	40°39′41.6″
β_3	47°49′36.4″	+2.7″	−3.0″	47°49′36.1″
α_4	50°35′06.2″	+2.7″	−3.0″	50°35′05.9″
β_4	60°46′02.1″	+2.7″	+0.3″	60°46′05.1″

(3) 변규약 조정

$$\text{변 방정식}\ \frac{\sin\alpha_1\cdot\sin\alpha_2\cdot\sin\alpha_3\cdot\sin\alpha_4}{\sin\beta_1\cdot\sin\beta_2\cdot\sin\beta_3\cdot\sin\beta_4}=1,\ \frac{\Pi\sin\alpha}{\Pi\sin\beta}=1$$

1) E_1 계산

① $\sin\alpha$, $\sin\beta$ 계산

② $E_1=\frac{\Pi\sin\alpha}{\Pi\sin\beta}-1$

$$=\left(\frac{0.355437\times0.963195\times0.651590\times0.772567}{0.406811\times0.655094\times0.741117\times0.872650}\right)-1$$

$$=\frac{0.172341}{0.172355}-1=-0.000081=-81$$

보충 + 설명

E_1 계산 부호가 (+)이면 $\Delta\alpha$ 계산 수치 앞에 (−)부호, $\Delta\beta$ 계산 수치 앞에 (+)부호를 부여하며, E_1 계산 부호가 (−)이면 $\Delta\alpha$ 계산 수치 앞에 (+)부호, $\Delta\beta$ 계산 수치 앞에 (−)부호를 부여한다.

2) $\Delta\alpha$, $\Delta\beta$ 계산

$\Delta\alpha = 48.4814 \times \cos\alpha$, $\Delta\beta = 48.4814 \times \cos\beta$

3) E_2 계산

① $\sin\alpha'$, $\sin\beta'$ 계산

$\sin\alpha' = \sin\alpha + \Delta\alpha$, $\sin\beta' = \sin\beta + \Delta\beta$

② $$E_2 = \frac{\Pi \sin\alpha'}{\Pi \sin\beta'} - 1$$

$$= \left(\frac{0.355482 \times 0.963208 \times 0.651627 \times 0.772598}{0.406767 \times 0.655057 \times 0.741084 \times 0.872626}\right) - 1$$

$$= \frac{0.172381}{0.172314} - 1 = 0.000389 = +389$$

③ $|E_1 - E_2| = |(-81) - (+389)| = 470$

4) 경정수(x_1'', x_2'') 계산

$$x_1'' = \frac{10'' \times E_1}{|E_1 - E_2|} = \frac{10'' \times (-81)}{470} = -1.7''$$

$$x_2'' = \frac{10'' \times E_2}{|E_1 - E_2|} = \frac{10'' \times 389}{470} = +8.3''$$

검산 : $x_1'' + x_2'' = 10''$

보충 + 설명

x_1'' 의 부호가 (+)이면 각각의 α각에 $(-x_1'')$, 각각의 β각에 $(+x_1'')$를 배부하고, x_1'' 의 부호가 (−)이면 각각의 α각에 $(+x_1'')$, 각각의 β각에 $(-x_1'')$를 배부한다.

5) 변규약 조정각

① 변규약 조정각

α각의 변규약 조정각=각규약 조정각+$(\alpha - x_1'')$

β각의 변규약 조정각=각규약 조정각+$(\beta + x_1'')$

② γ 결정

$$\gamma_1 = \alpha_2 + \beta_4,\ \gamma_2 = \alpha_3 + \beta_1,\ \gamma_3 = \alpha_4 + \beta_2,\ \gamma_4 = \alpha_1 + \beta_3$$

- $\gamma_1 = (74°24'26.9'' + 60°46'03.4'') = 135°10'30.3''$
- $\gamma_2 = (40°39'43.3'' + 24°00'15.1'') = 64°39'58.4''$
- $\gamma_3 = (50°35'07.6'' + 40°55'34.7'') = 91°30'42.3''$

• $\gamma_4 = (20°49'14.6'' + 47°49'34.4'') = 68°38'49.0''$

각명	각규약 조정각	$\sin\alpha$ $\sin\beta$	$\Delta\alpha$ $\Delta\beta$	$\sin\alpha'$ 계산 $\sin\beta'$ 계산	$\sin\alpha'$ $\sin\beta'$	$\alpha - x_1''$ $\beta + x_1''$	변규약 조정각
α_1	20°49′12.9″	0.355437	+45	0.355437+45	0.355482	+1.7	20°49′14.6″
β_1	24°00′16.8″	0.406811	−44	0.406811−44	0.406767	−1.7	24°00′15.1″
γ_1							135°10′30.3″
α_2	74°24′25.2″	0.963195	+13	0.963195+13	0.963208	+1.7	74°24′26.9″
β_2	40°55′36.4″	0.655094	−37	0.655094−37	0.655057	−1.7	40°55′34.7″
γ_2							64°39′58.4″
α_3	40°39′41.6″	0.651590	+37	0.651590+37	0.651627	+1.7	40°39′43.3″
β_3	47°49′36.1″	0.741117	−33	0.741117−33	0.741084	−1.7	47°49′34.4″
γ_3							91°30′42.3″
α_4	50°35′05.9″	0.772567	+31	0.772567+31	0.772598	+1.7	50°35′07.6″
β_4	60°46′05.1″	0.872650	−24	0.872650−24	0.872626	−1.7	60°46′03.4″
γ_4							68°38′49.0″

(4) 변장 및 방위각 계산

1) 사각망 구성

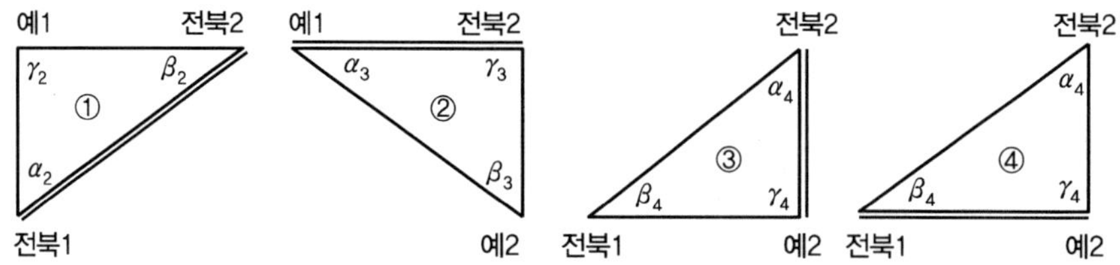

2) 변장 계산

방향	변장 계산	변장
전북1 → 전북2	$\sqrt{(\triangle X)^2+(\triangle Y)^2} = \sqrt{(2411.67)^2+(1180.36)^2}$	=2685.03m
전북1 → 예1	$\frac{\sin\beta_2}{\sin\gamma_2}\times(\overline{전북1-전북2}) = \frac{\sin 40°55'34.7''}{\sin 64°39'58.4''}\times 2685.03$	=1946.08m
전북2 → 예1	$\frac{\sin\alpha_2}{\sin\gamma_2}\times(\overline{전북1-전북2}) = \frac{\sin 74°24'26.9''}{\sin 64°39'58.4''}\times 2685.03$	=2861.39m
예1 → 예2	$\frac{\sin\gamma_3}{\sin\beta_3}\times(\overline{전북2-예1}) = \frac{\sin 91°30'42.3''}{\sin 47°49'34.4''}\times 2861.39$	=3859.60m
전북2 → 예2	$\frac{\sin\alpha_3}{\sin\beta_3}\times(\overline{전북2-예1}) = \frac{\sin 40°39'43.3''}{\sin 47°49'34.4''}\times 2861.39$	=2515.77m
예2 → 전북1	$\frac{\sin\alpha_4}{\sin\beta_4}\times(\overline{전북2-예2}) = \frac{\sin 50°35'07.6''}{\sin 60°46'03.4''}\times 2515.77$	=2227.26m
전북2 → 전북1	$\frac{\sin\gamma_4}{\sin\beta_4}\times(\overline{전북2-예2}) = \frac{\sin 68°38'49.0''}{\sin 60°46'03.4''}\times 2515.77$	=2685.02m
전북1 → 전북2	$\frac{\sin\gamma_4}{\sin\alpha_4}\times(\overline{전북1-예2}) = \frac{\sin 68°38'49.0''}{\sin 50°35'07.6''}\times 2227.26$	=2685.02m
예2 → 전북2	$\frac{\sin\beta_4}{\sin\alpha_4}\times(\overline{전북1-예2}) = \frac{\sin 60°46'03.4''}{\sin 50°35'07.6''}\times 2227.26$	=2515.76m

3) 방위각 계산

방향	방위각 계산	방위각
전북1 → 전북2	$\theta=\tan^{-1}\left(\frac{1180.36}{2411.67}\right)=26°04'43.8''$(I 상한)	=26°04′43.8″
전북1 → 예1	$V_{전북1}^{전북2}-\alpha_2=26°04'43.8''-74°24'26.9''$	=311°40′16.9″
전북2 → 예1	$V_{전북2}^{전북1}+\beta_2=(26°04'43.8''+180°)+40°55'34.7''$	=247°00′18.5″
예1 → 예2	$V_{예1}^{전북2}+\alpha_3=(247°00'18.5''-180°)+40°39'43.3''$	=107°40′01.8″
전북2 → 예2	$V_{전북2}^{예1}-\gamma_3=247°00'18.5''-91°30'42.3''$	=155°29′36.2″
예2 → 전북1	$V_{예2}^{전북2}-\gamma_4=(155°29'36.2''+180°)-68°38'49.0''$	=266°50′47.2″
전북2 → 전북1	$V_{전북2}^{예2}+\alpha_4=155°29'36.2''+50°35'07.6''$	=206°04′43.8″
전북1 → 전북2	$V_{전북1}^{예2}-\beta_4=(266°50'47.2''-180°)-60°46'03.4''$	=26°04′43.8″
예2 → 전북2	$V_{예2}^{전북1}+\gamma_4=266°50'47.2''+68°38'49.0''$	=335°29′36.2″

(5) 종 · 횡선좌표 계산

$\Delta X = l \cdot \cos V,\ \ \Delta Y = l \cdot \sin V$

구분	종선좌표 = 기지점의 X좌표 + ΔX	횡선좌표 = 기지점의 Y좌표 + ΔY
전북1 → 예1	466736.27 + 1293.87 = 468030.14	192741.81 + (− 1453.66) = 191288.15
전북2 → 예1	469147.94 + (− 1117.80) = 468030.14	193922.17 + (− 2634.02) = 191288.15
평균	468030.14	191288.15
예1 → 예2	468030.14 + (− 1171.34) = 466858.80	191288.15 + 3677.56 = 194965.71
전북2 → 예2	469147.94 + (− 2289.13) = 466858.81	193922.17 + 1043.54 = 194965.71
평균	466858.80	194965.71
예2 → 전북1	466858.80 + (− 122.53) = 466736.27	194965.71 + (− 2223.89) = 192741.82
전북2 → 전북1	469147.94 + (− 2411.66) = 466736.28	193922.17 + (− 1180.35) = 192741.82
평균	466736.28	192741.82
전북1 → 전북2	466736.28 + 2411.66 = 469147.94	192741.82 + 1180.35 = 193922.17
예2 → 전북2	466858.80 + 2289.12 = 469147.92	194965.71 + (− 1043.53) = 193922.18
평균	469147.93	193922.18

사 각 망 조 정 계 산 부

점명	각명	관측각	각규약 ε/8	각규약 e	각규약 조정각	sinα / sinβ	Δα / Δβ	sinα′ / sinβ′	$\alpha - x_1''$ / $\beta + x_1''$	변규약 조정각
예2	α_1	20°49′09″.9	+2″.7	+0″.3	20°49′12″.9	0.355437	+45	0.355482	+1″.7	20°49′14″.6
예1	β_1	24 00 11.1	+2.7	+3.0	24 00 16.8	0.406811	−44	0.406767	−1.7	24 00 15.1
									γ_1	135 10 30.3
전북1	α_2	74°24′19″.5	+2″.7	+3″.0	74°24′25″.2	0.963195	+13	0.963208	+1″.7	74°24′26″.9
전북2	β_2	40 55 34.0	+2.7	−0.3	40 55 36.4	0.655094	−37	0.655057	−1.7	40 55 34.7
									γ_2	64 39 58.4
예1	α_3	40°39′39″.2	+2″.7	−0″.3	40°39′41″.6	0.651590	+37	0.651627	+1″.7	40°39′43″.3
예2	β_3	47 49 36.4	+2.7	−3.0	47 49 36.1	0.741117	−33	0.741084	−1.7	47 49 34.4
									γ_3	91 30 42.3
전북2	α_4	50°35′06″.2	+2″.7	−3″.0	50°35′05″.9	0.772567	+31	0.772598	+1″.7	50°35′07″.6
전북1	β_4	60 46 02.1	+2.7	+0.3	60 46 05.1	0.872650	−24	0.872626	−1.7	60 46 03.4
									γ_4	68 38 49.0

변장 $a \times \frac{\sin\alpha(\gamma)}{\sin\beta}$	방위각	종횡선좌표 X	종횡선좌표 Y	점명
		466736ᵐ.27	192741ᵐ.81	전북1
전북1 → 전북2 2685ᵐ.03	전북1 → 전북2 26°04′43″.8	469147.94	193922.17	전북2
전북1 → 예1 1946.08	전북1 → 예1 311 40 16 9	468030.14	191288.15	예1
전북2 → 예1 2861.39	전북2 → 예1 247 00 18 5	468030.14	191288.15	예1
	평균	468030.14	191288.15	예1
예1 → 예2 3859.60	예1 → 예2 107 40 01 8	466858.80	194965.71	예2
전북2 → 예2 2515.77	전북2 → 예2 155 29 36 2	466858.81	194965.71	예2
	평균	466858.80	194965.71	예2
예2 → 전북1 2227.26	예2 → 전북1 266 50 47 2	466736.27	192741.82	전북1
전북2 → 전북1 2685.02	전북2 → 전북1 206 04 43 8	466736.28	192741.82	전북1
	평균	466736.28	192741.82	전북1
전북1 → 전북2 2685.02	전북1 → 전북2 26 04 43 8	469147.94	193922.17	전북2
예2 → 전북2 2515.76	예2 → 전북2 335 29 36 2	469147.92	193922.18	전북2
전북1 → 전북2 2685.03	전북1 → 전북2 26 04 43 8	469147.93	193922.18	전북2

$\Sigma\alpha + \Sigma\beta =$	359°59′38″.4		360°00′00″.0
−)	360 00 00.0		
	ε = −21.6		
	ε/8 = −2.7		

Π sinα	0.172341	Π sinα′	0.172381
E_1 Π sinβ	0.172355	E_2 Π sinβ′	0.172314

$\alpha_1 + \beta_4 =$ 81°35′12″.0

−) $\alpha_3 + \beta_2 =$ 81 35 13 2

$\frac{e_1}{4} = -0.3''$

$e_1 = -1.2''$

$\alpha_2 + \beta_1 =$ 98°24′30″.6

−) $\alpha_4 + \beta_3 =$ 98 24 42.6

$\frac{e_2}{4} = -3.0''$

$e_2 = -12.0''$

$$E_1 = \frac{\Pi\ \sin\alpha}{\Pi\ \sin\beta} - 1 = -81$$

$$E_2 = \frac{\Pi\ \sin\alpha'}{\Pi\ \sin\beta'} - 1 = +389$$

$$|E_1 - E_2| = 470$$

$\Delta\alpha,\ \Delta\beta = 10''$차임

$$x_1'' = \frac{10'' \times E_1}{|E_1 - E_2|} = -1.7''$$

$$x_2'' = \frac{10'' \times E_2}{|E_1 - E_2|} = +8.3''$$

검산 : $x_1'' + x_2'' = 10''$

약도

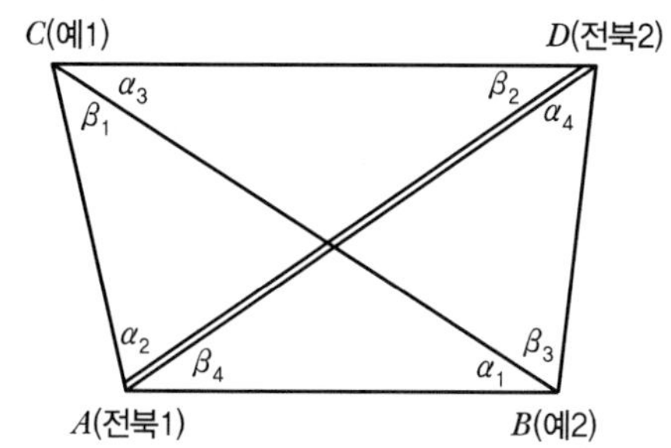

09 다음 삼각쇄망의 관측결과에 의해 서식을 완성하시오.(단, 거리는 cm 단위, 각은 0.1″ 단위까지 계산하시오.)

(1) 기지점좌표

점명	종선좌표	횡선좌표
경1	437342.11	203901.89
경2	433520.47	205426.72
경3	434716.45	212291.50
경4	439391.95	209770.06

(2) 관측각

각명	관측각	각명	관측각
α_1	85°17′28.7″	α_2	62°35′06.4″
β_1	57°06′30.3″	β_2	72°22′27.1″
γ_1	37°35′53.7″	γ_2	45°02′20.9″
α_3	82°06′28.0″	α_4	73°12′07.1″
β_3	59°57′24.7″	β_4	69°43′01.8″
γ_3	37°56′16.8″	γ_4	37°04′50.5″

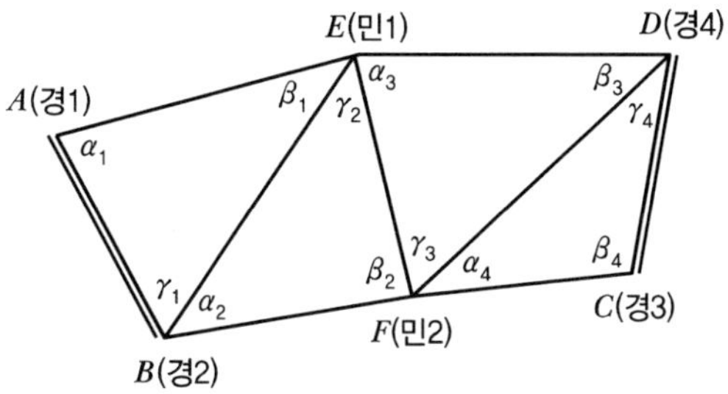

해설 및 정답

(1) 기지점 간 거리 및 방위각 계산

구분	경2 → 경1	경4 → 경3
ΔX, ΔY	$\Delta X = 437342.11 - 433520.47 = +3821.64$	$\Delta X = 434716.45 - 439391.95 = -4675.50$
	$\Delta Y = 203901.89 - 205426.72 = -1524.83$	$\Delta Y = 212291.50 - 209770.06 = +2521.44$
거리	$\sqrt{(3821.64)^2 + (-1524.83)^2} = 4114.61\text{m}$	$\sqrt{(-4675.50)^2 + (2521.44)^2} = 5312.06\text{m}$
방위	$\tan^{-1}\left(\frac{-1524.83}{+3821.64}\right) = 21°45'07.0''$(Ⅳ상한)	$\tan^{-1}\left(\frac{+2521.44}{-4675.50}\right) = 28°20'14.8''$(Ⅱ상한)
방위각	$V = (360° - \theta)$ $= 360° - 21°45'07.0'' = 338°14'53.0''$	$V = (180° - \theta)$ $= 180° - 28°20'14.8'' = 151°39'45.2''$

(2) 각규약 조정

1) 삼각규약 오차 계산

삼각규약 조건	$(\alpha+\beta+\gamma)=180°$
오차	$\varepsilon=(\alpha+\beta+\gamma)-180°$

오차 계산

삼각형 번호	관측각의 합	$\varepsilon=(\alpha+\beta+\gamma)-180°$
①	179°59′52.7″	−7.3″
②	179°59′54.4″	−5.6″
③	180°00′09.5″	+9.5″
④	179°59′59.4″	−0.6″

오차 조정

① $\varepsilon/3$ 계산

삼각규약에 의한 오차를 균등조정하기 위하여 $\varepsilon/3$를 계산한다.

② 조정각 계산

조정각=관측각+$\varepsilon/3$

삼각형 번호	ε	$\varepsilon/3$	조정각 계산	조정각
①	−7.3″	+2.4″ → +2.5″	85°17′28.7″+2.5″	85°17′31.2″
		+2.4″	57°06′30.3″+2.4″	57°06′32.7″
		+2.4″	37°35′53.7″+2.4″	37°35′56.1″
		+7.3″		
②	−5.6″	+1.9″	62°35′06.4″+1.9″	62°35′08.3″
		+1.9″ → +1.8″	72°22′27.1″+1.8″	72°22′28.9″
		+1.9″	45°02′20.9″+1.9″	45°02′22.8″
		+5.6″		
③	+9.5″	−3.2″ → −3.1″	82°06′28.0″−3.1″	82°06′24.9″
		−3.2″	59°57′24.7″−3.2″	59°57′21.5″
		−3.2″	37°56′16.8″−3.2″	37°56′13.6″
		−9.5″		
④	−0.6″	+0.2″	73°12′07.1″+0.2″	73°12′07.3″
		+0.2″	69°43′01.8″+0.2″	69°43′02.0″
		+0.2″	37°04′50.5″+0.2″	37°04′50.7″
		+0.6″		

보충 + 설명

단수처리로 인하여 ±0.1″ 차이가 발생할 경우 관측각이 90°에 가까운 각에 ±0.1″ 추가 조정하며, 각 삼각형 내각의 합과 180°와의 차(ε)와 $\varepsilon/3$의 합이 같도록 조정하여야 한다.

2) 망규약 오차 계산

망규약 조건	산출방위각 = 기지방위각
오차	q=산출방위각−기지방위각
오차 계산	• 산출방위각=출발기지방위각$+\gamma_1+180°-\gamma_2+180°+\gamma_3+180°-\gamma_4$ $=338°14'53.0''+37°35'56.1''+180°-45°02'22.8''+180°$ $+37°56'13.6''+180°-37°04'50.7''$ $=151°39'49.2''$ • 기지방위각 : 151°39′45.2″(도착 기지방위각임) • q=산출방위각−기지방위각$=151°39'49.2''-151°39'45.2''=+4.0''$

3) 각규약 경정수 계산

γ각이 좌측에 있을 경우	γ각이 우측에 있을 경우
$\alpha=-\frac{q}{2n}=-\frac{4.0}{2\times4}=-0.5''$	$\alpha=+\frac{q}{2n}=+\frac{4.0}{2\times4}=+0.5''$
$\beta=-\frac{q}{2n}=-\frac{4.0}{2\times4}=-0.5''$	$\beta=+\frac{q}{2n}=+\frac{4.0}{2\times4}=+0.5''$
$\gamma=+\frac{q}{n}=+\frac{4.0}{4}=+1.0''$	$\gamma=-\frac{q}{n}=-\frac{4.0}{4}=-1.0''$

4) 각규약 조정각

조정각=조정각+경정수

삼각형 번호	경정수	조정각	삼각형 번호	경정수	조정각
①	+0.5″	85°17′31.7″	②	−0.5″	62°35′07.8″
	+0.5″	57°06′33.2″		−0.5″	72°22′28.4″
	−1.0″	37°35′55.1″		+1.0″	45°02′23.8″
③	+0.5″	82°06′25.4″	④	−0.5″	73°12′06.8″
	+0.5″	59°57′22.0″		−0.5″	69°43′01.5″
	−1.0″	37°56′12.6″		+1.0″	37°04′51.7″

(3) 변규약 조정

변 방정식 $\dfrac{\sin\alpha_1\cdot\sin\alpha_2\cdot\sin\alpha_3\cdot\sin\alpha_4\cdot l_1}{\sin\beta_1\cdot\sin\beta_2\cdot\sin\beta_3\cdot\sin\beta_4\cdot l_2}=1,\ \dfrac{\Pi\sin\alpha\cdot l_1}{\Pi\sin\beta\cdot l_2}=1$

1) E_1 계산

① $\sin\alpha,\ \sin\beta$ 계산

② $E_1=\dfrac{\Pi\sin\alpha\cdot l_1}{\Pi\sin\beta\cdot l_2}-1$

$$=\left(\frac{0.996626\times0.887699\times0.990526\times0.957329\times4114.61}{0.839707\times0.953056\times0.865642\times0.937992\times5312.06}\right)-1$$

$$=\frac{3451.864309}{3451.807907}-1=+0.000016=+16$$

보충 + 설명

E_1 계산 부호가 (+)이면 $\Delta\alpha$ 계산 수치 앞에 (−)부호, $\Delta\beta$ 계산 수치 앞에 (+)부호를 부여하며, E_1 계산 부호가 (−)이면 $\Delta\alpha$ 계산 수치 앞에 (+)부호, $\Delta\beta$ 계산 수치 앞에 (−)부호를 부여한다.

2) E_2 계산

① $\sin\alpha'$, $\sin\beta'$ 계산

$\sin\alpha' = \sin\alpha + \Delta\alpha$, $\sin\beta' = \sin\beta + \Delta\beta$

② $E_2 = \dfrac{\Pi \sin\alpha' \cdot l_1}{\Pi \sin\beta' \cdot l_2} - 1$

$$= \left(\frac{0.996622 \times 0.887677 \times 0.990519 \times 0.957315 \times 4114.61}{0.839733 \times 0.953071 \times 0.865666 \times 0.938009 \times 5312.06}\right) - 1$$

$$= \frac{3451.690035}{3452.127386} - 1 = -0.000127 = -127$$

③ $|E_1 - E_2| = |+16 - (-127)| = 143$

4) 경정수(x_1'', x_2'') 계산

$$x_1'' = \frac{10'' \times E_1}{|E_1 - E_2|} = \frac{10'' \times (16)}{143} = +1.1''$$

$$x_2'' = \frac{10'' \times E_2}{|E_1 - E_2|} = \frac{10'' \times (-127)}{143} = -8.9''$$

검산 : $x_1'' + x_2'' = 10''$

보충 + 설명

x_1'' 의 부호가 (+)이면 각각의 α각에 ($-x_1''$), 각각의 β각에 ($+x_1''$)를 배부하고, x_1'' 의 부호가 (−)이면 각각의 α각에 ($+x_1''$), 각각의 β각에 ($-x_1''$)를 배부한다.

5) 변규약 조정각

α각의 변규약 조정각=각규약 조정각+($\alpha - x_1''$)

β각의 변규약 조정각=각규약 조정각+($\beta + x_1''$)

각명	각규약 조정각	sinα sinβ	Δα Δβ	sinα' 계산 sinβ' 계산	sinα' sinβ'	$\alpha - x_1''$ $\beta + x_1''$	변규약 조정각
α_1	85°17′31.7″	0.996626	−4	0.996626−4	0.996622	−1.1	85°17′30.6″
β_1	57°06′33.2″	0.839707	+26	0.839707+26	0.839733	+1.1	57°06′34.3″
γ_1	37°35′55.1″						37°35′55.1″
α_2	62°35′07.8″	0.887699	−22	0.887699−22	0.887677	−1.1	62°35′06.7″
β_2	72°22′28.4″	0.953056	+15	0.953056+15	0.953071	+1.1	72°22′29.5″
γ_2	45°02′23.8″						45°02′23.8″
α_3	82°06′25.4″	0.990526	−7	0.990526−7	0.990519	−1.1	82°06′24.3″
β_3	59°57′22.0″	0.865642	+24	0.865642+24	0.865666	+1.1	59°57′23.1″
γ_3	37°56′12.6″						37°56′12.6″
α_4	73°12′06.8″	0.957329	−14	0.957329−14	0.957315	−1.1	73°12′05.7″
β_4	69°43′01.5″	0.937992	+17	0.937992+17	0.938009	+1.1	69°43′02.6″
γ_4	37°04′51.7″						37°04′51.7″

(4) 변장 및 방위각 계산

1) 변장 계산

방향	변장 계산	변장
경2 → 경1 ($\overline{BA}$)	$\sqrt{(\Delta X)^2+(\Delta Y)^2} = \sqrt{(3821.64)^2+(-1524.83)^2}$	=4114.61m
경1 → 민1 ($\overline{AE}$)	$\frac{\sin\gamma_1}{\sin\beta_1}\times\overline{AB} = \frac{\sin 37°35'55.1''}{\sin 57°06'34.3''}\times 4114.61$	=2989.64m
경2 → 민1 ($\overline{BE}$)	$\frac{\sin\alpha_1}{\sin\beta_1}\times\overline{AB} = \frac{\sin 85°17'30.6''}{\sin 57°06'34.3''}\times 4114.61$	=4883.50m
민1 → 민2 ($\overline{EF}$)	$\frac{\sin\alpha_2}{\sin\beta_2}\times\overline{BE} = \frac{\sin 62°35'06.7''}{\sin 72°22'29.5''}\times 4883.50$	=4548.59m
경2 → 민2 ($\overline{BF}$)	$\frac{\sin\gamma_2}{\sin\beta_2}\times\overline{BE} = \frac{\sin 45°02'23.8''}{\sin 72°22'29.5''}\times 4883.50$	=3625.76m
민2 → 경4 ($\overline{FD}$)	$\frac{\sin\alpha_3}{\sin\beta_3}\times\overline{EF} = \frac{\sin 82°06'24.3''}{\sin 59°57'23.1''}\times 4548.59$	=5204.78m
민1 → 경4 ($\overline{ED}$)	$\frac{\sin\gamma_3}{\sin\beta_3}\times\overline{EF} = \frac{\sin 37°56'12.6''}{\sin 59°57'23.1''}\times 4548.59$	=3230.47m
경4 → 경3 ($\overline{DC}$)	$\frac{\sin\alpha_4}{\sin\beta_4}\times\overline{FD} = \frac{\sin 73°12'05.7''}{\sin 69°43'02.6''}\times 5204.78$	=5312.06m
민2 → 경3 ($\overline{FC}$)	$\frac{\sin\gamma_4}{\sin\beta_4}\times\overline{FD} = \frac{\sin 37°04'51.7''}{\sin 69°43'02.6''}\times 5204.78$	=3345.64m

2) 방위각 계산

방향	방위각 계산	방위각
경2 → 경1 ($\overline{BA}$)	$\tan^{-1}\left(\frac{-1524.83}{+3821.64}\right) = 21°45'07.0''$(Ⅳ상한)	$=338°14'53.0''$
경1 → 민1 ($\overline{AE}$)	$V_A^B - \alpha_1 = (338°14'53.0'' - 180°) - 85°17'30.6''$	$=72°57'22.4''$
경2 → 민1 ($\overline{BE}$)	$V_B^A + \gamma_1 = 338°14'53.0'' + 37°35'55.1''$	$=15°50'48.1''$
민1 → 민2 ($\overline{EF}$)	$V_E^B - \gamma_2 = (15°50'48.1'' + 180°) - 45°02'23.8''$	$=150°48'24.3''$
경2 → 민2 ($\overline{BF}$)	$V_B^E + \alpha_2 = 15°50'48.1'' + 62°35'06.7''$	$=78°25'54.8''$
민2 → 경4 ($\overline{FD}$)	$V_F^E + \gamma_3 = (150°48'24.3'' - 180°) + 37°56'12.6''$	$=8°44'36.9''$
민1 → 경4 ($\overline{ED}$)	$V_E^F - \alpha_3 = 150°48'24.3'' - 82°06'24.3''$	$=68°42'00.0''$
경4 → 경3 ($\overline{DC}$)	$V_D^F - \gamma_4 = (8°44'36.9'' + 180°) - 37°04'51.7''$	$=151°39'45.2''$
민2 → 경3 ($\overline{FC}$)	$V_F^D + \alpha_4 = 8°44'36.9'' + 73°12'05.7''$	$=81°56'42.6''$

(5) 종 · 횡선좌표 계산

$\Delta X = l \cdot \cos V,\ \Delta Y = l \cdot \sin V$

구분	종선좌표 = 기지점의 X좌표 + ΔX	횡선좌표 = 기지점의 Y좌표 + ΔY
경1 → 민1	437342.11 + 876.27 = 438218.38	203901.89 + 2858.34 = 206760.23
경2 → 민1	433520.47 + 4697.91 = 438218.38	205426.72 + 1333.51 = 206760.23
평균	438218.38	206760.23
민1 → 민2	438218.38 + (−3970.83) = 434247.55	206760.23 + 2218.61 = 208978.84
경2 → 민2	433520.47 + 727.08 = 434247.55	205426.72 + 3552.11 = 208978.83
평균	434247.55	208978.84
민2 → 경4	434247.55 + 5144.29 = 439391.84	208978.84 + 791.19 = 209770.03
민1 → 경4	438218.38 + 1173.47 = 439391.85	206760.23 + 3009.80 = 209770.03
평균	439391.84	209770.03
경4 → 경3	439391.84 + (−4675.50) = 434716.34	209770.03 + 2521.44 = 212291.47
민2 → 경3	434247.55 + 468.79 = 434716.34	208978.84 + 3312.63 = 212291.47
평균	434716.34	212291.47

삼각쇄 조정계산부

삼각형	점명	각명	관측각	각규약 ε/3	각규약 조정각	각규약 경정수	각규약 조정각	sinα / sinβ	Δα / Δβ	sinα′ / sinβ′	α−x₁″ / β+x₁″	변규약 조정각
1	경1	α_1	85°17′28″.7	+2″.5	85°17′31″.2	+0″.5	85°17′31″.7	0.996626	−4	0.996622	−1″.1	85°17′30″.6
	민1	β_1	57 06 30.3	+2.4	57 06 32.7	+0.5	57 06 33.2	0.839707	+26	0.839733	+1.1	57 06 34.3
	경2	γ_1	37 35 53.7	+2.4	37 35 56.1	−1.0	37 35 55.1				γ_1	37 35 55.1
		+)	179 59 52.7	+7.3								
			180 00 00.0									
		−) ε_1 =	−7.3									
2	경2	α_2	62°35′06″.4	+1″.9	62°35′08″.3	−0″.5	62°35′07″.8	0.887699	−22	0.887677	−1″.1	62°35′06″.7
	민2	β_2	72 22 27.1	+1.8	72 22 28.9	−0.5	72 22 28.4	0.953056	+15	0.953071	+1.1	72 22 29.5
	민1	γ_2	45 02 20.9	+1.9	45 02 22.8	+1.0	45 02 23.8				γ_2	45 02 23.8
		+)	179 59 54.4	+5.6								
			180 00 00.0									
		−) ε_2 =	−5.6									
3	민1	α_3	82°06′28″.0	−3″.1	82°06′24″.9	+0″.5	82°06′25″.4	0.990526	−7	0.990519	−1″.1	82°06′24″.3
	경4	β_3	59 57 24.7	−3.2	59 57 21.5	+0.5	59 57 22.0	0.865642	+24	0.865666	+1.1	59 57 23.1
	민2	γ_3	37 56 16.8	−3.2	37 56 13.6	−1.0	37 56 12.6				γ_3	37 56 12.6
		+)	180 00 09.5	−9.5								
			180 00 00.0									
		−) ε_3 =	+9.5									
4	민2	α_4	73°12′07″.1	+0″.2	73°12′07″.3	−0″.5	73°12′06″.8	0.957329	−14	0.957315	−1″.1	73°12′05″.7
	경3	β_4	69 43 01.8	+0.2	69 43 02.0	−0.5	69 43 01.5	0.937992	+17	0.938009	+1.1	69 43 02.6
	경4	γ_4	37 04 50.5	+0.2	37 04 50.7	+1.0	37 04 51.7				γ_4	37 04 51.7
		+)	179 59 59.4	+0.6								
			180 00 00.0									
		−) ε_4 =	−0.6									
5		α_5										
		β_5										
		γ_5									γ_5	
		+)										
			180 00 00.0									
		−) ε_5 =										
6		α_6										
		β_6										
		γ_6									γ_6	
		+)										
			180 00 00.0									
		−) ε_6 =										

변장 $a\times\frac{\sin\alpha(\gamma)}{\sin\beta}$	방위각	종횡선좌표 X	종횡선좌표 Y	점명
경2점 → 경1점	경2점 → 경1점	433520.47 m	205426.72 m	경2
4114.61 m	338°14′53″.0	437342.11	203901.89	경1
경1 → 민1	경1 → 민1	438218.38	206760.23	민1
2989.64	72 57 22.4			
경2 → 민1	경2 → 민1	438218.38	206760.23	
4883.50	15 50 48.1			
	평균	438218.38	206760.23	
민1 → 민2	민1 → 민2	434247.55	208978.84	민2
4548.59	150 48 24.3			
경2 → 민2	경2 → 민2	434247.55	208978.83	
3625.76	78 25 54.8			
	평균	434247.55	208978.84	
민2 → 경4	민2 → 경4	439391.84	209770.03	경4
5204.78	8 44 36.9			
민1 → 경4	민1 → 경4	439391.85	209770.03	
3230.47	68 42 00.0			
	평균	439391.84	209770.03	
경4 → 경3	경4 → 경3	434716.34	212291.47	경3
5312.06	151 39 45.2			
민2 → 경3	민2 → 경3	434716.34	212291.47	
3345.64	81 56 42.6			
	평균	434716.34	212291.47	
→	→			
→	→			
	평균			
→	→			
→	→			
	평균			
경4 → 경3	경4 → 경3	434716.45	212291.50	경3
5312·06	151 39 45·2			

산출방위각	151°39′49″.2	제1기선 l_1	4114.61 m
기지방위각	151 39 45.2	제2기선 l_2	5312.06
q	+4.0		

	E_1		E_2
$\Pi\sin\alpha\cdot l_1$	3451.864309	$\Pi\sin\alpha'\cdot l_1$	3451.690035
$\Pi\sin\beta\cdot l_2$	3451.807907	$\Pi\sin\beta'\cdot l_2$	3452.127386

각규약경정수계산	
γ각이 좌측에 있을 경우	γ각이 우측에 있을 경우
$\alpha=-\frac{q}{2n}=-0.5''$	$\alpha=+\frac{q}{2n}=+0.5''$
$\beta=-\frac{q}{2n}=-0.5''$	$\beta=+\frac{q}{2n}=+0.5''$
$\gamma=+\frac{q}{n}=+1.0''$	$\gamma=-\frac{q}{n}=-1.0''$

n : 삼각형 수

$$E_1=\frac{\Pi\sin\alpha\cdot l_1}{\Pi\sin\beta\cdot l_2}-1=+16$$

$$E_2=\frac{\Pi\sin\alpha'\cdot l_1}{\Pi\sin\beta'\cdot l_2}-1=-127$$

$$|E_1-E_2|=143$$

$\Delta\alpha,\ \Delta\beta=10''$차임

$$x_1''=\frac{10''\times E_1}{|E_1-E_2|}=+1.1''$$

$$x_2''=\frac{10''\times E_2}{|E_1-E_2|}=-8.9''$$

검산 : $x_1''+x_2''=10''$

약도

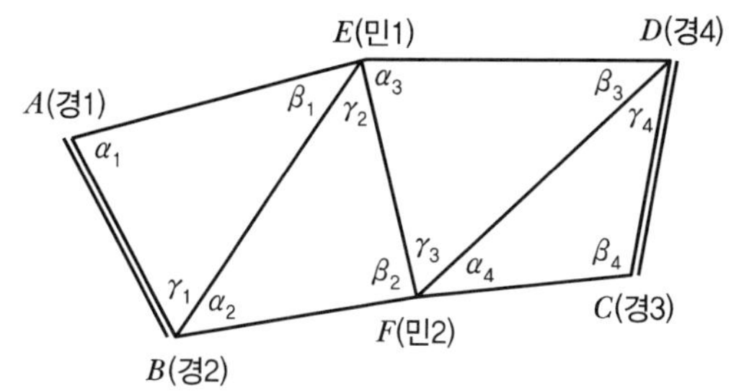

CHAPTER

02 지적삼각보조점측량

CADASTRAL SURVEYING

01 개요

지적삼각보조점측량은 측량지역의 지형상 지적삼각보조점 설치 또는 재설치가 필요한 경우, 지적도근점의 설치 또는 재설치를 위하여 지적삼각보조점의 설치가 필요한 경우, 세부측량을 하기 위하여 지적삼각보조점 설치가 필요한 경우에 실시한다.

02 Basic Frame

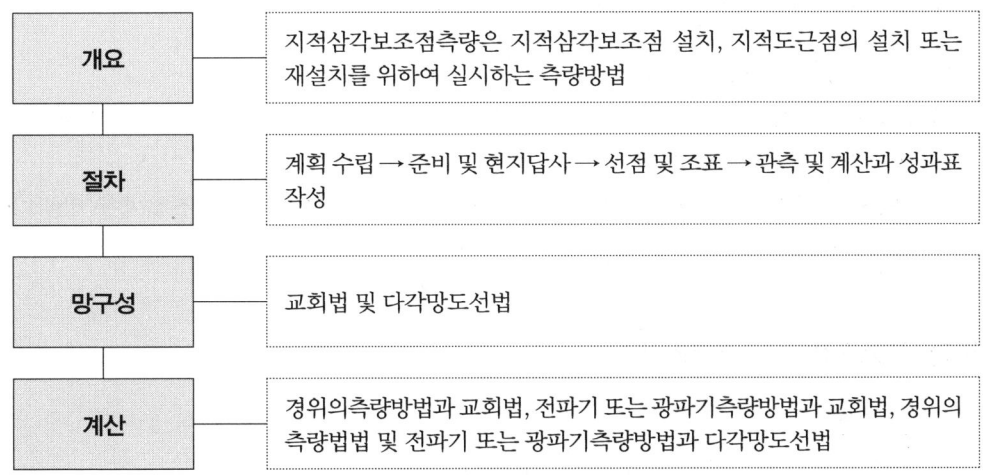

개요	지적삼각보조점측량은 지적삼각보조점 설치, 지적도근점의 설치 또는 재설치를 위하여 실시하는 측량방법
절차	계획 수립 → 준비 및 현지답사 → 선점 및 조표 → 관측 및 계산과 성과표 작성
망구성	교회법 및 다각망도선법
계산	경위의측량방법과 교회법, 전파기 또는 광파기측량방법과 교회법, 경위의측량법법 및 전파기 또는 광파기측량방법과 다각망도선법

03 핵심 이론

1. 지적삼각보조점측량 방법

지적삼각보조점측량은 위성기준점, 통합기준점, 삼각점, 지적삼각점 및 지적삼각보조점을 기초로 하여 경위의측량방법, 전파기 또는 광파기측량방법, 위성측량방법 및 국토교통부장관이 승인한 측량방법을 따르며 계산은 교회법 또는 다각망도선법에 따른다.

2. 지적삼각보조점측량 기준

(1) 경위의측량방법과 전파기 또는 광파기측량방법에 따른 교회법

① 3방향의 교회에 따르며, 다만, 지형상 부득이하여 2방향의 교회에 의하여 결정하려는 경우에는 각 내각을 관측하여 각 내각의 관측치의 합계와 180도와의 차가 ±40초 이내일 때에는 이를 각 내각에 고르게 배분하여 사용할 수 있다.

② 삼각형의 각 내각은 30도 이상 120도 이하로 한다.

(2) 전파기 또는 광파기측량방법에 따른 다각망도선법

① 3점 이상의 기지점을 포함한 결합다각방식에 따른다.

② 1도선(기지점과 교점 간 또는 교점과 교점 간을 말한다.)의 점의 수는 기지점과 교점을 포함하여 5점 이하로 한다.

③ 1도선의 거리(기지점과 교점 또는 교점과 교점 간의 점간거리의 총합계를 말한다.)는 4km 이하로 한다.

3. 지적삼각보조점의 관측 및 계산

(1) 경위의측량방법과 교회법

① 관측은 20초독 이상의 경위의를 사용하여야 한다.

② 수평각 관측은 2대회(윤곽도는 0도, 90도로 한다.)의 방향관측법에 따른다.

③ 수평각의 측각공차는 다음 표에 따르며, 이 경우 삼각형 내각의 관측치를 합한 값과 180도와의 차는 내각을 전부 관측한 경우에 적용한다.

종별	1방향각	1측회의 폐색	삼각형 내각관측의 합과 180도와 차	기지각과 차
공차	40초 이내	±40초 이내	±50초 이내	±50초 이내

④ 계산단위

종별	각	변의 길이	진수	좌표
공차	초	cm	6자리 이상	cm

⑤ 2개의 삼각형으로부터 계산한 위치의 연결교차($\sqrt{\text{종선교차}^2 + \text{횡선교차}^2}$)가 0.30m 이하일 때에는 그 평균치를 지적삼각보조점의 위치로 한다. 이 경우 기지점과 소구점 사이의 방위각 및 거리는 평균치에 따라 새로 계산하여 정한다.

(2) 경위의측량방법, 전파기 또는 광파기측량방법과 다각망도선법

1) 관측 및 계산

① 관측은 20초독 이상의 경위의를 사용하여야 한다.

② 수평각 관측은 2대회(윤곽도는 0도, 90도로 한다.)의 방향관측법에 따른다.

③ 수평각의 측각공차는 다음 표에 따르며, 이 경우 삼각형 내각의 관측치를 합한 값과 180도와의 차는 내각을 전부 관측한 경우에 적용한다.

종별	1방향각	1측회의 폐색	삼각형 내각관측의 합과 180도와 차	기지각과 차
공차	40초 이내	±40초 이내	±50초 이내	±50초 이내

④ 계산단위

종별	각	변의 길이	진수	좌표
공차	초	cm	6자리 이상	cm

2) 점간거리 측정방법

① 전파 또는 광파측거기는 표준편차가 ±[5밀리미터+5피피엠(ppm)] 이상인 정밀측거기를 사용하여야 한다.

② 점간거리는 5회 측정하여 그 측정치의 최대치와 최소치의 교차가 평균치의 10만분의 1 이하일 때에는 그 평균치를 측정거리로 하고, 원점에 투영된 평면거리에 따라 계산한다.

③ 삼각형의 내각은 세 변의 평면거리에 따라 계산하며, 기지각과의 차는 ±50초 이내로 한다.

3) 연직각 관측 및 계산

① 각 측점에서 정반으로 각 2회 관측한다.

② 관측치의 최대치와 최소치의 교차가 30초 이내일 때에는 그 평균치를 연직각으로 한다.

③ 2점의 기지점에서 소구점의 표고를 계산한 결과 그 교차가 0.05미터+0.05(S_1 + S_2)미터 이하일 때에는 그 평균치를 표고로 한다. 여기서 S_1과 S_2는 기지점에서 소구점까지의 평면거리로서 km 단위로 표시한 수를 말한다.

Example 01

교회법에 의한 지적삼각보조점측량에서 두 점 간의 종선차가 40.30m, 횡선차가 61.25m일 때 두 점 간의 연결교차는?

해설 및 정답

$$연결오차 = \sqrt{(종선차)^2 + (횡선차)^2}$$

$$연결오차 = \sqrt{(40.30)^2 + (61.25)^2} = 73.32\text{m}$$

4. 교회법

교회법은 지적삼각보조점측량과 지적도근점측량에서 시행되며 교회점은 1개 또는 2개 삼각형으로부터 방위각 또는 내각을 관측하고 관측방향선을 수치적으로 교차시켜 소구점의 위치를 결정하는 방법이며 교회법의 계산순서는 다음과 같다.

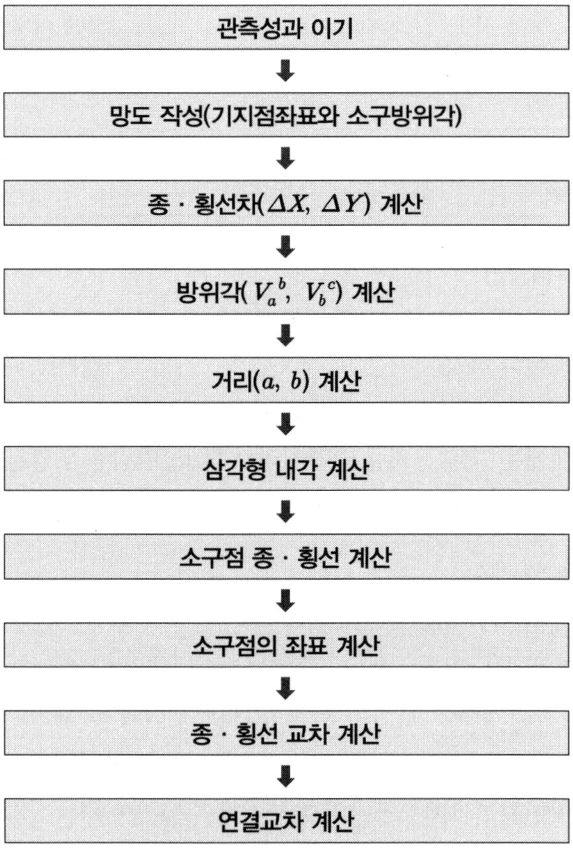

[그림 2-1] 교회점 계산부 계산 순서

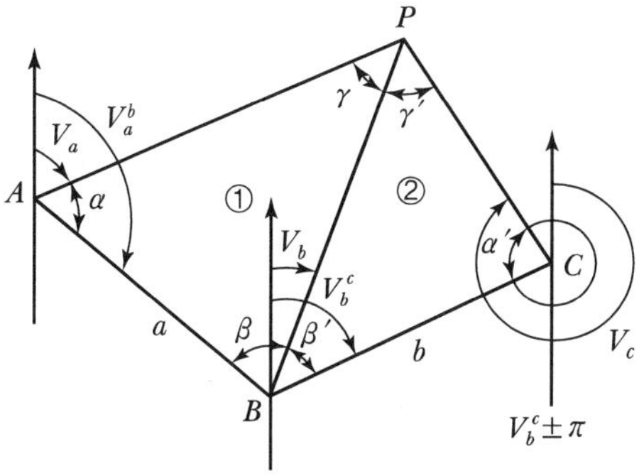

(1) 망도 작성

교회점 계산부 계산에 앞서 기지점좌표와 소구방위각 등을 이용하여 대략적인 망도를 작성하며 B점의 위치를 기준으로 A점과 C점의 배치상태에 따라 교회법의 유형이 3가지로 구분된다.

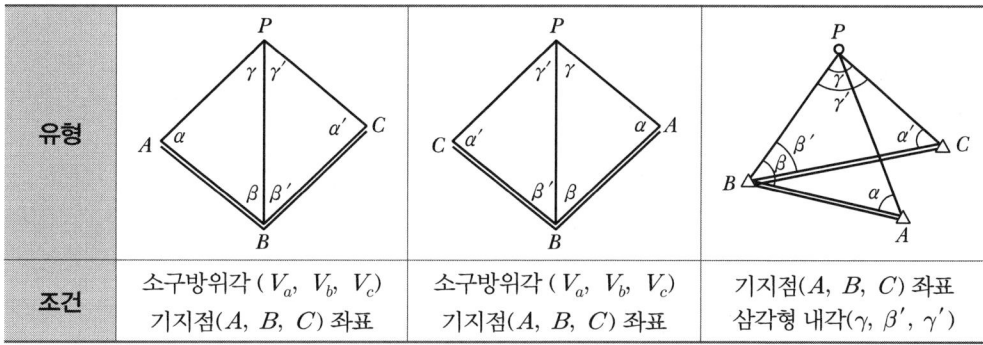

유형	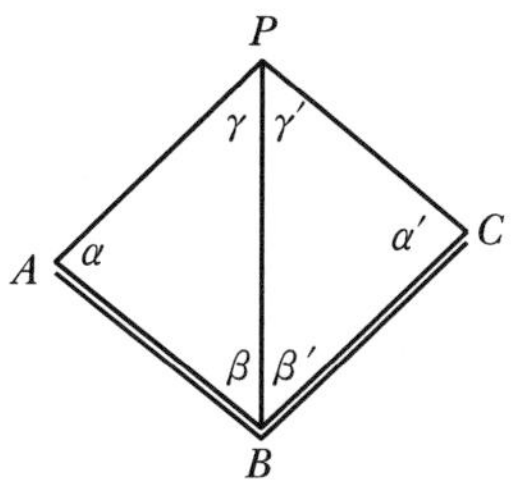	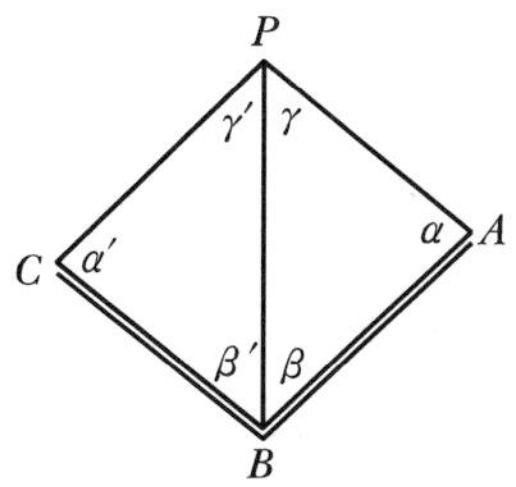	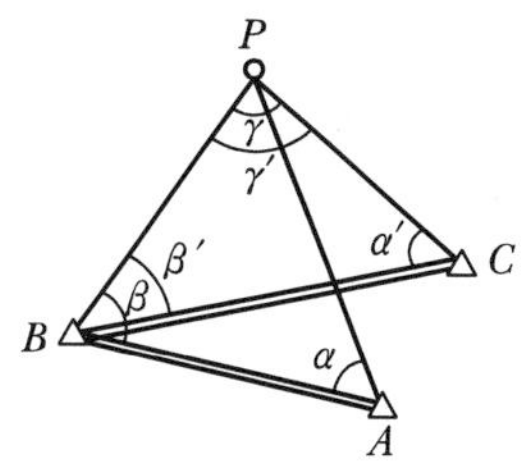
조건	소구방위각 (V_a, V_b, V_c) 기지점(A, B, C) 좌표	소구방위각 (V_a, V_b, V_c) 기지점(A, B, C) 좌표	기지점(A, B, C) 좌표 삼각형 내각(γ, β', γ')

(2) 기지점의 종 · 횡선차($\Delta X, \Delta Y$) 계산

방향	ΔX	ΔY
$A \rightarrow B$	(B점의 X좌표) − (A점의 X좌표)	(B점의 Y좌표) − (A점의 Y좌표)
$B \rightarrow C$	(C점의 X좌표) − (B점의 X좌표)	(C점의 Y좌표) − (B점의 Y좌표)
$A \rightarrow C$	(C점의 X좌표) − (A점의 X좌표)	(C점의 Y좌표) − (A점의 Y좌표)

(3) 방위각 및 거리 계산

1) 방위각 계산

① 종선차(ΔX), 횡선차(ΔY)에 의하여 방위(θ)를 구하고 종선차와 횡선차의 부호에 의하여 방위각을 계산한다.

$$방위(\theta) = \tan^{-1}\frac{\Delta y}{\Delta x}$$

② 종선차(ΔX)와 횡선차(ΔY)의 부호에 의하여 방위각을 계산한다.

상한	부호		방위각 계산
	ΔX	ΔY	
Ⅰ	+	+	$V=\theta$
Ⅱ	−	+	$V=180°-\theta$
Ⅲ	−	−	$V=180°+\theta$
Ⅳ	+	−	$V=360°-\theta$

Point

방위(θ) 계산 시 종선차(ΔX), 횡선차(ΔY)는 절대치로 계산한다.

2) 거리 계산

① $\overline{AB}$ 의 거리$(a)=\sqrt{(\Delta x)^2+(\Delta y)^2}$

② $\overline{BC}$ 의 거리$(b)=\sqrt{(\Delta x)^2+(\Delta y)^2}$

(4) 삼각형 내각 또는 소구방위각 계산

① 소구방위각에 의한 내각 계산(조건에서 소구방위각이 주어진 경우)

$\triangle ABP$의 경우	$\triangle BCP$의 경우
$\alpha=V_a^{\ b}-V_a$ $\beta=V_b-(V_a^{\ b}\pm 180°)$ $\gamma=V_a-V_b$	$\alpha'=V_c-(V_b^{\ c}\pm 180°)$ $\beta'=V_b^{\ c}-V_b$ $\gamma'=V_b-V_c$

② 삼각형 내각에 의한 소구 방위각 계산(조건에서 소구방위각이 주어지지 않고 삼각형 내각이 주어진 경우에는 γ각과 γ'각을 이용한다.)

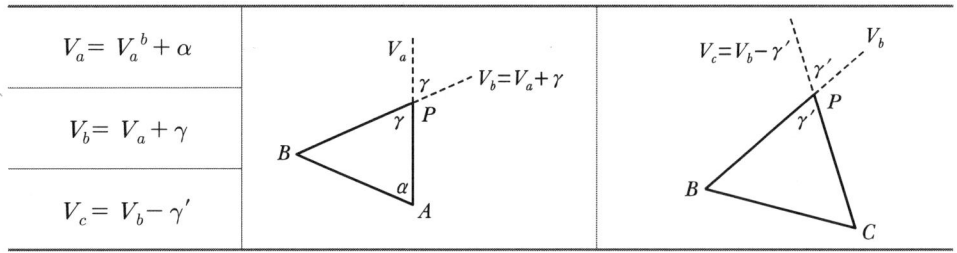

$V_a=V_a^{\ b}+\alpha$	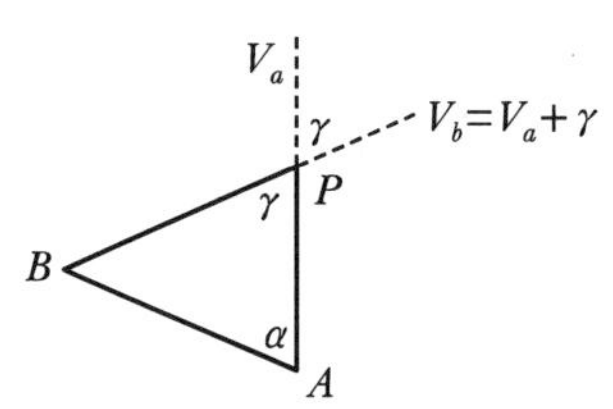	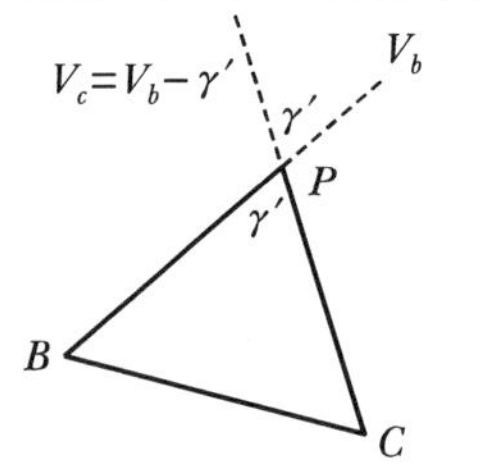
$V_b=V_a+\gamma$		
$V_c=V_b-\gamma'$		

(5) 소구점 종 · 횡선차 계산 및 좌표 계산

구분	종선차 및 종선좌표	횡선차 및 횡선좌표
$\triangle ABP$의 경우	$\Delta X_1 = \dfrac{a \times \sin\beta}{\sin\gamma} \times \cos V_a$ $X_{P1} = X_A + \Delta X_1$	$\Delta Y_1 = \dfrac{a \times \sin\beta}{\sin\gamma} \times \sin V_a$ $Y_{P1} = Y_A + \Delta Y_1$
$\triangle BCP$의 경우	$\Delta X_2 = \dfrac{b \times \sin\beta'}{\sin\gamma'} \times \cos V_c$ $X_{P2} = X_C + \Delta X_2$	$\Delta Y_2 = \dfrac{b \times \sin\beta'}{\sin\gamma'} \times \sin V_c$ $Y_{P2} = Y_C + \Delta Y_2$
소구점 좌표	$X = \dfrac{X_{P1} + X_{P2}}{2}$	$Y = \dfrac{Y_{P1} + Y_{P2}}{2}$

(6) 교차 및 공차 계산

1) 교차 계산

① 종선교차 $= X_{P2} - X_{P1}$

② 횡선교차 $= Y_{P2} - Y_{P1}$

③ 연결교차 $= \sqrt{(\text{종선교차})^2 + (\text{횡선교차})^2}$

2) 공차 계산

지적삼각보조점 측량에서 연결오차의 공차는 0.30m이다.

Example 02

다음 그림과 같이 기지점(A, B, C)과 방위각을 이용하여 삼각형의 내각을 계산하시오.

점명	종선좌표	횡선좌표
A	409951.84	236788.45
B	407511.49	235429.32
C	400573.20	234642.81

소구방위각
$V_a = 133°17'29''$
$V_b = 108°54'48''$
$V_c = 45°34'19''$

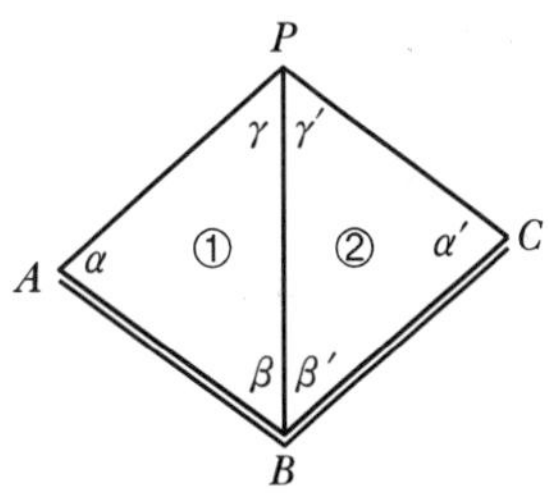

해설 및 정답

(1) 방위각

① V_A^B 방위각

$$\text{방위}(\theta) = \tan^{-1}\frac{\Delta y}{\Delta x} = \tan^{-1}\left(\frac{235429.32 - 236788.45}{407511.49 - 409951.84}\right) = \tan^{-1}\left(\frac{-1359.13}{-2440.35}\right)$$

$$= 29°06'55'' \ (\text{Ⅲ상한})$$

V_A^B 방위각$(V = 180° + \theta) = 180° + 29°06'55'' = 209°06'55''$

② V_B^C 방위각

$$방위(\theta) = \tan^{-1}\frac{\Delta y}{\Delta x} = \tan^{-1}\left(\frac{234642.81 - 235429.32}{400573.20 - 407511.49}\right) = \tan^{-1}\left(\frac{-786.51}{-6938.29}\right)$$

$= 6°28'02''$ (Ⅲ상한)

V_B^C 방위각($V = 180° + \theta$) $= 180° + 6°28'02'' = 186°28'02''$

(2) 삼각형 내각 계산

삼각형	내각 계산
①번 삼각형	• $\alpha = V_A^B - V_a = 209°06'55'' - 133°17'29'' = 75°49'26''$ • $\beta = V_b - V_B^A = V_b - (V_A^B \pm 180°) = 108°54'48'' - (209°06'55'' - 180°) = 79°47'53''$ • $\gamma = V_a - V_b = 133°17'29'' - 108°54'48'' = 24°22'41''$
②번 삼각형	• $\alpha' = V_c - V_C^B = V_c - (V_B^C \pm 180°) = 45°34'19'' - (186°28'02'' - 180°) = 39°06'17''$ • $\beta' = V_B^C - V_b = 186°28'02'' - 108°54'48'' = 77°33'14''$ • $\gamma' = V_b - V_c = 108°54'48'' - 45°34'19'' = 63°20'29''$

Point

삼각형 내각 계산 시 (−)값이 계산되면 360°를 더하여 주면 된다.

5. 다각망도선법

동일한 측량지역에서 지적삼각보조점 및 지적도근점들의 동일한 정밀도 유지를 위해 다각망도선법이 많이 이용되며 다각망도선법의 유형은 X형, Y형, H형, A형이 있다. X형과 Y형은 교점이 1개, H형과 A형에는 교점이 2개 존재한다.

(1) X, Y형

1) 조건방정식

구분	X망	Y망
Ⅰ	$(1) - (2) + W_1 = 0$	$(1) - (2) + W_1 = 0$
Ⅱ	$(2) - (3) + W_2 = 0$	$(2) - (3) + W_2 = 0$
Ⅲ	$(3) - (4) + W_3 = 0$	

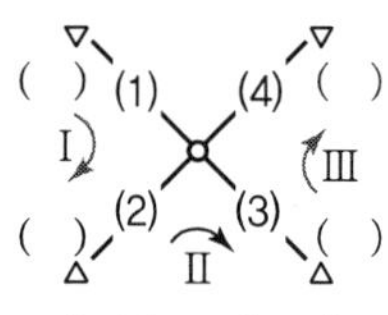

[그림 2-2] X망

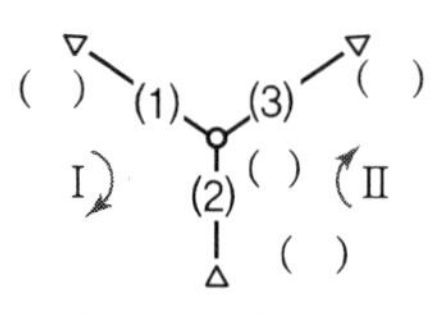

[그림 2-3] Y망

2) 방위각, 종 · 횡선좌표 오차 계산

① 방위각 오차

순서	방위각
Ⅰ	W_1 =(1)도선 방위각−(2)도선 방위각
Ⅱ	W_2 =(2)도선 방위각−(3)도선 방위각
Ⅲ	W_3 =(3)도선 방위각−(4)도선 방위각

② 종 · 횡선좌표 오차

순서	종선좌표	횡선좌표
Ⅰ	W_1 =(1)도선 종선좌표−(2)도선 종선좌표	W_1 =(1)도선 횡선좌표−(2)도선 횡선좌표
Ⅱ	W_2 =(2)도선 종선좌표−(3)도선 종선좌표	W_2 =(2)도선 횡선좌표−(3)도선 횡선좌표
Ⅲ	W_3 =(3)도선 종선좌표−(4)도선 종선좌표	W_3 =(3)도선 횡선좌표−(4)도선 횡선좌표

3) 평균값 산출

구분	계산식	비고
평균 방위각	$=\dfrac{\left[\dfrac{\sum\alpha}{\sum N}\right]}{\left[\dfrac{1}{\sum N}\right]}=\dfrac{\dfrac{\alpha_1}{N_1}+\dfrac{\alpha_2}{N_2}+\dfrac{\alpha_3}{N_3}+\dfrac{\alpha_4}{N_4}}{\dfrac{1}{N_1}+\dfrac{1}{N_2}+\dfrac{1}{N_3}+\dfrac{1}{N_4}}$	여기서, α : 관측방위각 N : 경중률(도선별 점수)
평균 종선좌표	$=\dfrac{\left[\dfrac{\sum X}{\sum S}\right]}{\left[\dfrac{1}{\sum S}\right]}=\dfrac{\dfrac{X_1}{S_1}+\dfrac{X_2}{S_2}+\dfrac{X_3}{S_3}+\dfrac{X_4}{S_4}}{\dfrac{1}{S_1}+\dfrac{1}{S_2}+\dfrac{1}{S_3}+\dfrac{1}{S_4}}$	여기서, X : 종선좌표 S : 경중률(측점 간 거리)
평균 횡선좌표	$=\dfrac{\left[\dfrac{\sum Y}{\sum S}\right]}{\left[\dfrac{1}{\sum S}\right]}=\dfrac{\dfrac{Y_1}{S_1}+\dfrac{Y_2}{S_2}+\dfrac{Y_3}{S_3}+\dfrac{Y_4}{S_4}}{\dfrac{1}{S_1}+\dfrac{1}{S_2}+\dfrac{1}{S_3}+\dfrac{1}{S_4}}$	여기서, Y : 횡선좌표 S : 경중률(측점 간 거리)

4) 오차의 배부(보정)

구분	방위각	종선좌표	횡선좌표
보정	평균 방위각− 도선별 관측방위각	평균 종선좌표− 도선별 종선좌표	평균 횡선좌표− 도선별 횡선좌표

Example 03

그림과 같이 Y형 교점다각망을 구성하고 교점에서 방향표(P)에 대한 관측방위각과 교점의 도선별 계산좌표를 아래와 같이 취득하였다. 이때 교점에서의 평균 방위각과 평균 종선좌표 및 평균 횡선좌표를 구하시오.(단, 계산은 반올림하여 좌표는 소수 2자리, 각은 초 단위까지 구하시오.)

도선	경중률		관측방위각	계산 종선좌표	계산 횡선좌표
	측점 수	거리(km)			
(1)	7	0.576	126°42′48″	407421.26	195283.77
(2)	15	1.082	126°43′03″	407421.18	195283.66
(3)	20	1.623	126°43′09″	407421.33	195283.71

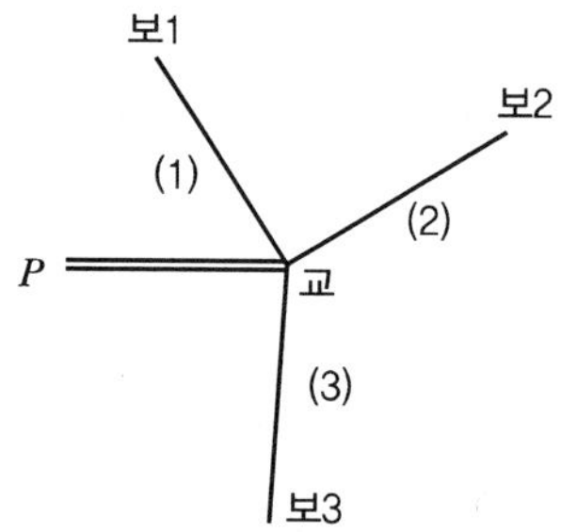

해설 및 정답

(1) 평균 방위각

$$\text{평균 방위각} = \frac{\left[\frac{\Sigma\alpha}{\Sigma N}\right]}{\left[\frac{1}{\Sigma N}\right]} = 126°42' + \frac{\left[\frac{48}{7}+\frac{63}{15}+\frac{69}{20}\right]}{\left[\frac{1}{7}+\frac{1}{15}+\frac{1}{20}\right]} = 126°42'56''$$

(2) 평균 종선좌표

$$\text{평균 종선좌표} = \frac{\left[\frac{\Sigma X}{\Sigma S}\right]}{\left[\frac{1}{\Sigma S}\right]} = 407421.00 + \frac{\left[\frac{0.26}{0.576}+\frac{0.18}{1.082}+\frac{0.33}{1.623}\right]}{\left[\frac{1}{0.576}+\frac{1}{1.082}+\frac{1}{1.623}\right]} = 407421.25\text{m}$$

(3) 평균 횡선좌표

$$\text{평균 횡선좌표} = \frac{\left[\frac{\Sigma Y}{\Sigma S}\right]}{\left[\frac{1}{\Sigma S}\right]} = 195283.00 + \frac{\left[\frac{0.77}{0.576}+\frac{0.66}{1.082}+\frac{0.71}{1.623}\right]}{\left[\frac{1}{0.576}+\frac{1}{1.082}+\frac{1}{1.623}\right]} = 195283.73\text{m}$$

(2) H, A형

1) 조건방정식

구분	H · A 망
Ⅰ	(1) − (2) + W_1 = 0
Ⅱ	(2) + (3) − (4) + W_2 = 0
Ⅲ	(4) − (5) + W_3 = 0

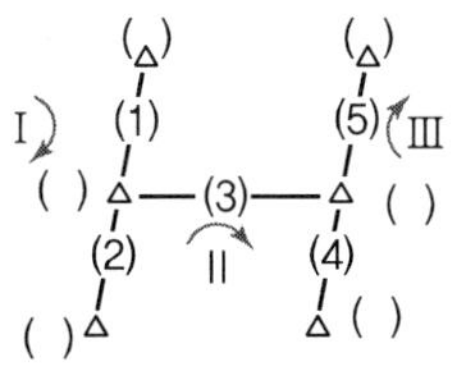

[그림 2-4] H망

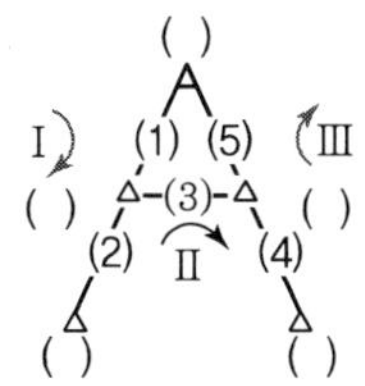

[그림 2-5] A망

2) 방위각, 종 · 횡선좌표 오차 계산

① 방위각

순서	방위각
Ⅰ	W_1 = (1)도선 방위각 − (2)도선 방위각
Ⅱ	W_2 = (2) + (3)도선 방위각 − (4)도선 방위각
Ⅲ	W_3 = (4)도선 방위각 − (5)도선 방위각

② 종 · 횡선좌표 오차

순서	종선좌표	횡선좌표
Ⅰ	W_1 = (1)도선 종선좌표 − (2)도선 종선좌표	W_1 = (1)도선 횡선좌표 − (2)도선 횡선좌표
Ⅱ	W_2 = (2) + (3)도선 종선좌표 − (4)도선 종선좌표	W_2 = (2) + (3)도선 횡선좌표 − (4)도선 횡선좌표
Ⅲ	W_3 = (4)도선 종선좌표 − (5)도선 종선좌표	W_3 = (4)도선 횡선좌표 − (5)도선 횡선좌표

3) 상관방정식

조건방정식을 이용하여 상관방정식을 구성한다.

① 도선의 수만큼 "행", 방정식의 수만큼 "열" 격자망을 형성한다.

② ΣN과 ΣS를 이기한다.

③ 각각의 조건방정식에 도선의 번호를 맞추어 계수를 기재한다.

④ "1"을 계수로 부호에 의하여 조건방정식과 같이 기재한다.

도선	ΣN	ΣS	I	II	III
(1)			+1		
(2)			−1	+1	
(3)				+1	
(4)				−1	+1
(5)					−1

4) 표준방정식 계산

상관방정식과 각 도선의 측점 수에 대한 경중률을 가지고 표준방정식을 만들며, 방정식의 격자만큼 격자망이 형성된다.

① 표준방정식(방위각)

상관순서 Ⅰ, Ⅱ, Ⅲ의 "1" 계수를 각각 a, b, c라 하고 경중률$(\Sigma N) = P$라 하면 미정계수법에 의하여

- 제1식 $[Paa]K_1 + [Pab]K_2 + [Pac]K_3 + W_1 = 0$
- 제2식 $[Pbb]K_2 + [Pbc]K_3 + W_2 = 0$
- 제3식 $[Pcc]K_3 + W_3 = 0$

위 식 중 [ ] 기호는 가우스 기호라 하여 같은 조건에 해당하는 항의 합을 뜻하며, W_α는 오차이므로 계산의 편리를 위하여 10으로 나누어 기록한다.

순서	I	II	III	W_α	Σ
Ⅰ	$[Paa]$	$[Pab]$	0	W_1	
Ⅱ		$[Pbb]$	$[Pbc]$	W_2	
Ⅲ			$[Pcc]$	W_3	

② 표준방정식(종선좌표, 횡선좌표)

상관순서 Ⅰ, Ⅱ, Ⅲ의 "1" 계수를 각각 a, b, c라 하고 경중률$(\Sigma S) = P$라 하면 미정계수법에 의하여

- 제1식 $[Paa]K_1 + [Pab]K_2 + [Pac]K_3 + W_1 = 0$
- 제2식 $[Pbb]K_2 + [Pbc]K_3 + W_2 = 0$
- 제3식 $[Pcc]K_3 + W_3 = 0$

5) 평균값 산출

구분	계산식	비고
평균 방위각	$(\text{I})=\dfrac{\left[\dfrac{\Sigma\alpha}{\Sigma N}\right]}{\left[\dfrac{1}{\Sigma N}\right]}$, $(\text{II},\text{III})=\dfrac{\left[\dfrac{\Sigma\alpha}{\Sigma N}\right]}{\left[\dfrac{1}{\Sigma N}\right]}$	여기서, α : 관측방위각 N : 경중률(도선별 점수)
평균 종선좌표	$(\text{I})=\dfrac{\left[\dfrac{\Sigma X}{\Sigma S}\right]}{\left[\dfrac{1}{\Sigma S}\right]}$, $(\text{II},\text{III})=\dfrac{\left[\dfrac{\Sigma X}{\Sigma S}\right]}{\left[\dfrac{1}{\Sigma S}\right]}$	여기서, X : 종선좌표 S : 경중률(측점 간 거리)
평균 횡선좌표	$(\text{I})=\dfrac{\left[\dfrac{\Sigma Y}{\Sigma S}\right]}{\left[\dfrac{1}{\Sigma S}\right]}$, $(\text{II},\text{III})=\dfrac{\left[\dfrac{\Sigma Y}{\Sigma S}\right]}{\left[\dfrac{1}{\Sigma S}\right]}$	여기서, Y : 횡선좌표 S : 경중률(측점 간 거리)

6) 오차의 배부(보정)

구분	방위각	종선좌표	횡선좌표
보정	평균 방위각 − 도선별 관측방위각	평균 종선좌표 − 도선별 종선좌표	평균 횡선좌표 − 도선별 횡선좌표

Example 04

지적도근점측량을 H형의 교점다각망으로 구성하여 관측한 교점의 1차 계산 결과에 의해 상관 방정식과 표준방정식(방위각, 종 · 횡선좌표)를 계산하시오.

도선	경중률		도선	관측방위각	계산 종선좌표	계산 횡선좌표
	측점 수	거리(km)				
(1)	1.9	1.280	(1)	32°55′45″	5641.82	7194.26
(2)	1.1	0.790	(2)	32°56′06″	5641.89	7194.31
(3)	0.7	0.381	(2)+(3)	218°05′09″	5716.56	7423.69
(4)	2.0	1.592	(4)	218°04′43″	5716.59	7423.65
(5)	1.5	1.187	(5)	218°04′58″	5716.52	7423.68

해설 및 정답

(1) 방위각, 종 · 횡선좌표 오차 계산

오차	방위각	종선좌표	횡선좌표
W_1	(1)−(2)=−21″	(1)−(2)=−0.07	(1)−(2)=−0.05
W_2	(2)+(3)−(4)=+26″	(2)+(3)−(4)=−0.03	(2)+(3)−(4)=+0.04
W_3	(4)−(5)=−15″	(4)−(5)=+0.07	(4)−(5)=−0.03

(2) 상관방정식

순서	ΣN	ΣS	I	II	III
(1)	1.9	1.280	+1		
(2)	1.1	0.790	−1	+1	
(3)	0.7	0.381		+1	
(4)	2.0	1.592		−1	+1
(5)	1.5	1.187			−1

(3) 표준방정식

경중률$(\Sigma N) = P$, $\text{I} = a$, $\text{II} = b$, $\text{III} = c$라 하면

- 제1식 $[Paa]K_1 + [Pab]K_2 + [Pac]K_3 + W_1 = 0$
- 제2식 $[Pbb]K_2 + [Pbc]K_3 + W_2 = 0$
- 제3식 $[Pcc]K_3 + W_3 = 0$

① 방위각

제1식	$[Paa] = (1.9\times1\times1) + (1.1\times(-1)\times(-1)) = +3.0$ $[Pab] = (1.1\times(-1)\times1) = -1.1$ $[Pac] = 0$
제2식	$[Pbb] = (1.1\times1\times1) + (0.7\times1\times1) + (2.0\times(-1)\times(-1)) = +3.8$ $[Pbc] = (2.0\times(-1)\times1) = -2.0$
제3식	$[Pcc] = (2.0\times1\times1) + (1.5\times(-1)\times(-1)) = +3.5$

W_1, W_2, W_3가 −21″, +26″, −15″이므로 계산을 간편하게 하기 위해 1/10를 적용한다.

I	II	III	W_a	Σ	Σ 계산
+3.0	−1.1	0.0	−2.1	−0.2	$+3.0+(-1.1)+0.0+(-2.1) = -0.2$
	+3.8	−2.0	+2.6	+3.3	$(-1.1)+3.8+(-2.0)+2.6 = +3.3$
		+3.5	−1.5	0.0	$0.0+(-2.0)+3.5+(-1.5) = 0.0$

② 종 · 횡선좌표

제1식	$[Paa] = (1.280\times1\times1) + (0.790\times(-1)\times(-1)) = +2.070$ $[Pab] = (0.790\times(-1)\times1) = -0.790$ $[Pac] = 0$
제2식	$[Pbb] = (0.790\times1\times1) + (0.381\times1\times1) + (1.592\times(-1)\times(-1)) = +2.763$ $[Pbc] = (1.592\times(-1)\times1) = -1.592$
제3식	$[Pcc] = (1.592\times1\times1) + (1.187\times(-1)\times(-1)) = +2.779$

I	II	III	W_X	Σ	W_Y	Σ
+2.070	−0.790	0.000	−0.07	+1.210	−0.05	+1.230
	+2.763	−1.592	−0.03	+0.351	+0.04	+0.421
		+2.779	+0.07	+1.257	−0.03	+1.157

CHAPTER

02 실전문제 및 해설

CADASTRAL SURVEYING

01 지적삼각보조점 측량을 교회법으로 실시하여 다음과 같이 소구방위각을 관측하였다. 주어진 서식으로 보8의 좌표를 계산하시오.

(1) 기지점좌표

점명	종선좌표	횡선좌표
서희1(A)	429751.84	196731.45
서희2(B)	427511.49	195429.32
서희3(C)	425073.20	196442.81

(2) 소구방위각

$V_a = 148°17'29''$　　$V_b = 93°54'48''$　　$V_c = 38°34'19''$

해설 및 정답

(1) 망도 작성(기지점의 좌표와 방위각 이용)

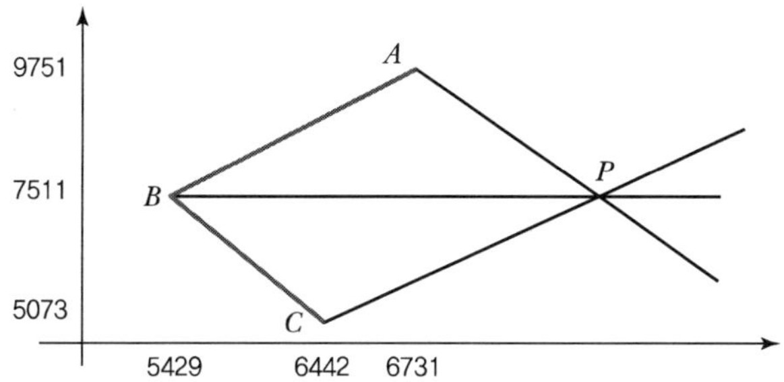

(2) 기지점의 종 · 횡선차(ΔX, ΔY) 계산

방향	ΔX	ΔY
$A \rightarrow B$	427511.49 − 429751.84 = −2240.35	195429.32 − 196731.45 = −1302.13
$B \rightarrow C$	425073.20 − 427511.49 = −2438.29	196442.81 − 195429.32 = +1013.49
$A \rightarrow C$	425073.20 − 429751.84 = −4678.64	196442.81 − 196731.45 = −288.64

(3) 방위각 및 거리 계산

① 방위각 계산

방향	계산 과정	
서희1 → 서희2	방위	$\theta=\tan^{-1}\left(\frac{\Delta Y}{\Delta X}\right)=\tan^{-1}\left(\frac{-1302.13}{-2240.35}\right)=30°09'57''$ (Ⅲ상한)
	방위각	$V=\theta+180°=30°09'57''+180°=210°09'57''$
서희2 → 서희3	방위	$\theta=\tan^{-1}\left(\frac{\Delta Y}{\Delta X}\right)=\tan^{-1}\left(\frac{+1013.49}{-2438.29}\right)=22°34'14''$ (Ⅱ상한)
	방위각	$V=180°-\theta=180°-22°34'14''=157°25'46''$

② 거리 계산

$$a=\sqrt{(\Delta x)^2+(\Delta y)^2}=\sqrt{(-2240.35)^2+(-1302.13)^2}=2591.276=2591.28\text{m}$$

$$b=\sqrt{(\Delta x)^2+(\Delta y)^2}=\sqrt{(-2438.29)^2+(1013.49)^2}=2640.534=2640.53\text{m}$$

(4) 삼각형 내각 계산

삼각형	내각 계산
$\triangle ABP$	$\alpha=V_a{}^b-V_a=210°09'57''-148°17'29''=61°52'28''$ $\beta=V_b-V_b{}^a=V_b-(V_a{}^b\pm180°)=93°54'48''-(210°09'57''-180°)=63°44'51''$ $\gamma=V_a-V_b=148°17'29''-93°54'48''=54°22'41''$
$\triangle BCP$	$\alpha'=V_c-V_c{}^b=V_c-(V_b{}^c\pm180°)=38°34'19''-(157°25'46''-180°)=61°08'33''$ $\beta'=V_b{}^c-V_b=157°25'46''-93°54'48''=63°30'58''$ $\gamma'=V_b-V_c=93°54'48''-38°34'19''=55°20'29''$

(5) 소구점 종 · 횡선차 및 좌표 계산

삼각형	종 · 횡선차 및 좌표 계산	
$\triangle ABP$	종선차	$\Delta X_1=\frac{a\times\sin\beta}{\sin\gamma}\times\cos V_a=\frac{2591.28\times\sin63°44'51''}{\sin54°22'41''}\times\cos148°17'29''$ $=-2432.22\text{m}$
	종선좌표	$X_{P1}=X_A+\Delta X_1=429751.84+(-2432.22)=427319.62\text{m}$
	횡선차	$\Delta Y_1=\frac{a\times\sin\beta}{\sin\gamma}\times\sin V_a=\frac{2591.28\times\sin63°44'51''}{\sin54°22'41''}\times\sin148°17'29''$ $=+1502.68\text{m}$
	횡선좌표	$Y_{P1}=Y_A+\Delta Y_1=196731.45+1502.68=198234.13\text{m}$
$\triangle BCP$	종선차	$\Delta X_2=\frac{b\times\sin\beta'}{\sin\gamma'}\times\cos V_c=\frac{2640.53\times\sin63°30'58''}{\sin55°20'29''}\times\cos38°34'19''$ $=+2246.41\text{m}$
	종선좌표	$X_{P2}=X_C+\Delta X_2=425073.20+2246.41=427319.61\text{m}$
	횡선차	$\Delta Y_2=\frac{b\times\sin\beta'}{\sin\gamma'}\times\sin V_c=\frac{2640.53\times\sin63°30'58''}{\sin55°20'29''}\times\sin38°34'19''$ $=+1791.48\text{m}$
	횡선좌표	$Y_{P2}=Y_C+\Delta Y_2=196442.81+1791.48=198234.29\text{m}$

(6) 소구점 좌표 계산

구분	종선좌표		횡선좌표	
	X_{P1}	X_{P2}	Y_{P1}	Y_{P2}
소구점 좌표	427319.62m	427319.61m	198234.13m	198234.29m
소구점 평균좌표	$\frac{X_{P1}+X_{P2}}{2}$ = 427319.62m (5사5입)		$\frac{Y_{P1}+Y_{P2}}{2}$ = 198234.21m	

(7) 교차 및 공차 계산

① 종선교차 $= X_{P2} - X_{P1} = 427319.61 - 427319.62 = -0.01\text{m}$

② 횡선교차 $= Y_{P2} - Y_{P1} = 198234.29 - 198234.13 = +0.16\text{m}$

③ 연결교차 $= \sqrt{(\text{종선교차})^2 + (\text{횡선교차})^2} = \sqrt{(-0.01)^2 + (0.16)^2} = 0.16\text{m}$

④ 공차 $= 0.30\text{m}$

교 회 점 계 산 부

약도

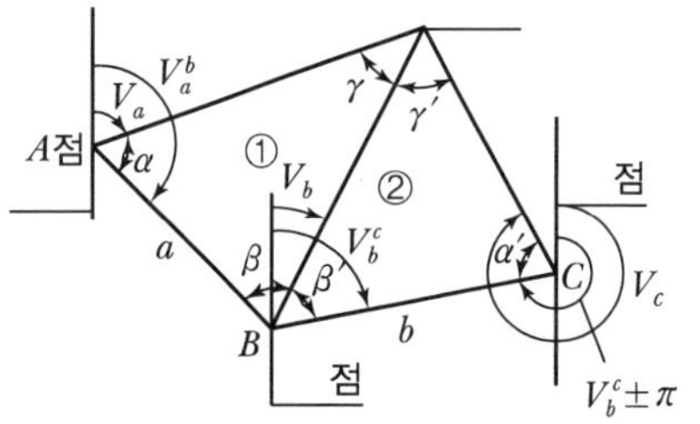

V_a	V_b	V_c
148° 17′ 29″	93° 54′ 48″	38° 34′ 19″

공식

1. 방위(θ) 계산 $\tan\theta = \frac{\Delta y}{\Delta x}$
2. 방위각(V) 계산
   Ⅰ상한 : θ Ⅱ상한 : $180° - \theta$
   Ⅲ상한 : $\theta + 180°$ Ⅳ상한 : $360° - \theta$
3. 거리(a 또는 b) 계산 $\sqrt{(\Delta x)^2 + (\Delta y)^2}$
4. 삼각형 내각 계산
   $\alpha = V_a{}^b - V_a$ $\alpha' = V_c - V_b{}^c \pm \pi$
   $\beta = V_b - V_a{}^b \pm \pi$ $\beta' = V_b{}^c - V_b$
   $\gamma = V_a - V_b$ $\gamma' = V_b - V_c$

점명		X	Y	방향	ΔX	ΔY
A	서희1	429751.84	196731.45	A→B	−2240.35	−1302.13
B	서희2	427511.49	195429.32	B→C	−2438.29	+1013.49
C	서희3	425073.20	196442.81	A→C	−4678.64	−288.64

방 위 각 계 산

방향	서희1 → 서희2	방향	서희2 → 서희3
$\theta = \tan^{-1}\frac{\Delta Y}{\Delta X}$	30° 09′ 57″	$\theta = \tan^{-1}\frac{\Delta Y}{\Delta X}$	22° 34′ 14″
$V_a{}^b$	210 09 57	$V_b{}^c$	157 25 46

거 리 계 산

$a = \sqrt{(\Delta x)^2 + (\Delta y)^2}$	2591.28	$b = \sqrt{(\Delta x)^2 + (\Delta y)^2}$	2640.53

삼 각 형 내 각 계 산

각		내각	각		내각
①	α	61° 52′ 28″	②	α′	61° 08′ 33″
	β	63 44 51		β′	63 30 58
	γ	54 22 41		γ′	55 20 29
	합계	180 00 00		합계	180 00 00

소 구 점 종 횡 선 계 산

①	X_A	429751.84	①	Y_A	196731.45
	$\Delta X_1 = \frac{a \cdot \sin\beta}{\sin\gamma}\cos V_a$	−2432.22		$\Delta Y_1 = \frac{a \cdot \sin\beta}{\sin\gamma}\sin V_a$	+1502.68
	X_{P1}	427319.62		Y_{P1}	198234.13
②	X_C	425073.20	②	Y_C	196442.81
	$\Delta X_2 = \frac{b \cdot \sin\beta'}{\sin\gamma'}\cos V_c$	+2246.41		$\Delta Y_2 = \frac{b \cdot \sin\beta'}{\sin\gamma'}\sin V_c$	+1791.48
	X_{P2}	427319.61		Y_{P2}	198234.29
소구점 X		427319.62	소구점 Y		198234.21

종선교차 = −0.01m 횡선교차 = +0.16m 연결교차 = 0.16m 공차 = 0.30m

계 산 자 : **검 사 자 :**

02 지적삼각보조점 측량을 교회법으로 실시하여 다음과 같이 소구방위각을 관측하였다. 주어진 서식으로 보5의 좌표를 계산하시오.

(1) 기지점좌표

점명	종선좌표	횡선좌표
무영1(A)	325073.20	196442.81
무영2(B)	327511.49	195429.32
무영3(C)	329751.84	196731.45

(2) 소구방위각

$V_a = 38°34'19''$ $V_b = 93°54'48''$ $V_c = 148°17'29''$

해설 및 정답

(1) 망도 작성(기지점의 좌표와 방위각 이용)

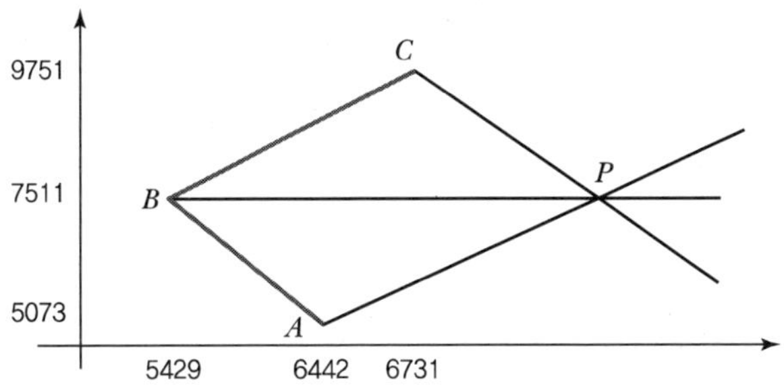

(2) 기지점의 종 · 횡선차(ΔX, ΔY) 계산

방향	ΔX	ΔY
$A \to B$	327511.49 − 325073.20 = +2438.29	195429.32 − 196442.81 = −1013.49
$B \to C$	329751.84 − 327511.49 = +2240.35	196731.45 − 195429.32 = +1302.13
$A \to C$	329751.84 − 325073.20 = +4678.64	196731.45 − 196442.81 = +288.64

(3) 방위각 및 거리 계산

① 방위각 계산

방향	계산 과정	
무영1 → 무영2	방위	$\theta = \tan^{-1}\left(\dfrac{\Delta Y}{\Delta X}\right) = \tan^{-1}\left(\dfrac{-1013.49}{+2438.29}\right) = 22°34'14''$ (Ⅳ상한)
	방위각	$V = 360° - \theta = 360° - 22°34'14'' = 337°25'46''$
무영2 → 무영3	방위	$\theta = \tan^{-1}\left(\dfrac{\Delta Y}{\Delta X}\right) = \tan^{-1}\left(\dfrac{+1302.13}{+2240.35}\right) = 30°09'57''$ (Ⅰ상한)
	방위각	$V = \theta = 30°09'57''$

② 거리 계산

$$a = \sqrt{(\Delta x)^2 + (\Delta y)^2} = \sqrt{(2438.29)^2 + (-1013.49)^2} = 2640.534 = 2640.53\,\text{m}$$

$$b = \sqrt{(\Delta x)^2 + (\Delta y)^2} = \sqrt{(2240.35)^2 + (1302.13)^2} = 2591.276 = 2591.28\text{m}$$

(4) 삼각형 내각 계산

삼각형	내각 계산
$\triangle ABP$	$\alpha = V_a - V_a^{\ b} = 38°34'19'' - 337°25'46'' = -298°51'27'' + 360° = 61°08'33''$ $\beta = V_b^{\ a} - V_b = (V_a^{\ b} \pm 180°) - V_b = (337°25'46'' - 180°) - 93°54'48'' = 63°30'58''$ $\gamma = V_b - V_a = 93°54'48'' - 38°34'19'' = 55°20'29''$
$\triangle BCP$	$\alpha' = V_c^{\ b} - V_c = (V_b^{\ c} \pm 180°) - V_c = (30°09'57'' + 180°) - 148°17'29'' = 61°52'28''$ $\beta' = V_b - V_b^{\ c} = 93°54'48'' - 30°09'57'' = 63°44'51''$ $\gamma' = V_c - V_b = 148°17'29'' - 93°54'48'' = 54°22'41''$

(5) 소구점 종 · 횡선차 및 좌표 계산

삼각형	종 · 횡선차 및 좌표 계산	
$\triangle ABP$	종선차	$\Delta X_1 = \dfrac{a \times \sin\beta}{\sin\gamma} \times \cos V_a = \dfrac{2640.53 \times \sin 63°30'58''}{\sin 55°20'29''} \times \cos 38°34'19'' = +2246.41\text{m}$
	종선좌표	$X_{P1} = X_A + \Delta X_1 = 325073.20 + 2246.41 = 327319.61\text{m}$
	횡선차	$\Delta Y_1 = \dfrac{a \times \sin\beta}{\sin\gamma} \times \sin V_a = \dfrac{2640.53 \times \sin 63°30'58''}{\sin 55°20'29''} \times \sin 38°34'19'' = +1791.48\text{m}$
	횡선좌표	$Y_{P1} = Y_A + \Delta Y_1 = 196442.81 + 1791.48 = 198234.29\text{m}$
$\triangle BCP$	종선차	$\Delta X_2 = \dfrac{b \times \sin\beta'}{\sin\gamma'} \times \cos V_c = \dfrac{2591.28 \times \sin 63°44'51''}{\sin 54°22'41''} \times \cos 148°17'29'' = -2432.22\text{m}$
	종선좌표	$X_{P2} = X_C + \Delta X_2 = 329751.84 + (-2432.22) = 327319.62\text{m}$
	횡선차	$\Delta Y_2 = \dfrac{b \times \sin\beta'}{\sin\gamma'} \times \sin V_c = \dfrac{2591.28 \times \sin 63°44'51''}{\sin 54°22'41''} \times \sin 148°17'29'' = +1502.68\text{m}$
	횡선좌표	$Y_{P2} = Y_C + \Delta Y_2 = 196731.45 + 1502.68 = 198234.13\text{m}$

(6) 소구점 좌표 계산

구분	종선좌표		횡선좌표	
	X_{P1}	X_{P2}	Y_{P1}	Y_{P2}
소구점 좌표	327319.61m	327319.62m	198234.29m	198234.13m
소구점 평균좌표	$\dfrac{X_{P1} + X_{P2}}{2} = 327319.62\text{m}$ (5사5입)		$\dfrac{Y_{P1} + Y_{P2}}{2} = 198234.21\text{m}$	

(7) 교차 및 공차 계산

① 종선교차 $= X_{P2} - X_{P1} = 327319.62 - 327319.61 = +0.01\text{m}$

② 횡선교차 $= Y_{P2} - Y_{P1} = 198234.13 - 198234.29 = -0.16\text{m}$

③ 연결교차 $= \sqrt{(\text{종선교차})^2 + (\text{횡선교차})^2} = \sqrt{(-0.01)^2 + (0.16)^2} = 0.16\text{m}$

④ 공차 $= 0.30\text{m}$

교 회 점 계 산 부

약도

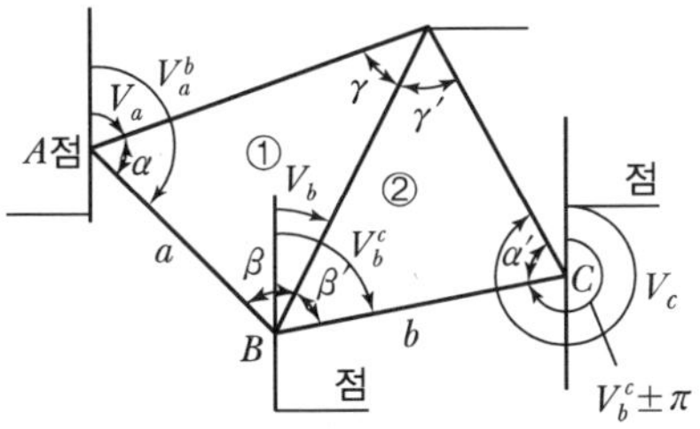

공식

1. 방위(θ) 계산 $\tan\theta = \dfrac{\Delta y}{\Delta x}$
2. 방위각(V) 계산
   Ⅰ상한 : θ Ⅱ상한 : $180° - \theta$
   Ⅲ상한 : $\theta + 180°$ Ⅳ상한 : $360° - \theta$
3. 거리(a 또는 b) 계산 $\sqrt{(\Delta x)^2 + (\Delta y)^2}$
4. 삼각형 내각 계산
   $\alpha = V_a{}^b - V_a$ $\alpha' = V_c - V_b{}^c \pm \pi$
   $\beta = V_b - V_a{}^b \pm \pi$ $\beta' = V_b^c - V_b$
   $\gamma = V_a - V_b$ $\gamma' = V_b - V_c$

V_a	V_b	V_c
38° 34′ 19″	93° 54′ 48″	148° 17′ 29″

	점명	X	Y	방향	ΔX	ΔY
A	무영1	325073.20	196442.81	A→B	+2438.29	−1013.49
B	무영2	327511.49	195429.32	B→C	+2240.35	+1302.13
C	무영3	329751.84	196731.45	A→C	+4678.64	+288.64

방 위 각 계 산

방향	무영1 → 무영2	방향	무영2 → 무영3
$\theta = \tan^{-1}\dfrac{\Delta Y}{\Delta X}$	22° 34′ 14″	$\theta = \tan^{-1}\dfrac{\Delta Y}{\Delta X}$	30° 09′ 57″
$V_a{}^b$	337 25 46	$V_b{}^c$	30 09 57

거 리 계 산

$a = \sqrt{(\Delta x)^2 + (\Delta y)^2}$	2640.53 m	$b = \sqrt{(\Delta x)^2 + (\Delta y)^2}$	2591.28 m

삼 각 형 내 각 계 산

	각	내각		각	내각
①	α	61° 08′ 33″	②	α'	61° 52′ 28″
	β	63 30 58		β'	63 44 51
	γ	55 20 29		γ'	54 22 41
	합계	180 00 00		합계	180 00 00

소 구 점 종 횡 선 계 산

①	X_A	325073.20	①	Y_A	196442.81
	$\Delta X_1 = \dfrac{a \cdot \sin\beta}{\sin\gamma}\cos V_a$	+2246.41		$\Delta Y_1 = \dfrac{a \cdot \sin\beta}{\sin\gamma}\sin V_a$	+1791.48
	X_{P1}	327319.61		Y_{P1}	198234.29
②	X_C	329751.84	②	Y_C	196731.45
	$\Delta X_2 = \dfrac{b \cdot \sin\beta'}{\sin\gamma'}\cos V_c$	−2432.22		$\Delta Y_2 = \dfrac{b \cdot \sin\beta'}{\sin\gamma'}\sin V_c$	+1502.68
	X_{P2}	327319.62		Y_{P2}	198234.13
소구점 X		327319.62	소구점 Y		198234.21

종선교차＝＋0.01m 횡선교차＝－0.16m 연결교차＝0.16m 공차＝0.30m

계 산 자 : 검 사 자 :

03 지적삼각보조점 측량을 교회법으로 실시하여 다음과 같이 내각을 관측하였다. 주어진 서식으로 보5의 좌표를 계산하시오.

(1) 기지점좌표

점명	종선좌표	횡선좌표
기용1(A)	455847.19	221583.93
기용2(B)	457129.48	220436.73
기용3(C)	457129.48	222584.21

(2) 관측내각

$\gamma = 35°18'19''$ $\beta' = 43°30'31''$ $\gamma' = 60°58'51''$

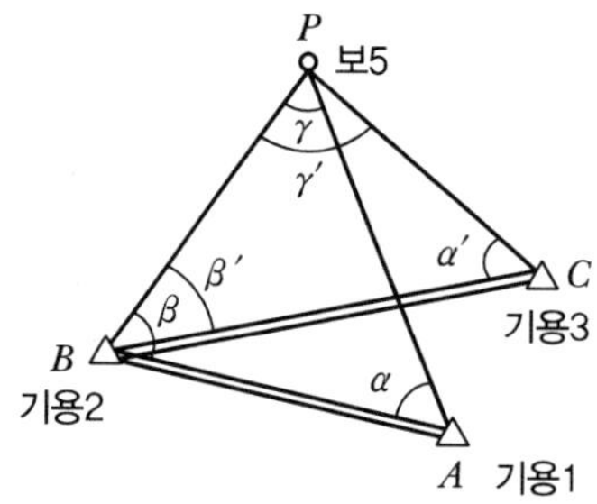

해설 및 정답

(1) 망도는 문제 조건에서 주어졌으므로 생략

(2) 기지점의 종·횡선차(ΔX, ΔY) 계산

방향	ΔX	ΔY
$A \to B$	$457129.48 - 455847.19 = +1282.29$	$220436.73 - 221583.93 = -1147.20$
$B \to C$	$457129.48 - 457129.48 = 0.00$	$222584.21 - 220436.73 = +2147.48$
$A \to C$	$457129.48 - 455847.19 = +1282.29$	$222584.21 - 221583.93 = +1000.28$

(3) 방위각 및 거리 계산

① 방위각 계산

방향	계산 과정	
기용1 → 기용2	방위	$\theta = \tan^{-1}\left(\frac{\Delta Y}{\Delta X}\right) = \tan^{-1}\left(\frac{-1147.20}{+1282.29}\right) = 41°49'03''$ (Ⅳ상한)
	방위각	$V = 360° - \theta = 360° - 41°49'03'' = 318°10'57''$
기용2 → 기용3	방위	$\theta = \tan^{-1}\left(\frac{\Delta Y}{\Delta X}\right) = \tan^{-1}\left(\frac{2147.48}{0}\right) = 90°00'00''$
	방위각	$90°00'00''$(ΔX는 0, ΔY의 부호는 (+))

② 거리 계산

$$a = \sqrt{(\Delta x)^2 + (\Delta y)^2} = \sqrt{(1282.29)^2 + (-1147.20)^2} = 1720.563 = 1720.56\text{m}$$

$$b = \sqrt{(\Delta x)^2 + (\Delta y)^2} = \sqrt{(0.00)^2 + (2147.48)^2} = 2147.48\text{m}$$

(4) 소구방위각 및 삼각형 내각 계산

① 소구방위각 계산

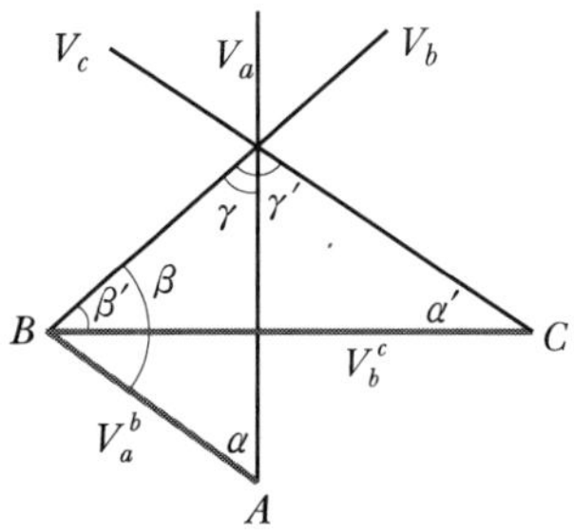

ΔBCP에서 $\alpha' = 180° - (\beta' + \gamma') = 180° - (43°30'31'' + 60°58'51'') = 75°30'38''$

- $V_b = V_b^{\,c} - \beta' = 90°00'00'' - 43°30'31'' = 46°29'29''$
- $V_c = V_c^{\,b} + \alpha' = (V_b^{\,c} \pm 180°) + \alpha' = (90°00'00'' + 180°) + 75°30'38'' = 345°30'38''$
- $V_a = V_b - \gamma = 46°29'29'' - 35°18'19'' = 11°11'10''$

② 삼각형 내각 계산

삼각형	내각 계산
$\triangle ABP$	$\gamma = 35°18'19''$ $\alpha = V_a - V_a^{\,b} = 11°11'10'' - 318°10'57'' = -306°59'47'' + 360° = 53°00'13''$ $\beta = V_b^{\,a} - V_b = (V_a^{\,b} \pm 180°) - V_b = (318°10'57'' - 180°) - 46°29'29'' = 91°41'28''$
$\triangle BCP$	$\beta' = 43°30'31''$ $\gamma' = 60°58'51''$ $\alpha' = 180° - (\beta' + \gamma') = 180° - (43°30'31'' + 60°58'51'') = 75°30'38''$

(5) 소구점 종 · 횡선차 및 좌표 계산

삼각형	종 · 횡선차 및 좌표 계산	
$\triangle ABP$	종선차	$\Delta X_1 = \dfrac{a \times \sin\beta}{\sin\gamma} \times \cos V_a = \dfrac{1720.56 \times \sin 91°41'28''}{\sin 35°18'19''} \times \cos 11°11'10''$ $= +2919.26\text{m}$
	종선좌표	$X_{P1} = X_A + \Delta X_1 = 455847.19 + 2919.26 = 458766.45\text{m}$
	횡선차	$\Delta Y_1 = \dfrac{a \times \sin\beta}{\sin\gamma} \times \sin V_a = \dfrac{1720.56 \times \sin 91°41'28''}{\sin 35°18'19''} \times \sin 11°11'10''$ $= +577.29\text{m}$
	횡선좌표	$Y_{P1} = Y_A + \Delta Y_1 = 221583.93 + 577.29 = 222161.22\text{m}$
$\triangle BCP$	종선차	$\Delta X_2 = \dfrac{b \times \sin\beta'}{\sin\gamma'} \times \cos V_c = \dfrac{2147.48 \times \sin 43°30'31''}{\sin 60°58'51''} \times \cos 345°30'38''$ $= +1636.94\text{m}$
	종선좌표	$X_{P2} = X_C + \Delta X_2 = 457129.48 + 1636.94 = 458766.42\text{m}$
	횡선차	$\Delta Y_2 = \dfrac{b \times \sin\beta'}{\sin\gamma'} \times \sin V_c = \dfrac{2147.48 \times \sin 43°30'31''}{\sin 60°58'51''} \times \sin 345°30'38''$ $= -423.02\text{m}$
	횡선좌표	$Y_{P2} = Y_C + \Delta Y_2 = 222584.21 + (-423.02) = 222161.19\text{m}$

(6) 소구점 좌표 계산

구분	종선좌표		횡선좌표	
	X_{P1}	X_{P2}	Y_{P1}	Y_{P2}
소구점 좌표	458766.45m	458766.42m	222161.22m	222161.19m
소구점 평균좌표	$\frac{X_{P1}+X_{P2}}{2}$ = 458766.44m (5사5입)		$\frac{Y_{P1}+Y_{P2}}{2}$ = 222161.20m (5사5입)	

(7) 교차 및 공차 계산

① 종선교차 $= X_{P2} - X_{P1} = 458766.42 - 458766.45 = -0.03\text{m}$

② 횡선교차 $= Y_{P2} - Y_{P1} = 222161.19 - 222161.22 = -0.03\text{m}$

③ 연결교차 $= \sqrt{(\text{종선교차})^2 + (\text{횡선교차})^2} = \sqrt{(-0.03)^2 + (-0.03)^2} = 0.04\text{m}$

④ 공차 $= 0.30\text{m}$

교 회 점 계 산 부

약도

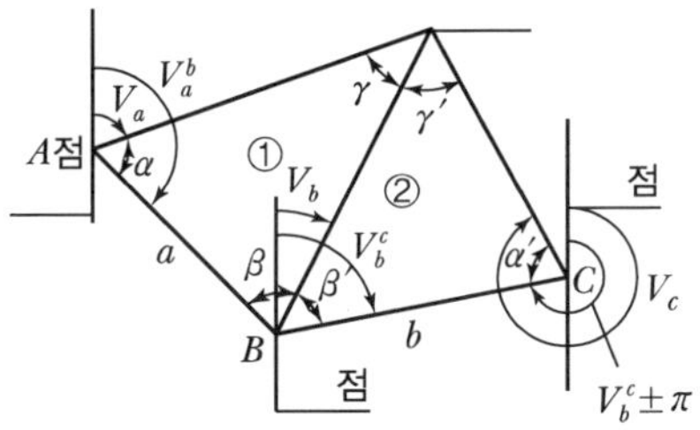

공식

1. 방위(θ) 계산 $\tan\theta = \dfrac{\Delta y}{\Delta x}$
2. 방위각(V) 계산
   Ⅰ상한 : θ　Ⅱ상한 : 180° − θ
   Ⅲ상한 : θ + 180°　Ⅳ상한 : 360° − θ
3. 거리(a 또는 b) 계산 $\sqrt{(\Delta x)^2 + (\Delta y)^2}$
4. 삼각형 내각 계산
   $\alpha = V_a{}^b - V_a$　$\alpha' = V_c - V_b{}^c \pm \pi$
   $\beta = V_b - V_a{}^b \pm \pi$　$\beta' = V_b{}^c - V_b$
   $\gamma = V_a - V_b$　$\gamma' = V_b - V_c$

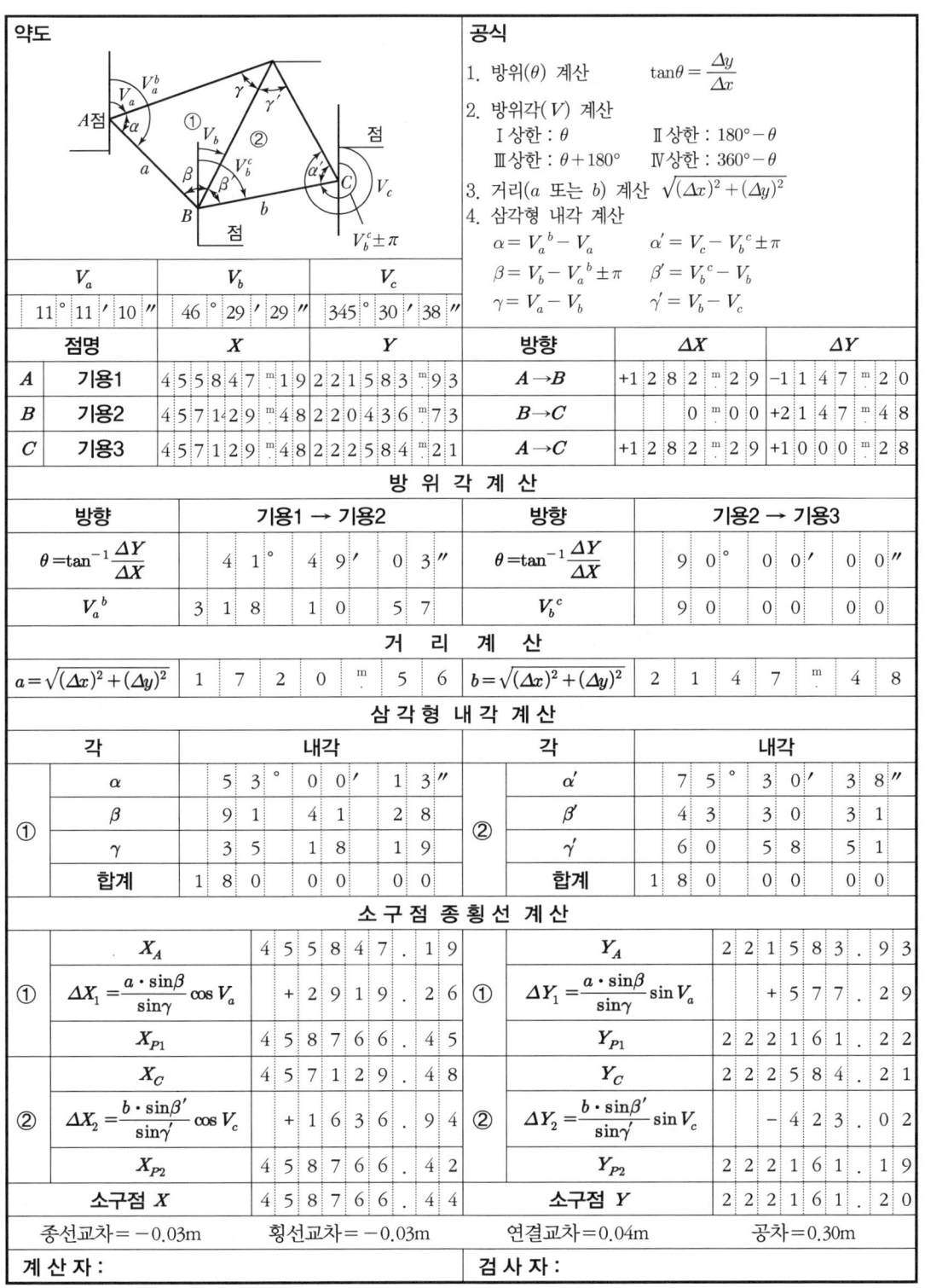

V_a	V_b	V_c
11° 11′ 10″	46° 29′ 29″	345° 30′ 38″

점명		X	Y	방향	ΔX	ΔY
A	기용1	455847.19	221583.93	A→B	+1282.29	−1147.20
B	기용2	457129.48	220436.73	B→C	0.00	+2147.48
C	기용3	457129.48	222584.21	A→C	+1282.29	+1000.28

방 위 각 계 산

방향	기용1 → 기용2	방향	기용2 → 기용3
$\theta = \tan^{-1}\dfrac{\Delta Y}{\Delta X}$	41° 49′ 03″	$\theta = \tan^{-1}\dfrac{\Delta Y}{\Delta X}$	90° 00′ 00″
$V_a{}^b$	318 10 57	$V_b{}^c$	90 00 00

거 리 계 산

$a = \sqrt{(\Delta x)^2 + (\Delta y)^2}$	1720.56 m	$b = \sqrt{(\Delta x)^2 + (\Delta y)^2}$	2147.48 m

삼 각 형 내 각 계 산

	각	내각		각	내각
①	α	53° 00′ 13″	②	α′	75° 30′ 38″
	β	91 41 28		β′	43 30 31
	γ	35 18 19		γ′	60 58 51
	합계	180 00 00		합계	180 00 00

소 구 점 종 횡 선 계 산

①	X_A	455847.19	①	Y_A	221583.93
	$\Delta X_1 = \dfrac{a \cdot \sin\beta}{\sin\gamma}\cos V_a$	+2919.26		$\Delta Y_1 = \dfrac{a \cdot \sin\beta}{\sin\gamma}\sin V_a$	+577.29
	X_{P1}	458766.45		Y_{P1}	222161.22
②	X_C	457129.48	②	Y_C	222584.21
	$\Delta X_2 = \dfrac{b \cdot \sin\beta'}{\sin\gamma'}\cos V_c$	+1636.94		$\Delta Y_2 = \dfrac{b \cdot \sin\beta'}{\sin\gamma'}\sin V_c$	−423.02
	X_{P2}	458766.42		Y_{P2}	222161.19
소구점 X		458766.44	소구점 Y		222161.20

종선교차 = −0.03m　횡선교차 = −0.03m　연결교차 = 0.04m　공차 = 0.30m

계 산 자 :　**검 사 자 :**

04

지적도근점측량을 X형의 다각망도선법으로 구성하여 다음과 같은 관측결과를 산출하였다. 주어진 서식을 완성하고 평균 방위각과 평균 종횡선좌표를 계산하시오.

도선	경중률		관측방위각	계산 종선좌표	계산 횡선좌표
	ΣN	ΣS			
(1)	19	1.489	116°50′00″	3183.55	5793.69
(2)	7	0.950	116°49′45″	3183.61	5793.74
(3)	21	1.521	116°50′05″	3183.57	5793.68
(4)	13	1.090	116°49′50″	3183.63	5793.71

해설 및 정답

(1) 방위각, 종 · 횡선좌표 오차 계산

① 방위각 오차

순서	조건방정식	방위각
Ⅰ	$W_1=(1)-(2)$	$W_1=116°50'00''-116°49'45''=+15''$
Ⅱ	$W_2=(2)-(3)$	$W_2=116°49'45''-116°50'05''=-20''$
Ⅲ	$W_3=(3)-(4)$	$W_3=116°50'05''-116°49'50''=+15''$

② 종 · 횡선좌표 오차

순서	조건방정식	종선좌표	횡선좌표
Ⅰ	$W_1=(1)-(2)$	$W_1=3183.55-3183.61=-0.06$	$W_1=5793.69-5793.74=-0.05$
Ⅱ	$W_2=(2)-(3)$	$W_2=3183.61-3183.57=+0.04$	$W_2=5793.74-5793.68=+0.06$
Ⅲ	$W_3=(3)-(4)$	$W_3=3183.57-3183.63=-0.06$	$W_3=5793.68-5793.71=-0.03$

(2) 평균 방위각 계산

$$\text{평균 방위각}=\frac{\left[\frac{\Sigma\alpha}{\Sigma N}\right]}{\left[\frac{1}{\Sigma N}\right]}=116°49'+\frac{\left[\frac{60}{19}+\frac{45}{7}+\frac{65}{21}+\frac{50}{13}\right]}{\left[\frac{1}{19}+\frac{1}{7}+\frac{1}{21}+\frac{1}{13}\right]}=116°49'52''$$

(3) 평균 종선좌표 계산

$$\text{평균 종선좌표}=\frac{\left[\frac{\Sigma X}{\Sigma S}\right]}{\left[\frac{1}{\Sigma S}\right]}=3183.00+\frac{\left[\frac{0.55}{1.489}+\frac{0.61}{0.950}+\frac{0.57}{1.521}+\frac{0.63}{1.090}\right]}{\left[\frac{1}{1.489}+\frac{1}{0.950}+\frac{1}{1.521}+\frac{1}{1.090}\right]}=3183.60\text{m}$$

(4) 평균 횡선좌표 계산

$$\text{평균 횡선좌표}=\frac{\left[\frac{\Sigma Y}{\Sigma S}\right]}{\left[\frac{1}{\Sigma S}\right]}=5793.00+\frac{\left[\frac{0.69}{1.489}+\frac{0.74}{0.950}+\frac{0.68}{1.521}+\frac{0.71}{1.090}\right]}{\left[\frac{1}{1.489}+\frac{1}{0.950}+\frac{1}{1.521}+\frac{1}{1.090}\right]}=5793.71\text{m}$$

(5) 방위각, 종 · 횡선좌표의 보정값 계산

구분	방위각	종선좌표	횡선좌표
보정값	평균 방위각－ 도선별 관측방위각	평균 종선좌표－ 도선별 종선좌표	평균 횡선좌표－ 도선별 횡선좌표

① 방위각 보정값

도선	방위각 보정값 계산
(1)	116°49′52″－116°50′00″＝－8″
(2)	116°49′52″－116°49′45″＝＋7″
(3)	116°49′52″－116°50′05″＝－13″
(4)	116°49′52″－116°49′50″＝＋2″

② 종 · 횡선좌표 보정값

도선	종선좌표 보정값 계산	횡선좌표 보정값 계산
(1)	3183.60－3183.55＝＋0.05	5793.71－5793.69＝＋0.02
(2)	3183.60－3183.61＝－0.01	5793.71－5793.74＝－0.03
(3)	3183.60－3183.57＝＋0.03	5793.71－5793.68＝＋0.03
(4)	3183.60－3183.63＝－0.03	5793.71－5793.71＝＋0.00

교 점 다 각 망 계 산 부(X · Y형)

약도

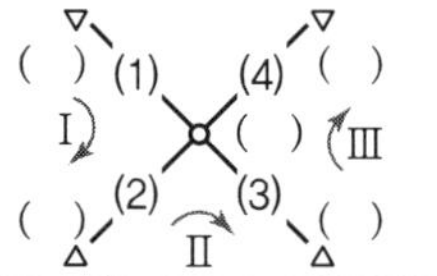

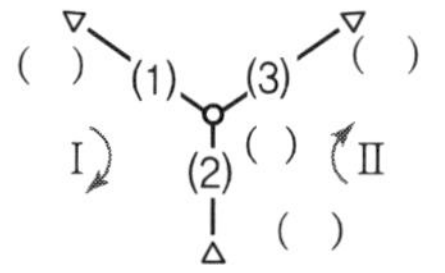

조건식	I	$(1)-(2)+W_1=0$
	II	$(2)-(3)+W_2=0$
	III	$(3)-(4)+W_3=0$

경중률		ΣN	ΣS
	(1)	19	1.489
	(2)	7	0.950
	(3)	21	1.521
	(4)	13	1.090

조건식	I	$(1)-(2)+W_1=0$
	II	$(2)-(3)+W_2=0$

경중률		ΣN	ΣS
	(1)		
	(2)		
	(3)		

1. 방위각

순서	도선	관측	보정	평균
I	(1)	116° 50′ 00″	−8	116° 49′ 52″
	(2)	116 49 45	+7	116 49 52
	W_1	+15		
II	(2)	116 49 45	+7	116 49 52
	(3)	116 50 05	−13	116 49 52
	W_2	−20		
III	(3)	116 50 05	−13	116 49 52
	(4)	116 49 50	+2	116 49 52
	W_3	+15		

2. 종선좌표

순서	도선	관측	보정	평균
I	(1)	3183.55 m	+5	3183.60 m
	(2)	3183.61	−1	3183.60
	W_1	−0.06		
II	(2)	3183.61	−1	3183.60
	(3)	3183.57	+3	3183.60
	W_2	+0.04		
III	(3)	3183.57	+3	3183.60
	(4)	3183.63	−3	3183.60
	W_3	−0.06		

3. 횡선좌표

순서	도선	관측	보정	평균
I	(1)	5793.69 m	+2	5793.71 m
	(2)	5793.74	−3	5793.71
	W_1	−0.05		
II	(2)	5793.74	−3	5793.71
	(3)	5793.68	+3	5793.71
	W_2	+0.06		
III	(3)	5793.68	+3	5793.71
	(4)	5793.71	0	5793.71
	W_3	−0.03		

4. 계산

1) 방위각 $= \dfrac{\left[\dfrac{\Sigma\alpha}{\Sigma N}\right]}{\left[\dfrac{1}{\Sigma N}\right]} = 116°49' + \dfrac{\left[\dfrac{60}{19}+\dfrac{45}{7}+\dfrac{65}{21}+\dfrac{50}{13}\right]}{\left[\dfrac{1}{19}+\dfrac{1}{7}+\dfrac{1}{21}+\dfrac{1}{13}\right]} = 116°49'52''$

2) 종선좌표 $= \dfrac{\left[\dfrac{\Sigma X}{\Sigma S}\right]}{\left[\dfrac{1}{\Sigma S}\right]} = 3183.00 + \dfrac{\left[\dfrac{0.55}{1.489}+\dfrac{0.61}{0.950}+\dfrac{0.57}{1.521}+\dfrac{0.63}{1.090}\right]}{\left[\dfrac{1}{1.489}+\dfrac{1}{0.950}+\dfrac{1}{1.521}+\dfrac{1}{1.090}\right]} = 3183.60\text{m}$

3) 횡선좌표 $= \dfrac{\left[\dfrac{\Sigma Y}{\Sigma S}\right]}{\left[\dfrac{1}{\Sigma S}\right]} = 5793.00 + \dfrac{\left[\dfrac{0.69}{1.489}+\dfrac{0.74}{0.950}+\dfrac{0.68}{1.521}+\dfrac{0.71}{1.090}\right]}{\left[\dfrac{1}{1.489}+\dfrac{1}{0.950}+\dfrac{1}{1.521}+\dfrac{1}{1.090}\right]} = 5793.71\text{m}$

W=오차, N=도선별 점수, S=측점 간 거리, α=관측방위각

05 지적도근점측량을 다각망도선법에 의한 Y형으로 관측결과를 다음과 같이 산출하였다. 주어진 서식을 완성하고 평균 방위각과 평균 종횡선좌표를 계산하시오.

도선	경중률		관측방위각	계산 종선좌표	계산 횡선좌표
	ΣN	ΣS			
(1)	18	10.41	24°42′38″	362174.93	196283.57
(2)	10	5.69	24°42′15″	362175.08	196283.48
(3)	8	5.14	24°42′21″	362175.01	196283.50

해설 및 정답

(1) 방위각, 종 · 횡선좌표 오차 계산

① 방위각 오차

순서	조건방정식	방위각
Ⅰ	$W_1=(1)-(2)$	$W_1=24°42'38''-24°42'15''=+23''$
Ⅱ	$W_2=(2)-(3)$	$W_2=24°42'15''-24°42'21''=-6''$

② 방위각 오차

순서	조건방정식	종선좌표	횡선좌표
Ⅰ	$W_1=(1)-(2)$	$W_1=362174.93-362175.08$ $=-0.15$	$W_1=196283.57-196283.48$ $=+0.09$
Ⅱ	$W_2=(2)-(3)$	$W_2=362175.08-362175.01$ $=+0.07$	$W_2=196283.48-196283.50$ $=-0.02$

(2) 평균 방위각 계산

$$\text{평균 방위각}=\frac{\left[\frac{\Sigma\alpha}{\Sigma N}\right]}{\left[\frac{1}{\Sigma N}\right]}=24°42'+\frac{\left[\frac{38}{18}+\frac{15}{10}+\frac{21}{8}\right]}{\left[\frac{1}{18}+\frac{1}{10}+\frac{1}{8}\right]}=24°42'22''$$

(3) 평균 종선좌표 계산

$$\text{평균 종선좌표}=\frac{\left[\frac{\Sigma X}{\Sigma S}\right]}{\left[\frac{1}{\Sigma S}\right]}=362174.00+\frac{\left[\frac{0.93}{10.41}+\frac{1.08}{5.69}+\frac{1.01}{5.14}\right]}{\left[\frac{1}{10.41}+\frac{1}{5.69}+\frac{1}{5.14}\right]}=362175.02\text{m}$$

(4) 평균 횡선좌표 계산

$$\text{평균 횡선좌표}=\frac{\left[\frac{\Sigma Y}{\Sigma S}\right]}{\left[\frac{1}{\Sigma S}\right]}=196283.00+\frac{\left[\frac{0.57}{10.41}+\frac{0.48}{5.69}+\frac{0.50}{5.14}\right]}{\left[\frac{1}{10.41}+\frac{1}{5.69}+\frac{1}{5.14}\right]}=196283.51\text{m}$$

(5) 방위각, 종 · 횡선좌표의 보정값 계산

구분	방위각	종선좌표	횡선좌표
보정값	평균 방위각 − 도선별 관측방위각	평균 종선좌표 − 도선별 종선좌표	평균 횡선좌표 − 도선별 횡선좌표

① 방위각 보정값

도선	방위각 보정값 계산
(1)	24°42′22″ − 24°42′38″ = −16″
(2)	24°42′22″ − 24°42′15″ = +7″
(3)	24°42′22″ − 24°42′21″ = +1″

② 종 · 횡선좌표 보정값

도선	종선좌표 보정값 계산	횡선좌표 보정값 계산
(1)	362175.02 − 362174.93 = +0.09	196283.51 − 196283.57 = −0.06
(2)	362175.02 − 362175.08 = −0.06	196283.51 − 196283.48 = +0.03
(3)	362175.02 − 362175.01 = +0.01	196283.51 − 196283.50 = +0.01

교 점 다 각 망 계 산 부(X · Y형)

약도

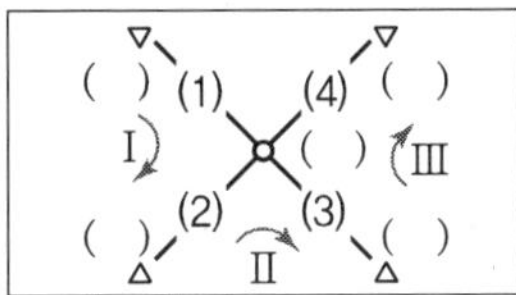

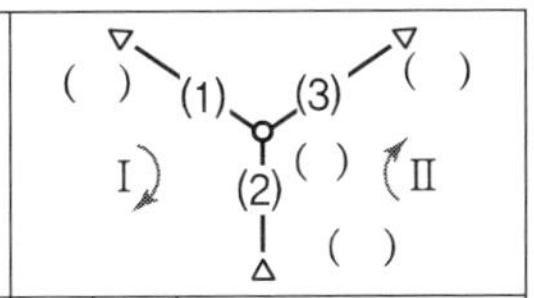

조건식	I	$(1)-(2)+W_1=0$		조건식	I	$(1)-(2)+W_1=0$	
	II	$(2)-(3)+W_2=0$			II	$(2)-(3)+W_2=0$	
	III	$(3)-(4)+W_3=0$					
경중률		ΣN	ΣS	경중률		ΣN	ΣS
	(1)				(1)	18	10.41
	(2)				(2)	10	5.69
	(3)				(3)	8	5.14
	(4)						

1. 방위각

순서	도선	관측	보정	평균
I	(1)	24° 42′ 38″	−16	24° 42′ 22″
	(2)	24 42 15	+7	24 42 22
	W_1	+23		
II	(2)	24 42 15	+7	24 42 22
	(3)	24 42 21	+1	24 42 22
	W_2	−6		
III	(3)			
	(4)			
	W_3			

2. 종선좌표

순서	도선	관측	보정	평균
I	(1)	362174.93m	+9	362175.02m
	(2)	362175.08	−6	362175.02
	W_1	−0.15		
II	(2)	362175.08	−6	362175.02
	(3)	362175.01	+1	362175.02
	W_2	+0.07		
III	(3)			
	(4)			
	W_3			

3. 횡선좌표

순서	도선	관측	보정	평균
I	(1)	196283.57m	−6	196283.51m
	(2)	196283.48	+3	196283.51
	W_1	+0.09		
II	(2)	196283.48	+3	196283.51
	(3)	196283.50	+1	196283.51
	W_2	−0.02		
III	(3)			
	(4)			
	W_3			

4. 계산

1) 방위각 $= \dfrac{\left[\dfrac{\Sigma\alpha}{\Sigma N}\right]}{\left[\dfrac{1}{\Sigma N}\right]} = 24°42' + \dfrac{\left[\dfrac{38}{18}+\dfrac{15}{10}+\dfrac{21}{8}\right]}{\left[\dfrac{1}{18}+\dfrac{1}{10}+\dfrac{1}{8}\right]} = 24°42'22''$

2) 종선좌표 $= \dfrac{\left[\dfrac{\Sigma X}{\Sigma S}\right]}{\left[\dfrac{1}{\Sigma S}\right]} = 362174.00 + \dfrac{\left[\dfrac{0.93}{10.41}+\dfrac{1.08}{5.69}+\dfrac{1.01}{5.14}\right]}{\left[\dfrac{1}{10.41}+\dfrac{1}{5.69}+\dfrac{1}{5.14}\right]} = 362175.02\text{m}$

3) 횡선좌표 $= \dfrac{\left[\dfrac{\Sigma Y}{\Sigma S}\right]}{\left[\dfrac{1}{\Sigma S}\right]} = 196283.00 + \dfrac{\left[\dfrac{0.57}{10.41}+\dfrac{0.48}{5.69}+\dfrac{0.50}{5.14}\right]}{\left[\dfrac{1}{10.41}+\dfrac{1}{5.69}+\dfrac{1}{5.14}\right]} = 196283.51\text{m}$

W=오차, N=도선별 점수, S=측점 간 거리, α=관측방위각

06

지적도근점측량을 H형의 교점다각망으로 구성하여 관측한 교점의 1차 계산 결과에 의하여 상관방정식과 표준방정식(방위각, 종 · 횡선좌표)을 계산하시오.

도선	경중률		도선	관측방위각	계산 종선좌표	계산 횡선좌표
	측점 수	거리(km)				
(1)	8	4.14	(1)	69°02′21″	7154.26	2894.62
(2)	15	8.30	(2)	69°02′37″	7154.31	2894.69
(3)	11	5.08	(2)+(3)	237°00′07″	7423.69	3001.21
(4)	16	7.21	(4)	236°59′33″	7423.65	3001.25
(5)	10	6.68	(5)	236°59′20″	7423.59	3001.28

해설 및 정답

(1) 방위각, 종 · 횡선좌표 오차 계산

오차	방위각	종선좌표	횡선좌표
W_1	$(1)-(2)=-16''$	$(1)-(2)=-0.05$	$(1)-(2)=-0.07$
W_2	$(2)+(3)-(4)=+34''$	$(2)+(3)-(4)=+0.04$	$(2)+(3)-(4)=-0.04$
W_3	$(4)-(5)=+13''$	$(4)-(5)=+0.06$	$(4)-(5)=-0.03$

(2) 상관방정식

순서	ΣN	ΣS	I	II	III
(1)	8	4.14	+1		
(2)	15	8.30	−1	+1	
(3)	11	5.08		+1	
(4)	16	7.21		−1	+1
(5)	10	6.68			−1

(3) 표준방정식

① 방위각

제1식	$[Paa]=(8\times1\times1)+(15\times(-1)\times(-1))=+23$ $[Pab]=(15\times(-1)\times1)=-15$ $[Pac]=0$
제2식	$[Pbb]=(15\times1\times1)+(11\times1\times1)+(16\times(-1)\times(-1))=+42$ $[Pbc]=(16\times(-1)\times1)=-16$
제3식	$[Pcc]=(16\times1\times1)+(10\times(-1)\times(-1))=+26$

I	II	III	W_a	Σ	Σ 계산
+23	−15	0	−16	−8	$+23+(-15)+0+(-16)=-8$
	+42	−16	+34	+45	$(-15)+42+(-16)+34=+45$
		+26	+13	+23	$0+(-16)+26+13=+23$

② 종 · 횡선좌표

경중률(ΣS) $= P$, $\text{I} = a$, $\text{II} = b$, $\text{III} = c$라 하면

제1식	$[Paa] = (4.14 \times 1 \times 1) + (8.30 \times (-1) \times (-1)) = +12.44$ $[Pab] = (8.30 \times (-1) \times 1) = -8.30$ $[Pac] = 0$
제2식	$[Pbb] = (8.30 \times 1 \times 1) + (5.08 \times 1 \times 1) + (7.21 \times (-1) \times (-1)) = +20.59$ $[Pbc] = (7.21 \times (-1) \times 1) = -7.21$
제3식	$[Pcc] = (7.21 \times 1 \times 1) + (6.68 \times (-1) \times (-1)) = +13.89$

I	II	III	W_X	Σ	W_Y	Σ
+12.44	−8.30	0.00	−0.05	+4.09	−0.07	+4.07
	+20.59	−7.21	+0.04	+5.12	−0.04	+5.04
		+13.89	+0.06	+6.74	−0.03	+6.65

(4) 평균 방위각 계산

① 평균 방위각(I) $= \dfrac{\left[\dfrac{\Sigma\alpha}{\Sigma N}\right]}{\left[\dfrac{1}{\Sigma N}\right]} = 69°\,02' + \dfrac{\left[\dfrac{21}{8} + \dfrac{37}{15}\right]}{\left[\dfrac{1}{8} + \dfrac{1}{15}\right]} = 69°\,02'\,27''$

② 평균 방위각(II , III) $= \dfrac{\left[\dfrac{\Sigma\alpha}{\Sigma N}\right]}{\left[\dfrac{1}{\Sigma N}\right]} = 236°\,59' + \dfrac{\left[\dfrac{67}{26} + \dfrac{33}{16} + \dfrac{20}{10}\right]}{\left[\dfrac{1}{26} + \dfrac{1}{16} + \dfrac{1}{10}\right]} = 236°\,59'\,33''$

(5) 평균 종선좌표 계산

① 평균 종선좌표(I) $= \dfrac{\left[\dfrac{\Sigma X}{\Sigma S}\right]}{\left[\dfrac{1}{\Sigma S}\right]} = 7154.00 + \dfrac{\left[\dfrac{0.26}{4.14} + \dfrac{0.31}{8.30}\right]}{\left[\dfrac{1}{4.14} + \dfrac{1}{8.30}\right]} = 7154.28\text{m}$

② 평균 종선좌표(II , III) $= \dfrac{\left[\dfrac{\Sigma X}{\Sigma S}\right]}{\left[\dfrac{1}{\Sigma S}\right]} = 7423.00 + \dfrac{\left[\dfrac{0.69}{13.38} + \dfrac{0.65}{7.21} + \dfrac{0.59}{6.68}\right]}{\left[\dfrac{1}{13.38} + \dfrac{1}{7.21} + \dfrac{1}{6.68}\right]} = 7423.63\text{m}$

(6) 평균 횡선좌표 계산

① 평균 횡선좌표(I) $= \dfrac{\left[\dfrac{\Sigma Y}{\Sigma S}\right]}{\left[\dfrac{1}{\Sigma S}\right]} = 2894.00 + \dfrac{\left[\dfrac{0.62}{4.14} + \dfrac{0.69}{8.30}\right]}{\left[\dfrac{1}{4.14} + \dfrac{1}{8.30}\right]} = 2894.64\text{m}$

② 평균 횡선좌표(II , III) $= \dfrac{\left[\dfrac{\Sigma Y}{\Sigma S}\right]}{\left[\dfrac{1}{\Sigma S}\right]} = 3001.00 + \dfrac{\left[\dfrac{0.21}{13.38} + \dfrac{0.25}{7.21} + \dfrac{0.28}{6.68}\right]}{\left[\dfrac{1}{13.38} + \dfrac{1}{7.21} + \dfrac{1}{6.68}\right]} = 3001.25\text{m}$

(7) 방위각, 종 · 횡선좌표의 보정값 계산

구분	방위각	종선좌표	횡선좌표
보정값	평균 방위각－ 도선별 관측방위각	평균 종선좌표－ 도선별 종선좌표	평균 횡선좌표－ 도선별 횡선좌표

① 방위각 보정값

도선	방위각 보정값 계산
(1)	69°02′27″－69°02′21″＝＋6″
(2)	69°02′27″－69°02′37″＝－10″
(2)＋(3)	236°59′33″－237°00′07″＝－34″
(4)	236°59′33″－236°59′33″＝0″
(5)	236°59′33″－236°59′20″＝＋13″

② 종 · 횡선좌표 보정값

도선	종선좌표 보정값 계산	횡선좌표 보정값 계산
(1)	7154.28－7154.26＝＋0.02	2894.64－2894.62＝＋0.02
(2)	7154.28－7154.31＝－0.03	2894.64－2894.69＝－0.05
(2)＋(3)	7423.63－7423.69＝－0.06	3001.25－3001.21＝＋0.04
(4)	7423.63－7423.65＝－0.02	3001.25－3001.25＝0.00
(5)	7423.63－7423.59＝＋0.04	3001.25－3001.28＝－0.03

교 점 다 각 망 계 산 부(H · A형)

약도

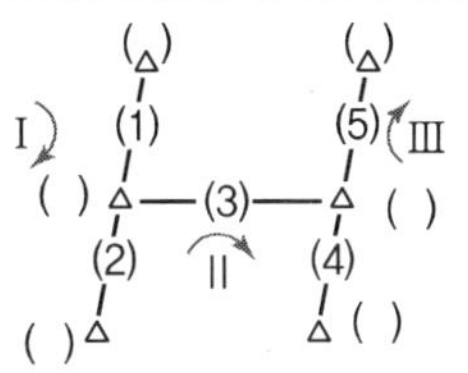

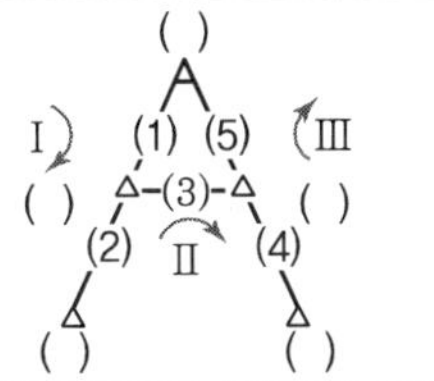

조건식			경중률		ΣN	ΣS
	I	$(1)-(2)+W_1=0$		(1)	8	4.14
	II	$(2)+(3)-(4)+W_2=0$		(2)	15	8.30
				(3)	11	5.08
	III	$(4)-(5)+W_3=0$		(4)	16	7.21
				(5)	10	6.68

1. 방위각

순서	도선	관측	보정	평균
I	(1)	69° 02′ 21″	+6	69° 02′ 27″
	(2)	69 02 37	−10	69 02 27
	W_1	−16		
II	(2)+(3)	237 00 07	−34	236 59 33
	(4)	236 59 33	0	236 59 33
	W_2	+34		
III	(4)	236 59 33	0	236 59 33
	(5)	236 59 20	+13	236 59 33
	W_3	+13		

2. 종선좌표

순서	도선	관측	보정	평균
I	(1)	7154.26m	+2	7154.28m
	(2)	7154.31	−3	7154.28
	W_1	−0.05		.
II	(2)+(3)	7423.69	−6	7423.63
	(4)	7423.65	−2	7423.63
	W_2	+0.04		.
III	(4)	7423.65	−2	7423.63
	(5)	7423.59	+4	7423.63
	W_3	+0.06		.

3. 횡선좌표

순서	도선	관측	보정	평균
I	(1)	2894.62m	+2	2894.64m
	(2)	2894.69	−5	2894.64
	W_1	−0.07		.
II	(2)+(3)	3001.21	+4	3001.25
	(4)	3001.25	0	3001.25
	W_2	−0.04		.
III	(4)	3001.25	0	3001.25
	(5)	3001.28	−3	3001.25
	W_3	−0.03		.

4. 계산

1) 상관방정식

순서	ΣN	ΣS	I	II	III
(1)	8	4.14	+1		
(2)	15	8.30	−1	+1	
(3)	11	5.08		+1	
(4)	16	7.21		−1	+1
(5)	10	6.68			−1

2) 표준방정식(방위각)

I	II	III	W_α	Σ
+23	−15	0	−16	−8
	+42	−16	+34	+45
		+26	+13	+23

3) 표준방정식(종선좌표)

I	II	III	W_X	Σ
+12.44	−8.30	0.00	−0.05	+4.09
	+20.59	−7.21	+0.04	+5.12
		+13.89	+0.06	+6.74

4) 표준방정식(횡선좌표)

I	II	III	W_Y	Σ
+12.44	−8.30	0.00	−0.07	+4.07
	+20.59	−7.21	−0.04	+5.04
		+13.89	−0.03	+6.65

CHAPTER

03 지적도근점측량

CADASTRAL SURVEYING

01 개요

지적도근점측량은 지적도근점의 위치를 결정하기 위하여 실시하며 축척변경을 위한 측량을 하는 경우, 도시개발사업 등으로 인하여 지적확정측량을 하는 경우. 도시지역에서 세부측량을 하는 경우, 측량지역의 면적이 해당 지적도 1장에 해당하는 면적 이상인 경우, 세부측량을 하기 위해 특히 필요한 경우에 실시한다. 위성기준점, 통합기준점, 삼각점 및 지적기준점을 기초로 경위의측량방법, 전파기 또는 광파기측량방법, 위성측량방법 및 국토교통부장관이 승인한 측량방법에 의하며, 지적도근점측량의 계산은 도선법, 교회법 및 다각망도선법에 의한다.

02 Basic Frame

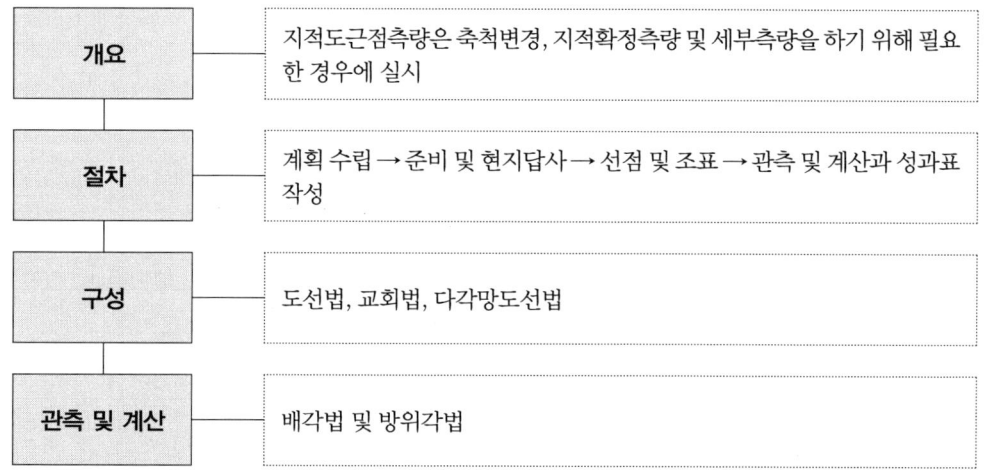

개요	지적도근점측량은 축척변경, 지적확정측량 및 세부측량을 하기 위해 필요한 경우에 실시
절차	계획 수립 → 준비 및 현지답사 → 선점 및 조표 → 관측 및 계산과 성과표 작성
구성	도선법, 교회법, 다각망도선법
관측 및 계산	배각법 및 방위각법

03 핵심 이론

1. 지적도근점측량 방법

지적도근점측량은 위성기준점, 통합기준점, 삼각점 및 지적기준점을 기초로 경위의측량방법, 전파기 또는 광파기측량방법, 위성측량방법 및 국토교통부장관이 승인한 측량방법에 따르며 계산은 도선법, 교회법 및 다각망도선법에 따른다.

(1) 도선의 구분

도선의 구분		도선명 표기
1등도선	위성기준점, 통합기준점, 삼각점, 지적삼각점 및 지적삼각보조점의 상호 간을 연결하는 도선 또는 다각망도선으로 한다.	가·나·다 순으로 표기
2등도선	위성기준점, 통합기준점, 삼각점, 지적삼각점 및 지적삼각보조점과 지적도근점을 연결하거나 지적도근점 상호 간을 연결하는 도선으로 한다.	ㄱ·ㄴ·ㄷ 순으로 표기

(2) 지적도근점의 도선구성

지적도근점은 결합도선 · 폐합도선 · 왕복도선 및 다각망도선으로 구성하여야 한다.

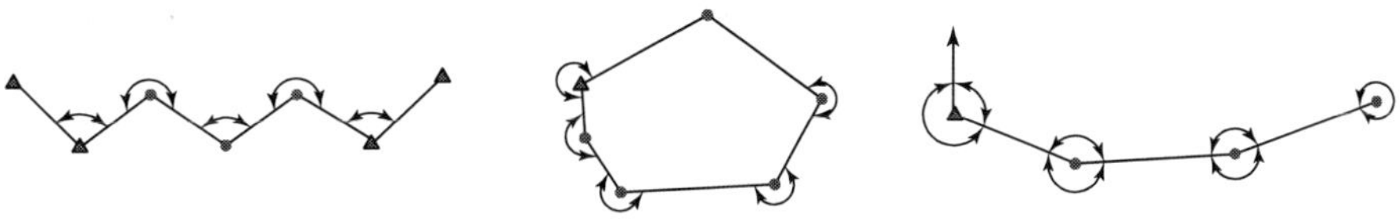

[그림 3-1] 결합도선 [그림 3-2] 폐합도선 [그림 3-3] 왕복도선

2. 지적도근점측량 기준

(1) 경위의측량방법에 따라 도선법으로 실시하는 경우

① 도선은 위성기준점, 통합기준점, 삼각점, 지적삼각점, 지적삼각보조점 및 지적도근점의 상호 간을 연결하는 결합도선에 따른다. 다만, 지형상 부득이한 경우에는 폐합도선 또는 왕복도선에 따를 수 있다.

② 1도선의 점의 수는 40점 이하로 한다. 다만, 지형상 부득이한 경우에는 50점까지로 할 수 있다.

③ 지적도근점표지의 점간거리는 평균 50～300미터 이하로 한다.

(2) 경위의측량방법이나 전파기 또는 광파기측량방법에 따라 다각망도선법으로 실시하는 경우

① 3점 이상의 기지점을 포함한 결합다각방식에 의한다.

② 1도선의 점의 수는 20점 이하로 한다.

③ 다각망도선법에 따르는 경우에 도근점 간 평균거리는 500미터 이하로 한다.

3. 지적도근점의 관측 및 계산

경위의측량방법, 전파기 또는 광파기측량방법과 도선법 또는 다각망도선법에 따른 지적도근점의 관측과 계산은 다음의 기준에 따른다.

(1) 수평각 관측

측량지역	관측방법	관측
시가지 지역, 축척변경지역 및 경계점좌표등록부 시행 지역	배각법	20초독 이상의 경위의 사용
그 밖의 지역	배각법과 방위각법 혼용	

(2) 관측과 계산

종별	각	측정횟수	거리	진수	좌표
배각법	초	3회	cm	5자리 이상	cm
방위각법	분	1회	cm	5자리 이상	cm

(3) 점간거리 측정

점간거리는 2회 측정하여 그 측정치의 교차가 평균치의 3천분의 1 이하일 때에는 그 평균치를 점간거리로 한다. 이 경우 점간거리가 경사거리일 때에는 수평거리로 계산하여야 한다.

(4) 연직각 관측

올려본 각과 내려본 각을 관측하여 그 교차가 90초 이내일 때에는 그 평균치를 연직각으로 한다.

4. 배각법

배각법에 의하여 지적도근점측량을 시행하는 경우는 기지방위각에 의하여 기지측선과 다음 측선의 교각을 순차적으로 측정하는데 배각법에서 각 측선의 교각을 3배각으로 측정하고 그 평균치를 관측각으로 사용하며 배각법의 계산순서는 다음과 같다.

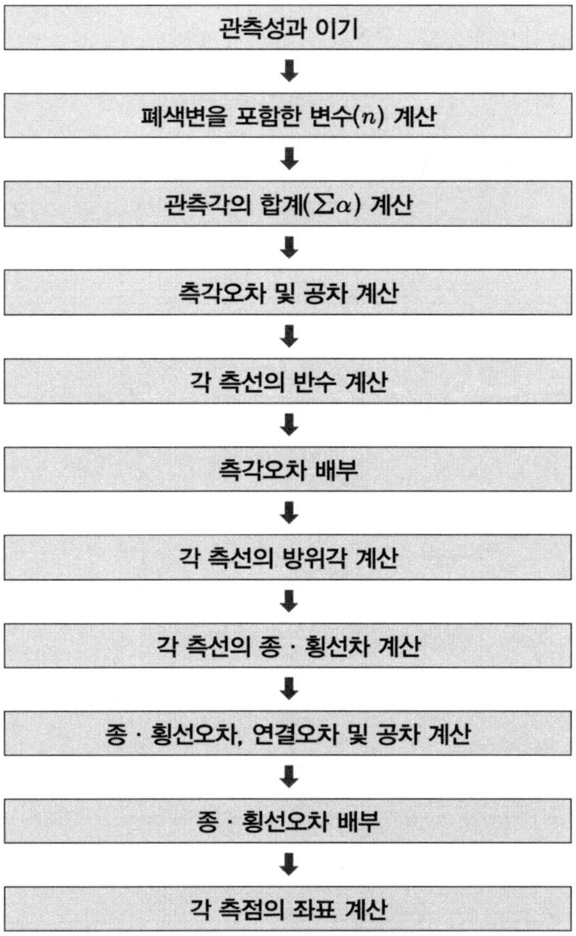

[그림 3–4] 배각법 계산 순서

(1) 관측성과 이기

도근측량계산부(배각법)에 관측각 및 거리를 이기하고 출발점과 도착점의 기지방위각 및 좌표를 기재한다.

(2) 폐색변을 포함한 변수(n) 계산

출발점에서부터 폐색변까지의 변수를 계산한다.

(3) 관측각의 합계($\Sigma\alpha$) 계산

관측각을 합산하여 기재한다.

(4) 측각오차 및 공차 계산

1) 측각오차 계산

$$\text{측각오차} = T_1 + \Sigma\alpha - 180(n-1) - T_2$$

여기서, T_1 : 출발방위각, $\Sigma\alpha$: 관측각의 합
n : 폐색변을 포함한 변수, T_2 : 도착방위각

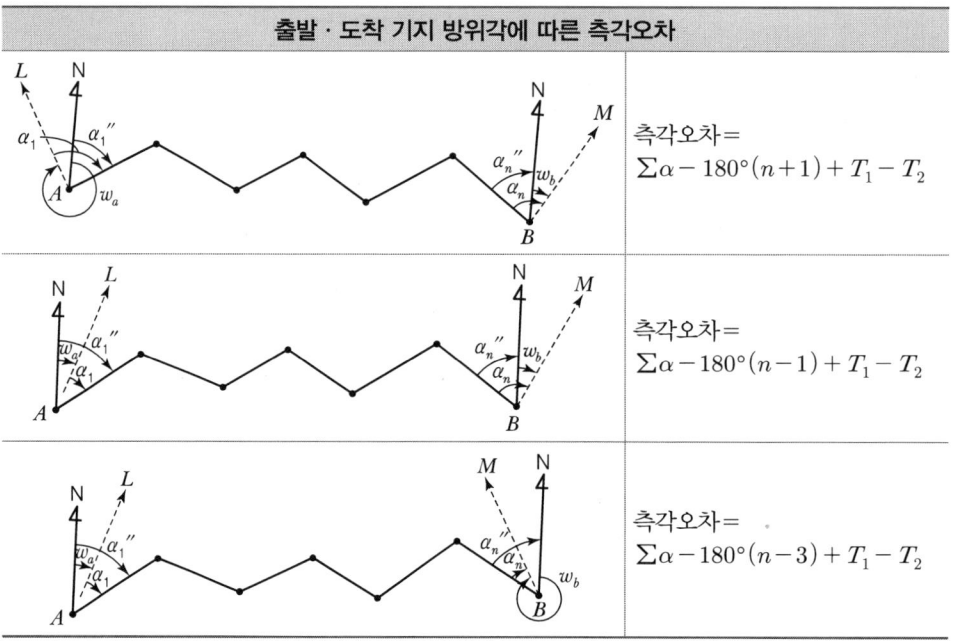

출발 · 도착 기지 방위각에 따른 측각오차	
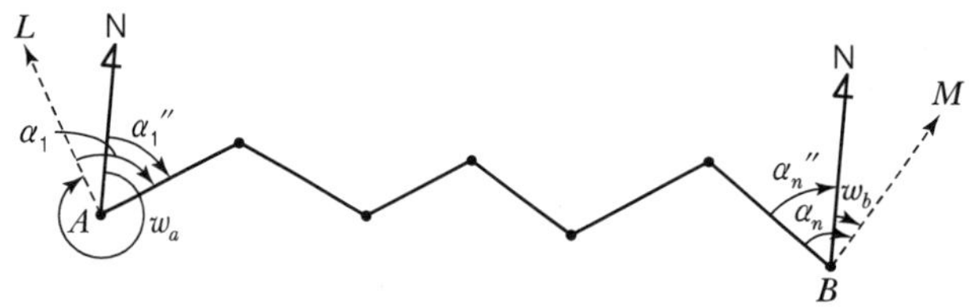	측각오차= $\Sigma\alpha - 180°(n+1) + T_1 - T_2$
	측각오차= $\Sigma\alpha - 180°(n-1) + T_1 - T_2$
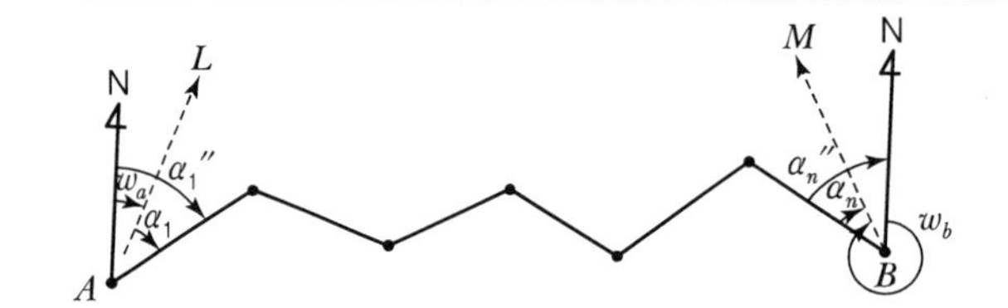	측각오차= $\Sigma\alpha - 180°(n-3) + T_1 - T_2$

2) 공차 계산

① 1등도선 : $\pm 20\sqrt{n}$ 초 이내

② 2등도선 : $\pm 30\sqrt{n}$ 초 이내

여기서, n : 폐색변을 포함한 변의 수

(5) 각 측선의 반수 계산

$$\text{반수} = \frac{1000}{L}$$

여기서, L은 측선장

일반적으로 반수는 소수점 이하 1자리까지 산출한다.

(6) 측각오차 배부

① 배각법에서는 정밀도를 높이기 위하여 측각오차를 측선장(測線長)에 반비례하여 각 측선의 관측각에 배분한다. 즉, 측선장이 길수록 관측오차가 작고, 짧을수록 관측오차가 크다는 원리에 의한 것이다.

② 측각오차를 측선장에 직접적으로 반비례하여 배부하는 것이 매우 복잡하므로 측선장의 반수를 사용하여 반수에 비례하게 측각오차를 배부한다.

③ 측각오차의 부호가 (+)이면 배부수는 (−)이며 측각오차의 부호가 (−)이면 배부수는 (+)로 계산되며, 배부량의 합계가 측각오차와 ±1″ 정도의 차이가 발생하였을 때에는 계산의 단수처리를 확인하여 0.5초에 가까운 수부터 더하거나 감하여 조정한다.

$$K = -\frac{e}{R} \times r$$

여기서, K : 각 측선에 배분할 초 단위의 각도
e : 초 단위의 오차
R : 폐색변을 포함한 각 측선장의 반수의 총합계
r : 각 측선장의 반수

(7) 각 측선의 방위각 계산

① 배각법에서 방위각 계산은 첫 측선에서는 기지방위각에 관측각을 더하여 계산하고, 다음 측선부터는 전 측선의 방위각에 ±180°를 하여 관측각에 더하여 방위각을 계산한다.

$$V_1 = T_1 + \alpha_1$$
$$V_2 = (V_1 \pm 180°) + \alpha_2$$
$$V_3 = (V_2 \pm 180°) + \alpha_3$$
$$\vdots$$
$$V_n = (V_{n-1} \pm 180°) + \alpha_n$$

② 전 측선의 방위각에 ±180°의 결정은 전 측선의 방위각과 관측각(α)의 합에 따라 계산이 편리하게 +180° 또는 −180°를 적용하고, 만약, 360°를 초과하는 방위각이 계산되는 경우 360°보다 작은 방위각이 나올 때까지 360°를 빼준다.

전 측선의 방위각	2번째 관측각(α)	방위각 계산	비고
230°12′23″	150°33′39″	230°12′23″ + 180° + 150°33′39″ = 560°46′02″	−360° 필요
		230°12′23″ − 180° + 150°33′39″ = 200°46′02″	
130°12′23″	30°33′39″	130°12′23″ + 180° + 30°33′39″ = 340°46′02″	
		130°12′23″ − 180° + 30°33′39″ =− 19°13′58″	+360° 필요

(8) 종 · 횡선차 계산

각 측선의 종선차(ΔX)와 횡선차(ΔY)는 당해 측선의 수평거리(L)와 방위각(V)에 의해 계산한다.

① 종선차$(\Delta X) = L \times \cos V$

② 횡선차$(\Delta Y) = L \times \sin V$

(9) 기지 종 · 횡선차 계산

각 측선의 종선차 및 횡선차의 합은 기지 종선차와 기지 횡선차와 일치하여야 하나, 지적도근점측량 과정에서 발생하는 각과 거리의 관측오차로 인하여 오차가 발생한다.

① 기지 종선차＝도착 기지점의 X좌표－출발 기지점의 X좌표

② 기지 횡선차＝도착 기지점의 Y좌표－출발 기지점의 Y좌표

(10) 종 · 횡선오차, 연결오차, 공차 계산

1) 종선차와 횡선차의 절대치 합과 일반 합, 종 · 횡선오차 계산

구분	절대치 합	일반 합	종 · 횡선오차
종선차	$\Sigma\|\Delta X\|$	$\Sigma\Delta X$	종선오차(f_x)＝종선차의 합($\Sigma\Delta X$)－기지 종선차
횡선차	$\Sigma\|\Delta Y\|$	$\Sigma\Delta Y$	횡선오차(f_y)＝횡선차의 합($\Sigma\Delta Y$)－기지 횡선차

2) 연결오차 계산

$$연결오차 = \sqrt{(f_x)^2 + (f_y)^2}$$

3) 공차 계산

① 1등도선 : 축척분모 $\times \dfrac{1}{100}\sqrt{n}$ cm 이내

② 2등도선 : 축척분모 $\times \dfrac{1.5}{100}\sqrt{n}$ cm 이내

여기서, n : 수평거리의 합을 100으로 나눈 수

(11) 종 · 횡선오차의 배부

배각법은 각측량의 정밀도가 거리측량의 정밀도보다 높을 때 이용하는 트랜싯 법칙 원리를 이용하여 오차의 배부는 각 측선의 종선차 또는 횡선차 길이에 비례하여 배분하며, 배부량의 합계가 종 · 횡선의 오차와 차이가 있을 때에는 계산의 단수처리를 확인하여 0.5cm에 가까운 수부터 더하거나 감하여 조정한다.

$$T = -\frac{e}{L} \times l$$

여기서, T : 측선의 종선차 또는 횡선차에 배분할 센티미터 단위의 수치

e : 종선오차 또는 횡선오차

L : 종선차 또는 횡선차의 절대치의 합계

l : 측선의 종선차 또는 횡선차

(12) 좌표 계산

종 · 횡선오차의 보정치 배부가 완료되면 출발 기지점의 종선좌표에 종선차와 보정치를, 출발점 기지점의 횡선좌표에 횡선차와 보정치를 순차적으로 더하여 지적도근점의 좌표를 계산하며 도착 기지점까지 진행하여 도착 기지점의 좌표와 일치하여야 한다.

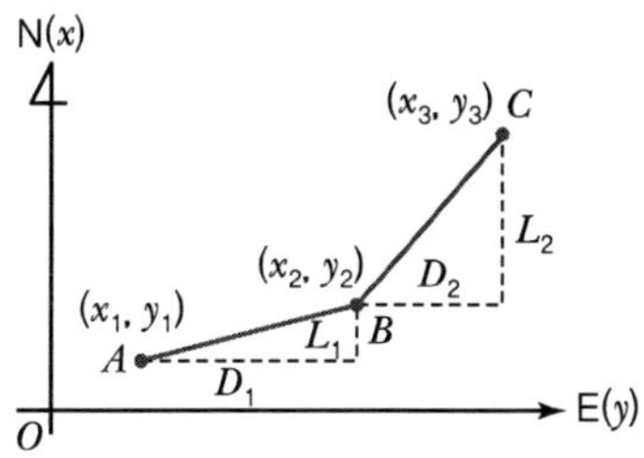

[그림 3-5] 좌표 계산

$$x_2 = x_1 + \Delta x_1 + T_{x1}$$

$$y_2 = y_1 + \Delta y_1 + T_{y1}$$

$$x_3 = x_2 + \Delta x_2 + T_{x2} = x_1 + \Delta x_1 + T_{x1} + \Delta x_2 + T_{x2}$$

$$y_3 = y_2 + \Delta y_2 + T_{y2} = y_1 + \Delta y_1 + T_{y1} + \Delta y_2 + T_{y2}$$

여기서, Δx : 종선차

Δy : 횡선차

T : 보정치

Example 01

다음 배각법에 의한 지적도근점측량의 관측성과에 의해 각 오차와 공차를 계산하시오.(단, 도선명은 "마"이며, 폐색변을 포함한 변의 수는 7이다.)

관측각의 합	1093°20′48″
출발기지 방위각	43°28′34″
도착기지 방위각	56°49′37″

해설 및 정답

(1) 각 오차 계산

$$\text{각 오차} = \Sigma\alpha - 180°(n-1) + T_1 - T_2$$

여기서, T_1 : 출발방위각, $\Sigma\alpha$: 관측각의 합
n : 폐색변을 포함한 변수, T_2 : 도착방위각

각 오차$= 1093°20'48'' - 180°(7-1) + 43°28'34'' - 56°49'37'' = -15''$

(2) 공차 계산

$$\text{배각법 1등도선 공차} = \pm 20\sqrt{n}\ \text{초 이내}$$

여기서, n : 폐색변을 포함한 변수

1등도선 공차 $= \pm 20\sqrt{7}'' = \pm 52''$(공차는 반올림하지 않음)

Example 02

다음 배각법에 의한 지적도근점측량의 관측성과에 의해 도근측량계산부(배각법)를 작성하였다. 주어진 서식에 의해 종선차, 횡선차 및 종선좌표와 횡선좌표를 계산하시오.(단, 보정치는 서식에 주어진 값을 사용하시오.)

측점	시준점	반수 수평거리	방위각 °	′	″	종선차(ΔX) 보정치 종선좌표(X) (m)	횡선차(ΔY) 보정치 횡선좌표(Y) (m)
예11	예12	———	10	30	14	5227.66	6846.71
예11	1	21.5 46.50	283	36	26	0.00	−0.01
1	2	7.6 131.96	19	54	32	+0.03	0.00

해설 및 정답

(1) 종선차와 횡선차 계산

$$종선차(\Delta X) = L \times \cos V, \ 횡선차(\Delta Y) = L \times \sin V$$

여기서, L : 수평거리, V : 방위각

1) 종선차 계산

① 예11－1 종선차 $= 46.50 \times \cos 283°36'26'' = +10.94$m

② 1－2 종선차 $= 131.96 \times \cos 19°54'32'' = +124.07$m

2) 횡선차 계산

① 예11－1 횡선차 $= 46.50 \times \sin 283°36'26'' = -45.19$m

② 1－2 횡선차 $= 131.96 \times \sin 19°54'32'' = +44.94$m

(2) 종선좌표와 횡선좌표 계산

$$종선좌표(x_2) = x_1 + \Delta x_1 + T_{x1}, \ 횡선좌표(y_2) = y_1 + \Delta y_1 + T_{y1}$$

여기서, Δx : 종선차, Δy : 횡선차, T : 보정치

1) 종선좌표

① 1번점 종선좌표 $= 5227.66 + 10.94 + 0.00 = 5238.60$m

② 2번점 종선좌표 $= 5238.60 + 124.07 + 0.03 = 5362.70$m

2) 횡선좌표

① 1번점 횡선좌표 $= 6846.71 + (-45.19) + (-0.01) = 6801.51$m

② 2번점 횡선좌표 $= 6801.51 + 44.94 + 0.00 = 6846.45$m

측점	시준점	반수 수평거리	방위각 (°)	(′)	(″)	종선차(ΔX) 보정치 종선좌표(X) (m)	횡선차(ΔY) 보정치 횡선좌표(Y) (m)
예11	예12	―――	10	30	14	 5227.66	 6846.71
예11	1	21.5 46.50	283	36	26	+10.94 0.00 5238.60	−45.19 −0.01 6801.51
1	2	7.6 131.96	19	54	32	+124.07 +0.03 5362.70	+44.94 0.00 6846.45

5. 방위각법

방위각법에 의해 지적도근점측량을 시행하는 경우는 기지방위각에 의해 순차적으로 각 측선의 방위각을 직접 측정할 수 있으며 방위각법의 계산순서는 다음과 같다.

관측성과 이기

↓

폐색변을 포함한 변수(n) 계산

↓

측각오차 및 공차 계산

↓

측각오차 배부

↓

개정방위각 계산

↓

각 측선의 종 · 횡선차 계산

↓

종 · 횡선오차, 연결오차 및 공차 계산

↓

종 · 횡선오차 배부

↓

각 측점의 좌표 계산

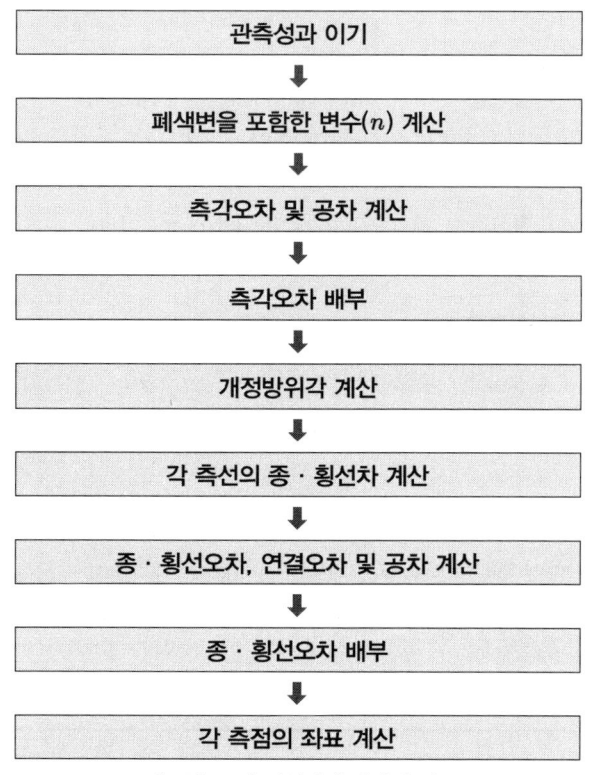

[그림 3-6] 방위각법 계산 순서

(1) 관측성과 이기

지적도근측량계산부(방위각법)에 관측각 및 거리를 이기하고 출발점과 도착점의 기지방위각 및 좌표를 기재한다.

(2) 폐색변을 포함한 변수(n) 계산

출발점에서부터 폐색변까지의 변수를 계산한다.

(3) 측각오차 및 공차(폐색오차) 계산

1) 측각오차 계산

측각오차 = 도착 관측방위각 − 도착 기지방위각

2) 공차 계산

① 1등도선 : $\pm\sqrt{n}$ 분 이내

② 2등도선 : $\pm 1.5\sqrt{n}$ 분 이내

여기서, n : 폐색변을 포함한 변의 수

(4) 측각오차 배부

방위각법에서 측각오차 배부는 변의 수에 비례하여 각 측선의 방위각에 배분한다.

$$K_n = -\frac{e}{S} \times s$$

여기서, K_n : 각 측선의 순서대로 배분할 분 단위의 각도

e : 분 단위의 오차

S : 폐색변을 포함한 변의 수

s : 각 측선의 순서

(5) 개정방위각 계산

출발 기지방위각에서 순차적으로 관측방위각 및 보정치를 가감하여 각 측선별 개정방위각을 도착 기지방위각까지 계산하며 마지막 개정방위각은 도착 기지방위각과 일치하여야 한다.

(6) 종 · 횡선차 계산

각 측선의 종선차(ΔX)와 횡선차(ΔY)는 당해 측선의 수평거리(L)와 방위각(V)에 의해 계산한다.

① 종선차(ΔX) $= L \times \cos V$

② 횡선차(ΔY) $= L \times \sin V$

(7) 기지 종 · 횡선차 계산

각 측선의 종선차 및 횡선차의 합은 기지 종선차와 기지 횡선차와 일치하여야 하나, 지적도근점측량 과정에서 발생하는 각과 거리의 관측오차로 인하여 오차가 발생한다.

① 기지 종선차 = 도착 기지점의 X좌표 − 출발 기지점의 X좌표

② 기지 횡선차 = 도착 기지점의 Y좌표 − 출발 기지점의 Y좌표

(8) 종 · 횡선오차, 연결오차 및 공차 계산

1) 종 · 횡선오차 계산

① 종선오차(f_x) = 종선차의 합($\Sigma\Delta X$) − 기지 종선차

② 횡선오차(f_y) = 횡선차의 합($\Sigma\Delta Y$) − 기지 횡선차

2) 연결오차 계산

$$연결오차 = \sqrt{(f_x)^2 + (f_y)^2}$$

3) 공차 계산

① 1등도선 : 축척분모 $\times \dfrac{1}{100}\sqrt{n}$ cm 이내

② 2등도선 : 축척분모 $\times \dfrac{1.5}{100}\sqrt{n}$ cm 이내

여기서, n : 수평거리의 합을 100으로 나눈 수

(9) 종 · 횡선오차의 배부

방위각법은 각관측의 정도와 거리관측의 정도가 동일할 때 이용하는 컴퍼스 법칙 원리를 이용하여 오차의 배부는 각 측선장에 비례하여 배분하며, 배부량의 합계가 종 · 횡선의 오차와 차이가 있을 때에는 계산의 단수처리를 확인하여 0.5cm에 가까운 수부터 더하거나 감하여 조정한다.

$$C = -\frac{e}{L} \times l$$

여기서, C : 각 측선의 종선차 또는 횡선차에 배분할 센티미터 단위의 수치
e : 종선오차 또는 횡선오차
L : 각 측선장의 총합계
l : 측선의 측선장

(10) 좌표 계산

종 · 횡선오차의 보정치 배부가 완료되면 출발 기지점의 종선좌표에 종선차와 보정치를, 출발점 기지점의 횡선좌표에 횡선차와 보정치를 순차적으로 더하여 지적도근점의 좌표를 계산하며 도착 기지점까지 진행하여 도착 기지점의 좌표와 일치하여야 한다.

Example 03

방위각법에 의한 지적도근점측량의 관측성과에 의해 각 오차와 공차를 계산하시오.(단, 도선명은 "가"이며, 폐색변을 포함한 변수는 10이다.)

측점	시준점	관측방위각	수평거리	개정방위각
보1	보2			321°12′
보1	1	175°31′	37.73	
1	2	284°08′	64.58	
⋮	⋮	⋮	⋮	
8	보3	327°42′	23.97	
보3	보4	165°05′	84.99	165°07′

해설 및 정답

(1) 각 오차 계산

각 오차 = 관측방위각 − 기지방위각

각 오차 $= 165°05' - 165°07' = -2'$

(2) 공차 계산

방위각법 1등도선 공차 $= \pm\sqrt{n}$ 분 이내

여기서, n : 폐색변을 포함한 변수

1등도선 공차 $= \pm\sqrt{10}$ 분 $= \pm 3'$ 이내

CHAPTER

03 실전문제 및 해설

CADASTRAL SURVEYING

01

다음 배각법에 의한 지적도근점측량의 측량성과에 의하여 주어진 서식으로 각 점의 좌표를 계산하시오. (단, 도선명은 "가"이고, 축척은 1000분의 1임)

측점	시준점	관측각	수평거리(m)	방위각	X좌표	Y좌표
예11	예12	0°00′00″		181°19′54″	448200.86	194039.95
예11	1	91°41′32″	51.39			
1	2	258°45′11″	62.64			
2	3	135°20′34″	48.95			
3	4	210°24′57″	157.84			
4	5	113°38′22″	47.58			
5	6	187°21′59″	72.12			
6	7	167°45′41″	83.66			
7	예13	96°54′06″	52.19		448395.16	193674.99
예13	예14	266°16′15″		269°28′10″		

해설 및 정답

(1) 측각오차 계산

$$\text{각 오차} = \sum\alpha - 180°(n-1) + T_1 - T_2$$

여기서, $\sum\alpha$: 관측각의 합
n : 폐색변을 포함한 변수
T_1 : 출발방위각
T_2 : 도착방위각

$\sum\alpha$(관측각 합) $= 1528°08'37''$
$-180°(9+1)$ $= 1440°00'00''$
$+T_1$(출발방위각) $= 181°19'54''$
$-T_2$(도착방위각) $= 269°28'10''$

각 오차 $= +21''$

(2) 관측각 오차의 공차(폐색오차) 계산

$$\text{1등도선 공차} = \pm 20\sqrt{n}\text{초 이내},\ \text{2등도선 공차} = \pm 30\sqrt{n}\text{초 이내}$$

여기서, n : 폐색변을 포함한 변수

공차 $= \pm 20\sqrt{9}$초 $= \pm 60''$ 이내

(3) 수평거리 합 및 반수 계산

$$반수 = \frac{1000}{L}$$

측점	시준점	수평거리(m)	반수
예11	1	51.39	(1000÷51.39)=19.5
1	2	62.64	(1000÷62.64)=16.0
2	3	48.95	(1000÷48.95)=20.4
3	4	157.84	(1000÷157.84)=6.3
4	5	47.58	(1000÷47.58)=21.0
5	6	72.12	(1000÷72.12)=13.9
6	7	83.66	(1000÷83.66)=12.0
7	예13	52.19	(1000÷52.19)=19.2
합계		576.37	128.3

(4) 측각오차 배부계산

$$K = -\frac{e}{R} \times r$$

여기서, K : 각 측선에 배분할 초 단위의 각도
e : 초 단위의 오차
R : 폐색변을 포함한 각 측선장의 반수의 총합계
r : 각 측선장의 반수

$K_1 = -\frac{+21}{145.7} \times 19.5 ≒ -3.19 = -3 = -3$

$K_2 = -\frac{+21}{145.7} \times 16.0 ≒ -2.62 = -3 = -3$

$K_3 = -\frac{+21}{145.7} \times 20.4 ≒ -3.34 = -3 = -3$

$K_4 = -\frac{+21}{145.7} \times 6.3 ≒ -1.03 = -1 = -1$

$K_5 = -\frac{+21}{145.7} \times 21.0 ≒ -3.44 = -3 = -4$ 반올림

$K_6 = -\frac{+21}{145.7} \times 13.9 ≒ -2.28 = -2 = -2$

$K_7 = -\frac{+21}{145.7} \times 12.0 ≒ -1.96 = -2 = -2$

$K_8 = -\frac{+21}{145.7} \times 19.2 ≒ -3.14 = -3 = -3$

소계 −20 −21 각 오차 +21″에 맞도록 오차 배부

(5) 방위각 계산

첫 번째 측선 방위각=기지방위각+보정치+관측각
그 외의 측선 방위각=전 측선의 방위각 ±180°+보정치+관측각

측점	시준점	방위각 계산	방위각
예11	예12		=181°19′54″
예11	1	181°19′54″−3″+91°41′32″	=273°01′23″
1	2	273°01′23″−180°−3″+258°45′11″	=351°46′31″
2	3	351°46′31″−180°−3″+135°20′34″	=307°07′02″
3	4	307°07′02″−180°−1″+210°24′57″	=337°31′58″
4	5	337°31′58″−180°−4″+113°38′22″	=271°10′16″
5	6	271°10′16″−180°−2″+187°21′59″	=278°32′13″
6	7	278°32′13″−180°−2″+167°45′41″	=266°17′52″
7	예13	266°17′52″−180°−3″+ 96°54′06″	=183°11′55″
예13	예14	183°11′55″−180°−0″+266°16′15″	=269°28′10″

(6) 종선차(ΔX) 및 횡선차(ΔY)

$$종선차(\Delta X) = L \times \cos V,\ 횡선차(\Delta Y) = L \times \sin V$$

여기서, L : 수평거리, V : 방위각

측점	시준점	종선차(ΔX)		횡선차(ΔY)	
예11	1	51.39×cos273°01′23″	=+2.71	51.39×sin273°01′23″	=−51.32
1	2	62.64×cos351°46′31″	=+62.00	62.64×sin351°46′31″	=−8.96
2	3	48.95×cos307°07′02″	=+29.54	48.95×sin307°07′02″	=−39.03
3	4	157.84×cos337°31′58″	=+145.86	157.84×sin337°31′58″	=−60.32
4	5	47.58×cos271°10′16″	=+0.97	47.58×sin271°10′16″	=−47.57
5	6	72.12×cos278°32′13″	=+10.71	72.12×sin278°32′13″	=−71.32
6	7	83.66×cos266°17′52″	=−5.40	83.66×sin266°17′52″	=−83.49
7	예11	52.19×cos183°11′55″	=−52.11	52.19×sin183°11′55″	=−2.91
절대치 합		$\Sigma\|\Delta X\|$	=309.30	$\Sigma\|\Delta Y\|$	=364.92
합		$\Sigma\Delta X$	=+194.28	$\Sigma\Delta Y$	=−364.92

(7) 종·횡선차 합 및 기지점 오차 계산

1) 종·횡선차 절대치 합 계산

$\Sigma|\Delta X| = 309.30$, $\Sigma|\Delta Y| = 364.92$

2) 종·횡선차 합 계산

$$\Sigma\Delta X = 2.71 + 62.00 + 29.54 + 145.86 + 0.97 + 10.71 + (-5.40) + (-52.11) = +194.28$$

$$\Sigma\Delta Y = (-51.32) + (-8.96) + (-39.03) + (-60.32) + (-47.57) + (-71.32) + (-83.49) + (-2.91) = -364.92$$

3) 기지 종 · 횡선차 계산

기지 종선차=도착 기지점의 X좌표−출발 기지점의 X좌표
기지 횡선차=도착 기지점의 Y좌표−출발 기지점의 Y좌표

① 기지 종선차 $= 448395.16 - 448200.86 = +194.30$
② 기지 횡선차 $= 193674.99 - 194039.95 = -364.96$

4) 종선오차, 횡선오차 계산

기지 종선차($f(x)$)=종선차의 합−기지 종선차
기지 횡선차($f(y)$)=횡선차의 합−기지 횡선차

① $f(x) = 194.28 - 194.30 = -0.02$
② $f(y) = (-364.92) - (-364.96) = +0.04$

(8) 연결오차 계산

$$\text{연결오차} = \sqrt{(f_x)^2 + (f_y)^2} = \sqrt{(\text{종선오차})^2 + (\text{횡선오차})^2}$$

$$\text{연결오차} = \sqrt{(-0.02)^2 + (+0.04)^2} = 0.045 = 0.04\text{m}$$

(9) 공차 계산

$$1\text{등도선} = M \times \frac{1}{100}\sqrt{n}\ \text{cm 이내},\ 2\text{등도선} = M \times \frac{1.5}{100}\sqrt{n}\ \text{cm 이내}$$

여기서, M : 축척분모
n : 각 측선의 수평거리의 총합계를 100으로 나눈 수

$$\text{공차(1등도선)}\ \frac{1000 \times \sqrt{5.7637}}{100} = 24.01\text{cm} = \pm 0.24\text{m}$$

(10) 종 · 횡선차에 대한 보정

$$T = -\frac{e}{L} \times l$$

여기서, T : 각 측선의 종선차 또는 횡선차에 배분할 cm 단위의 수치
e : 종선오차 또는 횡선오차
L : 종선차 또는 횡선차의 절대치의 합계
l : 각 측선의 종선차 또는 횡선차

측점	시준점	종선차(ΔX) 보정치		횡선차(ΔY) 보정치	
예11	1	$-\dfrac{(-2)}{309.30}\times 2.71=0.02$	=0	$-\dfrac{(+4)}{364.92}\times 51.32=-0.56$	=−1
1	2	$-\dfrac{(-2)}{309.30}\times 62.00=0.40$	=+1	$-\dfrac{(+4)}{364.92}\times 8.96=-0.10$	=0
2	3	$-\dfrac{(-2)}{309.30}\times 29.54=0.19$	=0	$-\dfrac{(+4)}{364.92}\times 39.03=-0.43$	=0
3	4	$-\dfrac{(-2)}{309.30}\times 145.86=0.94$	=+1	$-\dfrac{(+4)}{364.92}\times 60.32=-0.66$	=−1
4	5	$-\dfrac{(-2)}{309.30}\times 0.97=0.01$	=0	$-\dfrac{(+4)}{364.92}\times 47.57=-0.52$	=0
5	6	$-\dfrac{(-2)}{309.30}\times 10.71=0.07$	=0	$-\dfrac{(+4)}{364.92}\times 71.32=-0.78$	=−1
6	7	$-\dfrac{(-2)}{309.30}\times 5.40=0.03$	=0	$-\dfrac{(+4)}{364.92}\times 83.49=-0.92$	=−1
7	예13	$-\dfrac{(-2)}{309.30}\times 52.11=0.34$	=0	$-\dfrac{(+4)}{364.92}\times 2.91=-0.03$	=0
합계		+1	+2	−5	−4

Point

- $f(x)$가 −0.02m이므로 종선차 보정치의 합이 +0.02m가 되도록 반올림하지 않은 값 중 가장 큰 값을 올린다.
- $f(y)$가 +0.04m이므로 횡선차 보정치의 합이 −0.04m가 되도록 반올림한 값 중 가장 작은 값을 내린다.

(11) 종 · 횡선좌표 계산

$$종선좌표(x_2)=x_1+\Delta x_1+T_{x1},\ 횡선좌표(y_2)=y_1+\Delta y_1+T_{y1}$$

여기서, Δx : 종선차
Δy : 횡선차
T : 보정치

측점	시준점	종선좌표		횡선좌표	
예11	1	448200.86+2.71+0.00	=448203.57	194039.95+(−51.32)+(−0.01)	=193988.62
1	2	448203.57+62.00+0.01	=448265.58	193988.62+(−8.96)+0.00	=193978.66
2	3	448265.58+29.54+0.00	=448295.12	193978.66+(−39.03)+0.00	=193940.63
3	4	448295.12+145.86+0.01	=448440.99	193940.63+(−60.32)+(−0.01)	=193880.30
4	5	448440.99+0.97+0.00	=448441.96	193880.30+(−47.57)+0.00	=193832.73
5	6	448441.96+10.71+0.00	=448452.67	193832.73+(−71.32)+(−0.01)	=193761.40
6	7	448452.67+(−5.40)+0.00	=448447.27	193761.40+(−83.49)+(−0.01)	=193677.90
7	예13	448447.27+(−52.11)+0.00	=448395.16	193677.90+(−2.91)+0.00	=193674.99

도 근 측 량 계 산 부(배각법)

측점 "가" 1/1000	시준점	보정치 관측각	반수 수평거리	방위각	종선차(ΔX) 보정치 종선좌표(X)	횡선차(ΔY) 보정치 횡선좌표(Y)
예11	예12	0° 00′ 00″		181° 19′ 54″	m	m
			.		448200.86	194039.95
예11	1	−3	19.5		+2.71	−51.32
		91° 41′ 32″	51.39	273° 01′ 23″	0.00	−0.01
					448203.57	193988.62
1	2	−3	16.0		+62.00	−8.96
		258° 45′ 11″	62.64	351° 46′ 31″	+0.01	0.00
					448265.58	193978.66
2	3	−3	20.4		+29.54	−39.03
		135° 20′ 34″	48.95	307° 07′ 02″	0.00	0.00
					448295.12	193940.63
3	4	−1	6.3		+145.86	−60.32
		210° 24′ 57″	157.84	337° 31′ 58″	+0.01	−0.01
					448440.99	193880.30
4	5	−4	21.0		+0.97	−47.57
		113° 38′ 22″	47.58	271° 10′ 16″	0.00	0.00
					448441.96	193832.73
5	6	−2	13.9		+10.71	−71.32
		187° 21′ 59″	72.12	278° 32′ 13″	0.00	−0.01
					448452.67	193761.40
6	7	−2	12.0		−5.40	−83.49
		167° 45′ 41″	83.66	266° 17′ 52″	0.00	−0.01
					448447.27	193677.90
7	예13	−3	19.2		−52.11	−2.91
		96° 54′ 06″	52.19	183° 11′ 55″	0.00	0.00
					448395.16	193674.99
예13	예14		(128.3)			
		266° 16′ 15″	576.37	269° 28′ 10″	.	.
$n=9$	$\Sigma\alpha=1528°08'37''$ $-180(n-1)=1440°00'00''$ $+T_1=181°19'54''$ $-T_2=269°28'10''$		.		$\Sigma\|\Delta X\|=309.30$ $\Sigma\Delta X=+194.28$ 기지$=+194.30$ $f(x)=-0.02$	$\Sigma\|\Delta Y\|=364.92$ $\Sigma\Delta Y=-364.92$ 기지$=-364.96$ $f(y)=+0.04$
	오차$=+21''$ 공차$=\pm60''$				연결오차=0.04m 공　차=±0.24m	

02 다음 배각법에 의한 지적도근점측량의 측량성과에 의해 주어진 서식으로 각 점의 좌표를 계산하시오.(단, 도선명은 "마"이고, 축척은 1000분의 1이다.)

측점	시준점	관측각	수평거리(m)	방위각	*X*좌표	*Y*좌표
보1	보2	0°00′00″		43°28′34″	461575.50	213624.17
보1	1	105°43′45″	219.79			
1	2	197°11′52″	79.76			
2	3	261°04′36″	89.45			
3	4	132°38′54″	72.19			
4	5	82°29′54″	61.32			
5	보5	237°09′15″	95.46		461104.24	213740.77
보5	보6	77°03′05″		56°49′37″		

해설 및 정답

(1) 측각오차 계산

$$\text{각 오차} = \Sigma\alpha - 180°(n-1) + T_1 - T_2$$

여기서, $\Sigma\alpha$: 관측각의 합

n : 폐색변을 포함한 변수

T_1 : 출발방위각

T_2 : 도착방위각

$\Sigma\alpha$(관측각 합)	$= 1093°21'21''$
$-180°(7-1)$	$= 1080°00'00''$
$+T_1$(출발방위각)	$= 43°28'34''$
$-T_2$(도착방위각)	$= 56°49'37''$
각 오차	$= +18''$

(2) 관측각 오차의 공차(폐색오차) 계산

$$1\text{등도선 공차} = \pm 20\sqrt{n}\text{초 이내},\ 2\text{등도선 공차} = \pm 30\sqrt{n}\text{초 이내}$$

여기서, n : 폐색변을 포함한 변수

공차 $\pm 20\sqrt{7}$초 $= \pm 52.9'' = \pm 52''$ 이내(공차는 반올림하지 않음)

(3) 수평거리 합 및 반수 계산

$$\text{반수} = \frac{1000}{L}$$

측점	시준점	수평거리(m)	반수
보1	1	219.79	$(1000 \div 219.75) = 4.5$
1	2	79.76	$(1000 \div 79.76) = 12.5$
2	3	89.45	$(1000 \div 89.45) = 11.2$
3	4	72.19	$(1000 \div 72.19) = 13.9$
4	5	61.32	$(1000 \div 61.32) = 16.3$
5	보5	95.46	$(1000 \div 95.46) = 10.5$
합계		617.97	68.9

(4) 측각 오차 배부계산

$$K = -\frac{e}{R} \times r$$

여기서, K : 각 측선에 배분할 초 단위의 각도
e : 초 단위의 오차
R : 폐색변을 포함한 각 측선장의 반수의 총합계
r : 각 측선장의 반수

$$K_1 = -\frac{18}{68.9} \times \ 4.5 \fallingdotseq -1.18 = -1$$

$$K_2 = -\frac{18}{68.9} \times 12.5 \fallingdotseq -3.27 = -3$$

$$K_3 = -\frac{18}{68.9} \times 11.2 \fallingdotseq -2.93 = -3$$

$$K_4 = -\frac{18}{68.9} \times 13.9 \fallingdotseq -3.63 = -4$$

$$K_5 = -\frac{18}{68.9} \times 16.3 \fallingdotseq -4.26 = -4$$

$$K_6 = -\frac{18}{68.9} \times 10.5 \fallingdotseq -2.74 = -3$$

소계 -18

(5) 방위각 계산

첫 번째 측선 방위각 = 기지방위각 + 보정치 + 관측각
그 외의 측선 방위각 = 전 측선의 방위각 ± 180° + 보정치 + 관측각

측점	시준점	방위각 계산	방위각
보1	보2		$=43°28'34''$
보1	1	$43°28'34''+(-1'')+105°43'45''$	$=149°12'18''$
1	2	$149°12'18''-180°+(-3'')+197°11'52''$	$=166°24'07''$
2	3	$166°24'07''-180°+(-3'')+261°04'36''$	$=247°28'40''$
3	4	$247°28'40''-180°+(-4'')+132°38'54''$	$=200°07'30''$
4	5	$200°07'30''-180°+(-4'')+82°29'54''$	$=102°37'20''$
5	보5	$102°37'20''-180°+(-3'')+237°09'15''$	$=159°46'32''$
보5	보6	$159°46'32''-180°+77°03'05''$	$=56°49'37''$

(6) 종선차(ΔX) 및 횡선차(ΔY)

종선차(ΔX) $= L \times \cos V$, 횡선차(ΔY) $= L \times \sin V$

여기서, L : 수평거리, V : 방위각

측점	시준점	종선차(ΔX)		횡선차(ΔY)	
보1	1	$219.79\times\cos 149°12'18''$	$=-188.80$	$219.79\times\sin 149°12'18''$	$=+112.53$
1	2	$79.76\times\cos 166°24'07''$	$=-77.52$	$79.76\times\sin 166°24'07''$	$=+18.75$
2	3	$89.45\times\cos 247°28'40''$	$=-34.26$	$89.45\times\sin 247°28'40''$	$=-82.63$
3	4	$72.19\times\cos 200°07'30''$	$=-67.78$	$72.19\times\sin 200°07'30''$	$=-24.84$
4	5	$61.32\times\cos 102°37'20''$	$=-13.40$	$61.32\times\sin 102°37'20''$	$=+59.84$
5	보5	$95.46\times\cos 159°46'32''$	$=-89.57$	$95.46\times\sin 159°46'32''$	$=+33.00$
절대치 합		$\Sigma\|\Delta X\|$	$=471.33$	$\Sigma\|\Delta Y\|$	$=331.59$
합		$\Sigma\Delta X$	$=-471.33$	$\Sigma\Delta Y$	$=+116.65$

(7) 종 · 횡선차 합 및 기지점 오차 계산

1) 종 · 횡선차 절대치 합 계산

$\Sigma|\Delta X|=471.33$, $\Sigma|\Delta Y|=331.59$

2) 종 · 횡선차 합 계산

$\Sigma\Delta X=(-188.80)+(-77.52)+(-34.26)+(-67.78)+(-13.40)+(-89.57)$

$=-471.33$

$\Sigma\Delta Y=112.53+18.75+(-82.63)+(-24.84)+59.84+33.00$

$=+116.65$

3) 기지 종 · 횡선차 계산

기지 종선차=도착 기지점의 X좌표－출발 기지점의 X좌표
기지 횡선차=도착 기지점의 Y좌표－출발 기지점의 Y좌표

① 기지 종선차 $=461104.24-461575.50=-471.26$

② 기지 횡선차 $=213740.77-213624.17=+116.60$

4) 종선오차, 횡선오차 계산

$$\text{기지 종선차}(f_x) = \text{종선차의 합} - \text{기지 종선차}$$
$$\text{기지 횡선차}(f_y) = \text{횡선차의 합} - \text{기지 횡선차}$$

① $f_x = (-471.33) - (-471.26) = -0.07$

② $f_y = 116.65 - 116.60 = +0.05$

(8) 연결오차 계산

$$\text{연결오차} = \sqrt{(f_x)^2 + (f_y)^2} = \sqrt{(\text{종선오차})^2 + (\text{횡선오차})^2}$$

$$\text{연결오차} = \sqrt{(-0.07)^2 + (+0.05)^2} = 0.086 = 0.09\,\text{m}$$

(9) 공차 계산

$$1\text{등도선} = M \times \frac{1}{100}\sqrt{n}\ \text{cm 이내},\ \ 2\text{등도선} = M \times \frac{1.5}{100}\sqrt{n}\ \text{cm 이내}$$

여기서, M : 축척분모

n : 각 측선의 수평거리의 총합계를 100으로 나눈 수

$$\text{공차(1등도선)} = \frac{1000 \times \sqrt{6.1797}}{100} = 24.86\text{cm} = \pm 0.24\text{m}\ (\text{공차는 반올림하지 않음})$$

(10) 종 · 횡선차에 대한 보정

$$T = -\frac{e}{L} \times l$$

여기서, T : 각 측선의 종선차 또는 횡선차에 배분할 cm 단위의 수치

e : 종선오차 또는 횡선오차

L : 종선차 또는 횡선차의 절대치의 합계

l : 각 측선의 종선차 또는 횡선차

측점	시준점	종선차(ΔX) 보정치		횡선차(ΔY) 보정치	
보1	1	$-\frac{(-7)}{471.33} \times 188.80 = 2.80$	= 3	$-\frac{(+5)}{331.59} \times 112.53 = -1.70$	= −2
1	2	$-\frac{(-7)}{471.33} \times 77.52 = 1.15$	= 1	$-\frac{(+5)}{331.59} \times 18.75 = -0.28$	= 0
2	3	$-\frac{(-7)}{471.33} \times 34.26 = 0.51$	= 1	$-\frac{(+5)}{331.59} \times 82.63 = -1.25$	= −1
3	4	$-\frac{(-7)}{471.33} \times 67.78 = 1.01$	= 1	$-\frac{(+5)}{331.59} \times 24.84 = -0.37$	= 0
4	5	$-\frac{(-7)}{471.33} \times 13.40 = 0.20$	= 0	$-\frac{(+5)}{331.59} \times 59.84 = -0.90$	= −1
5	보5	$-\frac{(-7)}{471.33} \times 89.57 = 1.33$	= 1	$-\frac{(+5)}{331.59} \times 33.00 = -0.50$	= 0 → −1
합계		+7	+7	−4	− 5

Point

- f_x가 -0.07m이므로 종선차 보정치의 합이 $+0.07$m가 되어야 한다.
- f_y가 $+0.05$m이므로 횡선차 보정치의 합이 -0.05m가 되도록 반올림하지 않은 값 중 가장 큰 값을 반올림한다.

(11) 종 · 횡선좌표 계산

$$종선좌표(x_2)= x_1+ \Delta x_1 + T_{x1},\ 횡선좌표(y_2)= y_1+ \Delta y_1 + T_{y1}$$

여기서, Δx : 종선차
Δy : 횡선차
T : 보정치

측점	시준점	종선좌표		횡선좌표	
보1	1	461575.50+(−188.80)+0.03	=461386.73	213624.17+112.53+(−0.02)	=213736.68
1	2	461386.73+(−77.52)+0.01	=461309.22	213736.68+18.75+0.00	=213755.43
2	3	461309.22+(−34.26)+0.01	=461274.97	213755.43+(−82.63)+(−0.01)	=213672.79
3	4	461274.97+(−67.78)+0.01	=461207.20	213672.79+(−24.84)+0.00	=213647.95
4	5	461207.20+(−13.40)+0.00	=461193.80	213647.95+59.84+(−0.01)	=213707.78
5	보5	461193.80+(−89.57)+0.01	=461104.24	213707.78+33.00+(−0.01)	=213740.77

도 근 측 량 계 산 부(배각법)

측점 "마" 1/1000	시준점	보정치 관측각	반수 수평거리	방위각	종선차(ΔX) 보정치 종선좌표(X)	횡선차(ΔY) 보정치 횡선좌표(Y)
				° ′ ″	m	m
보1	보2	0° 00′ 00″		43 28 34	 461575.50	 213624.17
보1	1	− 1 105 43 45	4.5 219.79	149 12 18	−188 80 +0 03 461386.73	+112 53 −0 02 213736.68
1	2	− 3 197 11 52	12.5 79.76	166 24 07	−77 52 +0 01 461309.22	+18 75 0 00 213755.43
2	3	− 3 261 04 36	11.2 89.45	247 28 40	−34 26 +0 01 461274.97	−82 63 −0 01 213672.79
3	4	− 4 132 38 54	13.9 72.19	200 07 30	−67 78 +0 01 461207.20	−24 84 0 00 213647.95
4	5	− 4 82 29 54	16.3 61.32	102 37 20	−13 40 +0 00 461193.80	+59 84 −0 01 213707.78
5	보5	− 3 237 09 15	10.5 95.46	159 46 32	−89 57 +0 01 461104.24	+33 00 −0 01 213740.77
보5	보6	77 03 05		56 49 37		
			(68.9) (617.97)			
계 $n=7$	$\Sigma\alpha = 1093°21'21''$ $-180(n-1) = 1080°00'00''$ $+T_1 = 43°28'34''$ $-T_2 = 56°49'37''$				$\Sigma\lvert\Delta X\rvert = 471.33$ $\Sigma\Delta X = -471.33$ 기지$= -471.26$ $f_x = -0.07$	$\Sigma\lvert\Delta Y\rvert = 331.59$ $\Sigma\Delta Y = +116.65$ 기지$= +116.60$ $f_y = +0.05$
	오차$= +18''$ 공차$= \pm 52''$				연결오차$=0.09$m 공차$= \pm 0.24$m	

03 다음 방위각법에 의한 지적도근점측량의 측량성과에 의해 주어진 서식으로 각 점의 좌표를 계산하시오.(단, 도선명은 "가"이고, 축척은 1200분의 1이다.)

측점	시준점	방위각	수평거리(m)	개정방위각	종선좌표	횡선좌표
보1	보2	43°28′		43°28′	461575.50	193624.17
보1	1	30°45′	111.79			
1	2	120°55′	79.76			
2	3	155°43′	89.45			
3	4	89°27′	72.19			
4	5	110°27′	61.32			
5	6	96°21′	95.47			
6	7	125°52′	72.19			
7	보3	48°23′	95.46		461538.91	194140.92
보3	보4	33°13′		33°11′		

해설 및 정답

(1) 측각오차 계산

각 오차 = 도착 관측방위각 − 도착 기지방위각

측각오차 $= 33°13' - 33°11' = +2'$

(2) 관측각 오차의 공차(폐색오차) 계산

1등도선 공차 $= \pm\sqrt{n}$ 분 이내, 2등도선 공차 $= \pm 1.5\sqrt{n}$ 분 이내

여기서, n : 폐색변을 포함한 변수

1등도선의 측각공차 $= \pm\sqrt{n}$ 분 $= \pm\sqrt{9}$ 분 $= \pm 3'$

(3) 측각오차 보정치 계산

$$K_n = -\frac{e}{S} \times s$$

여기서, K_n : 각 측선에 순서대로 배분할 분 단위의 각도
e : 분 단위의 오차
S : 폐색변을 포함한 변의 수
s : 각 측선의 순서

$$K_1 = -\frac{2}{9} \times 1 \fallingdotseq -0.22 = 0$$

$$K_2 = -\frac{2}{9} \times 2 \fallingdotseq -0.44 = 0$$

$$K_3 = -\frac{2}{9} \times 3 \fallingdotseq -0.67 = -1$$

$$K_4 = -\frac{2}{9} \times 4 \fallingdotseq -0.89 = -1$$

$$K_5 = -\frac{2}{9} \times 5 \fallingdotseq -1.11 = -1$$

$$K_6 = -\frac{2}{9} \times 6 \fallingdotseq -1.33 = -1$$

$$K_7 = -\frac{2}{9} \times 7 \fallingdotseq -1.56 = -2$$

$$K_8 = -\frac{2}{9} \times 8 \fallingdotseq -1.78 = -2$$

$$K_9 = -\frac{2}{9} \times 9 \fallingdotseq -2.00 = -2$$

(4) 개정방위각 계산

개정방위각＝관측방위각＋보정치

① 출발 기지방위각 43°28′에서 관측방위각과 보정치를 합하여 다음 측선의 개정방위각 산출
② 마지막 측선에서 관측방위각과 보정치를 합한 개정방위각이 도착 기지방위각과 같아야 함

측점	시준점	개정방위각 계산	개정방위각
보1	보2		＝43°28′
보1	1	30°45′＋(0′)	＝30°45′
1	2	120°55′＋(0′)	＝120°55′
2	3	155°43′＋(－1′)	＝155°42′
3	4	89°27′＋(－1′)	＝89°26′
4	5	110°27′＋(－1′)	＝110°26′
5	6	96°21′＋(－1′)	＝96°20′
6	7	125°52′＋(－2′)	＝125°50′
7	보3	48°23′＋(－2′)	＝48°21′
보3	보4	33°13′＋(－2′)	＝33°11′

(5) 종선차(ΔX) 및 횡선차(ΔY)

종선차(ΔX) $= L \times \cos V$, 횡선차(ΔY) $= L \times \sin V$

여기서, L : 수평거리, V : 방위각

측점	시준점	종선차(ΔX)		횡선차(ΔY)	
보1	1	111.79×cos30°45′	＝+96.07	111.79×sin30°45′	＝+57.16
1	2	79.76×cos120°55′	＝−40.98	79.76×sin120°55′	＝+68.43
2	3	89.45×cos155°42′	＝−81.53	89.45×sin155°42′	＝+36.81
3	4	72.19×cos89°26′	＝+0.71	72.19×sin89°26′	＝+72.19
4	5	61.32×cos110°26′	＝−21.41	61.32×sin110°26′	＝+57.46
5	6	95.47×cos96°20′	＝−10.53	95.47×sin96°20′	＝+94.89
6	7	72.19×cos125°50′	＝−42.26	72.19×sin125°50′	＝+58.53
7	보3	95.46×cos48°21′	＝+63.44	95.46×sin48°21′	＝+71.33
합계		$\Sigma\Delta X$	＝−36.49	$\Sigma\Delta Y$	＝+516.80

(6) 종 · 횡선차 합 및 기지점 오차 계산

1) 종 · 횡선차 합 계산

$$\sum \Delta X = 96.07 + (-40.98) + (-81.53) + 0.71 + (-21.41) + (-10.53) + (-42.26) + 63.44 = -36.49$$

$$\sum \Delta Y = 57.16 + 68.43 + 36.81 + 72.19 + 57.46 + 94.89 + 58.53 + 71.33 = +516.80$$

2) 기지점 오차 계산

> 기지 종선차 = 도착 기지점의 X좌표 − 출발 기지점의 X좌표
> 기지 횡선차 = 도착 기지점의 Y좌표 − 출발 기지점의 Y좌표

① 종선좌표 $= 461538.91 - 461575.50 = -36.59$

② 횡선좌표 $= 194140.92 - 193624.17 = +516.75$

3) 종선오차, 횡선오차 계산

> 기지 종선차(f_x) = 종선차의 합 − 기지 종선차
> 기지 횡선차(f_y) = 횡선차의 합 − 기지 횡선차

① $f_x = (-36.49) - (-36.59) = +0.10$

② $f_y = 516.80 - 516.75 = +0.05$

(7) 연결오차 계산

$$\text{연결오차} = \sqrt{(f_x)^2 + (f_y)^2} = \sqrt{(\text{종선오차})^2 + (\text{횡선오차})^2}$$

$$\text{연결오차} = \sqrt{(+0.10)^2 + (+0.05)^2} = 0.112 = 0.11\,\text{m}$$

(8) 공차 계산

$$\text{1등도선} = M \times \frac{1}{100}\sqrt{n}\ \text{cm 이내}, \quad \text{2등도선} = M \times \frac{1.5}{100}\sqrt{n}\ \text{cm 이내}$$

여기서, M : 축척분모
n : 각 측선의 수평거리의 총합계를 100으로 나눈 수

$$\text{공차(1등도선)} = \frac{1200 \times \sqrt{6.7763}}{100} = 31.24\text{cm} = \pm 0.31\text{m}$$

(9) 종 · 횡선차에 대한 보정

$$C = -\frac{e}{L} \times l$$

여기서, C : 각 측선의 종선차 또는 횡선차에 배분할 cm 단위의 수치
e : 종선오차 또는 횡선오차
L : 각 측선장의 총합계
l : 각 측선의 측선장

측점	시준점	종선차(ΔX) 보정치		횡선차(ΔY) 보정치	
보1	1	$-\frac{10}{677.63}\times 111.79=-1.65$	$=-2$	$-\frac{5}{677.63}\times 111.79=-0.82$	$=-1$
1	2	$-\frac{10}{677.63}\times 79.76=-1.18$	$=-1$	$-\frac{5}{677.63}\times 79.76=-0.59$	$=-1$
2	3	$-\frac{10}{677.63}\times 89.45=-1.32$	$=-1$	$-\frac{5}{677.63}\times 89.45=-0.66$	$=-1$
3	4	$-\frac{10}{677.63}\times 72.19=-1.07$	$=-1$	$-\frac{5}{677.63}\times 72.19=-0.53$	$=-1\rightarrow 0$
4	5	$-\frac{10}{677.63}\times 61.32=-0.90$	$=-1$	$-\frac{5}{677.63}\times 61.32=-0.45$	$=0$
5	6	$-\frac{10}{677.63}\times 95.47=-1.41$	$=-1\rightarrow -2$	$-\frac{5}{677.63}\times 95.47=-0.70$	$=-1$
6	7	$-\frac{10}{677.63}\times 72.19=-1.07$	$=-1$	$-\frac{5}{677.63}\times 72.19=-0.53$	$=-1\rightarrow 0$
7	보3	$-\frac{10}{677.63}\times 95.46=-1.41$	$=-1$	$-\frac{5}{677.63}\times 95.46=-0.70$	$=-1$
합계		−9	−10	−7	−5

Point

- f_x가 +0.10m이므로 종선차 보정치의 합이 −0.10m가 되도록 반올림하지 않은 값 중 가장 큰 값을 반올림한다.
- f_y가 +0.05m이므로 횡선차 보정치의 합이 −0.05m가 되도록 반올림한 값 중 작은 값을 찾아 내린다.

(10) 종 · 횡선좌표 계산

$$\text{종선좌표}(x_2) = x_1 + \Delta x_1 + T_{x1},\ \text{횡선좌표}(y_2) = y_1 + \Delta y_1 + T_{y1}$$

여기서, Δx : 종선차, Δy : 횡선차, T : 보정치

측점	시준점	종선좌표		횡선좌표	
보1	1	461575.50+96.07+(−0.02)	=461671.55	193624.17+57.16+(−0.01)	=193681.32
1	2	461671.55+(−40.98)+(−0.01)	=461630.56	193681.32+68.43+(−0.01)	=193749.74
2	3	461630.56+(−81.53)+(−0.01)	=461549.02	193749.74+36.81+(−0.01)	=193786.54
3	4	461549.02+0.71+(−0.01)	=461549.72	193786.54+72.19+0.00	=193858.73
4	5	461549.72+(−21.41)+(−0.01)	=461528.30	193858.73+57.46+0.00	=193916.19
5	6	461528.30+(−10.53)+(−0.02)	=461517.75	193916.19+94.89+(−0.01)	=194011.07
6	7	461517.75+(−42.26)+(−0.01)	=461475.48	194011.07+58.53+0.00	=194069.60
7	보3	461475.48+63.44+(−0.01)	=461538.91	194069.60+71.33+(−0.01)	=194140.92

지 적 도 근 측 량 계 산 부(방위각법)

측점 "가" 1/1200	시준점	보정치 방위각	수평거리	개정방위각	종선차(ΔX) 보정치 종선좌표(X)	횡선차(ΔY) 보정치 횡선좌표(Y)
보1	보2	43° 28′	m .	43° 28′	m 461575.50	m 193624.17
보1	1	0 30 45	111.79	30 45	+96.07 −0.02 461671.55	+57.16 −0.01 193681.32
1	2	0 120 55	79.76	120 55	−40.98 −0.01 461630.56	+68.43 −0.01 193749.74
2	3	−1 155 43	89.45	155 42	−81.53 −0.01 461549.02	+36.81 −0.01 193786.54
3	4	−1 89 27	72.19	89 26	+0.71 −0.01 461549.72	+72.19 0.00 193858.73
4	5	−1 110 27	61.32	110 26	−21.41 −0.01 461528.30	+57.46 0.00 193916.19
5	6	−1 96 21	95.47	96 20	−10.53 −0.02 461517.75	+94.89 −0.01 194011.07
6	7	−2 125 52	72.19	125 50	−42.26 −0.01 461475.48	+58.53 0.00 194069.60
7	보3	−2 48 23	95.46	48 21	+63.44 −0.01 461538.91	+71.33 −0.01 194140.92
보3	보4	−2 33 13	.	33 11	$\Sigma\Delta X$= −36.49 기지= −36.59 f_x = +0.10	$\Sigma\Delta Y$= +516.80 기지= +516.75 f_y = +0.05
계	$n=9$	오차= +2′ 공차= ±3′	m (677.63)		연결오차=0.11m 공차= ±0.31m	

CHAPTER

04 세부측량

CADASTRAL SURVEYING

01 개요

지적측량은 지적기준점을 정하기 위한 기초측량과 1필지의 경계와 면적을 정하는 세부측량으로 구분되며 세부측량은 지적측량성과를 검사하는 경우, 토지이동(신규등록 · 등록전환 · 토지분할 · 축척변경 · 등록사항정정 등)을 하는 경우, 경계점을 지상에 복원하는 경우에 시행한다.

02 핵심 이론

1. 세부측량의 기준 및 방법

(1) 평판측량방법에 따른 세부측량

① 거리측정단위는 지적도를 갖춰 두는 지역에서는 5센티미터로 하고, 임야도를 갖춰 두는 지역에서는 50센티미터로 한다.

② 측량결과도는 그 토지가 등록된 도면과 동일한 축척으로 작성한다.

③ 세부측량의 기준이 되는 위성기준점, 통합기준점, 삼각점, 지적삼각점, 지적삼각보조점, 지적도근점 및 기지점이 부족한 경우에는 측량상 필요한 위치에 보조점을 설치하여 활용한다.

④ 경계점은 기지점을 기준으로 하여 지상경계선과 도상경계선의 부합 여부를 현형법 · 도상원호교회법 · 지상원호교회법 또는 거리비교확인법 등으로 확인하여 정한다.

(2) 평판측량방법에 따른 세부측량을 교회법으로 하는 경우

① 전방교회법 또는 측방교회법에 따른다.

② 3방향 이상의 교회에 따른다.

③ 방향각의 교각은 30도 이상 150도 이하로 한다.

④ 방향선의 도상길이는 측판의 방위표정에 사용한 방향선의 도상길이 이하로서 10센티미터 이하로 한다. 다만, 광파조준의 또는 광파측거기를 사용하는 경우에는 30센티미터 이하로 할 수 있다.

⑤ 측량결과 시오삼각형이 생긴 경우 내접원의 지름이 1밀리미터 이하일 때에는 그 중심을 점의 위치로 한다.

(3) 평판측량방법에 따른 세부측량을 도선법으로 하는 경우

① 위성기준점, 통합기준점, 삼각점, 지적삼각점, 지적삼각보조점 및 지적도근점, 그 밖에 명확한 기지점 사이를 서로 연결한다.

② 도선의 측선장은 도상길이 8센티미터 이하로 할 것. 다만, 광파조준의 또는 광파측거기를 사용할 때에는 30센티미터 이하로 할 수 있다.

③ 도선의 변은 20개 이하로 한다.

④ 도선의 폐색오차가 도상길이 $\frac{\sqrt{N}}{3}\text{mm}$ 이하인 경우 그 오차는 다음의 계산식에 따라 이를 각 점에 배분하여 그 점의 위치로 한다.

$$M_n = \frac{e}{N} \times n$$

여기서, M_n : 각 점에 순서대로 배분할 밀리미터 단위의 도상길이
e : 밀리미터 단위의 오차
N : 변의 수
n은 변의 순서

(4) 평판측량방법에 따른 세부측량을 방사법으로 하는 경우

1방향선의 도상길이는 10센티미터 이하로 한다. 다만, 광파조준의 또는 광파측거기를 사용할 때에는 30센티미터 이하로 할 수 있다.

2. 교차점 계산

(1) 의의

경계점좌표등록부가 작성된 지역에서 분할측량 및 지적확정측량을 실시하는 경우 2개의 직선이 서로 교차할 때 교차점의 위치를 결정하기 위해 교차점 계산이 이용된다.

(2) 기본이론

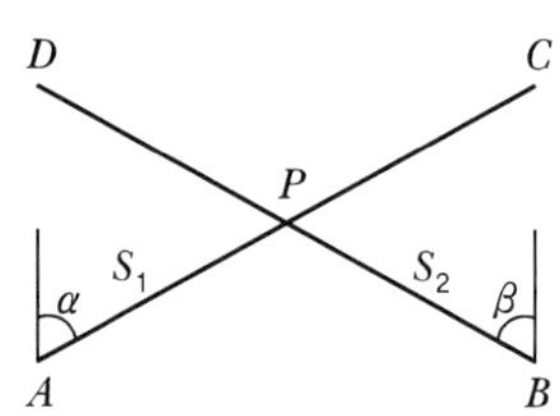

(3) 교차점(P)의 좌표 계산

A점으로부터 P점의 좌표	B점으로부터 P점의 좌표
$X_P = X_A + (S_1 \times \cos\alpha)$ $Y_P = Y_A + (S_1 \times \sin\alpha)$	$X_P = X_B + (S_2 \times \cos\beta)$ $Y_P = Y_B + (S_2 \times \sin\beta)$

P점은 같은 점이므로

$$X_A + (S_1 \times \cos\alpha) = X_B + (S_2 \times \cos\beta)$$

$$Y_A + (S_1 \times \sin\alpha) = Y_B + (S_2 \times \sin\beta)$$ 이고

S_1과 S_2에 대해서 풀면

$$(S_1 \times \cos\alpha) - (S_2 \times \cos\beta) = (X_B - X_A) = \Delta x$$

$$(S_1 \times \sin\alpha) - (S_2 \times \sin\beta) = (Y_B - Y_A) = \Delta y \quad \cdots\cdots\cdots\cdots ⓐ$$

ⓐ식에 $\sin\beta$와 $\cos\beta$를 곱하고 Δy에서 Δx를 빼면

$$(S_1 \times \sin\alpha \times \cos\beta) - (S_2 \times \sin\beta \times \cos\beta) = \Delta y \times \cos\beta$$

$$-)\ (S_1 \times \cos\alpha \times \sin\beta) - (S_2 \times \cos\beta \times \sin\beta) = \Delta x \times \sin\beta$$

$$S_1 (\sin\alpha \times \cos\beta - \cos\alpha \times \sin\beta) = \Delta y \times \cos\beta - \Delta x \times \sin\beta$$

$$S_1 = \frac{\Delta y \times \cos\beta - \Delta x \times \sin\beta}{\sin\alpha \times \cos\beta - \cos\alpha \times \sin\beta}$$

ⓐ식에 따른 $\sin\alpha$와 $\cos\alpha$를 곱하고, Δy에서 Δx를 빼면

$$S_2 = \frac{\Delta y \times \cos\alpha - \Delta x \times \sin\alpha}{\sin\alpha \times \cos\beta - \sin\beta \times \cos\alpha}$$

삼각함수 덧셈공식에 따라

$$S_1 = \frac{\Delta y \times \cos\beta - \Delta x \times \sin\beta}{\sin(\alpha - \beta)}, \quad S_2 = \frac{\Delta y \times \cos\alpha - \Delta x \times \sin\alpha}{\sin(\alpha - \beta)}$$

(4) 교차점 계산 순서

방위각 계산

⬇

$(\alpha-\beta)$ 계산

⬇

A점에서 소구점 P 계산

⬇

S_1과 S_2 계산

⬇

B점에서 소구점 P 계산

⬇

결정좌표

1) 방위각 계산

$A\rightarrow B$ 방위각	$B\rightarrow D$ 방위각	$A\rightarrow C$ 방위각
$\Delta x_a{}^b = X_B - X_A$(종선차) $\Delta y_a{}^b = Y_B - Y_A$(횡선차)	$\Delta x_b{}^d = X_D - X_B$(종선차) $\Delta y_b{}^d = Y_D - Y_B$(횡선차)	$\Delta x_a{}^c = X_C - X_A$(종선차) $\Delta y_a{}^c = Y_C - Y_A$(횡선차)
$\theta=\tan^{-1}\dfrac{\Delta y_a{}^b}{\Delta x_a{}^b}$ 부호에 따라 방위각 결정	$\theta=\tan^{-1}\dfrac{\Delta y_b{}^d}{\Delta x_b{}^d}$ 부호에 따라 방위각 결정	$\theta=\tan^{-1}\dfrac{\Delta y_a{}^c}{\Delta x_a{}^c}$ 부호에 따라 방위각 결정

2) $(\alpha-\beta)$ 계산

$(A\rightarrow C$ 방위각$)-(B\rightarrow D$ 방위각$)$

3) S_1과 S_2 계산

S_1 계산	S_2 계산
$S_1=\dfrac{\Delta y\times\cos\beta-\Delta x\times\sin\beta}{\sin(\alpha-\beta)}$	$S_2=\dfrac{\Delta y\times\cos\alpha-\Delta x\times\sin\alpha}{\sin(\alpha-\beta)}$

4) P점 좌표 계산

A점으로부터 P점의 좌표	B점으로부터 P점의 좌표
$X_P = X_A + (S_1\times\cos\alpha)$ $Y_P = Y_A + (S_1\times\sin\alpha)$	$X_P = X_B + (S_2\times\cos\beta)$ $Y_P = Y_B + (S_2\times\sin\beta)$

5) P점의 결정좌표

P점의 X좌표	P점의 Y좌표
$X_P = \dfrac{X_{P_1} + X_{P_2}}{2}$	$Y_P = \dfrac{Y_{P_1} + Y_{P_2}}{2}$

Example 01

경계선 $\overline{AC}$와 $\overline{BD}$가 교차하는 점을 P라 할 때 $\overline{AP}$와 $\overline{BP}$의 길이를 계산하시오.(단, 계산은 반올림하여 각도는 $0.1''$ 단위까지, $\overline{AP}$, $\overline{BP}$의 거리는 소수 4자리까지 계산하시오.)

부호	종선좌표(X)	횡선좌표(Y)
D	4562.75m	3512.76m
B	4508.21m	3689.83m
C	4566.88m	3675.33m
A	4511.76m	3525.60m

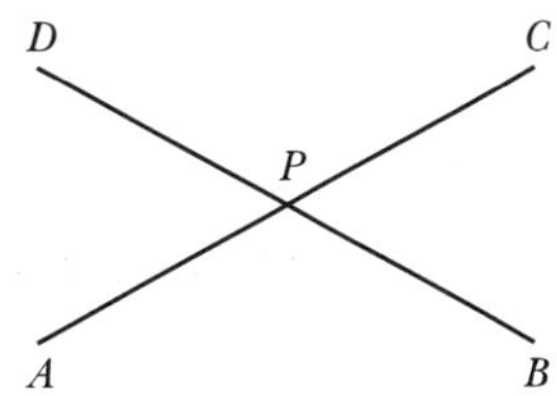

해설 및 정답

(1) 방위각 계산

① $V_a{}^c$ 방위각 계산(α)

$\Delta x_a{}^c = 4566.88 - 4511.76 = +55.12\text{m}$, $\Delta y_a{}^c = 3675.33 - 3525.60 = +149.73\text{m}$

$$\theta = \tan^{-1}\frac{\Delta y}{\Delta x} = \tan^{-1}\frac{+149.73}{+55.12} = 69°47'23.5''(\text{I 상한})$$

$V_a{}^c = \theta = 69°47'23.5''$

② $V_b{}^d$ 방위각 계산(β)

$\Delta x_b{}^d = 4562.75 - 4508.21 = +54.54\text{m}$, $\Delta y_b{}^d = 3512.76 - 3689.83 = -177.07\text{m}$

$$\theta = \tan^{-1}\frac{\Delta y}{\Delta x} = \tan^{-1}\frac{-177.07}{+54.54} = 72°52'49.6''(\text{IV 상한})$$

$V_b{}^d = 360° - \theta = 360° - 72°52'49.6'' = 287°07'10.4''$

③ $V_a{}^b$ 방위각 계산

$\Delta x_a{}^b = 4508.21 - 4511.76 = -3.55\text{m}$, $\Delta y_a{}^b = 3689.83 - 3525.60 = +164.23\text{m}$

$$\theta = \tan^{-1}\frac{\Delta y}{\Delta x} = \tan^{-1}\frac{+164.23}{-3.55} = 88°45'42.1''(\text{II 상한})$$

$V_a{}^b = 180° - \theta = 180° - 88°45'42.1'' = 91°14'17.9''$

④ $\alpha - \beta$ 계산

$\alpha - \beta = 69°47'23.5'' - 287°07'10.4'' = -217°19'46.9'' + 360° = 142°40'13.1''$

(2) $\overline{AP}$, $\overline{BP}$ 의 거리 계산

$$S_1 = \frac{\Delta y_a{}^b \cos\beta - \Delta x_a{}^b \sin\beta}{\sin(\alpha-\beta)}, \quad S_2 = \frac{\Delta y_a{}^b \cos\alpha - \Delta x_a{}^b \sin\alpha}{\sin(\alpha-\beta)}$$

① $\overline{AP}(S_1) = \frac{(164.23 \times \cos 287°07'10.4'') - (-3.55 \times \sin 287°07'10.4'')}{\sin 142°40'13.1''} = 74.1277\text{m}$

② $\overline{BP}(S_2) = \frac{(164.23 \times \cos 69°47'23.5'') - (-3.55 \times \sin 69°47'23.5'')}{\sin 142°40'13.1''} = 99.0550\text{m}$

3. 원과 직선의 교차점 계산

(1) 의의

곡선과 직선도로가 교차하는 부분에 중심점을 설치하기 위해 방위각과 좌표를 이용하여 원과 직선의 교차점의 좌표를 계산한다.

(2) 기본이론

원의 중심점 O점과 반지름을 알고, 기지점 P에서 원과 교차점 A까지의 방위각을 관측하여 교차점의 좌표를 구할 수 있다.

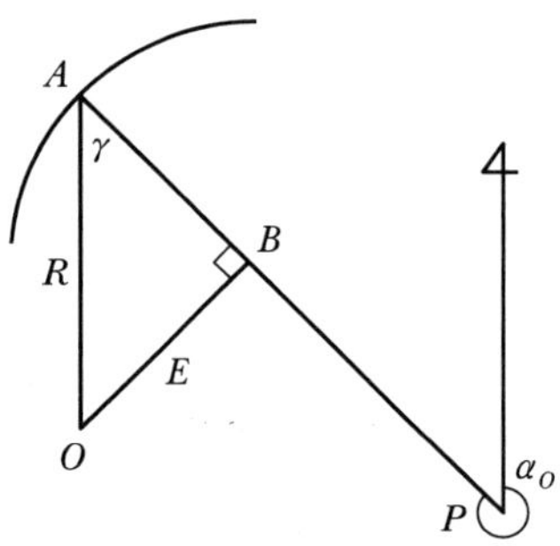

A : 원과 직선의 교차점
O : 원의 중심점
R : 원의 반지름
E : 수선장
P : 기지점

1) $\overline{OP}$ 측선에서 Δx와 Δy 계산

$$\Delta x = X_P - X_O, \ \Delta y = Y_P - Y_O$$

2) 수선장 E 계산

$$E = \Delta y \cdot \cos\alpha - \Delta x \cdot \sin\alpha$$

3) γ 각 계산

$$\sin\gamma = \frac{E}{R} \text{ 에 의하여 } \gamma = \sin^{-1}\frac{E}{R}$$

4) 방위각(V_O^A) 계산

$$V_O^A = V_P^A + \gamma$$

5) A점의 좌표계산

$$X_A = X_O + (R \times \cos V_O^A)$$

$$Y_A = Y_O + (R \times \sin V_O^A)$$

Example 02

다음 원과 직선의 교차점 Q의 좌표를 계산하시오.(단, 각도는 초 단위까지, E의 거리는 소수 4자리, 좌표는 cm까지 계산하시오.)

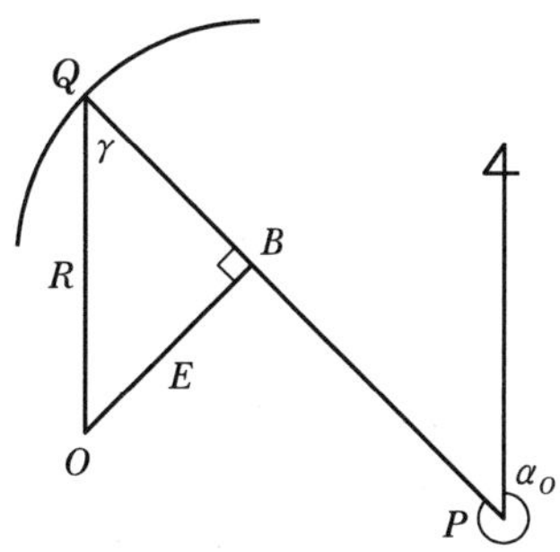

구분	X	Y
O점	4631.33m	6379.56m
P점	4655.10m	6427.85m

$V_P^Q = \alpha_O = 278°26'56''$

$R = 88.77$m

해설 및 정답

(1) $\overline{OP}$측선의 ΔX, ΔY 계산

① $\Delta X = 4655.10 - 4631.33 = +23.77$m

② $\Delta Y = 6427.85 - 6379.56 = +48.29$m

(2) 수선장(E) 계산

$$E = \Delta y \cdot \cos\alpha - \Delta x \cdot \sin\alpha$$

$E = (48.29 \times \cos 278°26'56'') - (23.77 \times \sin 278°26'56'') = 30.6071$m

(3) γ 계산

$$\gamma = \sin^{-1}\left(\frac{E}{R}\right) = \sin^{-1}\left(\frac{30.6071}{88.77}\right) = 20°10'09''$$

(4) V_O^Q 방위각 계산

$$V_O^Q = V_P^Q + \gamma = 278°26'56'' + 20°10'09'' = 298°37'05''$$

(5) Q의 좌표 계산

① $X_Q = X_O + (R\times \cos V_O^Q) = 4631.33 + (88.77\times\cos 298°37'05'') = 4673.85\text{m}$

② $Y_Q = Y_O + (R\times \sin V_O^Q) = 6379.56 + (88.77\times\sin 298°37'05'') = 6301.63\text{m}$

4. 가구점 계산

(1) 의의

가구점 계산이란 사업계획서에서 설계된 중심점 및 가구점에 대하여 위치, 거리 및 방위각을 계산하는 작업을 말하며 가구점 계산은 중심점을 기준으로 가구점의 좌표를 구하고, 가구점 간의 거리 및 방위각을 구한다.

(2) 기본이론

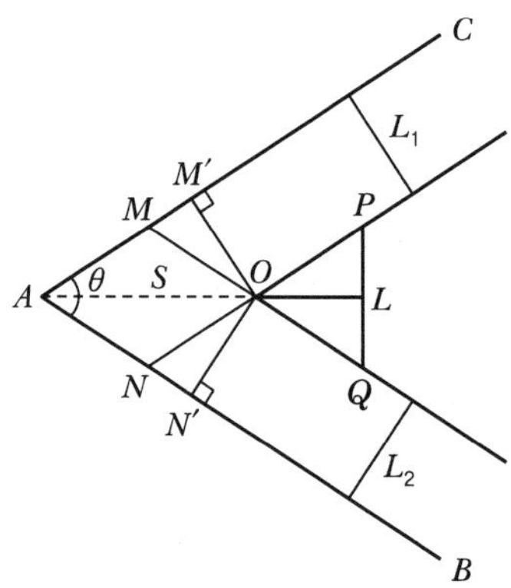

A, B, C : 가로중심점
O : 가구정점
P, Q : 가구점
L : 가구점 간 거리
$\overline{OP}, \overline{OQ}$: 전제장

1) θ 계산

$$\theta = V_A^B - V_A^C$$

2) 전제장($\overline{OP} = \overline{OQ} = l$) 계산

$$\sin\frac{\theta}{2} = \frac{\frac{L}{2}}{l} \text{에서, } l = \frac{\frac{L}{2}}{\sin\frac{\theta}{2}}$$

$$l = \frac{L}{2\times\sin\frac{\theta}{2}} = \frac{L}{2}\times\operatorname{cosec}\frac{\theta}{2}$$

3) $\overline{AM} = \overline{NO}$ 의 길이 계산

$$\sin\theta = \frac{L_2}{\overline{NO}} \text{ 이며 } \overline{NO} = \frac{L_2}{\sin\theta}$$

4) $\overline{MO}$의 길이 계산

$$\sin\theta = \frac{L_1}{\overline{MO}} \text{ 이며 } \overline{MO} = \frac{L_1}{\sin\theta}$$

5) $\overline{MM'}$ 의 길이 계산

$$\overline{MM'} = \sqrt{\overline{MO}^2 - L_1^2}$$

$$\text{또는 } \tan\theta = \frac{L_1}{\overline{MM'}} \text{ 에서 } \overline{MM'} = \frac{1}{\tan\theta} \times L_1$$

6) $\overline{AM'}$의 길이 계산

$$\overline{AM'} = \overline{AM} + \overline{MM'}$$

7) $\overline{AO}$의 길이 계산

$$\overline{AO} = \sqrt{(\overline{AM'})^2 + (L)^2}$$

8) A에서 O까지 방위각 계산

$$\angle M'AO = \sin^{-1}\left(\frac{L_1}{S}\right)$$

$$V_A^O = V_A^C + \angle M'AO$$

9) O점의 좌표

$$X_O = X_A + (S \times \cos V_A^O)$$

$$Y_O = Y_A + (S \times \sin V_A^O)$$

10) P점의 좌표

$$X_P = X_O + \left(\overline{OP} \times \cos V_A^C\right)$$

$$Y_P = Y_O + \left(\overline{OP} \times \sin V_A^C\right)$$

11) Q점의 좌표

$$X_Q = X_O + \left(\overline{OQ} \times \cos V_A^B\right)$$
$$Y_Q = Y_O + \left(\overline{OQ} \times \sin V_A^B\right)$$

12) 전제면적 계산

$$A = \left(\frac{L}{2}\right)^2 \times \cot\frac{\theta}{2}$$

Example 03

다음 그림의 $\angle AOB$가 93°15′30″, $\overline{AB}$ 길이가 10.00m일 때 전제장(l) 및 전제면적(A)을 구하시오.(단, 거리 및 면적은 소수 3자리까지 계산하시오.)

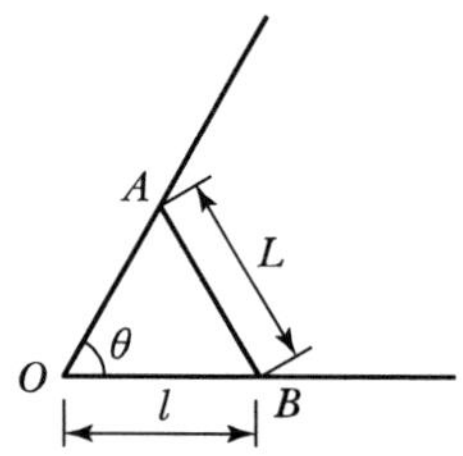

해설 및 정답

(1) 전제장

$$l = \frac{L}{2} \times \mathrm{cosec}\frac{\theta}{2}$$

$$l = \frac{10}{2} \times \mathrm{cosec}\frac{93°15'30''}{2} = \frac{5}{\sin\left(\frac{93°15'30''}{2}\right)} = 6.878\mathrm{m}$$

(2) 전제면적

$$A = \left(\frac{L}{2}\right)^2 \times \cot\frac{\theta}{2}$$

$$\text{전제면적}(A) = \left(\frac{10.00}{2}\right)^2 \times \cot\frac{93°15'30''}{2} = \frac{25}{\tan\left(\frac{93°15'30''}{2}\right)} = 23.617\mathrm{m}^2$$

Example 04

다음 그림에서 $\theta = 78°45'30''$이고 가구변장(우절장) $L = 10.00\text{m}$일 때 전제장(l) 및 전제면적을 구하시오.(단, 거리 및 면적은 소수 3자리까지 계산하시오.)

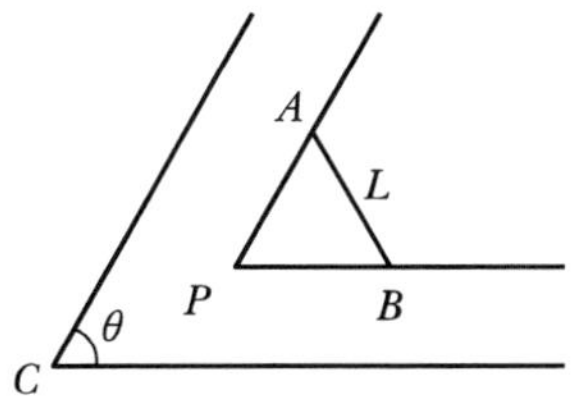

해설 및 정답

(1) 전제장

$$l = \frac{L}{2} \times \text{cosec}\frac{\theta}{2}$$

$$l = \frac{10}{2} \times \text{cosec}\frac{78°45'30''}{2} = \frac{5}{\sin\left(\frac{78°45'30''}{2}\right)} = 7.881\text{m}$$

(2) 전제면적

$$A = \left(\frac{L}{2}\right)^2 \times \cot\frac{\theta}{2}$$

$$\text{전제면적}(A) = \left(\frac{10.00}{2}\right)^2 \times \cot\frac{78°45'30''}{2} = \frac{25}{\tan\left(\frac{78°45'30''}{2}\right)} = 30.458\text{m}^2$$

5. 경계정정

(1) 의의

지적공부의 등록사항에 잘못이 있음이 발견되면 토지소유자의 신청 또는 지적소관청이 직권으로 조사 · 측량하여 지적공부의 등록사항을 정정할 수 있다.

(2) 기본이론

1) 경계정정의 유형

구분	$\overline{AD} /\!/ \overline{BC}$	$\overline{AD} \nparallel \overline{BC}$
①	$\overline{AD}$ 상의 P점 고정	$\overline{AD}$ 상의 P점 고정
②	$\angle PQB=\phi$일 때	$\angle PQB=\phi$일 때
③	$\angle PQB=90°$일 때	$\angle PQB=90°$일 때
④	$\overline{PQ} /\!/ \overline{DC}$	$\overline{PQ} /\!/ \overline{DC}$

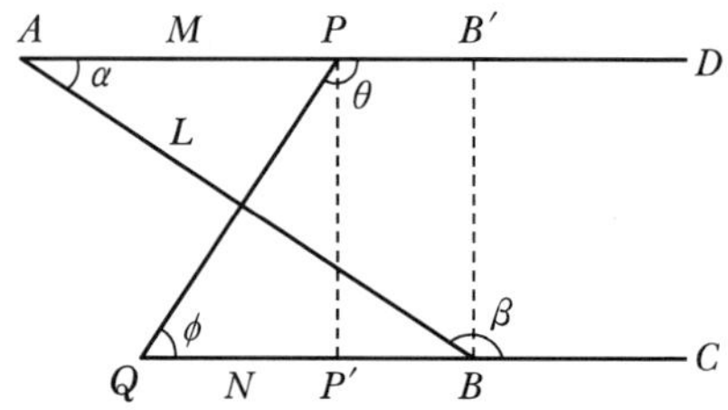

2) $\overline{AD} /\!/ \overline{BC}$인 경우

① $\overline{AD}$ 상의 P점 고정

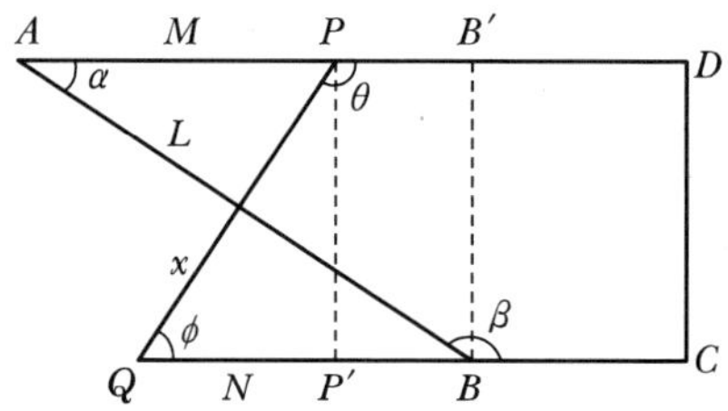

$\triangle ABB'$면적$=\square PQBB'$면적

$$\frac{1}{2}(\overline{AB'}\times\overline{BB'})=\frac{1}{2}(\overline{QB}+\overline{PB'})\times\overline{BB'}$$

$$\overline{AB'}=\overline{QB}+\overline{PB'}$$

$$L\cdot\cos\alpha=N+(L\cdot\cos\alpha-M)$$

$\therefore\ M=N$($M=N$이 같은 거리가 되도록 Q점을 계산한다.)

② $\angle PQB=\phi$일 때

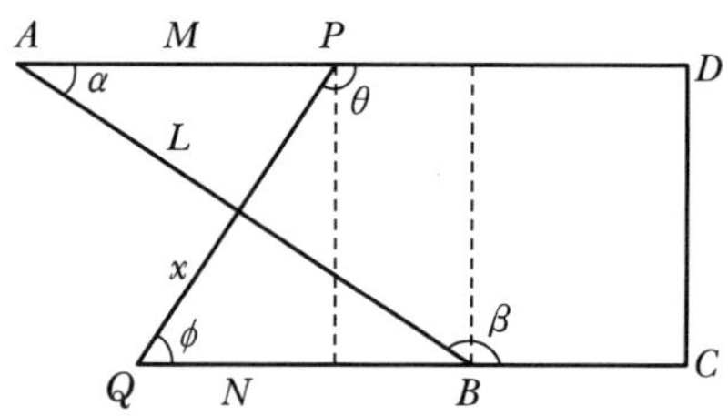

$$M=N=\frac{L}{2}(\sin\alpha\times\cot\phi+\cos\alpha)$$

$x=\sqrt{L^2+4M(M-L\times\cos\alpha)}$ 을 이용하여 P, Q를 계산한다.

③ $\angle PQB=90°$일 때

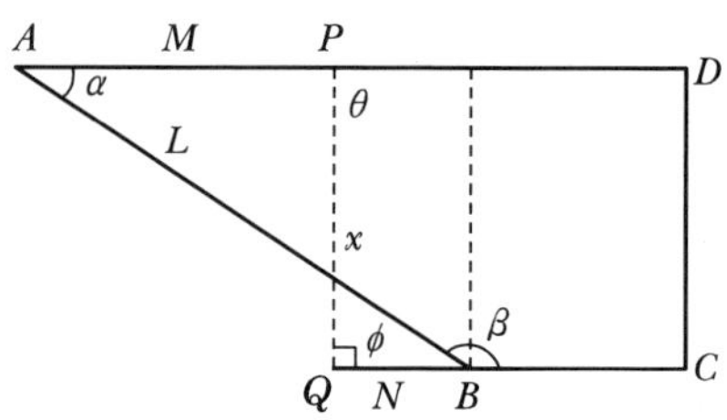

$M=N=\frac{1}{2}(\cos\alpha)$을 이용하여 P, Q를 계산한다.

④ $\overline{PQ} /\!/ \overline{DC}$일 때

□$ABCD$의 면적을 F라 하면

$M = N = \dfrac{F}{x \times \sin\phi}$ 을

이용하여 P, Q를 계산한다.

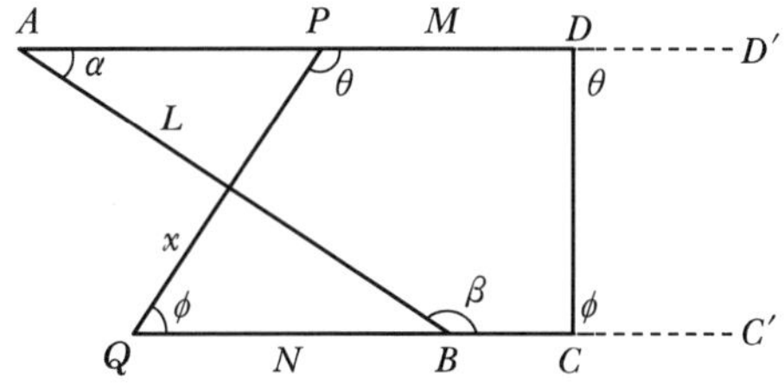

3) $\overline{AD} \nparallel \overline{BC}$인 경우

$$M = \frac{(L \times \sin\beta) - (x \times \sin\phi)}{\sin(\alpha + \beta)}$$

$$N = \frac{(x \times \sin\theta) - (L \times \sin\alpha)}{\sin(\alpha + \beta)}$$

$x = L\sqrt{\dfrac{\sin\alpha \times \sin\beta}{\sin\theta \times \sin\phi}}$ 을 이용하여

P, Q를 계산한다.

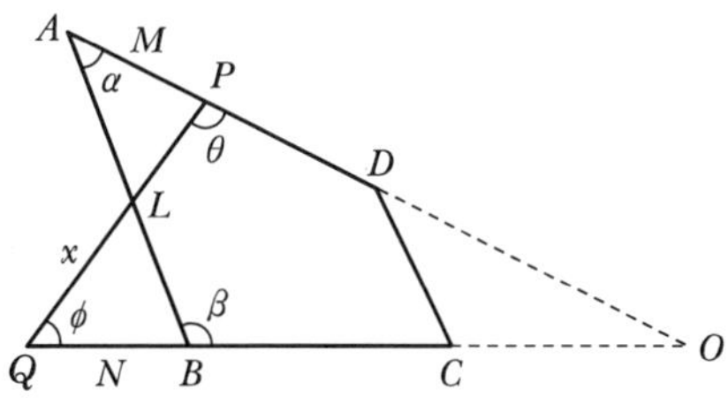

Example 05

다음 그림과 같이 10−1번지를 경계정정하고자 한다. P, Q점의 좌표를 계산하시오.(단, 각도는 0.1초 단위까지, 거리와 좌표는 m 단위로 소수 2자리까지 계산하시오.)

(1) 조건

① 필지의 면적 증감이 없어야 함

② $\overline{BC}$ 의 연장선상에 Q점을 있게 하고 $\overline{CD}$에 평행한 $\overline{PQ}$로 정정하여야 함

③ $\overline{AD}$ 선상에 P점이 있어야 함

(2) 점의 좌표

점명	종선좌표	횡선좌표
A	5810.59	2351.99
B	5777.34	2374.86
C	5783.95	2424.41
D	5806.53	2424.85

(3) 약도

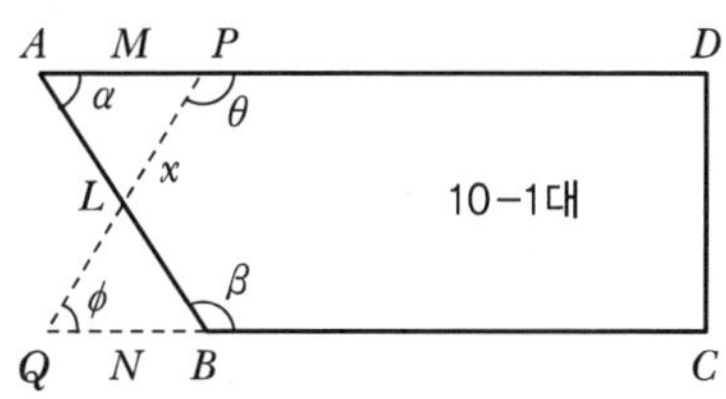

해설 및 정답

(1) 방위각 계산

① $\theta = \tan^{-1}\dfrac{\Delta Y}{\Delta X} = \tan^{-1}\dfrac{+22.87}{-33.25} = 34°31'15.4''$(Ⅱ상한)

$V_A^B = 180° - \theta = 180° - 34°31'15.4'' = 145°28'44.6''$

② $\theta = \tan^{-1}\dfrac{\Delta Y}{\Delta X} = \tan^{-1}\dfrac{+72.86}{-4.06} = 86°48'38.1''$(Ⅱ상한)

$V_A^D = 180° - \theta = 180° - 86°48'38.1'' = 93°11'21.9''$

③ $\theta = \tan^{-1}\dfrac{\Delta Y}{\Delta X} = \tan^{-1}\dfrac{+49.55}{+6.61} = 82°24'05.6''$ (I 상한)

$V_B^C = (\theta) = 82°24'05.6''$

④ $\theta = \tan^{-1}\dfrac{\Delta Y}{\Delta X} = \tan^{-1}\dfrac{+0.44}{+22.58} = 1°06'58.8''$ (I 상한)

$V_C^D = (\theta) = 1°06'58.8''$

(2) 내각 계산

$\alpha = V_A^B - V_A^D = 145°28'44.6'' - 93°11'21.9'' = 52°17'22.7''$

$\beta = V_B^C - V_B^A = 82°24'05.6'' - (145°28'44.6'' - 180°) = 116°55'21.0''$

$\theta = V_D^C - V_A^D = (V_C^D + 180°) - V_A^D = 181°06'58.8'' - 93°11'21.9'' = 87°55'36.9''$

$\phi = V_B^C - V_C^D = 82°24'05.6'' - 1°06'58.8'' = 81°17'06.8''$

(3) 거리 계산

$L = \sqrt{(\Delta x)^2 + (\Delta y)^2} = \sqrt{(-33.25)^2 + (-22.87)^2} = 40.36\text{m}$

$x = L\sqrt{\dfrac{\sin\alpha \times \sin\beta}{\sin\theta \times \sin\phi}} = 40.36 \times \sqrt{\dfrac{\sin 52°17'22.7'' \times \sin 116°55'21.0''}{\sin 87°55'36.9'' \times \sin 81°17'06.8''}} = 34.11\text{m}$

$M = \dfrac{(L \times \sin\beta) - (x \times \sin\phi)}{\sin(\alpha + \beta)} = \dfrac{(40.36 \times \sin 116°55'21.0'') - (34.11 \times \sin 81°17'06.8'')}{\sin 169°12'43.7''}$

$= 12.13\text{m}$

$N = \dfrac{(x \times \sin\theta) - (L \times \sin\alpha)}{\sin(\alpha + \beta)} = \dfrac{(34.11 \times \sin 87°55'36.9'') - (40.36 \times \sin 52°17'22.7'')}{\sin 169°12'43.7''}$

$= 11.53\text{m}$

(4) 좌표 계산

① P점의 좌표

$X_P = X_A + (M \times \cos V_A^D) = 5810.59 + (12.13 \times \cos 93°11'21.9'') = 5809.92\text{m}$

$Y_P = Y_A + (M \times \sin V_A^D) = 2351.99 + (12.13 \times \sin 93°11'21.9'') = 2364.10\text{m}$

② Q점의 좌표

$X_Q = X_B + (N \times \cos V_C^B) = 5777.34 + (11.53 \times \cos 262°24'05.6'') = 5775.82\text{m}$

$Y_Q = Y_B + (N \times \sin V_C^B) = 2374.86 + (11.53 \times \sin 262°24'05.6'') = 2363.43\text{m}$

6. 면적 계산

(1) 의의

면적이란 지적공부에 등록한 필지의 수평면상 넓이를 말하며 면적의 단위는 제곱미터(m^2)로 한다. 도해지역에서는 전자면적측정기를 이용하여 면적을 측정하고 경계점좌표등록부가 작성된 지역에서는 좌표면적계산법에 따라 면적을 측정한다.

(2) 삼각형 면적 계산

1) 두 변과 끼인각을 이용한 면적 계산

$$A = \frac{1}{2}bh$$

$$h = a \times \sin\theta$$

$$A = \frac{1}{2}ab\sin\theta$$

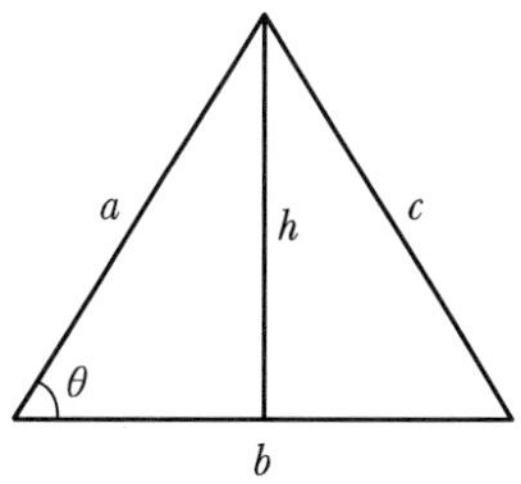

2) 헤론의 공식을 이용한 면적 계산

길이가 a, b, c인 선분으로 이루어진 삼각형이 있을 때, 면적을 A라 하면

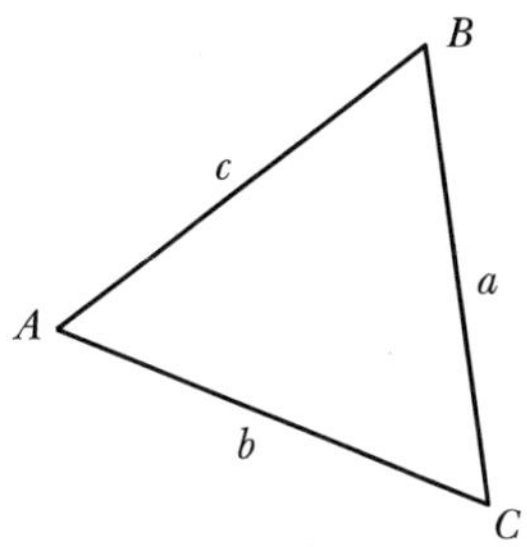

$$S = \frac{1}{2}(a+b+c)$$

$$A = \sqrt{S(S-a)(s-b)(s-c)}$$

(3) 대각선 길이와 협각을 알 때 면적 계산

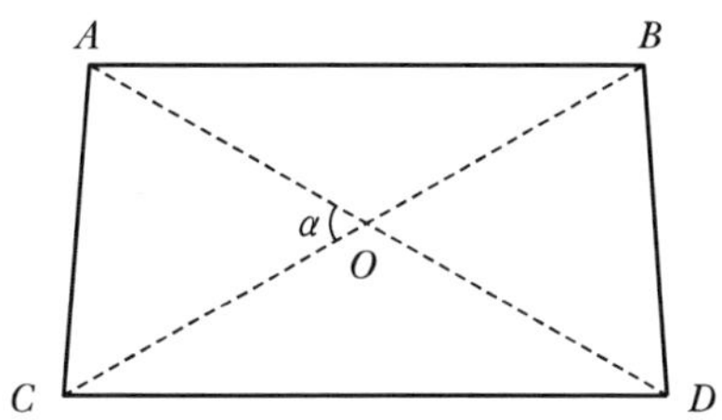

$\triangle ABC = (\overline{BC} \times \overline{OA} \times \sin\alpha) \div 2$

$\triangle BCD = (\overline{BC} \times \overline{OD} \times \sin\alpha) \div 2$

$$\square ABCD = \triangle ABC + \triangle BCD$$
$$= \frac{(\overline{BC} \times \overline{OA} \times \sin\alpha)}{2} + \frac{(\overline{BC} \times \overline{OD} \times \sin\alpha)}{2}$$

여기서, $\overline{OA} + \overline{OD} = \overline{AD}$이므로

$$\square ABCD = \frac{(\overline{BC} \times \overline{AD} \times \sin\alpha)}{2}$$

(4) 좌표면적 계산

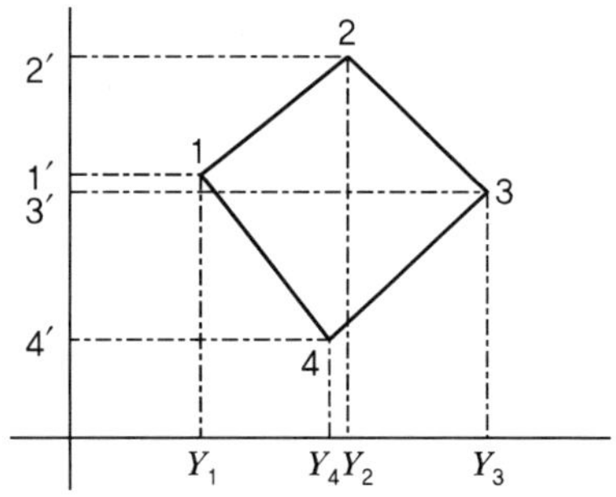

면적 $A = \square 2'233' + \square 3'344' - \square 2'211' - \square 1'144'$

Y 값을 밑변과 윗변 길이로 하고 X 값의 차이를 높이로 하는 사다리꼴 면적을 구하면

$$\text{면적 } A = \frac{1}{2}[(Y_2 + Y_3) \times (X_2 - X_3) + (Y_3 + Y_4) \times (X_3 - X_4)]$$
$$- \frac{1}{2}[(Y_2 + Y_1) \times (X_2 - X_1) + (Y_1 + Y_4) \times (X_1 - X_4)]$$
$$= \frac{1}{2}[X_1(Y_2 - Y_4) + X_2(Y_3 - Y_1) + X_3(Y_4 - Y_2) + X_4(Y_1 - Y_3)]$$

일반화하면 $A = \frac{1}{2}\Sigma[X_i(Y_{i+1} - Y_{i-1})]$ 또는 $A = \frac{1}{2}\Sigma[Y_i(X_{i+1} - X_{i-1})]$

(5) 도해면적 계산

1) 도곽선의 신축량 계산(신축량이 0.5밀리미터 이상일 때)

$$S = \frac{\Delta X_1 + \Delta X_2 + \Delta Y_1 + \Delta Y_2}{4}$$

여기서, S : 신축량
ΔX_1 : 왼쪽 종선의 신축된 차
ΔX_2 : 오른쪽 종선의 신축된 차
ΔY_1 : 윗쪽 횡선의 신축된 차
ΔY_2 : 아래쪽 횡선의 신축된 차

이 경우 신축된 차(밀리미터)$= \dfrac{1000(L - L_0)}{M}$

여기서, L : 신축된 도곽선지상 길이
L_o : 도곽선지상 길이
M : 축척분모

2) 도곽선의 보정계수 계산

$$Z = \frac{X \times Y}{\Delta X \times \Delta Y}$$

여기서, Z : 보정계수
X : 도곽선종선길이
Y : 도곽선횡선길이
ΔX : $\dfrac{\text{신축된 도곽선종선길이의 합}}{2}$
ΔY : $\dfrac{\text{신축된 도곽선횡선길이의 합}}{2}$

3) 신구면적 허용오차 계산

신구면적 허용오차$= 0.026^2 M\sqrt{F}$

여기서, • 등록전환 시
M : 임야도 축척분모
F : 등록전환될 면적
• 분할 시
M : 축척분모
F : 원면적(축척이 3천분의 1인 지역의 축척분모는 6천으로 한다.)

4) 보정면적 계산

보정면적＝측정면적×도곽선의 보정계수(Z)

5) 결정면적 계산

$$r = \frac{F}{A} \times a$$

여기서, r : 각 필지의 산출면적
F : 원면적
A : 측정면적 합계 또는 보정면적 합계
a : 각 필지의 측정면적 또는 보정면적

Example 06

축척 1200분의 1 지역에서 지적도에 등록된 원면적이 $2350m^2$인 25번지의 토지를 분할하기 위해 전자면적계로 25번지는 $1123.8m^2$, 25-1번지는 $1201.2m^2$, 25-2번지는 $35.3m^2$의 면적을 측정하였다. 이 도면의 도곽선 길이를 측정한바, $\Delta x_1 = -2.2m$, $\Delta x_2 = -1.6m$, $\Delta y_1 = -1.1m$, $\Delta y_2 = -0.6m$일 때 「공간정보의 구축 및 관리 등에 관한 법률」 및 「지적측량 시행규칙」에 의해 다음 사항들을 계산하시오.

(1) 25번지의 측정면적 허용교차	(2) 도곽선의 신축량
(3) 도곽선의 보정계수	(4) 신구면적 허용오차
(5) 산출면적	(6) 결정면적

해설 및 정답

(1) 측정면적 허용교차(25번지)

$$A = \pm 0.023^2 M \sqrt{F}$$

여기서, A : 허용면적, M : 축척분모, F : 2회 측정한 면적의 합계를 2로 나눈 수

$$A = \pm 0.023^2 M \sqrt{F} = \pm 0.023^2 \times 1200 \sqrt{1123.8} = \pm 21m^2$$

(2) 도곽선의 신축량 계산

$$S = \frac{\Delta X_1 + \Delta X_2 + \Delta Y_1 + \Delta Y_2}{4}, \text{ 신축된 차(mm)} = \frac{1000(L - L_0)}{M}$$

여기서, S : 신축량
ΔX_1 : 왼쪽 종선의 신축된 차, ΔX_2 : 오른쪽 종선의 신축된 차
ΔY_1 : 위쪽 횡선의 신축된 차, ΔY_2 : 아래쪽 횡선의 신축된 차

① 지상길이로 계산할 때

$$S = \frac{\Delta X_1 + \Delta X_2 + \Delta Y_1 + \Delta Y_2}{4} = \frac{(-2.2) + (-1.6) + (-1.1) + (-0.6)}{4} = -1.375m$$

$$\text{신축된 차(mm)} = \frac{1000(L - L_0)}{M} = \frac{1000(-1.375)}{1200} = -1.1mm$$

② 도상길이로 계산할 때

$$\Delta X_1 = \frac{1000(L-L_0)}{M} = \frac{1000\times(-2.2)}{1200} = -1.8\text{mm}$$

$$\Delta X_2 = \frac{1000(L-L_0)}{M} = \frac{1000\times(-1.6)}{1200} = -1.3\text{mm}$$

$$\Delta Y_1 = \frac{1000(L-L_0)}{M} = \frac{1000\times(-1.1)}{1200} = -0.9\text{mm}$$

$$\Delta Y_2 = \frac{1000(L-L_0)}{M} = \frac{1000\times(-0.6)}{1200} = -0.5\text{mm}$$

$$S = \frac{\Delta X_1 + \Delta X_2 + \Delta Y_1 + \Delta Y_2}{4} = \frac{(-1.8)+(-1.3)+(-0.9)+(-0.5)}{4} = -1.1\text{mm}$$

(3) 도곽선의 보정계수

$$Z = \frac{X\cdot Y}{\Delta X\cdot \Delta Y}$$

여기서, Z : 보정계수, X : 도곽선 종선길이, Y : 도곽선 횡선길이

ΔX : $\dfrac{\text{신축된 도곽선 종선길이의 합}}{2}$

ΔY : $\dfrac{\text{신축된 도곽선 횡선길이의 합}}{2}$

① 지상길이로 계산할 때

$$\frac{X\cdot Y}{\Delta X\cdot \Delta Y} = \frac{400\text{m}\times 500\text{m}}{\left(400+\dfrac{(-2.2)+(-1.6)}{2}\right)\times\left(500+\dfrac{(-1.1)+(-0.6)}{2}\right)} = 1.0065$$

② 도상길이로 계산할 때

$$\frac{X\cdot Y}{\Delta X\cdot \Delta Y} = \frac{33.33\text{cm}\times 41.67\text{cm}}{\left(33.33+\dfrac{(-0.18)+(-0.13)}{2}\right)\times\left(41.67+\dfrac{(-0.09)+(-0.05)}{2}\right)} = 1.0065$$

(4) 신구면적 허용오차

$$A = \pm 0.026^2 M\sqrt{F}$$

여기서, A : 허용면적, M : 축척분모, F : 원면적

$A = \pm 0.026^2 M\sqrt{F} = \pm 0.026^2\times 1200\times\sqrt{2350} = \pm 39\text{m}^2$

(5) 보정면적 계산

구분	필지별 보정면적 = 측정면적 × 도곽선의 보정계수
25번지 보정면적	$1123.8\times 1.0065 = 1131.1\text{m}^2$
25-1번지 보정면적	$1201.2\times 1.0065 = 1209.0\text{m}^2$
25-2번지 보정면적	$35.3\times 1.0065 = 35.5\text{m}^2$
소계	2375.6m^2

(6) 산출면적 및 결정면적 계산

산출면적 = $\frac{\text{원면적}}{\text{보정(측정)면적의 합계}}$ × 필지별 보정(측정) 면적		결정면적	
25번지 산출면적	$\frac{2350}{2375.6} \times 1131.1 = 1118.9\text{m}^2$	25번지 결정면적	1119m^2
25-1번지 산출면적	$\frac{2350}{2375.6} \times 1209.0 = 1196.0\text{m}^2$	25-1번지 결정면적	1196m^2
25-2번지 산출면적	$\frac{2350}{2375.6} \times 35.5 = 35.1\text{m}^2$	25-2번지 결정면적	35m^2
소계	2350.0m^2	소계	2350m^2

※ 지적도 축척이 1200분의 1인 지역의 면적은 1제곱미터까지 면적을 결정한다.

Example 07

지적도의 축척이 1/500 지역에 있는 다음 도형의 좌표면적을 주어진 서식에 의해 구하시오.

측점	종선좌표	횡선좌표
A	6466.40	4598.14
B	6441.69	4587.80
C	6436.60	4607.14
D	6444.11	4626.83

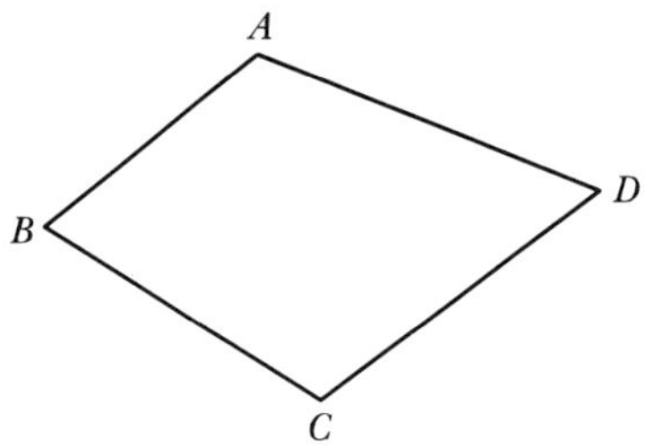

측점 부호	X_n	Y_n	면 적 계 산			
			$X_{n+1}-X_{n-1}$	$Y_{n+1}-Y_{n-1}$	$X_n(Y_{n+1}-Y_{n-1})$	$Y_n(X_{n+1}-X_{n-1})$

해설 및 정답

측점 부호	X_n	Y_n	면 적 계 산			
			$X_{n+1}-X_{n-1}$	$Y_{n+1}-Y_{n-1}$	$X_n(Y_{n+1}-Y_{n-1})$	$Y_n(X_{n+1}-X_{n-1})$
A	6466.40	4598.14	-2.42 m	-39.03 m	-252383.5920 m²	-11127.4988 m²
B	6441.69	4587.80	-29.80	9.00	57975.2100	-136716.4400
C	6436.60	4607.14	2.42	39.03	251220.4980	11149.2788
D	6444.11	4626.83	29.80	-9.00	-57996.9900	137879.5340
계					-1184.8740	1184.8740

$\therefore$ 좌표면적$(A) = \frac{1}{2} \times 1184.8740 = 592.4\text{m}^2$

7. 면적의 분할

(1) 의의

분할이란 지적공부에 등록된 1필지를 2필지 이상으로 나누어 등록하는 것을 말하며 토지 소유자는 토지를 분할하려면 소유권이전, 매매 등을 위하여 필요한 경우와 토지이용상 불합리한 지상경계를 시정하기 위한 경우에 지적소관청에 분할을 신청하여야 한다. 토지 소유자가 요청(지정)하는 면적으로 분할하는 방법을 면적지정분할이라 한다.

(2) 삼각형인 토지의 지정분할

1) 삼각형 꼭짓점을 이용한 분할

P점의 위치를 구하는 방법으로 비례법을 이용하여

$\triangle ABP : \triangle APC = m : n$

$$\frac{\triangle ABP}{\triangle ABC} = \frac{m}{m+n} = \frac{\overline{BP}}{\overline{BC}}$$

$$\therefore \overline{BP} = \overline{BC} \times \frac{m}{m+n}$$

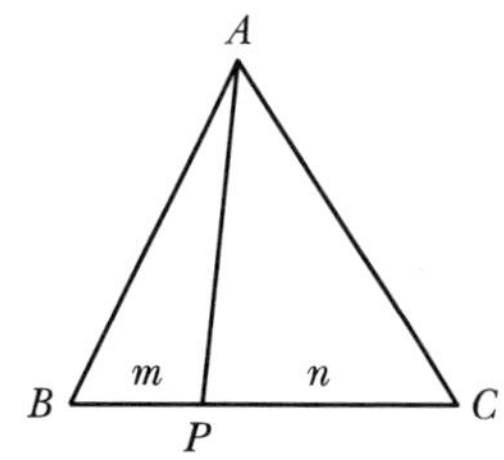

2) 한 변에 평행하는 직선으로 분할

비례법을 이용하여

$\triangle ABC : \triangle APQ = (m+n) : m$

$$\frac{\triangle APQ}{\triangle ABC} = \frac{m}{m+n} = \left(\frac{\overline{PQ}}{\overline{BC}}\right)^2 = \left(\frac{\overline{AP}}{\overline{AB}}\right)^2 = \left(\frac{\overline{AQ}}{\overline{AC}}\right)^2$$

$$\therefore \overline{AP} = \overline{AB}\sqrt{\frac{m}{m+n}}$$

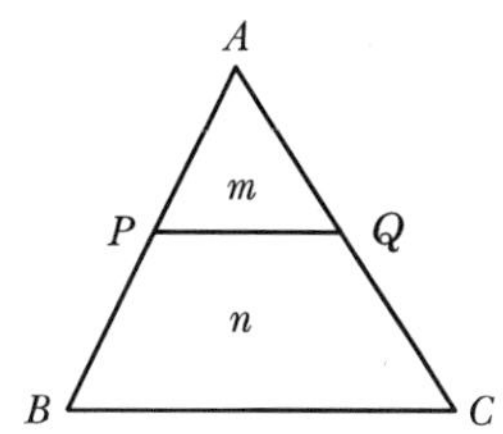

3) 한 변의 거리를 지정한 분할

비례법을 이용하여

$\triangle ABC : \triangle APQ = (m+n) : m$

$$\frac{\triangle APQ}{\triangle ABC} = \frac{m}{m+n} = \left(\frac{\overline{AP} \times \overline{AQ}}{\overline{AB} \times \overline{AC}}\right)$$

$$\therefore \overline{AP} = \frac{\overline{AB} \times \overline{AC}}{\overline{AQ}} \times \frac{m}{m+n}$$

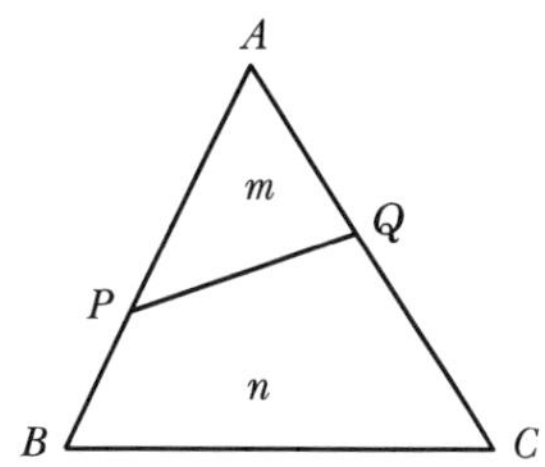

(3) 면적지정 분할

1) $\overline{AD}$와 $\overline{BC}$가 평행할 경우

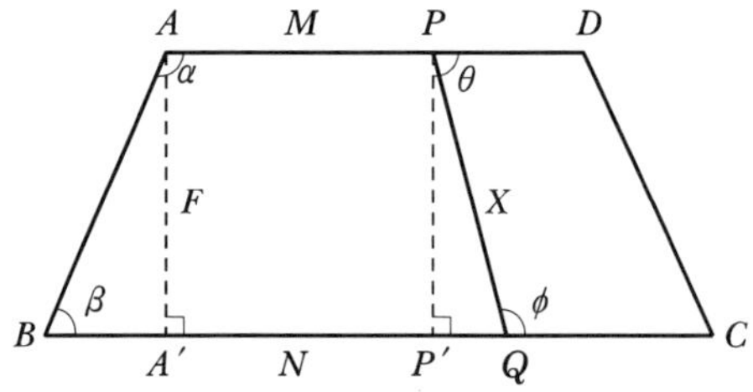

지정조건	공식
$\overline{AD} /\!/ \overline{BC}$이며 $\angle PQC = \phi$	$F = \frac{1}{2}(M+N) \times (L \cdot \sin\beta)$ $M = \frac{F}{L \times \sin\beta} - \frac{L \times \cos\beta - x \times \cos\phi}{2}$ $N = \frac{F}{L \times \sin\beta} + \frac{L \times \cos\beta - x \times \cos\phi}{2}$ $x = \frac{L \times \sin\beta}{\sin\phi}$
$\overline{AD} /\!/ \overline{BC}$이며 $\angle PQC = 90°$	$F = \frac{1}{2}(L \cdot \cos\beta \cdot h) + (M \cdot h)$ $h = L \cdot \sin\beta$ $M = \frac{F}{L \times \sin\beta} - \frac{L \times \cos\beta}{2}$ $N = \frac{F}{L \times \sin\beta} + \frac{L \times \cos\beta}{2}$
$\overline{AD} /\!/ \overline{BC}$이며 $\overline{AB} /\!/ \overline{PQ}$	$M = N = \frac{F}{L \times \sin\beta}$ $F = M \times L \times \sin\beta$
$\overline{AD} /\!/ \overline{BC}$이며 $\overline{AP}$의 거리 M을 지정할 때	$F = \frac{1}{2}(M+N) \times (L \cdot \sin\beta)$ $M + N = \frac{2F}{L \times \sin\beta}$ $N = \frac{2F}{L \times \sin\beta} - M$
$\overline{AD} /\!/ \overline{BC}$이며 $\overline{AP}$의 거리 N을 지정할 때	$F = \frac{1}{2}(M+N) \times (L \cdot \sin\beta)$ $M + N = \frac{2F}{L \times \sin\beta}$ $M = \frac{2F}{L \times \sin\beta} - N$

2) $\overline{AD}$와 $\overline{BC}$가 평행하지 않을 경우

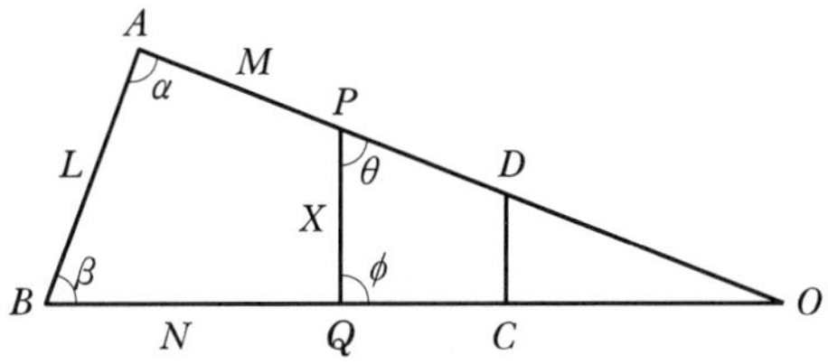

지정조건	공식
$\overline{AD} \nparallel \overline{BC}$이며 $\angle PQB = \phi$	$2F = \dfrac{L^2}{\cot\alpha + \cot\beta} - \dfrac{x^2}{\cot\phi + \cot\theta}$ $2F = M \cdot L \cdot \sin\alpha + N \cdot x \cdot \sin\phi$ $M = \dfrac{(L \times \sin\beta) - (x \times \sin\phi)}{\sin(\alpha+\beta)}$ $N = \dfrac{(L \times \sin\alpha) - (x \times \sin\theta)}{\sin(\alpha+\beta)}$ $x = \sqrt{\left(\dfrac{L^2}{\cot\alpha + \cot\beta} - 2F\right) \times (\cot\theta + \cot\phi)}$
$\overline{AD} \nparallel \overline{BC}$이며 $\angle PQB = 90°$	$2F = (M \cdot L \cdot \sin\alpha) + (N \cdot x)$ $M = \dfrac{L \cdot \sin\beta - x}{\sin(\alpha+\beta)}$ $N = \dfrac{(L \cdot \sin\alpha) + (x \cdot \sin\theta)}{\sin(\alpha+\beta)}$ $x = \sqrt{\left(2F - \dfrac{L^2}{\cot\alpha + \cot\beta}\right) \times \tan(\alpha+\beta)}$
$\overline{AD} \nparallel \overline{BC}$이며 $\overline{AB} \parallel \overline{PQ}$	$2F = (M \cdot L \cdot \sin\alpha) + (N \cdot x \cdot \sin\beta)$ $M = \dfrac{(L - x) \cdot \sin\beta}{\sin(\alpha+\beta)}$ $N = \dfrac{(L - x) \cdot \sin\alpha}{\sin(\alpha+\beta)}$ $x = \sqrt{L^2 - 2F(\cot\alpha + \cot\beta)}$
$\overline{AD} \parallel \overline{BC}$이며 $\overline{AP}$의 거리 M을 지정할 때	$N = \dfrac{2F - (M \cdot L \cdot \sin\alpha)}{(L \times \sin\beta) - (M \times \sin(\alpha+\beta))}$ $X_P = X_A + (M \times \cos V_A^P)$ $Y_P = Y_A + (M \times \sin V_A^P)$
$\overline{AD} \parallel \overline{BC}$이며 $\overline{AP}$의 거리 N을 지정할 때	$2F = (N \cdot L \cdot \sin\beta) + (M \cdot x \cdot \sin\theta)$ $M = \dfrac{2F - (N \cdot L \cdot \sin\beta)}{(L \times \sin\alpha) - (N \times \sin(\alpha+\beta))}$ $X_Q = X_B + (N \times \cos V_B^Q)$ $Y_Q = Y_B + (N \times \sin V_B^Q)$

Example 08

다음 그림과 같이 $\overline{BC}$와 평행한 $\overline{PQ}$로 면적을 $m : n = 1 : 3$의 비율로 분할하고자 한다. $\overline{AB} = 53\text{m}$일 때 $\overline{AP}$의 거리는?(단, 거리는 cm까지 계산하시오.)

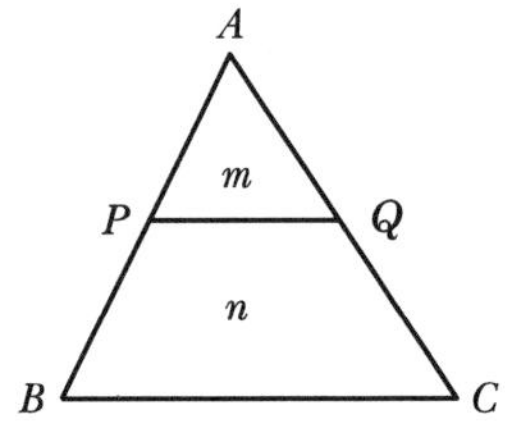

해설 및 정답

$$\overline{AP} = \overline{AB}\sqrt{\frac{m}{m+n}}$$

$$\begin{aligned}\overline{AP} &= \overline{AB}\sqrt{\frac{m}{m+n}} \\ &= 53 \times \sqrt{\frac{1}{1+3}} \\ &= 26.50\text{m}\end{aligned}$$

Example 09

다음 도형에서 주어진 조건에 의해 면적지정분할을 하려고 한다. 점 P, Q의 좌표를 계산하시오.(단, 각은 0.1초, 거리는 소수점 이하 4자리까지 계산하시오.)

(1) 약도

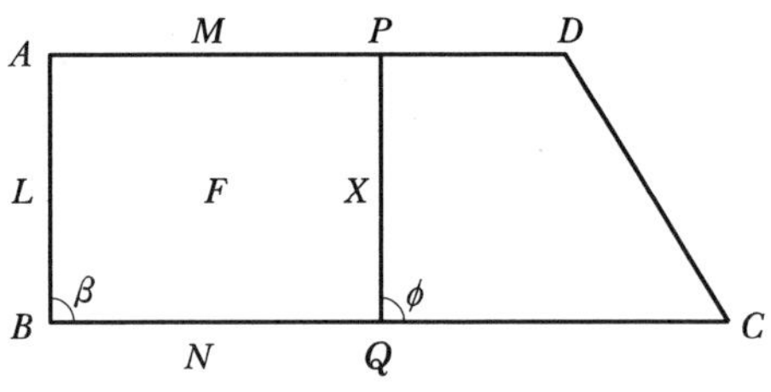

(2) 조건

① $\overline{AD} /\!/ \overline{BC}$

② $\overline{AB} /\!/ \overline{PQ}$

③ $F = 1000\text{m}^2$

(3) 점의 좌표

점명	종선좌표	횡선좌표
A	7187.71	5841.69
B	7146.43	5866.64
C	7185.04	5939.03
D	7226.32	5914.08

해설 및 정답

(1) 방위각 계산

① $\theta = \tan^{-1}\dfrac{\Delta Y}{\Delta X} = \tan^{-1}\dfrac{+72.39}{+38.61} = 61°55'34.6''$(I 상한)

$V_B^C = (\theta) = 61°55'34.6''$

② $\theta = \tan^{-1}\dfrac{\Delta Y}{\Delta X} = \tan^{-1}\dfrac{-24.95}{+41.28} = 31°08'56.9''$(Ⅳ상한)

$V_B^A = 360° - (\theta) = 360° - 31°08'56.9'' = 328°51'03.1''$

③ $\overline{AD} \,/\!/\, \overline{BC}$이므로

$V_A^D = 61°55'34.6''$

(2) L, β, M, N 계산

$L(=\overline{AB}) = \sqrt{(-41.28)^2 + (24.95)^2} = 48.2342\text{m}$

$\beta = V_B^C - V_B^A = 61°55'34.6'' - 328°51'03.1'' = -266°55'28.5'' + 360° = 93°04'31.5''$

$M = N = \dfrac{F}{L \times \sin\beta} = \dfrac{1000}{48.2342 \times \sin 93°04'31.5''} = 20.7621\text{m}$

(3) 좌표 계산

① P점의 좌표

$X_P = X_A + (M \times \cos V_A^D) = 7187.71 + (20.7621 \times \cos 61°55'34.6'') = 7197.48\text{m}$

$Y_P = Y_A + (M \times \sin V_A^D) = 5841.69 + (20.7621 \times \sin 61°55'34.6'') = 5860.01\text{m}$

② Q점의 좌표

$X_Q = X_B + (N \times \cos V_B^C) = 7146.43 + (20.7621 \times \cos 61°55'34.6'') = 7156.20\text{m}$

$Y_Q = Y_B + (N \times \sin V_B^C) = 5866.64 + (20.7621 \times \sin 61°55'34.6'') = 5884.96\text{m}$

8. 도곽선의 좌표계산

(1) 의의

도곽선은 지적(임야)도의 작성 기준이 되는 구획선이며 인접 도면과의 접합을 맞추는 기준선으로서의 역할과 지적측량 기준점의 전개, 도곽 신축량 측정 등의 기준으로 사용되며 측량준비 파일 작성과 지적측량결과도에서 북방향선의 역할을 한다.

(2) 도곽선의 제도

① 도면의 위 방향은 항상 북쪽이 되어야 한다.

② 지적도의 도곽 크기는 가로 40센티미터, 세로 30센티미터의 직사각형으로 한다.

③ 도곽의 구획은 직각좌표의 기준에 의하여 정한 좌표의 원점을 기준으로 하여 정하되, 그 도곽의 종횡선수치는 좌표의 원점으로부터 기산하여 투영원점의 종횡선 가산수치를 각각 가산(종선좌표는 500,000m, 횡선좌표는 200,000m)한다.

④ 이미 사용하고 있는 도면의 도곽크기는 종전에 구획되어 있는 도곽과 그 수치로 한다.

⑤ 도면에 등록하는 도곽선은 0.1밀리미터의 폭으로, 도곽선의 수치는 도곽선 왼쪽 아랫부분과 오른쪽 윗부분의 종횡선교차점 바깥쪽에 2밀리미터 크기의 아라비아숫자로 제도한다.

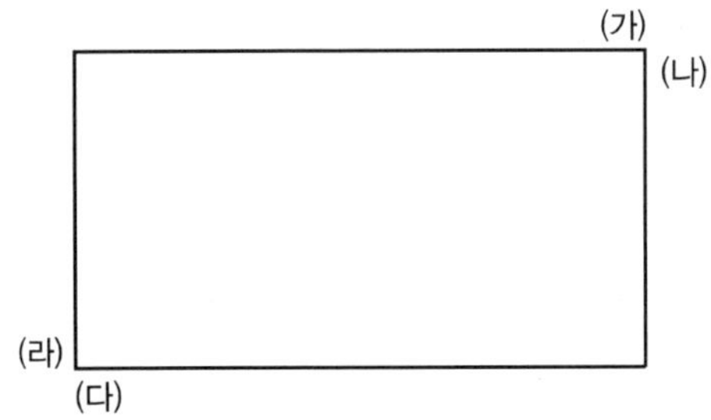

(3) 축척별 도곽선의 크기

축척	도상길이		지상길이	
	종선	횡선	종선	횡선
1/500 1/1000	30cm	40cm	150m 300m	200m 400m
1/600 1/1200 1/2400	33.333cm	41.666cm	200m 400m 800m	250m 500m 1000m
1/3000 1/6000	40cm	50cm	1200m 2400m	1500m 3000m

(4) 도곽선 수치 계산

1) 원점에 가산한 수치를 전개할 경우

종선좌표	횡선좌표
① 전개할 종선수치에서 500000m를 뺀다. ② 그 수치를 도곽선 종선길이로 나눈다. ③ 나눈 정수를 도곽선 종선길이로 곱한다. ④ 그 수치에 500000m를 더한다. −500000보다 크면 하부 종선좌표 최초 계산 −500000보다 작으면 상부 종선좌표 최초 계산 ⑤ 종선좌표에서 도곽선 종선길이를 가감한다. −하부 종선좌표에는 도곽선 종선길이를 더하여 상부 종선좌표를 계산하고 −상부 종선좌표에는 도곽선 종선길이를 빼면 하부 종선좌표가 계산된다.	① 전개할 횡선수치에서 200000m를 뺀다. ② 그 수치를 도곽선 횡선길이로 나눈다. ③ 나눈 정수를 도곽선 횡선길이로 곱한다. ④ 그 수치에 200000m를 더한다. −200000보다 크면 좌측 횡선좌표 최초 계산 −200000보다 작으면 우측 횡선좌표 최초 계산 ⑤ 횡선좌표에서 도곽선 횡선길이를 가감한다. −좌측 횡선좌표에는 도곽선 횡선길이를 더하여 우측 횡선좌표를 계산하고 −우측 횡선좌표에는 도곽선 횡선길이를 빼면 좌측 횡선좌표가 계산된다.

2) 원점에 가산하지 않은 수치를 전개할 경우

종선좌표	횡선좌표
① 전개할 종선수치를 도곽선 종선길이로 나눈다. ② 나눈 정수를 도곽선 종선길이로 곱한다. －0보다 크면 하부 종선좌표 최초 계산 －0보다 작으면 상부 종선좌표 최초 계산 ③ 종선좌표에서 도곽선 종선길이를 가감한다. －하부 종선좌표에는 도곽선 종선길이를 더하여 상부 종선좌표를 계산하고 －상부 종선좌표에는 도곽선 종선길이를 빼면 하부 종선좌표가 계산된다.	① 전개할 횡선수치를 도곽선 횡선길이로 나눈다. ② 나눈 정수를 도곽선 횡선길이로 곱한다. －0보다 크면 좌측 횡선좌표 최초 계산 －0보다 작으면 우측 횡선좌표 최초 계산 ③ 횡선좌표에서 도곽선 횡선길이를 가감한다. －좌측 횡선좌표에는 도곽선 횡선길이를 더하여 우측 횡선좌표를 계산하고 －우측 횡선좌표에는 도곽선 횡선길이를 빼면 좌측 횡선좌표가 계산된다.

Example 10

축척 1/1200 지역에서 지적도의 도곽선을 구획하려고 한다. 다음 지적도근점이 전개될 도곽선 종 · 횡선수치를 계산하시오.

지적도근점 좌표

- 종선좌표(X)＝366478.33
- 횡선좌표(Y)＝193654.54

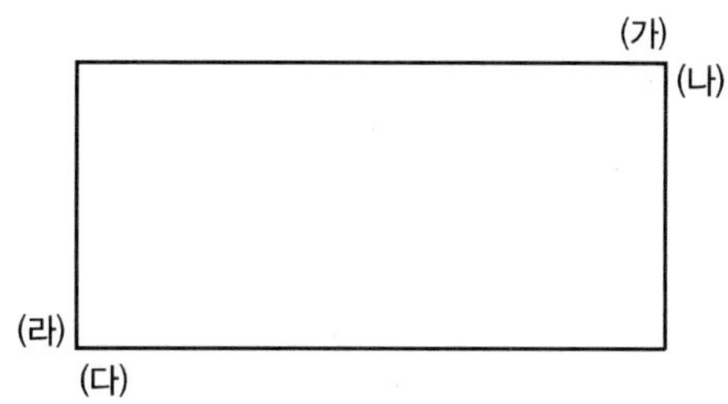

해설 및 정답

(1) 도곽선의 지상길이

축척 1/1200 지역에서의 도곽선 지상길이(m)＝400 × 500

(2) 종선 및 횡선좌표 결정

종선좌표 결정	횡선좌표 결정
① 종선좌표에서 500000을 뺌 X＝366478.33－500000＝－133521.67m	① 횡선좌표에서 200000을 뺌 Y＝193654.54 - 200000＝－6345.46m
② 도곽선 종선길이로 나눔 －133521.67÷400＝－333.80	② 도곽선 횡선길이로 나눔 －6345.46÷500＝－12.69
③ 도곽선 종선길이로 나눈 정수를 곱함 －333×400＝－133200m	③ 도곽선 횡선길이로 나눈 정수를 곱함 －12×500＝－6000m
④ 원점에서의 거리에 500000을 더함 －133200＋500000＝366800m ⇒ 상부좌표 (가)	④ 원점에서의 거리에 200000을 더함 －6000＋200000＝194000m ⇒ 우측좌표 (나)
⑤ 종선의 상부좌표에서 종선길이를 뺌 366800－400＝366400m ⇒ 하부좌표 (다)	⑤ 횡선의 우측좌표에서 횡선길이를 뺌 194000－500＝193500m ⇒ 좌측좌표 (라)

CHAPTER 04

실전문제 및 해설

CADASTRAL SURVEYING

01

경계선 $\overline{AC}$와 $\overline{BD}$가 교차하는 P점 위치의 좌표를 교차점 계산부 서식에 의해 완성하시오.(단, 계산은 반올림하여 각도는 0.1″ 단위까지, S_1, S_2의 빈칸은 소수 4자리까지, 기타의 거리 및 좌표는 cm 단위까지 계산하시오.)

점명	부호	종선좌표(X)	횡선좌표(Y)
1	D	6584.79	4734.89
2	B	6530.34	4911.60
3	C	6589.13	4897.66
4	A	6533.98	4748.10

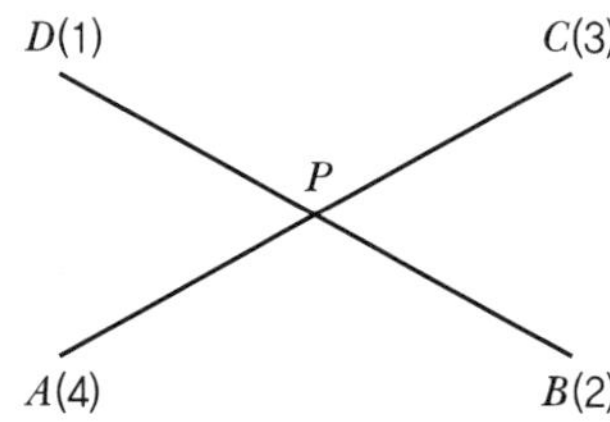

해설 및 정답

(1) 방위각 계산

① $V_a^{\ c}$ 방위각 계산(α)

$\Delta x_a^{\ c} = 6589.13 - 6533.98 = +55.15\text{m}$

$\Delta y_a^{\ c} = 4897.66 - 4748.10 = +149.56\text{m}$

$\theta = \tan^{-1}\dfrac{\Delta y}{\Delta x} = \tan^{-1}\dfrac{+149.56}{+55.15} = 69°45'31.1''$(Ⅰ상한)

$V_a^{\ c} = \theta = 69°45'31.1''$

② $V_b^{\ d}$ 방위각 계산(β)

$\Delta x_b^{\ d} = 6584.79 - 6530.34 = +54.45\text{m}$

$\Delta y_b^{\ d} = 4734.89 - 4911.60 = -176.71\text{m}$

$\theta = \tan^{-1}\dfrac{\Delta y}{\Delta x} = \tan^{-1}\dfrac{-176.71}{+54.45} = 72°52'27.3''$(Ⅳ상한)

$V_b^{\ d} = 360° - \theta = 360° - 72°52'27.3'' = 287°07'32.7''$

③ $V_a^{\ b}$ 방위각 계산

$\Delta x_a^{\ b} = 6530.34 - 6533.98 = -3.64\text{m}$

$\Delta y_a^{\ b} = 4911.60 - 4748.10 = +163.50\text{m}$

$\theta = \tan^{-1}\dfrac{\Delta y}{\Delta x} = \tan^{-1}\dfrac{+163.50}{-3.64} = 88°43'28.7''$(Ⅱ상한)

$V_a^{\ b} = 180° - \theta = 180° - 88°43'28.7'' = 91°16'31.3''$

④ $\alpha - \beta$ 계산

$\alpha - \beta = 69°45'31.1'' - 287°07'32.7'' = -217°22'01.6'' + 360° = 142°37'58.4''$

(2) 거리 계산

$$S_1 = \frac{\Delta y_a{}^b \cos\beta - \Delta x_a{}^b \sin\beta}{\sin(\alpha-\beta)}, \quad S_2 = \frac{\Delta y_a{}^b \cos\alpha - \Delta x_a{}^b \sin\alpha}{\sin(\alpha-\beta)}$$

① S_1 계산

$$S_1 = \frac{\Delta y_a{}^b \cos\beta - \Delta x_a{}^b \sin\beta}{\sin(\alpha-\beta)}$$

$$= \frac{(163.50\times\cos 287°07'32.7'') - (-3.64\times\sin 287°07'32.7'')}{\sin 142°37'58.4''} = 73.5966\text{m}$$

② S_2 계산

$$S_2 = \frac{\Delta y_a{}^b \cos\alpha - \Delta x_a{}^b \sin\alpha}{\sin(\alpha-\beta)}$$

$$= \frac{(163.50\times\cos 69°45'31.1'') - (-3.64\times\sin 69°45'31.1'')}{\sin 142°37'58.4''} = 98.8306\text{m}$$

(3) 소구점 P의 좌표 계산

A점에서 P점 좌표 계산	$X_P = X_A + (S_1\times\cos\alpha) = 6533.98 + (73.5966\times\cos 69°45'31.1'') = 6559.44\text{m}$ $Y_P = Y_A + (S_1\times\sin\alpha) = 4748.10 + (73.5966\times\sin 69°45'31.1'') = 4817.15\text{m}$
B점에서 P점 좌표 계산	$X_P = X_B + (S_2\times\cos\beta) = 6530.34 + (98.8306\times\cos 287°07'32.7'') = 6559.44\text{m}$ $Y_P = Y_B + (S_2\times\sin\beta) = 4911.60 + (98.8306\times\sin 287°07'32.7'') = 4817.15\text{m}$
P점 평균좌표	$X = \frac{X_{P_1} + X_{P_2}}{2} = \frac{6559.44 + 6559.44}{2} = 6559.44\text{m}$ $Y = \frac{Y_{P_1} + Y_{P_2}}{2} = \frac{4817.15 + 4817.15}{2} = 4817.15\text{m}$

교 차 점 계 산 부

공식

소구점
P

$$S_1 = \frac{\Delta y_a{}^b \cos\beta - \Delta x_a{}^b \sin\beta}{\sin(\alpha-\beta)}$$

$$S_2 = \frac{\Delta y_a{}^b \cos\alpha - \Delta x_a{}^b \sin\alpha}{\sin(\alpha-\beta)}$$

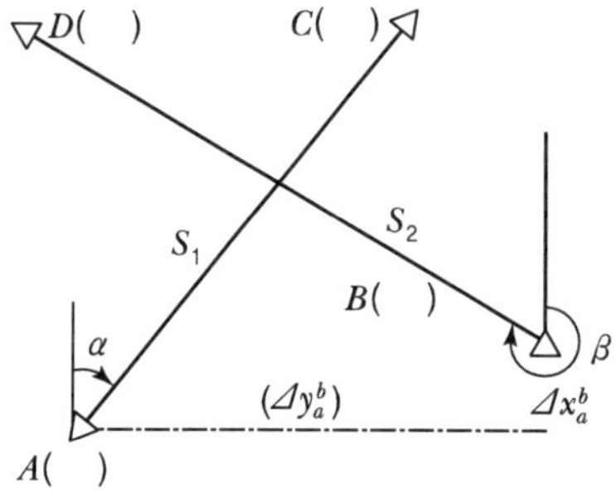

점	x	y	종횡선차	
$D(1)$	6584.79	4734.89	$\Delta y_b{}^d$	−176.71
$B(2)$	6530.34	4911.60	$\Delta x_b{}^d$	+54.45
$C(3)$	6589.13	4897.66	$\Delta y_a{}^c$	+149.56
$A(4)$	6533.98	4748.10	$\Delta x_a{}^c$	+55.15
$\Delta x_a{}^b$	−3.64	$\Delta y_a{}^b$ +163.50	$V_a{}^b$	91°16′31.3″
α	69°45′31.1″	$V_a{}^c$ 69°45′31.1″		
β	287°07′32.7″	$V_b{}^d$ 287°07′32.7″		
$\alpha-\beta$	142°37′58.4″			

$(\Delta y_a^b \cdot \cos\beta - \Delta x_a^b \cdot \sin\beta)/\sin(\alpha-\beta) = S_1$			73.5966
$S_1 \cdot \cos\alpha$	25.46	$S_1 \cdot \sin\alpha$	69.05
x_a	6533.98 (+	y_a	4748.10 (+
x	6559.44	y	4817.15

$(\Delta y_a^b \cdot \cos\alpha - \Delta x_a^b \cdot \sin\alpha)/\sin(\alpha-\beta) = S_2$			98.8306
$S_2 \cdot \cos\beta$	29.10	$S_2 \cdot \sin\beta$	−94.45
x_b	6530.34 (+	y_b	4911.60 (+
x	6559.44	y	4817.15

X	6559.44	Y	4817.15

02

다음 원과 직선의 그림과 같이 R=100m, α= 100°23′33″로 교차할 때 교차점 A의 좌표를 계산하시오.(단, 각도는 초 단위까지, E의 거리는 소수 4자리, 좌표는 cm까지 계산하시오.)

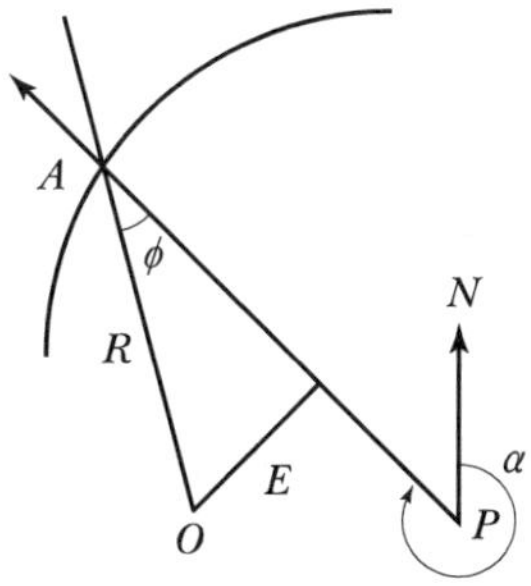

점명	종선좌표(X)	횡선좌표(Y)
O	4567.89m	3545.50m
P	4588.69m	3542.64m

해설 및 정답

(1) $\overline{OP}$의 종선차(Δx)와 횡선차(Δy)의 계산

$\Delta x = X_P - X_O = 4588.69 - 4567.89 = +20.80\text{m}$

$\Delta y = Y_P - Y_O = 3542.64 - 3545.50 = -2.86\text{m}$

(2) 수선장(E) 계산

$E = \Delta y \cdot \cos\alpha - \Delta x \cdot \sin\alpha$

$= (-2.86 \times \cos 100°23'33'') - (20.80 \times \sin 100°23'33'')$

$= -19.9429\text{m}$

(3) ϕ 값의 계산

$$\phi = \sin^{-1}\left(\frac{E}{R}\right) = \sin^{-1}\left(\frac{-19.9429}{100}\right) = -11°30'13''$$

(4) 방위각의 계산

$V_O^A = V_P^A + \phi = 100°23'33'' + (-11°30'13'') = 88°53'20''$

(5) A점의 좌표 계산

$X_A = X_O + (R \times \cos V_O^A) = 4567.89 + (100.00 \times \cos 88°53'20'') = 4569.83\text{m}$

$Y_A = Y_O + (R \times \sin V_O^A) = 3545.50 + (100.00 \times \sin 88°53'20'') = 3645.48\text{m}$

(6) 검산

$\Delta x = X_A - X_P = 4569.83 - 4588.69 = -18.86\text{m}$

$\Delta y = Y_A - Y_P = 3645.48 - 3542.64 = +102.84\text{m}$

$$\theta = \tan^{-1}\frac{\Delta y}{\Delta x} = \tan^{-1}\frac{+102.84}{-18.86} = 79°36'28''(\text{Ⅱ 상한})$$

$V_P^A = 180° - \theta = 180° - 79°36'28'' = 100°23'32''$

03

다음 도형에서 O, A, B점은 중심점들이다. 주어진 조건에서 S의 길이와 C, D의 좌표를 구하시오.(단, 각도는 초 단위, 거리는 소수점 아래 4자리, 면적은 소수점 아래 3자리로 하고 좌표는 cm까지 계산하시오.)

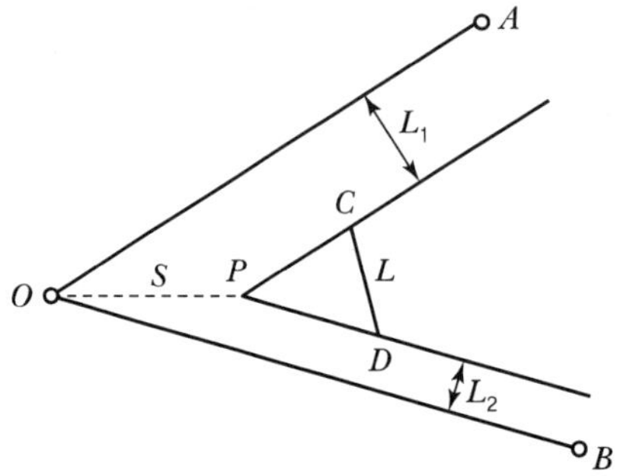

(1) O점의 좌표 : $X = 455715.83$

$Y = 194632.65$

(2) 방위각 : $V_O^A = 64°58'40''$

$V_O^B = 123°43'20''$

(3) 도로폭 : $L_1 = 30\text{m}$, $L_2 = 20\text{m}$

(4) $\overline{CD}$ 길이$= 15\text{m}$

해설 및 정답

(1) 거리(S) 계산

① $\angle AOB$ 계산

$\theta = V_O^B - V_O^A = 123°43'20'' - 64°58'40'' = 58°44'40''$

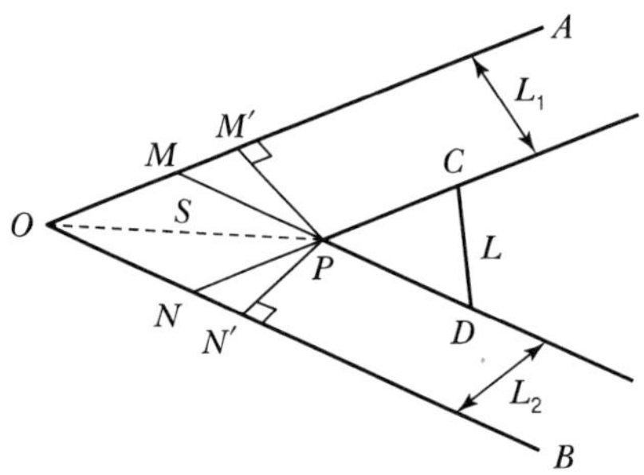

• M과 M' 결정

P점에서 $\overline{OA}$선상에 수선($\overline{PM'}$)을 내리고, P점에서 $\overline{OB}$선상과 나란히 $\overline{OA}$선상에 선($\overline{PM}$)을 긋는다.

• N과 N' 결정

P점에서 $\overline{OB}$선상에 수선($\overline{PN'}$)을 내리고, P점에서 $\overline{OA}$선상과 나란히 $\overline{OB}$선상에 선($\overline{PN}$)을 긋는다.

② $\overline{OM}(=\overline{PN})$의 길이

$\sin\theta = \dfrac{\overline{PN'}}{\overline{PN}}$에서 $\overline{PN}(=\overline{OM}) = \dfrac{\overline{PN'}}{\sin\theta} = \dfrac{20}{\sin 58°44'40''} = 23.3956\text{m}$

③ $\overline{MM'}$의 길이

$\tan\theta = \dfrac{\overline{PM'}}{\overline{MM'}}$에서 $\overline{MM'} = \dfrac{\overline{PM'}}{\tan\theta} = \dfrac{30}{\tan 58°44'40''} = 18.2084\text{m}$

④ $\overline{OM'}$의 길이

$\overline{OM'} = \overline{OM} + \overline{MM'} = 23.3956 + 18.2084 = 41.6040\text{m}$

⑤ $\overline{OP}(=S)$의 길이

$\overline{OP}(=S) = \sqrt{(\overline{OM'})^2 + (\overline{PM'})^2} = \sqrt{(41.6040)^2 + (30)^2} = 51.2922\text{m}$

(2) 가구정점(P), 가구점(C, D)의 좌표 계산

1) 가구정점(P)의 좌표 계산

① $\overline{OP}$ 방위각 계산

$$\angle M'OP = \sin^{-1}\frac{\overline{PM'}}{S} = \sin^{-1}\left(\frac{30}{51.2922}\right) = 35°47'41''$$

따라서, $V_O^P = V_O^A + \angle M'OP = 64°58'40'' + 35°47'41'' = 100°46'21''$

② P점의 좌표 계산

$$X_P = X_O + (S \times \cos V_O^P) = 455715.83 + (51.2922 \times \cos 100°46'21'') = 455706.24\text{m}$$

$$Y_P = Y_O + (S \times \sin V_O^P) = 194632.65 + (51.2922 \times \sin 100°46'21'') = 194683.04\text{m}$$

2) 가구점(C, D)의 좌표 계산

① $\overline{PC}$ 길이와 $\overline{PD}$ 길이 계산

$$\text{전제장}(l) = \frac{L}{2} \times \text{cosec}\frac{\theta}{2}$$

$$\overline{PC} = \overline{PD} = \frac{L}{2} \times \text{cosec}\frac{\theta}{2} = \frac{15}{2} \times \text{cosec}\frac{58°44'40''}{2} = 15.2911\text{m}$$

② C점의 좌표 계산

$$X_C = X_P + (\overline{PC} \times \cos V_O^A) = 455706.24 + (15.2911 \times \cos 64°58'40'') = 455712.71\text{m}$$

$$Y_C = Y_P + (\overline{PC} \times \sin V_O^A) = 194683.04 + (15.2911 \times \sin 64°58'40'') = 194696.90\text{m}$$

③ D점의 좌표 계산

$$X_D = X_P + (\overline{PD} \times \cos V_O^B)$$
$$= 455706.24 + (15.2911 \times \cos 123°43'20'') = 455697.75\text{m}$$

$$Y_D = Y_P + (\overline{PD} \times \sin V_O^B)$$
$$= 194683.04 + (15.2911 \times \sin 123°43'20'') = 194695.76\text{m}$$

(3) 계산과정 검산

$$\overline{CD} = \sqrt{(X_D - X_C)^2 + (Y_D - Y_C)^2}$$
$$= \sqrt{(455697.75 - 455712.71)^2 + (194695.76 - 194696.90)^2} = 15.00\text{m}$$

(4) $\triangle PCD$의 면적 계산

$$\text{전제면적}(A) = \left(\frac{L}{2}\right)^2 \times \cot\frac{\theta}{2}$$

$$\text{전제면적}(A) = \left(\frac{15}{2}\right)^2 \times \cot\left(\frac{58°44'40''}{2}\right) = 99.941\text{m}^2$$

04 면적지정분할을 하기 위한 다음 조건에 의해 P, Q의 좌표를 구하시오.(단, 각은 초 단위, 거리는 0.1mm까지 계산하시오.)

(1) 조건

① $\overline{AD} \mathbin{/\!\!/} \overline{BC}$

② 지정면적$(F) = 990\text{m}^2$

③ $\alpha = 91°13'21''$, $\beta = 77°55'46''$

$\theta = 80°53'00''$, $\phi = 95°36'33''$

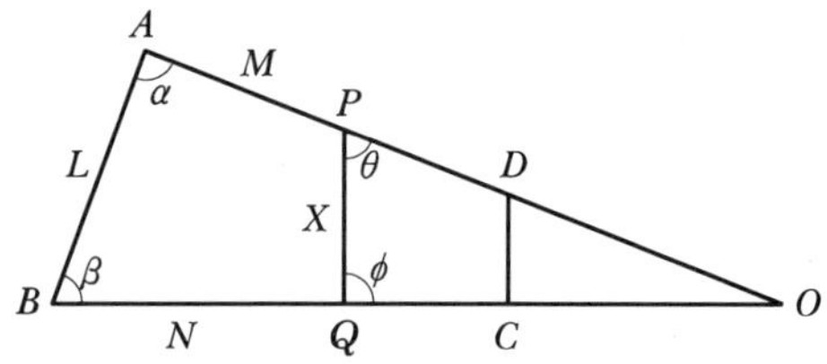

(2) 점의 좌표

점명	종선좌표(X)	횡선좌표(Y)
A	5899.12	5840.37
B	5866.64	5841.69

해설 및 정답

(1) 방위각 계산

① $\theta = \tan^{-1}\dfrac{\Delta Y}{\Delta X} = \tan^{-1}\dfrac{+1.32}{-32.48} = 2°19'38''$ (Ⅱ 상한)

$V_A^B = 180° - \theta = 180° - 2°19'38'' = 177°40'22''$

② $V_B^C = V_B^A + \beta = (V_A^B \pm 180°) + \beta = (177°40'22'' - 180°) + 77°55'46'' = 75°36'08''$

③ $V_A^D = V_A^B - \alpha = 177°40'22'' - 91°13'21'' = 86°27'01''$

(2) M, N, L, X 계산

$$x = \sqrt{\left(\frac{L^2}{\cot\alpha + \cot\beta} - 2F\right) \times (\cot\theta + \cot\phi)}$$

$$M = \frac{(L \times \sin\beta) - (x \times \sin\phi)}{\sin(\alpha + \beta)}, \quad N = \frac{(L \times \sin\alpha) - (x \times \sin\theta)}{\sin(\alpha + \beta)}$$

① $L(=\overline{AB}) = \sqrt{(-32.48)^2 + (1.32)^2} = 32.5068\text{m}$

② $x = \sqrt{\left(\dfrac{32.5068^2}{\cot 91°13'21'' + \cot 77°55'46''} - 2 \times 990\right) \times (\cot 80°53'00'' + \cot 95°36'33'')}$

$= 14.7812\text{m}$

③ $M = \dfrac{(32.5068 \times \sin 77°55'46'') - (14.7812 \times \sin 95°36'33'')}{\sin 169°09'07''} = 90.7397\text{m}$

④ $N = \dfrac{(32.5068 \times \sin 91°13'21'') - (14.7812 \times \sin 80°53'00'')}{\sin 169°09'07''} = 95.1351\text{m}$

(3) P, Q의 좌표 계산

① P점의 좌표 계산

$X_P = X_A + (M \times \cos V_A^D) = 5899.12 + (90.7397 \times \cos 86°27'01'') = 5904.74\text{m}$

$Y_P = Y_A + (M \times \sin V_A^D) = 5840.37 + (90.7397 \times \sin 86°27'01'') = 5930.94\text{m}$

② Q점의 좌표 계산

$$X_Q = X_B + (N \times \cos V_B^C) = 5866.64 + (95.1351 \times \cos 75°36'08'') = 5890.30\text{m}$$

$$Y_Q = Y_B + (N \times \sin V_B^C) = 5841.69 + (95.1351 \times \sin 75°36'08'') = 5933.84\text{m}$$

05 일반원점지역에 있는 지적도근점 좌표가 X=435748.18m이고 Y=203288.42m일 때 이를 포용하는 축척 1200분의 1 지역의 도곽선 좌표를 계산하시오.

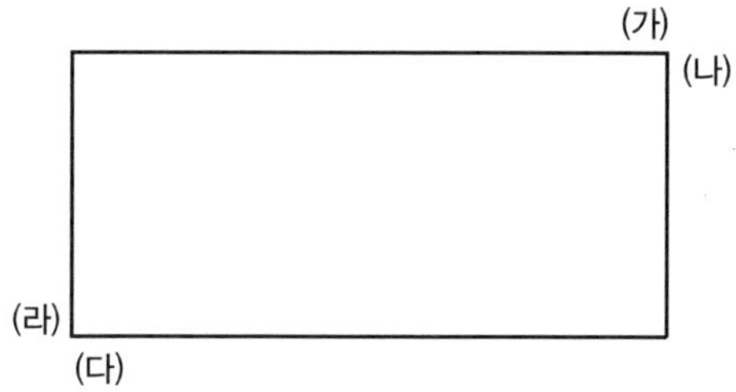

해설 및 정답

(1) 도곽선의 지상길이

축척 1/1200 지역에서의 도곽선 지상길이(m)＝400×500

(2) 종선 및 횡선좌표 결정

종선좌표 결정	횡선좌표 결정
① 종선좌표에서 500000을 뺌 X＝435748.18－500000＝－64251.82m	① 횡선좌표에서 200000을 뺌 Y＝203288.42－200000＝3288.42m
② 도곽선 종선길이로 나눔 －64251.82÷400＝－160.63	② 도곽선 횡선길이로 나눔 3288.42÷500＝6.58
③ 도곽선 종선길이로 나눈 정수를 곱함 －160×400＝－64000m	③ 도곽선 횡선길이로 나눈 정수를 곱함 6×500＝3000m
④ 원점에서의 거리에 500000을 더함 －64000+500000＝436000m ⇒ 상부좌표 (가)	④ 원점에서의 거리에 200000을 더함 3000+200000＝203000m ⇒ 좌측좌표 (라)
⑤ 종선의 상부좌표에서 종선길이를 뺌 436000－400＝435600m ⇒ 하부좌표 (다)	⑤ 횡선의 좌측좌표에 횡선길이를 더함 203000+500＝203500m ⇒ 우측좌표 (나)

06 일반원점지역에 있는 지적도근점 좌표가 $X=-4537.74$m이고 $Y=+2139.45$m일 때 이를 지적좌표계로 환산하여 지적삼각점을 포용하는 축척 1200분의 1 지역의 도곽선 좌표를 계산하시오.

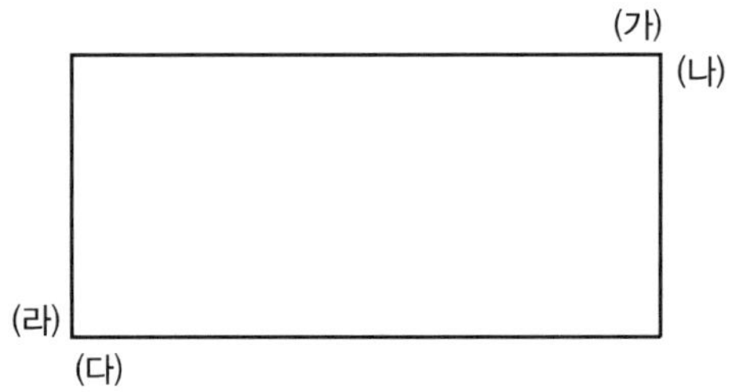

해설 및 정답

(1) 도곽선의 지상길이

축척 1/1200 지역에서의 도곽선 지상길이(m) = 400×500

(2) 종선 및 횡선좌표 결정

종선좌표 결정	횡선좌표 결정
① 도곽선 종선길이로 나눔 −4537.74÷400 = −11.34	① 도곽선 횡선길이로 나눔 +2139.45÷500 = +4.28
② 도곽선 종선길이로 나눈 정수를 곱함 −11×400 = −4400m	② 도곽선 횡선길이로 나눈 정수를 곱함 4×500 = +2000m
③ 원점에서의 거리에 500000을 더함 −4400+500000 = 495600m ⇒ 상부좌표 (가)	③ 원점에서의 거리에 200000을 더함 2000+200000 = 202000m ⇒ 좌측좌표 (라)
④ 종선의 상부좌표에서 종선길이를 뺌 495600−400 = 495200m ⇒ 하부좌표 (다)	④ 횡선의 좌측좌표에 횡선길이를 더함 202000+500 = 202500m ⇒ 우측좌표 (나)

07 구소삼각원점지역에서 지적도근점 좌표가 $X=-3739.25$m이고 $Y=-2331.59$m일 때 이를 포용하는 지적도의 도곽선을 축척 1000분의 1로 작성하시오.

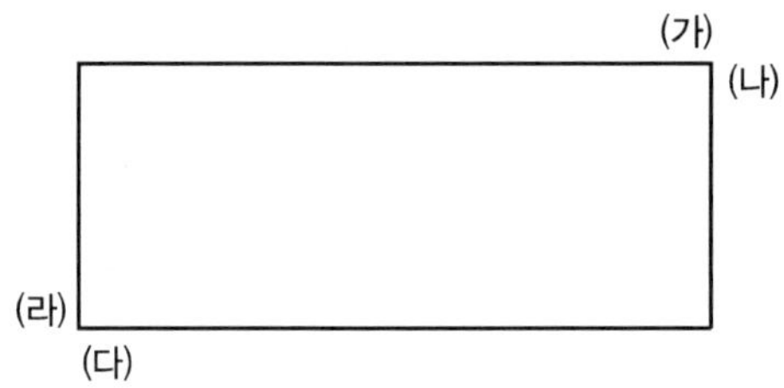

해설 및 정답

(1) 도곽선의 지상길이

축척 1/1000 지역에서의 도곽선 지상길이(m) = 300 × 400

(2) 종선 및 횡선좌표 결정

종선좌표 결정	횡선좌표 결정
① 도곽선 종선길이로 나눔 −3739.25 ÷ 300 = −12.46	① 도곽선 횡선길이로 나눔 −2331.59 ÷ 400 = −5.83
② 도곽선 종선길이로 나눈 정수를 곱함 −12 × 300 = −3600m ⇒ 상부좌표 (가)	② 도곽선 횡선길이로 나눈 정수를 곱함 −5 × 400 = −2000m ⇒ 우측좌표 (나)
③ 종선의 상부좌표에서 종선길이를 뺌 −3600 − 300 = −3900m ⇒ 하부좌표 (다)	③ 횡선의 우측좌표에서 횡선길이를 뺌 −2000 − 400 = −2400m ⇒ 좌측좌표 (라)

08

축척 1200분의 1 지역에서 원면적이 $624m^2$인 효자동1가 124번지의 토지를 분할하기 위해 전자면적계로 면적을 측정하여 124번지는 $220.1m^2$, 124−1번지는 $385.5m^2$를 얻었다. 이 도면의 신축량이 −0.5mm일 때 「공간정보의 구축 및 관리 등에 관한 법률」 및 「지적측량 시행규칙」에 의거하여 다음 사항들을 계산하고 면적측정부 서식을 완성하시오.

(1) 도곽선의 보정계수(소수 4자리까지)
(2) 보정면적
(3) 신구면적 허용오차
(4) 산출면적
(5) 결정면적

면적측정부							
동리명	지번	측정면적	도곽신축 보정계수	보정면적	원면적	산출면적	결정면적
		m^2 .	.	m^2 .	m^2 .	m^2 .	m^2 .
		.	.	.	.	.	.
		.	.	.	.	.	.

(1) 도곽선의 보정계수

$$Z = \frac{X \cdot Y}{\Delta X \cdot \Delta Y}$$

$축척 = \frac{도상거리}{실제거리},\ \frac{1}{1200} = \frac{-0.5\mathrm{mm}}{실제거리}$

$실제거리 = 0.5\mathrm{mm} \times 1200 = 600\mathrm{mm} = 0.6\mathrm{m}$

$Z = \frac{X \cdot Y}{\Delta X \cdot \Delta Y} = \frac{400 \times 500}{(400-0.6) \times (500-0.6)} = 1.0027$

(2) 필지별 보정면적

구분	필지별 보정면적 = 측정면적 × 도곽선의 보정계수
124번지 보정면적	$220.1 \times 1.0027 = 220.69 = 220.7$
124-1번지 보정면적	$385.5 \times 1.0027 = 386.54 = 386.5$
소계	$607.2\mathrm{m}^2$

(3) 신구면적 허용오차

$$A = \pm 0.026^2 M \sqrt{F}$$

$A = \pm 0.026^2 M \sqrt{F} = \pm 0.026^2 \times 1200 \times \sqrt{624} = \pm 20.26 = \pm 20\mathrm{m}^2$

(4) 오차 계산

$오차 = 보정면적\ 합 - 원면적 = 607.2 - 624 = -16.8\mathrm{m}^3$

※ 오차($-16.8\mathrm{m}^2$)가 신구면적 허용오차($\pm 20\mathrm{m}^2$) 범위 안에 존재하므로 면적 보정

(5) 산출면적 및 결정면적

$산출면적 = \frac{원면적}{보정(측정)면적의\ 합계} \times 필지별\ 보정(측정)면적$		결정면적	
124번지 산출면적	$\frac{624}{607.2} \times 220.7 = 226.8$	124번지 결정면적	$227\mathrm{m}^2$
124-1번지 산출면적	$\frac{624}{607.2} \times 386.5 = 397.2$	124-1번지 결정면적	$397\mathrm{m}^2$
소계	$624.0\mathrm{m}^2$	소계	$624\mathrm{m}^2$

면 적 측 정 부

동리명	지번	측정면적 (m^2)	도곽신축 보정계수	보정면적 (m^2)	원면적 (m^2)	산출면적 (m^2)	결정면적 (m^2)
효자동 1가	124	220.1	1.0027	220.7	.	226.8	227.
	124-1	385.5	1.0027	386.5	.	397.2	397.
	124	605.6	.	607.2	624.	624.0	624.

09

축척 1200분의 1 지역에서 원면적이 $2034m^2$인 효자동1가 17번지의 토지를 분할하기 위해 전자면적계로 면적을 2회 측정한 결과 17번지는 $1011.4m^2$와 $1011.0m^2$, 17-1번지는 $1026.0m^2$와 $1026.6m^2$를 각각 얻었다. 이 도면의 도곽선 길이를 측정한바, $\Delta X_1 = -1.7m$, $\Delta X_2 = -1.1m$, $\Delta Y_1 = -1.1m$, $\Delta Y_2 = -0.6m$일 때 「공간정보의 구축 및 관리 등에 관한 법률」 및 「지적측량 시행규칙」에 의해 다음 사항들을 계산하고 면적측정부를 완성하시오.

(1) 17번지의 측정면적 허용오차
(2) 도곽선의 신축량
(3) 도곽선의 보정계수
(4) 신구면적 허용오차
(5) 산출면적
(6) 결정면적

면 적 측 정 부										
동리명	지번	횟수 또는 산출 수		측정면적	도곽신축 보정계수	보정면적	원면적	산출면적	결정면적
		제1회	제2회						
		m^2 .	m^2 .	m^2 .	.	m^2 .	m^2 .	m^2 .	m^2 .
		.	.	.	.	.	.	.	.
		.	.	.	.	.	.	.	.

해설 및 정답

(1) 측정면적 허용교차(17번지)

$$A = \pm 0.023^2 M\sqrt{F}$$

여기서, A : 허용면적, M : 축척분모, F : 2회 측정한 면적의 합계를 2로 나눈 수

$A = \pm 0.023^2 M\sqrt{F} = \pm 0.023^2 \times 1200 \times \sqrt{1011.2} = \pm 20m^2$

(2) 도곽선의 신축량

$$\text{도곽선 신축량}(S) = \frac{\Delta X_1 + \Delta X_2 + \Delta Y_1 + \Delta Y_2}{4}$$

여기서, ΔX_1 : 왼쪽 종선의 신 또는 축 된 차
ΔX_2 : 오른쪽 종선의 신 또는 축 된 차
ΔY_1 : 위쪽 횡선의 신 또는 축 된 차
ΔY_2 : 아래쪽 횡선의 신 또는 축 된 차

이 경우 신 또는 축 된 차(mm) = $\dfrac{1000(L - L_0)}{M}$

$$S = \frac{\Delta X_1 + \Delta X_2 + \Delta Y_1 + \Delta Y_2}{4} = \frac{-1.7 - 1.1 - 1.1 - 0.6}{4} = -1.125$$

(3) 도곽선의 보정계수

$$Z=\frac{X \cdot Y}{\Delta X \cdot \Delta Y}$$

$$\Delta X=\frac{(-1.7-1.1)}{2}=-1.4$$

$$\Delta Y=\frac{(-1.1-0.6)}{2}=-0.85$$

$$Z=\frac{X \cdot Y}{\Delta X \cdot \Delta Y}=\frac{400 \times 500}{(400-1.4) \times (500-0.85)}=1.0052$$

(4) 필지별 보정면적

구분	필지별 보정면적 = 측정면적 × 도곽선의 보정계수
17번지 보정면적	$1011.2 \times 1.0052=1016.46=1016.5$
17-1번지 보정면적	$1026.3 \times 1.0052=1031.64=1031.6$
소계	2,048.1m^2

(5) 신구면적 허용오차

$$A=\pm 0.026^2 M\sqrt{F}$$

$A=\pm 0.026^2 M\sqrt{F}=\pm 0.026^2 \times 1200 \times \sqrt{2034}=\pm 36.59=\pm 36m^2$

(6) 오차 계산

오차 = 보정면적 합 − 원면적

$=2048.1-2034=+14.1m^2$

※ 오차($+14.1m^2$)가 신구면적 허용오차($\pm 36m^2$) 범위 안에 존재하므로 면적 보정

(7) 산출면적 및 결정면적

산출면적 $=\frac{\text{원면적}}{\text{보정(측정)면적의 합계}} \times$ 필지별 보정(측정)면적		결정면적	
17번지 산출면적	$\frac{2034}{2048.1} \times 1016.5=1009.5$	17번지 결정면적	1010m^2
17-1번지 산출면적	$\frac{2034}{2048.1} \times 1031.6=1024.5$	17-1번지 결정면적	1024m^2
소계	2034.0m^2	소계	2034m^2

면 적 측 정 부										
동리명	지번	횟수 또는 산출 수		측정면적	도곽신축 보정계수	보정면적	원면적	산출면적	결정면적
		제1회	제2회						
효자동 1가	17	1011.4 m^2	1011.0 m^2	1011.2 m^2	1.0052	1016.5 m^2	. m^2	1009.5 m^2	1010. m^2
	17−1	1026.0	1026.6	1026.3	1.0052	1031.6	.	1024.5	1024.
	17	.	.	2037.5	.	2048.1	2034.	2034.0	2034.

PART

02

작업형(외업)

CHAPTER

01 작업형(외업) 시험대비요령

CADASTRAL SURVEYING

01 자격종목별 배점, 과제명 및 시험시간

1. 지적기사(배점 45점 : 1시간 45분)

(1) 1과제(지적삼각보조점측량) : 35분

(2) 2과제(지적도근점측량) : 35분

(3) 3과제(세부측량) : 35분

2. 지적산업기사(배점 45점 : 1시간 10분)

(1) 1과제(지적도근점측량) : 35분

(2) 2과제(세부측량) : 35분

02 수험자 유의사항

(1) 수험자 인적사항 및 답안작성은 반드시 검은색 필기구만 사용하여야 하며, 그 외 연필류, 유색필기구, 지워지는 펜 등을 사용한 답안은 채점하지 않으며 0점 처리됩니다.

(2) 답안 정정 시에는 정정하고자 하는 단어에 두 줄(=)을 긋고 다시 작성하거나, 수정테이프(수정액 제외)를 사용하여 정정하시기 바랍니다.

(3) 지급된 장비의 이상 유무를 확인합니다.

(4) 코스별 부호의 명칭을 확인하여 기재하고 현장을 확인합니다.

(5) 수험도중 수험자간에 대화를 해서는 아니 됩니다.

(6) 실기시험 중 설치된 시설물이 파손되지 않도록 주의하여야 합니다.

(7) 장비 사용을 완료한 경우에는 본래대로 조정한 후 원위치에 반환합니다.

(8) 모든 관측부의 서식 정리 및 답안지 작성은 지적관련법령 및 서식 등의 관련 규정에 맞도록 기록하고 기재 가능한 모든 사항을 기록합니다.(단, 주어진 조건이 있을 경우에는 조건에 따르시오.)

(9) 각 과제 시험시간을 초과한 과제는 각 과제별 0점 처리합니다.

(10) 시험 중 수험자는 반드시 안전수칙을 준수해야 하며, 작업 복장상태, 안전사항 등이 채점대상이 됩니다.(작업에 적합한 복장을 항시 착용하여야 합니다.)

(11) 다음 사항은 실격에 해당하여 채점 대상에서 제외됩니다.

가) 수험자 본인이 수험 도중 시험에 대한 포기 의사를 표시하는 경우

나) 전 과정(필답형 + 작업형)을 응시하지 않은 경우

다) 시험 중 시설 · 장비의 조작이 미숙하여 장비의 파손 및 고장을 발생시킨 것으로 시험위원 전원이 합의하여 판단하는 경우

CHAPTER

02 작업형 측량장비

CADASTRAL SURVEYING

01 개요

작업형 측량장비는 경위의와 토털스테이션이 사용되며 경위의는 데오돌라이트(Theodolite)라고도 한다. 데오돌라이트는 망원경을 이용하여 수평축이나 수직축을 기준으로 각도를 측정하는 측량기기로 최근에는 전자장치를 부착하여 각 읽음을 보다 쉽게 한 디지털 데오돌라이트가 사용되고 있으며, 토털스테이션(Total Station)은 전자식 데오돌라이트와 광파측거기가 하나의 기기로 통합되어 각도와 거리를 함께 측정할 수 있는 측량기로 정확하고 빠른 측정이 가능하다.

02 측량장비 설명

1. 데오돌라이트(Theodolite) 구조 및 주요 명칭

지적기사(산업기사)의 작업형(외업) 시험에서 데오돌라이트는 각도를 측정하는 측량기기로 지적기사의 지적삼각보조점측량 및 지적도근점측량에 사용되며, 지적산업기사의 지적도근점측량에 사용되는 측량장비이다.

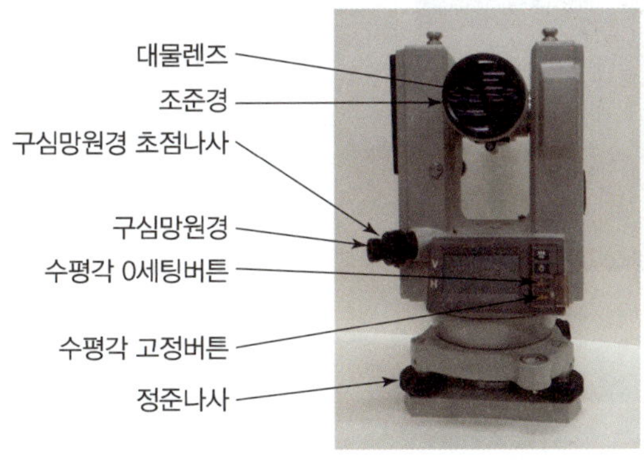

[그림 2-1] 데오돌라이트 주요 명칭(후면부)

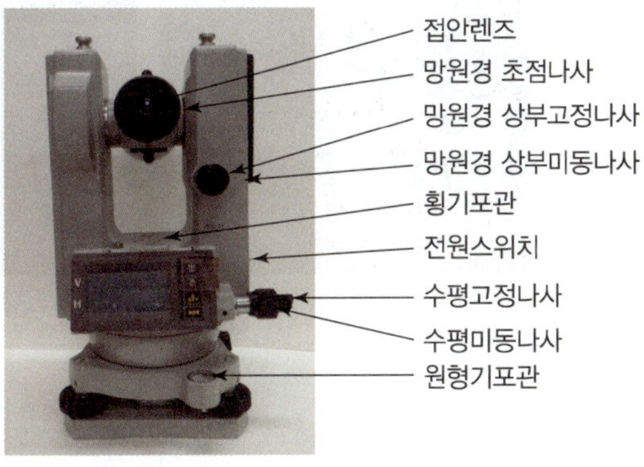

[그림 2-2] 데오돌라이트 주요 명칭(전면부)

• NOTICE • 본 사진은 수험자의 실기시험에 도움이 되도록 제작한 것으로 실제 시험장 측량장비와는 차이가 있을 수 있습니다.

2. 토털스테이션(Total Station) 구조 및 주요 명칭

토털스테이션(T/S)은 지적기사(산업기사)의 작업형(외업) 중 각도와 거리를 함께 측정하는 세부측량 시험에 이용되는 측량장비이다.

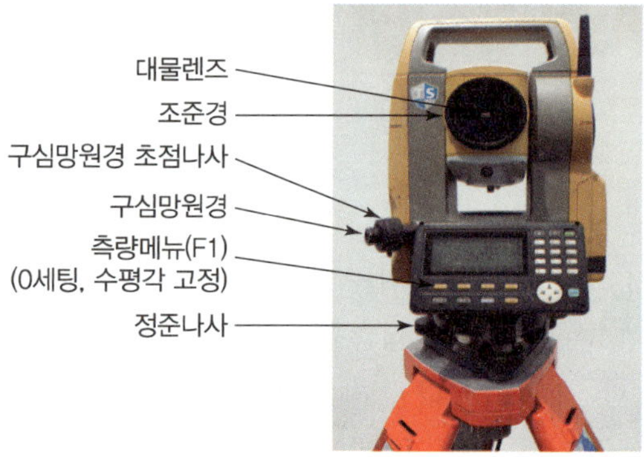

[그림 2-3] 토털스테이션 주요 명칭(후면부)

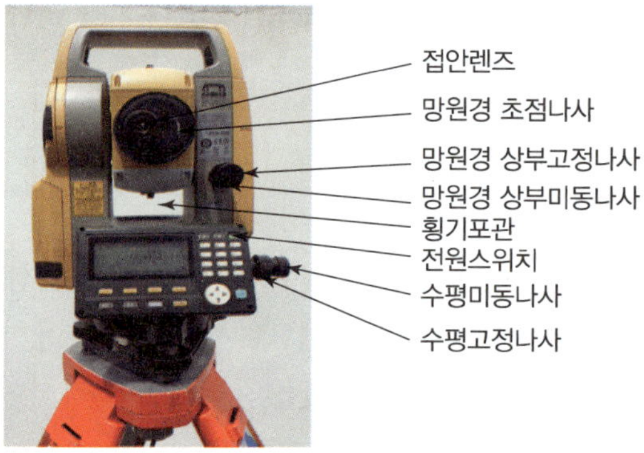

[그림 2-4] 토털스테이션 주요 명칭(전면부)

• NOTICE • 본 사진은 수험자의 실기시험에 도움이 되도록 제작한 것으로 실제 시험장 측량장비와는 차이가 있을 수 있습니다.

3. 세부 작업 요령

(1) 계획 및 준비

작업형 사진		상세 설명
 [그림 2-5]	 [그림 2-6]	➡ 시험장의 대기석에서 [그림 2-5]와 같이 관측노선(코스)을 파악하고 관측계획을 수립한다. ➡ 측량장비 점검 후 삼각대의 신축조정나사를 이용하여 [그림 2-6]과 같이 측량장비의 망원경 높이를 자신의 눈높이에 맞도록 삼각대의 높이를 조정한다.

(2) 측량장비 구심(기계중심) 맞추기

데오돌라이트와 토털스테이션의 구심(기계중심)을 맞추는 방법은 동일하다.

작업형 사진		상세 설명
 [그림 2-7]	 [그림 2-8]	➡ 관측계획 수립 후 첫 관측점으로 이동하여 [그림 2-7]과 같이 삼각대의 다리 1개를 고정하고 삼각대의 다리 2개와 [그림 2-8]과 같이 구심망원경을 이용하여 구심(기계중심)을 맞춘다.
 [그림 2-9]	 [그림 2-10]	➡ 구심(기계중심)을 맞춘 후 [그림 2-9]와 같이 삼각대의 신축을 조정하여 개략적인 측량장비의 수평을 맞춘다. ➡ 측량장비의 기포조정은 [그림 2-10]과 같이 한다.
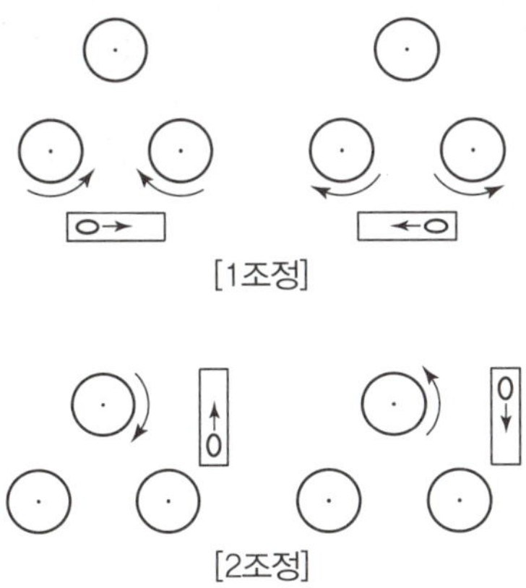 [그림 2-11]		➡ 기포조정은 [그림 2-11]과 같이 2개를 동시에 조정하여 첫 번째 기포조정을 하고 나머지 1개의 정준나사를 이용하여 기포가 중앙에 올 수 있도록 두 번째 기포조정을 한다.

<table>
<tr><th colspan="2">작업형 사진</th><th>상세 설명</th></tr>
<tr><td>
[그림 2-12]</td><td>
[그림 2-13]</td><td>➡ 정준 완료 후 구심(기계중심)을 확인하고 중심에서 벗어난 경우 [그림 2-12]와 같이 하부나사를 풀어 측량장비를 움직여서 중심을 맞춘다.

➡ 세부구심 조정 후 측량장비에 대한 수평상태를 확인하여 수평이 맞지 않으면 수평 맞추기를 재실시하여 [그림 2-13]과 같이 수평 및 중심맞추기를 완료한다.</td></tr>
</table>

(3) 관측방법

측량장비에 대한 수평 및 중심 맞추기가 완료되면 접안렌즈를 통하여 목표물을 시준하여 관측을 시행한다. 지적도근점측량에서의 관측은 수평각만을 측정하므로 [그림 2-14]와 같이 정확히 시준하며 세부측량에서의 관측은 [그림 2-15]와 같이 프리즘을 시준하여 수평각을 먼저 측정하고 거리측정 버튼을 눌러 기지점에서 미지점까지의 수평거리를 측정한다.

[그림 2-14] 지적도근점측량에서 관측방법
(각만 측정)

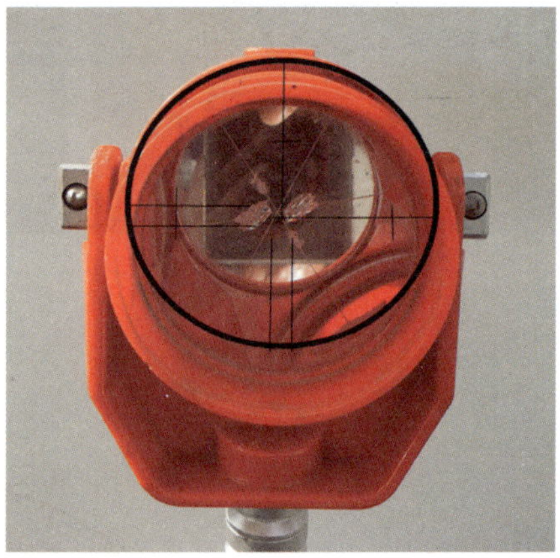

[그림 2-15] 세부측량에서 프리즘 관측방법
(각과 거리 측정)

CHAPTER

03 작업형 실기시험요령

CADASTRAL SURVEYING

01 지적기사 실기시험요령

1. 지적삼각보조점측량(방향관측법)

(1) 기본원리

① 방향관측법은 한 개의 측점에서 여러 개의 시준점을 관측하는 방법이다.

② 시준점의 하나를 "P"방향으로 정한 후 망원경을 정위로 하고 시계방향으로 다른 시준점("Q", "R")을 순차적으로 수평각을 관측하여 "P"방향에 폐색한다.

③ 다시 망원경을 반위로 하여 반시계방향으로 수평각을 관측하여 "P"방향에 폐색한다.

④ 이와 같은 관측방법을 1대회라 하며, 지적삼각점측량에서는 3대회(0도, 60도, 120도), 지적삼각보조점측량에서는 2대회(0도, 90도)의 방향관측법에 의한다.

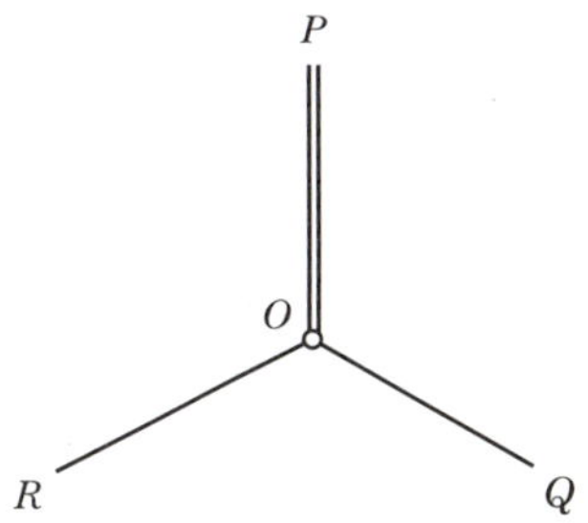

(2) 문제유형

측점 O점에 기계를 설치하고 OP를 출발기준선으로 하여 2대회 방향관측법으로 수평각 관측부 및 수평각 개정계산부를 작성하시오.(단, 출발기준선의 기지방위각은 0°00′00″로 가정하며, P, Q, R점은 시험위원이 지정한 점을 관측하시오.)

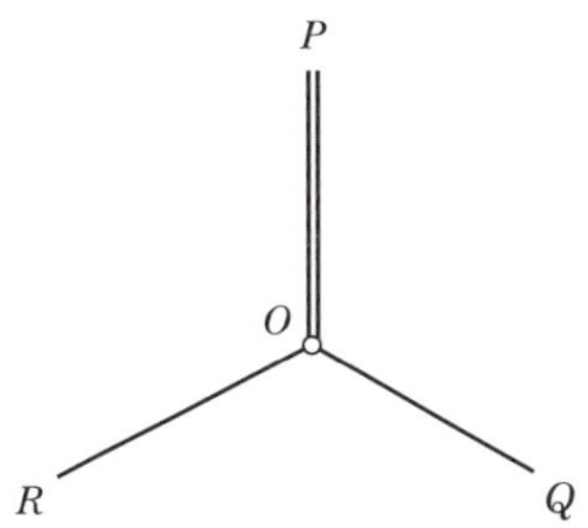

(3) 관측방법

1) 정(正)측회 관측

① "O"점에 측량장비를 세우고 망원경을 정위로 하여 "P"점을 표정한 후 수평각을 0 SET 하여 0°00′00″로 설정한다.

② 수평 고정나사를 풀고 망원경을 회전하여 "Q"점을 시준하여 고정한 후 관측각을 기록한다.

③ 수평 고정나사를 풀고 망원경을 회전하여 "R"점을 시준하여 고정한 후 관측각을 기록한다.

④ 계속 회전하여 "P"점을 시준하여 고정하고 관측각을 기록한다.

2) 반(反)측회 관측

① 망원경을 반전한 후 "P"점을 시준하여 관측각을 기록한다. 이때의 윤곽도는 180°가 된다.

② 수평 고정나사를 풀고 망원경을 반시계방향으로 회전하여 "R"점을 시준하여 고정한 후 관측각을 기록한다.

③ 수평 고정나사를 풀고 망원경을 반시계방향으로 회전하여 "Q"점을 시준하여 고정한 후 관측각을 기록한다.

④ 계속 반시계방향으로 회전하여 "P"점을 시준하여 고정하고 관측각을 기록한다.

3) 대회 관측

① 정측회와 반측회를 1대회라 한다.

② n대회는 $\frac{180°}{n}$로 하여 윤곽도를 결정한다.

③ 2대회 관측에서 정측회는 0°, 90°, 반측회는 180°, 270°에서 관측하고, 3대회 관측에서 정측회는 0°, 60°, 120°, 반측회는 180°, 240°, 300°에서 실시한다.

④ 대회 관측을 위한 관측순서

윤곽도	1대회		2대회		3대회	
	정	반	정	반	정	반
2대회	0°	180°	90°	270°		
3대회	0°	180°	60°	240°	120°	300°

4) 폐색차 조정

① 폐색차란 원방향에서 일정한 윤곽도를 입력하여 정 또는 반으로 회전하여 출발점에 되돌아오면 출발 당시의 각도와 일치하여야 하며 일치하지 않은 각도의 차이가 폐색오차가 된다.

② 폐색차는 관측횟수마다 오차가 누적되어 횟수에 비례하여 조정한다.

제1각에서 $\frac{e}{n}$

제2각에서 $\frac{2e}{n}$

⋮

제n각에서 $\frac{ne}{n}$

여기서, n : 측정횟수, e : 폐색오차

5) 조정결과

① 조정 후 결과각은 원방향을 0°로 한 방향각을 기재한다.

② 정측회일 경우 출발은 0°, 도착은 360°로 기입하고 반측회일 경우 출발은 360°, 도착은 0°로 기재한다.

③ 각 측점의 결과각은 폐색차 조정각에서 윤곽도를 뺀 각을 기재한다.

(4) 수평각관측부 및 수평각조정계산부 작성

수 평 각 관 측 부

측점명 *O* 점												
시간	윤곽도	경위	순번	시준점	방향각			조정				
								출발차	폐색차	결과		
	0°	정	1	*P*	0°	00′	00″	″	0 ″	0°	00′	00″
			2	*Q*	123	33	22		+2	123	33	24
			3	*R*	251	11	15		+3	251	11	18
			1	*P*	359	59	55		+5	360	00	00
	180°	반	1	*P*	180	00	05	−5		360	00	00
			3	*R*	71	11	16	−5		251	11	11
			2	*Q*	303	33	25	−5		123	33	20
			1	*P*	180	00	05	−5		0	00	00
	90°	정	1	*P*	90	00	00		0	0	00	00
			2	*Q*	213	33	25		−1	123	33	24
			3	*R*	341	11	18		−2	251	11	16
			1	*P*	90	00	03		−3	360	00	00
	270°	반	1	*P*	270	00	10	−10	0	360	00	00
			3	*R*	161	11	27	−10	−2	251	11	15
			2	*Q*	33	33	37	−10	−3	123	33	24
			1	*P*	270	00	15	−10	−5	0	00	00

수 평 각 개 정 계 산 부

측점명	시준점	방향각																				
		(0)°					(90)°				( )°				평균			중심각		
		정			반		정		반		정		반							
O	*P*	0°	00′	00″	00′	00″	00′	00″	00′	00″	00′	00″	00′	00″	0°	00′	00″	°	′	″
	Q	123	33	24	33	20	33	24	33	24					123	33	23.0	123	33	23.0
	R	251	11	18	11	11	11	16	11	15					251	11	15.0	127	37	52.0
	P	360	00	00	00	00	00	00	00	00					360	00	00.0	108	48	45.0

2. 지적도근점측량(배각법)

(1) 기본원리

① 배각법은 측점에서 두 시준점을 같은 방향으로 여러 번 회전시켜 관측한 합계각을 반복 횟수로 나누어 평균각을 구하는 각 관측방법이다.

② 배각법에 의하여 지적도근점측량을 시행하는 때에는 각 측선의 교각을 3배각 관측하고 그 평균치를 관측각으로 한다.

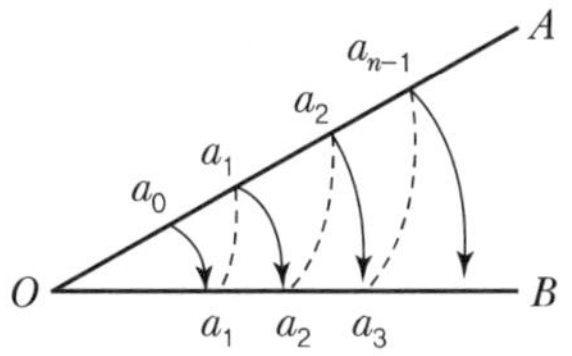

$$\angle AOB = \frac{(\alpha_n - \alpha_0)}{n}$$

여기서, α_n : 나중 읽음 값, α_0 : 처음 읽음 값, n : 관측횟수

(2) 문제유형

지적도근점측량을 배각법으로 실시하고자 한다. 측점 A, B에 기계를 설치하여 $A \to B$ 방위각, $B \to C$ 방위각, C점의 좌표를 구하시오.(단, A점의 좌표는 $X = 100.00\text{m}$, $Y = 100.00\text{m}$이며, 기지방위각(V_A^P), $\overline{AB}$ 및 $\overline{BC}$의 거리는 시험위원이 지정해 주는 값에 따르시오.)

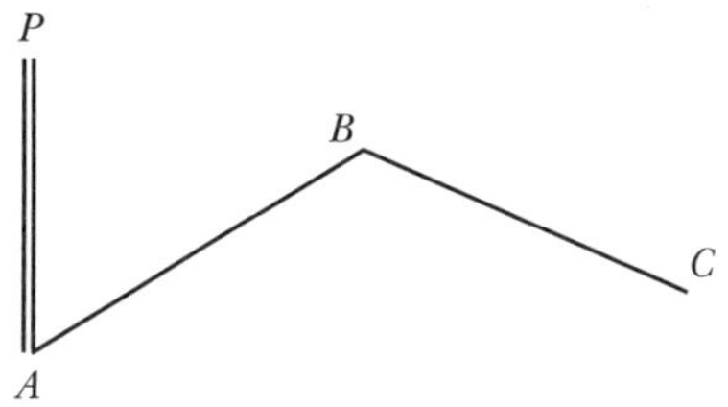

(3) 관측 및 계산방법

Point

기지점과 미지점 간의 방위각과 점간거리를 이용하여 미지점의 좌표를 계산한다.

1) 관측방법

① 측점 "A"에서 관측

㉠ "A"점에 측량장비를 세우고 "P"점 표정 후 수평각을 0 SET하여 0°00′00″로 설정한다.

㉡ 망원경을 회전하여 "B"점 시준 후 $\angle PAB$를 관측하고 관측부에 1배각을 기재한다.

(단, $\overline{AB}$ 거리는 시험위원이 지정해 주므로 내각만 관측하고 거리는 측정하지 않는다.)

㉢ 수평각을 고정(HOLD)시킨 상태에서 "P"점 표정 후 수평각 고정(HOLD)을 해제하고 망원경을 회전하여 $\angle PAB$의 2배각을 관측한다.

㉣ 동일한 방법으로 $\angle PAB$를 측정하여 3배각과 평균각을 관측부에 기재한다.

② 측점 "B"에서 관측

"B"점에 측량장비를 세운 후 "A"점에서 관측방법 순서(㉠~㉣)에 의하여 $\angle ABC$의 1배각과 3배각 및 평균각을 측정한다.

2) 계산방법

측점		방위각 계산	좌표 계산
A점	B점 좌표 계산	$V_A^B = V_A^P + \angle PAB$ V_A^P : 시험위원이 지정한 각 $\angle PAB$: 관측각	$X_B = X_A + (\overline{AB} \times \cos V_A^B)$ $Y_B = Y_A + (\overline{AB} \times \sin V_A^B)$ X_A, Y_A : A점 좌표(조건에서 주어짐) $\overline{AB}$: 시험위원이 지정한 거리
B점	C점 좌표 계산	$V_B^C = V_B^A + \angle ABC$ $= (V_A^B \pm 180°) + \angle ABC$ V_A^B : A점에서 계산한 방위각 $\angle ABC$: 관측각	$X_C = X_B + (\overline{BC} \times \cos V_B^C)$ $Y_C = Y_B + (\overline{BC} \times \sin V_B^C)$ X_B, Y_B : B점 좌표 $\overline{BC}$: 시험위원이 지정한 거리

3. 세부측량

(1) 기본원리

① 세부측량은 기지점으로부터 구하고자 하는 점까지 거리와 내각을 관측하고 방위각을 산출해서 각 점의 좌표를 구한다.

② 방위각은 전 측선의 방위각과 관측한 내각을 이용하여 산출하며, 점의 좌표는 기지점의 좌표를 기준으로 종횡선차를 가감하여 계산한다.

③ 우선 각각의 기지점의 좌표를 먼저 산출하고 이를 기준으로 경계점까지 거리와 내각을 관측한 후 경계점의 좌표를 구한다.

(2) 문제유형

> **측점 A에서 출발하여 측점 B의 방위각을 관측하고, 측점 B에서 P, Q에 대한 거리와 방위각 및 측점 C의 방위각을 관측한 후 측점 C에서 R, S에 대한 거리와 방위각을 관측하여 주어진 서식에 기록하고 B, C, P, Q, R, S에 대한 좌표 및 $\overline{PS}$ 거리를 구하시오. (단, A점의 좌표는 $X=150.00\text{m}$, $X=200.00\text{m}$이고, 기지방위각($V_A{}^T$), $\overline{AB}$ 및 $\overline{BC}$ 거리는 시험위원이 지정해 주는 값에 따르며, 반드시 제시한 측점에서 관측하여 각은 초(″)단위까지, 거리 및 좌표는 소수 셋째 자리에서 반올림하여 구하시오.)**
>
> 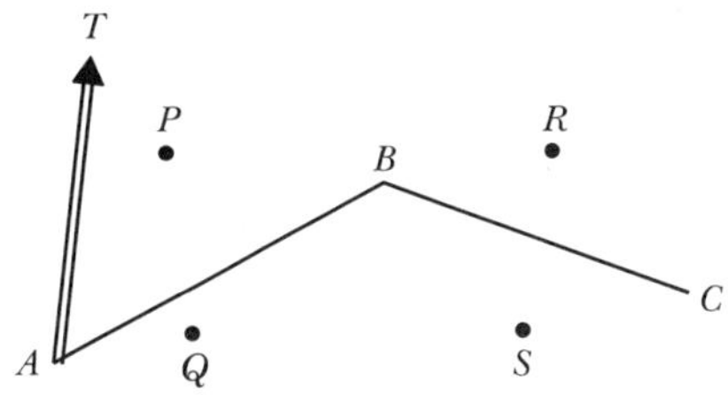
>

(3) 관측 및 계산방법

1) 관측방법

① 측점 "A"에서 관측

㉠ "A"점에 T/S(Total Station)를 세우고 "T"점 표정 후 수평각을 0 SET하여 0°00′00″로 설정한다.

㉡ 망원경을 시계방향으로 회전하여 "B"점을 시준하여 $\angle TAB$를 관측한다.(단, $\overline{AB}$ 거리는 시험위원이 지정해 주므로 내각만 관측하고 거리는 측정하지 않는다.)

② 측점 "B"에서 관측

㉠ "B"점에 T/S를 세우고 "A"점 표정 후 수평각을 0 SET하여 0°00′00″로 설정한다.

㉡ 망원경을 시계방향으로 회전하여 "P"점을 시준하여 $\angle ABP$를 관측하고, $\overline{BP}$ 거리를 측정한다.

㉢ 다시 망원경을 시계방향으로 회전하여 "C"점을 시준하여 $\angle ABC$를 관측한다.(단, $\overline{BC}$ 거리는 시험위원이 지정해 주므로 내각만 관측하고 거리는 측정하지 않는다.)

㉣ 계속 망원경을 시계방향으로 회전하여 "Q"점을 시준하여 $\angle ABQ$를 관측하고, $\overline{BQ}$ 거리를 측정한다.

③ 측점 "C"에서 관측

㉠ "C"점에 T/S를 세우고 "B"점 표정 후 수평각을 0 SET하여 0°00′00″로 설정한다.

㉡ 망원경을 시계방향으로 회전하여 "R"점을 시준하여 $\angle BCR$을 관측하고, $\overline{CR}$ 거리를 측정한다.

㉢ 다시 망원경을 시계방향으로 회전하여 "S"점을 시준하여 $\angle BCS$를 관측하고, $\overline{CS}$ 거리를 측정한다.

2) 계산방법

① 방위각 및 좌표 계산

측점		방위각 계산	좌표 계산
A점	B점 좌표 계산	$V_A^B = V_A^T + \angle TAB$ V_A^T : 시험위원이 지정한 각 $\angle TAB$: 관측각	$X_B = X_A + (\overline{AB} \times \cos V_A^B)$ $Y_B = Y_A + (\overline{AB} \times \sin V_A^B)$ X_A, Y_A : A점 좌표(조건에서 주어짐) $\overline{AB}$: 시험위원이 지정한 거리
B점	① P점 좌표 계산	$V_B^P = V_B^A + \angle ABP$ $= (V_A^B \pm 180°) + \angle ABP$ V_A^B : A점에서 계산한 방위각 $\angle ABP$: 관측각	$X_P = X_B + (\overline{BP} \times \cos V_B^P)$ $Y_P = Y_B + (\overline{BP} \times \sin V_B^P)$ X_B, Y_B : B점 좌표 $\overline{BP}$: 관측거리
	② C점 좌표 계산	$V_B^C = V_B^A + \angle ABC$ $= (V_A^B \pm 180°) + \angle ABC$ V_A^B : A점에서 계산한 방위각 $\angle ABC$: 관측각	$X_C = X_B + (\overline{BC} \times \cos V_B^C)$ $Y_C = Y_B + (\overline{BC} \times \sin V_B^C)$ X_B, Y_B : B점 좌표 $\overline{BC}$: 시험위원이 지정한 거리
	③ Q점 좌표 계산	$V_B^Q = V_B^A + \angle ABQ$ $= (V_A^B \pm 180°) + \angle ABQ$ V_A^B : A점에서 계산한 방위각 $\angle ABQ$: 관측각	$X_Q = X_B + (\overline{BQ} \times \cos V_B^Q)$ $Y_Q = Y_B + (\overline{BQ} \times \sin V_B^Q)$ X_B, Y_B : B점 좌표 $\overline{BQ}$: 관측거리
C점	① R점 좌표 계산	$V_C^R = V_C^B + \angle BCR$ $= (V_B^C \pm 180°) + \angle BCR$ V_B^C : B점에서 계산한 방위각 $\angle BCR$: 관측각	$X_R = X_C + (\overline{CR} \times \cos V_C^R)$ $Y_R = Y_C + (\overline{CR} \times \sin V_C^R)$ X_C, Y_C : C점 좌표 $\overline{CR}$: 관측거리
	② S점 좌표 계산	$V_C^S = V_C^B + \angle BCS$ $= (V_B^C \pm 180°) + \angle BCS$ V_B^C : B점에서 계산한 방위각 $\angle BCS$: 관측각	$X_S = X_C + (\overline{CS} \times \cos V_C^S)$ $Y_S = Y_C + (\overline{CS} \times \sin V_C^S)$ X_C, Y_C : C점 좌표 $\overline{CS}$: 관측거리

② $\overline{PS}$ 거리 계산

"P"점과 "S"점의 좌표를 이용하여 $\overline{PS}$의 거리를 계산한다.

$$\overline{PS} = \sqrt{(X_S - X_P)^2 + (Y_S - Y_P)^2}$$

02 지적산업기사 실기시험요령

1. 지적도근점측량(방위각법)

(1) 기본원리

① 기지방위각을 기준으로 각 측선의 방위각을 직접 관측하여 도착방위각을 구한다.

② 방위각의 측정은 반전법을 사용하므로 단측법에 해당된다.

③ 단측법은 1각을 1회 관측하는 방법이다.

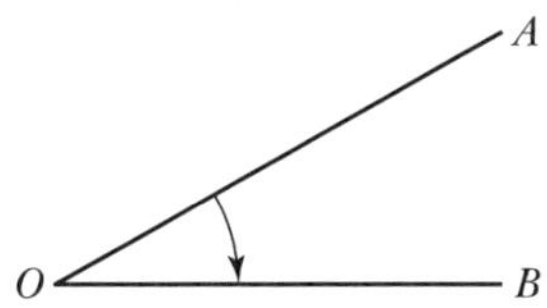

(2) 문제유형

지적도근점측량을 방위각법으로 실시하고자 한다. *A*점에서 *P*점을 출발기지로 하여 *D*점에서 *Q*점까지 각 측선의 방위각을 구하여 주어진 서식에 기록하시오.(단, 출발기지 방위각은 시험위원이 지정한 값으로 하며, 관측값은 초(″) 단위까지 구하시오.)

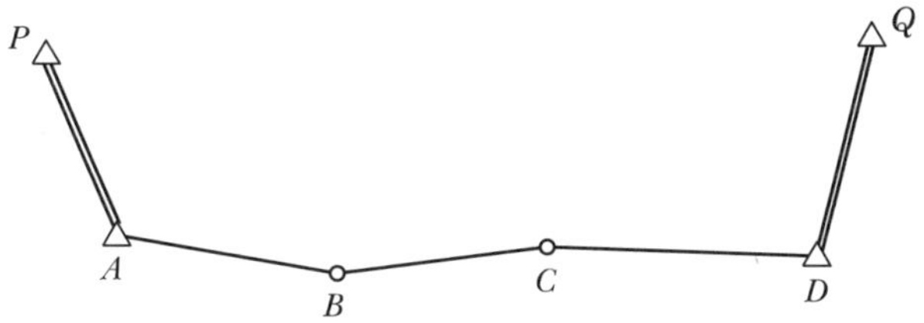

(3) 관측 및 계산방법

① 측점 "*A*"에서 관측

㉠ "*A*"점에 측량장비를 세우고 시험위원이 지정한 출발기지 방위각(V_A^P)을 수평각으로 입력한다.

㉡ 입력한 수평각을 고정(HOLD)한 후 "*P*"점을 표정한다.

㉢ 수평각 고정(HOLD)을 해제하고 망원경을 시계방향으로 회전하여 "*B*"점을 시준하여 방위각(V_A^B) 관측 후 수평각을 고정(HOLD)한다.

② 측점 "*B*"에서 관측

"*B*"점에 측량장비를 세우고 "*A*"점 표정 후 망원경을 반전한 후 수평각 고정(HOLD)을 해제하고 망원경을 시계방향으로 회전하여 "*C*"점을 시준하여 방위각(V_B^C) 관측 후 수평각을 고정(HOLD)한다.

③ 측점 "C"에서 관측

"C"점에 측량장비를 세우고 "B"점 표정 후 망원경을 반전한 후 수평각 고정(HOLD)을 해제하고 망원경을 시계방향으로 회전하여 "D"점을 시준하여 방위각(V_C^D) 관측 후 수평각을 고정(HOLD)한다.

④ 측점 "D"에서 관측

"D"점에 측량장비를 세우고 "C"점 표정 후 망원경을 반전한 후 수평각 고정(HOLD)을 해제하고 망원경을 시계방향으로 회전하여 "Q"점을 시준하여 방위각(V_D^Q)을 관측한다.

2. 세부측량

(1) 기본원리

① 세부측량은 기지점으로부터 구하고자 하는 점까지 거리와 내각을 관측하고 방위각을 산출해서 각 점의 좌표를 구한다.

② 방위각은 전 측선의 방위각과 관측한 내각을 이용하여 산출하며, 점의 좌표는 기지점의 좌표를 기준으로 종횡선차를 가감하여 계산한다.

③ 이동점의 경우 좌표를 먼저 계산한 후 이를 기지점으로 하여 경계점까지 거리와 내각을 관측하고 좌표를 구한다.

(2) 문제유형

측점 A에서 출발하여 측점 B의 방위각을 관측하고, 측점 A에서 P, Q에 대한 거리와 방위각을 관측하고, 측점 B에서 R, S에 대한 거리와 방위각을 관측하여 주어진 서식에 기록하고 B, P, Q, R, S에 대한 좌표 및 $\overline{PS}$ 거리를 구하시오.(단, A점의 좌표는 X=200.00m, Y=300.00m이고, 기지방위각(V_A^T) 및 측점 간 거리는 시험위원이 지정해 주는 값으로 하며, 반드시 제시한 측점에서 관측하여 각은 초(″) 단위까지, 거리 및 좌표는 소수 셋째 자리에서 반올림하여 구하시오.)

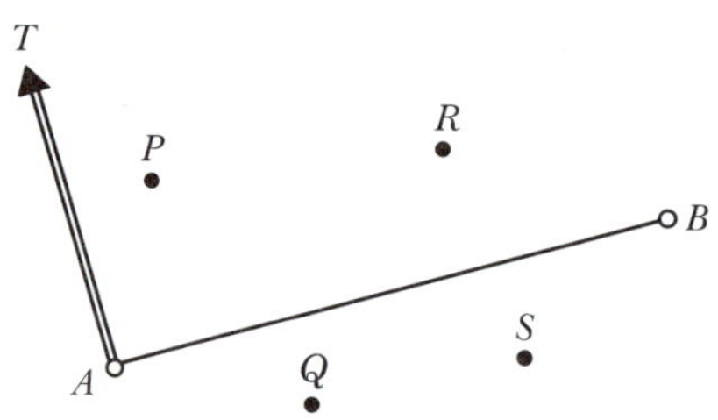

(3) 관측 및 계산방법

1) 관측방법

① 측점 "A"에서 관측

㉠ "A"점에 T/S를 세우고 "T"점 표정 후 수평각을 0 SET하여 0°00′00″로 설정한다.

㉡ 망원경을 시계방향으로 회전하여 "P"점 시준 후 $\angle TAP$를 관측하고, $\overline{AP}$ 거리를 측정한다.

㉢ 다시 망원경을 시계방향으로 회전하여 "B"점 시준 후 $\angle TAB$를 관측한다.(단, $\overline{AB}$ 거리는 시험위원이 지정해 주므로 내각만 관측하고 거리는 측정하지 않는다.)

㉣ 계속 망원경을 시계방향으로 회전하여 "Q"점 시준 후 $\angle TAQ$를 관측하고, $\overline{AQ}$ 거리를 측정한다.

② 측점 "B"에서 관측

㉠ T/S를 이동하여 "B"점에 세우고 "A"점 표정 후 수평각을 0 SET하여 0°00′00″로 설정한다.

㉡ 망원경을 시계방향으로 회전하여 "R"점 시준 후 $\angle ABR$를 관측하고, $\overline{BR}$ 거리를 측정한다.

㉢ 다시 망원경을 시계방향으로 회전하여 "S"점 시준 후 $\angle ABS$를 관측하고, $\overline{RS}$ 거리를 측정한다.

2) 계산방법

① 방위각 및 좌표 계산

측점		방위각 계산	좌표 계산
A점	① P점 좌표 계산	$V_A^P = V_A^T + \angle TAP$ V_A^T : 시험위원이 지정한 각 $\angle TAP$: 관측각	$X_P = X_A + (\overline{AP} \times \cos V_A^P)$ $Y_P = Y_A + (\overline{AP} \times \sin V_A^P)$ X_A, Y_A : A점 좌표(조건에서 주어짐) $\overline{AP}$: 관측거리
	② B점 좌표 계산	$V_A^B = V_A^T + \angle TAB$ V_A^T : 시험위원이 지정한 각 $\angle TAB$: 관측각	$X_B = X_A + (\overline{AB} \times \cos V_A^B)$ $Y_B = Y_A + (\overline{AB} \times \sin V_A^B)$ X_A, Y_A : A점 좌표(조건에서 주어짐) $\overline{AB}$: 시험위원이 지정한 값
	③ Q점 좌표 계산	$V_A^Q = V_A^T + \angle TAQ$ V_A^T : 시험위원이 지정한 각 $\angle TAQ$: 관측각	$X_Q = X_A + (\overline{AQ} \times \cos V_A^Q)$ $Y_Q = Y_A + (\overline{AQ} \times \sin V_A^Q)$ X_A, Y_A : A점 좌표(조건에서 주어짐) $\overline{AQ}$: 관측거리

측점		방위각 계산	좌표 계산
B점	① R점 좌표 계산	$V_B^R = V_B^A + \angle ABR$ $= (V_A^B \pm 180°) + \angle ABR$ V_A^B : A점에서 계산한 방위각 $\angle ABR$: 관측각	$X_R = X_B + (\overline{BR} \times \cos V_B^R)$ $Y_R = Y_B + (\overline{BR} \times \sin V_B^R)$ X_B, Y_B : B점 좌표 $\overline{BR}$: 관측거리
	② S점 좌표 계산	$V_B^S = V_B^A + \angle ABS$ $= (V_A^B \pm 180°) + \angle ABS$ V_A^B : A점에서 계산한 방위각 $\angle ABS$: 관측각	$X_S = X_B + (\overline{BS} \times \cos V_B^S)$ $Y_S = Y_B + (\overline{BS} \times \sin V_B^S)$ X_B, Y_B : B점 좌표 $\overline{BS}$: 관측거리

② $\overline{PS}$ 거리 계산

"P"점과 "S"점의 좌표를 이용하여 $\overline{PS}$의 거리를 계산한다.

$$\overline{PS} = \sqrt{(X_S - X_P)^2 + (Y_S - Y_P)^2}$$

CHAPTER

04 실전모의문제 및 해설

CADASTRAL SURVEYING

01 지적기사 실전모의문제 및 해설

자격종목	지적기사	과제명	지적삼각보조점측량, 지적도근점측량, 세부측량

비번호		시험일시		시험장명	

• **시험시간 : 1시간 45분**

- 1과제(지적삼각보조점측량) : 35분
- 2과제(지적도근점측량) : 35분
- 3과제(세부측량) : 35분

1. 요구사항

(1) 지적삼각보조점측량 [1과제]

다음 주어진 측점 O점에 기계를 설치하고 OP를 출발기준선으로 하여 2대회 방향관측법으로 수평각관측부 및 수평각개정계산부를 작성하시오.(단, 출발기준선의 기지방위각은 0°00′00″로 가정하며, P, Q, R점은 시험위원이 지정한 점을 관측하시오.)

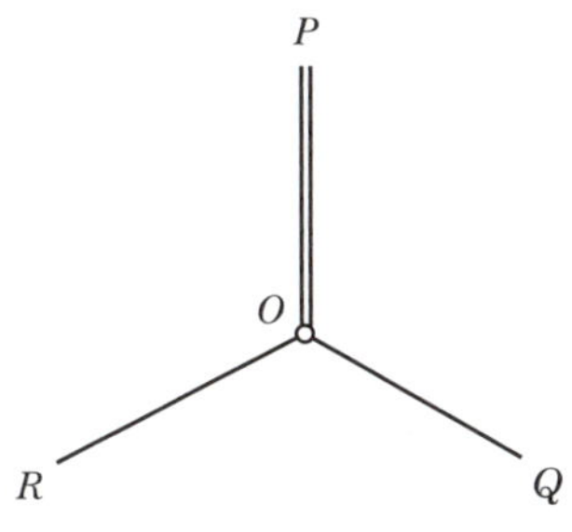

국가기술자격 실기시험 답안지

자격종목	지적기사	비번호		감독위원 확 인	

(1과제) 지적삼각보조점측량

코스 번호		득점	

수평각관측부

측점명 ______점

시간	윤곽도	경위	순번	시준점	방향각	조정		
						출발차	폐색차	결과
					° ′ ″	′ ″	″	° ′ ″

수평각개정계산부

측점명	시준점명	방향각							중심각
		( )°		( )°		( )°		평균	
		정	반	정	반	정	반		
		° ′ ″	′ ″	′ ″	′ ″	′ ″	′ ″	° ′ ″	° ′ ″

(2) 지적도근점측량 [2과제]

다음 그림과 같이 지적도근점측량을 배각법으로 실시하고자 한다. 측점 A, B에 기계를 설치하여 $A \rightarrow B$ 방위각, $B \rightarrow C$ 방위각, C점의 좌표를 구하시오.(단, A점의 좌표는 $X=100.00$m, $Y=100.00$m이며, 기지방위각(V_A^P), $\overline{AB}$ 및 $\overline{BC}$의 거리는 시험위원이 지정해 주는 값에 따르시오.)

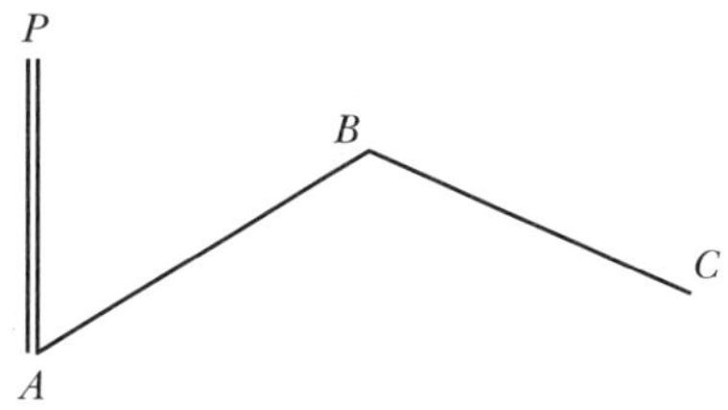

국가기술자격 실기시험 답안지

자격종목	지적기사	비번호		감독위원 확 인	

(2과제) 지적도근점측량

코스 번호		득점	

배각관측부

측점	시준점	배수	관측각	관측각 조정		평균각
				출발차	결과	
	――		° ′ ″	′ ″	° ′ ″	° ′ ″
	――			−		
				−		
				−		
	――			−		
				−		
				−		
	――			−		
				−		
				−		
	――			−		
				−		
				−		
	――			−		

- AB 방위각 : ______________________________
- BC 방위각 : ______________________________
- C점의 좌표 : (______________ , ______________)

연습란

(3) 세부측량 [3과제]

측점 A에서 출발하여 측점 B의 방위각을 관측하고, 측점 B에서 P, Q에 대한 거리와 방위각 및 측점 C의 방위각을 관측한 후 측점 C에서 R, S에 대한 거리와 방위각을 관측하여 주어진 서식에 기록하고, B, C, P, Q, R, S에 대한 좌표 및 $\overline{PS}$ 거리를 구하시오. (단, A점의 좌표는 $X=150.00\text{m}$, $Y=200.00\text{m}$이며, 기지방위각($V_A^{\ T}$), $\overline{AB}$ 및 $\overline{BC}$의 거리는 시험위원이 지정해 주는 값에 따르며, 반드시 제시한 측점에서 관측하여 각은 초(″) 단위까지, 거리 및 좌표는 소수 셋째 자리에서 반올림하여 구하시오.)

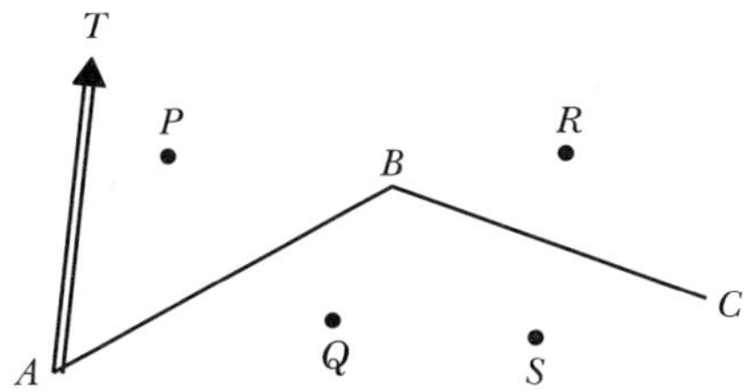

국가기술자격 실기시험 답안지

자격종목	지적기사	비번호		감독위원 확 인	

(3과제) 세부측량

코스 번호		득점	

• 약도

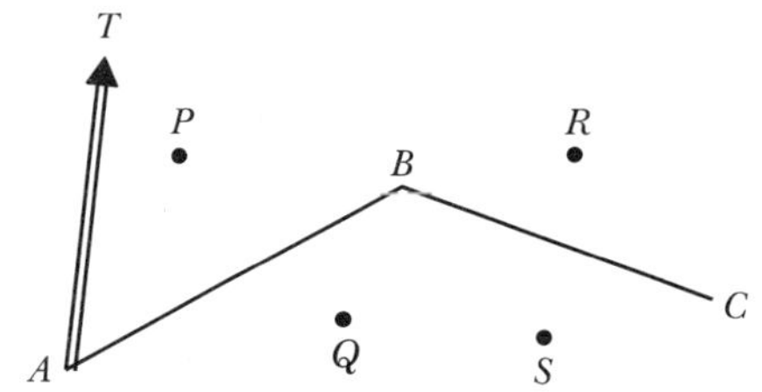

관측값	$V_A^{\ B}$:	$\overline{AB}$:
B점 좌표	X :	Y :

관측값	$V_B^{\ C}$:	$\overline{BC}$:
C점 좌표	X :	Y :

관측값	$V_B^{\ P}$:	$\overline{BP}$:
P점 좌표	X :	Y :

관측값	$V_B^{\ Q}$:	$\overline{BQ}$:
Q점 좌표	X :	Y :

관측값	$V_C^{\ R}$:	$\overline{CR}$:
R점 좌표	X :	Y :

관측값	$V_C^{\ S}$:	$\overline{CS}$:
S점 좌표	X :	Y :

$\overline{PS}$ 거리	$\overline{PS}$:

연습란

※ 다음 여백은 계산 연습란으로 사용하시오.

2. 지적기사 실전모의문제 해설

(1) 지적삼각보조점측량 [1과제]

– 2대회 방향관측법

조건에 의해
측점 O에 기계를 설치하고
OP를 출발기준선으로 2대회 방향관측법을 시행한다.(단, 출발기준선의 기지방위각 0°00′00″로 설정하고, P, Q, R점은 시험위원이 지정한 점을 관측한다.)

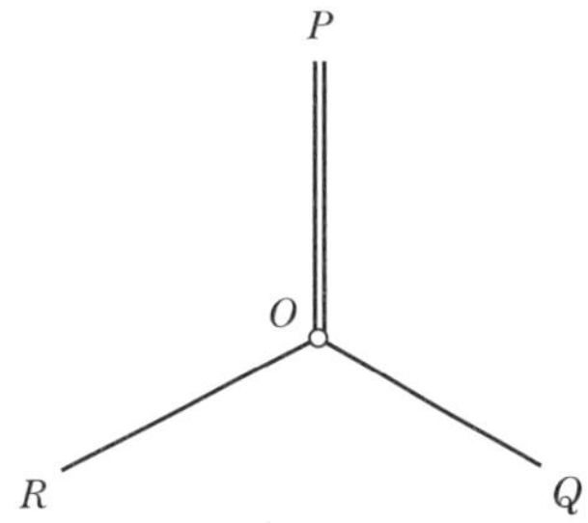

※ 수험자는 측점 O점에서 2대회 방향관측법으로 수평각을 관측한다.

〈지정점 및 관측값 예시〉

시험위원 지정점	P, Q, R				
수험생 관측값	윤곽도	경위	순번	시준점	방향각
	0°	정	1	P	0°00′00″
			2	Q	46°42′35″
			3	R	273°16′33″
			1	P	359°59′57″
	180°	반	1	P	180°00′05″
			3	R	93°16′40″
			2	Q	226°42′31″
			1	P	180°00′00″
	90°	정	1	P	90°00′00″
			2	Q	136°42′29″
			3	R	3°16′35″
			1	P	90°00′03″
	270°	반	1	P	270°00′10″
			3	R	183°16′45″
			2	Q	316°42′33″
			1	P	270°00′05″

(1과제) 지적삼각보조점측량

코스 번호		득점	

수평각관측부

측점명 *O* 점

시간	윤곽도	경위	순번	시준점	방향각			조정 출발차	조정 폐색차	조정 결과		
	0°	정	1	*P*	0°	00′	00″	″	0 ″	0°	00′	00″
			2	*Q*	46	42	35		+1	46	42	36
			3	*R*	273	16	33		+2	273	16	35
			1	*P*	359	59	57		+3	360	00	00
	180°	반	1	*P*	180	00	05	−5	0	360	00	00
			3	*R*	93	16	40	−5	+2	273	16	37
			2	*Q*	226	42	31	−5	+3	46	42	29
			1	*P*	180	00	00	−5	+5	0	00	00
	90°	정	1	*P*	90	00	00		0	0	00	00
			2	*Q*	136	42	29		−1	46	42	28
			3	*R*	3	16	35		−2	273	16	33
			1	*P*	90	00	03		−3	360	00	00
	270°	반	1	*P*	270	00	10	−10	0	360	00	00
			3	*R*	183	16	45	−10	+2	273	16	37
			2	*Q*	316	42	33	−10	+3	46	42	26
			1	*P*	270	00	05	−10	+5	0	00	00

수평각개정계산부

측점명	시준점명	방향각 (0)° 정	방향각 (0)° 반	방향각 (90)° 정	방향각 (90)° 반	방향각 ( )° 정	방향각 ( )° 반	평균	중심각
O	*P*	0°00′00″	00′00″	00′00″	00′00″	′ ″	′ ″	0°00′00″0	
	Q	46 42 36	42 29	42 28	42 26			46 42 29.8	46°42′29″8
	R	273 16 35	16 37	16 33	16 37			273 16 35.5	226 34 05.7
	P	360 00 00	00 00	00 00	00 00			360 00 00.0	86 43 24.5

(2) 지적도근점측량 [2과제]

조건에서

A점 좌표는 (100.00, 100.00)이며

기지방위각(V_A^P), $\overline{AB}$ 및 $\overline{BC}$ 거리는

시험위원이 지정해 주는 값에 따른다.

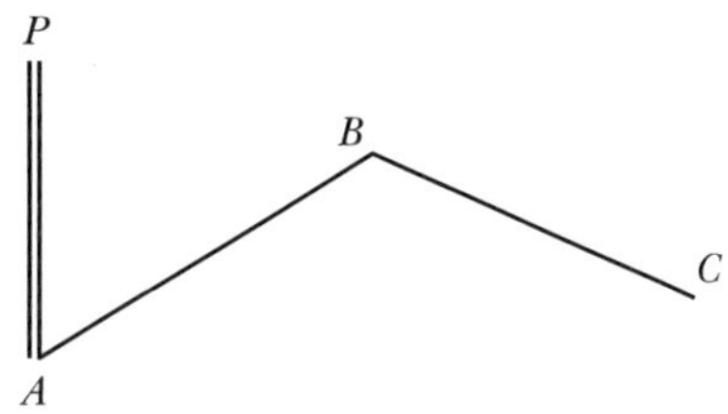

※ 수험자는 각 측점에서 배각법을 시행하여 수평각 $\angle PAB$와 $\angle ABC$를 관측한다.

〈지정값 및 관측값 예시〉

시험위원 지정값	$V_A^P = 30°30'30''$ $\overline{AB} = 40.00\text{m}$, $\overline{BC} = 50.00\text{m}$	
수험생 관측값	$\angle PAB$ (1배각) 30°10′23″ (3배각) 90°31′15″	$\angle ABC$ (1배각) 260°21′33″ (3배각) 61°04′30″

(2과제) 지적도근점측량

코스 번호		득점	

배각관측부

측점	시준점	배수	관측각	관측각 조정 출발차	관측각 조정 결과	평균각
A	P	0	0° 00′ 00″	′ ″	° ′ ″	30° 10′ 25″
	―	1	30 10 23			
	B	3	90 31 15			
B	A	0	0° 00′ 00″	′ ″	° ′ ″	260° 21′ 30″
	―	1	260 21 33			
	C	3	61 04 30			
	―					
	―					
	―					
	―					

- AB 방위각 : 60°40′55″
- BC 방위각 : 141°02′25″
- C점의 좌표 : (80.71, 166.32)

연습란

(1) AB 방위각 계산

$V_A{}^B = V_A{}^P + \angle PAB = 30°30'30'' + 30°10'25'' = 60°40'55''$

(2) BC 방위각 계산

$V_B{}^C = V_B{}^A + \angle ABC = (V_A{}^B \pm 180°) + \angle ABC = (60°40'55'' - 180°) + 260°21'30'' = 141°02'25''$

(3) C점의 좌표

① B점의 좌표 계산

$X_B = X_A + (\overline{AB} \times \cos V_A{}^B) = 100.00 + (40.00 \times \cos 60°40'55'') = 119.59\text{m}$

$Y_B = Y_A + (\overline{AB} \times \sin V_A{}^B) = 100.00 + (40.00 \times \sin 60°40'55'') = 134.88\text{m}$

② C점의 좌표 계산

$X_C = X_B + (\overline{BC} \times \cos V_B{}^C) = 119.59 + (50.00 \times \cos 141°02'25'') = 80.71\text{m}$

$Y_C = Y_B + (\overline{BC} \times \sin V_B{}^C) = 134.88 + (50.00 \times \sin 141°02'25'') = 166.32\text{m}$

(3) 세부측량 [3과제]

조건에서

A점 좌표는 (150.00, 200.00)

기지방위각($V_A{}^T$), $\overline{AB}$ 및 $\overline{BC}$의 거리는 시험위원이 지정해 주는 값을 따른다.

(단위 : 각은 초(″) 단위, 거리 및 좌표는 소수 셋째 자리에서 반올림)

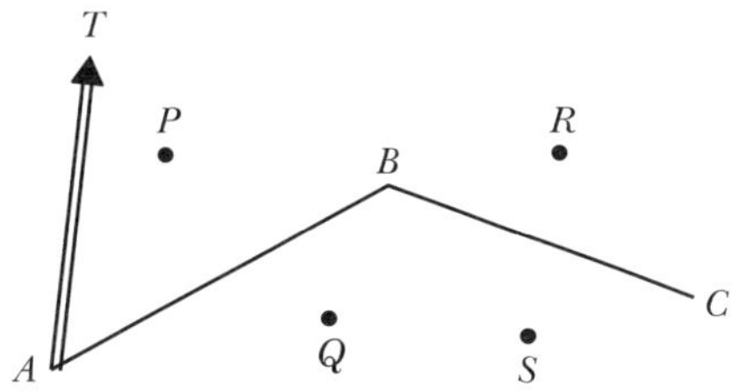

※ ① 수험자는 측점 A에서 수평각 $\angle TAB$ 관측,

② 측점 B에서 수평각 $\angle ABP$ 및 $\overline{BP}$의 거리 관측,

③ 측점 B에서 수평각 $\angle ABC$ 관측,

④ 측점 B에서 수평각 $\angle ABQ$ 및 $\overline{BQ}$의 거리 관측,

⑤ 측점 C에서 수평각 $\angle BCR$ 및 $\overline{CR}$의 거리 관측,

⑥ 측점 C에서 수평각 $\angle BCS$ 및 $\overline{CS}$의 거리를 관측한다.

〈지정값 및 관측값 예시〉

시험위원 지정값	$V_A{}^T = 30°40'50''$, $\overline{AB} = 50.00$m, $\overline{BC} = 40.00$m	
수험생 관측값	A점에서 관측	$\angle TAB = 53°27'11''$
	B점에서 관측	$\angle ABC = 230°35'40''$ $\angle ABP = 45°10'25''$, $\overline{BP} = 33.33$m $\angle ABQ = 323°20'10''$, $\overline{BQ} = 15.15$m
	C점에서 관측	$\angle BCR = 20°20'10''$, $\overline{CR} = 44.44$m $\angle BCS = 280°16'30''$, $\overline{CS} = 17.17$m

(3과제) 세부측량

코스 번호		득점	

• 약도

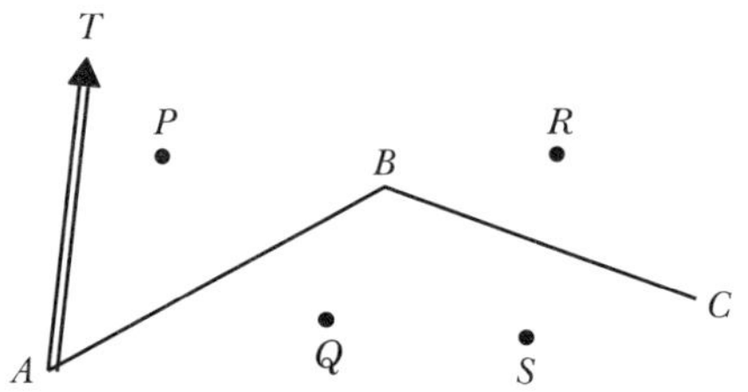

관측값	$V_A{}^B$: 84°08′01″	$\overline{AB}$: 50.00m
B점 좌표	X : 155.11m	Y : 249.74m

관측값	$V_B{}^C$: 134°43′41″	$\overline{BC}$: 40.00m
C점 좌표	X : 126.96m	Y : 278.16m

관측값	$V_B{}^P$: 309°18′26″	$\overline{BP}$: 33.33m
P점 좌표	X : 176.22m	Y : 223.95m

관측값	$V_B{}^Q$: 227°28′11″	$\overline{BQ}$: 15.15m
Q점 좌표	X : 144.87m	Y : 238.58m

관측값	$V_C{}^R$: 335°03′51″	$\overline{CR}$: 44.44m
R점 좌표	X : 167.26m	Y : 259.42m

관측값	$V_C{}^S$: 235°00′11″	$\overline{CS}$: 17.17m
S점 좌표	X : 117.11m	Y : 264.09m

$\overline{PS}$ 거리	$\overline{PS}$: 71.45m

연습란

(1) 방위각($V_A{}^B$) 및 B점 좌표 계산

① $V_A{}^B = V_A{}^T + \angle TAB$ = 30°40′50″ + 53°27′11″ = 84°08′01″

② $X_B = X_A + (\overline{AB} \times \cos V_A{}^B)$ = 150.00 + (50.00 × cos 84°08′01″) = 155.11m

③ $Y_B = Y_A + (\overline{AB} \times \sin V_A{}^B)$ = 200.00 + (50.00 × sin 84°08′01″) = 249.74m

(2) 방위각($V_B{}^C$) 및 C점 좌표 계산

① $V_B{}^C = V_B{}^A + \angle ABC = (V_A{}^B \pm 180°) + \angle ABC$ = (84°08′01″ − 180°) + 230°35′40″ = 134°43′41″

② $X_C = X_B + (\overline{BC} \times \cos V_B{}^C)$ = 155.11 + (40.00 × cos 134°43′41″) = 126.96m

③ $Y_C = Y_B + (\overline{BC} \times \sin V_B{}^C)$ = 249.74 + (40.00 × sin 134°43′41″) = 278.16m

(3) 방위각($V_B{}^P$) 및 P점 좌표 계산

① $V_B{}^P = V_B{}^A + \angle ABP = (V_A{}^B \pm 180°) + \angle ABP$ = (84°08′01″ + 180°) + 45°10′25″ = 309°18′26″

② $X_P = X_B + (\overline{BP} \times \cos V_B{}^P)$ = 155.11 + (33.33 × cos 309°18′26″) = 176.22m

③ $Y_P = Y_B + (\overline{BP} \times \sin V_B{}^P)$ = 249.74 + (33.33 × sin 309°18′26″) = 223.95m

(4) 방위각($V_B{}^Q$) 및 Q점 좌표 계산

① $V_B{}^Q = V_B{}^A + \angle ABQ = (V_A{}^B \pm 180°) + \angle ABQ = (84°08'01'' - 180°) + 323°20'10'' = 227°28'11''$

② $X_Q = X_B + (\overline{BQ} \times \cos V_B{}^Q) = 155.11 + (15.15 \times \cos 227°28'11'') = 144.87\text{m}$

③ $Y_Q = Y_B + (\overline{BQ} \times \sin V_B{}^Q) = 249.74 + (15.15 \times \sin 227°28'11'') = 238.58\text{m}$

(5) 방위각($V_C{}^R$) 및 R점 좌표 계산

① $V_C{}^R = V_C{}^B + \angle BCR = (V_B{}^C \pm 180°) + \angle BCR = (134°43'41'' + 180°) + 20°20'10'' = 335°03'51''$

② $X_R = X_C + (\overline{CR} \times \cos V_C{}^R) = 126.96 + (44.44 \times \cos 335°03'51'') = 167.26\text{m}$

③ $Y_R = Y_C + (\overline{CR} \times \sin V_C{}^R) = 278.16 + (44.44 \times \sin 335°03'51'') = 259.42\text{m}$

(6) 방위각($V_C{}^S$) 및 S점 좌표 계산

① $V_C{}^S = V_C{}^B + \angle BCS = (V_B{}^C \pm 180°) + \angle BCS = (134°43'41'' - 180°) + 280°16'30'' = 235°00'11''$

② $X_S = X_C + (\overline{CS} \times \cos V_C{}^S) = 126.96 + (17.17 \times \cos 235°00'11'') = 117.11\text{m}$

③ $Y_S = Y_C + (\overline{CS} \times \sin V_C{}^S) = 278.16 + (17.17 \times \sin 235°00'11'') = 264.09\text{m}$

(7) $\overline{PS}$ 거리 계산

$\overline{PS} = \sqrt{(X_S - X_P)^2 + (Y_S - Y_P)^2} = \sqrt{(117.11 - 176.22)^2 + (264.09 - 223.95)^2} = 71.45\text{m}$

02 지적산업기사 실전모의문제 및 해설

자격종목	지적산업기사	과제명	지적도근점측량, 세부측량

비번호		시험일시		시험장명	

- **시험시간 : 1시간 10분**

  − 1과제(지적도근점측량) : 35분

  − 2과제(세부측량) : 35분

1. 요구사항

(1) 지적도근점측량 [1과제]

다음 그림과 같이 지적도근점측량을 방위각법으로 실시하고자 한다. A점에서 P점을 출발기지로 하여 D점에서 Q점까지 각 측선의 방위각을 구하여 주어진 서식에 기록하시오.(단, 출발기지 방위각은 시험위원이 지정한 값으로 하며, 관측값은 초(″) 단위까지 구하시오.)

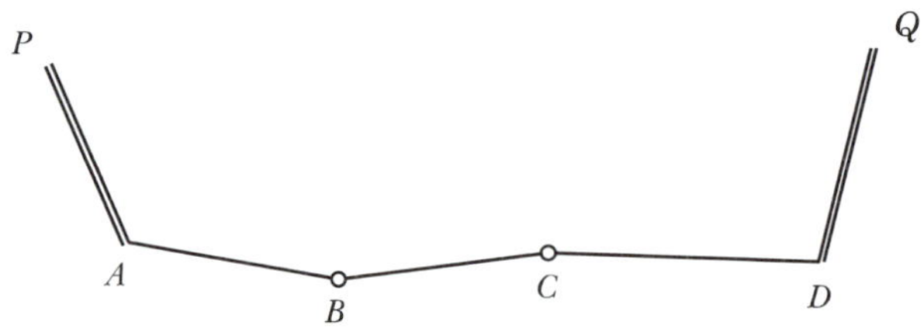

국가기술자격 실기시험 답안지

자격종목	지적산업기사	비번호		감독위원 확 인	

(1과제) 지적도근점측량

코스 번호		득점	

측점	시준점	방위각		
		°	′	″
		°	′	″
		°	′	″
		°	′	″
		°	′	″
		°	′	″
		°	′	″
		°	′	″
		°	′	″
		°	′	″

(2) 세부측량 [2과제]

측점 A에서 출발하여 측점 B의 방위각을 관측하고, 측점 A에서 P, Q에 대한 거리와 방위각을 관측하고, 측점 B에서 R, S에 대한 거리와 방위각을 관측하여 주어진 서식에 기록하고, B, P, Q, R, S에 대한 좌표 및 $\overline{PS}$ 거리를 구하시오.(단, A점의 좌표는 $X=200.00\text{m}$, $Y=300.00\text{m}$이고, 기지방위각($V_A{}^T$) 및 측점 간 거리는 시험위원이 지정해 주는 값으로 하며, 반드시 제시한 측점에서 관측하여 각은 초(″) 단위, 거리 및 좌표는 소수 셋째 자리에서 반올림하여 구하시오.)

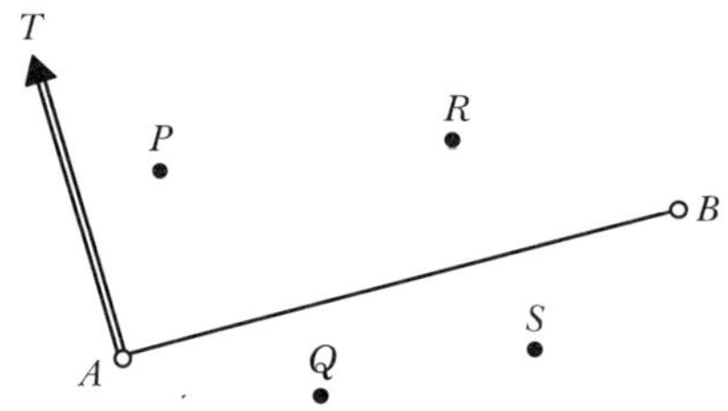

국가기술자격 실기시험 답안지

자격종목	지적산업기사	비번호		감독위원 확인	

(2과제) 세부측량

코스 번호		득점	

• 약도

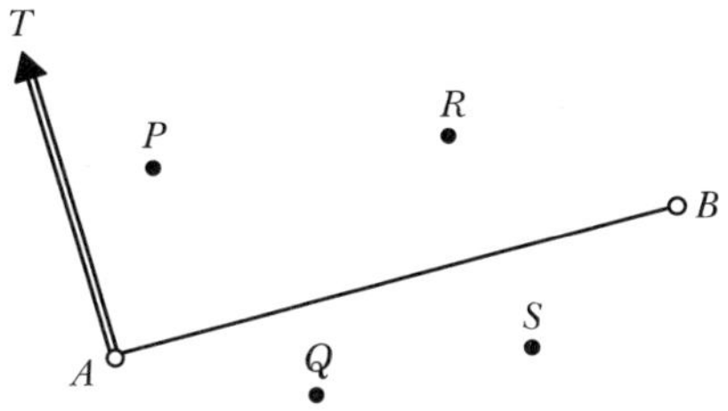

기지방위각		$V_A{}^T$:
A점 좌표	X : 200.00m	Y : 300.00m

관측값	$V_A{}^B$:	$\overline{AB}$:
B점 좌표	X :	Y :

관측값	$V_A{}^P$:	$\overline{AP}$:
P점 좌표	X :	Y :

관측값	$V_A{}^Q$:	$\overline{AQ}$:
Q점 좌표	X :	Y :

관측값	$V_B{}^R$:	$\overline{BR}$:
R점 좌표	X :	Y :

관측값	$V_B{}^S$:	$\overline{BS}$:
S점 좌표	X :	Y :

$\overline{PS}$ 거리	$\overline{PS}$:

연습란

※ 다음 여백은 계산 연습란으로 사용하시오.

2. 지적산업기사 실전모의문제 해설

(1) 지적도근점측량 [1과제]

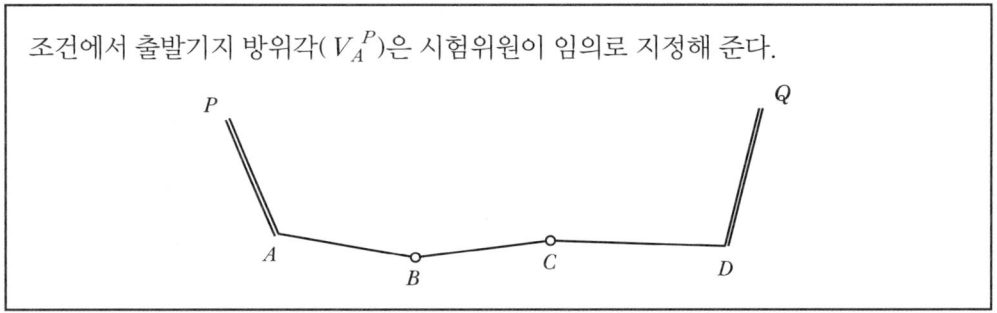

조건에서 출발기지 방위각(V_A^P)은 시험위원이 임의로 지정해 준다.

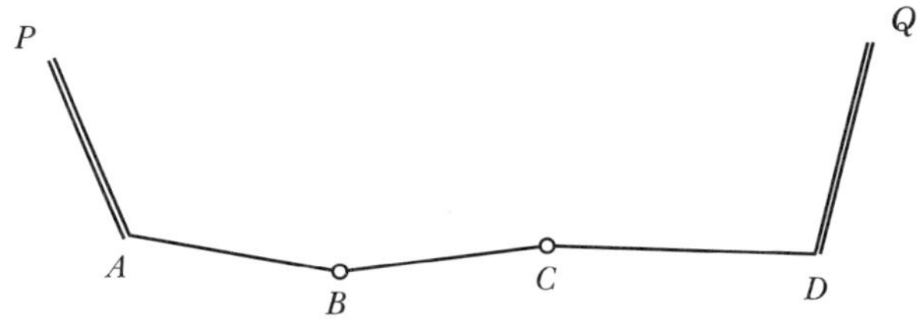

〈지정값 및 관측값 예시〉

시험위원 지정값	$V_A^P = 30°30'30''$	
수험생 관측값	A점에서 관측	$V_A^B = 150°23'35''$
	B점에서 관측	$V_B^C = 110°53'43''$
	C점에서 관측	$V_C^D = 237°32'21''$
	D점에서 관측	$V_D^Q = 85°19'15''$

1) 측점 "A"에서 관측방법

① A점에 측량장비를 세우고 시험위원이 지정한 출발기지 방위각(V_A^P)을 수평각으로 입력하고 수평각 고정(HOLD) 후 "P"점을 표정한다.

② 수평각 고정(HOLD)을 해제하고 "B"점을 시준하여 방위각(V_A^B) 관측 후 수평각을 고정(HOLD)한다.

2) 측점 "B"에서 관측방법

"B"점에 측량장비를 세우고 "A"점 표정 후 망원경을 반전한 후 수평각 고정(HOLD)을 해제하고 "C"점을 시준하여 방위각(V_B^C) 관측 후 수평각을 고정(HOLD)한다.

3) 측점 "C"에서 관측방법

"C"점에 측량장비를 세우고 "B"점 표정 후 망원경을 반전한 후 수평각 고정(HOLD)을 해제하고 "D"점을 시준하여 방위각(V_C^D) 관측 후 수평각을 고정(HOLD)한다.

4) 측점 "D"에서 관측방법

"D"점에 측량장비를 세우고 "C"점 표정 후 망원경을 반전한 후 수평각 고정(HOLD)을 해제하고 "Q"점을 시준하여 방위각(V_D^Q)을 관측한다.

(1과제) 지적도근점측량

코스 번호		득점	

측점	시준점	방위각									
A	P		3	0	°	3	0	′	3	0	″
A	B	1	5	0	°	2	3	′	3	5	″
B	C	1	1	0	°	5	3	′	4	3	″
C	D	2	3	7	°	3	2	′	2	1	″
D	Q		8	5	°	1	9	′	1	5	″

(2) 세부측량 [2과제]

조건에서
A점 좌표는 (200.00, 300.00)
기지방위각(V_A^T)와 $\overline{AB}$ 거리는
시험위원이 임의로 지정해 준다.

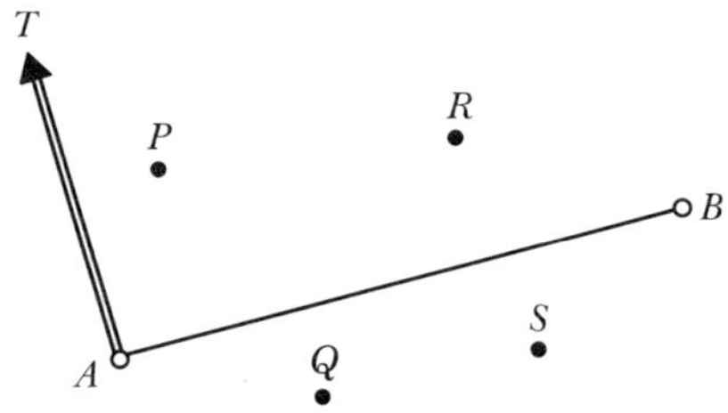

※ ① 수험자는 측점 A에서 수평각 $\angle TAP$ 및 $\overline{AP}$의 거리 관측,
② 측점 A에서 수평각 $\angle TAB$ 관측,
③ 측점 A에서 수평각 $\angle TAQ$ 및 $\overline{AQ}$의 거리 관측,
④ 측점 B에서 수평각 $\angle ABR$ 및 $\overline{BR}$의 거리 관측,
⑤ 측점 B에서 수평각 $\angle ABS$ 및 $\overline{BS}$의 거리를 관측한다.

〈지정값 및 관측값 예시〉

시험위원 지정값	V_A^T=30°40′50″, $\overline{AB}$ =50.00m	
수험생 관측값	A점에서 관측	$\angle TAB$=90°21′33″ $\angle TAP$=23°30′26″, $\overline{AP}$ =33.65m $\angle TAQ$=150°10′12″, $\overline{AQ}$ =15.21m
	B점에서 관측	$\angle ABR$=45°10′25″, $\overline{BR}$ =25.11m $\angle ABS$=300°15′45″, $\overline{BS}$ =20.33m

(2과제) 세부측량

코스 번호		득점	

• 약도

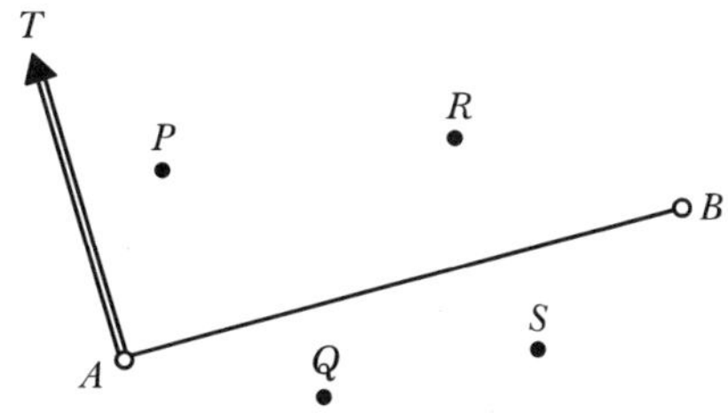

기지방위각		V_A^T : 30°40′50″
*A*점 좌표	X : 200.00m	Y : 300.00m

관측값	V_A^B : 121°02′23″	$\overline{AB}$: 50.00m
*B*점 좌표	X : 174.22m	Y : 342.84m

관측값	V_A^P : 54°11′16″	$\overline{AP}$: 33.65m
*P*점 좌표	X : 219.69m	Y : 327.29m

관측값	V_A^Q : 180°51′02″	$\overline{AQ}$: 15.21m
*Q*점 좌표	X : 184.79m	Y : 299.77m

관측값	V_B^R : 346°12′48″	$\overline{BR}$: 25.11m
*R*점 좌표	X : 198.61m	Y : 336.86m

관측값	V_B^S : 241°18′08″	$\overline{BS}$: 20.33m
*S*점 좌표	X : 164.46m	Y : 325.01m

$\overline{PS}$ 거리	$\overline{PS}$: 55.28m

연습란

(1) 방위각(V_A^B) 및 B점 좌표 계산

① $V_A^B = V_A^T + \angle TAB$ =30°40′50″+90°21′33″=121°02′23″

② $X_B = X_A + (\overline{AB} \times \cos V_A^B)$ =200.00+(50.00×cos 121°02′23″)=174.22m

③ $Y_B = Y_A + (\overline{AB} \times \sin V_A^B)$ =300.00+(50.00×sin 121°02′23″)=342.84m

(2) 방위각(V_A^P) 및 P점 좌표 계산

① $V_A^P = V_A^T + \angle TAP$ =30°40′50″+23°30′26″=54°11′16″

② $X_P = X_A + (\overline{AP} \times \cos V_A^P)$ =200.00+(33.65×cos 54°11′16″)=219.69m

③ $Y_P = Y_A + (\overline{AP} \times \sin V_A^P)$ =300.00+(33.65×cos 54°11′16″)=327.29m

(3) 방위각(V_A^Q) 및 Q점 좌표 계산

① $V_A^Q = V_A^T + \angle TAQ$ =30°40′50″+150°10′12″=180°51′02″

② $X_Q = X_A + (\overline{AQ} \times \cos V_A^Q)$ =200.00+(15.21×cos 180°51′02″)=184.79m

③ $Y_Q = Y_A + (\overline{AQ} \times \sin V_A^Q)$ =300.00+(15.21×sin 180°51′02″)=299.77m

(4) 방위각($V_B{}^R$) 및 R점 좌표 계산

① $V_A{}^P = V_B{}^A + \angle ABR = (V_A{}^B \pm 180°) + \angle ABR = (121°02'23'' + 180°) + 45°10'25'' = 346°12'48''$

② $X_R = X_B + (\overline{BR} \times \cos V_B{}^R) = 174.22 + (25.11 \times \cos 346°12'48'') = 198.61\text{m}$

③ $Y_R = Y_B + (\overline{BR} \times \sin V_B{}^R) = 342.84 + (25.11 \times \sin 346°12'48'') = 336.86\text{m}$

(5) 방위각($V_B{}^S$) 및 S점 좌표 계산

① $V_B{}^S = V_B{}^A + \angle ABS = (V_A{}^B \pm 180°) + \angle ABS = (121°02'23'' - 180°) + 300°15'45'' = 241°18'08''$

② $X_S = X_B + (\overline{BS} \times \cos V_B{}^S) = 174.22 + (20.33 \times \cos 241°18'08'') = 164.46\text{m}$

③ $Y_S = Y_B + (\overline{BS} \times \sin V_B{}^S) = 342.84 + (20.33 \times \sin 241°18'08'') = 325.01\text{m}$

(6) $\overline{PS}$ 거리 계산

$\overline{PS} = \sqrt{(X_S - X_P)^2 + (Y_S - Y_P)^2} = \sqrt{(164.46 - 219.69)^2 + (325.01 - 327.29)^2} = 55.28\text{m}$

PART

03

필답형 실전모의고사 및 해설

CHAPTER 01

지적기사

실전모의고사 및 해설

실전모의고사 제1회

• NOTICE • 본 실전모의고사는 수험생의 실전 대비 목적으로 작성된 것임을 알려드립니다.

01 지적삼각점측량을 실시한 결과 다음과 같은 측량성과를 취득하였다. 삽입망 조정계산 서식을 완성하여 소구점 보1, 보2의 좌표를 계산하시오.(단, 거리는 cm 단위, 각은 0.1″ 단위까지 계산하시오.)

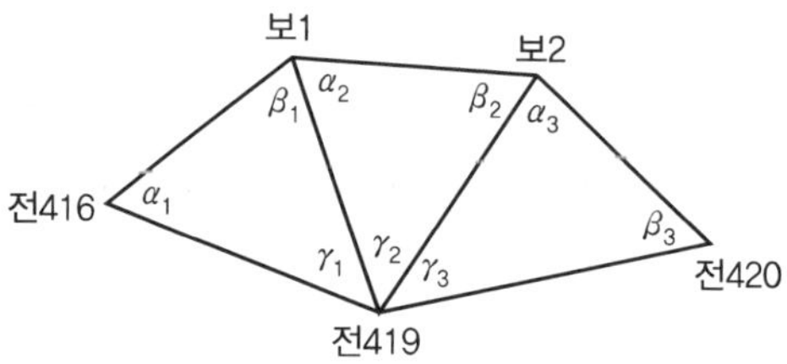

(1) 기지점

점명	종선좌표	횡선좌표
전416	428196.66	174320.73
전419	429668.21	177316.04
전420	431027.21	178268.20

(2) 관측각

각명	관측각	각명	관측각	각명	관측각
α_1	45°02′24.2″	α_2	64°32′37.5″	α_3	42°56′34.2″
β_1	96°36′27.3″	β_2	69°59′55.3″	β_3	69°41′10.7″
γ_1	38°21′09.7″	γ_2	45°27′25.2″	γ_3	67°22′14.8″

삽 입 망 조 정 계 산 부

삼각형	점명	각명	관측각	각규약 I	각규약 II	조정각	sinα / sinβ	Δα / Δβ	sinα′ / sinβ′	$\alpha - x_1''$ / $\beta + x_1''$	변규약 조정각	변장 $a \times \frac{\sin\alpha(\gamma)}{\sin\beta}$ (점→ 점, m)	방위각 (점→ 점, ° ′ ″)	종횡선좌표 X (m)	종횡선좌표 Y (m)	점명
1		α_1	° ′ ″	″		° ′ ″				″	° ′ ″	→	→			
		β_1														
		γ_1			″					γ_1		→	→			
		+)														
			1 8 0 00 00 .0													
		−) ε_1 =											평균			
2		α_2	° ′ ″	″		° ′ ″				″	° ′ ″	→	→			
		β_2														
		γ_2			″					γ_2		→	→			
		+)														
			1 8 0 00 00 .0													
		−) ε_2 =											평균			
3		α_3	° ′ ″	″		° ′ ″				″	° ′ ″	→	→			
		β_3														
		γ_3			″					γ_3		→	→			
		+)														
			1 8 0 00 00 .0													
		−) ε_3 =											평균			
4		α_4	° ′ ″	″		° ′ ″				″	° ′ ″	→	→			
		β_4														
		γ_4			″					γ_4		→	→			
		+)														
			1 8 0 00 00 .0													
		−) ε_4 =											평균			
5		α_5	° ′ ″	″		° ′ ″				″	° ′ ″	→	→			
		β_5														
		γ_5			″					γ_5		→	→			
		+)														
			1 8 0 00 00 .0													
		−) ε_5 =											평균			
6		α_6	° ′ ″	″		° ′ ″				″	° ′ ″	→	→			
		β_6														
		γ_6			″					γ_6		→	→			
		+)														
			1 8 0 00 00 .0													
		−) ε_6 =											평균			
$\Sigma\gamma$			° ′ ″	제1기선 l_1	m		Π sinα · l_1		Π sinα′ · l_1			점→ 점	점→ 점			
360° 또는 기지내각				제2기선 l_2												
−) e =						E_1	Π sinβ · l_2	E_2	Π sinβ′ · l_2			약도				

$\Sigma\varepsilon =$

$(\text{II}) = \frac{\Sigma\varepsilon - 3e}{2n} =$

$(\text{I}) = \frac{-\varepsilon - (\text{II})}{3} =$

n : 삼각형 수

$E_1 = \frac{\Pi \sin\alpha \cdot l_1}{\Pi \sin\beta \cdot l_2} - 1 =$

$E_2 = \frac{\Pi \sin\alpha' \cdot l_1}{\Pi \sin\beta' \cdot l_2} - 1 =$

$|E_1 - E_2| =$

$\Delta\alpha,\ \Delta\beta = 10''$차임

$x_1'' = \frac{10'' \times E_1}{|E_1 - E_2|} =$

$x_2'' = \frac{10'' \times E_2}{|E_1 - E_2|} =$

검산 : $x_1'' + x_2'' = 10''$

02 다음 그림에서 C_1, C_2, C_3점은 도로의 중심점이다. 주어진 조건으로 P점과 가구점 A, B 점의 좌표를 구하시오.(단, $\overline{C_1C_2}$와 $\overline{PA}$, $\overline{C_1C_3}$와 $\overline{PB}$는 서로 평행하고, $\overline{PA}$와 $\overline{PB}$의 길이는 같으며, 계산은 반올림하고 각도는 초 단위, 거리는 소수점 이하 4자리로 계산하여 좌표를 소수점 이하 2자리까지 계산하시오.)

(1) 조건

구분	X	Y
C_1	466501.47	193753.33
C_3	466431.31	193895.57
방위각($V_{C_1}^{C_2}$)	48°36′47″	
전제장(L)	5m	
노폭	L_1 = 4m, L_2 = 3m	

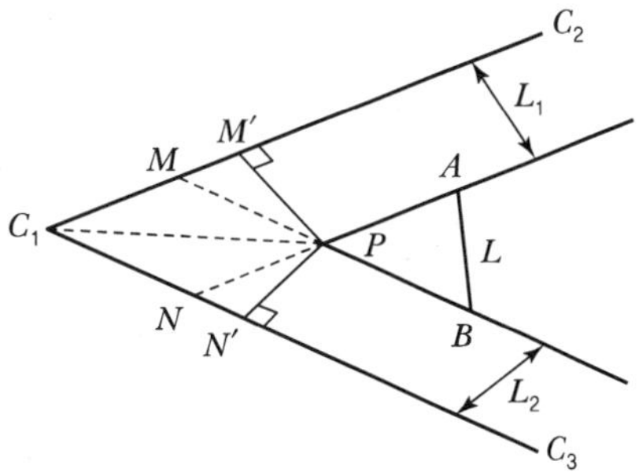

① P점의 좌표(단위 : m)

② A, B점의 좌표(단위 : m)

03 지적삼각점 C에서 D점에 장애물로 시준이 불가능하여 편심점 B에서 D를 관측하고 다음과 같은 결과를 얻었다. 관측각 T를 구하시오.(단, 각은 0.01″까지 계산하시오.)

T'	60°11′23″
편심각(ϕ)	295°48′33″
편심거리(e)	0.15m
S_1	2,000m
S_2	1,500m

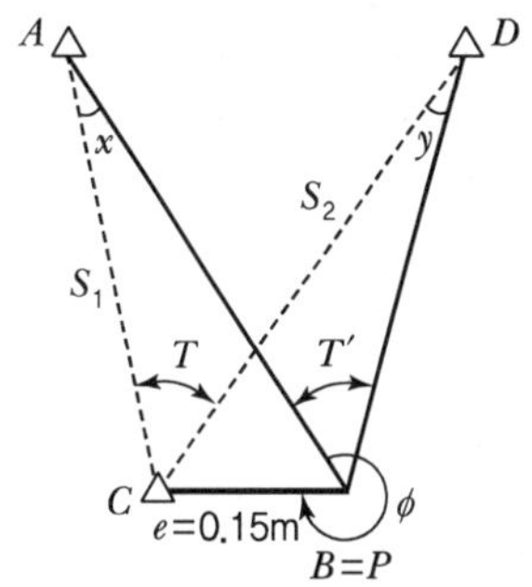

04 토털스테이션을 이용하여 두 점 간의(전북1–전북2) 거리를 측정하여 다음과 같은 결과를 얻었다. 서식을 완성하여 두 점 간의 평면거리를 계산하시오.

- 측정거리(D) = 2134.17m
- 연직각(α_1) = +3°30′40″
- 기지점표고(H_1) = 50.33m
- 기계고(i_1) = 1.45m

- 연직각(α_2) = −3°29′10″
- 기지점표고(H_2) = 179.45m
- 시준고(f) = 1.45m

원점에서 삼각점까지의 횡선거리 Y_1 = 42.4km, Y_2 = 43.1km

평 면 거 리 계 산 부

약도	공식
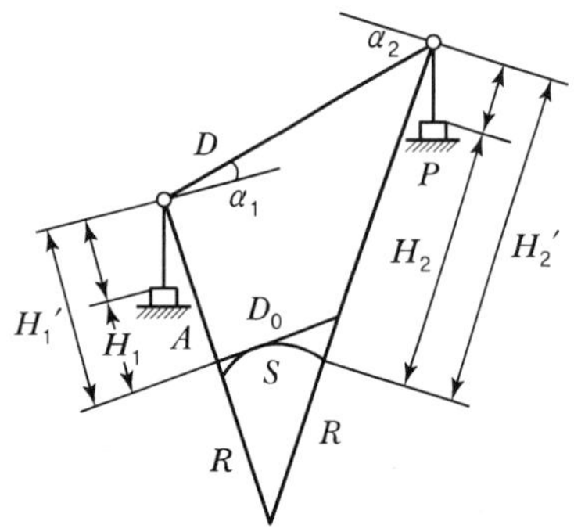	• 연직각에 의한 계산 $S = D \cdot \cos\frac{1}{2}(\alpha_1 + \alpha_2) - \frac{D(H_1' + H_2')}{2R}$ • 표고에 의한 계산 $S = D - \frac{(H_1' - H_2')^2}{2D} - \frac{D(H_1' + H_2')}{2R}$ • 평면거리 $D_0 = S \times K \left[K = 1 + \frac{(Y_1 + Y_2)^2}{8R^2} \right]$ D=경사거리, S=기준면거리, H_1, H_2=표고 R=곡률반경(6372199.7m), i=기계고, f=시준고 α_1, α_2=연직각(절대치), K=축척계수 Y_1, Y_2=원점에서 삼각점까지의 횡선거리(km)

연직각에 의한 계산		표고에 의한 계산	
방향	점 → 점		
D	m .	D	m .
α_1	° ′ ″	$2D$	.
α_2		H_1'	.
$\frac{1}{2}(\alpha_1 + \alpha_2)$		H_2'	.
$\cos\frac{1}{2}(\alpha_1 + \alpha_2)$	.	$(H_1' - H_2')$	.
$D \cdot \cos\frac{1}{2}(\alpha_1 + \alpha_2)$	m .	$(H_1' - H_2')^2$	.

$H_1' = H_1 + i$	.	$\frac{(H_1' - H_2')^2}{2D}$	.
$H_2' = H_2 + f$	.	$D - \frac{(H_1' - H_2')^2}{2D}$	.
R	6372199.7	R	6372199.7
$2R$	12744399.3	$2R$	12744399.3
$\frac{D(H_1' + H_2')}{2R}$	.	$\frac{D(H_1' + H_2')}{2R}$	.
S	.	S	.
Y_1	km .	Y_1	km .
Y_2	km .	Y_2	km .
$(Y_1 + Y_2)^2$	.	$(Y_1 + Y_2)^2$	.
$8R^2$	324839427.7 km	$8R^2$	324839427.7 km
$K = 1 + \frac{(Y_1 + Y_2)^2}{8R^2}$	.	$K = 1 + \frac{(Y_1 + Y_2)^2}{8R^2}$	.
$S \times K$	m .	$S \times K$	m .
평균(D_0)	m .		
계산자		검사자	

05 다음 삼각형 그림의 측량 결과에 의하여 요구사항을 구하시오.(단, 각은 초 단위, 거리 및 좌표는 cm, 면적은 소수 2자리까지 계산하시오.)

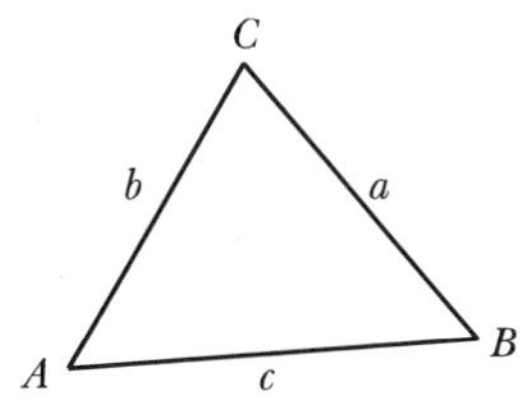

- A점 좌표
  $X=9751.84\text{m}$, $Y=731.45\text{m}$
- B점 좌표
  $X=7511.49\text{m}$, $Y=5429.32\text{m}$
- $\overline{AC}$ 거리$=5742.40\text{m}$
- $\overline{BC}$ 거리$=5646.76\text{m}$

(1) $\angle A$, $\angle B$, $\angle C$를 구하시오.
(2) C점의 좌표를 구하시오.
(3) $\triangle ABC$의 면적을 산출하시오.(소수 2자리까지 결정하시오.)

06 경계선 $\overline{AC}$와 $\overline{BD}$가 교차하는 P점 위치의 좌표를 주어진 서식에 의하여 완성하시오.(단, 계산은 각도는 $0.1''$ 단위까지, S_1, S_2의 거리는 소수 4자리까지, 기타 거리 및 좌표는 cm 단위까지 계산하시오.)

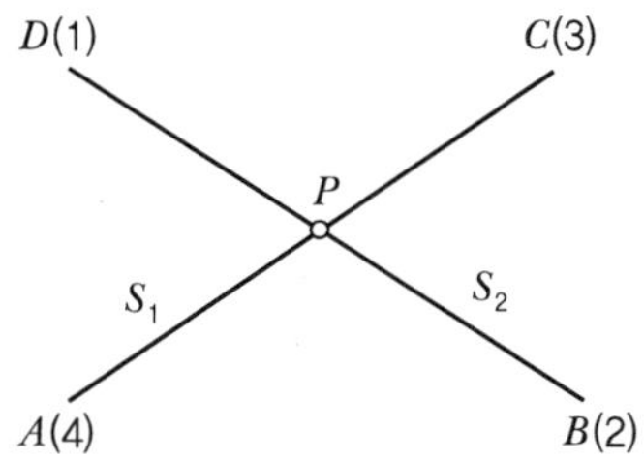

점명	부호	X 좌표	Y 좌표
1	D	415684.97	193734.89
2	B	415629.43	193911.58
3	C	415698.13	193896.77
4	A	415633.89	193755.30

교 차 점 계 산 부

공식

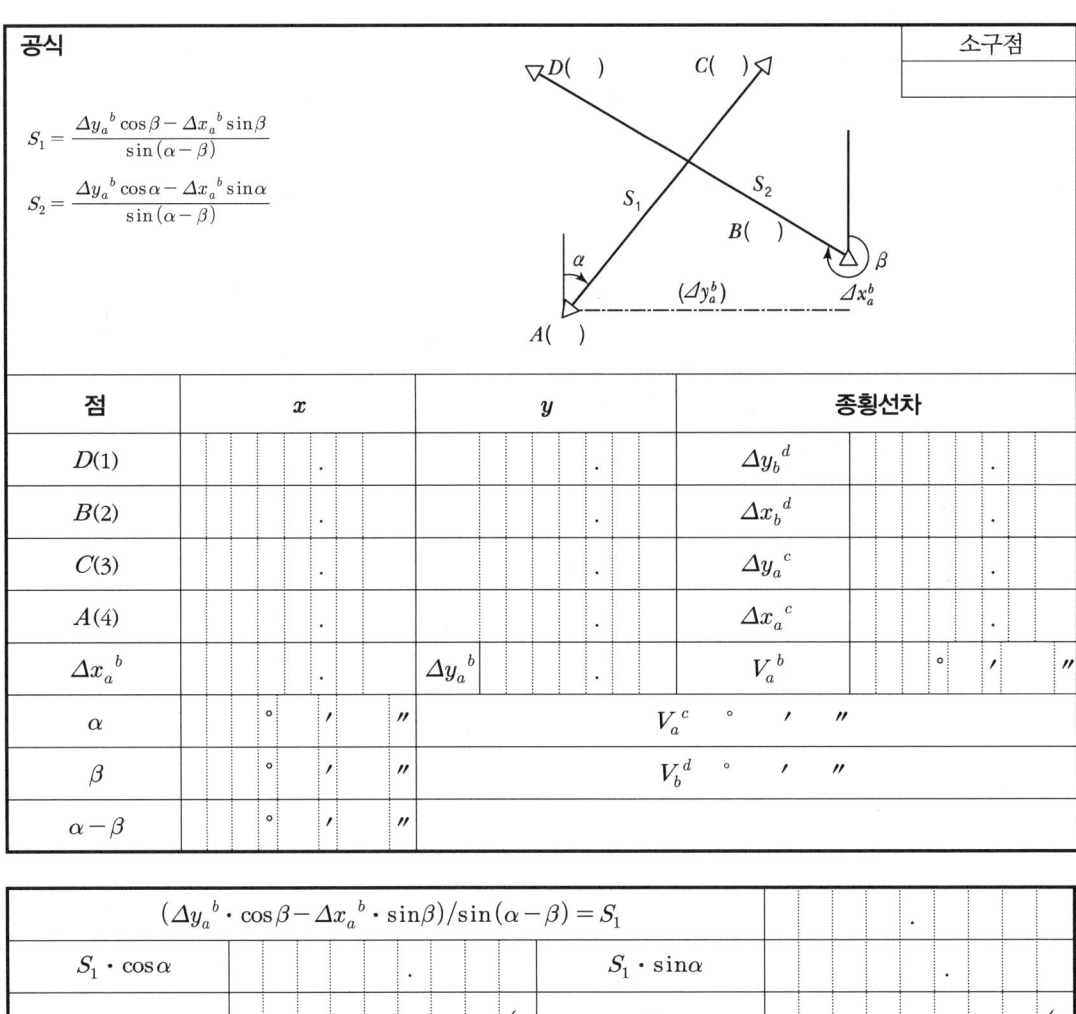

$$S_1 = \frac{\Delta y_a{}^b \cos\beta - \Delta x_a{}^b \sin\beta}{\sin(\alpha-\beta)}$$

$$S_2 = \frac{\Delta y_a{}^b \cos\alpha - \Delta x_a{}^b \sin\alpha}{\sin(\alpha-\beta)}$$

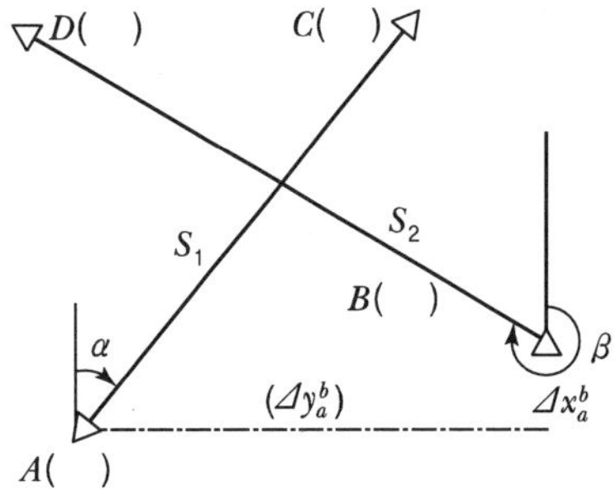

소구점

점	x	y	종횡선차	
$D(1)$	.	.	$\Delta y_b{}^d$	.
$B(2)$	.	.	$\Delta x_b{}^d$	.
$C(3)$	.	.	$\Delta y_a{}^c$	.
$A(4)$	.	.	$\Delta x_a{}^c$	.
$\Delta x_a{}^b$	.	$\Delta y_a{}^b$.	$V_a{}^b$	° ′ ″
α	° ′ ″	V_a^c ° ′ ″		
β	° ′ ″	V_b^d ° ′ ″		
$\alpha-\beta$	° ′ ″			

$(\Delta y_a{}^b \cdot \cos\beta - \Delta x_a{}^b \cdot \sin\beta)/\sin(\alpha-\beta) = S_1$			.
$S_1 \cdot \cos\alpha$	.	$S_1 \cdot \sin\alpha$	.
x_a	. (+	y_a	. (+
x	.	y	.

$(\Delta y_a{}^b \cdot \cos\alpha - \Delta x_a{}^b \cdot \sin\alpha)/\sin(\alpha-\beta) = S_2$			.
$S_2 \cdot \cos\beta$	.	$S_2 \cdot \sin\beta$	.
x_b	. (+	y_b	. (+
x	.	y	.

X	.	Y	.

07 지적도근점측량을 H형의 교점다각망으로 구성하여 관측한 교점의 1차 계산 결과에 의하여 상관방정식과 표준방정식(방위각, 종 · 횡선좌표)을 서식에 의하여 계산하시오.

도선	경중률		도선	관측방위각	계산 종선좌표	계산 횡선좌표
	측점 수	거리(km)				
(1)	10	6.11	(1)	55°45′21″	2894.64	1234.56
(2)	12	6.30	(2)	55°45′27″	2894.69	1234.60
(3)	13	7.11	(2)+(3)	275°55′30″	3001.21	4321.06
(4)	8	5.37	(4)	275°55′33″	3001.25	4321.00
(5)	5	2.55	(5)	275°55′38″	3001.20	4321.03

교 점 다 각 망 계 산 부(H · A형)

약도

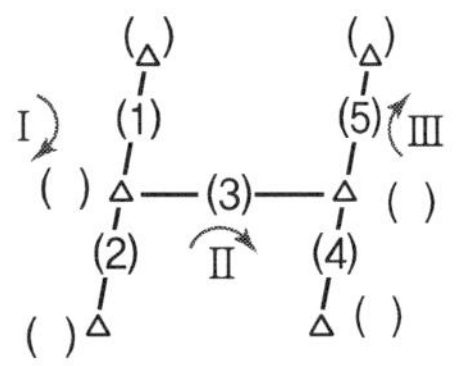

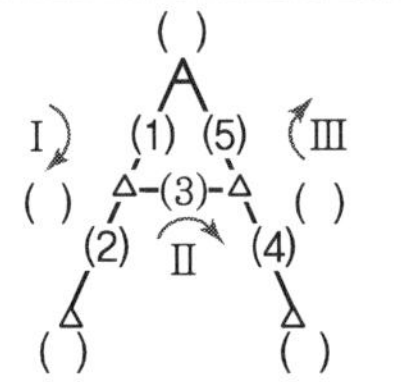

조건식		
	Ⅰ	$(1)-(2)+W_1=0$
	Ⅱ	$(2)+(3)-(4)+W_2=0$
	Ⅲ	$(4)-(5)+W_3=0$

경중률	ΣN	ΣS
(1)		
(2)		
(3)		
(4)		
(5)		

1. 방위각

순서	도선	관측	보정	평균
Ⅰ	(1)	° ′ ″		° ′ ″
	(2)			
	W_1			
Ⅱ	(2)+(3)			
	(4)			
	W_2			
Ⅲ	(4)			
	(5)			
	W_3			

2. 종선좌표

순서	도선	관측	보정	평균
Ⅰ	(1)	m .		m .
	(2)	.		.
	W_1	.		.
Ⅱ	(2)+(3)	.		.
	(4)	.		.
	W_2	.		.
Ⅲ	(4)	.		.
	(5)	.		.
	W_3	.		.

3. 횡선좌표

순서	도선	관측	보정	평균
Ⅰ	(1)	m .		m .
	(2)	.		.
	W_1	.		.
Ⅱ	(2)+(3)	.		.
	(4)	.		.
	W_2	.		.
Ⅲ	(4)	.		.
	(5)	.		.
	W_3	.		.

4. 계산

1) 상관방정식

순서	ΣN	ΣS	Ⅰ	Ⅱ	Ⅲ
(1)					
(2)					
(3)					
(4)					
(5)					

2) 표준방정식(방위각)

Ⅰ	Ⅱ	Ⅲ	W_α	Σ

3) 표준방정식(종선좌표)

Ⅰ	Ⅱ	Ⅲ	W_X	Σ

4) 표준방정식(횡선좌표)

Ⅰ	Ⅱ	Ⅲ	W_Y	Σ

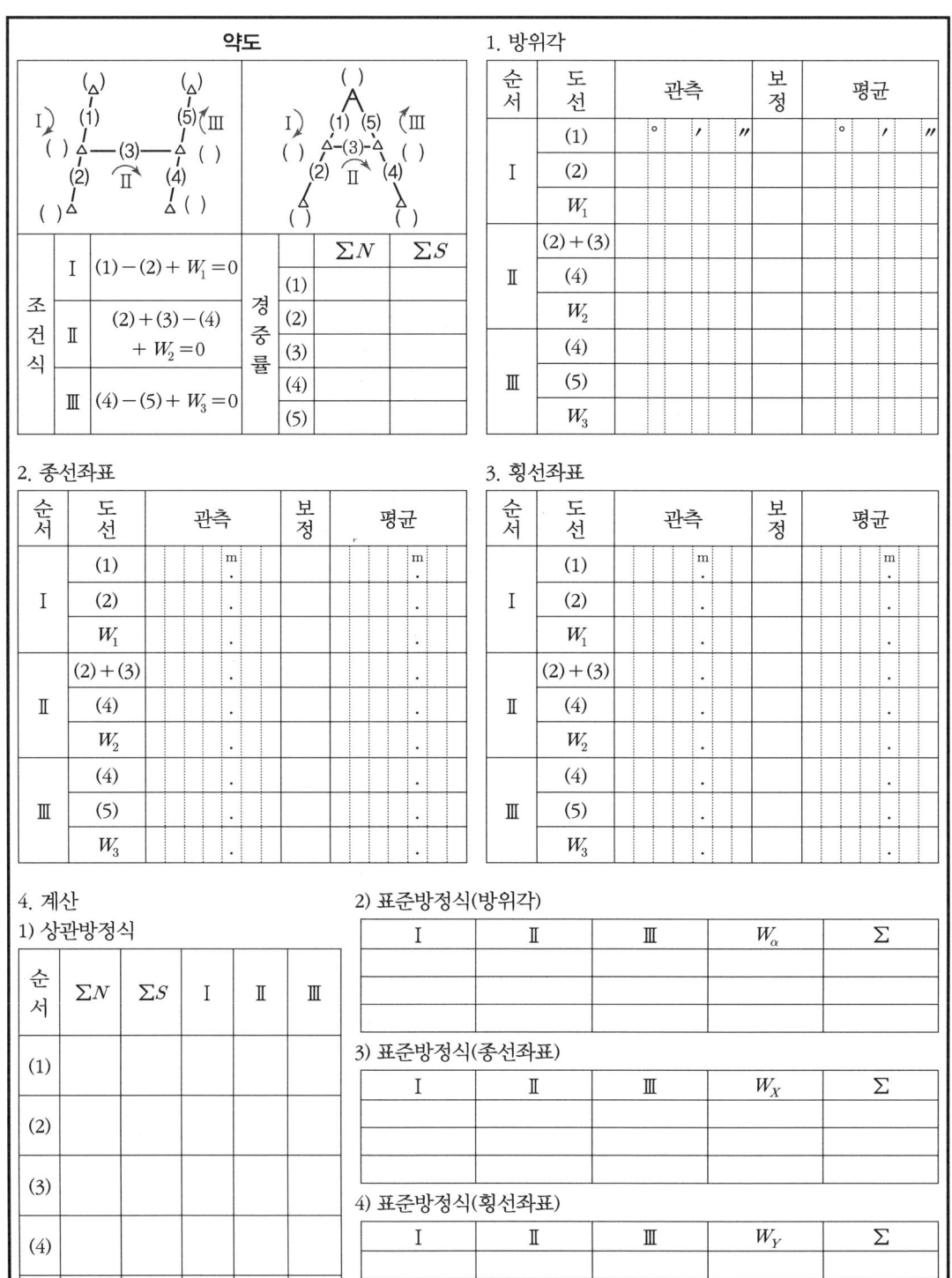

실전모의고사 제1회 해설 및 정답

01 (1) 기지점 간 거리 및 방위각 계산

구분	전419 → 전416	전419 → 전420
$\Delta X,\ \Delta Y$	$\Delta X=428196.66-429668.21=-1471.55$ $\Delta Y=174320.73-177316.04=-2995.31$	$\Delta X=431027.21-429668.21=+1359.00$ $\Delta Y=178268.20-177316.04=+952.16$
거리	$\sqrt{(-1471.55)^2+(-2995.31)^2}=3337.27\text{m}$	$\sqrt{(1359.00)^2+(952.16)^2}=1659.36\text{m}$
방위	$\tan^{-1}\left(\dfrac{-2995.31}{-1471.55}\right)=63°50'09.0''$(Ⅲ상한)	$\tan^{-1}\left(\dfrac{+952.16}{+1359.00}\right)=35°00'58.8''$(Ⅰ상한)
방위각	$V=(180°+\theta)$ $=180°+63°50'09.0''=243°50'09.0''$	$V=(\theta)=35°00'58.8''$

(2) 각규약 조정

1) 삼각규약 오차 계산

삼각규약 조건	$(\alpha+\beta+\gamma)=180°$	
오차	$\varepsilon=(\alpha+\beta+\gamma)-180°$		
오차 계산	삼각형 번호	관측각의 합	$\varepsilon=(\alpha+\beta+\gamma)-180°$
	①	$180°00'01.2''$	$+1.2''$
	②	$179°59'58.0''$	$-2.0''$
	③	$179°59'59.7''$	$-0.3''$
	오차의 합	$\Sigma\varepsilon=\varepsilon_1+\varepsilon_2+\varepsilon_3=1.2+(-2.0)+(-0.3)=-1.1''$	

2) 망규약 오차 계산

망규약 조건	$\Sigma\gamma=$기지내각
오차	$e=\Sigma\gamma-$기지내각
오차 계산	$\Sigma\gamma=38°21'09.7''+45°27'25.2''+67°22'14.8''=151°10'49.7''$ 기지내각$=V_{전419}^{전420}-V_{전419}^{전416}=35°00'58.8''-243°50'09.0''=151°10'49.8''$ $e=\Sigma\gamma-$기지내각$=151°10'49.7''-151°10'49.8''=-0.1''$

3) 오차 조정

오차 조정은 망규약에 의한 오차(Ⅱ) 조정 이후, 삼각규약에 의한 오차(Ⅰ)를 조정한다.

① 망규약에 의한 오차 조정

$$(\text{Ⅱ})=\frac{\Sigma\varepsilon-3e}{2n}=\frac{-1.1-(3\times-0.1)}{2\times3}=-0.1''$$

② 삼각규약에 의한 오차 조정

$$(\text{Ⅰ})=\frac{-\varepsilon-(\text{Ⅱ})}{3}$$

• ①번 삼각형 : $\dfrac{-(1.2)-(-0.1)}{3}=-0.4''$

• ②번 삼각형 : $\dfrac{-(-2.0)-(-0.1)}{3} = +0.7''$

• ③번 삼각형 : $\dfrac{-(-0.3)-(-0.1)}{3} = +0.1''$

4) 각규약 조정각

각명	관측각	각규약		
		I	II	조정각
α_1	45°02′24.2″	−0.4″		45°02′23.8″
β_1	96°36′27.3″	−0.4″ → −0.3″		96°36′27.0″
γ_1	38°21′09.7″	−0.4″	−0.1″	38°21′09.2″
α_2	64°32′37.5″	+0.7″		64°32′38.2″
β_2	69°59′55.3″	+0.7″		69°59′56.0″
γ_2	45°27′25.2″	+0.7″	−0.1″	45°27′25.8″
α_3	42°56′34.2″	+0.1″		42°56′34.3″
β_3	69°41′10.7″	+0.1″ → +0.2″		69°41′10.9″
γ_3	67°22′14.8″	+0.1″	−0.1″	67°22′14.8″

보충 + 설명

각 규약(삼각규약 및 망규약)의 합과 각 삼각형의 오차(ε) 부호는 반대지만 크기가 같아야 한다. 만약, 각 오차와 차이가 발생하면 90°에 가까운 각에 0.1초를 가감한다.

(3) 변규약 조정

변 방정식 $\dfrac{\sin\alpha_1 \cdot \sin\alpha_2 \cdot \sin\alpha_3 \cdot \sin\alpha_4 \cdot l_1}{\sin\beta_1 \cdot \sin\beta_2 \cdot \sin\beta_3 \cdot \sin\beta_4 \cdot l_2} = 1,\ \dfrac{\Pi \sin\alpha \cdot l_1}{\Pi \sin\beta \cdot l_2} = 1$

1) E_1 계산

① $\sin\alpha, \sin\beta$ 계산

② $E_1 = \dfrac{\Pi \sin\alpha \cdot l_1}{\Pi \sin\beta \cdot l_2} - 1$

$= (\dfrac{0.707600 \times 0.902915 \times 0.681269 \times 3337.27}{0.993358 \times 0.939686 \times 0.937806 \times 1659.36}) - 1$

$= \dfrac{1452.595399}{1452.587070} - 1 = +0.000006 = +6$

보충 + 설명

E_1 계산 부호가 (+)이면 $\Delta\alpha$ 계산 수치 앞에 (−)부호, $\Delta\beta$ 계산 수치 앞에 (+)부호를 부여하며, E_1 계산 부호가 (−)이면 $\Delta\alpha$ 계산 수치 앞에 (+)부호, $\Delta\beta$ 계산 수치 앞에 (−)부호를 부여한다.

2) $\Delta\alpha$, $\Delta\beta$ 계산

$\Delta\alpha = 48.4814 \times \cos\alpha$, $\Delta\beta = 48.4814 \times \cos\beta$

3) E_2 계산

① $\sin\alpha'$, $\sin\beta'$ 계산

② $E_2 = \dfrac{\Pi \sin\alpha' \cdot l_1}{\Pi \sin\beta' \cdot l_2} - 1$

$= \left(\dfrac{0.707566 \times 0.902894 \times 0.681234 \times 3337.27}{0.993352 \times 0.939703 \times 0.937823 \times 1659.36}\right) - 1$

$= \dfrac{1452.417198}{1452.630907} - 1 = -0.000147 = -147$

③ $|E_1 - E_2| = |6 - (-147)| = 153$

4) 경정수($x_1{}''$, $x_2{}''$) 계산

$x_1{}'' = \dfrac{10'' \times E_1}{\lvert E_1 - E_2 \rvert}$	$x_1{}'' = \dfrac{10'' \times (+6)}{153} = +0.4''$	검산 : $x_1{}'' + x_2{}'' = 10''$
$x_2{}'' = \dfrac{10'' \times E_2}{\lvert E_1 - E_2 \rvert}$	$x_2{}'' = \dfrac{10'' \times (-147)}{153} = -9.6''$	

보충 + 설명

$x_1{}''$ 의 부호가 (+)이면 각각의 α각에 $(-x_1{}'')$, 각각의 β각에 $(+x_1{}'')$를 배부하고,
$x_1{}''$ 의 부호가 (−)이면 각각의 α각에 $(+x_1{}'')$, 각각의 β각에 $(-x_1{}'')$를 배부한다.

5) 변규약 조정각

α각의 변규약 조정각 = 각규약 조정각 + $(\alpha - x_1{}'')$

β각의 변규약 조정각 = 각규약 조정각 + $(\beta + x_1{}'')$

각명	각규약 조정각	$\sin\alpha$ / $\sin\beta$	$\Delta\alpha$ / $\Delta\beta$	$\sin\alpha'$ 계산 / $\sin\beta'$ 계산	$\sin\alpha'$ / $\sin\beta'$	$\alpha - x_1{}''$ / $\beta + x_1{}''$	변규약 조정각
α_1	45°02′23.8″	0.707600	−34	0.707600−34	0.707566	−0.4	45°02′23.4″
β_1	96°36′27.0″	0.993358	+(−6)	0.993358−6	0.993352	+0.4	96°36′27.4″
γ_1	38°21′09.2″						38°21′09.2″
α_2	64°32′38.2″	0.902915	−21	0.902915−21	0.902894	−0.4	64°32′37.8″
β_2	69°59′56.0″	0.939686	+17	0.939686+17	0.939703	+0.4	69°59′56.4″
γ_2	45°27′25.8″						45°27′25.8″
α_3	42°56′34.3″	0.681269	−35	0.681269−35	0.681234	−0.4	42°56′33.9″
β_3	69°41′10.9″	0.937806	+17	0.937806+17	0.937823	+0.4	69°41′11.3″
γ_3	67°22′14.8″						67°22′14.8″

(4) 변장 및 방위각 계산

① 변장 계산

방향	변장 계산	변장
전416 → 전419	$\sqrt{(\Delta X)^2+(\Delta Y)^2} = \sqrt{(+1471.55)^2+(+2995.31)^2}$	=3337.27m
전416 → 보1	$\frac{\sin\gamma_1}{\sin\beta_1}\times(\overline{전416-전419})=\frac{\sin 38°21'09.2''}{\sin 96°36'27.4''}\times 3337.27$	=2084.62m
전419 → 보1	$\frac{\sin\alpha_1}{\sin\beta_1}\times(\overline{전416-전419})=\frac{\sin 45°02'23.4''}{\sin 96°36'27.4''}\times 3337.27$	=2377.24m
보1 → 보2	$\frac{\sin\gamma_2}{\sin\beta_2}\times(\overline{전419-보1})=\frac{\sin 45°27'25.8''}{\sin 69°59'56.4''}\times 2377.24$	=1803.07m
전419 → 보2	$\frac{\sin\alpha_2}{\sin\beta_2}\times(\overline{전419-보1})=\frac{\sin 64°32'37.8''}{\sin 69°59'56.4''}\times 2377.24$	=2284.21m
보2 → 전420	$\frac{\sin\gamma_3}{\sin\beta_3}\times(\overline{전419-보2})=\frac{\sin 67°22'14.8''}{\sin 69°41'11.3''}\times 2284.21$	=2248.18m
전419 → 전420	$\frac{\sin\alpha_3}{\sin\beta_3}\times(\overline{전419-보2})=\frac{\sin 42°56'33.9''}{\sin 69°41'11.3''}\times 2284.21$	=1659.36m

② 방위각 계산

방향	방위각 계산	방위각
전416 → 전419	$\theta=\tan^{-1}\left(\frac{+2995.31}{+1471.55}\right)$=63°50′09.0″(Ⅰ상한)	=63°50′09.0″
전416 → 보1	$V_{전416}^{전419}-\alpha_1$=63°50′09.0″−45°02′23.4″	=18°47′45.6″
전419 → 보1	$V_{전419}^{전416}+\gamma_1$=(63°50′09.0″+180°)+38°21′09.2″	=282°11′18.2″
보1 → 보2	$V_{보1}^{전419}-\alpha_2$=(282°11′18.2″−180°)−64°32′37.8″	=37°38′40.4″
전419 → 보2	$V_{전419}^{보1}+\gamma_2$=282°11′18.2″+45°27′25.8″	=327°38′44.0″
보2 → 전420	$V_{보2}^{전419}-\alpha_3$=(327°38′44.0″−180°)−42°56′33.9″	=104°42′10.1″
전419 → 전420	$V_{전419}^{보2}+\gamma_3$=327°38′44.0″+67°22′14.8″	=35°00′58.8″

(5) 종 · 횡선좌표 계산

$\Delta X = l \cdot \cos V,\ \Delta Y = l \cdot \sin V$

방향	종선좌표 = 기지점의 X좌표 + ΔX	횡선좌표 = 기지점의 Y좌표 + ΔY
전416 → 보1	428196.66+1973.45=430170.11	174320.73+671.66=174992.39
전419 → 보1	429668.21+501.90=430170.11	177316.04+(−2323.65)=174992.39
평균	430170.11	174992.39
보1 → 보2	430170.11+1427.70=431597.81	174992.39+1101.25=176093.64
전419 → 보2	429668.21+1929.59=431597.80	177316.04+(−1222.41)=176093.63
평균	431597.80	176093.64
보2 → 전420	431597.80+(−570.60)=431027.20	176093.64+2174.56=178268.20
전419 → 전420	429668.21+1359.00=431027.21	177316.04+952.16=178268.20
평균	431027.20	178268.20

삽입망 조정계산부

삼각형	점명	각명	관측각	각규약 I	각규약 II	조정각	sinα / sinβ	Δα / Δβ	sinα′ / sinβ′	α−x_1'' / β+x_1''	변규약 조정각
1	전416	α_1	45°02′24″.2	−0″.4		45°02′23″.8	0.707600	−34	0.707566	−0″.4	45°02′23″.4
	보1	β_1	96 36 27.3	−0.3		96 36 27.0	0.993358	−6	0.993352	+0.4	96 36 27.4
	전419	γ_1	38 21 09.7	−0.4	−0″.1	38 21 09.2				γ_1	38 21 09.2
		+)	180 00 01.2			180 00 00.0					
			180 00 00.0								
		−) ε_1	= +1.2								
2	보1	α_2	64°32′37″.5	+0″.7		64°32′38″.2	0.902915	−21	0.902894	−0″.4	64°32′37″.8
	보2	β_2	69 59 55.3	+0.7		69 59 56.0	0.939686	+17	0.939703	+0.4	69 59 56.4
	전419	γ_2	45 27 25.2	+0.7	−0″.1	45 27 25.8				γ_2	45 27 25.8
		+)	179 59 58.0			180 00 00.0					
			180 00 00.0								
		−) ε_2	= −2.0								
3	보2	α_3	42°56′34″.2	+0″.1		42°56′34″.3	0.681269	−35	0.681234	−0″.4	42°56′33″.9
	전420	β_3	69 41 10.7	+0.2		69 41 10.9	0.937806	+17	0.937823	+0.4	69 41 11.3
	전419	γ_3	67 22 14.8	+0.1	−0″.1	67 22 14.8				γ_3	67 22 14.8
		+)	179 59 59.7			180 00 00.0					
			180 00 00.0								
		−) ε_3	= −0.3								
4		α_4	° ′ ″	″		° ′ ″	.		.	″	° ′ ″
		β_4	.	.		.	.		.	.	.
		γ_4	.	.	″	.				γ_4	.
		+)	.			.					
			180 00 00.0								
		−) ε_4	= .								
5		α_5	° ′ ″	″		° ′ ″	.		.	″	° ′ ″
		β_5	.	.		.	.		.	.	.
		γ_5	.	.	″	.				γ_5	.
		+)	.			.					
			180 00 00.0								
		−) ε_5	= .								
6		α_6	° ′ ″	″		° ′ ″	.		.	″	° ′ ″
		β_6	.	.		.	.		.	.	.
		γ_6	.	.	″	.				γ_6	.
		+)	.			.					
			180 00 00.0								
		−) ε_6	= .								

변장 $a\times\frac{\sin\alpha(\gamma)}{\sin\beta}$	방위각	종횡선좌표 X	종횡선좌표 Y	점명
전416 → 전419	전416 → 전419	428196.66m	174320.73m	전416
3337.27m	63°50′09″.0	429668.21	177316.04	전419
전416 → 보1	전416 → 보1	430170.11	174992.39	보1
2084.62	18 47 45 6			
전419 → 보1	전419 → 보1	430170.11	174992.39	
2377.24	282 11 18 2			
	평균	430170.11	174992.39	
보1 → 보2	보1 → 보2	431597.81	176093.64	보2
1803.07	37 38 40 4			
전419 → 보2	전419 → 보2	431597.80	176093.63	
2284.21	327 38 44 0			
	평균	431597.80	176093.64	
보2 → 전420	보2 → 전420	431027.20	178268.20	전420
2248.18	104 42 10 1			
전419 → 전420	전419 → 전420	431027.21	178268.20	
1659.36	35 00 58 8			
	평균	431027.20	178268.20	
→	→	.	.	
.	.			
→	→	.	.	
.	.			
	평균	.	.	
→	→	.	.	
.	.			
→	→	.	.	
.	.			
	평균	.	.	
→	→	.	.	
.	.			
→	→	.	.	
.	.			
	평균	.	.	
전419 → 전420	전419 → 전420	431027.21	178268.20	전420
1659.36m	35°00′58″.8			

$\Sigma\gamma$	151°10′49″.7	제1기선 l_1	3337.27m
360° 또는 기지내각	151 10 49.8	제2기선 l_2	1659.36
−) e	= −0.1		

	E_1		E_2
$\Pi\sin\alpha\cdot l_1$	1452.595399	$\Pi\sin\alpha'\cdot l_1$	1452.417198
$\Pi\sin\beta\cdot l_2$	1452.587070	$\Pi\sin\beta'\cdot l_2$	1452.630907

$\Sigma\varepsilon = 1.2+(-2.0)+(-0.3) = -1.1''$

$(\text{II})= \dfrac{\Sigma\varepsilon-3e}{2n} = \dfrac{-1.1-(3\times-0.1)}{2\times3} = -0.1''$

n : 삼각형 수

$(\text{I})= \dfrac{-\varepsilon-(\text{II})}{3} =$ ① $-0.4''$ ② $+0.7''$ ③ $+0.1''$

$E_1 = \dfrac{\Pi\sin\alpha\cdot l_1}{\Pi\sin\beta\cdot l_2}-1 = +6$

$E_2 = \dfrac{\Pi\sin\alpha'\cdot l_1}{\Pi\sin\beta'\cdot l_2}-1 = -147$

$|E_1-E_2| = 153$

$\Delta\alpha,\ \Delta\beta = 10''$차임

$x_1'' = \dfrac{10''\times E_1}{|E_1-E_2|} = +0.4''$

$x_2'' = \dfrac{10''\times E_2}{|E_1-E_2|} = -9.6''$

검산 : $x_1''+x_2'' = 10''$

약도

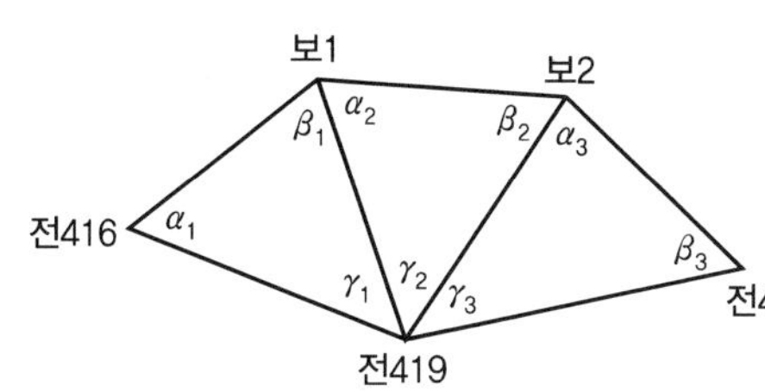

02 (1) 방위각($V_{C_1}^{C_3}$) 계산

$$\theta = \tan^{-1}\left(\frac{+142.24}{-70.16}\right) = 63°44'43''(\text{Ⅱ 상한})$$

$$V_{C_1}^{C_3} = 180° - 63°44'43'' = 116°15'17''$$

(2) 교각 계산

$$\text{교각} = V_{C_1}^{C_3} - V_{C_1}^{C_2} = 116°15'17'' - 48°36'47'' = 67°38'30''$$

(3) $S(=C_1P)$ 계산

① $C_1M(=PN)$의 길이

$$\sin\theta = \frac{PN'}{PN} \text{에서 } PN(=C_1M) = \frac{PN'}{\sin\theta} = \frac{3}{\sin 67°38'30''} = 3.2439\text{m}$$

② MM'의 길이

$$\tan\theta = \frac{PM'}{MM'} \text{에서 } MM' = \frac{PM'}{\tan\theta} = \frac{4}{\tan 67°38'30''} = 1.6453\text{m}$$

③ C_1M'의 길이

$$C_1M' = C_1M + MM' = 3.2439 + 1.6453 = 4.8892\text{m}$$

④ $C_1P(=S)$의 길이

$$C_1P(=S) = \sqrt{(C_1M')^2 + (PM')^2} = \sqrt{(4.8892)^2 + (4)^2} = 6.3170\text{m}$$

(4) 방위각($V_{C_1}^{P}$) 계산

$$V_{C_1}^{P} = V_{C_1}^{C_2} + \angle C_2C_1P = 48°36'47'' + 39°17'15'' = 87°54'02''$$

$$\angle C_2C_1P = \sin^{-1}\frac{PM'}{S} = \sin^{-1}\left(\frac{4}{6.3170}\right) = 39°17'15''$$

(5) 가구정점 계산

$$X_P = X_{C_1} + (S \times \cos V_{C_1}^{P}) = 466501.47 + (6.3170 \times \cos 87°54'02'') = 466501.70\text{m}$$

$$Y_P = Y_{C_1} + (S \times \sin V_{C_1}^{P}) = 193753.33 + (6.3170 \times \sin 87°54'02'') = 193759.64\text{m}$$

(6) 가구점 계산

① A점의 좌표 계산

$$X_A = X_P + (\overline{PA} \times \cos V_{C_1}^{C_2}) = 466501.70 + (4.4916 \times \cos 48°36'47'') = 466504.67\text{m}$$

$$Y_A = Y_P + (\overline{PA} \times \sin V_{C_1}^{C_2}) = 193759.64 + (4.4916 \times \sin 48°36'47'') = 193763.01\text{m}$$

$$l = PA = PB = \frac{L}{2} \times \text{cosec}\frac{\theta}{2}$$

※ $l = PA = PB = \frac{L}{2} \times \text{cosec}\frac{\theta}{2} = \frac{5}{2} \times \text{cosec}\frac{67°38'30''}{2} = 4.4916\text{m}$

② B점의 좌표 계산

$$X_B = X_P + (\overline{PB} \times \cos V_{C_1}^{C_3}) = 466501.70 + (4.4916 \times \cos 116°15'17'') = 466499.71\text{m}$$

$$Y_B = Y_P + (\overline{PB} \times \sin V_{C_1}^{C_3}) = 193759.64 + (4.4916 \times \sin 116°15'17'') = 193763.67\text{m}$$

03 (1) x 계산

$$\frac{e}{\sin x} = \frac{S_1}{\sin(360° - \phi)}$$

$$\frac{0.15}{\sin x} = \frac{2000}{\sin(360° - 295°48'33'')}$$

$\therefore\ x = 0°00'13.93''$

(2) y 계산

$$\frac{e}{\sin y} = \frac{S_2}{\sin(360° - \phi + T')}$$

$$\frac{0.15}{\sin y} = \frac{1500}{\sin(360° - 295°48'33'' + 60°11'23'')}$$

$y = 0°00'17.02''$

(3) T 계산

$T + x = T' + y$에서

$T = T' + y - x$

$= 60°11'23'' + 0°00'17.02'' - 0°00'13.93''$

$= 60°11'26.09''$

04 (1) 연직각에 의한 계산

① $\frac{1}{2}(\alpha_1 + \alpha_2) = \frac{1}{2}(3°30'40'' + 3°29'10'') = 3°29'55''$ [α_1, α_2는 절대치]

② $D \cdot \cos\frac{1}{2}(\alpha_1 + \alpha_2) = 2134.17 \times 0.998136 = 2130.19\text{m}$

③ H_1' 및 H_2' 계산

$H_1' = H_1 + i =$ 표고 + 기계고 $= 50.33 + 1.45 = 51.78\text{m}$

$H_2' = H_2 + f =$ 표고 + 시준고 $= 179.45 + 1.45 = 180.90\text{m}$

④ 연직각에 의한 기준면거리(S) 계산

$$S = D \cdot \cos\frac{1}{2}(\alpha_1 + \alpha_2) - \frac{D(H_1' + H_2')}{2R}$$

$$S = D \cdot \cos\frac{1}{2}(\alpha_1 + \alpha_2) - \frac{D(H_1' + H_2')}{2R} = 2130.19 - 0.039 = 2130.151\text{m}$$

⑤ 축척계수(K) 계산

$$K = 1 + \frac{(Y_1 + Y_2)^2}{8R^2}$$

$$K = 1 + \frac{(Y_1 + Y_2)^2}{8R^2} = 1 + \frac{7310.25}{324839427.7} = 1.000023$$

⑥ 평면거리(D) 계산

$D = S \times K = 2130.151 \times 1.000023 = 2130.200\text{m}$

(2) 표고에 의한 계산

① $D - \dfrac{(H'_1 - H'_2)^2}{2D}$ 계산

$$D - \frac{(H'_1 - H'_2)^2}{2D} = 2134.17 - 3.91 = 2130.26\text{m}$$

② 표고에 의한 기준면거리(S) 계산

$$S = D - \frac{(H_1' - H_2')^2}{2D} - \frac{D(H_1' + H_2')}{2R}$$

$$S = D - \frac{(H_1' - H_2')^2}{2D} - \frac{D(H_1' + H_2')}{2R} = 2130.26 - 0.039 = 2130.221\text{m}$$

③ 평면거리(D) 계산

$D = S \times K = 2130.221 \times 1.000023 = 2130.270\text{m}$

(3) 평면거리 평균(D_0) 계산

$$D_0 = \frac{(2130.200 + 2130.270)}{2} = 2130.24\text{m}$$

평 면 거 리 계 산 부

약도

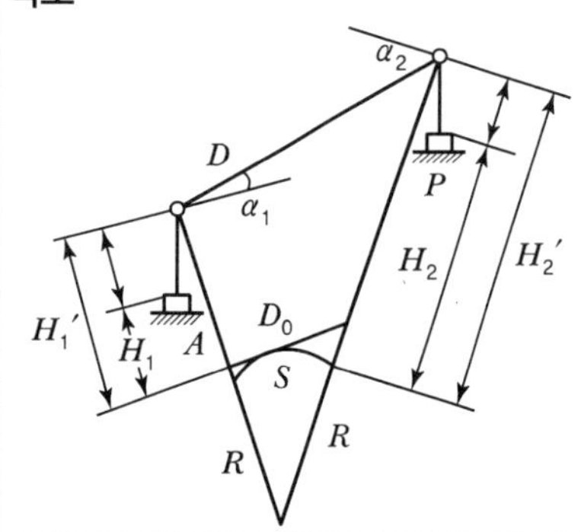

공식

- 연직각에 의한 계산 $S = D \cdot \cos\frac{1}{2}(\alpha_1+\alpha_2) - \frac{D(H_1'+H_2')}{2R}$
- 표고에 의한 계산 $S = D - \frac{(H_1'-H_2')^2}{2D} - \frac{D(H_1'+H_2')}{2R}$
- 평면거리 $D_0 = S \times K \left[K = 1 + \frac{(Y_1+Y_2)^2}{8R^2}\right]$

D=경사거리, S=기준면거리, H_1, H_2=표고
R=곡률반경(6372199.7m), i=기계고, f=시준고
α_1, α_2=연직각(절대치), K=축척계수
Y_1, Y_2=원점에서 삼각점까지의 횡선거리(km)

연직각에 의한 계산		표고에 의한 계산	
방향	전북 1점 → 전북 2점		
D	2134.17 m	D	2134.17 m
α_1	+3° 30′ 40″	$2D$	4268.34
α_2	−3 29 10	H_1'	51.78
$\frac{1}{2}(\alpha_1+\alpha_2)$	3 29 55	H_2'	180.90
$\cos\frac{1}{2}(\alpha_1+\alpha_2)$	0.998136	$(H_1'-H_2')$	−129.12
$D\cdot\cos\frac{1}{2}(\alpha_1+\alpha_2)$	2130.19 m	$(H_1'-H_2')^2$	16671.97

$H_1' = H_1 + i$	51.78	$\frac{(H_1'-H_2')^2}{2D}$	3.91
$H_2' = H_2 + f$	180.90	$D-\frac{(H_1'-H_2')^2}{2D}$	2130.26
R	6372199.7	R	6372199.7
$2R$	12744399.3	$2R$	12744399.3
$\frac{D(H_1'+H_2')}{2R}$	0.039	$\frac{D(H_1'+H_2')}{2R}$	0.039
S	2130.151	S	2130.221
Y_1	42.4 km	Y_1	42.4 km
Y_2	43.1 km	Y_2	43.1 km
$(Y_1+Y_2)^2$	7310.25	$(Y_1+Y_2)^2$	7310.25
$8R^2$	324839427.7 km	$8R^2$	324839427.7 km
$K = 1 + \frac{(Y_1+Y_2)^2}{8R^2}$	1.000023	$K = 1 + \frac{(Y_1+Y_2)^2}{8R^2}$	1.000023
$S \times K$	2130.200 m	$S \times K$	2130.270 m
평균(D_0)	2130.24 m		
계산자		검사자	

05 (1) $\angle A$, $\angle B$, $\angle C$ 계산

$\overline{AB} = \sqrt{(-2240.35)^2 + (+4697.87)^2} = 5204.72\text{m}$

코사인 제2법칙

$$A = \cos^{-1}\frac{b^2 + c^2 - a^2}{2bc},\ B = \cos^{-1}\frac{c^2 + a^2 - b^2}{2ca},\ C = \cos^{-1}\frac{a^2 + b^2 - c^2}{2ab}$$

$$\angle A = \cos^{-1}\frac{5742.40^2 + 5204.72^2 - 5646.76^2}{2 \times 5742.40 \times 5204.72} = 61°52'28''$$

$$\angle B = \cos^{-1}\frac{5204.72^2 + 5646.76^2 - 5742.40^2}{2 \times 5204.72 \times 5646.76} = 63°44'51''$$

$$\angle C = \cos^{-1}\frac{5646.76^2 + 5742.40^2 - 5204.72^2}{2 \times 5646.76 \times 5742.40} = 54°22'41''$$

(2) C점의 좌표

① 방위각($V_a^{\ b}$, $V_b^{\ c}$, $V_a^{\ c}$) 계산

$$\theta = \tan^{-1}\left(\frac{+4697.87}{-2240.35}\right) = 64°30'15''(\text{Ⅱ 상한})$$

$V_a^{\ b} = 180° - \theta = 180° - 64°30'15'' = 115°29'45''$

$V_b^{\ c} = V_b^{\ a} + \angle B = (115°29'45'' + 180°) + 63°44'51'' = 359°14'36''$

$V_a^{\ c} = V_a^{\ b} - \angle A = 115°29'45'' - 61°52'28'' = 53°37'17''$

② C점 평균좌표

A점에서 C점 좌표 계산	$X_C = X_A + (\overline{AC} \times \cos V_a^{\ c}) = 9751.84 + (5742.40 \times \cos 53°37'17'') = 13157.76\text{m}$ $Y_C = Y_A + (\overline{AC} \times \sin V_a^{\ c}) = 731.45 + (5742.40 \times \sin 53°37'17'') = 5354.74\text{m}$
B점에서 C점 좌표 계산	$X_C = X_B + (\overline{BC} \times \cos V_b^{\ c}) = 7511.49 + (5646.76 \times \cos 359°14'36'') = 13157.76\text{m}$ $Y_C = Y_B + (\overline{BC} \times \sin V_b^{\ c}) = 5429.32 + (5646.76 \times \sin 359°14'36'') = 5354.75\text{m}$
C점 평균좌표	$X = \frac{13157.76 + 13157.76}{2} = 13157.76\text{m}$, $Y = \frac{5354.74 + 5354.75}{2} = 5354.74\text{m}$

(3) $\triangle ABC$의 면적

헤론의 공식 $A = \sqrt{s(s-a)(s-b)(s-c)}$ (단, $s = \frac{a+b+c}{2}$)

$$s = \frac{a+b+c}{2} = \frac{5646.76 + 5742.40 + 5204.72}{2} = 8296.94$$

$\triangle ABC$의 면적$(A) = \sqrt{8296.94(8296.94 - 5646.76)(8296.94 - 5742.40)(8296.94 - 5204.72)}$
$= 13{,}179{,}174.46\text{m}^2$

06 (1) 방위각 계산

① $V_a^{\ c}$ 방위각 계산(α)

$\Delta x_a^{\ c} = 415698.13 - 415633.89 = +64.24\text{m}$

$\Delta y_a^{\ c} = 193896.77 - 193755.30 = +141.47\text{m}$

$$\theta = \tan^{-1}\frac{\Delta y}{\Delta x} = \tan^{-1}\frac{+141.47}{+64.24} = 65°34'39.8''(\text{Ⅰ 상한})$$

$V_a{}^c = \theta = 65°34'39.8''$

② $V_b{}^d$ 방위각 계산(β)

$\Delta x_b{}^d = 415684.97 - 415629.43 = +55.54\text{m}$

$\Delta y_b{}^d = 193734.89 - 193911.58 = -176.69\text{m}$

$\theta = \tan^{-1}\dfrac{\Delta y}{\Delta x} = \tan^{-1}\dfrac{-176.69}{+55.54} = 72°33'00.7''$(Ⅳ상한)

$V_b{}^d = 360° - \theta = 360° - 72°33'00.7'' = 287°26'59.3''$

③ $V_a{}^b$ 방위각 계산

$\Delta x_a{}^b = 415629.43 - 415633.89 = -4.46\text{m}$

$\Delta y_a{}^b = 193911.58 - 193755.30 = +156.28\text{m}$

$\theta = \tan^{-1}\dfrac{\Delta y}{\Delta x} = \tan^{-1}\dfrac{+156.28}{-4.46} = 88°21'55.1''$(Ⅱ상한)

$V_a{}^b = 180° - \theta = 180° - 88°21'55.1'' = 91°38'04.9''$

④ $\alpha - \beta$ 계산

$\alpha - \beta = 65°34'39.8'' - 287°26'59.3'' = -221°52'19.5'' + 360° = 138°07'40.5''$

(2) 거리 계산

$$S_1 = \frac{\Delta y_a{}^b \cos\beta - \Delta x_a{}^b \sin\beta}{\sin(\alpha - \beta)},\quad S_2 = \frac{\Delta y_a{}^b \cos\alpha - \Delta x_a{}^b \sin\alpha}{\sin(\alpha - \beta)}$$

① S_1 계산

$$S_1 = \frac{\Delta y_a{}^b \cos\beta - \Delta x_a{}^b \sin\beta}{\sin(\alpha - \beta)}$$

$$= \frac{(156.28 \times \cos 287°26'59.3'') - (-4.46 \times \sin 287°26'59.3'')}{\sin 138°07'40.5''} = 63.8365\text{m}$$

② S_2 계산

$$S_2 = \frac{\Delta y_a{}^b \cos\alpha - \Delta x_a{}^b \sin\alpha}{\sin(\alpha - \beta)}$$

$$= \frac{(156.28 \times \cos 65°34'39.8'') - (-4.46 \times \sin 65°34'39.8'')}{\sin 138°07'40.5''} = 102.8904\text{m}$$

(3) 소구점 P의 좌표 계산

A점에서 P점 좌표 계산	$X_P = X_A + (S_1 \times \cos\alpha) = 415633.89 + (63.8365 \times \cos 65°34'39.8'') = 415660.28\text{m}$ $Y_P = Y_A + (S_1 \times \sin\alpha) = 193755.30 + (63.8365 \times \sin 65°34'39.8'') = 193813.42\text{m}$
B점에서 P점 좌표 계산	$X_P = X_B + (S_2 \times \cos\beta) = 415629.43 + (102.8904 \times \cos 287°26'59.3'') = 415660.28\text{m}$ $Y_P = Y_B + (S_2 \times \sin\beta) = 193911.58 + (102.8904 \times \sin 287°26'59.3'') = 193813.42\text{m}$
P점 평균좌표	$X = \dfrac{X_{P_1} + X_{P_2}}{2} = \dfrac{415660.28 + 415660.28}{2} = 415660.28\text{m}$ $Y = \dfrac{Y_{P_1} + Y_{P_2}}{2} = \dfrac{193813.42 + 193813.42}{2} = 193813.42\text{m}$

교 차 점 계 산 부

공식

$$S_1 = \frac{\Delta y_a{}^b \cos\beta - \Delta x_a{}^b \sin\beta}{\sin(\alpha-\beta)}$$

$$S_2 = \frac{\Delta y_a{}^b \cos\alpha - \Delta x_a{}^b \sin\alpha}{\sin(\alpha-\beta)}$$

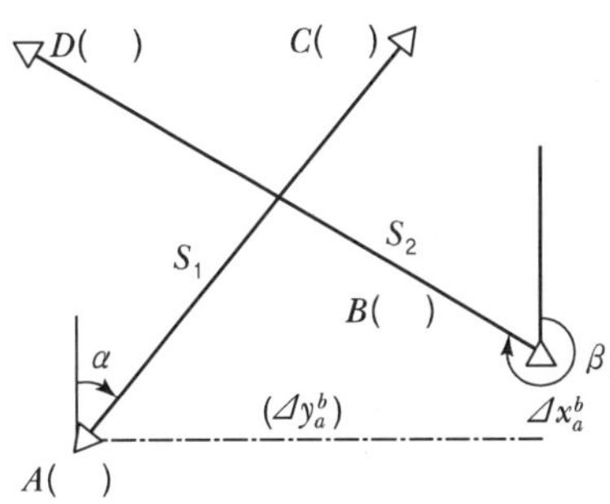

소구점
P

점	x	y	종횡선차	
$D(1)$	415684.97	193734.89	$\Delta y_b{}^d$	−176.69
$B(2)$	415629.43	193911.58	$\Delta x_b{}^d$	+55.54
$C(3)$	415698.13	193896.77	$\Delta y_a{}^c$	+141.47
$A(4)$	415633.89	193755.30	$\Delta x_a{}^c$	+64.24
$\Delta x_a{}^b$	−4.46	$\Delta y_a{}^b$ +156.28	$V_a{}^b$	91°38′04.9″
α	65°34′39.8″	$V_a{}^c$ 65°34′39.8″		
β	287°26′59.3″	$V_b{}^d$ 287°26′59.3″		
$\alpha-\beta$	138°07′40.5″			

$(\Delta y_a{}^b \cdot \cos\beta - \Delta x_a{}^b \cdot \sin\beta)/\sin(\alpha-\beta) = S_1$			63.8365
$S_1 \cdot \cos\alpha$	26.39	$S_1 \cdot \sin\alpha$	+58.12
x_a	415633.89 (+	y_a	193755.30 (+
x	415660.28	y	193813.42

$(\Delta y_a{}^b \cdot \cos\alpha - \Delta x_a{}^b \cdot \sin\alpha)/\sin(\alpha-\beta) = S_2$			102.8904
$S_2 \cdot \cos\beta$	30.85	$S_2 \cdot \sin\beta$	−98.16
x_b	415629.43 (+	y_b	193911.58 (+
x	415660.28	y	193813.42

X	415660.28	Y	193813.42

07 (1) 방위각, 종 · 횡선좌표 오차 계산

오차	방위각	종선좌표	횡선좌표
W_1	$(1)-(2)=-6''$	$(1)-(2)=-0.05$	$(1)-(2)=-0.04$
W_2	$(2)+(3)-(4)=-3''$	$(2)+(3)-(4)=-0.04$	$(2)+(3)-(4)=+0.06$
W_3	$(4)-(5)=-5''$	$(4)-(5)=+0.05$	$(4)-(5)=-0.03$

(2) 상관방정식

순서	ΣN	ΣS	Ⅰ	Ⅱ	Ⅲ
(1)	10	6.11	+1		
(2)	12	6.30	−1	+1	
(3)	13	7.11		+1	
(4)	8	5.37		−1	+1
(5)	5	2.55			−1

(3) 표준방정식

① 방위각

제1식	$[Paa]=(10\times1\times1)+(12\times-1\times-1)=+22$ $[Pab]=(12\times-1\times1)=-12$ $[Pac]=0$
제2식	$[Pbb]=(12\times1\times1)+(13\times1\times1)+(8\times-1\times-1)=+33$ $[Pbc]=(8\times-1\times1)=-8$
제3식	$[Pcc]=(8\times1\times1)+(5\times-1\times-1)=+13$

Ⅰ	Ⅱ	Ⅲ	W_a	Σ	Σ 계산
+22	−12	0	−6	+4	$22+(-12)+0+(-6)=+4$
	+33	−8	−3	+10	$(-12)+33+(-8)+(-3)=+10$
		+13	−5	0	$0+(-8)+13+(-5)=0$

② 종 · 횡선좌표

경중률$(\Sigma S)=P$, Ⅰ$=a$, Ⅱ$=b$, Ⅲ$=c$라 하면

제1식	$[Paa]=(6.11\times1\times1)+(6.30\times-1\times-1)=+12.41$ $[Pab]=(6.30\times-1\times1)=-6.30$ $[Pac]=0$
제2식	$[Pbb]=(6.30\times1\times1)+(7.11\times1\times1)+(5.37\times-1\times-1)=+18.78$ $[Pbc]=(5.37\times-1\times1)=-5.37$
제3식	$[Pcc]=(5.37\times1\times1)+(2.55\times-1\times-1)=+7.92$

Ⅰ	Ⅱ	Ⅲ	W_X	Σ	W_Y	Σ
+12.41	−6.30	0.00	−0.05	+6.06	−0.04	+6.07
	+18.78	−5.37	−0.04	+7.07	+0.06	+7.17
		+7.92	+0.05	+2.60	−0.03	+2.52

(2) 평균 방위각 계산

① 평균 방위각(Ⅰ)$=\dfrac{\left[\dfrac{\Sigma\alpha}{\Sigma N}\right]}{\left[\dfrac{1}{\Sigma N}\right]}=55°45'+\dfrac{\left[\dfrac{21}{10}+\dfrac{27}{12}\right]}{\left[\dfrac{1}{10}+\dfrac{1}{12}\right]}=55°45'24''$

② 평균 방위각(Ⅱ, Ⅲ)$=\dfrac{\left[\dfrac{\Sigma\alpha}{\Sigma N}\right]}{\left[\dfrac{1}{\Sigma N}\right]}=275°\ 55'+\dfrac{\left[\dfrac{30}{25}+\dfrac{33}{8}+\dfrac{38}{5}\right]}{\left[\dfrac{1}{25}+\dfrac{1}{8}+\dfrac{1}{5}\right]}=275°55'35''$

(3) 평균 종선좌표 계산

① 평균 종선좌표(Ⅰ)$=\dfrac{\left[\dfrac{\Sigma X}{\Sigma S}\right]}{\left[\dfrac{1}{\Sigma S}\right]}=2894.00+\dfrac{\left[\dfrac{0.64}{6.11}+\dfrac{0.69}{6.30}\right]}{\left[\dfrac{1}{6.11}+\dfrac{1}{6.30}\right]}=2894.66\text{m}$

② 평균 종선좌표(Ⅱ, Ⅲ)$=\dfrac{\left[\dfrac{\Sigma X}{\Sigma S}\right]}{\left[\dfrac{1}{\Sigma S}\right]}=3001.00+\dfrac{\left[\dfrac{0.21}{13.41}+\dfrac{0.25}{5.37}+\dfrac{0.20}{2.55}\right]}{\left[\dfrac{1}{13.41}+\dfrac{1}{5.37}+\dfrac{1}{2.55}\right]}=3001.22\text{m}$

(4) 평균 횡선좌표 계산

① 평균 횡선좌표(Ⅰ)$=\dfrac{\left[\dfrac{\Sigma Y}{\Sigma S}\right]}{\left[\dfrac{1}{\Sigma S}\right]}=1234.00+\dfrac{\left[\dfrac{0.56}{6.11}+\dfrac{0.60}{6.30}\right]}{\left[\dfrac{1}{6.11}+\dfrac{1}{6.30}\right]}=1234.58\text{m}$

② 평균 횡선좌표(Ⅱ, Ⅲ)$=\dfrac{\left[\dfrac{\Sigma Y}{\Sigma S}\right]}{\left[\dfrac{1}{\Sigma S}\right]}=4321.00+\dfrac{\left[\dfrac{0.06}{13.41}+\dfrac{0.00}{5.37}+\dfrac{0.03}{2.55}\right]}{\left[\dfrac{1}{13.41}+\dfrac{1}{5.37}+\dfrac{1}{2.55}\right]}=4321.02\text{m}$

(5) 방위각, 종 · 횡선좌표의 보정값 계산

구분	방위각	종선좌표	횡선좌표
보정값	평균 방위각 − 도선별 관측방위각	평균 종선좌표 − 도선별 종선좌표	평균 횡선좌표 − 도선별 횡선좌표

① 방위각 오차

도선	방위각 보정값 계산
(1)	55°45′24″ − 55°45′21″ = +3″
(2)	55°45′24″ − 55°45′27″ = −3″
(2)+(3)	275°55′35″ − 275°55′30″ = +5″
(4)	275°55′35″ − 275°55′33″ = +2″
(5)	275°55′35″ − 236°55′38″ = −3″

② 종 · 횡선좌표 오차

도선	종선좌표 보정값 계산	횡선좌표 보정값 계산
(1)	2894.66－2894.64＝＋0.02	1234.58－1234.56＝＋0.02
(2)	2894.66－2894.69＝－0.03	1234.58－1234.60＝－0.02
(2)＋(3)	3001.22－3001.21＝＋0.01	4321.02－4321.06＝－0.04
(4)	3001.22－3001.25＝－0.03	4321.02－4321.00＝＋0.02
(5)	3001.22－3001.20＝＋0.02	4321.02－4321.03＝－0.01

교 점 다 각 망 계 산 부(H · A형)

약도

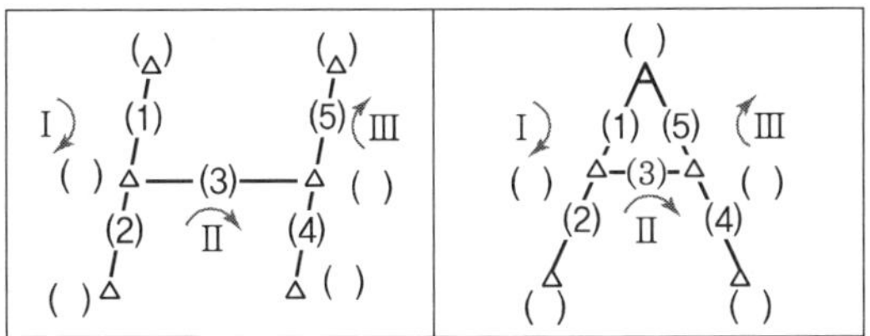

조건식			경중률	ΣN	ΣS
	I	$(1)-(2)+W_1=0$	(1)	10	6.11
	II	$(2)+(3)-(4)+W_2=0$	(2)	12	6.30
			(3)	13	7.11
	III	$(4)-(5)+W_3=0$	(4)	8	5.37
			(5)	5	2.55

1. 방위각

순서	도선	관측	보정	평균
I	(1)	55° 45′ 21″	+3	55° 45′ 24″
	(2)	55 45 27	−3	55 45 24
	W_1	−6		
II	(2)+(3)	275 55 30	+5	275 55 35
	(4)	275 55 33	+2	275 55 35
	W_2	−3		
III	(4)	275 55 33	+2	275 55 35
	(5)	275 55 38	−3	275 55 35
	W_3	−5		

2. 종선좌표

순서	도선	관측	보정	평균
I	(1)	2894.m64	+2	2894.m66
	(2)	2894.69	−3	2894.66
	W_1	−0.05		.
II	(2)+(3)	3001.21	+1	3001.22
	(4)	3001.25	−3	3001.22
	W_2	−0.04		.
III	(4)	3001.25	−3	3001.22
	(5)	3001.20	+2	3001.22
	W_3	+0.05		.

3. 횡선좌표

순서	도선	관측	보정	평균
I	(1)	1234.m56	+2	1234.m58
	(2)	1234.60	−2	1234.58
	W_1	−0.04		.
II	(2)+(3)	4321.06	−4	4321.02
	(4)	4321.00	+2	4321.02
	W_2	+0.06		.
III	(4)	4321.00	+2	4321.02
	(5)	4321.03	−1	4321.02
	W_3	−0.03		.

4. 계산

1) 상관방정식

순서	ΣN	ΣS	I	II	III
(1)	10	6.11	+1		
(2)	12	6.30	−1	+1	
(3)	13	7.11		+1	
(4)	8	5.37		−1	+1
(5)	5	2.55			−1

2) 표준방정식(방위각)

I	II	III	W_α	Σ
+22	−12	0	−6	+4
	+33	−8	−3	+10
		+13	−5	0

3) 표준방정식(종선좌표)

I	II	III	W_X	Σ
+12.41	−6.30	0.00	−0.05	+6.06
	+18.78	−5.37	−0.04	+7.07
		+7.92	+0.05	+2.60

4) 표준방정식(횡선좌표)

I	II	III	W_Y	Σ
+12.41	−6.30	0.00	−0.04	+6.07
	+18.78	−5.37	+0.06	+7.17
		+7.92	−0.03	+2.52

실전모의고사 제2회

• NOTICE • 본 실전모의고사는 수험생의 실전 대비 목적으로 작성된 것임을 알려드립니다.

01 지적삼각점측량을 삼각쇄망으로 구성하여 다음과 같은 관측결과를 얻었다. 주어진 서식에 의하여 지적삼각점의 좌표를 계산하시오.(단, 거리는 cm 단위, 각은 0.1″ 단위까지 계산하시오.)

(1) 기지점좌표

점명	종선좌표	횡선좌표
예1	454290.06	193818.21
예2	452168.19	194042.91
예3	454852.90	198826.95
예4	457943.96	198103.16

(2) 관측내각

각명	관측내각	각명	관측내각	각명	관측내각	각명	관측내각
α_1	69°29′35.6″	α_2	51°01′11.0″	α_3	80°23′08.0″	α_4	61°12′26.5″
β_1	40°17′35.5″	β_2	75°58′51.4″	β_3	51°00′47.6″	β_4	60°06′43.5″
γ_1	70°12′46.3″	γ_2	52°59′58.5″	γ_3	48°36′02.7″	γ_4	58°40′49.4″

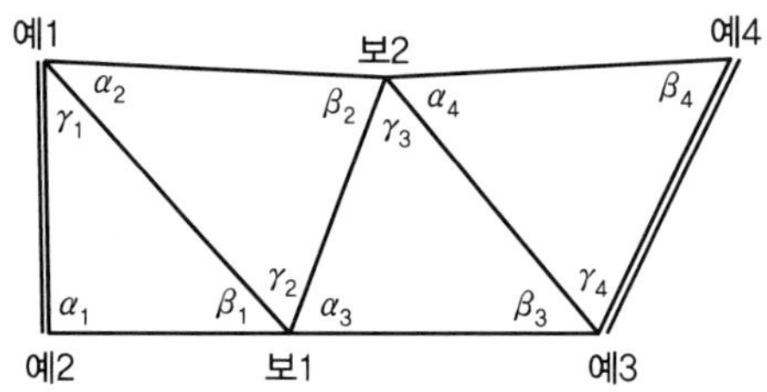

삼 각 쇄 조 정 계 산 부

삼각형	점명	각명	관측각	각규약 ε/3	각규약 조정각	경정수	조정각	sinα / sinβ	Δα / Δβ	sinα′ / sinβ′	α−x₁″ / β+x₁″	변규약 조정각	변장 $a\times\frac{\sin\alpha(\gamma)}{\sin\beta}$ 점→ 점 (m)	방위각 점→ 점 (° ′ ″)	종횡선좌표 X (m)	종횡선좌표 Y (m)	점명
1		α_1	° ′ ″	″	° ′ ″	″	° ′ ″	.		.	″	° ′ ″	→	→			
		β_1	.	.	.	.	.	.		.	.	.	.	.	.	.	
		γ_1	.	.	.	.	.				γ_1	.	→	→			
		+)	.	.									.	.	.	.	
			1 8 0 00 00 . 0														
		−) ε_1 =	.											평균	.	.	
2		α_2	° ′ ″	″	° ′ ″	″	° ′ ″	.		.	″	° ′ ″	→	→			
		β_2	.	.	.	.	.	.		.	.	.	.	.	.	.	
		γ_2	.	.	.	.	.				γ_2	.	→	→			
		+)	.	.									.	.	.	.	
			1 8 0 00 00 . 0														
		−) ε_2 =	.											평균	.	.	
3		α_3	° ′ ″	″	° ′ ″	″	° ′ ″	.		.	″	° ′ ″	→	→			
		β_3	.	.	.	.	.	.		.	.	.	.	.	.	.	
		γ_3	.	.	.	.	.				γ_3	.	→	→			
		+)	.	.									.	.	.	.	
			1 8 0 00 00 . 0														
		−) ε_3 =	.											평균	.	.	
4		α_4	° ′ ″	″	° ′ ″	″	° ′ ″	.		.	″	° ′ ″	→	→			
		β_4	.	.	.	.	.	.		.	.	.	.	.	.	.	
		γ_4	.	.	.	.	.				γ_4	.	→	→			
		+)	.	.									.	.	.	.	
			1 8 0 00 00 . 0														
		−) ε_4 =	.											평균	.	.	
5		α_5	° ′ ″	″	° ′ ″	″	° ′ ″	.		.	″	° ′ ″	→	→			
		β_5	.	.	.	.	.	.		.	.	.	.	.	.	.	
		γ_5	.	.	.	.	.				γ_5	.	→	→			
		+)	.	.									.	.	.	.	
			1 8 0 00 00 . 0														
		−) ε_5 =	.											평균	.	.	
6		α_6	° ′ ″	″	° ′ ″	″	° ′ ″	.		.	″	° ′ ″	→	→			
		β_6	.	.	.	.	.	.		.	.	.	.	.	.	.	
		γ_6	.	.	.	.	.				γ_6	.	→	→			
		+)	.	.									.	.	.	.	
			1 8 0 00 00 . 0														
		−) ε_6 =	.											평균	.	.	

산출방위각	° ′ ″	제1기선 l_1	m
기지방위각	.	제2기선 l_2	.
q	.		

	Π sinα · l_1		Π sinα′ · l_1
	.		.
E_1	Π sinβ · l_2	E_2	Π sinβ′ · l_2
	.		.

점→ 점	점→ 점
.	.

약도

각규약경정수계산	
γ각이 좌측에 있을 경우	γ각이 우측에 있을 경우
$\alpha=-\frac{q}{2n}=$	$\alpha=+\frac{q}{2n}=$
$\beta=-\frac{q}{2n}=$	$\beta=+\frac{q}{2n}=$
$\gamma=+\frac{q}{n}=$	$\gamma=-\frac{q}{n}=$

n : 삼각형 수

$$E_1=\frac{\Pi\sin\alpha\cdot l_1}{\Pi\sin\beta\cdot l_2}-1=$$

$$E_2=\frac{\Pi\sin\alpha'\cdot l_1}{\Pi\sin\beta'\cdot l_2}-1=$$

$$|E_1-E_2|=$$

$\Delta\alpha,\ \Delta\beta=10''$차임

$$x_1''=\frac{10''\times E_1}{|E_1-E_2|}=$$

$$x_2''=\frac{10''\times E_2}{|E_1-E_2|}=$$

검산 : $x_1''+x_2''=10''$

02 경기5에서 측점귀심방법으로 수평각을 측정하여 편심거리(K) = 4.990m, θ = 123° 10′10″를 얻었다. 다음 시준점의 관측성과를 바탕으로 주어진 서식에 의하여 중심각을 산출하시오.

시준점	예1	예3	예5	예7
관측방향각	0°00′00.0″	23°12′42.5″	63°22′45.7″	123°34′29.2″
거리	1234.56m	2576.43m	1278.62m	1392.11m

수 평 각 측 점 귀 심 계 산 부

측점명 　　　　점

$r'' = \dfrac{K \cdot \sin\alpha}{D \cdot \sin 1''}$　　　　$K =$ 　　m

α : 관측방향각+$(360° - \theta)$

K : 편심거리(5m 이내)

D : 삼각점 간 거리(약치도 가능함)

360°00′00″0

$\theta =$ 　° 　′ 　″

$360° - \theta =$ 　° 　′ 　″

시준점	$O=$	$P=$	$Q=$	$R=$	$S=$
관측방향각	° ′ ″	° ′ ″	° ′ ″	° ′ ″	° ′ ″
$360° - \theta$					
α	+)	+)	+)	+)	+)
$\dfrac{1}{D}$	.	.	.	.	.
$\dfrac{1}{\sin 1''}$	206264.8	206264.8	206264.8	206264.8	206264.8
K	m	m	m	m	m
$\sin\alpha$	.	.	.	.	.
r''	×) ″	×) ″	×) ″	×) ″	×) ″
r	′ ″	′ ″	′ ″	′ ″	′ ″
중심방향각	° ′ ″	° ′ ″	° ′ ″	° ′ ″	° ′ ″
C점에서 O점을 0°로 한 중심방향각					
중심각	° ′ ″	° ′ ″	° ′ ″	° ′ ″	
비고	D : 중심 삼각점과 시준점 간 거리 r'' : 초를 단위로 한 귀심화수 r : 분초를 환산한 귀심화수 (위 두 항목) 부호는 $\sin\alpha$의 정, 부에 따라 붙임				
약도	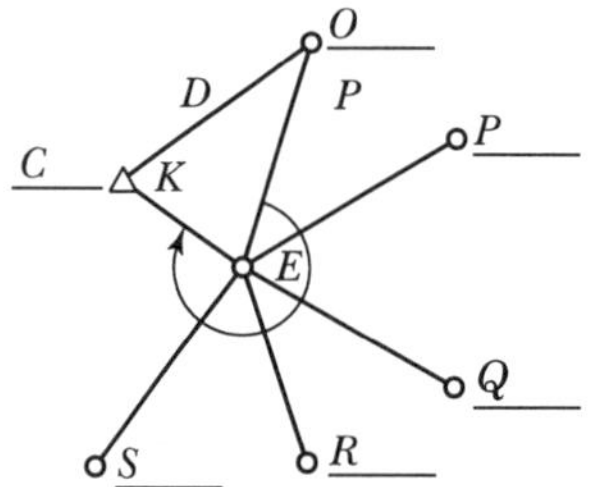 C : 중심삼각점 E : 편심측점 K : 편심거리				

03 그림과 같이 원의 중심 O점의 좌표가 (947.79, 807.20)이고, 반지름 R = 200m인 원과 P점의 좌표가 (983.51, 805.70)을 지나고 방위각 $V_P^A(\alpha_0)$ = 145°36′10″인 직선이 교차하는 경우에 $\overline{OA}$의 방위각 및 A점의 좌표를 계산하시오.(단, 각도는 0.1″까지, 거리는 소수 4자리까지 구하고 좌표는 소수점 이하 2자리까지 구하시오.)

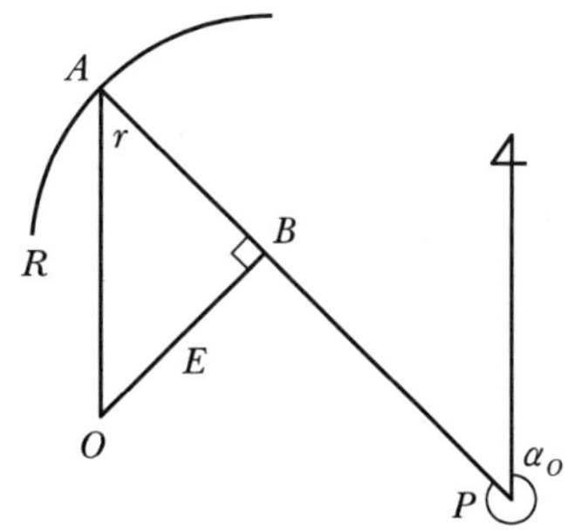

(1) $\overline{OA}$ 방위각

(2) A점 좌표

04 광파거리측량기를 이용하여 두 점 간의(공덕1－공덕3) 거리를 측정하여 다음과 같은 결과를 얻었다. 서식을 완성하여 두 점 간의 평면거리를 계산하시오.

• 측정거리(D)＝1534.88m • 연직각(α_1)＝＋2°33′20″ • 기지점표고(H_1)＝111.78m • 기계고(i_1)＝1.54m	• 연직각(α_2)＝－2°27′10″ • 기지점표고(H_2)＝180.12m • 시준고(f)＝1.45m

원점에서 삼각점까지의 횡선거리 Y_1 ＝30.3km, Y_2 ＝25.6km

평 면 거 리 계 산 부

약도	공식
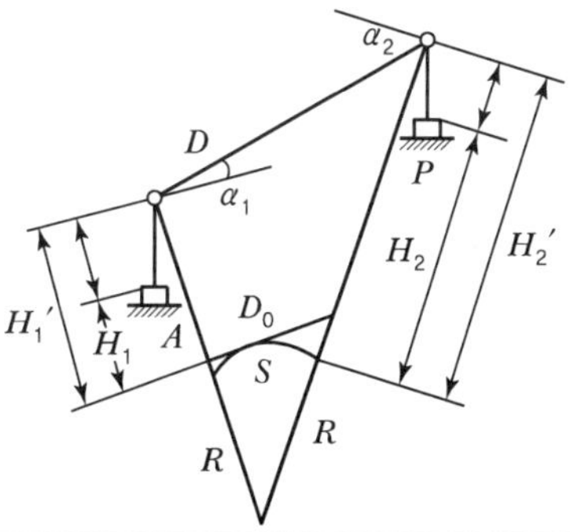	• 연직각에 의한 계산 $S = D \cdot \cos\frac{1}{2}(\alpha_1 + \alpha_2) - \frac{D(H_1' + H_2')}{2R}$ • 표고에 의한 계산 $S = D - \frac{(H_1' - H_2')^2}{2D} - \frac{D(H_1' + H_2')}{2R}$ • 평면거리 $D_0 = S \times K \left[K = 1 + \frac{(Y_1 + Y_2)^2}{8R^2} \right]$ D=경사거리, S=기준면거리, H_1, H_2=표고 R=곡률반경(6372199.7m), i=기계고, f=시준고 α_1, α_2=연직각(절대치), K=축척계수 Y_1, Y_2=원점에서 삼각점까지의 횡선거리(km)

연직각에 의한 계산		표고에 의한 계산	
방향	점 → 점		
D	m .	D	m .
α_1	° ′ ″	$2D$	.
α_2		H_1'	.
$\frac{1}{2}(\alpha_1 + \alpha_2)$		H_2'	.
$\cos\frac{1}{2}(\alpha_1 + \alpha_2)$	.	$(H_1' - H_2')$	.
$D \cdot \cos\frac{1}{2}(\alpha_1 + \alpha_2)$	m .	$(H_1' - H_2')^2$	.

$H_1' = H_1 + i$	.	$\frac{(H_1' - H_2')^2}{2D}$	.
$H_2' = H_2 + f$	.	$D - \frac{(H_1' - H_2')^2}{2D}$	.
R	6372199.7	R	6372199.7
$2R$	12744399.3	$2R$	12744399.3
$\frac{D(H_1' + H_2')}{2R}$	.	$\frac{D(H_1' + H_2')}{2R}$	.
S	.	S	.
Y_1	km .	Y_1	km .
Y_2	km .	Y_2	km .
$(Y_1 + Y_2)^2$	.	$(Y_1 + Y_2)^2$	.
$8R^2$	324839427.7 km	$8R^2$	324839427.7 km
$K = 1 + \frac{(Y_1 + Y_2)^2}{8R^2}$	.	$K = 1 + \frac{(Y_1 + Y_2)^2}{8R^2}$	.
$S \times K$	m .	$S \times K$	m .
평균(D_0)	m .		
계산자		검사자	

05 기지점 예1과 예3에서부터 소구점 보7에 대한 표고를 구하기 위하여 연직각을 측정하여 다음과 같은 결과를 얻었다. 주어진 서식을 완성하여 소구점의 표고를 계산하시오.

구분	예1 → 보7	예3 → 보7
수평거리(L)	1233.65m	3128.74m
연직각(α_1)	$+1°50'40''$	$+2°13'50''$
연직각(α_2)	$-1°50'37''$	$-2°13'36''$
기계고(i_1)	1.65m	1.65m
기계고(i_2)	1.54m	1.64m
시준고(f_1)	2.74m	3.24m
시준고(f_2)	2.51m	3.14m
표고(H_1)	459.33m	377.30m

표 고 계 산 부

약도

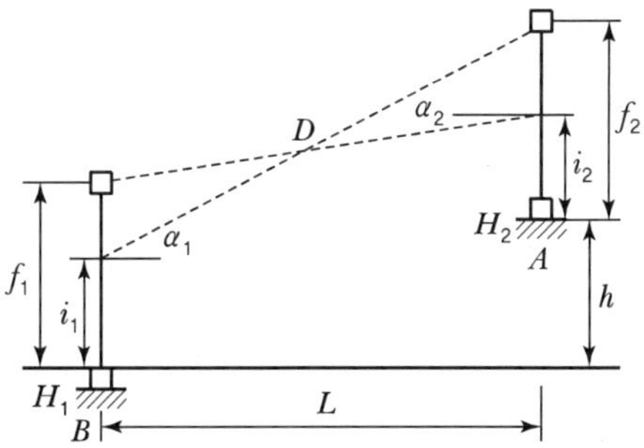

공식

$$H_2 = H_1 + h$$

$$h = L \cdot \tan\frac{(\alpha_1 - \alpha_2)}{2} + \frac{(i_1 - i_2 + f_1 - f_2)}{2}$$

$$L = D \cdot \cos\alpha_1 \text{ 또는 } \alpha_2$$

H_1 : 기지점 표고　　α_1, α_2 : 연직각
H_2 : 소구점 표고　　i_1, i_2 : 기계고
h : 고저차　　f_1, f_2 : 시준고
L : 수평거리　　D : 경사거리

기지점명	____점	____점	____점	____점
소구점명	____점		____점	
L	m .	m .	m .	m .
α_1	° ′ ″	° ′ ″	° ′ ″	° ′ ″
α_2				
$(\alpha_1 - \alpha_2)$				
$\tan\frac{(\alpha_1 - \alpha_2)}{2}$	.	.	.	.
$L \cdot \tan\frac{(\alpha_1 - \alpha_2)}{2}$	m .	m .	m .	m .
i_1	.	.	.	.
i_2	.	.	.	.
f_1	.	.	.	.
f_2	.	.	.	.
$\frac{(i_1 - i_2 + f_1 - f_2)}{2}$	.	.	.	.
h	.	.	.	.
H_1	.	.	.	.
H_2	.	.	.	.
평균	m .		m .	
교차	m .		m .	
공차	m .		m .	

계산자		검사자	

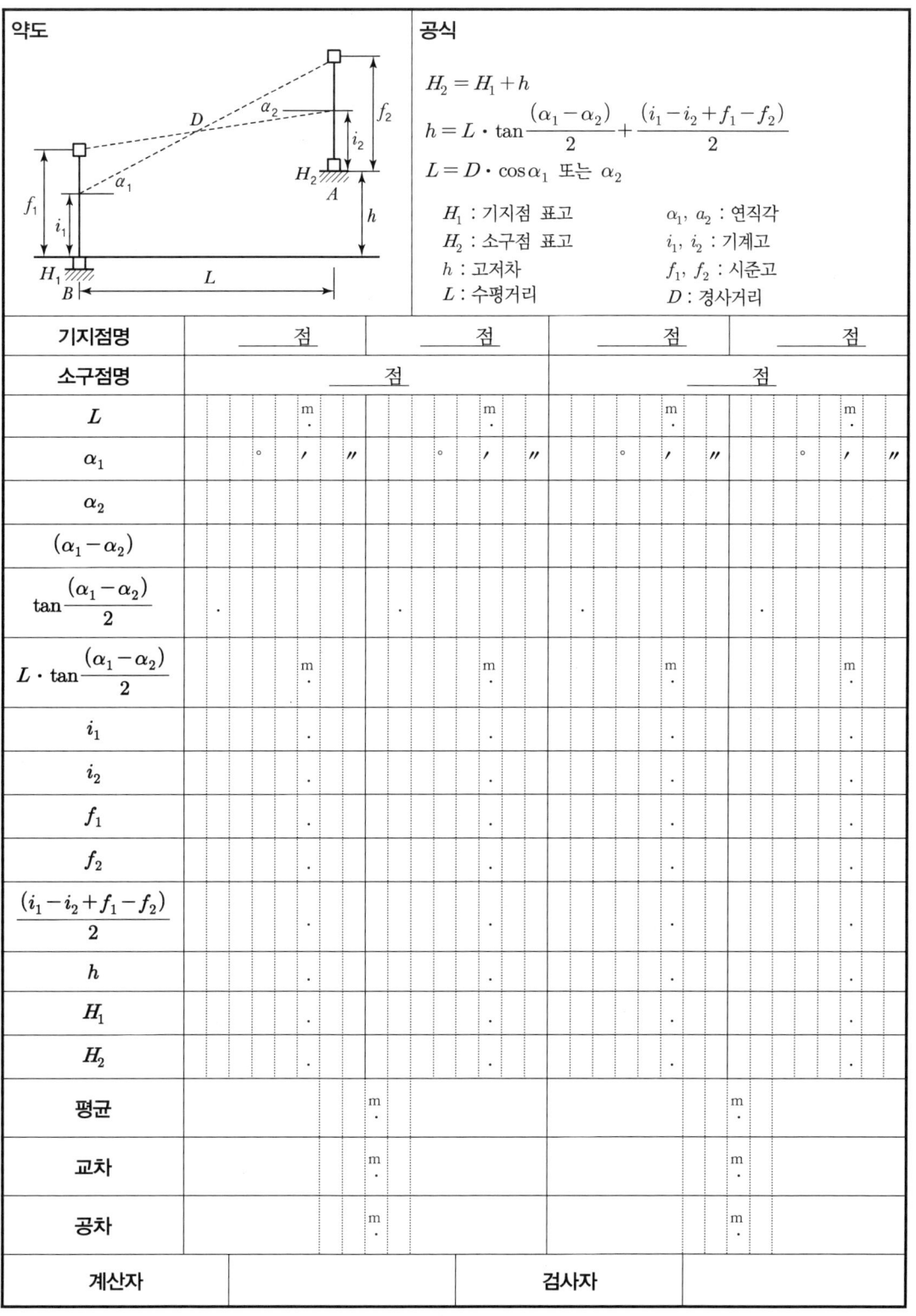

06 다음 약도와 같이 ○○동 1−1번지는 $AD//BC$ 조건이고, $\phi = 60°$일 때 면적증감이 없도록 P, Q점의 좌표를 계산하시오.(단, 각은 0.1초, 거리는 m 단위로 소수 이하 4자리까지 계산하시오.)

(1) 점의 좌표

점명	종선좌표	횡선좌표
A	421234.56	201247.23
B	421200.33	201247.01
C	421198.77	201310.54
D	421232.60	201297.56

(2) 약도

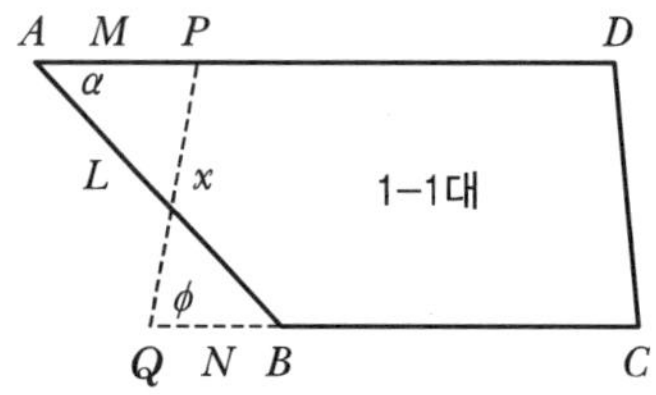

07 다음과 같이 지적도 축척이 1/500 인 ○○동 10−1번지를 10−1번지와 10−2번지로 분할하고자 한다. 5, 6점의 좌표를 구하고 분할 후 10−1번지와 10−2번지의 좌표면적을 주어진 서식에 의하여 계산하시오.(단, 각도는 0.1″ 단위, 거리는 소수 4자리, 좌표는 cm 단위까지 계산하시오.)

점명	종선좌표	횡선좌표
1	5517.52	2018.87
2	5524.33	2091.12
3	5474.21	2094.55
4	5478.74	2021.21
P	5545.17	2063.14
Q	5451.29	2068.68

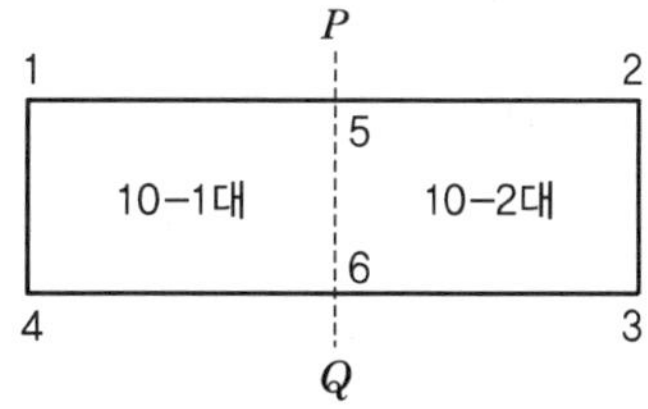

(1) 5점의 좌표

(2) 6점의 좌표

(3) 10−1번지 면적

측점번호	부호	X_n	Y_n	면적계산			
				$X_{n+1}-X_{n-1}$	$Y_{n+1}-Y_{n-1}$	$X_n(Y_{n+1}-Y_{n-1})$	$Y_n(X_{n+1}-X_{n-1})$

(4) 10−2번지 면적

측점번호	부호	X_n	Y_n	면적계산			
				$X_{n+1}-X_{n-1}$	$Y_{n+1}-Y_{n-1}$	$X_n(Y_{n+1}-Y_{n-1})$	$Y_n(X_{n+1}-X_{n-1})$

실전모의고사 제2회 해설 및 정답

01 (1) 기지점 간 거리 및 방위각 계산

구분	예1 → 예2	예3 → 예4
ΔX, ΔY	$\Delta X = 452168.19 - 454290.06 = -2121.87$ $\Delta Y = 194042.91 - 193818.21 = +224.70$	$\Delta X = 457943.96 - 454852.90 = +3091.06$ $\Delta Y = 198103.16 - 198826.95 = -723.79$
거리	$\sqrt{(-2121.87)^2 + (+224.70)^2} = 2133.73\text{m}$	$\sqrt{(3091.06)^2 + (-723.79)^2} = 3174.67\text{m}$
방위	$\tan^{-1}\left(\dfrac{+224.70}{-2121.87}\right) = 6°02'41.8''$(Ⅱ상한)	$\tan^{-1}\left(\dfrac{-723.79}{+3091.06}\right) = 13°10'43.4''$(Ⅳ상한)
방위각	$V = (180° - \theta)$ $= 180° - 6°02'41.8'' = 173°57'18.2''$	$V = (360° - \theta)$ $= 360° - 13°10'43.4'' = 346°49'16.6''$

(2) 각규약 조정

① 삼각규약 오차 계산

삼각규약 조건	$(\alpha + \beta + \gamma) = 180°$		
오차	$\varepsilon = (\alpha + \beta + \gamma) - 180°$		
오차 계산	삼각형 번호	관측각의 합	$\varepsilon = (\alpha + \beta + \gamma) - 180°$
	①	179°59′57.4″	−2.6″
	②	180°00′00.9″	+0.9″
	③	179°59′58.3″	−1.7″
	④	179°59′59.4″	−0.6″

오차 조정

① $\varepsilon/3$ 계산 : 삼각규약에 의한 오차를 균등조정하기 위하여 $\varepsilon/3$를 계산한다.
② 조정각 계산 : 조정각=관측각$+\varepsilon/3$

삼각형 번호	ε	$\varepsilon/3$	조정각 계산	조정각
①	−2.6″	+0.9″	69°29′35.6″+0.9″	=69°29′36.5″
		+0.9″	40°17′35.5″+0.9″	=40°17′36.4″
		+0.9″ → +0.8″	70°12′46.3″+0.8″	=70°12′47.1″
		+2.6″		
②	+0.9″	−0.3″	51°01′11.0″−0.3″	=51°01′10.7″
		−0.3″	75°58′51.4″−0.3″	=75°58′51.1″
		−0.3″	52°59′58.5″−0.3″	=52°59′58.2″
		−0.9″		
③	−1.7″	+0.6″ → +0.5″	80°23′08.0″+0.5″	=80°23′08.5″
		+0.6″	51°00′47.6″+0.6″	=51°00′48.2″
		+0.6″	48°36′02.7″+0.6″	=48°36′03.3″
		+1.7″		
④	−0.6″	+0.2″	61°12′26.5″+0.2″	=61°12′26.7″
		+0.2″	60°06′43.5″+0.2″	=60°06′43.7″
		+0.2″	58°40′49.4″+0.2″	=58°40′49.6″
		+0.6″		

보충 + 설명

단수처리로 인하여 ±0.1″ 차이가 발생할 경우 관측각이 90°에 가까운 각에 ±0.1″ 추가 조정하며 각 삼각형 내각의 합과 180°와의 차(ε)와 $\varepsilon/3$의 합이 같도록 조정하여야 한다.

② 망규약 오차 계산

망규약 조건	산출방위각=기지방위각	
오차	q=산출방위각−기지방위각	
오차 계산	산출방위각	=출발기지방위각$-\gamma_1+180°+\gamma_2+180°-\gamma_3+180°+\gamma_4$ =173°57′18.2″−70°12′47.1″+180°+52°59′58.2″+180° −48°36′03.3″+180°+58°40′49.6″=346°49′15.6″
	기지방위각	346°49′16.6″(도착 기지방위각임)
	q=산출방위각−기지방위각=346°49′15.6″−346°49′16.6″=−1.0″	

③ 각규약 경정수 계산

γ 각이 좌측에 있을 경우	γ 각이 우측에 있을 경우
$\alpha=-\frac{q}{2n}=-\frac{-1.0}{2\times4}=+0.1''$	$\alpha=+\frac{q}{2n}=+\frac{-1.0}{2\times4}=-0.1''$
$\beta=-\frac{q}{2n}=-\frac{-1.0}{2\times4}=+0.1''$	$\beta=+\frac{q}{2n}=+\frac{-1.0}{2\times4}=-0.1''$
$\gamma=+\frac{q}{n}=+\frac{-1.0}{4}=-0.2''$	$\gamma=-\frac{q}{n}=-\frac{-1.0}{4}=+0.2''$

④ 각규약 조정각

조정각=조정각+경정수

삼각형 번호	경정수	조정각	삼각형 번호	경정수	조정각
①	+0.1″	69°29′36.6″	②	−0.1″	51°01′10.6″
	+0.1″	40°17′36.5″		−0.1″	75°58′51.0″
	−0.2″	70°12′46.9″		+0.2″	52°59′58.4″
③	+0.1″	80°23′08.6″	④	−0.1″	61°12′26.6″
	+0.1″	51°00′48.3″		−0.1″	60°06′43.6″
	−0.2″	48°36′03.1″		+0.2″	58°40′49.8″

(3) 변규약 조정

변 방정식 $\frac{\sin\alpha_1\cdot\sin\alpha_2\cdot\sin\alpha_3\cdot\sin\alpha_4\cdot l_1}{\sin\beta_1\cdot\sin\beta_2\cdot\sin\beta_3\cdot\sin\beta_4\cdot l_2}=1,\ \frac{\Pi\sin\alpha\cdot l_1}{\Pi\sin\beta\cdot l_2}=1$

1) E_1 계산

① $\sin\alpha$, $\sin\beta$ 계산

② $E_1=\frac{\Pi\sin\alpha\cdot l_1}{\Pi\sin\beta\cdot l_2}-1=(\frac{0.936632\times0.777361\times0.985954\times0.876369\times2133.73}{0.646703\times0.970215\times0.777293\times0.867002\times3174.67})-1$

$$=\frac{1342.378115}{1342.382569}-1=-0.000003=-3$$

보충 + 설명

E_1 계산 부호가 (+)이면 $\Delta\alpha$ 계산 수치 앞에 (−)부호, $\Delta\beta$ 계산 수치 앞에 (+)부호를 부여하며,
E_1 계산 부호가 (−)이면 $\Delta\alpha$ 계산 수치 앞에 (+)부호, $\Delta\beta$ 계산 수치 앞에 (−)부호를 부여한다.

3) E_2 계산

① $\sin\alpha'$, $\sin\beta'$ 계산

$\sin\alpha' = \sin\alpha + \Delta\alpha$, $\sin\beta' = \sin\beta + \Delta\beta$

② $E_2 = \dfrac{\Pi \sin\alpha' \cdot l_1}{\Pi \sin\beta' \cdot l_2} - 1 = \left(\dfrac{0.936649 \times 0.777391 \times 0.985962 \times 0.876392 \times 2133.73}{0.646666 \times 0.970203 \times 0.777262 \times 0.866978 \times 3174.67}\right) - 1$

$= \dfrac{1342.500411}{1342.198477} - 1 = +0.000225 = +225$

③ $|E_1 - E_2| = |-3 - (+225)| = 228$

4) 경정수(x_1'', x_2'') 계산

$x_1'' = \dfrac{10'' \times E_1}{\lvert E_1 - E_2 \rvert}$	$x_1'' = \dfrac{10'' \times (-3)}{228} = -0.1''$	검산 : $x_1'' + x_2'' = 10''$
$x_2'' = \dfrac{10'' \times E_2}{\lvert E_1 - E_2 \rvert}$	$x_2'' = \dfrac{10'' \times (255)}{228} = +9.9''$	

보충 + 설명

x_1'' 의 부호가 (+)이면 각각의 α각에 $(-x_1'')$, 각각의 β각에 $(+x_1'')$를 배부하고,
x_1'' 의 부호가 (−)이면 각각의 α각에 $(+x_1'')$, 각각의 β각에 $(-x_1'')$를 배부한다.

5) 변규약 조정각

α각의 변규약 조정각 = 각규약 조정각 + $(\alpha - x_1'')$

β각의 변규약 조정각 = 각규약 조정각 + $(\beta + x_1'')$

각명	각규약 조정각	$\sin\alpha$ $\sin\beta$	$\Delta\alpha$ $\Delta\beta$	$\sin\alpha'$ 계산 $\sin\beta'$ 계산	$\sin\alpha'$ $\sin\beta'$	$\alpha - x_1''$ $\beta + x_1''$	변규약 조정각
α_1	69°29′36.6″	0.936632	+17	0.936632+17	0.936649	+0.1	69°29′36.7″
β_1	40°17′36.5″	0.646703	−37	0.646703−37	0.646666	−0.1	40°17′36.4″
γ_1	70°12′46.9″						70°12′46.9″
α_2	51°01′10.6″	0.777361	+30	0.777361+30	0.777391	+0.1	51°01′10.7″
β_2	75°58′51.0″	0.970215	−12	0.970215−12	0.970203	−0.1	75°58′50.9″
γ_2	52°59′58.4″						52°59′58.4″
α_3	80°23′08.6″	0.985954	+8	0.985954+8	0.985962	+0.1	80°23′08.7″
β_3	51°00′48.3″	0.777293	−31	0.777293−31	0.777262	−0.1	51°00′48.2″
γ_3	48°36′03.1″						48°36′03.1″
α_4	61°12′26.6″	0.876369	+23	0.876369+23	0.876392	+0.1	61°12′26.7″
β_4	60°06′43.6″	0.867002	−24	0.867002−24	0.866978	−0.1	60°06′43.5″
γ_4	58°40′49.8″						58°40′49.8″

(4) 변장 및 방위각 계산

① 변장 계산

방향	변장 계산	변장
예1 → 예2	$\sqrt{(\Delta X)^2+(\Delta Y)^2} = \sqrt{(-2121.87)^2+(+224.70)^2}$	=2133.73m
예2 → 보1	$\frac{\sin\gamma_1}{\sin\beta_1}\times(\overline{예1-예2}) = \frac{\sin 70°12'46.9''}{\sin 40°17'36.4''}\times 2133.73$	=3104.60m
예1 → 보1	$\frac{\sin\alpha_1}{\sin\beta_1}\times(\overline{예1-예2}) = \frac{\sin 69°29'36.7''}{\sin 40°17'36.4''}\times 2133.73$	=3090.33m
보1 → 보2	$\frac{\sin\alpha_2}{\sin\beta_2}\times(\overline{예1-보1}) = \frac{\sin 51°01'10.7''}{\sin 75°58'50.9''}\times 3090.33$	=2476.05m
예1 → 보2	$\frac{\sin\gamma_2}{\sin\beta_2}\times(\overline{예1-보1}) = \frac{\sin 52°59'58.4''}{\sin 75°58'50.9''}\times 3090.33$	=2543.80m
보2 → 예3	$\frac{\sin\alpha_3}{\sin\beta_3}\times(\overline{보1-보2}) = \frac{\sin 80°23'08.7''}{\sin 51°00'48.2''}\times 2476.05$	=3140.74m
보1 → 예3	$\frac{\sin\gamma_3}{\sin\beta_3}\times(\overline{보1-보2}) = \frac{\sin 48°36'03.1''}{\sin 51°00'48.2''}\times 2476.05$	=2389.49m
예3 → 예4	$\frac{\sin\alpha_4}{\sin\beta_4}\times(\overline{보2-예3}) = \frac{\sin 61°12'26.7''}{\sin 60°06'43.5''}\times 3140.74$	=3174.67m
보2 → 예4	$\frac{\sin\gamma_4}{\sin\beta_4}\times(\overline{보2-예3}) = \frac{\sin 58°40'49.8''}{\sin 60°06'43.5''}\times 3140.74$	=3094.66m

② 방위각 계산

방향	방위각 계산	방위각
예1 → 예2	$\theta = \tan^{-1}\left(\frac{+224.70}{-2121.87}\right)$=6°02′41.8″(Ⅱ상한)	=173°57′18.2″
예2 → 보1	$V_{예2}^{예1}+\alpha_1$=(173°57′18.2″−180°)+69°29′36.7″	=63°26′54.9″
예1 → 보1	$V_{예1}^{예2}-\gamma_1$=173°57′18.2″−70°12′46.9″	=103°44′31.3″
보1 → 보2	$V_{보1}^{예1}+\gamma_2$=(103°44′31.3″+180°)+52°59′58.4″	=336°44′29.7″
예1 → 보2	$V_{예1}^{보1}-\alpha_2$=103°44′31.3″−51°01′10.7″	=52°43′20.6″
보2 → 예3	$V_{보2}^{보1}-\gamma_3$=(336°44′29.7″−180°)−48°36′03.1″	=108°08′26.6″
보1 → 예3	$V_{보1}^{보2}+\alpha_3$=336°44′29.7″+80°23′08.7″	=57°07′38.4″
예3 → 예4	$V_{예3}^{보2}+\gamma_4$=(108°08′26.6″+180°)+58°40′49.8″	=346°49′16.4″
보2 → 예4	$V_{보2}^{예3}-\alpha_4$=108°08′26.6″−61°12′26.7″	=46°55′59.9″

(5) 종 · 횡선좌표 계산

$\Delta X = l \cdot \cos V,\ \ \Delta Y = l \cdot \sin V$

구분	종선좌표 = 기지점의 X좌표 + ΔX	횡선좌표 = 기지점의 Y좌표 + ΔY
예2 → 보1	452168.19 + 1387.76 = 453555.95	194042.91 + 2777.17 = 196820.08
예1 → 보1	454290.06 + (−734.11) = 453555.95	193818.21 + 3001.87 = 196820.08
평균	453555.95	196820.08
보1 → 보2	453555.95 + 2274.83 = 455830.78	196820.08 + (−977.74) = 195842.34
예1 → 보2	454290.06 + 1540.72 = 455830.78	193818.21 + 2024.13 = 195842.34
평균	455830.78	195842.34
보2 → 예3	455830.78 + (−977.88) = 454852.90	195842.34 + 2984.63 = 198826.97
보1 → 예3	453555.95 + 1296.95 = 454852.90	196820.08 + 2006.88 = 198826.96
평균	454852.90	198826.96
예3 → 예4	454852.90 + 3091.06 = 457943.96	198826.96 + (−723.79) = 198103.17
보2 → 예4	455830.78 + 2113.19 = 457943.97	195842.34 + 2260.83 = 198103.17
평균	457943.96	198103.17

삼 각 쇄 조 정 계 산 부

삼각형	점명	각명	관측각	각규약 $\varepsilon/3$	각규약 조정각	각규약 경정수	각규약 조정각	$\sin\alpha$ / $\sin\beta$	$\Delta\alpha$ / $\Delta\beta$	$\sin\alpha'$ / $\sin\beta'$	$\alpha - x_1''$ / $\beta + x_1''$	변규약 조정각
1	예2	α_1	69° 29′ 35″.6	+0″.9	69° 29′ 36″.5	+0″.1	69° 29′ 36″.6	0.936632	+17	0.936649	+0″.1	69° 29′ 36″.7
	보1	β_1	40 17 35.5	+0.9	40 17 36.4	+0.1	40 17 36.5	0.646703	−37	0.646666	−0.1	40 17 36.4
	예1	γ_1	70 12 46.3	+0.8	70 12 47.1	−0.2	70 12 46.9				γ_1	70 12 46.9
		+)	179 59 57.4	+2.6								
			180 00 00.0									
		−) ε_1 =	−2.6									
2	예1	α_2	51° 01′ 11″.0	−0″.3	51° 01′ 10″.7	−0″.1	51° 01′ 10″.6	0.777361	+30	0.777391	+0″.1	51° 01′ 10″.7
	보2	β_2	75 58 51.4	−0.3	75 58 51.1	−0.1	75 58 51.0	0.970215	−12	0.970203	−0.1	75 58 50.9
	보1	γ_2	52 59 58.5	−0.3	52 59 58.2	+0.2	52 59 58.4				γ_2	52 59 58.4
		+)	180 00 00.9	−0.9								
			180 00 00.0									
		−) ε_2 =	+0.9									
3	보1	α_3	80° 23′ 08″.0	+0″.5	80° 23′ 08″.5	+0″.1	80° 23′ 08″.6	0.985954	+8	0.985962	+0″.1	80° 23′ 08″.7
	예3	β_3	51 00 47.6	+0.6	51 00 48.2	+0.1	51 00 48.3	0.777293	−31	0.777262	−0.1	51 00 48.2
	보2	γ_3	48 36 02.7	+0.6	48 36 03.3	−0.2	48 36 03.1				γ_3	48 36 03.1
		+)	179 59 58.3	+1.7								
			180 00 00.0									
		−) ε_3 =	−1.7									
4	보2	α_4	61° 12′ 26″.5	+0″.2	61° 12′ 26″.7	−0″.1	61° 12′ 26″.6	0.876369	+23	0.876392	+0″.1	61° 12′ 26″.7
	예4	β_4	60 06 43.5	+0.2	60 06 43.7	−0.1	60 06 43.6	0.867002	−24	0.866978	−0.1	60 06 43.5
	예3	γ_4	58 40 49.4	+0.2	58 40 49.6	+0.2	58 40 49.8				γ_4	58 40 49.8
		+)	179 59 59.4	+0.6								
			180 00 00.0									
		−) ε_4 =	−0.6									
5		α_5	° ′ ″.	″.	° ′ ″.	″.	° ′ ″.	.		.	″.	° ′ ″.
		β_5	.	.	.	.	.	.		.	.	.
		γ_5	.	.	.	.	.				γ_5	.
		+)										
			180 00 00.0									
		−) ε_5 =	.									
6		α_6	° ′ ″.	″.	° ′ ″.	″.	° ′ ″.	.		.	″.	° ′ ″.
		β_6	.	.	.	.	.	.		.	.	.
		γ_6	.	.	.	.	.				γ_6	.
		+)	.	.								
			180 00 00.0									
		−) ε_6 =	.									

변장 $a \times \frac{\sin\alpha(\gamma)}{\sin\beta}$	방위각	종횡선좌표 X	종횡선좌표 Y	점명
예1점 → 예2점	예1점 → 예2점	454290.^{m}06	193818.^{m}21	예1
2133.^{m}73	173° 57′ 18″.2	452168.19	194042.91	예2
예2 → 보1 / 3104.60	예2 → 보1 / 63 26 54 9	453555.95	196820.08	
예1 → 보1 / 3090.33	예1 → 보1 / 103 44 31 3	453555.95	196820.08	보1
	평균	453555.95	196820.08	
보1 → 보2 / 2476.05	보1 → 보2 / 336 44 29 7	455830.78	195842.34	
예1 → 보2 / 2543.80	예1 → 보2 / 52 43 20 6	455830.78	195842.34	보2
	평균	455830.78	195842.34	
보2 → 예3 / 3140.74	보2 → 예3 / 108 08 26 6	454852.90	198826.97	
보1 → 예3 / 2389.49	보1 → 예3 / 57 07 38 4	454852.90	198826.96	예3
	평균	454852.90	198826.96	
예3 → 예4 / 3174.67	예3 → 예4 / 346 49 16 4	457943.96	198103.17	
보2 → 예4 / 3094.66	보2 → 예4 / 46 55 59 9	457943.97	198103.17	예4
	평균	457943.96	198103.17	
→ / .	→ / .	.	.	
→ / .	→ / .	.	.	
	평균	.	.	
→ / .	→ / .	.	.	
→ / .	→ / .	.	.	
	평균	.	.	
예3점 → 예4점 / 3174.67	예3점 → 예4점 / 346 49 16 6	457943.96	198103.16	예4

산출방위각	346° 49′ 15″.6	제1기선 l_1	2133.^{m}73
기지방위각	346 49 16.6	제2기선 l_2	3174.67
q	−1.0		

	$\Pi \sin\alpha \cdot l_1$		$\Pi \sin\alpha' \cdot l_1$
	1342.378115		1342.500411
E_1	$\Pi \sin\beta \cdot l_2$	E_2	$\Pi \sin\beta' \cdot l_2$
	1342.382569		1342.198477

각규약경정수계산	
γ각이 좌측에 있을 경우	γ각이 우측에 있을 경우
$\alpha = -\frac{q}{2n} = +0.1''$	$\alpha = +\frac{q}{2n} = -0.1''$
$\beta = -\frac{q}{2n} = +0.1''$	$\beta = +\frac{q}{2n} = -0.1''$
$\gamma = +\frac{q}{n} = -0.2''$	$\gamma = -\frac{q}{n} = +0.2''$

n : 삼각형 수

$$E_1 = \frac{\Pi \sin\alpha \cdot l_1}{\Pi \sin\beta \cdot l_2} - 1 = -3$$

$$E_2 = \frac{\Pi \sin\alpha' \cdot l_1}{\Pi \sin\beta' \cdot l_2} - 1 = +225$$

$$|E_1 - E_2| = 228$$

$\Delta\alpha,\ \Delta\beta = 10''$차임

$$x_1'' = \frac{10'' \times E_1}{|E_1 - E_2|} = -0.1''$$

$$x_2'' = \frac{10'' \times E_2}{|E_1 - E_2|} = +9.9''$$

검산 : $x_1'' + x_2'' = 10''$

약도

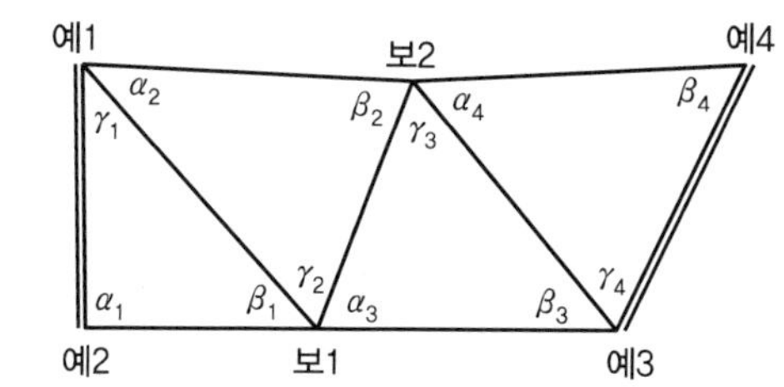

02 (1) $(360° - \theta)$ 및 α 계산

① $360° - \theta = 360° - 123°10'10'' = 236°49'50.0''$

② α = 관측방향각 + $(360° - \theta)$

시준점	O = 예1	P = 예3	Q = 예5	R = 예7
관측방향각	0°00′00.0″	23°12′42.5″	63°22′45.7″	123°34′29.2″
$360° - \theta$	236°49′50.0″	236°49′50.0″	236°49′50.0″	236°49′50.0″
α	236°49′50.0″	260°02′32.5″	300°12′35.7″	0°24′19.2″

(2) $\frac{1}{D}$, r'' 계산

$$r'' = \frac{K \cdot \sin\alpha}{D \cdot \sin 1''} = \frac{1}{D} \times \frac{1}{\sin 1''} \times K \times \sin\alpha, \quad \text{중심방향각} = \text{관측방향각} + r$$

관측거리(D)	1234.56m	2576.43m	1278.62m	1392.11m	
$\frac{1}{D}$	0.000810	0.000388	0.000782	0.000718	
K	4.990	4.990	4.990	4.990	
$\sin\alpha$	−0.837056	−0.984936	−0.864188	0.007074	
r''	−697.9″	−393.3″	−695.6″	+5.2″	
r	−11′37.9″	−6′33.3″	−11′35.6″	+5.2″	
중심방향각	−0°11′37.9″	23°06′09.2″	63°11′10.1″	123°34′34.4″	
C점에서 O점을 0°로 한 중심방향각	0°00′00.0″	23°17′47.1″	63°22′48.0″	123°46′12.3″	
중심각		23°17′47.1″	40°05′00.9″	60°23′24.3″	236°13′47.7″

수 평 각 측 점 귀 심 계 산 부

측점명 경기5점

$$r'' = \frac{K \cdot \sin\alpha}{D \cdot \sin 1''}$$

$K = 4.^{m}990$

α : 관측방향각 + (360° − θ)
K : 편심거리(5m 이내)
D : 삼각점 간 거리(약치도 가능함)

360°00′00.0″
θ = 123°10′10.0″
360° − θ = 236°49′50.0″

시준점	O = 예1	P = 예3	Q = 예5	R = 예7	S =
관측방향각	0°00′00.0″	23°12′42.5″	63°22′45.7″	123°34′29.2″	° ′ ″ .
360° − θ	236 49 50.0	236 49 50.0	236 49 50.0	236 49 50.0	.
α	+) 236 49 50.0	+) 260 02 32.5	+) 300 12 35.7	+) 0 24 19.2	+) .
	(1234.56)	(2576.43)	(1278.62)	(1392.11)	
$\frac{1}{D}$	0.0008100	0.0003880	0.0007820	0.000718	.
$\frac{1}{\sin 1''}$	206264.8	206264.8	206264.8	206264.8	206264.8
K	4.^{m}990	4.^{m}990	4.^{m}990	4.^{m}990	^{m}.
sinα	−0.837056	−0.984936	−0.864188	0.007074	.
r''	×) −697.″9	×) −393.″3	×) −695.″6	×) +5.″2	×) ″.
r	−11′37.″9	−6′33.″3	−11′35.″6	+5.″2	′ ″.
중심방향각	−0°11′37.″9	23°06′09.″2	63°11′10.″1	123°34′34.″4	° ′ ″.
C점에서 O점을 0°로 한 중심방향각	0 00 00 0	23 17 47 1	63 22 48 0	123 46 12 3	
중심각	23°17′47.″1	40°05′00.″9	60°23′24.″3	236°13′47.″7	
비고	D : 중심삼각점과 시준점 간 거리 r'' : 초를 단위로 한 귀심화수 r : 분초를 환산한 귀심화수 } 부호는 sinα의 정, 부에 따라 붙임				
약도	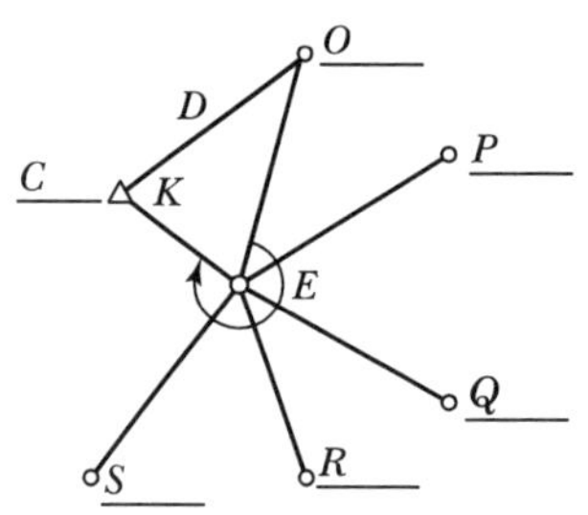				

C : 중심삼각점
E : 편심측점
K : 편심거리

03 (1) OP의 ΔX, ΔY 계산

$\Delta X = 983.51 - 947.79 = 35.72\text{m}$, $\Delta Y = 805.70 - 807.20 = -1.50\text{m}$

(2) 수선장(E) 계산

$$E = \Delta y \cdot \cos\alpha - \Delta x \cdot \sin\alpha$$

$E = \Delta y \cdot \cos\alpha - \Delta x \cdot \sin\alpha$

$= (-1.50 \times \cos 145°36'10'') - (35.72 \times \sin 145°36'10'')$

$= 1.2377 - 20.1792 = -18.9415\text{m}$

(3) 계산

$\gamma = \sin^{-1}\left(\dfrac{E}{R}\right) = \sin^{-1}\left(\dfrac{-18.9415}{200.00}\right) = -5°26'04.2''$

(4) V_O^A 계산

$V_O^A = V_P^A + \gamma = 145°36'10'' + (-5°26'04.2'') = 140°10'05.8''$

(5) A점의 좌표 계산

$X_A = X_O + (R \cdot \cos V_O^A) = 947.79 + (200 \times \cos 140°10'05.8'') = 794.20\text{m}$

$Y_A = Y_O + (R \cdot \sin V_O^A) = 807.20 + (200 \times \sin 140°10'05.8'') = 935.31\text{m}$

(검산)

$\overline{PA} = \sqrt{(X_A - X_P)^2 + (Y_A - Y_P)^2}$

$= \sqrt{(794.20 - 983.51)^2 + (935.31 - 805.70)^2} = 229.4276\text{m}$

$X_A = X_P + (\overline{PA} \cdot \cos V_P^A) = 983.51 + (229.4276 \times \cos 145°36'10'') = 794.20\text{m}$

$Y_A = Y_P + (\overline{PA} \cdot \sin V_P^A) = 805.70 + (229.4276 \times \sin 145°36'10'') = 935.31\text{m}$

04 (1) 연직각에 의한 계산

① $\dfrac{1}{2}(\alpha_1 + \alpha_2) = \dfrac{1}{2}(2°33'20'' + 2°27'10'') = 2°30'15''$[$\alpha_1$, α_2는 절대치]

② $D \cdot \cos\dfrac{1}{2}(\alpha_1 + \alpha_2) = 1534.88 \times 0.999045 = 1533.41\text{m}$

③ H_1' 및 H_2' 계산

$H_1' = H_1 + i =$ 표고 + 기계고 $= 111.78 + 1.54 = 113.32\text{m}$

$H_2' = H_2 + f =$ 표고 + 시준고 $= 180.12 + 1.45 = 181.57\text{m}$

④ 연직각에 의한 기준면거리(S) 계산

$$S = D \cdot \cos\frac{1}{2}(\alpha_1 + \alpha_2) - \frac{D(H_1' + H_2')}{2R}$$

$S = D \cdot \cos\dfrac{1}{2}(\alpha_1 + \alpha_2) - \dfrac{D(H_1' + H_2')}{2R} = 1533.41 - 0.036 = 1533.374\text{m}$

⑤ 축척계수(K) 계산

$$K = 1 + \frac{(Y_1 + Y_2)^2}{8R^2}$$

$$K = 1 + \frac{(Y_1 + Y_2)^2}{8R^2} = 1 + \frac{3124.81}{324839427.7} = 1.000010$$

⑥ 평면거리(D) 계산

$D = S \times K = 1533.374 \times 1.000010 = 1533.389\text{m}$

(2) 표고에 의한 계산

① $D - \dfrac{(H_1' - H_2')^2}{2D}$ 계산

$$D - \frac{(H_1' - H_2')^2}{2D} = 1534.88 - 1.52 = 1533.36\text{m}$$

② 표고에 의한 기준면거리(S) 계산

$$S = D - \frac{(H_1' - H_2')^2}{2D} - \frac{D(H_1' + H_2')}{2R}$$

$$S = D - \frac{(H_1' - H_2')^2}{2D} - \frac{D(H_1' + H_2')}{2R} = 1533.36 - 0.036 = 1533.324\text{m}$$

③ 평면거리(D) 계산

$D = S \times K = 1533.324 \times 1.000010 = 1533.339\text{m}$

(3) 평면거리 평균(D_0) 계산

$$D_0 = \frac{(1533.389 + 1533.339)}{2} = 1533.36\text{m}$$

평 면 거 리 계 산 부

약도

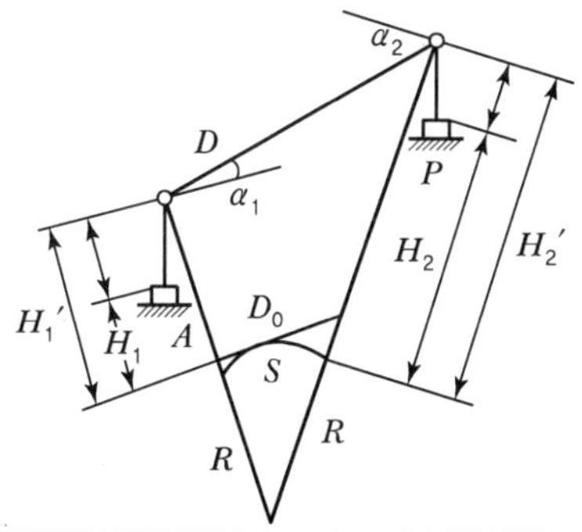

공식

- 연직각에 의한 계산 $S = D \cdot \cos\frac{1}{2}(\alpha_1 + \alpha_2) - \frac{D(H_1' + H_2')}{2R}$
- 표고에 의한 계산 $S = D - \frac{(H_1' - H_2')^2}{2D} - \frac{D(H_1' + H_2')}{2R}$
- 평면거리 $D_0 = S \times K \left[K = 1 + \frac{(Y_1 + Y_2)^2}{8R^2} \right]$

D = 경사거리, S = 기준면거리, H_1, H_2 = 표고
R = 곡률반경(6372199.7m), i = 기계고, f = 시준고
α_1, α_2 = 연직각(절대치), K = 축척계수
Y_1, Y_2 = 원점에서 삼각점까지의 횡선거리(km)

연직각에 의한 계산		표고에 의한 계산	
방향	공덕 1점 → 공덕 3점		
D	1534.88 m	D	1534.88 m
α_1	+2° 33′ 20″	$2D$	3069.76
α_2	−2 27 10	H_1'	113.32
$\frac{1}{2}(\alpha_1 + \alpha_2)$	2 30 15	H_2'	181.57
$\cos\frac{1}{2}(\alpha_1 + \alpha_2)$	0.999045	$(H_1' - H_2')$	−68.25
$D \cdot \cos\frac{1}{2}(\alpha_1 + \alpha_2)$	1533.41 m	$(H_1' - H_2')^2$	4658.06

$H_1' = H_1 + i$	113.32	$\frac{(H_1' - H_2')^2}{2D}$	1.52
$H_2' = H_2 + f$	181.57	$D - \frac{(H_1' - H_2')^2}{2D}$	1533.36
R	6372199.7	R	6372199.7
$2R$	12744399.3	$2R$	12744399.3
$\frac{D(H_1' + H_2')}{2R}$	0.036	$\frac{D(H_1' + H_2')}{2R}$	0.036
S	1533.374	S	1533.224
Y_1	30.3 km	Y_1	30.3 km
Y_2	25.6 km	Y_2	25.6 km
$(Y_1 + Y_2)^2$	3124.81	$(Y_1 + Y_2)^2$	3124.81
$8R^2$	324839427.7 km	$8R^2$	324839427.7 km
$K = 1 + \frac{(Y_1 + Y_2)^2}{8R^2}$	1.000010	$K = 1 + \frac{(Y_1 + Y_2)^2}{8R^2}$	1.000010
$S \times K$	1533.389 m	$S \times K$	1533.339 m
평균(D_0)	1533.36 m		
계산자		검사자	

05 (1) 예1 → 보7를 이용한 표고 계산

① 고저차(h) 계산

$$고저차(h) = L \cdot \tan\frac{(\alpha_1 - \alpha_2)}{2} + \frac{(i_1 - i_2 + f_1 - f_2)}{2}$$

$\tan\frac{(\alpha_1 - \alpha_2)}{2} = \tan\frac{(3°41'17'')}{2} = 0.032195$

$L \cdot \tan\frac{(\alpha_1 - \alpha_2)}{2} = 1233.65 \times 0.032195 = 39.72\text{m}$

$\frac{(i_1 - i_2 + f_1 - f_2)}{2} = \frac{(1.65 - 1.54 + 2.74 - 2.51)}{2} = +0.17\text{m}$

$고저차(h) = L \cdot \tan\frac{(\alpha_1 - \alpha_2)}{2} + \frac{(i_1 - i_2 + f_1 - f_2)}{2} = 39.72 + 0.17 = +39.89\text{m}$

② 표고(H_2) 계산

$H_2 = H_1 + h = 459.33 + 39.89 = 499.22\text{m}$

(2) 예3 → 보7를 이용한 표고 계산

① 고저차(h) 계산

$\tan\frac{(\alpha_1 - \alpha_2)}{2} = \tan\frac{(4°27'26'')}{2} = 0.038916$

$L \cdot \tan\frac{(\alpha_1 - \alpha_2)}{2} = 3128.74 \times 0.038916 = 121.76\text{m}$

$\frac{(i_1 - i_2 + f_1 - f_2)}{2} = \frac{(1.65 - 1.64 + 3.24 - 3.14)}{2} = +0.06$

$h = L \cdot \tan\frac{(\alpha_1 - \alpha_2)}{2} + \frac{(i_1 - i_2 + f_1 - f_2)}{2} = 121.76 + 0.06 = +121.82\text{m}$

② 표고(H_2) 계산

$H_2 = H_1 + h = 377.30 + 121.82 = 499.12\text{m}$

(3) 표고의 평균 계산

H_2의 평균 $= \frac{(499.22 + 499.12)}{2} = 499.17\text{m}$

(4) 교차 및 공차 계산

① 교차 $= 499.22 - 499.12 = 0.10\text{m}$

② 공차

$0.05 + 0.05(S_1 + S_2) = 0.05 + 0.05(1.23365 + 3.12874)$

$\fallingdotseq 0.268 = \pm 0.26\text{m}$ (공차는 반올림하지 않음)

※ S_1, S_2는 기지점에서 소구점까지의 평면거리로서 km 단위로 표시한 수를 말함

표 고 계 산 부

약도

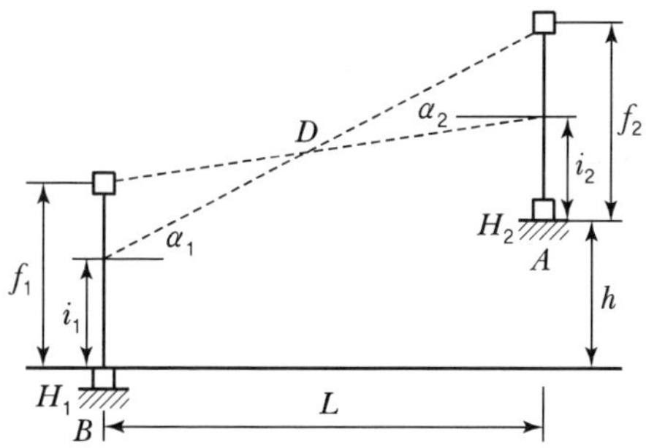

공식

$$H_2 = H_1 + h$$

$$h = L \cdot \tan\frac{(\alpha_1 - \alpha_2)}{2} + \frac{(i_1 - i_2 + f_1 - f_2)}{2}$$

$$L = D \cdot \cos\alpha_1 \text{ 또는 } \alpha_2$$

H_1 : 기지점 표고　　α_1, α_2 : 연직각
H_2 : 소구점 표고　　i_1, i_2 : 기계고
h : 고저차　　f_1, f_2 : 시준고
L : 수평거리　　D : 경사거리

기지점명	예 1 점	예 3 점	점	점
소구점명	보 7 점		점	
L	1233.65 m	3128.74 m	m .	m .
α_1	+1° 50′ 40″	+2° 13′ 50″	° ′ ″	° ′ ″
α_2	−1 50 37	−2 13 36		
$(\alpha_1-\alpha_2)$	+3 41 17	+4 27 26		
$\tan\frac{(\alpha_1-\alpha_2)}{2}$	0.032195	0.038916	.	.
$L\cdot\tan\frac{(\alpha_1-\alpha_2)}{2}$	39.72 m	121.76 m	m .	m .
i_1	1.65	1.65	.	.
i_2	1.54	1.64	.	.
f_1	2.74	3.24	.	.
f_2	2.51	3.14	.	.
$\frac{(i_1-i_2+f_1-f_2)}{2}$	+0.17	+0.06	.	.
h	+39.89	+121.82	.	.
H_1	459.33	377.30	.	.
H_2	499.22	499.12	.	.
평균	499.17 m		m .	
교차	0.10 m		m .	
공차	±0.26 m		m .	
계산자		검사자		

06 (1) 방위각 계산

① $\theta = \tan^{-1}\dfrac{\Delta Y}{\Delta X} = \tan^{-1}\dfrac{-0.22}{-34.23} = 0°22'05.7''$(Ⅲ상한)

$V_A^B = 180° + (\theta) = 180° + 0°22'05.7'' = 180°22'05.7''$

② $\theta = \tan^{-1}\dfrac{\Delta Y}{\Delta X} = \tan^{-1}\dfrac{+50.33}{-1.96} = 87°46'11.5''$(Ⅱ상한)

$V_A^D = 180° - (\theta) = 180° - 87°46'11.5'' = 92°13'48.5''$

③ $\theta = \tan^{-1}\dfrac{\Delta Y}{\Delta X} = \tan^{-1}\dfrac{+63.53}{-1.56} = 88°35'36.1''$(Ⅱ상한)

$V_B^C = 180° - (\theta) = 180° - 88°35'36.1'' = 91°24'23.9''$

(2) 내각 계산

$\alpha = V_A^B - V_A^D = 180°22'05.7'' - 92°13'48.5'' = 88°08'17.2''$

$\phi = 60°00'00.0''$

(3) 거리 계산

$L(=AB) = \sqrt{\Delta x^2 + \Delta y^2} = \sqrt{(-34.23)^2 + (-0.22)^2} = 34.2307\text{m}$

$M(=AP) = \dfrac{L}{2}(\sin\alpha \times \cot\phi + \cos\alpha)$

$= \dfrac{34.2307}{2}(\sin 88°08'17.2'' \times \cot 60°00'00.0'' + \cos 88°08'17.2'')$

$= 10.4324\text{m}$

$M(=AP) = N(=BQ)$

$x(=PQ) = \sqrt{L^2 + 4M(M - L \times \cos\alpha)}$

$= \sqrt{34.2307^2 + [(4 \times 10.4324)(10.4324 - 34.2307 \times \cos 88°08'17.2'')]}$

$= 39.5053\text{m}$

(4) 좌표 계산

① P점의 좌표

$X_P = X_A + (M \times \cos V_A^D) = 421234.56 + (10.4324 \times \cos 92°13'48.5'')$

$= 421234.15\text{m}$

$Y_P = Y_A + (M \times \sin V_A^D) = 201247.23 + (10.4324 \times \sin 92°13'48.5'')$

$= 201257.65\text{m}$

② Q점의 좌표

$X_Q = X_B + (N \times \cos V_C^B) = 421200.33 + (10.4324 \times \cos 271°24'23.9'')$

$= 421200.59\text{m}$

$Y_P = Y_B + (N \times \sin V_C^B) = 201247.01 + (10.4324 \times \sin 271°24'23.9'')$

$= 201236.58\text{m}$

07 (1) 5점의 좌표(교차점 계산 이용)

① α, β 계산

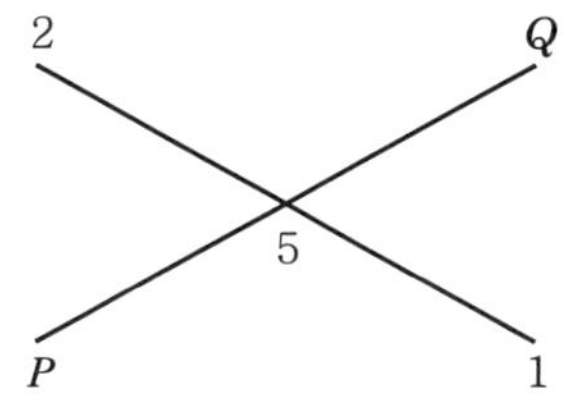

$$\theta = \tan^{-1}\left(\frac{Y_q - Y_p}{X_q - X_p}\right) = \tan^{-1}\left(\frac{+5.54}{-93.88}\right) = 3°22'37.9''(\text{Ⅱ 상한})$$

$$\alpha(= V_p{}^q) = 180° - (\theta) = 180° - 3°22'38'' = 176°37'22.1''$$

$$\theta = \tan^{-1}\left(\frac{Y_2 - Y_1}{X_2 - X_1}\right) = \tan^{-1}\left(\frac{+72.25}{+6.81}\right) = 84°36'55.6''(\text{Ⅰ 상한})$$

$$\beta(= V_1{}^2) = (\theta) = 84°36'55.6''$$

$$\alpha - \beta = 92°00'26.5''$$

② $\Delta x_p{}^1$, $\Delta y_p{}^1$ 계산

$$\Delta x_p{}^1 = X_1 - X_p = 5517.52 - 5545.17 = -27.65\text{m}$$

$$\Delta y_p{}^1 = Y_1 - Y_p = 2018.87 - 2063.14 = -44.27\text{m}$$

③ S_1, S_2 계산

$$S_1 = \frac{\Delta y_p{}^1 \cos\beta - \Delta x_p{}^1 \sin\beta}{\sin(\alpha - \beta)},\ S_2 = \frac{\Delta y_p{}^1 \cos\alpha - \Delta x_p{}^1 \sin\alpha}{\sin(\alpha - \beta)}$$

$$S_1 = \frac{\Delta y_p{}^1 \cos\beta - \Delta x_p{}^1 \sin\beta}{\sin(\alpha - \beta)}$$

$$= \frac{(-44.27 \times \cos 84°36'55.6'') - (-27.65 \times \sin 84°36'55.6'')}{\sin 92°00'26.5''}$$

$$= 23.3880\text{m}$$

$$S_2 = \frac{\Delta y_p{}^1 \cos\alpha - \Delta x_p{}^1 \sin\alpha}{\sin(\alpha - \beta)}$$

$$= \frac{(-44.27 \times \cos 176°37'22.1'') - (-27.65 \times \sin 176°37'22.1'')}{\sin 92°00'26.5''}$$

$$= 45.8501\text{m}$$

④ 5점의 좌표

P점에서 5점 좌표 계산	$X_5 = X_p + (S_1 \times \cos\alpha) = 5545.17 + (23.3880 \times \cos 176°37'22.1'') = 5521.82\text{m}$ $Y_5 = Y_p + (S_1 \times \sin\alpha) = 2063.14 + (23.3880 \times \sin 176°37'22.1'') = 2064.52\text{m}$
1점에서 5점 좌표 계산	$X_5 = X_1 + (S_2 \times \cos\beta) = 5517.52 + (45.8501 \times \cos 84°36'55.6'') = 5521.82\text{m}$ $Y_5 = Y_1 + (S_2 \times \sin\beta) = 2018.87 + (45.8501 \times \sin 84°36'55.6'') = 2064.52\text{m}$
5점 평균좌표	$X = \frac{5521.82 + 5521.82}{2} = 5521.82\text{m},\ Y = \frac{2064.52 + 2064.52}{2} = 2064.52\text{m}$

(2) 6점의 좌표(교차점 계산 이용)

① α, β 계산

$$\theta = \tan^{-1}\left(\frac{Y_3 - Y_4}{X_3 - X_4}\right) = \tan^{-1}\left(\frac{+73.34}{-4.53}\right) = 86°27'55.8''(\text{Ⅱ 상한})$$

$\alpha(=V_4^{\ 3})=180°-(\theta)=180°-86°27'55.8''=93°32'04.2''$

$\beta(=V_q^{\ p})=V_p^{\ q}+180°=176°37'22.1''+180°=356°37'22.1''$

$\alpha-\beta=-263°05'17.9''+360°=96°54'42.1''$

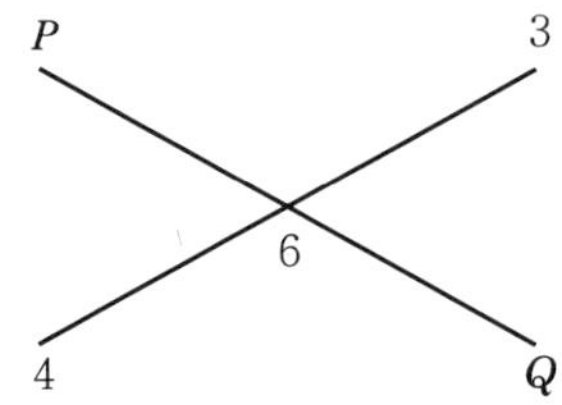

② $\Delta x_4^{\ q}$, $\Delta y_4^{\ q}$ 계산

$\Delta x_4^q = X_q - X_4 = 5451.29 - 5478.74 = -27.45\text{m}$

$\Delta y_4^{\ q} = Y_q - Y_4 = 2068.68 - 2021.21 = +47.47\text{m}$

③ S_1, S_2 계산

$$S_1 = \frac{\Delta y_4^{\ q}\cos\beta - \Delta x_4^{\ q}\sin\beta}{\sin(\alpha-\beta)},\ S_2 = \frac{\Delta y_4^{\ q}\cos\alpha - \Delta x_4^{\ q}\sin\alpha}{\sin(\alpha-\beta)}$$

$$S_1 = \frac{\Delta y_4^{\ q}\cos\beta - \Delta x_4^{\ q}\sin\beta}{\sin(\alpha-\beta)}$$

$$= \frac{(+47.47\times\cos356°37'22.1'') - (-27.45\times\sin356°37'22.1'')}{\sin96°54'42.1''}$$

$$= 46.1056\text{m}$$

$$S_2 = \frac{\Delta y_4^{\ q}\cos\alpha - \Delta x_4^{\ q}\sin\alpha}{\sin(\alpha-\beta)}$$

$$= \frac{(+47.47\times\cos93°32'04.2'') - (-27.45\times\sin93°32'04.2'')}{\sin96°54'42.1''}$$

$$= 24.6504\text{m}$$

④ 6점의 좌표

4점에서 6점 좌표 계산	$X_6 = X_4 + (S_1\times\cos\alpha) = 5478.74 + (46.1056\times\cos93°32'04.2'') = 5475.90\text{m}$ $Y_6 = Y_4 + (S_1\times\sin\alpha) = 2021.21 + (46.1056\times\sin93°32'04.2'') = 2067.23\text{m}$
Q점에서 6점 좌표 계산	$X_6 = X_q + (S_2\times\cos\beta) = 5451.29 + (24.6504\times\cos356°37'22.1'') = 5475.90\text{m}$ $Y_6 = Y_q + (S_2\times\sin\beta) = 2068.68 + (24.6504\times\sin356°37'22.1'') = 2067.23\text{m}$
6점 좌표 결정	$X = \frac{5475.90 + 5475.90}{2} = 5475.90\text{m},\ Y = \frac{2067.23 + 2067.23}{2} = 2067.23\text{m}$

(3) 10－1번지 좌표면적

측점 번호	부호	X_n	Y_n	면적계산			
				$X_{n+1}-X_{n-1}$	$Y_{n+1}-Y_{n-1}$	$X_n(Y_{n+1}-Y_{n-1})$	$Y_n(X_{n+1}-X_{n-1})$
1		5517.52	2018.87	m 43.08	m 43.31	m² 238963.7912	m² 86972.9196
5		5521.82	2064.52	-41.62	48.36	267035.2152	-85925.3224
6		5475.90	2067.23	-43.08	-43.31	-237161.2290	-89056.2684
4		5478.74	2021.21	41.62	-48.36	-264951.8664	84122.7602
계						3885.9110	-3885.9110

$2A = 3885.9110\text{m}^2$, $2A = -3885.9110\text{m}^2$

10－1번지의 좌표면적$(A) = 1943.0\text{m}^2$

(4) 10－2번지 좌표면적

측점 번호	부호	X_n	Y_n	면적계산			
				$X_{n+1}-X_{n-1}$	$Y_{n+1}-Y_{n-1}$	$X_n(Y_{n+1}-Y_{n-1})$	$Y_n(X_{n+1}-X_{n-1})$
5		5521.82	2064.52	m 48.43	m 23.89	m² 131916.2798	m² 99984.7036
2		5524.33	2091.12	-47.61	30.03	165895.6299	-99558.2232
3		5474.21	2094.55	-48.43	-23.89	-130778.8769	-101439.0565
6		5475.90	2067.23	47.61	-30.03	-164441.2770	98420.8203
계						2591.7558	-2591.7558

$2A = 2591.7558\text{m}^2$, $2A = -2591.7558\text{m}^2$

10－2번지의 좌표면적$(A) = 1295.9\text{m}^2$

실전모의고사 제3회

• NOTICE • 본 실전모의고사는 수험생의 실전 대비 목적으로 작성된 것임을 알려드립니다.

01 지적삼각점측량을 실시한 결과 다음과 같이 성과를 측정하였다. 유심다각망 조정계산 서식을 완성하여 소구점 보2, 보3의 좌표를 계산하시오.(단, 거리는 cm 단위, 각은 0.1″ 단위까지 계산하시오.)

(1) 기지점

- 경1 : X_A =414981.83m, Y_A =204264.47m
- 경2 : X_A =414622.87m, Y_A =207395.42m

(2) 망도

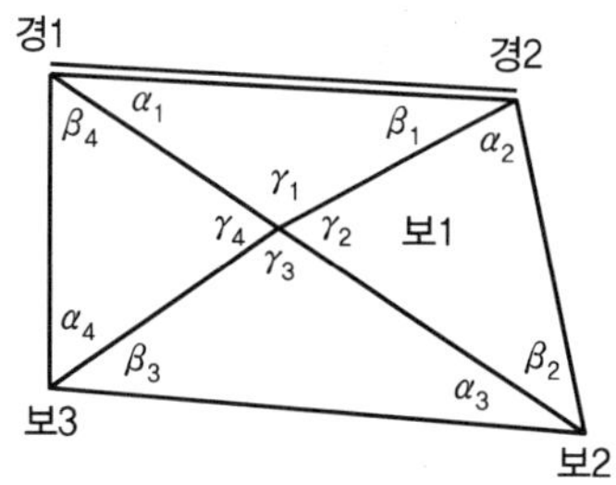

(3) 관측각

α_1 =50°37′57.8″	α_3 =54°13′10.2″
β_1 =39°43′45.9″	β_3 =36°08′38.9″
γ_1 =89°38′22.0″	γ_3 =89°38′12.9″
α_2 =37°28′49.8″	α_4 =37°49′11.5″
β_2 =52°09′22.6″	β_4 =51°49′09.8″
γ_2 =90°21′45.1″	γ_4 =90°21′42.5″

유심다각망 조정계산부

삼각형	점명	각명	관측각	각규약 I	각규약 II	조정각	sinα / sinβ	Δα / Δβ	sinα′ / sinβ′	$\alpha - x_1''$ / $\beta + x_1''$	변규약 조정각	변장 $a\times\frac{\sin\alpha(\gamma)}{\sin\beta}$	방위각	종횡선좌표 X	종횡선좌표 Y	점명
			° ′ ″	″		° ′ ″				″	° ′ ″	점→ 점 (m)	점→ 점 (° ′ ″)	m	m	
1		α_1	° ′ ″	″		° ′ ″				″	° ′ ″	→	→			
		β_1														
		γ_1			″					γ_1		→	→			
		+)														
			1 8 0 00 00 .0													
		−) ε_1 =											평균			
2		α_2	° ′ ″	″		° ′ ″				″	° ′ ″	→	→			
		β_2														
		γ_2			″					γ_2		→	→			
		+)														
			1 8 0 00 00 .0													
		−) ε_2 =											평균			
3		α_3	° ′ ″	″		° ′ ″				″	° ′ ″	→	→			
		β_3														
		γ_3			″					γ_3		→	→			
		+)														
			1 8 0 00 00 .0													
		−) ε_3 =											평균			
4		α_4	° ′ ″	″		° ′ ″				″	° ′ ″	→	→			
		β_4														
		γ_4			″					γ_4		→	→			
		+)														
			1 8 0 00 00 .0													
		−) ε_4 =											평균			
5		α_5	° ′ ″	″		° ′ ″				″	° ′ ″	→	→			
		β_5														
		γ_5			″					γ_5		→	→			
		+)														
			1 8 0 00 00 .0													
		−) ε_5 =											평균			
6		α_6	° ′ ″	″		° ′ ″				″	° ′ ″	→	→			
		β_6														
		γ_6			″					γ_6		→	→			
		+)														
			1 8 0 00 00 .0													
		−) ε_6 =											평균			
$\Sigma\gamma$			° ′ ″	제1기선 l_1		m	Π sinα · l_1		Π sinα′ · l_1			점→ 점	점→ 점			
360° 또는 기지내각				제2기선 l_2												
		−) e =					E_1 Π sinβ · l_2		E_2 Π sinβ′ · l_2			약도				

$\Sigma\varepsilon =$

$(\text{II}) = \dfrac{\Sigma\varepsilon - 3e}{2n} =$

$(\text{I}) = \dfrac{-\varepsilon - (\text{II})}{3} =$

n : 삼각형 수

$E_1 = \dfrac{\Pi \sin\alpha \cdot l_1}{\Pi \sin\beta \cdot l_2} - 1 =$

$E_2 = \dfrac{\Pi \sin\alpha' \cdot l_1}{\Pi \sin\beta' \cdot l_2} - 1 =$

$|E_1 - E_2| =$

$\Delta\alpha,\ \Delta\beta = 10''$차임

$x_1'' = \dfrac{10'' \times E_1}{|E_1 - E_2|} =$

$x_2'' = \dfrac{10'' \times E_2}{|E_1 - E_2|} =$

검산 : $x_1'' + x_2'' = 10''$

02 아래 그림의 가구점(P점) 좌표를 구하시오.(단, 거리는 cm 단위, $\overline{CP}$ 거리는 소수 4자리, 각은 0.1″ 단위까지 계산하시오.)

1. C점의 좌표
   $X=464591.46\text{m}$
   $Y=203842.25\text{m}$
2. 방위각
   $V_C^A=4°20'53''$
   $V_C^B=92°40'25''$
3. 도로폭
   $L_1=6\text{m}$, $L_2=4\text{m}$

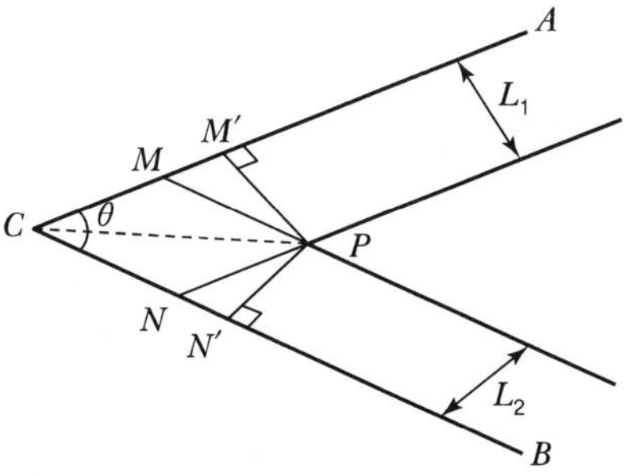

03 광파거리측량기를 이용하여 두 점 간의(혁신1−혁신2) 거리를 측정하여 다음과 같은 결과를 얻었다. 서식을 완성하여 두 점 간의 평면거리를 계산하시오.

- 측정거리(D)$=1234.56$m
- 연직각(α_1)$=-3°15'25''$
- 기지점표고(H_1)$=195.45$m
- 기계고(i_1)$=1.50$m

- 연직각(α_2)$=+3°15'30''$
- 기지점표고(H_2)$=123.54$m
- 시준고(f)$=1.55$m

원점에서 삼각점까지의 횡선거리 $Y_1=25.4$km, $Y_2=23.5$km

평 면 거 리 계 산 부

약도

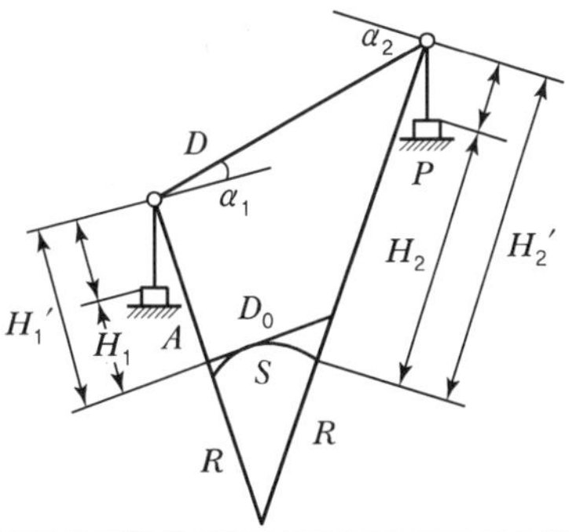

공식

- 연직각에 의한 계산 $S = D \cdot \cos\frac{1}{2}(\alpha_1 + \alpha_2) - \frac{D(H_1' + H_2')}{2R}$
- 표고에 의한 계산 $S = D - \frac{(H_1' - H_2')^2}{2D} - \frac{D(H_1' + H_2')}{2R}$
- 평면거리 $D_0 = S \times K \left[K = 1 + \frac{(Y_1 + Y_2)^2}{8R^2} \right]$

D=경사거리, S=기준면거리, H_1, H_2=표고
R=곡률반경(6372199.7m), i=기계고, f=시준고
α_1, α_2=연직각(절대치), K=축척계수
Y_1, Y_2=원점에서 삼각점까지의 횡선거리(km)

연직각에 의한 계산		표고에 의한 계산	
방향	점 → 점		
D	. m	D	. m
α_1	° ′ ″	$2D$	.
α_2		H_1'	.
$\frac{1}{2}(\alpha_1 + \alpha_2)$		H_2'	.
$\cos\frac{1}{2}(\alpha_1 + \alpha_2)$	.	$(H_1' - H_2')$	.
$D \cdot \cos\frac{1}{2}(\alpha_1 + \alpha_2)$	. m	$(H_1' - H_2')^2$	.

$H_1' = H_1 + i$	.	$\frac{(H_1' - H_2')^2}{2D}$	.
$H_2' = H_2 + f$	.	$D - \frac{(H_1' - H_2')^2}{2D}$	.
R	6372199.7	R	6372199.7
$2R$	12744399.3	$2R$	12744399.3
$\frac{D(H_1' + H_2')}{2R}$	.	$\frac{D(H_1' + H_2')}{2R}$	.
S	.	S	.
Y_1	. km	Y_1	. km
Y_2	. km	Y_2	. km
$(Y_1 + Y_2)^2$	.	$(Y_1 + Y_2)^2$	.
$8R^2$	324839427.7 km	$8R^2$	324839427.7 km
$K = 1 + \frac{(Y_1 + Y_2)^2}{8R^2}$	.	$K = 1 + \frac{(Y_1 + Y_2)^2}{8R^2}$	.
$S \times K$	. m	$S \times K$	. m
평균(D_0)	. m		
계산자		검사자	

04 두 기지점 혁신1과 혁신2에서부터 소구점 보1에 대한 표고를 구하기 위하여 연직각을 측정하여 다음과 같은 결과를 얻었다. 주어진 서식을 완성하여 소구점의 표고를 계산하시오.

구분	혁신1 → 보1	혁신2 → 보1
수평거리(L)	1565.33m	982.55m
연직각(α_1)	+1°40′10″	−2°24′40″
연직각(α_2)	−1°45′12″	+2°31′36″
기계고(i_1)	1.70m	1.54m
기계고(i_2)	1.65m	1.50m
시준고(f_1)	2.47m	2.13m
시준고(f_2)	2.33m	1.99m
표고(H_1)	138.36m	227.57m

표 고 계 산 부

약도

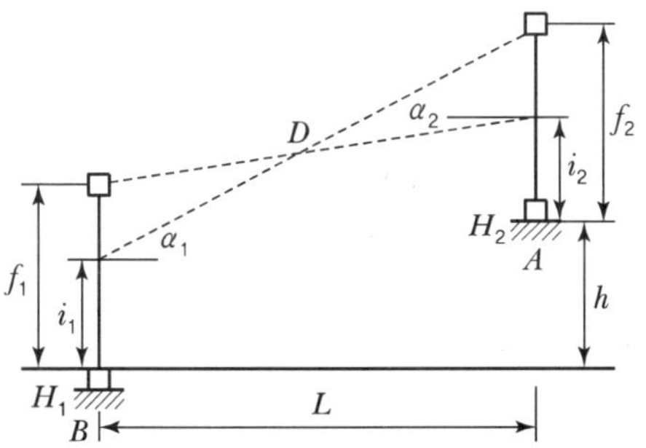

공식

$$H_2 = H_1 + h$$

$$h = L \cdot \tan\frac{(\alpha_1 - \alpha_2)}{2} + \frac{(i_1 - i_2 + f_1 - f_2)}{2}$$

$$L = D \cdot \cos\alpha_1 \text{ 또는 } \alpha_2$$

H_1 : 기지점 표고 　 α_1, α_2 : 연직각
H_2 : 소구점 표고 　 i_1, i_2 : 기계고
h : 고저차 　 f_1, f_2 : 시준고
L : 수평거리 　 D : 경사거리

기지점명	점	점	점	점
소구점명	점		점	
L	m .	m .	m .	m .
α_1	° ′ ″	° ′ ″	° ′ ″	° ′ ″
α_2				
$(\alpha_1 - \alpha_2)$				
$\tan\frac{(\alpha_1 - \alpha_2)}{2}$	.	.	.	.
$L \cdot \tan\frac{(\alpha_1 - \alpha_2)}{2}$	m .	m .	m .	m .
i_1	.	.	.	.
i_2	.	.	.	.
f_1	.	.	.	.
f_2	.	.	.	.
$\frac{(i_1 - i_2 + f_1 - f_2)}{2}$	.	.	.	.
h	.	.	.	.
H_1	.	.	.	.
H_2	.	.	.	.
평균	m .		m .	
교차	m .		m .	
공차	m .		m .	

계산자		검사자	

05 기지점의 좌표가 다음과 같을 때 교차하는 P점 위치의 좌표를 주어진 서식에 의하여 완성하시오.(단, 계산은 각도는 0.1″ 단위까지, S_1, S_2의 거리는 소수 4자리까지, 기타 거리 및 좌표는 cm 단위까지 계산하시오.)

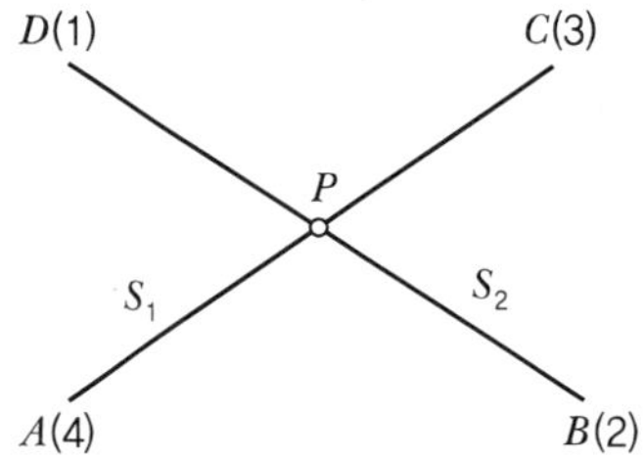

점명	부호	X좌표	Y좌표
1	D	465715.46	210111.53
2	B	465012.34	210948.99
3	C	465833.20	211611.03
4	A	465145.85	210510.37

교 차 점 계 산 부

공식

소구점

$$S_1 = \frac{\Delta y_a{}^b \cos\beta - \Delta x_a{}^b \sin\beta}{\sin(\alpha-\beta)}$$

$$S_2 = \frac{\Delta y_a{}^b \cos\alpha - \Delta x_a{}^b \sin\alpha}{\sin(\alpha-\beta)}$$

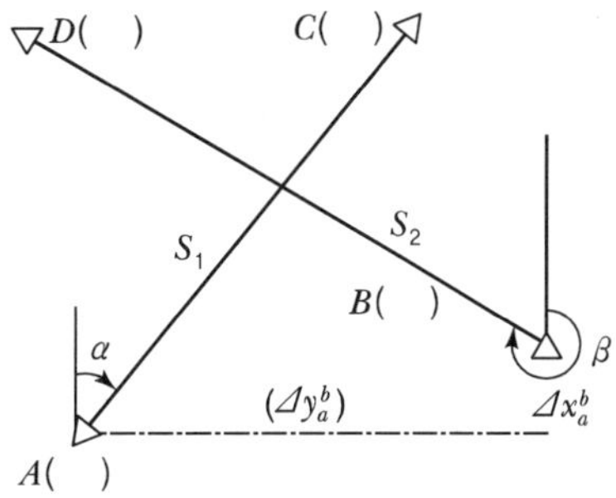

점	x	y	종횡선차	
$D(1)$	.	.	$\Delta y_b{}^d$	.
$B(2)$	.	.	$\Delta x_b{}^d$	.
$C(3)$	.	.	$\Delta y_a{}^c$	.
$A(4)$	.	.	$\Delta x_a{}^c$	.
$\Delta x_a{}^b$	.	$\Delta y_a{}^b$.	$V_a{}^b$	° ′ ″
α	° ′ ″	$V_a{}^c$ ° ′ ″		
β	° ′ ″	$V_b{}^d$ ° ′ ″		
$\alpha-\beta$	° ′ ″			

$(\Delta y_a{}^b \cdot \cos\beta - \Delta x_a{}^b \cdot \sin\beta)/\sin(\alpha-\beta) = S_1$			.
$S_1 \cdot \cos\alpha$	.	$S_1 \cdot \sin\alpha$	.
x_a	. (+	y_a	. (+
x	.	y	.

$(\Delta y_a{}^b \cdot \cos\alpha - \Delta x_a{}^b \cdot \sin\alpha)/\sin(\alpha-\beta) = S_2$			.
$S_2 \cdot \cos\beta$	.	$S_2 \cdot \sin\beta$	.
x_b	. (+	y_b	. (+
x	.	y	.

X	.	Y	.

06 지적도근점측량을 교회법으로 실시하여 다음과 같은 관측결과를 얻었다. 각 측선의 방위각을 계산하시오.(단, 방위각은 초 단위까지 계산하시오.)

기지점좌표			관측내각	
점명	종선좌표	횡선좌표		
서울1(A)	455010.64m	192643.32m	α	34°53′47″
서울3(B)	455010.64m	195382.80m	γ	100°14′25″
서울5(C)	454006.06m	194056.41m	γ'	50°26′22″

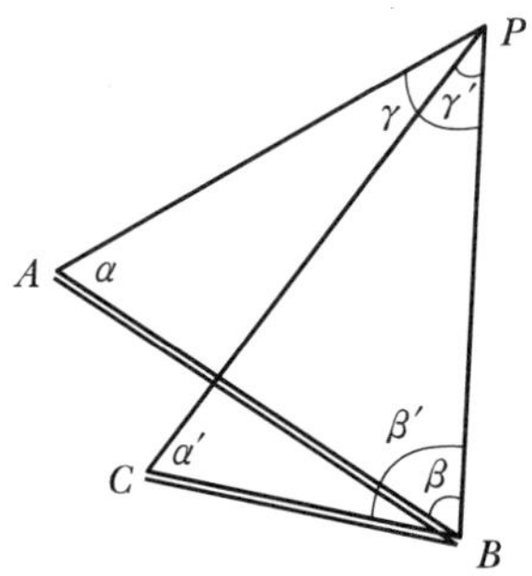

(1) AB 방위각($V_a{}^b$)

(2) BC 방위각($V_b{}^c$)

(3) AP 방위각(V_a)

(4) BP 방위각(V_b)

(5) CP 방위각(V_c)

07 그림과 같이 다각망도선법에 의한 X망의 관측결과가 다음과 같을 때 평균 방위각과 평균 종 · 횡선좌표를 계산하시오.(단, 계산은 반올림하여 좌표는 소수 2자리(cm 단위)까지, 각은 0.1초 단위까지 구하시오.)

〈관측방위각 및 계산좌표〉

도선	경중률		관측방위각	계산좌표	
	측점 수	거리(km)		X(m)	Y(m)
(1)	5	1.578	216°42′48″	403276.45	192823.89
(2)	11	1.354	216°43′05″	403276.26	192824.07
(3)	20	0.236	216°43′13″	403276.21	192824.04
(4)	13	1.777	216°42′55″	403276.33	192823.95

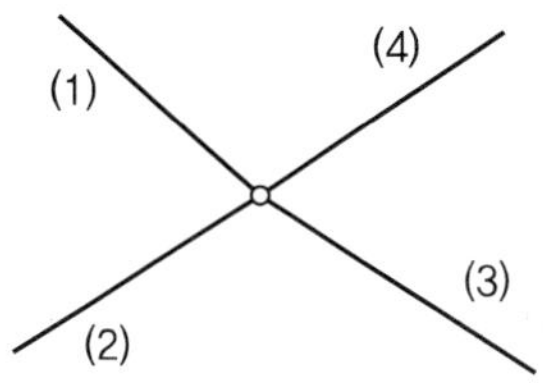

(1) 평균 방위각

- 계산과정

답 : ______________

(2) 평균 종선좌표

- 계산과정

답 : ______________

(3) 평균 횡선좌표

- 계산과정

답 : ______________

실전모의고사 제3회 해설 및 정답

01 (1) 기지점 간 거리 및 방위각 계산

구분	경1 → 경2
ΔX, ΔY	$\Delta X = 414622.87 - 414981.83 = -358.96$ $\Delta Y = 207395.42 - 204264.47 = +3130.95$
거리	$\sqrt{(-358.96)^2 + (3130.95)^2} = 3151.46\text{m}$
방위	$\tan^{-1}(\frac{+3130.95}{-358.96}) = 83°27'34.8''$(Ⅱ상한)
방위각	$V = (180° - \theta) = 180° - 83°27'34.8'' = 96°32'25.2''$

(2) 각규약 조정

1) 삼각규약 오차 계산

삼각규약 조건	$(\alpha + \beta + \gamma) = 180°$	
오차	$\varepsilon = (\alpha + \beta + \gamma) - 180°$	
오차 계산	삼각형 번호	관측각의 합	$\varepsilon = (\alpha + \beta + \gamma) - 180°$
	①	180°00′05.7″	+5.7″
	②	179°59′57.5″	−2.5″
	③	180°00′02.0″	+2.0″
	④	180°00′03.8″	+3.8″
	오차의 합	$\Sigma\varepsilon = \varepsilon_1 + \varepsilon_2 + \varepsilon_3 + \varepsilon_4 = 5.7 + (-2.5) + 2.0 + 3.8 = +9.0''$	

2) 망규약 오차 계산

망규약 조건	$\Sigma\gamma = 360°$
오차	$e = \Sigma\gamma - 360°$
오차 계산	$\Sigma\gamma = 89°38'22.0'' + 90°21'45.1'' + 89°38'12.9'' + 90°21'42.5'' = 360°00'02.5''$ 기지내각 = 360°00′00.0″ $e = \Sigma\gamma - 360° = 360°00'02.5'' - 360°00'00.0'' = +2.5''$

3) 오차 조정

오차 조정은 망규약에 의한 오차(Ⅱ) 조정 이후, 삼각규약에 의한 오차(Ⅰ)를 조정한다.

① 망규약에 의한 오차 배부

$$(\text{Ⅱ}) = \frac{\Sigma\varepsilon - 3e}{2n} = \frac{(9.0) - (3 \times 2.5)}{2 \times 4} = +0.1875 = +0.2''$$

② 삼각규약에 의한 오차 배부

$$(\text{Ⅰ}) = \frac{-\varepsilon - (\text{Ⅱ})}{3}$$

- ①번 삼각형 : $\frac{-(5.7) - (0.2)}{3} = -2.0''$
- ②번 삼각형 : $\frac{-(-2.5) - (0.2)}{3} = +0.8''$

• ③번 삼각형 : $\frac{-(2.0)-(0.2)}{3} = -0.7''$

• ④번 삼각형 : $\frac{-(3.8)-(0.2)}{3} = -1.3''$

4) 각규약 조정각

각명	관측각	각규약		
		I	II	조정각
α_1	50°37′57.8″	−2.0″		50°37′55.8″
β_1	39°43′45.9″	−2.0″		39°43′43.9″
γ_1	89°38′22.0″	−2.0″ → −1.9″	+0.2″	89°38′20.3″
α_2	37°28′49.8″	+0.8″		37°28′50.6″
β_2	52°09′22.6″	+0.8″		52°09′23.4″
γ_2	90°21′45.1″	+0.8″ → +0.7″	+0.2″	90°21′46.0″
α_3	54°13′10.2″	−0.7″		54°13′09.5″
β_3	36°08′38.9″	−0.7″		36°08′38.2″
γ_3	89°38′12.9″	−0.7″ → −0.8″	+0.2″	89°38′12.3″
α_4	37°49′11.5″	−1.3″		37°49′10.2″
β_4	51°49′09.8″	−1.3″		51°49′08.5″
γ_4	90°21′42.5″	−1.3″ → −1.4″	+0.2″	90°21′41.3″

보충 + 설명

단수처리로 인하여 각 오차와 차이가 발생하면 90°에 가까운 각에 0.1초를 가감한다.

(3) 변규약 조정

변 방정식 $\frac{\sin\alpha_1 \cdot \sin\alpha_2 \cdot \sin\alpha_3 \cdot \sin\alpha_4 \cdot l_1}{\sin\beta_1 \cdot \sin\beta_2 \cdot \sin\beta_3 \cdot \sin\beta_4 \cdot l_2} = 1, \ \frac{\Pi \sin\alpha \cdot l_1}{\Pi \sin\beta \cdot l_2} = 1$

※ 유심다각망에서는 l_1, l_2는 적용하지 않는다.

1) E_1 계산

① $\sin\alpha$, $\sin\beta$ 계산

② $E_1 = \frac{\Pi \sin\alpha}{\Pi \sin\beta} - 1 = \left(\frac{0.773090 \times 0.608494 \times 0.811261 \times 0.613176}{0.639155 \times 0.789689 \times 0.589816 \times 0.786062}\right) - 1$

$= \frac{0.234009}{0.234011} - 1 = -0.000009 = -9$

보충 + 설명

E_1 계산 부호가 (+)이면 $\Delta\alpha$ 계산 수치 앞에 (−)부호, $\Delta\beta$ 계산 수치 앞에 (+)부호를 부여하며, E_1 계산 부호가 (−)이면 $\Delta\alpha$ 계산 수치 앞에 (+)부호, $\Delta\beta$ 계산 수치 앞에 (−)부호를 부여한다.

2) $\Delta\alpha$, $\Delta\beta$ 계산

$\Delta\alpha = 48.4814 \times \cos\alpha$, $\Delta\beta = 48.4814 \times \cos\beta$

3) E_2 계산

① $\sin\alpha'$, $\sin\beta'$ 계산

② $E_2 = \dfrac{\Pi \sin\alpha'}{\Pi \sin\beta'} - 1 = \left(\dfrac{0.773121 \times 0.608532 \times 0.811289 \times 0.613214}{0.639118 \times 0.789659 \times 0.589777 \times 0.786032}\right) - 1$

$= \dfrac{0.234055}{0.233964} - 1 = +0.000389 = +389$

③ $|E_1 - E_2| = = |(-9) - 389| = 398$

4) 경정수(x_1'', x_2'') 계산

$x_1'' = \dfrac{10'' \times E_1}{\lvert E_1 - E_2 \rvert}$ $x_2'' = \dfrac{10'' \times E_2}{\lvert E_1 - E_2 \rvert}$	$x_1'' = \dfrac{10'' \times (-9)}{398} = -0.2''$ $x_2'' = \dfrac{10'' \times (389)}{398} = +9.8''$	검산 : $x_1'' + x_2'' = 10''$

보충 + 설명

x_1'' 의 부호가 (+)이면 각각의 α각에 $(-x_1'')$, 각각의 β각에 $(+x_1'')$를 배부하고, x_1'' 의 부호가 (−)이면 각각의 α각에 $(+x_1'')$, 각각의 β각에 $(-x_1'')$를 배부한다.

5) 변규약 조정각

α각의 변규약 조정각=각규약 조정각+$(\alpha - x_1'')$

β각의 변규약 조정각=각규약 조정각+$(\beta + x_1'')$

각명	각규약 조정각	$\sin\alpha$ $\sin\beta$	$\Delta\alpha$ $\Delta\beta$	$\sin\alpha'$ 계산 $\sin\beta'$ 계산	$\sin\alpha'$ $\sin\beta'$	$\alpha - x_1''$ $\beta + x_1''$	변규약 조정각
α_1	50°37′55.8″	0.773090	+31	0.773090+31	0.773121	+0.2	50°37′56.0″
β_1	39°43′43.9″	0.639155	−37	0.639155−37	0.639118	−0.2	39°43′43.7″
γ_1	89°38′20.3″						89°38′20.3″
α_2	37°28′50.6″	0.608494	+38	0.608494+38	0.608532	+0.2	37°28′50.8″
β_2	52°09′23.4″	0.789689	−30	0.789689−30	0.789659	−0.2	52°09′23.2″
γ_2	90°21′46.0″						90°21′46.0″
α_3	54°13′09.5″	0.811261	+28	0.811261+28	0.811289	+0.2	54°13′09.7″
β_3	36°08′38.2″	0.589816	−39	0.589816−39	0.589777	−0.2	36°08′38.0″
γ_3	89°38′12.3″						89°38′12.3″
α_4	37°49′10.2″	0.613176	+38	0.613176+38	0.613214	+0.2	37°49′10.4″
β_4	51°49′08.5″	0.786062	−30	0.786062−30	0.786032	−0.2	51°49′08.3″
γ_4	90°21′41.3″						90°21′41.3″

(4) 변장 및 방위각 계산

① 변장 계산

방향	변장 계산	변장
경1 → 경2	$\sqrt{(\Delta x)^2+(\Delta y)^2}=\sqrt{(-358.96)^2+(3130.95)^2}$	=3151.46m
경1 → 보1	$\frac{\sin\beta_1}{\sin\gamma_1}\times\overline{(경1-경2)}=\frac{\sin 39°43'43.7''}{\sin 89°38'20.3''}\times 3151.46$	=2014.31m
경2 → 보1	$\frac{\sin\alpha_1}{\sin\gamma_1}\times\overline{(경1-경2)}=\frac{\sin 50°37'56.0''}{\sin 89°38'20.3''}\times 3151.46$	=2436.41m
경2 → 보2	$\frac{\sin\gamma_2}{\sin\beta_2}\times\overline{(경2-보1)}=\frac{\sin 90°21'46.0''}{\sin 52°09'23.2''}\times 2436.41$	=3085.22m
보1 → 보2	$\frac{\sin\alpha_2}{\sin\beta_2}\times\overline{(경2-보1)}=\frac{\sin 37°28'50.8''}{\sin 52°09'23.2''}\times 2436.41$	=1877.38m
보2 → 보3	$\frac{\sin\gamma_3}{\sin\beta_3}\times\overline{(보1-보2)}=\frac{\sin 89°38'12.3''}{\sin 36°08'38.0''}\times 1877.38$	=3182.93m
보1 → 보3	$\frac{\sin\alpha_3}{\sin\beta_3}\times\overline{(보1-보2)}=\frac{\sin 54°13'09.7''}{\sin 36°08'38.0''}\times 1877.38$	=2582.24m
보3 → 경1	$\frac{\sin\gamma_4}{\sin\beta_4}\times\overline{(보1-보3)}=\frac{\sin 90°21'41.3''}{\sin 51°49'08.3''}\times 2582.24$	=3284.97m
보1 → 경1	$\frac{\sin\alpha_4}{\sin\beta_4}\times\overline{(보1-보3)}=\frac{\sin 37°49'10.4''}{\sin 51°49'08.3''}\times 2582.24$	=2014.31m

② 방위각 계산

방향	방위각 계산	방위각
경1 → 경2	$\theta=\tan^{-1}\left(\frac{+3130.95}{-358.96}\right)$ =83°27′34.8″(Ⅱ상한)	=96°32′25.2″
경1 → 보1	$V_{경1}^{경2}+\alpha_1$ =96°32′25.2″+50°37′56.0″	=147°10′21.2″
경2 → 보1	$V_{경2}^{경1}-\beta_1$ =(96°32′25.2″+180°)−39°43′43.7″	=236°48′41.5″
경2 → 보2	$V_{경2}^{보1}-\alpha_2$ =236°48′41.5″−37°28′50.8″	=199°19′50.7″
보1 → 보2	$V_{보1}^{경2}+\gamma_2$ =(236°48′41.5″−180°)+90°21′46.0″	=147°10′27.5″
보2 → 보3	$V_{보2}^{보1}-\alpha_3$ =(147°10′27.5″+180°)−54°13′09.7″	=272°57′17.8″
보1 → 보3	$V_{보1}^{보2}+\gamma_3$ =147°10′27.5″+89°38′12.3″	=236°48′39.8″
보3 → 경1	$V_{보3}^{보1}-\alpha_4$ =(236°48′39.8″−180°)−37°49′10.4″	=18°59′29.4″
보1 → 경1	$V_{보1}^{보3}+\gamma_4$ =236°48′39.8″+90°21′41.3″	=327°10′21.1″

(5) 종 · 횡선좌표 계산

$\Delta X = l \cdot \cos V,\ \ \Delta Y = l \cdot \sin V$

방향	종선좌표 = 기지점의 X좌표 + ΔX	횡선좌표 = 기지점의 Y좌표 + ΔY
경1 → 보1	414981.83 + (−1692.64) = 413289.19	204264.47 + 1091.98 = 205356.45
경2 → 보1	414622.87 + (−1333.68) = 413289.19	207395.42 + (−2038.97) = 205356.45
평균	413289.19	205356.45
경2 → 보2	414622.87 + (−2911.29) = 411711.58	207395.42 + (−1021.27) = 206374.15
보1 → 보2	413289.19 + (−1577.61) = 411711.58	205356.45 + 1017.70 = 206374.15
평균	411711.58	206374.15
보2 → 보3	411711.58 + 164.08 = 411875.66	206374.15 + (−3178.70) = 203195.45
보1 → 보3	413289.19 + (−1413.52) = 411875.67	205356.45 + (−2161.00) = 203195.45
평균	411875.66	203195.45
보3 → 경1	411875.66 + 3106.16 = 414981.82	203195.45 + 1069.02 = 204264.47
보1 → 경1	413289.19 + 1692.64 = 414981.83	205356.45 + (−1091.98) = 204264.47
평균	414981.82	204264.47

유심다각망 조정계산부

삼각형	점명	각명	관측각	각규약 I	각규약 II	각규약 조정각	sinα / sinβ	Δα / Δβ	sinα′ / sinβ′	$\alpha-x_1''$ / $\beta+x_1''$	변규약 조정각
1	경1	α_1	50°37′57″.8	−2″.0		50°37′55″.8	0.773090	+31	0.773121	+0″.2	50°37′56″.0
	경2	β_1	39 43 45.9	−2.0		39 43 43.9	0.639155	−37	0.639118	−0.2	39 43 43.7
	보1	γ_1	89 38 22.0	−1.9	+0″.2	89 38 20.3				γ_1	89 38 20.3
		+)	180 00 05.7			180 00 00.0					
			180 00 00.0								
		−) ε_1	= +5.7								
2	경2	α_2	37°28′49″.8	+0″.8		37°28′50″.6	0.608494	+38	0.608532	+0″.2	37°28′50″.8
	보2	β_2	52 09 22.6	+0.8		52 09 23.4	0.789689	−30	0.789659	−0.2	52 09 23.2
	보1	γ_2	90 21 45.1	+0.7	+0″.2	90 21 46.0				γ_2	90 21 46.0
		+)	179 59 57.5			180 00 00.0					
			180 00 00.0								
		−) ε_2	= −2.5								
3	보2	α_3	54°13′10″.2	−0″.7		54°13′09″.5	0.811261	+28	0.811289	+0″.2	54°13′09″.7
	보3	β_3	36 08 38.9	−0.7		36 08 38.2	0.589816	−39	0.589777	−0.2	36 08 38.0
	보1	γ_3	89 38 12.9	−0.8	+0″.2	89 38 12.3				γ_3	89 38 12.3
		+)	180 00 02.0			180 00 00.0					
			180 00 00.0								
		−) ε_3	= +2.0								
4	보3	α_4	37°49′11″.5	−1″.3		37°49′10″.2	0.613176	+38	0.613214	+0″.2	37°49′10″.4
	경1	β_4	51 49 09.8	−1.3		51 49 08.5	0.786062	−30	0.786032	−0.2	51 49 08.3
	보1	γ_4	90 21 42.5	−1.4	+0″.2	90 21 41.3				γ_4	90 21 41.3
		+)	180 00 03.8			180 00 00.0					
			180 00 00.0								
		−) ε_4	= +3.8								
5		α_5	° ′ ″	″		° ′ ″	.		.	″	° ′ ″
		β_5	.	.		.	.		.	.	.
		γ_5	.	.	″	.				γ_5	.
		+)	.			.					
			180 00 00.0								
		−) ε_5	= .								
6		α_6	° ′ ″	″		° ′ ″	.		.	″	° ′ ″
		β_6	.	.		.	.		.	.	.
		γ_6	.	.	″	.				γ_6	.
		+)	.			.					
			180 00 00.0								
		−) ε_6	= .								

변장 $a\times\frac{\sin\alpha(\gamma)}{\sin\beta}$	방위각	종횡선좌표 X	종횡선좌표 Y	점명
경1 → 경2	경1 → 경2	414981.83 m	204264.47 m	경1
3151.46 m	96°32′25″.2	414622.87	207395.42	경2
경1 → 보1 / 2014.31	경1 → 보1 / 147 10 21 2	413289.19	205356.45	
경2 → 보1 / 2436.41	경2 → 보1 / 236 48 41 5	413289.19	205356.45	보1
평균		413289.19	205356.45	
경2 → 보2 / 3085.22	경2 → 보2 / 199 19 50 7	411711.58	206374.15	
보1 → 보2 / 1877.38	보1 → 보2 / 147 10 27 5	411711.58	206374.15	보2
평균		411711.58	206374.15	
보2 → 보3 / 3182.93	보2 → 보3 / 272 57 17 8	411875.66	203195.45	
보1 → 보3 / 2582.24	보1 → 보3 / 236 48 39 8	411875.67	203195.45	보3
평균		411875.66	203195.45	
보3 → 경1 / 3284.97	보3 → 경1 / 18 59 29 4	414981.82	204264.47	
보1 → 경1 / 2014.31	보1 → 경1 / 327 10 21 1	414981.83	204264.47	경1
평균		414981.82	204264.47	
→	→	.	.	
→	→	.	.	
평균		.	.	
→	→	.	.	
→	→	.	.	
평균		.	.	
점 → 점	점 → 점	.	.	

$\Sigma\gamma$	360°00′02″.5	제1기선 l_1	m
360° 또는 기지내각	360 00 00.0	제2기선 l_2	.
−) e	= +2.5		

	$\Pi\sin\alpha\cdot l_1$		$\Pi\sin\alpha'\cdot l_1$
	0.234009		0.234055
E_1	$\Pi\sin\beta\cdot l_2$	E_2	$\Pi\sin\beta'\cdot l_2$
	0.234011		0.233964

$\Sigma\varepsilon = 5.7+(-2.5)+2.0+3.8 = +9.0''$

$(\mathrm{II}) = \dfrac{\Sigma\varepsilon-3e}{2n} = \dfrac{9.0-(3\times2.5)}{2\times4} = +0.2''$

$(\mathrm{I}) = \dfrac{-\varepsilon-(\mathrm{II})}{3} =$ ① $-2.0''$ ② $+0.8''$ ③ $-0.7''$ ④ $-1.3''$

n : 삼각형 수

$E_1 = \dfrac{\Pi\sin\alpha\cdot l_1}{\Pi\sin\beta\cdot l_2}-1 = -9$

$E_2 = \dfrac{\Pi\sin\alpha'\cdot l_1}{\Pi\sin\beta'\cdot l_2}-1 = +389$

$|E_1-E_2| = 398$

$\Delta\alpha,\ \Delta\beta = 10''$차임

$x_1'' = \dfrac{10''\times E_1}{|E_1-E_2|} = -0.2''$

$x_2'' = \dfrac{10''\times E_2}{|E_1-E_2|} = +9.8''$

검산 : $x_1''+x_2'' = 10''$

약도

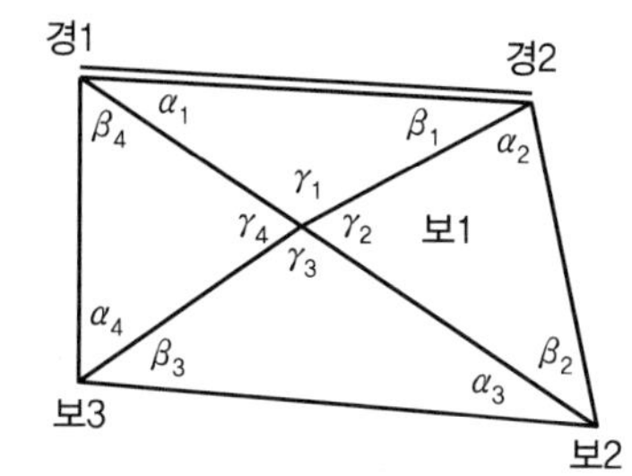

02 (1) $\theta = V_C^B - V_C^A = 92°40'25'' - 4°20'53'' = 88°19'32.0''$

(2) $\triangle NPN'$에서 $\sin\theta = \dfrac{PN'}{NP}$이고 $\overline{CM} = \overline{NP}$이므로 $\sin\theta = \dfrac{\overline{PN'}}{\overline{CM}}$이다.

$$\overline{CM} = \frac{\overline{PN'}}{\sin\theta} = \frac{L_2}{\sin\theta} = \frac{4}{\sin 88°19'32.0''} = 4.00\text{m}$$

(3) $\triangle MPM'$에서 $\tan\theta = \dfrac{PM'}{MM'}$이고 $\overline{PM'} = L_1$이므로 $\tan\theta = \dfrac{L_1}{\overline{MM'}}$이다.

$$\overline{MM'} = \frac{L_1}{\tan\theta} = \frac{6}{\tan 88°19'32.0''} = 0.18\text{m}$$

(4) $\overline{CM'} = \overline{CM} + \overline{MM'}$

$= 4.00 + 0.18 = 4.18\text{m}$

(5) $\overline{CP} = \sqrt{(\overline{CM'})^2 + (L_1)^2}$

$= \sqrt{(4.18)^2 + (6)^2} = 7.3125\text{m}$

(6) $\triangle CPM'$에서 $\sin(\angle M'CP) = \dfrac{PM'}{CP}$이므로

$$\angle M'CP = \sin^{-1}\frac{PM'}{CP} = \sin^{-1}\frac{L_1}{CP} = \sin^{-1}\frac{6}{7.3125} = 55°08'10.2''$$

(7) $V_C^P = V_C^A + \angle M'CP$

$= 4°20'53'' + 55°08'10.2'' = 59°29'03.2''$

(8) P점의 좌표

$X_P = X_C + (\overline{CP} \times \cos V_C^P) = 464591.46 + (7.3125 \times \cos 59°29'03.2'') = 464595.17\text{m}$

$Y_P = Y_C + (\overline{CP} \times \sin V_C^P) = 203842.25 + (7.3125 \times \sin 59°29'03.2'') = 203848.55\text{m}$

03 (1) 연직각에 의한 계산

① $\dfrac{1}{2}(\alpha_1 + \alpha_2) = \dfrac{1}{2}(3°15'25'' + 3°15'30'') = 3°15'28''$ [α_1, α_2는 절대치]

② $D \cdot \cos\dfrac{1}{2}(\alpha_1 + \alpha_2) = 1234.56 \times 0.998384 = 1232.56\text{m}$

③ H_1' 및 H_2' 계산

$H_1' = H_1 + i =$ 표고 + 기계고 $= 195.45 + 1.50 = 196.95\text{m}$

$H_2' = H_2 + f =$ 표고 + 시준고 $= 123.54 + 1.55 = 125.09\text{m}$

④ 연직각에 의한 기준면거리(S) 계산

$$S = D \cdot \cos\frac{1}{2}(\alpha_1 + \alpha_2) - \frac{D(H_1' + H_2')}{2R}$$

$$S = D \cdot \cos\frac{1}{2}(\alpha_1 + \alpha_2) - \frac{D(H_1' + H_2')}{2R}$$

$= 1232.56 - 0.031 = 1232.529\text{m}$

⑤ 축척계수(K) 계산

$$K = 1 + \frac{(Y_1 + Y_2)^2}{8R^2}$$

$$K = 1 + \frac{(Y_1 + Y_2)^2}{8R^2} = 1 + \frac{2391.21}{324839427.7} = 1.000007$$

⑥ 평면거리(D) 계산

$D = S \times K = 1232.529 \times 1.000007 = 1232.538\text{m}$

(2) 표고에 의한 계산

① $D - \dfrac{(H_1' - H_2')^2}{2D}$ 계산

$$D - \frac{(H_1' - H_2')^2}{2D} = 1234.56 - 2.09 = 1232.47\text{m}$$

② 표고에 의한 기준면거리(S) 계산

$$S = D - \frac{(H_1' - H_2')^2}{2D} - \frac{D(H_1' + H_2')}{2R}$$

$$S = D - \frac{(H_1' - H_2')^2}{2D} - \frac{D(H_1' + H_2')}{2R} = 1232.47 - 0.031 = 1232.439\text{m}$$

③ 평면거리(D) 계산

$D = S \times K = 1232.439 \times 1.000007 = 1232.448\text{m}$

(3) 평면거리 평균(D_0) 계산

$$D_0 = \frac{(1232.538 + 1232.448)}{2} = 1232.49\text{m}$$

평 면 거 리 계 산 부

약도

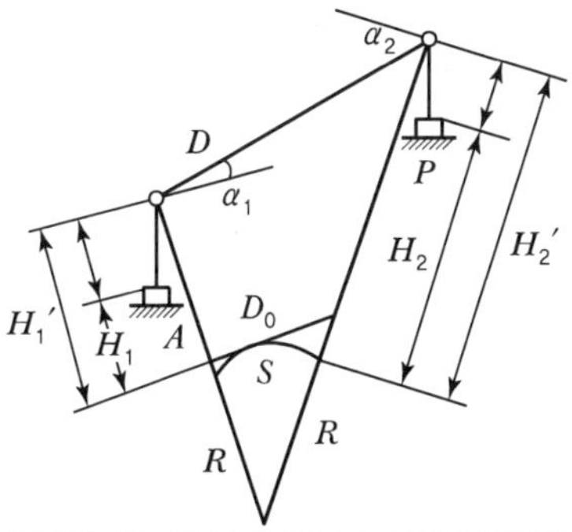

공식

- 연직각에 의한 계산 $S = D \cdot \cos\frac{1}{2}(\alpha_1 + \alpha_2) - \frac{D(H_1' + H_2')}{2R}$
- 표고에 의한 계산 $S = D - \frac{(H_1' - H_2')^2}{2D} - \frac{D(H_1' + H_2')}{2R}$
- 평면거리 $D_0 = S \times K \left[K = 1 + \frac{(Y_1 + Y_2)^2}{8R^2} \right]$

D = 경사거리, S = 기준면거리, H_1, H_2 = 표고
R = 곡률반경(6372199.7m), i = 기계고, f = 시준고
α_1, α_2 = 연직각(절대치), K = 축척계수
Y_1, Y_2 = 원점에서 삼각점까지의 횡선거리(km)

연직각에 의한 계산		표고에 의한 계산	
방향	혁신 1 점 → 혁신 2 점		
D	1234.56 m	D	1234.56 m
α_1	−3° 15′ 25″	$2D$	2469.12
α_2	+3 15 30	H_1'	196.95
$\frac{1}{2}(\alpha_1 + \alpha_2)$	3 15 28	H_2'	125.09
$\cos\frac{1}{2}(\alpha_1 + \alpha_2)$	0.998384	$(H_1' - H_2')$	71.86
$D \cdot \cos\frac{1}{2}(\alpha_1 + \alpha_2)$	1232.56 m	$(H_1' - H_2')^2$	5163.86

$H_1' = H_1 + i$	196.95	$\frac{(H_1' - H_2')^2}{2D}$	2.09
$H_2' = H_2 + f$	125.09	$D - \frac{(H_1' - H_2')^2}{2D}$	1232.47
R	6372199.7	R	6372199.7
$2R$	12744399.3	$2R$	12744399.3
$\frac{D(H_1' + H_2')}{2R}$	0.031	$\frac{D(H_1' + H_2')}{2R}$	0.031
S	1232.529	S	1232.439
Y_1	25.4 km	Y_1	25.4 km
Y_2	23.5 km	Y_2	23.5 km
$(Y_1 + Y_2)^2$	2391.21	$(Y_1 + Y_2)^2$	2391.21
$8R^2$	324839427.7 km	$8R^2$	324839427.7 km
$K = 1 + \frac{(Y_1 + Y_2)^2}{8R^2}$	1.000007	$K = 1 + \frac{(Y_1 + Y_2)^2}{8R^2}$	1.000007
$S \times K$	1232.538 m	$S \times K$	1232.448 m
평균(D_0)	1232.49 m		
계산자		검사자	

04 (1) 혁신1 → 보1를 이용한 표고 계산

① 고저차(h) 계산

$$\text{고저차}(h) = L \cdot \tan\frac{(\alpha_1 - \alpha_2)}{2} + \frac{(i_1 - i_2 + f_1 - f_2)}{2}$$

$\tan\frac{(\alpha_1 - \alpha_2)}{2} = \tan\frac{(3°25'22'')}{2} = 0.029878$

$L \cdot \tan\frac{(\alpha_1 - \alpha_2)}{2} = 1565.33 \times 0.029878 = 46.77\text{m}$

$\frac{(i_1 - i_2 + f_1 - f_2)}{2} = \frac{(1.70 - 1.65 + 2.47 - 2.33)}{2} = +0.10\text{m}$

$\text{고저차}(h) = L \cdot \tan\frac{(\alpha_1 - \alpha_2)}{2} + \frac{(i_1 - i_2 + f_1 - f_2)}{2} = 46.77 + 0.10 = +46.87\text{m}$

② 표고(H_2) 계산

$H_2 = H_1 + h = 138.36 + 46.87 = 185.23\text{m}$

(2) 혁신2 → 보1를 이용한 표고 계산

① 고저차(h) 계산

$\tan\frac{(\alpha_1 - \alpha_2)}{2} = \tan\frac{(-4°56'16'')}{2} = -0.043117$

$L \cdot \tan\frac{(\alpha_1 - \alpha_2)}{2} = 982.55 \times (-0.043117) = -42.36\text{m}$

$\frac{(i_1 - i_2 + f_1 - f_2)}{2} = \frac{(1.54 - 1.50 + 2.13 - 1.99)}{2} = +0.09$

$h = L \cdot \tan\frac{(\alpha_1 - \alpha_2)}{2} + \frac{(i_1 - i_2 + f_1 - f_2)}{2} = (-42.36) + 0.09 = -42.27\text{m}$

② 표고(H_2) 계산

$H_2 = H_1 + h = 227.57 + (-42.27) = 185.30\text{m}$

(3) 표고의 평균 계산

$H_2\text{의 평균} = \frac{(185.23 + 185.30)}{2} = 185.26\text{m}$

(4) 교차 및 공차 계산

① 교차 = 185.30 − 185.23 = 0.07m

② 공차

$0.05 + 0.05(S_1 + S_2) = 0.05 + 0.05(1.56533 + 0.98255)$

≒ 0.177 = ±0.17m(공차는 반올림하지 않음)

※ S_1, S_2는 기지점에서 소구점까지의 평면거리로서 km 단위로 표시한 수를 말함

표 고 계 산 부

약도

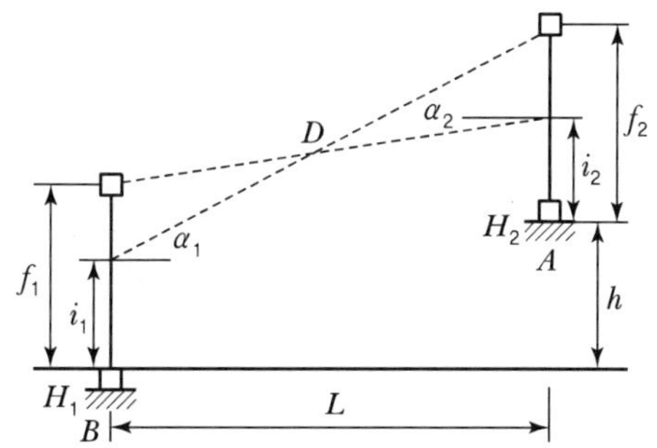

공식

$$H_2 = H_1 + h$$

$$h = L \cdot \tan\frac{(\alpha_1 - \alpha_2)}{2} + \frac{(i_1 - i_2 + f_1 - f_2)}{2}$$

$L = D \cdot \cos\alpha_1$ 또는 α_2

H_1 : 기지점 표고
α_1, α_2 : 연직각
H_2 : 소구점 표고
i_1, i_2 : 기계고
h : 고저차
f_1, f_2 : 시준고
L : 수평거리
D : 경사거리

기지점명	혁신 1 점	혁신 3 점	점	점
소구점명	보 1 점		점	
L	1565.33 m	982.55 m	m	m
α_1	+1° 40′ 10″	−2° 24′ 40″	° ′ ″	° ′ ″
α_2	−1 45 12	+2 31 36		
$(\alpha_1 - \alpha_2)$	+3 25 22	−4 56 16		
$\tan\frac{(\alpha_1 - \alpha_2)}{2}$	0.029878	−0.043117	.	.
$L \cdot \tan\frac{(\alpha_1 - \alpha_2)}{2}$	46.77 m	−42.36 m	m	m
i_1	1.70	1.54	.	.
i_2	1.65	1.50	.	.
f_1	2.47	2.13	.	.
f_2	2.33	1.99	.	.
$\frac{(i_1 - i_2 + f_1 - f_2)}{2}$	+0.10	+0.09	.	.
h	+46.87	−42.27	.	.
H_1	138.36	227.57	.	.
H_2	185.23	185.30	.	.
평균	185.26 m		m	
교차	0.07 m		m	
공차	±0.17 m		m	

계산자		**검사자**	

05 (1) 방위각 계산

① $V_a^{\ c}$ 방위각 계산(α)

$\Delta x_a^{\ c}=465833.20-465145.85=+687.35\text{m}$

$\Delta y_a^{\ c}=211611.03-210510.37=+1100.66\text{m}$

$\theta=\tan^{-1}\dfrac{\Delta y}{\Delta x}=\tan^{-1}\dfrac{+1100.66}{+687.35}=58°00'56.4''$(Ⅰ 상한)

$V_a^{\ c}=\theta=58°00'56.4''$

② $V_b^{\ d}$ 방위각 계산(β)

$\Delta x_b^{\ d}=465715.46-465012.34=+703.12\text{m}$

$\Delta y_b^{\ d}=210111.53-210948.99=-837.46\text{m}$

$\theta=\tan^{-1}\dfrac{\Delta y}{\Delta x}=\tan^{-1}\dfrac{-837.46}{+703.12}=49°59'01.1''$(Ⅳ상한)

$V_b^{\ d}=360°-\theta=360°-49°59'01.1''=310°00'58.9''$

③ $V_a^{\ b}$ 방위각 계산

$\Delta x_a^{\ b}=465012.34-465145.85=-133.51\text{m}$

$\Delta y_a^{\ b}=210948.99-210510.37=+438.62\text{m}$

$\theta=\tan^{-1}\dfrac{\Delta y}{\Delta x}=\tan^{-1}\dfrac{+438.62}{-133.51}=73°04'13.7''$(Ⅱ 상한)

$V_a^{\ b}=180°-\theta=180°-74°04'13.7''=106°55'46.3''$

④ $\alpha-\beta$ 계산

$\alpha-\beta=58°00'56.4''-310°00'58.9''=-252°00'02.5''+360°=107°59'57.5''$

(2) 거리 계산

$$S_1=\frac{\Delta y_a^{\ b}\cos\beta-\Delta x_a^{\ b}\sin\beta}{\sin(\alpha-\beta)},\quad S_2=\frac{\Delta y_a^{\ b}\cos\alpha-\Delta x_a^{\ b}\sin\alpha}{\sin(\alpha-\beta)}$$

① S_1 계산

$$S_1=\frac{\Delta y_a^{\ b}\cos\beta-\Delta x_a^{\ b}\sin\beta}{\sin(\alpha-\beta)}$$
$$=\frac{(438.62\times\cos310°00'58.9'')-(-133.51\times\sin310°00'58.9'')}{\sin107°59'57.5''}=189.0368\text{m}$$

② S_2 계산

$$S_2=\frac{\Delta y_a^{\ b}\cos\alpha-\Delta x_a^{\ b}\sin\alpha}{\sin(\alpha-\beta)}$$
$$=\frac{(438.62\times\cos58°00'56.4'')-(-133.51\times\sin58°00'56.4'')}{\sin107°59'57.5''}=363.3563\text{m}$$

(3) 소구점 P의 좌표 계산

A점에서 P점 좌표 계산	$X_P = X_A + (S_1 \times \cos\alpha) = 465145.85 + (189.0368 \times \cos 58°00'56.4'') = 465245.98\text{m}$ $Y_P = Y_A + (S_1 \times \sin\alpha) = 210510.37 + (189.0368 \times \sin 58°00'56.4'') = 210670.71\text{m}$
B점에서 P점 좌표 계산	$X_P = X_B + (S_2 \times \cos\beta) = 465012.34 + (363.3563 \times \cos 310°00'58.9'') = 465245.98\text{m}$ $Y_P = Y_B + (S_2 \times \sin\beta) = 210948.99 + (363.3563 \times \sin 310°00'58.9'') = 210670.71\text{m}$
P점 평균좌표	$X = \frac{X_{P_1} + X_{P_2}}{2} = \frac{465245.98 + 465245.98}{2} = 465245.98\text{m}$ $Y = \frac{Y_{P_1} + Y_{P_2}}{2} = \frac{210670.71 + 210670.71}{2} = 210670.71\text{m}$

교 차 점 계 산 부

공식

$$S_1 = \frac{\Delta y_a{}^b \cos\beta - \Delta x_a{}^b \sin\beta}{\sin(\alpha-\beta)}$$

$$S_2 = \frac{\Delta y_a{}^b \cos\alpha - \Delta x_a{}^b \sin\alpha}{\sin(\alpha-\beta)}$$

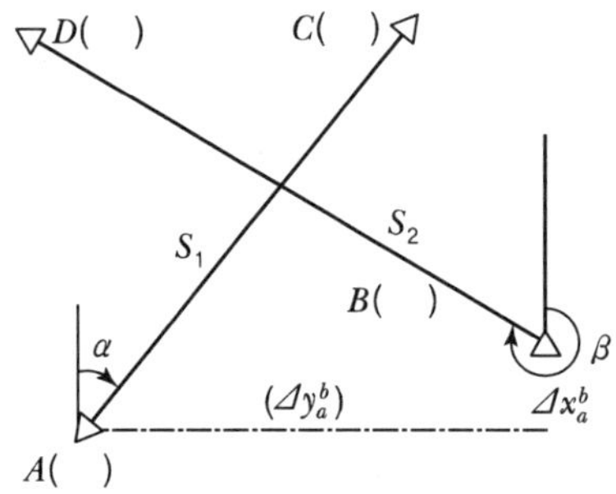

소구점
P

점	x	y	종횡선차	
D(1)	465715.46	210111.53	$\Delta y_b{}^d$	−837.46
B(2)	465012.34	210948.99	$\Delta x_b{}^d$	+703.12
C(3)	465833.20	211611.03	$\Delta y_a{}^c$	+1100.66
A(4)	465145.85	210510.37	$\Delta x_a{}^c$	+687.35
$\Delta x_a{}^b$	−133.51	$\Delta y_a{}^b$ +438.62	$V_a{}^b$	106°55′46.3″
α	58°00′56.4″	$V_a{}^c$ 58°00′56.4″		
β	310°00′58.9″	$V_b{}^d$ 310°00′58.9″		
α−β	107°59′57.5″			

$(\Delta y_a{}^b \cdot \cos\beta - \Delta x_a{}^b \cdot \sin\beta)/\sin(\alpha-\beta) = S_1$			189.0368
$S_1 \cdot \cos\alpha$	+100.13	$S_1 \cdot \sin\alpha$	+160.34
x_a	465145.85 (+	y_a	210510.37 (+
x	465245.98	y	210670.71

$(\Delta y_a{}^b \cdot \cos\alpha - \Delta x_a{}^b \cdot \sin\alpha)/\sin(\alpha-\beta) = S_2$			363.3563
$S_2 \cdot \cos\beta$	+233.64	$S_2 \cdot \sin\beta$	−278.28
x_b	465012.34 (+	y_b	210948.99 (+
x	465245.98	y	210670.71

X	465245.98	Y	210670.71

06 (1) AB 방위각($V_a^{\ b}$) 계산

$$\theta = \tan^{-1}\left(\frac{\Delta Y}{\Delta X}\right) = \tan^{-1}\left(\frac{+2739.48}{0.00}\right) = 90°00'00''$$

$V_a^{\ b} = 90°00'00''$

(2) BC 방위각($V_b^{\ c}$) 계산

$$\theta = \tan^{-1}\left(\frac{-1326.39}{-1004.58}\right) = 52°51'38'' \text{ (Ⅲ상한)}$$

$V_b^{\ c} = (180° + \theta) = 180° + 52°51'38'' = 232°51'38''$

(3) 삼각형 내각 계산

구분	내각 계산
$\triangle ABP$	$\alpha = 34°53'47''$
	$\gamma = 100°14'25''$
	$\beta = 180° - (\alpha + \gamma) = 44°51'48''$

(4) AP 방위각(V_a) 계산

$V_a = V_a^{\ b} - \alpha = 90°00'00'' - 34°53'47'' = 55°06'13''$

(5) BP 방위각(V_b) 계산

$V_b = V_b^{\ a} + \beta = (V_a^{\ b} + 180°) + \beta = (90°00'00'' + 180°) + 44°51'48'' = 314°51'48''$

(6) CP 방위각(V_c) 계산

$V_c = V_b + \gamma' = 314°51'48'' + 50°26'22'' = 5°18'10''$

07 (1) 평균 방위각

$$\text{방위각} = \frac{\left[\frac{\Sigma\alpha}{\Sigma N}\right]}{\left[\frac{1}{\Sigma N}\right]} = 216°42' + \frac{\left[\frac{48}{5} + \frac{65}{11} + \frac{73}{20} + \frac{55}{13}\right]}{\left[\frac{1}{5} + \frac{1}{11} + \frac{1}{20} + \frac{1}{13}\right]} = 216°42'56.0''$$

(2) 평균 종선좌표

$$\text{종선좌표} = \frac{\left[\frac{\Sigma X}{\Sigma S}\right]}{\left[\frac{1}{\Sigma S}\right]} = 403276.00 + \frac{\left[\frac{0.45}{1.578} + \frac{0.26}{1.354} + \frac{0.21}{0.236} + \frac{0.33}{1.777}\right]}{\left[\frac{1}{1.578} + \frac{1}{1.354} + \frac{1}{0.236} + \frac{1}{1.777}\right]} = 403276.25\text{m}$$

(3) 평균 횡선좌표

$$\text{횡선좌표} = \frac{\left[\frac{\Sigma Y}{\Sigma S}\right]}{\left[\frac{1}{\Sigma S}\right]} = 192823.00 + \frac{\left[\frac{0.89}{1.578} + \frac{1.07}{1.354} + \frac{1.04}{0.236} + \frac{0.95}{1.777}\right]}{\left[\frac{1}{1.578} + \frac{1}{1.354} + \frac{1}{0.236} + \frac{1}{1.777}\right]} = 192824.02\text{m}$$

실전모의고사 제4회

• NOTICE • 본 실전모의고사는 수험생의 실전 대비 목적으로 작성된 것임을 알려드립니다.

01 지적삼각점측량을 그림과 같이 삽입망으로 실시하여 다음과 같은 측량성과를 얻었다. 소구점의 좌표를 서식에 의하여 계산하시오.(단, 거리는 cm 단위, 각은 0.1″ 단위까지 계산하시오.)

(1) 기지점 및 관측각

기지점			관측각					
점명	X(m)	Y(m)	점명	각명	관측각	점명	각명	관측각
경1	424245.57	241105.81	경1	α_1	33°04′31.8″	보1	α_2	92°15′11.7″
경2	424428.60	243208.68	보1	β_1	72°15′53.5″	경3	β_2	40°25′32.5″
경3	425137.78	241485.26	경2	γ_1	74°39′23.5″	경2	γ_2	47°19′08.8″

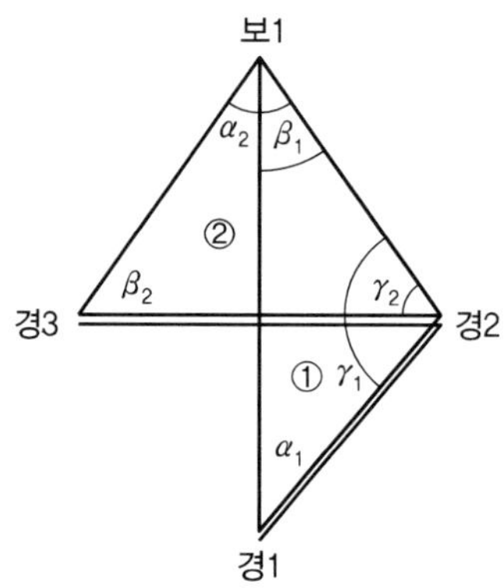

삽 입 망 조 정 계 산 부

삼각형	점명	각명	관측각	각규약 I	각규약 II	각규약 조정각	sinα / sinβ	Δα / Δβ	sinα′ / sinβ′	α−x_1'' / β+x_1''	변규약 조정각	변장 $a\times\frac{\sin\alpha(\gamma)}{\sin\beta}$	방위각	종횡선좌표 X	종횡선좌표 Y	점명
												점→ 점	점→ 점	m	m	
												m	° ′ ″	.	.	
1		α_1	° ′ ″	″		° ′ ″	.		.	″	° ′ ″	→	→	.	.	
		β_1	.	.		.	.		.	.	.	.	.	.	.	
		γ_1	.	.	″	.				γ_1	.	→	→	.	.	
		+)	.			.						.	.	.	.	
			1 8 0 00 00 . 0											.	.	
		$-)\varepsilon_1$ =	.										평균	.	.	
2		α_2	° ′ ″	″		° ′ ″	.		.	″	° ′ ″	→	→	.	.	
		β_2	.	.		.	.		.	.	.	.	.	.	.	
		γ_2	.	.	″	.				γ_2	.	→	→	.	.	
		+)	.			.						.	.	.	.	
			1 8 0 00 00 . 0											.	.	
		$-)\varepsilon_2$ =	.										평균	.	.	
3		α_3	° ′ ″	″		° ′ ″	.		.	″	° ′ ″	→	→	.	.	
		β_3	.	.		.	.		.	.	.	.	.	.	.	
		γ_3	.	.	″	.				γ_3	.	→	→	.	.	
		+)	.			.						.	.	.	.	
			1 8 0 00 00 . 0											.	.	
		$-)\varepsilon_3$ =	.										평균	.	.	
4		α_4	° ′ ″	″		° ′ ″	.		.	″	° ′ ″	→	→	.	.	
		β_4	.	.		.	.		.	.	.	.	.	.	.	
		γ_4	.	.	″	.				γ_4	.	→	→	.	.	
		+)	.			.						.	.	.	.	
			1 8 0 00 00 . 0											.	.	
		$-)\varepsilon_4$ =	.										평균	.	.	
5		α_5	° ′ ″	″		° ′ ″	.		.	″	° ′ ″	→	→	.	.	
		β_5	.	.		.	.		.	.	.	.	.	.	.	
		γ_5	.	.	″	.				γ_5	.	→	→	.	.	
		+)	.			.						.	.	.	.	
			1 8 0 00 00 . 0											.	.	
		$-)\varepsilon_5$ =	.										평균	.	.	
6		α_6	° ′ ″	″		° ′ ″	.		.	″	° ′ ″	→	→	.	.	
		β_6	.	.		.	.		.	.	.	.	.	.	.	
		γ_6	.	.	″	.				γ_6	.	→	→	.	.	
		+)	.			.						.	.	.	.	
			1 8 0 00 00 . 0											.	.	
		$-)\varepsilon_6$ =	.										평균	.	.	

$\Sigma\gamma$	° ′ ″	제1기선 l_1	m	$\Pi\sin\alpha\cdot l_1$	$\Pi\sin\alpha'\cdot l_1$	점→ 점 / 점→ 점
360° 또는 기지내각	.	제2기선 l_2	.	.	.	. / .
−) e =	.			E_1 $\Pi\sin\beta\cdot l_2$	E_2 $\Pi\sin\beta'\cdot l_2$	
				.	.	

약도

$\Sigma\varepsilon=$

$(\mathrm{II})=\dfrac{\Sigma\varepsilon-3e}{2n}=$

$(\mathrm{I})=\dfrac{-\varepsilon-(\mathrm{II})}{3}=$

n : 삼각형 수

$E_1=\dfrac{\Pi\sin\alpha\cdot l_1}{\Pi\sin\beta\cdot l_2}-1=$

$E_2=\dfrac{\Pi\sin\alpha'\cdot l_1}{\Pi\sin\beta'\cdot l_2}-1=$

$|E_1-E_2|=$

$\Delta\alpha,\ \Delta\beta=10''$차임

$x_1''=\dfrac{10''\times E_1}{|E_1-E_2|}=$

$x_2''=\dfrac{10''\times E_2}{|E_1-E_2|}=$

검산 : $x_1''+x_2''=10''$

02 경5에서 측정한 점표귀심 결과에 의하여 주어진 서식으로 중심방향각을 산출하시오.(단, 편심관측방향각은 중심방향선의 좌측에 있음)

편심시준점	경1	경2	경3
관측방향각	33°33′33.3″	71°03′12.6″	195°33′54.6″
편심거리(K)	2.341m	1.543m	1.126m
점 간 거리	2023.50m	1234.56m	2345.67m

수평각점표귀심계산부

측점명　　　　점

$r'' = \dfrac{K}{D \cdot \sin 1''}$

K : 편심거리
D : 삼각점 간 거리

K = 　.　m
= 　.
= 　.

D = 　.　m
= 　.
= 　.

편심시준점	O' =	P' =	Q' =
관측방향각	° ′ ″ .	° ′ ″ .	° ′ ″ .
K	m .	m .	m .
$\frac{1}{D}$	.	.	.
$\frac{1}{\sin 1''}$	206264.81	206264.81	206264.81
r''	×) ′ ″ .	×) ′ ″ .	×) ′ ″ .
r	′ ″ .	′ ″ .	′ ″ .
중심방향각	° ′ ″ .	° ′ ″ .	° ′ ″ .
비고	r : r''를 분, 초로 환산 기입하고 편심 관측방향이 중심방향선의 좌측에 있는 때에는 (+), 우측에 있는 때에는 (−)부호를 붙인다. K : 5m 이내일 것 D : 약치라도 가능함		
약도	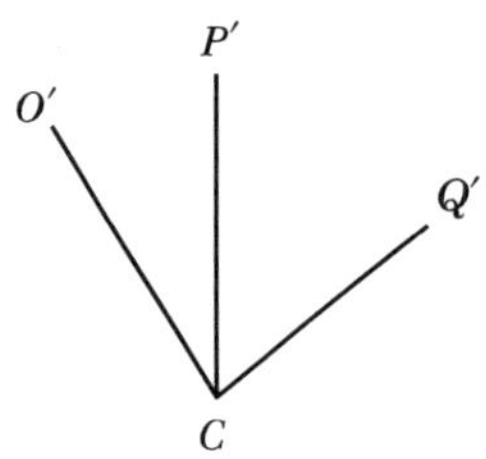 C=측점 O', P', Q' =편심시준점 ※ 중심방향선은 실지와 부합하도록 적을 것		

03 그림과 같이 원의 중심 O점의 좌표가 (451888.23, 210555.55)이고, 반지름 R = 150m인 원과 P점의 좌표가 (451805.66, 210707.13)을 지나고 방위각 $V_P^A(\alpha_0)$ = 327°20′08″인 직선이 교차하는 경우에 $\overline{OA}$의 방위각 및 A점의 좌표를 계산하시오.(단, 각도는 0.1″까지, 거리는 소수 4자리까지 구하고 좌표는 소수점 이하 2자리까지 구하시오.)

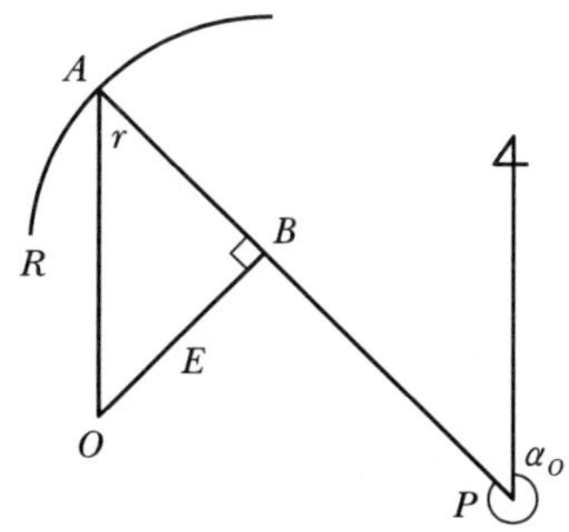

(1) V_O^A

(2) A점의 좌표

04 지적삼각점측량을 실시하기 위하여 광파거리측량기를 이용하여 측점 "기용1"에서 "기용2"까지 두 점 간의 거리를 측정한 결과 2500.34m였다. 주어진 여건이 다음과 같을 때 서식을 완성하여 두 점 간의 평면거리를 계산하시오.

• 연직각(α_1) = +3°10′42″	• 연직각(α_2) = −3°09′55″
• 기지점표고(H_1) = 187.21m	• 기지점표고(H_2) = 323.57m
• 기계고(i_1) = 1.56m	• 시준고(f) = 1.88m
• Y_1 = 25.4km	• Y_2 = 23.5km

평 면 거 리 계 산 부

약도

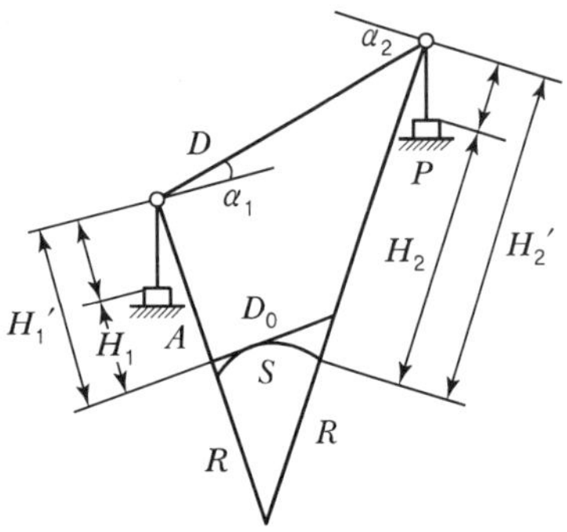

공식

- 연직각에 의한 계산 $S = D \cdot \cos\frac{1}{2}(\alpha_1 + \alpha_2) - \frac{D(H_1' + H_2')}{2R}$
- 표고에 의한 계산 $S = D - \frac{(H_1' - H_2')^2}{2D} - \frac{D(H_1' + H_2')}{2R}$
- 평면거리 $D_0 = S \times K\left[K = 1 + \frac{(Y_1 + Y_2)^2}{8R^2}\right]$

D = 경사거리, S = 기준면거리, H_1, H_2 = 표고
R = 곡률반경(6372199.7m), i = 기계고, f = 시준고
α_1, α_2 = 연직각(절대치), K = 축척계수
Y_1, Y_2 = 원점에서 삼각점까지의 횡선거리(km)

연직각에 의한 계산		표고에 의한 계산	
방향	점 → 점		
D	m .	D	m .
α_1	° ′ ″	$2D$	.
α_2		H_1'	.
$\frac{1}{2}(\alpha_1 + \alpha_2)$		H_2'	.
$\cos\frac{1}{2}(\alpha_1 + \alpha_2)$	.	$(H_1' - H_2')$	.
$D \cdot \cos\frac{1}{2}(\alpha_1 + \alpha_2)$	m .	$(H_1' - H_2')^2$	.

$H_1' = H_1 + i$	.	$\frac{(H_1' - H_2')^2}{2D}$	.
$H_2' = H_2 + f$	.	$D - \frac{(H_1' - H_2')^2}{2D}$	.
R	6372199.7	R	6372199.7
$2R$	12744399.3	$2R$	12744399.3
$\frac{D(H_1' + H_2')}{2R}$	.	$\frac{D(H_1' + H_2')}{2R}$	.
S	.	S	.
Y_1	km .	Y_1	km .
Y_2	km .	Y_2	km .
$(Y_1 + Y_2)^2$	.	$(Y_1 + Y_2)^2$	.
$8R^2$	324839427.7 km	$8R^2$	324839427.7 km
$K = 1 + \frac{(Y_1 + Y_2)^2}{8R^2}$	.	$K = 1 + \frac{(Y_1 + Y_2)^2}{8R^2}$	.
$S \times K$	m .	$S \times K$	m .
평균(D_0)	m .		
계산자		검사자	

05 두 기지점 경기11과 경기12에서부터 소구점 경기20에 대한 표고를 구하기 위해 연직각을 측정하여 다음과 같은 결과를 얻었다. 주어진 서식을 완성하여 소구점의 표고를 계산하시오.

구분	경기11 → 경기20	경기12 → 경기20
수평거리(L)	4768.33m	3456.78m
연직각(α_1)	$+2°22'22''$	$+1°53'46''$
연직각(α_2)	$-2°21'40''$	$-1°53'30''$
기계고(i_1)	1.65m	1.68m
기계고(i_2)	1.65m	1.50m
시준고(f_1)	3.12m	3.24m
시준고(f_2)	3.09m	3.11m
표고(H_1)	159.58m	242.28m

표 고 계 산 부

약도

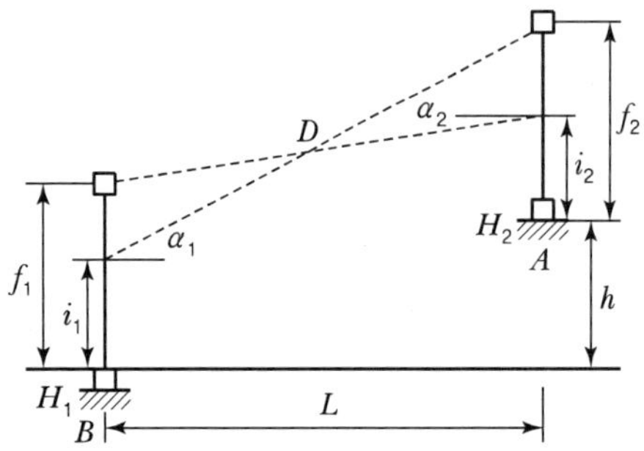

공식

$$H_2 = H_1 + h$$

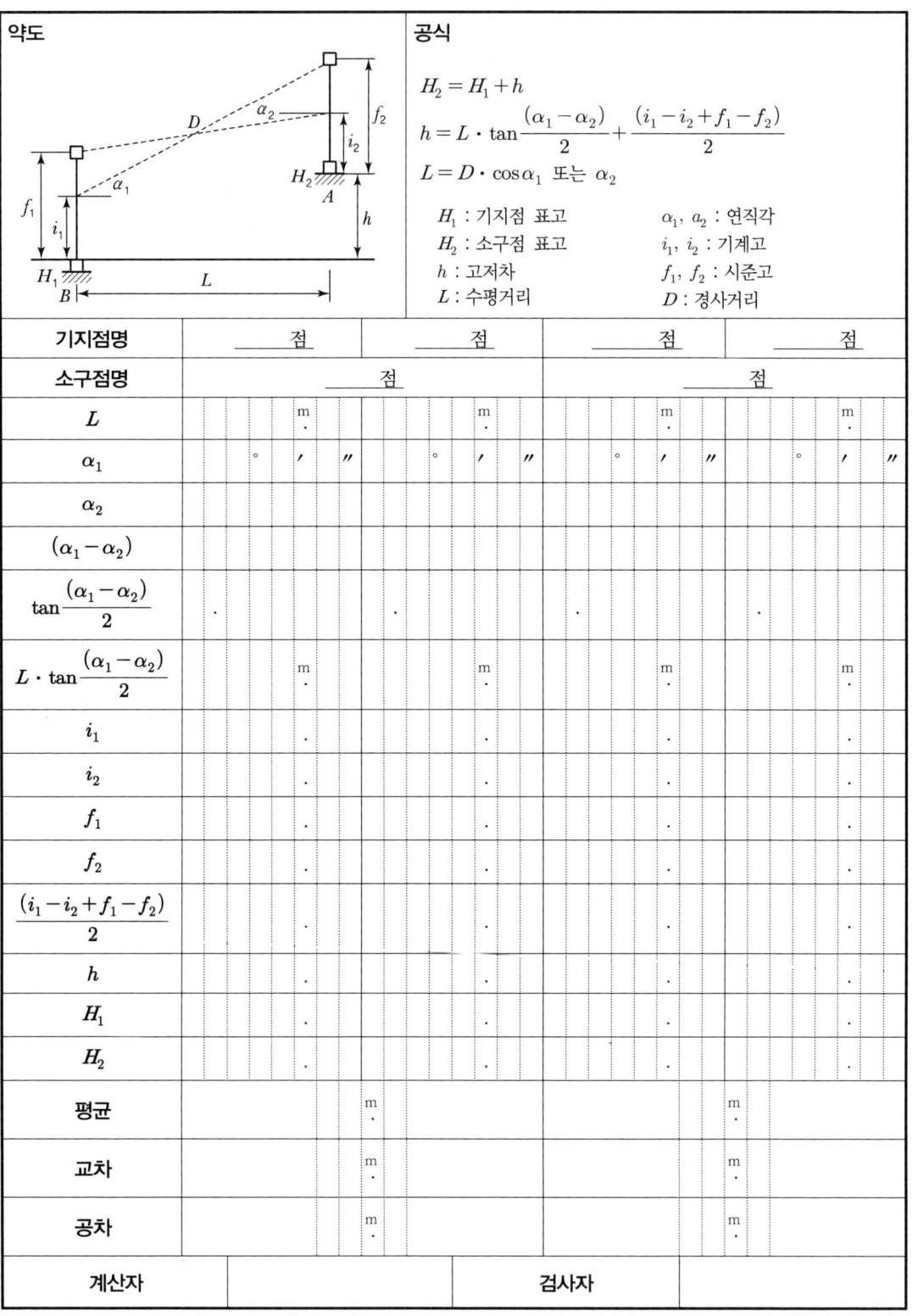

$$h = L \cdot \tan\frac{(\alpha_1 - \alpha_2)}{2} + \frac{(i_1 - i_2 + f_1 - f_2)}{2}$$

$$L = D \cdot \cos\alpha_1 \text{ 또는 } \alpha_2$$

H_1 : 기지점 표고　　α_1, α_2 : 연직각
H_2 : 소구점 표고　　i_1, i_2 : 기계고
h : 고저차　　f_1, f_2 : 시준고
L : 수평거리　　D : 경사거리

기지점명	점	점	점	점
소구점명	점		점	
L	m .	m .	m .	m .
α_1	° ′ ″	° ′ ″	° ′ ″	° ′ ″
α_2				
$(\alpha_1 - \alpha_2)$				
$\tan\frac{(\alpha_1 - \alpha_2)}{2}$	.	.	.	.
$L \cdot \tan\frac{(\alpha_1 - \alpha_2)}{2}$	m .	m .	m .	m .
i_1	.	.	.	.
i_2	.	.	.	.
f_1	.	.	.	.
f_2	.	.	.	.
$\frac{(i_1 - i_2 + f_1 - f_2)}{2}$	.	.	.	.
h	.	.	.	.
H_1	.	.	.	.
H_2	.	.	.	.
평균	m .		m .	
교차	m .		m .	
공차	m .		m .	

계산자		검사자	

06 면적지정분할을 하기 위한 다음 조건에 의하여 P, Q점의 좌표를 계산하시오.(단, 각은 0.1″ 단위, 거리는 0.1mm 단위까지 계산하시오.)

(1) 조건

① $\overline{AD} \mathbin{/\!/} \overline{BC}$, 지정면적($F$)=660m²

② $\alpha = 83°43'55.6''$, $\beta = 92°10'01.0''$

③ M=20m

(2) 점의 좌표

점명	종선좌표	횡선좌표
A	5521.82	2064.52
B	5524.33	2091.12
C	5524.05	2164.73
D	5513.24	2142.35

(3) 약도

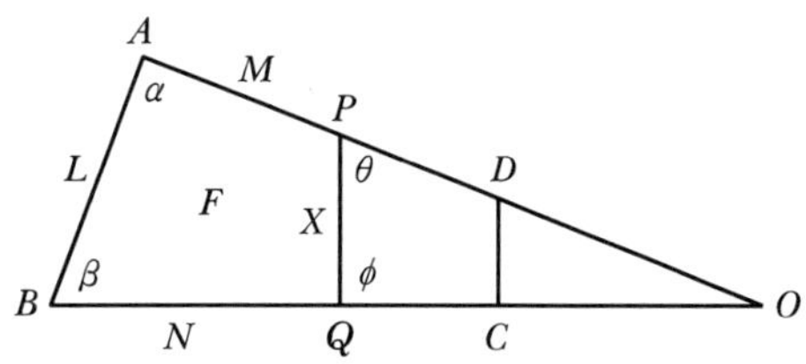

07 경계점좌표등록부 지역의 ○○동 15－1번지를 15－1번지와 15－2번지로 분할하고자 한다. 5, 6점의 좌표를 구하고 분할 후 15－1번지와 15－2번지의 면적을 주어진 서식에 의하여 계산하시오.(단, 각도는 0.1″ 단위, 거리는 소수 4자리, 좌표는 cm 단위까지 계산하시오.)

점명	종선좌표	횡선좌표
1	2329.42	3475.27
2	2283.04	3517.63
3	2270.57	3503.88
4	2313.66	3457.64
P	2311.15	3497.76
Q	2290.02	3477.12

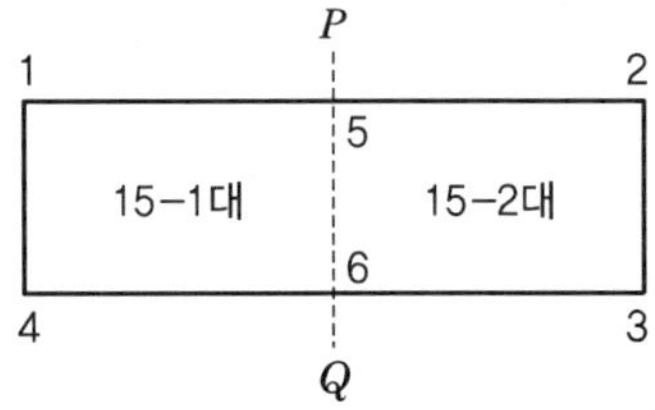

(1) 5점의 좌표

(2) 6점의 좌표

(3) 15－1번지 면적

측점 번호	부호	X_n	Y_n	면적계산			
				$X_{n+1}-X_{n-1}$	$Y_{n+1}-Y_{n-1}$	$X_n(Y_{n+1}-Y_{n-1})$	$Y_n(X_{n+1}-X_{n-1})$

(4) 15－2번지 면적

측점 번호	부호	X_n	Y_n	면적계산			
				$X_{n+1}-X_{n-1}$	$Y_{n+1}-Y_{n-1}$	$X_n(Y_{n+1}-Y_{n-1})$	$Y_n(X_{n+1}-X_{n-1})$

실전모의고사 제4회 해설 및 정답

01 (1) 기지점 간 거리 및 방위각 계산

구분	경2 → 경1	경2 → 경3
ΔX, ΔY	$\Delta X=424245.57-424428.60=-183.03$ $\Delta Y=241105.81-243208.68=-2102.87$	$\Delta X=425137.78-424428.60=+709.18$ $\Delta Y=241485.26-243208.68=-1723.42$
거리	$\sqrt{(-183.03)^2+(-2102.87)^2}=2110.82\text{m}$	$\sqrt{(709.18)^2+(-1723.42)^2}=1863.63\text{m}$
방위	$\tan^{-1}\left(\dfrac{-2102.87}{-183.03}\right)=85°01'32.2''$(Ⅲ상한)	$\tan^{-1}\left(\dfrac{-1723.42}{+709.18}\right)=67°37'59.0''$(Ⅳ상한)
방위각	$V=(180°+\theta)$ $=180°+85°01'32.2''=265°01'32.2''$	$V=(360°-\theta)$ $=360°-67°37'59.0''=292°22'01.0''$

(2) 각규약 조정

1) 삼각규약 오차 계산

삼각규약 조건	$(\alpha+\beta+\gamma)=180°$		
오차	$\varepsilon=(\alpha+\beta+\gamma)-180°$		
오차 계산	삼각형 번호	관측각의 합	$\varepsilon=(\alpha+\beta+\gamma)-180°$
	①	$179°59'48.8''$	$-11.2''$
	②	$179°59'53.0''$	$-7.0''$
	오차의 합	$\Sigma\varepsilon=\varepsilon_1-\varepsilon_2=(-11.2)-(-7.0)=-4.2''$ ※ 삽입망의 변형이므로 $\varepsilon=\varepsilon_1-\varepsilon_2$로 계산한다.	

2) 망규약 오차 계산

망규약 조건	$\gamma_1-\gamma_2=$기지내각 ※ 삽입망의 변형이므로 $(\gamma_1-\gamma_2)$로 계산한다.
오차	$e=(\gamma_1-\gamma_2)-$기지내각
오차 계산	$\gamma_1-\gamma_2=74°39'23.5''-47°19'08.8''=27°20'14.7''$ 기지내각$=V_{경2}^{경3}-V_{경2}^{경1}=292°22'01.0''-265°01'32.2''=27°20'28.8''$ $e=(\gamma_1-\gamma_2)-$기지내각$=27°20'14.7''-27°20'28.8''=-14.1''$

3) 오차 조정

오차 조정은 망규약에 의한 오차(Ⅱ) 조정 이후, 삼각규약에 의한 오차(Ⅰ)를 조정한다.

① 망규약에 의한 오차 배부

$$(\text{Ⅱ})=\frac{\Sigma\varepsilon-3e}{2n}=\frac{-4.2-(3\times-14.1)}{2\times2}=+9.5''$$

※ 삽입망의 변형이므로 (Ⅱ)값 배부 시 ②삼각형에는 $-9.5''$를 배부한다.

② 삼각규약에 의한 오차 배부

$$(\text{Ⅰ})=\frac{-\varepsilon-(\text{Ⅱ})}{3}$$

• ①번 삼각형 : $\dfrac{-(-11.2)-9.5}{3}=+0.6''$

• ②번 삼각형 : $\frac{-(-7.0)-(-9.5)}{3}=+5.5''$

4) 각규약 조정각

각명	관측각	각규약		
		I	II	조정각
α_1	33°04′31.8″	+0.6″		33°04′32.4″
β_1	72°15′53.5″	+0.6″		72°15′54.1″
γ_1	74°39′23.5″	+0.6″ → +0.5″	+9.5″	74°39′33.5″
α_2	92°15′11.7″	+5.5″		92°15′17.2″
β_2	40°25′32.5″	+5.5″		40°25′38.0″
γ_2	47°19′08.8″	+5.5″	−9.5″	47°19′04.8″

보충 + 설명

각규약(삼각규약 및 망규약)의 합과 각 삼각형의 오차(ε)와 부호는 반대지만 크기가 같아야 한다. 만약, 각 오차와 차이가 발생하면 90°에 가까운 각에 0.1초를 가감한다.

(3) 변규약 조정

변 방정식 $\frac{\sin\alpha_1 \cdot \sin\alpha_2 \cdot \sin\alpha_3 \cdot \sin\alpha_4 \cdot l_1}{\sin\beta_1 \cdot \sin\beta_2 \cdot \sin\beta_3 \cdot \sin\beta_4 \cdot l_2}=1,\ \frac{\Pi \sin\alpha \cdot l_1}{\Pi \sin\beta \cdot l_2}=1$

1) E_1 계산

① $\sin\alpha$, $\sin\beta$ 계산

② $E_1=\frac{\Pi \sin\alpha \cdot l_1}{\Pi \sin\beta \cdot l_2}-1=\left(\frac{0.545746\times0.999226\times2110.82}{0.952476\times0.648482\times1863.63}\right)-1$

$=\frac{1151.079946}{1151.096306}-1=-0.000014=-14$

보충 + 설명

E_1 계산 부호가 (+)이면 $\Delta\alpha$ 계산 수치 앞에 (−)부호, $\Delta\beta$ 계산 수치 앞에 (+)부호를 부여하며, E_1 계산 부호가 (−)이면 $\Delta\alpha$ 계산 수치 앞에 (+)부호, $\Delta\beta$ 계산 수치 앞에 (−)부호를 부여한다.

2) $\Delta\alpha$, $\Delta\beta$ 계산

$\Delta\alpha=48.4814\times\cos\alpha$, $\Delta\beta=48.4814\times\cos\beta$

3) E_2 계산

① $\sin\alpha'$, $\sin\beta'$ 계산

② $E_2=\frac{\Pi \sin\alpha' \cdot l_1}{\Pi \sin\beta' \cdot l_2}-1=\left(\frac{0.545787\times0.999224\times2110.82}{0.952461\times0.648445\times1863.63}\right)-1$

$=\frac{1151.164118}{1151.012501}-1=+0.000132=+132$

③ $|E_1-E_2|=|-14-(+132)|=146$

4) 경정수(x_1'', x_2'') 계산

$x_1''=\dfrac{10''\times E_1}{\lvert E_1-E_2\rvert}$	$x_1''=\dfrac{10''\times(-14)}{146}=-1.0''$	검산 : $x_1''+x_2''=10''$
$x_2''=\dfrac{10''\times E_2}{\lvert E_1-E_2\rvert}$	$x_2''=\dfrac{10''\times 132}{146}=+9.0''$	

보충 + 설명

x_1'' 의 부호가 (+)이면 각각의 α각에 $(-x_1'')$, 각각의 β각에 $(+x_1'')$를 배부하고,
x_1'' 의 부호가 (−)이면 각각의 α각에 $(+x_1'')$, 각각의 β각에 $(-x_1'')$를 배부한다.

5) 변규약 조정각

각명	각규약 조정각	$\sin\alpha$ $\sin\beta$	$\Delta\alpha$ $\Delta\beta$	$\sin\alpha'$ 계산 $\sin\beta'$ 계산	$\sin\alpha'$ $\sin\beta'$	$\alpha-x_1''$ $\beta+x_1''$	변규약 조정각
α_1	33°04′32.4″	0.545746	+41	0.545746+41	0.545787	+1.0	33°04′33.4″
β_1	72°15′54.1″	0.952476	−15	0.952476−15	0.952461	−1.0	72°15′53.1″
γ_1	74°39′33.5″						74°39′33.5″
α_2	92°15′17.2″	0.999226	+(−2)	0.999226−2	0.999224	+1.0	92°15′18.2″
β_2	40°25′38.0″	0.648482	−37	0.648482−37	0.648445	−1.0	40°25′37.0″
γ_2	47°19′04.8″						47°19′04.8″

(4) 변장 및 방위각 계산

① 변장 계산

방향	변장 계산	변장
경1 → 경2	$\sqrt{(\Delta X)^2+(\Delta Y)^2}=\sqrt{(+183.03)^2+(+2102.87)^2}$	=2110.82m
경1 → 보1	$\dfrac{\sin\gamma_1}{\sin\beta_1}\times(\overline{경1-경2})=\dfrac{\sin 74°39'33.5''}{\sin 72°15'53.1''}\times 2110.82$	=2137.18m
경2 → 보1	$\dfrac{\sin\alpha_1}{\sin\beta_1}\times(\overline{경1-경2})=\dfrac{\sin 33°04'33.4''}{\sin 72°15'53.1''}\times 2110.82$	=1209.46m
보1 → 경3	$\dfrac{\sin\gamma_2}{\sin\beta_2}\times(\overline{경2-보1})=\dfrac{\sin 47°19'04.8''}{\sin 40°25'37.0''}\times 1209.46$	=1371.07m
경2 → 경3	$\dfrac{\sin\alpha_2}{\sin\beta_2}\times(\overline{경2-보1})=\dfrac{\sin 92°15'18.2''}{\sin 40°25'37.0''}\times 1209.46$	=1863.63m

② 방위각 계산

방향	방위각 계산	방위각
경1 → 경2	$\theta=\tan^{-1}\left(\dfrac{+2102.87}{+183.03}\right)$=85°01′32.2″(I 상한)	=85°01′32.2″
경1 → 보1	$V_{경1}^{경2}-\alpha_1$ =85°01′32.2″−33°04′33.4″	=51°56′58.8″
경2 → 보1	$V_{경2}^{경1}+\gamma_1$ =(85°01′32.2″+180°)+74°39′33.5″	=339°41′05.7″
보1 → 경3	$V_{보1}^{경2}+\alpha_2$ =(339°41′05.7″−180°)+92°15′18.2″	=251°56′23.9″
경2 → 경3	$V_{경2}^{보1}-\gamma_2$ =339°41′05.7″−47°19′04.8″	=292°22′00.9″

(5) 종 · 횡선좌표 계산

$\Delta X = l \cdot \cos V$, $\Delta Y = l \cdot \sin V$

방향	종선좌표 = 기지점의 X좌표 + ΔX	횡선좌표 = 기지점의 Y좌표 + ΔY
경1 → 보1	424245.57 + 1317.26 = 425562.83	241105.81 + 1682.96 = 242788.77
경2 → 보1	424428.60 + 1134.23 = 425562.83	243208.68 + (−419.90) = 242788.78
평균	425562.83	242788.78
보1 → 경3	425562.83 + (−425.05) = 425137.78	242788.78 + (−1303.52) = 241485.26
경2 → 경3	424428.60 + 709.18 = 425137.78	243208.68 + (−1723.42) = 241485.26
평균	425137.78	241485.26

삽 입 망 조 정 계 산 부

삼각형	점명	각명	관측각	각규약 I	각규약 II	각규약 조정각	sinα / sinβ	Δα / Δβ	sinα′ / sinβ′	$\alpha - x_1''$ / $\beta + x_1''$	변규약 조정각
1	경1	α_1	33°04′31″.8	+0″.6		33°04′32″.4	0.545746	+41	0.545787	+1″.0	33°04′33″.4
	보1	β_1	72 15 53.5	+0.6		72 15 54.1	0.952476	−15	0.952461	−1.0	72 15 53.1
	경2	γ_1	74 39 23.5	+0.5	+9″.5	74 39 33.5				γ_1	74 39 33.5
		+)	179 59 48.8			180 00 00.0					
			180 00 00.0								
		−) ε_1	= −11.2								
2	보1	α_2	92°15′11″.7	+5″.5		92°15′17″.2	0.999226	−2	0.999224	+1″.0	92°15′18″.2
	경3	β_2	40 25 32.5	+5.5		40 25 38.0	0.648482	−37	0.648445	−1.0	40 25 37.0
	경2	γ_2	47 19 08.8	+5.5	−9″.5	47 19 04.8				γ_2	47 19 04.8
		+)	179 59 53.0			180 00 00.0					
			180 00 00.0								
		−) ε_2	= − 7.0								
3		α_3									
		β_3									
		γ_3								γ_3	
		+)									
			180 00 00.0								
		−) ε_3	=								
4		α_4									
		β_4									
		γ_4								γ_4	
		+)									
			180 00 00.0								
		−) ε_4	=								
5		α_5									
		β_5									
		γ_5								γ_5	
		+)									
			180 00 00.0								
		−) ε_5	=								
6		α_6									
		β_6									
		γ_6								γ_6	
		+)									
			180 00 00.0								
		−) ε_6	=								
$\Sigma\gamma$			27°20′14″.7	제1기선 l_1		2110.m82					
360° 또는 기지내각			27 20 28.8	제2기선 l_2		1863.63					
		−) e	= −14.1								

	II sinα · l_1		II sinα′ · l_1
	1151.079946		1151.164118
E_1	II sinβ · l_2	E_2	II sinβ′ · l_2
	1151.096306		1151.012501

변장 $a\times\frac{\sin\alpha(\gamma)}{\sin\beta}$	방위각	종횡선좌표 X	종횡선좌표 Y	점명
경1 → 경2	경1 → 경2	424245.m57	241105.m81	경1
2110.m82	85°01′32″.2	424428.60	243208.68	경2
경1 → 보1	경1 → 보1	425562.83	242788.77	보1
2137.18	51 56 58 8			
경2 → 보1	경2 → 보1	425562.83	242788.78	
1209.46	339 41 05 7			
	평균	425562.83	242788.78	
보1 → 경3	보1 → 경3	425137.78	241485.26	경3
1371.07	251 56 23 9			
경2 → 경3	경2 → 경3	425137.78	241485.26	
1863.63	292 22 00 9			
	평균	425137.78	241485.26	
→	→			
→	→			
	평균			
→	→			
→	→			
	평균			
→	→			
→	→			
	평균			
→	→			
→	→			
	평균			
경2 → 경3	경2 → 경3	425137.78	241485.26	경3
1863.m63	292°22′01″.0			

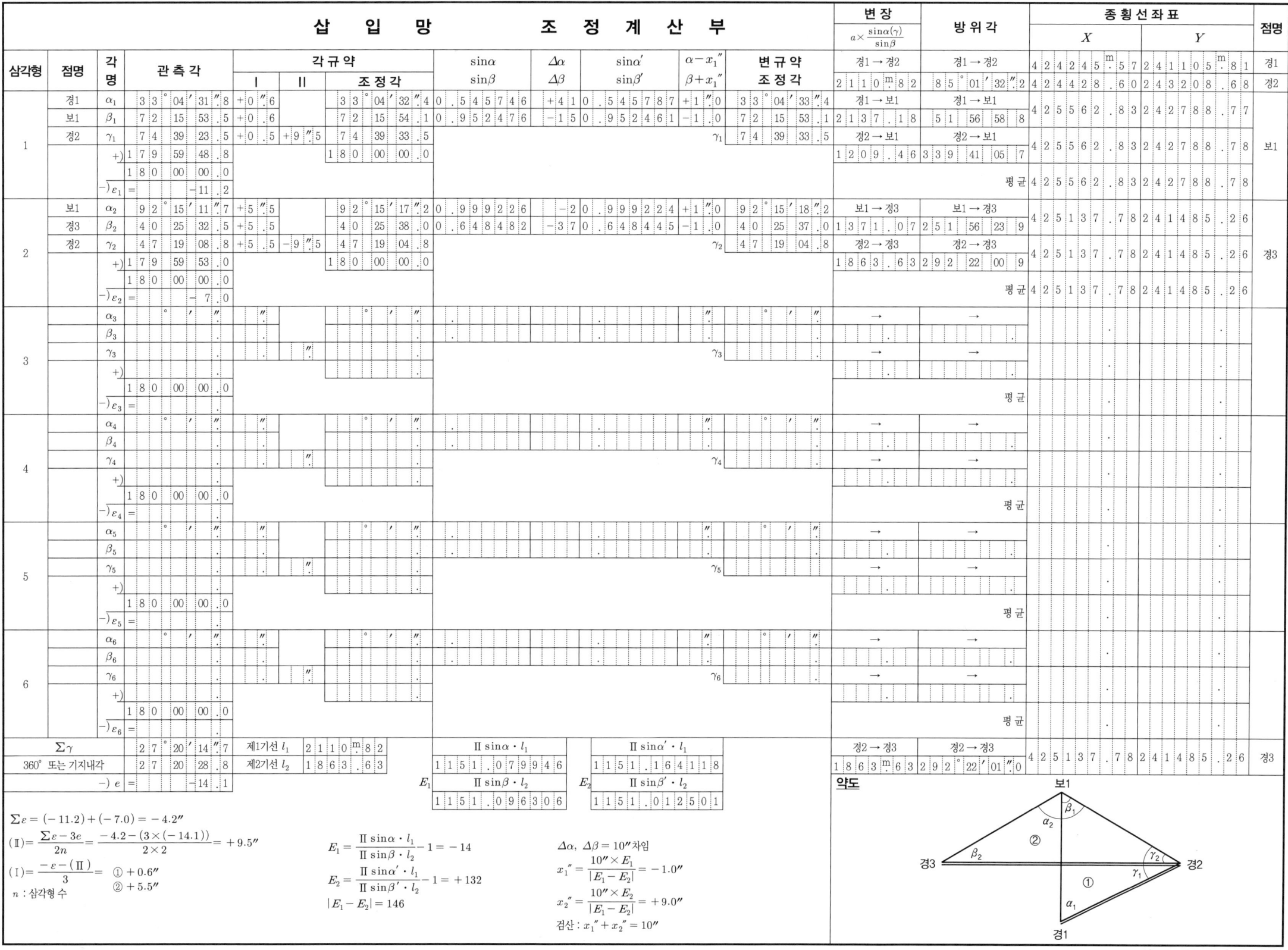

$\Sigma\varepsilon = (-11.2) + (-7.0) = -4.2''$

$(\text{II}) = \frac{\Sigma\varepsilon - 3e}{2n} = \frac{-4.2 - (3\times(-14.1))}{2\times 2} = +9.5''$

$(\text{I}) = \frac{-\varepsilon - (\text{II})}{3} =$ ① $+0.6''$ ② $+5.5''$

n : 삼각형 수

$E_1 = \frac{\text{II}\sin\alpha\cdot l_1}{\text{II}\sin\beta\cdot l_2} - 1 = -14$

$E_2 = \frac{\text{II}\sin\alpha'\cdot l_1}{\text{II}\sin\beta'\cdot l_2} - 1 = +132$

$|E_1 - E_2| = 146$

$\Delta\alpha,\ \Delta\beta = 10''$차임

$x_1'' = \frac{10''\times E_1}{|E_1 - E_2|} = -1.0''$

$x_2'' = \frac{10''\times E_2}{|E_1 - E_2|} = +9.0''$

검산 : $x_1'' + x_2'' = 10''$

약도

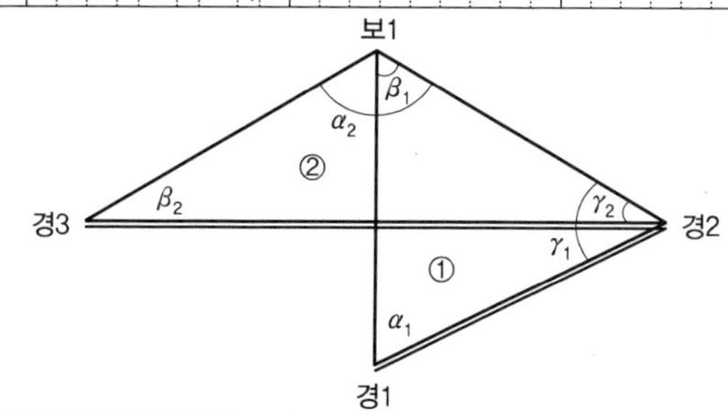

02 (1) r'' 계산

$$r'' = \frac{K}{D \cdot \sin 1''}$$

편심시준점	O' = 경1	P' = 경2	Q' = 경3
관측방향각	33°33′33.3″	71°03′12.6″	195°33′54.6″
K	2.341m	1.543m	1.126m
$\frac{1}{D}$	0.000494	0.000810	0.000426
$\frac{1}{\sin 1''}$	206264.81	206264.81	206264.81
r''	238.5	257.8	98.9
r	+3′58.5″	+4′17.8″	+1′38.9″

보충 + 설명

r''을 분, 초로 환산하여 적고 편심 관측방향이 중심 방향선의 좌측에 있는 경우에는 (+), 우측에 있는 경우에는 (−)부호를 붙인다.

(2) 중심방향각 계산

중심방향각=관측방향각+r

① 경5−경1 : 33°33′33.3″+3′58.5″=33°37′31.8″

② 경5−경2 : 71°03′12.6″+4′17.8″=71°07′30.4″

③ 경5−경3 : 195°33′54.6″+1′38.9″=195°35′33.5″

수 평 각 점 표 귀 심 계 산 부

측점명 경5점

$$r'' = \frac{K}{D \cdot \sin 1''}$$

K : 편심거리
D : 삼각점 간 거리

$K = 2^{m}.341$
$= 1.543$
$= 1.126$

$D = 2023^{m}.50$
$= 1234.56$
$= 2345.67$

편심시준점	O' = 경1	P' = 경2	Q' = 경3
관측방향각	33° 33′ 33.3″	71° 03′ 12.6″	195° 33′ 54.6″
K	2.341 m	1.543 m	1.126 m
$\frac{1}{D}$	0.000494	0.000810	0.000426
$\frac{1}{\sin 1''}$	206264.81	206264.81	206264.81
r''	×) 238″.5	×) 257″.8	×) 98″.9
r	+3′ 58″.5	+4′ 17″.8	+1′ 38″.9
중심방향각	33° 37′ 31″.8	71° 07′ 30″.4	195° 35′ 33″.5
비고	r : r''를 분, 초로 환산 기입하고 편심 관측방향이 중심방향선의 좌측에 있는 때에는 (+), 우측에 있는 때에는 (−)부호를 붙인다. K : 5m 이내일 것 D : 약치라도 가능함		
약도	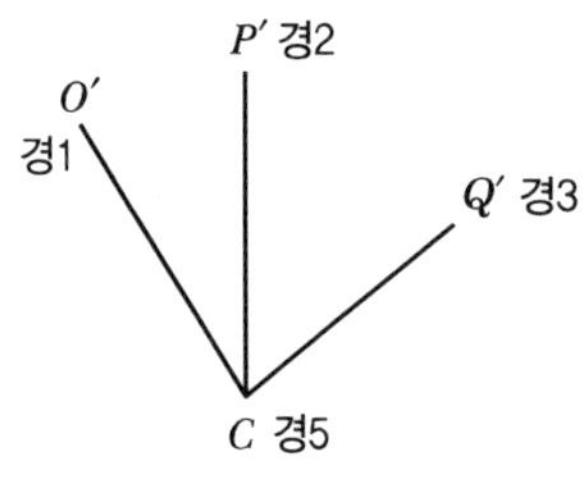 C=측점 O', P', Q' =편심시준점 ※ 중심방향선은 실지와 부합하도록 적을 것		

03 (1) OP의 ΔX, ΔY 계산

$\Delta X = 451805.66 - 451888.23 = -82.57\text{m}$

$\Delta Y = 210707.13 - 210555.55 = +151.58\text{m}$

(2) 수선장(E) 계산

$$E = \Delta y \cdot \cos\alpha - \Delta x \cdot \sin\alpha$$

$E = \Delta y \cdot \cos\alpha - \Delta x \cdot \sin\alpha$

$= (151.58 \times \cos 327°20'08'') - (-82.57 \times \sin 327°20'08'')$

$= 127.6070 - 44.5645 = 83.0425\text{m}$

(3) 계산

$\gamma = \sin^{-1}\left(\dfrac{E}{R}\right) = \sin^{-1}\left(\dfrac{83.0425}{150.00}\right) = +33°36'55.8''$

(4) V_O^A 계산

$V_O^A = V_P^A + \gamma = 327°20'08'' + 33°36'55.8'' = 0°57'03.8''$

(5) A점의 좌표 계산

$X_A = X_O + (R \cdot \cos V_O^A) = 451888.23 + (150 \times \cos 0°57'03.8'') = 452038.21\text{m}$

$Y_A = Y_O + (R \cdot \sin V_O^A) = 210555.55 + (150 \times \sin 0°57'03.8'') = 210558.04\text{m}$

(검산)

$\overline{PA} = \sqrt{(X_A - X_P)^2 + (Y_A - Y_P)^2}$

$= \sqrt{(452038.21 - 451805.66)^2 + (210558.04 - 210707.13)^2} = 276.2378\text{m}$

$X_A = X_P + (\overline{PA} \cdot \cos V_P^A) = 451805.66 + (276.2378 \times \cos 327°20'08'') = 452038.21\text{m}$

$Y_A = Y_P + (\overline{PA} \cdot \sin V_P^A) = 210707.13 + (276.2378 \times \sin 327°20'08'') = 210558.04\text{m}$

04 (1) 연직각에 의한 계산

① $\dfrac{1}{2}(\alpha_1 + \alpha_2) = \dfrac{1}{2}(3°10'42'' + 3°09'55'') = 3°10'18''$ [α_1, α_2는 절대치]

② $D \cdot \cos\dfrac{1}{2}(\alpha_1 + \alpha_2) = 2500.34 \times 0.998468 = 2496.51\text{m}$

③ H_1' 및 H_2' 계산

$H_1' = H_1 + i =$ 표고 + 기계고 $= 187.21 + 1.56 = 188.77\text{m}$

$H_2' = H_2 + f =$ 표고 + 시준고 $= 323.57 + 1.88 = 325.45\text{m}$

④ 연직각에 의한 기준면거리(S) 계산

$$S = D \cdot \cos\frac{1}{2}(\alpha_1 + \alpha_2) - \frac{D(H_1' + H_2')}{2R}$$

$$S = D \cdot \cos\frac{1}{2}(\alpha_1 + \alpha_2) - \frac{D(H_1' + H_2')}{2R} = 2496.51 - 0.101 = 2496.409\text{m}$$

⑤ 축척계수(K) 계산

$$K = 1 + \frac{(Y_1 + Y_2)^2}{8R^2}$$

$$K = 1 + \frac{(Y_1 + Y_2)^2}{8R^2} = 1 + \frac{2391.21}{324839427.7} = 1.000007$$

⑥ 평면거리(D) 계산

$D = S \times K = 2496.409 \times 1.000007 = 2496.426\text{m}$

(2) 표고에 의한 계산

① $D - \dfrac{(H_1' - H_2')^2}{2D}$ 계산

$$D - \frac{(H_1' - H_2')^2}{2D} = 2500.34 - 3.74 = 2496.60\text{m}$$

② 표고에 의한 기준면거리(S) 계산

$$S = D - \frac{(H_1' - H_2')^2}{2D} - \frac{D(H_1' + H_2')}{2R}$$

$$S = D - \frac{(H_1' - H_2')^2}{2D} - \frac{D(H_1' + H_2')}{2R} = 2496.60 - 0.101 = 2496.499\text{m}$$

③ 평면거리(D) 계산

$D = S \times K = 2496.499 \times 1.000007 = 2496.516\text{m}$

(3) 평면거리 평균(D_0) 계산

$$D_0 = \frac{(2496.426 + 2496.516)}{2} = 2496.47\text{m}$$

평 면 거 리 계 산 부

약도

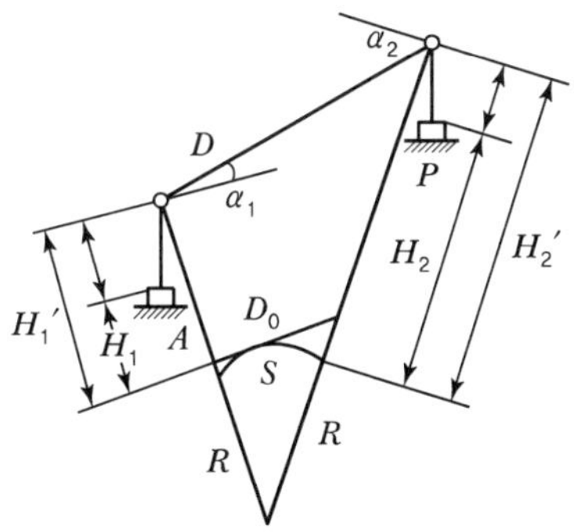

공식

- 연직각에 의한 계산 $S = D \cdot \cos\frac{1}{2}(\alpha_1 + \alpha_2) - \frac{D(H_1' + H_2')}{2R}$
- 표고에 의한 계산 $S = D - \frac{(H_1' - H_2')^2}{2D} - \frac{D(H_1' + H_2')}{2R}$
- 평면거리 $D_0 = S \times K \left[K = 1 + \frac{(Y_1 + Y_2)^2}{8R^2} \right]$

D=경사거리, S=기준면거리, H_1, H_2=표고
R=곡률반경(6372199.7m), i=기계고, f=시준고
α_1, α_2=연직각(절대치), K=축척계수
Y_1, Y_2=원점에서 삼각점까지의 횡선거리(km)

연직각에 의한 계산		표고에 의한 계산	
방향	기용 1 점 → 기용 2 점		
D	2500m.34	D	2500m.34
α_1	+3° 10′ 42″	$2D$	5000.68
α_2	−3 09 55	H_1'	188.77
$\frac{1}{2}(\alpha_1+\alpha_2)$	3 10 18	H_2'	325.45
$\cos\frac{1}{2}(\alpha_1+\alpha_2)$	0.998468	$(H_1'-H_2')$	−136.68
$D\cdot\cos\frac{1}{2}(\alpha_1+\alpha_2)$	2496m.51	$(H_1'-H_2')^2$	18681.42

$H_1' = H_1 + i$	188.77	$\frac{(H_1'-H_2')^2}{2D}$	3.74
$H_2' = H_2 + f$	325.45	$D - \frac{(H_1'-H_2')^2}{2D}$	2496.60
R	6372199.7	R	6372199.7
$2R$	12744399.3	$2R$	12744399.3
$\frac{D(H_1'+H_2')}{2R}$	0.101	$\frac{D(H_1'+H_2')}{2R}$	0.101
S	2496.409	S	2496.499
Y_1	25km.4	Y_1	25km.4
Y_2	23km.5	Y_2	23km.5
$(Y_1+Y_2)^2$	2391.21	$(Y_1+Y_2)^2$	2391.21
$8R^2$	324839427.7km	$8R^2$	324839427.7km
$K = 1 + \frac{(Y_1+Y_2)^2}{8R^2}$	1.000007	$K = 1 + \frac{(Y_1+Y_2)^2}{8R^2}$	1.000007
$S \times K$	2496m.426	$S \times K$	2496m.516
평균(D_0)	2496m.47		
계산자		검사자	

05 (1) 경기 11 → 경기 20을 이용한 표고 계산

① 고저차(h) 계산

$$\text{고저차}(h) = L \cdot \tan\frac{(\alpha_1 - \alpha_2)}{2} + \frac{(i_1 - i_2 + f_1 - f_2)}{2}$$

$\tan\frac{(\alpha_1 - \alpha_2)}{2} = \tan\frac{(4°44'02'')}{2} = 0.041334$

$L \cdot \tan\frac{(\alpha_1 - \alpha_2)}{2} = 4768.33 \times 0.041334 = 197.09\text{m}$

$\frac{(i_1 - i_2 + f_1 - f_2)}{2} = \frac{(1.65 - 1.65 + 3.12 - 3.09)}{2} = +0.02\text{m}$

$\text{고저차}(h) = L \cdot \tan\frac{(\alpha_1 - \alpha_2)}{2} + \frac{(i_1 - i_2 + f_1 - f_2)}{2} = 197.09 + 0.02 = +197.11\text{m}$

② 표고(H_2) 계산

$H_2 = H_1 + h = 159.58 + 197.11 = 356.69\text{m}$

(2) 경기 12 → 경기 20을 이용한 표고 계산

① 고저차(h) 계산

$\tan\frac{(\alpha_1 - \alpha_2)}{2} = \tan\frac{(3°47'16'')}{2} = 0.033067$

$L \cdot \tan\frac{(\alpha_1 - \alpha_2)}{2} = 3456.78 \times 0.033067 = 114.31\text{m}$

$\frac{(i_1 - i_2 + f_1 - f_2)}{2} = \frac{(1.68 - 1.50 + 3.24 - 3.11)}{2} = +0.16$

$h = L \cdot \tan\frac{(\alpha_1 - \alpha_2)}{2} + \frac{(i_1 - i_2 + f_1 - f_2)}{2} = 114.31 + 0.16 = 114.47\text{m}$

② 표고(H_2) 계산

$H_2 = H_1 + h = 242.28 + 114.47 = 356.75\text{m}$

(3) 표고의 평균 계산

$H_2\text{의 평균} = \frac{(356.69 + 356.75)}{2} = 356.72\text{m}$

(4) 교차 및 공차 계산

① 교차 $= 356.75 - 356.69 = 0.06\text{m}$

② 공차

$0.05 + 0.05(S_1 + S_2) = 0.05 + 0.05(4.76833 + 3.45678)$

$\fallingdotseq 0.461 = \pm 0.46\text{m}$

※ S_1, S_2는 기지점에서 소구점까지의 평면거리로서 km 단위로 표시한 수를 말함

표 고 계 산 부

약도

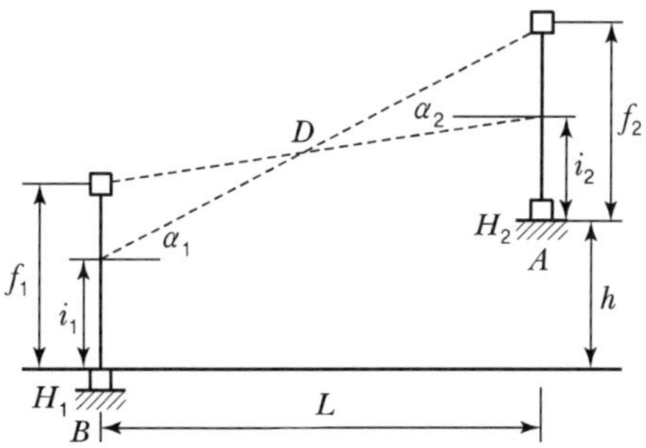

공식

$$H_2 = H_1 + h$$

$$h = L \cdot \tan\frac{(\alpha_1 - \alpha_2)}{2} + \frac{(i_1 - i_2 + f_1 - f_2)}{2}$$

$$L = D \cdot \cos\alpha_1 \text{ 또는 } \alpha_2$$

H_1 : 기지점 표고 / α_1, α_2 : 연직각
H_2 : 소구점 표고 / i_1, i_2 : 기계고
h : 고저차 / f_1, f_2 : 시준고
L : 수평거리 / D : 경사거리

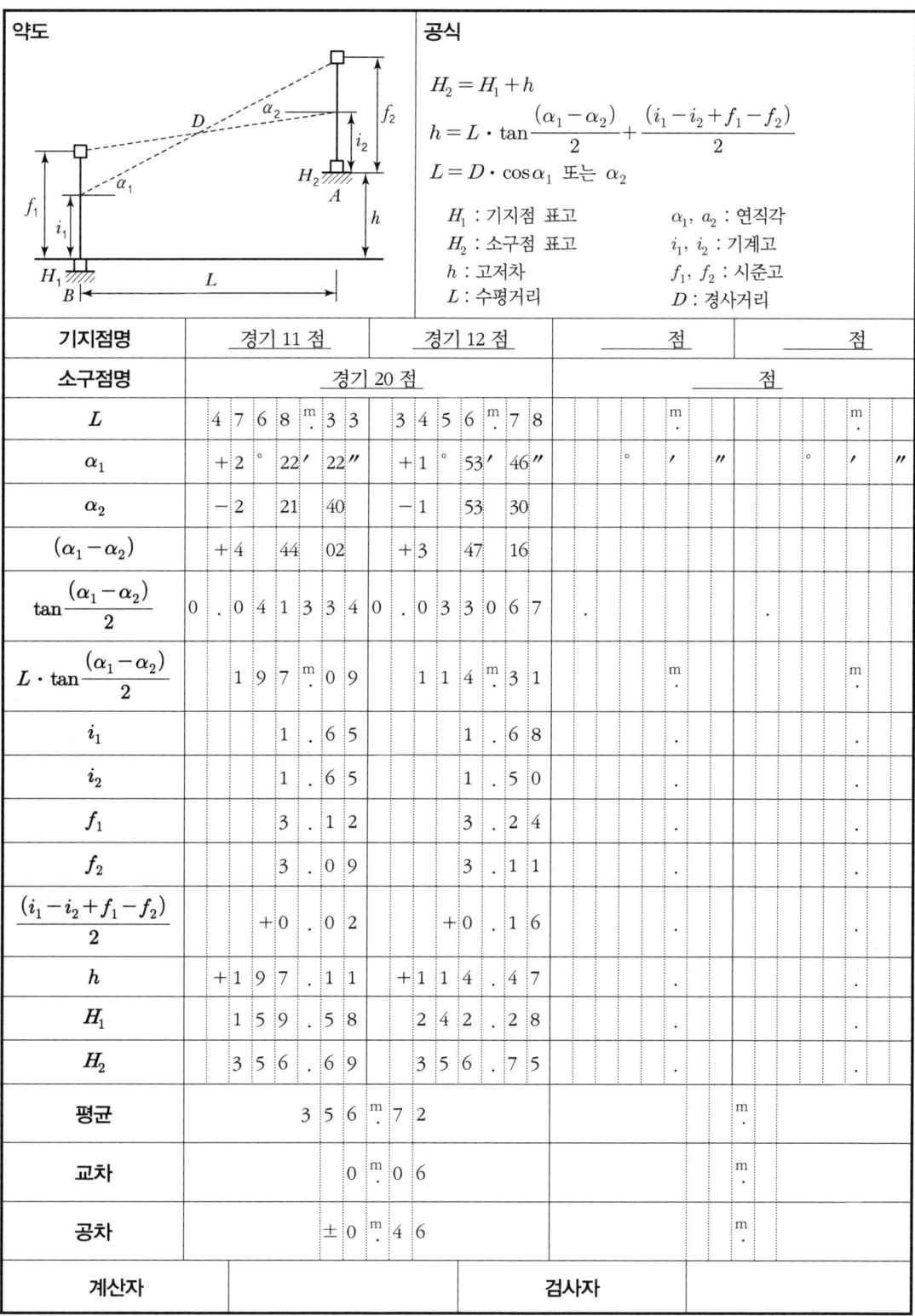

기지점명	경기 11 점	경기 12 점	점	점
소구점명	경기 20 점		점	
L	4768.33 m	3456.78 m	m	m
α_1	+2° 22′ 22″	+1° 53′ 46″	° ′ ″	° ′ ″
α_2	−2 21 40	−1 53 30		
$(\alpha_1-\alpha_2)$	+4 44 02	+3 47 16		
$\tan\frac{(\alpha_1-\alpha_2)}{2}$	0.041334	0.033067	.	.
$L\cdot\tan\frac{(\alpha_1-\alpha_2)}{2}$	197.09 m	114.31 m	m	m
i_1	1.65	1.68	.	.
i_2	1.65	1.50	.	.
f_1	3.12	3.24	.	.
f_2	3.09	3.11	.	.
$\frac{(i_1-i_2+f_1-f_2)}{2}$	+0.02	+0.16	.	.
h	+197.11	+114.47	.	.
H_1	159.58	242.28	.	.
H_2	356.69	356.75	.	.
평균	356.72 m		m	
교차	0.06 m		m	
공차	±0.46 m		m	
계산자		검사자		

06 (1) 방위각 계산

① $\theta = \tan^{-1}\dfrac{\Delta Y}{\Delta X} = \tan^{-1}\dfrac{+77.83}{-8.58} = 83°42'32.8''$(Ⅱ 상한)

$V_a^{\ d} = 180° - (\theta) = 180° - 83°42'32.8'' = 96°17'27.2''$

② $\theta = \tan^{-1}\dfrac{\Delta Y}{\Delta X} = \tan^{-1}\dfrac{+73.61}{-0.28} = 89°46'55.4''$(Ⅱ 상한)

$V_b^{\ c} = 180° - (\theta) = 180° - 89°46'55.4'' = 90°13'04.6''$

(2) L, N 계산

$$N = \frac{2F - (M \cdot L \cdot \sin\alpha)}{(L \times \sin\beta) - (M \times \sin(\alpha + \beta))}$$

① $L(=\overline{AB}) = \sqrt{(2.51)^2 + (26.60)^2} = 26.7182\text{m}$

② $N = \dfrac{(2 \times 660) - (20 \times 26.7182 \times \sin 83°43'55.6'')}{(26.7182 \times \sin 92°10'01.0'') - (20 \times \sin(83°43'55.6'' + 92°10'01.0''))} = 31.2175\text{m}$

(3) P, Q의 좌표 계산

① P점의 좌표 계산

$X_P = X_A + (M \times \cos_a^d) = 5521.82 + (20 \times \cos 96°17'27.2'') = 5519.63\text{m}$

$Y_P = Y_A + (M \times \sin_a^d) = 2064.52 + (20 \times \sin 96°17'27.2'') = 2084.40\text{m}$

② Q점의 좌표 계산

$X_Q = X_B + (N \times \cos_b^c) = 5524.33 + (31.2175 \times \cos 90°13'04.6'') = 5524.21\text{m}$

$Y_Q = Y_B + (N \times \sin_b^c) = 2091.12 + (31.2175 \times \sin 90°13'04.6'') = 2122.34\text{m}$

07 (1) 5점의 좌표(교차점 계산 이용)

① α, β 계산

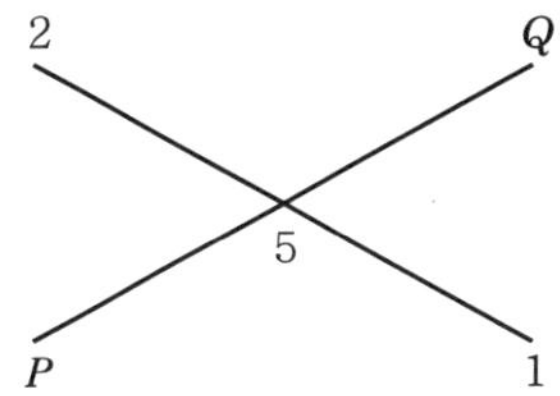

$$\theta = \tan^{-1}\left(\frac{Y_q - Y_p}{X_q - X_p}\right) = \tan^{-1}\left(\frac{-20.64}{-21.13}\right) = 44°19'40.4''(\text{Ⅲ 상한})$$

$$\alpha(= V_p{}^q) = 180° + (\theta) = 180° + 44°19'40.4'' = 224°19'40.4''$$

$$\theta = \tan^{-1}\left(\frac{Y_2 - Y_1}{X_2 - X_1}\right) = \tan^{-1}\left(\frac{+42.36}{-46.38}\right) = 42°24'22.4''(\text{Ⅱ 상한})$$

$$\beta(= V_1{}^2) = 180° - (\theta) = 180° - 42°24'22.4'' = 137°35'37.6''$$

$$\alpha - \beta = 86°44'02.8''$$

② $\Delta x_p{}^1$, $\Delta y_p{}^1$ 계산

$$\Delta x_p{}^1 = X_1 - X_p = 2329.42 - 2311.15 = +18.27\text{m}$$

$$\Delta y_p{}^1 = Y_1 - Y_p = 3475.27 - 3497.76 = -22.49\text{m}$$

③ S_1, S_2 계산

$$S_1 = \frac{\Delta y_p{}^1 \cos\beta - \Delta x_p{}^1 \sin\beta}{\sin(\alpha - \beta)}, \quad S_2 = \frac{\Delta y_p{}^1 \cos\alpha - \Delta x_p{}^1 \sin\alpha}{\sin(\alpha - \beta)}$$

$$S_1 = \frac{\Delta y_p{}^1 \cos\beta - \Delta x_p{}^1 \sin\beta}{\sin(\alpha - \beta)}$$
$$= \frac{(-22.49 \times \cos 137°35'37.6'') - (+18.27 \times \sin 137°35'37.6'')}{\sin 86°44'02.8''} = 4.2922\text{m}$$

$$S_2 = \frac{\Delta y_p{}^1 \cos\alpha - \Delta x_p{}^1 \sin\alpha}{\sin(\alpha - \beta)}$$
$$= \frac{(-22.49 \times \cos 224°19'40.4'') - (+18.27 \times \sin 224°19'40.4'')}{\sin 86°44'02.8''} = 28.9016\text{m}$$

④ 5점의 좌표

P점에서 5점 좌표 계산	$X_5 = X_p + (S_1 \times \cos\alpha) = 2311.15 + (4.2922 \times \cos 224°19'40.4'') = 2308.08\text{m}$ $Y_5 = Y_p + (S_1 \times \sin\alpha) = 3497.76 + (4.2922 \times \sin 224°19'40.4'') = 3494.76\text{m}$
1점에서 5점 좌표 계산	$X_5 = X_1 + (S_2 \times \cos\beta) = 2329.42 + (28.9016 \times \cos 137°35'37.6'') = 2308.08\text{m}$ $Y_5 = Y_1 + (S_2 \times \sin\beta) = 3475.27 + (28.9016 \times \sin 137°35'37.6'') = 3494.76\text{m}$
5점 평균좌표	$X = \frac{2308.08 + 2308.08}{2} = 2308.08\text{m}$, $Y = \frac{3494.76 + 3494.76}{2} = 3494.76\text{m}$

(2) 6점의 좌표(교차점 계산 이용)

① α, β 계산

$$\theta = \tan^{-1}\left(\frac{Y_3 - Y_4}{X_3 - X_4}\right) = \tan^{-1}\left(\frac{+46.24}{-43.09}\right) = 47°01'10.4''(\text{Ⅱ 상한})$$

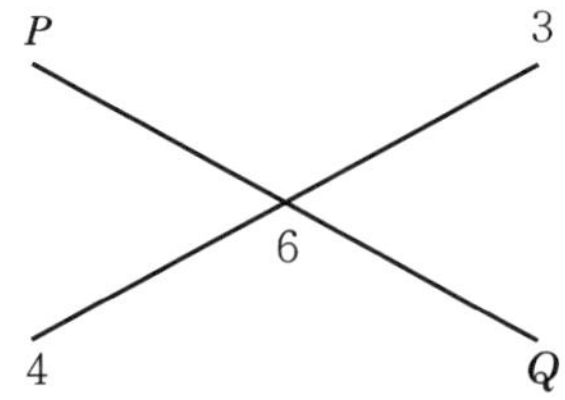

$\alpha(= V_4^{\ 3}) = 180° - (\theta) = 180° - 47°01'10.4'' = 132°58'49.6''$

$\beta(= V_q^{\ p}) = V_p^{\ q} + 180° = 224°19'40.4'' - 180° = 44°19'40.4''$

$\alpha - \beta = 88°39'09.2''$

② $\Delta x_4^{\ q}$, $\Delta y_4^{\ q}$ 계산

$\Delta x_4^{\ q} = X_q - X_4 = 2290.02 - 2313.66 = -23.64\text{m}$

$\Delta y_4^{\ q} = Y_q - Y_4 = 3477.12 - 3457.64 = +19.48\text{m}$

③ S_1, S_2 계산

$$S_1 = \frac{\Delta y_4^{\ q}\cos\beta - \Delta x_4^{\ q}\sin\beta}{\sin(\alpha - \beta)}, \quad S_2 = \frac{\Delta y_4^{\ q}\cos\alpha - \Delta x_4^{\ q}\sin\alpha}{\sin(\alpha - \beta)}$$

$$S_1 = \frac{\Delta y_4^{\ q}\cos\beta - \Delta x_4^{\ q}\sin\beta}{\sin(\alpha - \beta)}$$

$$= \frac{(+19.48 \times \cos 44°19'40.4'') - (-23.64 \times \sin 44°19'40.4'')}{\sin 88°39'09.2''} = 30.4623\text{m}$$

$$S_2 = \frac{\Delta y_4^{\ q}\cos\alpha - \Delta x_4^{\ q}\sin\alpha}{\sin(\alpha - \beta)}$$

$$= \frac{(+19.48 \times \cos 132°58'49.6'') - (-23.64 \times \sin 132°58'49.6'')}{\sin 88°39'09.2''} = 4.0153\text{m}$$

④ 6점의 좌표

4점에서 6점 좌표 계산	$X_6 = X_4 + (S_1 \times \cos\alpha) = 2313.66 + (30.4623 \times \cos 132°58'49.6'') = 2292.89\text{m}$ $Y_6 = Y_4 + (S_1 \times \sin\alpha) = 3457.64 + (30.4623 \times \sin 132°58'49.6'') = 3479.93\text{m}$
Q점에서 6점 좌표 계산	$X_6 = X_q + (S_2 \times \cos\beta) = 2290.02 + (4.0153 \times \cos 44°19'40.4'') = 2292.89\text{m}$ $Y_6 = Y_q + (S_2 \times \sin\beta) = 3477.12 + (4.0153 \times \sin 44°19'40.4'') = 3479.93\text{m}$
6점 평균좌표	$X = \frac{2292.89 + 2292.89}{2} = 2292.89\text{m}$, $Y = \frac{3479.93 + 3479.93}{2} = 3479.93\text{m}$

(3) 15－1번지 좌표면적

측점번호	부호	X_n	Y_n	면적계산			
				$X_{n+1}-X_{n-1}$	$Y_{n+1}-Y_{n-1}$	$X_n(Y_{n+1}-Y_{n-1})$	$Y_n(X_{n+1}-X_{n-1})$
1		2329.42	3475.27	m −5.58	m 37.12	m² 86468.0704	m² −19392.0066
5		2308.08	3494.76	−36.53	4.66	10755.6528	−127663.5828
6		2292.89	3479.93	5.58	−37.12	−85112.0768	19418.0094
4		2313.66	3457.64	36.53	−4.66	−10781.6556	126307.5892
계						1329.9908	−1329.9908

$2A = 1329.9908\text{m}^2$, $2A = -1329.9908\text{m}^2$

15－1번지의 좌표면적$(A) = 665.0\text{m}^2$

(4) 15－2번지 좌표면적

측점번호	부호	X_n	Y_n	면적계산			
				$X_{n+1}-X_{n-1}$	$Y_{n+1}-Y_{n-1}$	$X_n(Y_{n+1}-Y_{n-1})$	$Y_n(X_{n+1}-X_{n-1})$
5		2308.08	3494.76	m −9.85	m 37.70	m² 87014.6160	m² −34423.3860
2		2283.04	3517.63	−37.51	9.12	20821.3248	−131946.3013
3		2270.57	3503.88	9.85	−37.70	−85600.4890	34513.2180
6		2292.89	3479.93	37.51	−9.12	−20911.1568	130532.1743
계						1324.2950	−1324.2950

$2A = 1324.2950\text{m}^2$, $2A = -1324.2950\text{m}^2$

15－2번지의 좌표면적$(A) = 662.1\text{m}^2$

실전모의고사 제5회

• NOTICE • 본 실전모의고사는 수험생의 실전 대비 목적으로 작성된 것임을 알려드립니다.

01 지적삼각점측량을 그림과 같이 사각망으로 실시한 결과 기지점 좌표와 관측내각이 다음과 같을 때, 사각망 조정계산 서식을 완성하여 소구점 여1, 여2의 좌표를 계산하시오.(단, 거리는 cm 단위, 각은 0.1″ 단위까지 계산하시오.)

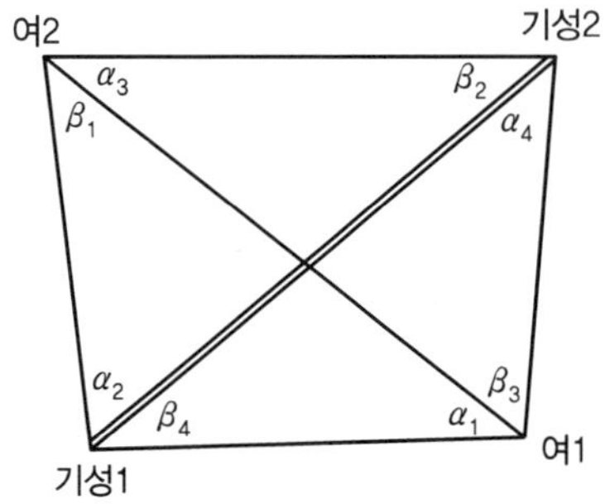

(1) 기지점 좌표

점명	X(m)	Y(m)
기성1	453278.75	192562.46
기성2	454263.52	194459.26

(2) 관측내각

$\alpha_1 = 37°08'20.2''$ $\beta_1 = 35°24'36.4''$

$\alpha_2 = 59°53'15.4''$ $\beta_2 = 49°47'59.4''$

$\alpha_3 = 34°53'47.4''$ $\beta_3 = 44°51'35.8''$

$\alpha_4 = 50°26'12.8''$ $\beta_4 = 47°33'50.2''$

사 각 망 조 정 계 산 부

점명	각명	관측각	각규약 ε/8	각규약 e	각규약 조정각	sinα / sinβ	Δα / Δβ	sinα′ / sinβ′	$\alpha - x_1''$ / $\beta + x_1''$	변규약 조정각	변장 $a \times \frac{\sin\alpha(\gamma)}{\sin\beta}$	방위각	종횡선좌표 X	종횡선좌표 Y	점명
											점→ 점	점→ 점	m	m	
											m	° ′ ″			
	α_1	° ′ ″	″	″	° ′ ″	.		.	″	° ′ ″	→	→	.	.	
	β_1	.	.	.	.	.		.	.	.	.	.	.	.	
									γ_1	.	→	→	.	.	
											.	.	.	.	
												평균	.	.	
	α_2	° ′ ″	″	″	° ′ ″	.		.	″	° ′ ″	→	→	.	.	
	β_2	.	.	.	.	.		.	.	.	.	.	.	.	
									γ_2	.	→	→	.	.	
											.	.	.	.	
												평균	.	.	
	α_3	° ′ ″	″	″	° ′ ″	.		.	″	° ′ ″	→	→	.	.	
	β_3	.	.	.	.	.		.	.	.	.	.	.	.	
									γ_3	.	→	→	.	.	
											.	.	.	.	
												평균	.	.	
	α_4	° ′ ″	″	″	° ′ ″	.		.	″	° ′ ″	→	→	.	.	
	β_4	.	.	.	.	.		.	.	.	.	.	.	.	
									γ_4	.	→	→	.	.	
											.	.	.	.	
													.	.	

$\Sigma\alpha + \Sigma\beta =$	° ′ ″	° ′ ″	Π sinα	Π sinα′
−)	3 6 0 00 00 . 0		.	.
	ε = .		E_1 Π sinβ	E_2 Π sinβ′
	ε/8 = .		.	.

약도

$\alpha_1 + \beta_4 =$ ° ′ ″ $\quad \frac{e_1}{4} =$

−) $\alpha_3 + \beta_2 =$

$e_1 =$

$\alpha_2 + \beta_1 =$ ° ′ ″ $\quad \frac{e_2}{4} =$

−) $\alpha_4 + \beta_3 =$

$e_2 =$

$$E_1 = \frac{\Pi \sin\alpha}{\Pi \sin\beta} - 1 =$$

$$E_2 = \frac{\Pi \sin\alpha'}{\Pi \sin\beta'} - 1 =$$

$$|E_1 - E_2| =$$

$\Delta\alpha,\ \Delta\beta = 10''$차임

$$x_1'' = \frac{10'' \times E_1}{|E_1 - E_2|} =$$

$$x_2'' = \frac{10'' \times E_2}{|E_1 - E_2|} =$$

검산 : $x_1'' + x_2'' = 10''$

02 그림과 같은 직선도로의 교차부에서 도로중심선의 방위각이 $V_C^A = 42°32'43''$, $V_C^B = 131°48'25''$이고 도로의 폭이 $L_1 = L_2 = 15$m이며 우절장(L)이 10m일 때 가구점의 P의 좌표(X_p, Y_p)를 다음의 순서에 따라 소수 3자리까지 구하시오.(단, 도로중심선 교점의 좌표는 $X = 4067.704$m, $Y = 7199.966$m 이고, $\overline{OP}(=\overline{OQ})$및 $\overline{CP}$거리는 반올림하여 소수 3자리, 각도는 1초 단위까지 구하시오.)

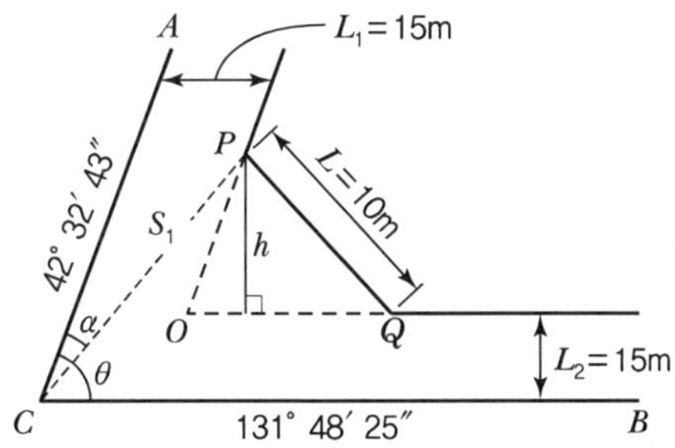

(1) $\overline{OP}(=\overline{OQ})$의 거리

(2) $\overline{CP}$ 의 방위각(V_C^P)

(3) $\overline{CP}$ 의 거리(S_1)

(4) P점의 좌표(X_p, Y_p)

03 기지점의 좌표가 다음과 같을 때 교차하는 P점 위치의 좌표를 주어진 서식에 의하여 완성하시오.(단, 계산은 각도는 $0.1''$ 단위까지, S_1, S_2의 거리는 소수 4자리까지, 기타 거리 및 좌표는 cm 단위까지 계산하시오.)

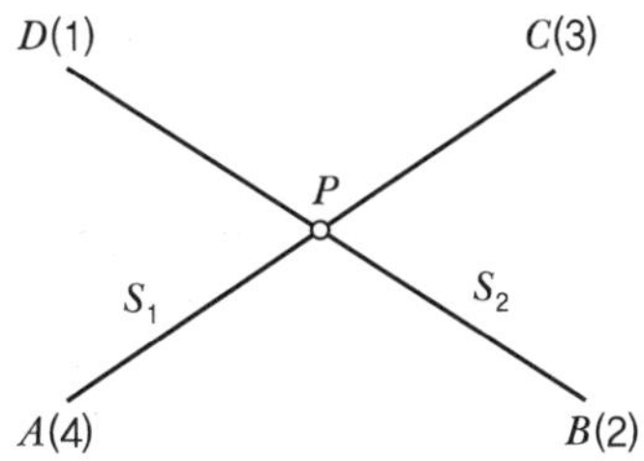

점명	부호	X좌표	Y좌표
1	D	2423.58	3021.58
2	B	2310.05	3633.21
3	C	2755.30	3153.55
4	A	2421.65	3000.23

교 차 점 계 산 부

공식	소구점

$$S_1 = \frac{\Delta y_a{}^b \cos\beta - \Delta x_a{}^b \sin\beta}{\sin(\alpha-\beta)}$$

$$S_2 = \frac{\Delta y_a{}^b \cos\alpha - \Delta x_a{}^b \sin\alpha}{\sin(\alpha-\beta)}$$

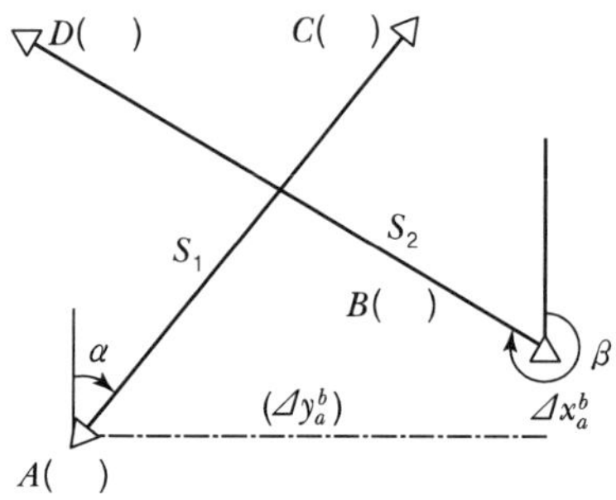

점	x	y	종횡선차	
$D(1)$	.	.	$\Delta y_b{}^d$	.
$B(2)$	.	.	$\Delta x_b{}^d$	.
$C(3)$	.	.	$\Delta y_a{}^c$	.
$A(4)$	.	.	$\Delta x_a{}^c$	.
$\Delta x_a{}^b$	.	$\Delta y_a{}^b$.	$V_a{}^b$	° ′ ″
α	° ′ ″	V_a^c ° ′ ″		
β	° ′ ″	V_b^d ° ′ ″		
$\alpha-\beta$	° ′ ″			

$(\Delta y_a{}^b \cdot \cos\beta - \Delta x_a{}^b \cdot \sin\beta)/\sin(\alpha-\beta) = S_1$			.
$S_1 \cdot \cos\alpha$	.	$S_1 \cdot \sin\alpha$	.
x_a	. (+	y_a	. (+
x	.	y	.

$(\Delta y_a{}^b \cdot \cos\alpha - \Delta x_a{}^b \cdot \sin\alpha)/\sin(\alpha-\beta) = S_2$			.
$S_2 \cdot \cos\beta$	.	$S_2 \cdot \sin\beta$	.
x_b	. (+	y_b	. (+
x	.	y	.

X	.	Y	.

04 지적삼각점측량을 실시하기 위해 토털스테이션을 이용하여 측점 "서울1"에서 "보2"까지 두 점 간의 거리를 측정하여 다음과 같은 결과를 얻었다. 주어진 여건이 다음과 같을 때 서식을 완성하여 두 점 간의 평면거리를 계산하시오.

- 경사거리(D)=912.85m
- 연직각(α_1)=$-2°19'33''$
- 기지점표고(H_1)=121.55m
- 기계고(i_1)=1.56m

- 연직각(α_2)=$+2°20'05''$
- 기지점표고(H_2)=85.99m
- 시준고(f)=1.55m
- 원점에서 삼각점까지의 횡선거리
  Y_1=33.3km, Y_2=22.2km

평 면 거 리 계 산 부

약도

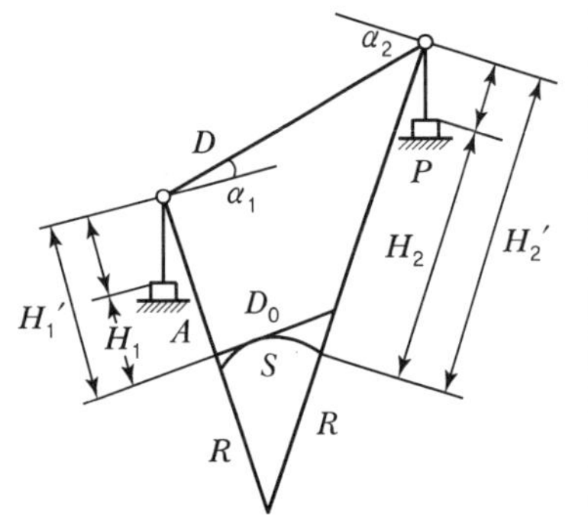

공식

- 연직각에 의한 계산 $S = D \cdot \cos\frac{1}{2}(\alpha_1 + \alpha_2) - \frac{D(H_1' + H_2')}{2R}$
- 표고에 의한 계산 $S = D - \frac{(H_1' - H_2')^2}{2D} - \frac{D(H_1' + H_2')}{2R}$
- 평면거리 $D_0 = S \times K \left[K = 1 + \frac{(Y_1 + Y_2)^2}{8R^2} \right]$

D=경사거리, S=기준면거리, H_1, H_2=표고
R=곡률반경(6372199.7m), i=기계고, f=시준고
α_1, α_2=연직각(절대치), K=축척계수
Y_1, Y_2=원점에서 삼각점까지의 횡선거리(km)

연직각에 의한 계산		표고에 의한 계산	
방향	점 → 점		
D	m .	D	m .
α_1	° ′ ″	$2D$	.
α_2		H_1'	.
$\frac{1}{2}(\alpha_1+\alpha_2)$		H_2'	.
$\cos\frac{1}{2}(\alpha_1+\alpha_2)$	.	$(H_1'-H_2')$	.
$D\cdot\cos\frac{1}{2}(\alpha_1+\alpha_2)$	m .	$(H_1'-H_2')^2$	.

$H_1' = H_1 + i$	.	$\frac{(H_1'-H_2')^2}{2D}$	.
$H_2' = H_2 + f$	.	$D - \frac{(H_1'-H_2')^2}{2D}$	.
R	6372199.7	R	6372199.7
$2R$	12744399.3	$2R$	12744399.3
$\frac{D(H_1'+H_2')}{2R}$	.	$\frac{D(H_1'+H_2')}{2R}$	.
S	.	S	.
Y_1	km .	Y_1	km .
Y_2	km .	Y_2	km .
$(Y_1+Y_2)^2$	.	$(Y_1+Y_2)^2$	.
$8R^2$	324839427.7 km	$8R^2$	324839427.7 km
$K = 1 + \frac{(Y_1+Y_2)^2}{8R^2}$	.	$K = 1 + \frac{(Y_1+Y_2)^2}{8R^2}$	.
$S \times K$	m .	$S \times K$	m .
평균(D_0)	m .		
계산자		검사자	

05 다음 그림과 같이 수평각을 편심관측한 관측성과가 아래와 같을 경우 귀심각 γ_1, γ_2, γ_3와 측점 O에서 P_1 및 P_2에 대한 수평각 $a(\angle P_1OP_2)$를 구하시오.(단, 각은 반올림하여 $0.1''$ 단위까지 구하시오.)

관측성과		
시준거리	$\overline{OP_1}$	1234.56m
	$\overline{OP_2}$	2345.67m
	$\overline{O'P_2}$	2343.25m
편심거리	K_1	3.25m
	K_2	2.18m
관측방향각	a'	72°31′24.3″
	θ	302°36′45.5″

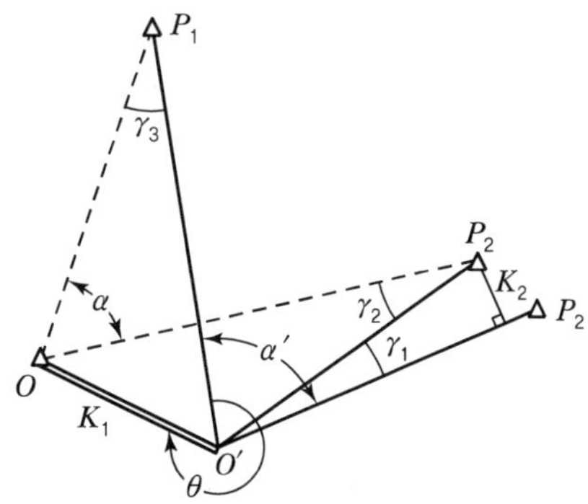

(1) γ_1, γ_2, γ_3를 구하시오.

(2) a를 구하시오.

06 다음 그림과 같이 $\overline{AD} \mathbin{/\!/} \overline{BC}$ 인 사변형 $ABCD$에서 필지 면적의 증감 없이 경계선 $\overline{AB}$ 를 $\overline{CD}$ 에 평행한 직선 $\overline{PQ}$ 로 정정하고자 할 때 H와 $\overline{AP}$ 의 거리를 계산하시오.(단, 좌표는 cm 단위로 결정하시오.)

점명	종선좌표	횡선좌표
A	1823.40	1464.40
B	1769.10	1437.63
C	1690.10	1493.20
D	1723.20	1534.10

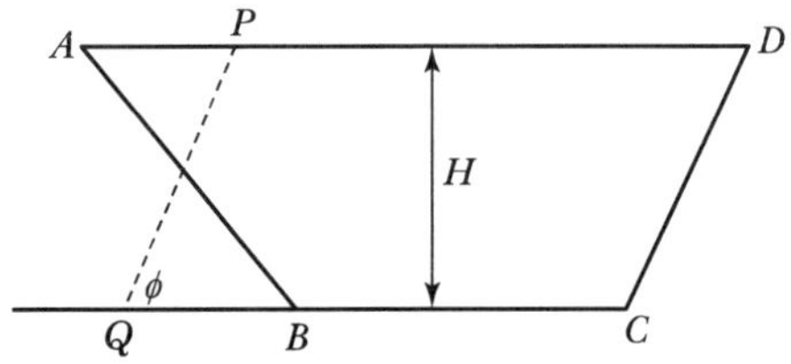

07 A, B, C, D의 경계점좌표가 다음과 같을 때 □$ABCD$에서 $\overline{AB}$를 4 : 3으로 분할하는 점 P를 지나고 $\overline{AB}$에 수직이 되는 $\overline{PQ}$ 로 사각형을 분할하고자 한다. P점 및 Q점의 좌표와 □$PBCQ$의 면적을 계산하시오.(단, 각도는 초 단위까지, 거리는 m 단위로 소수 4자리까지 계산하고 좌표와 면적은 소수 2자리까지 결정하시오.)

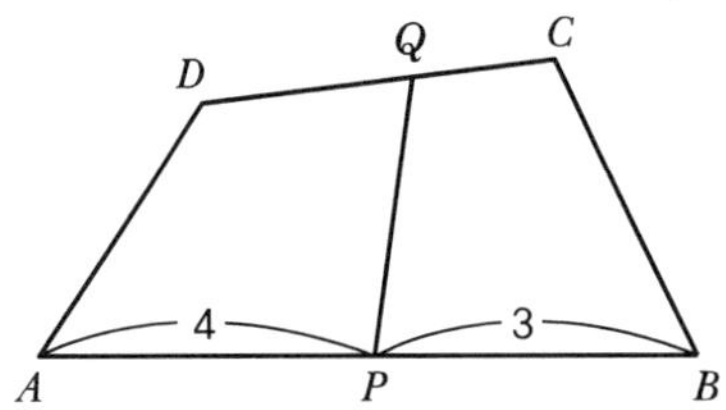

측점	X(m)	Y(m)
A	1061.33	2010.27
B	1086.83	2044.27
C	1107.54	2036.48
D	1081.33	2009.33

(1) P점의 좌표

(2) Q점의 좌표

(3) □$PBCQ$의 면적

실전모의고사 제5회 해설 및 정답

01 (1) 기지점 간 거리 및 방위각 계산

구분	기성1 → 기성2
ΔX, ΔY	$\Delta X = 454263.52 - 453278.75 = +984.77$ $\Delta Y = 194459.26 - 192562.46 = +1896.80$
거리	$\sqrt{(984.77)^2 + (1896.80)^2} = 2137.20\text{m}$
방위	$\tan^{-1}\left(\dfrac{+1896.80}{+984.77}\right) = 62°33'46.1''$(Ⅰ 상한)
방위각	$V = (\theta) = 62°33'46.1''$

(2) 각규약 조정

① 망규약 오차 계산

망규약 조건	$\Sigma\alpha + \Sigma\beta = 360°$
오차 계산	$\Sigma\varepsilon = (\Sigma\alpha + \Sigma\beta) - 360°$ $(182°21'35.8'' + 177°38'01.8'') - 360° = -22.4''$
조정량	$\dfrac{\varepsilon}{8} = \dfrac{-22.4}{8} = -2.8''$

보충 + 설명

망규약 계산으로 발생한 오차의 조정량 부호는 반대부호로 조정한다. 즉, 사각망에서 망규약 조건은 내각의 합이 360°이므로 망규약 오차 조정은 내각의 합이 360° 미만이면 (+), 360°를 초과하면 (−)로 조정한다.

② 삼각규약 오차 계산

삼각규약 조건	$(\alpha_1 + \beta_4) - (\alpha_3 + \beta_2) = 0$	$(\alpha_2 + \beta_1) - (\alpha_4 + \beta_3) = 0$
오차 계산	$\alpha_1 + \beta_4 = 84°42'10.4''$ $-)\ \alpha_3 + \beta_2 = 84°41'46.8''$ $e_1 = +23.6''$	$\alpha_2 + \beta_1 = 95°17'51.8''$ $-)\ \alpha_4 + \beta_3 = 95°17'48.6''$ $e_2 = +3.2''$
조정량	$\dfrac{e_1}{4} = \dfrac{23.6}{4} = +5.9''$	$\dfrac{e_2}{4} = \dfrac{3.2}{4} = +0.8''$
배부방법	e_1이 (+)일 경우, α_1, β_4는 (−)값으로, α_3, β_2는 (+)값으로 배부	e_2이 (+)일 경우, α_2, β_1는 (−)값으로, α_4, β_3는 (+)값으로 배부

③ 각규약 조정각

각명	관측각	각규약		
		$\frac{\varepsilon}{8}$	e	조정각
α_1	37°08′20.2″	+2.8″	−5.9″	37°08′17.1″
β_1	35°24′36.4″	+2.8″	−0.8″	35°24′38.4″
α_2	59°53′15.4″	+2.8″	−0.8″	59°53′17.4″
β_2	49°47′59.4″	+2.8″	+5.9″	49°48′08.1″
α_3	34°53′47.4″	+2.8″	+5.9″	34°53′56.1″
β_3	44°51′35.8″	+2.8″	+0.8″	44°51′39.4″
α_4	50°26′12.8″	+2.8″	+0.8″	50°26′16.4″
β_4	47°33′50.2″	+2.8″	−5.9″	47°33′47.1″

(3) 변규약 조정

변 방정식 $\frac{\sin\alpha_1 \cdot \sin\alpha_2 \cdot \sin\alpha_3 \cdot \sin\alpha_4}{\sin\beta_1 \cdot \sin\beta_2 \cdot \sin\beta_3 \cdot \sin\beta_4} = 1, \ \frac{\Pi \sin\alpha}{\Pi \sin\beta} = 1$

1) E_1 계산

① $\sin\alpha$, $\sin\beta$ 계산

② $E_1 = \frac{\Pi \sin\alpha}{\Pi \sin\beta} - 1 = \left(\frac{0.603738 \times 0.865048 \times 0.572130 \times 0.770935}{0.579433 \times 0.763821 \times 0.705389 \times 0.738021}\right) - 1$

$= \frac{0.230357}{0.230405} - 1 = -0.000208 = -208$

보충 + 설명

E_1 계산 부호가 (+)이면 $\Delta\alpha$ 계산 수치 앞에 (−)부호, $\Delta\beta$ 계산 수치 앞에 (+)부호를 부여하며, E_1 계산 부호가 (−)이면 $\Delta\alpha$ 계산 수치 앞에 (+)부호, $\Delta\beta$ 계산 수치 앞에 (−)부호를 부여한다.

2) $\Delta\alpha$, $\Delta\beta$ 계산

$\Delta\alpha = 48.4814 \times \cos\alpha$, $\Delta\beta = 48.4814 \times \cos\beta$

3) E_2 계산

① $\sin\alpha'$, $\sin\beta'$ 계산

$\sin\alpha' = \sin\alpha + \Delta\alpha$, $\sin\beta' = \sin\beta + \Delta\beta$

② $E_2 = \frac{\Pi \sin\alpha'}{\Pi \sin\beta'} - 1 = \left(\frac{0.603777 \times 0.865072 \times 0.572170 \times 0.770966}{0.579393 \times 0.763790 \times 0.705355 \times 0.737988}\right) - 1$

$= \frac{0.230404}{0.230359} - 1 = +0.000195 = +195$

③ $|E_1 - E_2| = |(-208) - 195| = 403$

4) 경정수(x_1'', x_2'') 계산

$x_1'' = \dfrac{10'' \times E_1}{\lvert E_1 - E_2 \rvert}$	$x_1'' = \dfrac{10'' \times (-208)}{403} = -5.2''$	검산 : $x_1'' + x_2'' = 10''$
$x_2'' = \dfrac{10'' \times E_2}{\lvert E_1 - E_2 \rvert}$	$x_2'' = \dfrac{10'' \times 195}{403} = +4.8''$	

보충 + 설명

x_1'' 의 부호가 (+)이면 각각의 α각에 ($-x_1''$), 각각의 β각에 ($+x_1''$)를 배부하고, x_1'' 의 부호가 (−)이면 각각의 α각에 ($+x_1''$), 각각의 β각에 ($-x_1''$)를 배부한다.

5) 변규약 조정각

① γ 결정

$$\gamma_1 = \alpha_2 + \beta_4,\ \gamma_2 = \alpha_3 + \beta_1,\ \gamma_3 = \alpha_4 + \beta_2,\ \gamma_4 = \alpha_1 + \beta_3$$
$$\gamma_1 = (59°53'22.6'' + 47°33'41.9'') = 107°27'04.5''$$
$$\gamma_2 = (34°54'01.3'' + 35°24'33.2'') = 70°18'34.5''$$
$$\gamma_3 = (50°26'21.6'' + 49°48'02.9'') = 100°14'24.5''$$
$$\gamma_4 = (37°08'22.3'' + 44°51'34.2'') = 81°59'56.5''$$

② 변규약 조정각

α각의 변규약 조정각 = 각규약 조정각 + ($\alpha - x_1''$)

β각의 변규약 조정각 = 각규약 조정각 + ($\beta + x_1''$)

각명	각규약 조정각	sinα sinβ	$\Delta\alpha$ $\Delta\beta$	sinα' 계산 sinβ' 계산	sinα' sinβ'	$\alpha - x_1''$ $\beta + x_1''$	변규약 조정각
α_1	37°08′17.1″	0.603738	+39	0.603738+39	0.603777	+5.2	37°08′22.3″
β_1	35°24′38.4″	0.579433	−40	0.579433−40	0.579393	−5.2	35°24′33.2″
γ_1							107°27′04.5″
α_2	59°53′17.4″	0.865048	+24	0.865048+24	0.865072	+5.2	59°53′22.6″
β_2	49°48′08.1″	0.763821	−31	0.763821−31	0.763790	−5.2	49°48′02.9″
γ_2							70°18′34.5″
α_3	34°53′56.1″	0.572130	+40	0.572130+40	0.572170	+5.2	34°54′01.3″
β_3	44°51′39.4″	0.705389	−34	0.705389−34	0.705355	−5.2	44°51′34.2″
γ_3							100°14′24.5″
α_4	50°26′16.4″	0.770935	+31	0.770935+31	0.770966	+5.2	50°26′21.6″
β_4	47°33′47.1″	0.738021	−33	0.738021−33	0.737988	−5.2	47°33′41.9″
γ_4							81°59′56.5″

(4) 변장 및 방위각 계산

① 사각망 구성

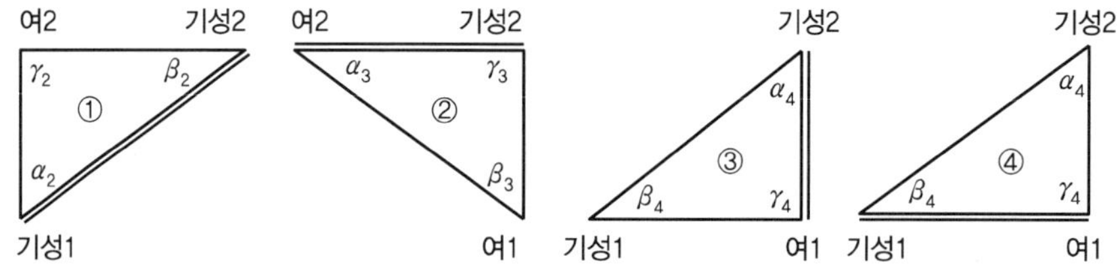

② 변장 계산

방향	변장 계산	변장
기성1 → 기성2	$\sqrt{(\Delta X)^2+(\Delta Y)^2}=\sqrt{(+984.77)^2+(1896.80)^2}$	=2137.20m
기성1 → 여2	$\frac{\sin\beta_2}{\sin\gamma_2}\times(\overline{기성1-기성2})=\frac{\sin 49°48'02.9''}{\sin 70°18'34.5''}\times 2137.20$	=1733.78m
기성2 → 여2	$\frac{\sin\alpha_2}{\sin\gamma_2}\times(\overline{기성1-기성2})=\frac{\sin 59°53'22.6''}{\sin 70°18'34.5''}\times 2137.20$	=1963.63m
여2 → 여1	$\frac{\sin\gamma_3}{\sin\beta_3}\times(\overline{기성2-여2})=\frac{\sin 100°14'24.5''}{\sin 44°51'34.2''}\times 1963.63$	=2739.48m
기성2 → 여1	$\frac{\sin\alpha_3}{\sin\beta_3}\times(\overline{기성2-여2})=\frac{\sin 34°54'01.3''}{\sin 44°51'34.2''}\times 1963.63$	=1592.77m
여1 → 기성1	$\frac{\sin\alpha_4}{\sin\beta_4}\times(\overline{기성2-여1})=\frac{\sin 50°26'21.6''}{\sin 47°33'41.9''}\times 1592.77$	=1663.88m
기성2 → 기성1	$\frac{\sin\gamma_4}{\sin\beta_4}\times(\overline{기성2-여1})=\frac{\sin 81°59'56.5''}{\sin 47°33'41.9''}\times 1592.77$	=2137.21m
기성1 → 기성2	$\frac{\sin\gamma_4}{\sin\alpha_4}\times(\overline{기성1-여1})=\frac{\sin 81°59'56.5''}{\sin 50°26'21.6''}\times 1663.88$	=2137.21m
여1 → 기성2	$\frac{\sin\beta_4}{\sin\alpha_4}\times(\overline{기성1-여1})=\frac{\sin 47°33'41.9''}{\sin 50°26'21.6''}\times 1663.88$	=1592.77m

③ 방위각 계산

방향	방위각 계산	방위각
기성1 → 기성2	$\theta=\tan^{-1}\left(\frac{+1896.80}{+984.77}\right)=62°33'46.1''$(I 상한)	$=62°33'46.1''$
기성1 → 여2	$V_{기성1}^{기성2}-\alpha_2=62°33'46.1''-59°53'22.6''$	$=2°40'23.5''$
기성2 → 여2	$V_{기성2}^{기성1}+\beta_2=(62°33'46.1''+180°)+49°48'02.9''$	$=292°21'49.0''$
여2 → 여1	$V_{여2}^{기성2}+\alpha_3=(292°21'49.0''-180°)+34°54'01.3''$	$=147°15'50.3''$
기성2 → 여1	$V_{기성2}^{여2}-\gamma_3=292°21'49.0''-100°14'24.5''$	$=192°07'24.5''$
여1 → 기성1	$V_{여1}^{기성2}-\gamma_4=(192°07'24.5''+180°)-81°59'56.5''$	$=290°07'28.0''$
기성2 → 기성1	$V_{기성2}^{여1}+\alpha_4=192°07'24.5''+50°26'21.6''$	$=242°33'46.1''$
기성1 → 기성2	$V_{기성1}^{여1}-\beta_4=(290°07'28.0''-180°)-47°33'41.9''$	$=62°33'46.1''$
여1 → 기성2	$V_{여1}^{기성1}+\gamma_4=290°07'28.0''+81°59'56.5''$	$=12°07'24.5''$

(5) 종 · 횡선좌표 계산

$\Delta X = l \cdot \cos V$, $\Delta Y = l \cdot \sin V$

방향	종선좌표 = 기지점의 X좌표 + ΔX	횡선좌표 = 기지점의 Y좌표 + ΔY
기성1 → 여2	453278.75+1731.89=455010.64	192562.46+80.86=192643.32
기성2 → 여2	454263.52+747.13=455010.65	194459.26+(−1815.94)=192643.32
평균	455010.64	192643.32
여2 → 여1	455010.64+(−2304.37)=452706.27	192643.32+1481.43=194124.75
기성2 → 여1	454263.52+(−1557.25)=452706.27	194459.26+(−334.51)=194124.75
평균	452706.27	194124.75
여1 → 기성1	452706.27+572.48=453278.75	194124.75+(−1562.30)=192562.45
기성2 → 기성1	454263.52+(−984.78)=453278.74	194459.26+(−1896.81)=192562.45
평균	453278.74	192562.45
기성1 → 기성2	453278.74+984.78=454263.52	192562.45+1896.81=194459.26
여1 → 기성2	452706.27+1557.25=454263.52	194124.75+334.51=194459.26
평균	454263.52	194459.26

사 각 망 조 정 계 산 부

점명	각명	관측각	각규약 ε/8	각규약 e	각규약 조정각	sinα / sinβ	Δα / Δβ	sinα′ / sinβ′	$\alpha-x_1''$ / $\beta+x_1''$	변규약 조정각
여1	α_1	37°08′20″.2	+2″.8	−5″.9	37°08′17″.1	0.603738	+39	0.603777	+5″.2	37°08′22″.3
여2	β_1	35 24 36.4	+2.8	−0.8	35 24 38.4	0.579433	−40	0.579393	−5.2	35 24 33.2
									γ_1	107 27 04.5
기성1	α_2	59°53′15″.4	+2″.8	−0″.8	59°53′17″.4	0.865048	+24	0.865072	+5″.2	59°53′22″.6
기성2	β_2	49 47 59.4	+2.8	+5.9	49 48 08.1	0.763821	−31	0.763790	−5.2	49 48 02.9
									γ_2	70 18 34.5
여2	α_3	34°53′47″.4	+2″.8	+5″.9	34°53′56″.1	0.572130	+40	0.572170	+5″.2	34°54′01″.3
여1	β_3	44 51 35.8	+2.8	+0.8	44 51 39.4	0.705389	−34	0.705355	−5.2	44 51 34.2
									γ_3	100 14 24.5
기성2	α_4	50°26′12″.8	+2″.8	+0″.8	50°26′16″.4	0.770935	+31	0.770966	+5″.2	50°26′21″.6
기성1	β_4	47 33 50.2	+2.8	−5.9	47 33 47.1	0.738021	−33	0.737988	−5.2	47 33 41.9
									γ_4	81 59 56.5

변장 $a\times\frac{\sin\alpha(\gamma)}{\sin\beta}$	방위각	종횡선좌표 X	종횡선좌표 Y	점명
기성1 → 기성2	기성1 → 기성2	453278.^{m}75	192562.^{m}46	기성1
2137.^{m}20	62°33′46″.1	454263.52	194459.26	기성2
기성1 → 여2	기성1 → 여2	455010.64	192643.32	여2
1733.78	2 40 23 5			
기성2 → 여2	기성2 → 여2	455010.65	192643.32	
1963.63	292 21 49 0			
	평균	455010.64	192643.32	
여2 → 여1	여2 → 여1	452706.27	194124.75	여1
2739.48	147 15 50 3			
기성2 → 여1	기성2 → 여1	452706.27	194124.75	
1592.77	192 07 24 5			
	평균	452706.27	194124.75	
여1 → 기성1	여1 → 기성1	453278.75	192562.45	기성1
1663.88	290 07 28 0			
기성2 → 기성1	기성2 → 기성1	453278.74	192562.45	
2137.21	242 33 46 1			
	평균	453278.74	192562.45	
기성1 → 기성2	기성1 → 기성2	454263.52	194459.26	기성2
2137.21	62 33 46 1			
여1 → 기성2	여1 → 기성2	454263.52	194459.26	
1592.77	12 07 24 5			
		454263.52	194459.26	

$\Sigma\alpha+\Sigma\beta=$	359°59′37″.6
−)	360 00 00.0
$\varepsilon=$	−22.4
$\varepsilon/8=$	−2.8

조정각 합계: 360°00′00″.0

Π sinα	0.230357
E_1 Π sinβ	0.230405
Π sinα′	0.230404
E_2 Π sinβ′	0.230359

$\alpha_1+\beta_4=$ 84°42′10″.4

−) $\alpha_3+\beta_2=$ 84 41 46 8

$\frac{e_1}{4}=+5.9''$

$e_1=+23.6''$

$\alpha_2+\beta_1=$ 95°17′51″.8

−) $\alpha_4+\beta_3=$ 95 17 48.6

$\frac{e_2}{4}=+0.8''$

$e_2=+3.2''$

$$E_1=\frac{\Pi\ \sin\alpha}{\Pi\ \sin\beta}-1=-208$$

$$E_2=\frac{\Pi\ \sin\alpha'}{\Pi\ \sin\beta'}-1=+195$$

$$|E_1-E_2|=403$$

$\Delta\alpha,\ \Delta\beta=10''$차임

$$x_1''=\frac{10''\times E_1}{|E_1-E_2|}=-5.2''$$

$$x_2''=\frac{10''\times E_2}{|E_1-E_2|}=+4.8''$$

검산 : $x_1''+x_2''=10''$

약도

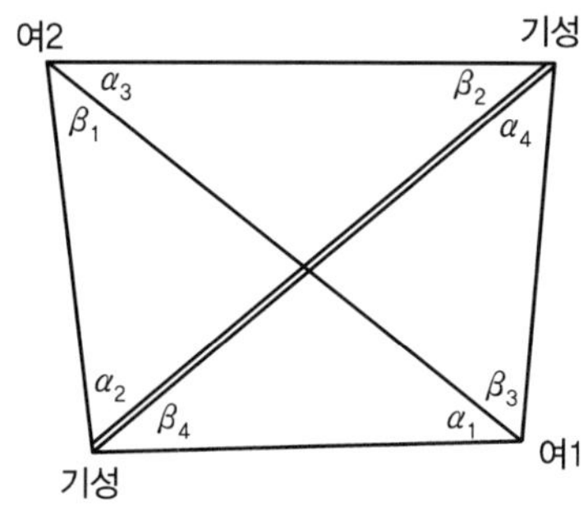

02 (1) θ 계산

$\theta = V_C^B - V_C^A = 131°48'25'' - 42°32'43'' = 89°15'42''$

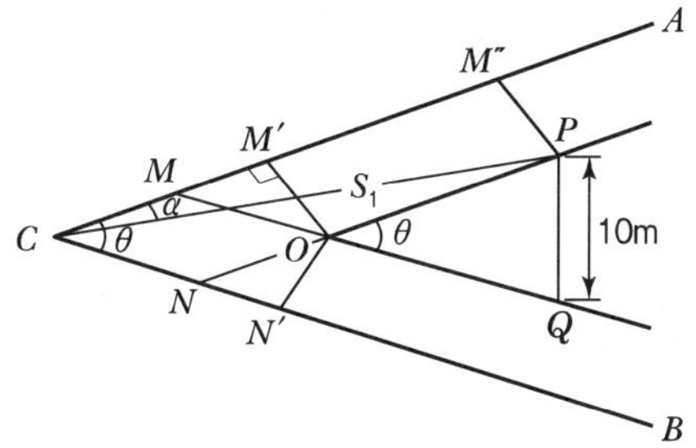

(2) $\overline{CM}$ 계산

$\triangle NON'$에서 $\sin\theta = \dfrac{\overline{ON'}}{\overline{NO}}$ 이고, $\overline{CM} = \overline{NO}$ 이므로 $\sin\theta = \dfrac{\overline{ON'}}{\overline{CM}}$ 이다.

$\therefore \overline{CM} = \dfrac{\overline{ON'}}{\sin\theta} = \dfrac{L_2}{\sin\theta} = \dfrac{15}{\sin 89°15'42''} = 15.001\text{m}$

(3) $\overline{MM'}$ 계산

$\Delta MOM'$에서 $\tan\theta = \dfrac{\overline{OM'}}{\overline{MM'}}$ 이고 $\overline{OM'} = L_1$ 이므로 $\tan\theta = \dfrac{L_1}{\overline{MM'}}$ 이다.

$\overline{MM'} = \dfrac{L_1}{\tan\theta} = \dfrac{15}{\tan 89°15'42''} = 0.193\text{m}$

(4) $\overline{OP}$ 계산

$\Delta OPP'$에서 $\sin\dfrac{\theta}{2} = \dfrac{\overline{PP'}}{\overline{OP}}$ 이고, $\sin\dfrac{\theta}{2} = \dfrac{5}{\overline{OP}}$ 이며

$\overline{OP} = \dfrac{5}{\sin\dfrac{\theta}{2}} = \dfrac{5}{\sin\dfrac{89°15'42''}{2}} = 7.117\text{m}$

(5) $\overline{CP}$ 계산(S_1)

$\overline{CP} = \sqrt{(\overline{CM} + \overline{MM'} + \overline{OP})^2 + (L_1)^2} = \sqrt{(15.001 + 0.193 + 7.117)^2 + (15)^2} = 26.885\text{m}$

(6) $\overline{CP}$ 의 방위각(V_C^P)

$\Delta CPM''$에서 $\sin\alpha = \dfrac{\overline{PM''}}{\overline{CP}}$ 이고 $\sin\alpha = \dfrac{15}{26.885}$

$\alpha = \sin^{-1}\left(\dfrac{15}{26.885}\right) = 33°54'46''$

$V_C^P = V_C^A + \alpha = 42°32'43'' + 33°54'46'' = 76°27'29''$

(7) P점의 좌표 계산

$P_X = C_X + (\overline{CP} \times \cos\ V_C^P) = 4067.704 + (26.885 \times \cos 76°27'29'') = 4073.999\text{m}$

$O_Y = C_Y + (\overline{CP} \times \sin\ V_C^P) = 7199.966 + (26.885 \times \sin 76°27'29'') = 7226.104\text{m}$

03 (1) 방위각 계산

① $V_a{}^c$ 방위각 계산(α)

$\Delta x_a{}^c = 2755.30 - 2421.65 = +333.65\text{m}$

$\Delta y_a{}^c = 3153.55 - 3000.23 = +153.32\text{m}$

$\theta = \tan^{-1}\dfrac{\Delta y}{\Delta x} = \tan^{-1}\dfrac{+153.32}{+333.65} = 24°40'47.6''$(Ⅰ 상한)

$V_a{}^c = \theta = 24°40'47.6''$

② $V_b{}^d$ 방위각 계산(β)

$\Delta x_b{}^d = 2423.58 - 2310.05 = +113.53\text{m}$

$\Delta y_b{}^d = 3021.58 - 3633.21 = -611.63\text{m}$

$\theta = \tan^{-1}\dfrac{\Delta y}{\Delta x} = \tan^{-1}\dfrac{-611.63}{+113.53} = 79°29'04.2''$(Ⅳ상한)

$V_b{}^d = 360° - \theta = 360° - 79°29'04.2'' = 280°30'55.8''$

③ $V_a{}^b$ 방위각 계산

$\Delta x_a{}^b = 2310.05 - 2421.65 = -111.60\text{m}$

$\Delta y_a{}^b = 3633.21 - 3000.23 = +632.98\text{m}$

$\theta = \tan^{-1}\dfrac{\Delta y}{\Delta x} = \tan^{-1}\dfrac{+632.98}{-111.60} = 80°00'03.6''$(Ⅱ 상한)

$V_a{}^b = 180° - \theta = 180° - 80°00'03.6'' = 99°59'56.4''$

④ $\alpha - \beta$ 계산

$\alpha - \beta = 24°40'47.6'' - 280°30'55.8''$

$= -255°50'08.2'' + 360° = 104°09'51.8''$

(2) 거리 계산

$$S_1 = \frac{\Delta y_a{}^b \cos\beta - \Delta x_a{}^b \sin\beta}{\sin(\alpha-\beta)},\quad S_2 = \frac{\Delta y_a{}^b \cos\alpha - \Delta x_a{}^b \sin\alpha}{\sin(\alpha-\beta)}$$

① S_1 계산

$$S_1 = \frac{\Delta y_a{}^b \cos\beta - \Delta x_a{}^b \sin\beta}{\sin(\alpha-\beta)}$$

$$= \frac{(632.98 \times \cos 280°30'55.8'') - (-111.60 \times \sin 280°30'55.8'')}{\sin 104°09'51.8''} = 5.9757\text{m}$$

② S_2 계산

$$S_2 = \frac{\Delta y_a{}^b \cos\alpha - \Delta x_a{}^b \sin\alpha}{\sin(\alpha - \beta)}$$

$$= \frac{(632.98 \times \cos 24°40'47.6'') - (-111.60 \times \sin 24°40'47.6'')}{\sin 104°09'51.8''} = 641.2543\text{m}$$

(3) 소구점 P의 좌표 계산

A점에서 P점 좌표 계산	$X_P = X_A + (S_1 \times \cos\alpha) = 2421.65 + (5.9757 \times \cos 24°40'47.6'') = 2427.08\text{m}$ $Y_P = Y_A + (S_1 \times \sin\alpha) = 3000.23 + (5.9757 \times \sin 24°40'47.6'') = 3002.73\text{m}$
B점에서 P점 좌표 계산	$X_P = X_B + (S_2 \times \cos\beta) = 2310.05 + (641.2543 \times \cos 280°30'55.8'') = 2427.08\text{m}$ $Y_P = Y_B + (S_2 \times \sin\beta) = 3633.21 + (641.2543 \times \sin 280°30'55.8'') = 3002.73\text{m}$
P점 평균좌표	$X = \frac{X_{P_1} + X_{P_2}}{2} = \frac{2427.08 + 2427.08}{2} = 2427.08\text{m}$ $Y = \frac{Y_{P_1} + Y_{P_2}}{2} = \frac{3002.73 + 3002.73}{2} = 3002.73\text{m}$

교 차 점 계 산 부

소구점
P

공식

$$S_1 = \frac{\Delta y_a{}^b \cos\beta - \Delta x_a{}^b \sin\beta}{\sin(\alpha - \beta)}$$

$$S_2 = \frac{\Delta y_a{}^b \cos\alpha - \Delta x_a{}^b \sin\alpha}{\sin(\alpha - \beta)}$$

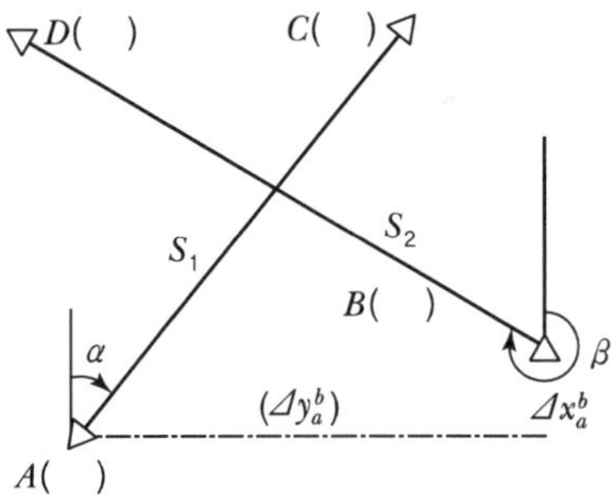

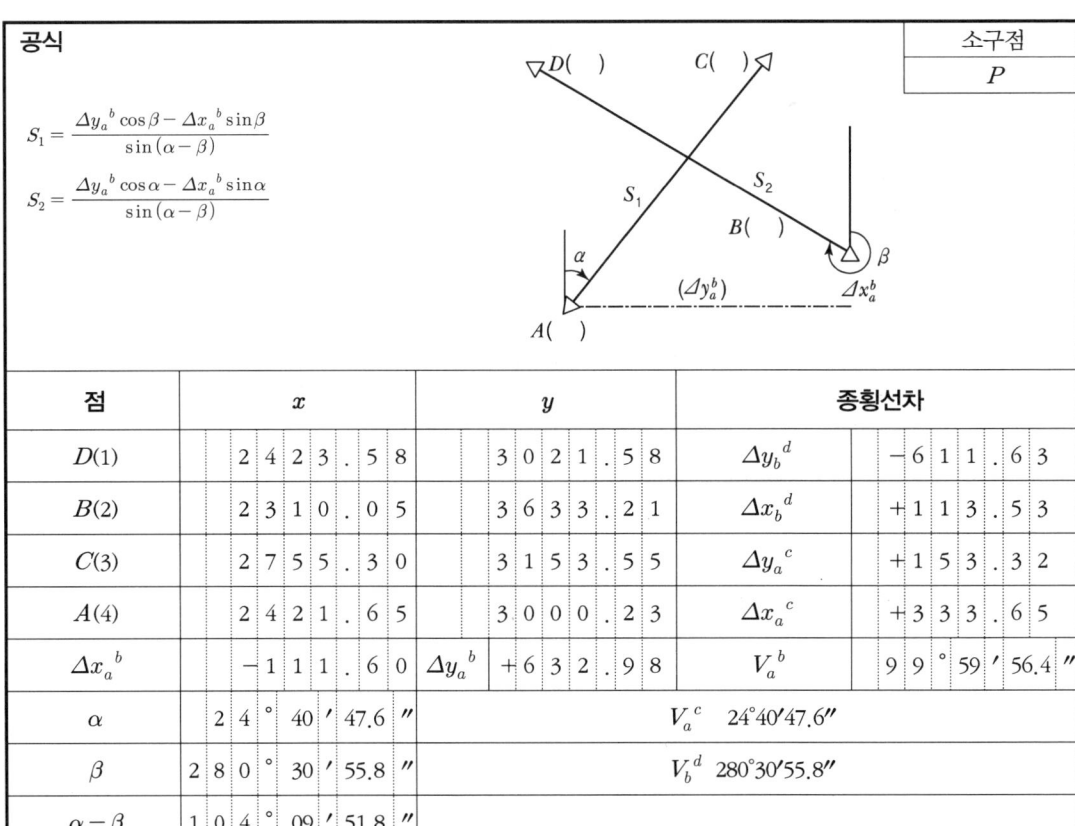

점	x	y	종횡선차	
$D(1)$	2423.58	3021.58	$\Delta y_b{}^d$	−611.63
$B(2)$	2310.05	3633.21	$\Delta x_b{}^d$	+113.53
$C(3)$	2755.30	3153.55	$\Delta y_a{}^c$	+153.32
$A(4)$	2421.65	3000.23	$\Delta x_a{}^c$	+333.65
$\Delta x_a{}^b$	−111.60	$\Delta y_a{}^b$ +632.98	$V_a{}^b$	99°59′56.4″
α	24°40′47.6″	$V_a{}^c$ 24°40′47.6″		
β	280°30′55.8″	$V_b{}^d$ 280°30′55.8″		
$\alpha - \beta$	104°09′51.8″			

$(\Delta y_a{}^b \cdot \cos\beta - \Delta x_a{}^b \cdot \sin\beta)/\sin(\alpha-\beta) = S_1$			5.9757
$S_1 \cdot \cos\alpha$	+5.43	$S_1 \cdot \sin\alpha$	+2.50
x_a	2421.65 (+	y_a	3000.23 (+
x	2427.08	y	3002.73

$(\Delta y_a{}^b \cdot \cos\alpha - \Delta x_a{}^b \cdot \sin\alpha)/\sin(\alpha-\beta) = S_2$			641.2543
$S_2 \cdot \cos\beta$	+117.03	$S_2 \cdot \sin\beta$	−630.48
x_b	2310.05 (+	y_b	3633.21 (+
x	2427.08	y	3002.73

X	2427.08	Y	3002.73

04 (1) 연직각에 의한 계산

① $\frac{1}{2}(\alpha_1+\alpha_2)=\frac{1}{2}(2°19'33''+2°20'05'')=2°19'49''$[$\alpha_1$, α_2는 절대치]

② $D\cdot\cos\frac{1}{2}(\alpha_1+\alpha_2)=912.85\times0.999173=912.10\text{m}$

③ $H_1{}'$ 및 $H_2{}'$ 계산

$H_1{}'=H_1+i=$ 표고+기계고$=121.55+1.56=123.11\text{m}$

$H_2{}'=H_2+f=$표고+시준고$=85.99+1.55=87.54\text{m}$

④ 연직각에 의한 기준면거리(S) 계산

$$S=D\cdot\cos\frac{1}{2}(\alpha_1+\alpha_2)-\frac{D(H_1{}'+H_2{}')}{2R}$$

$S=D\cdot\cos\frac{1}{2}(\alpha_1+\alpha_2)-\frac{D(H_1{}'+H_2{}')}{2R}=912.10-0.015=912.085\text{m}$

⑤ 축척계수(K) 계산

$$K=1+\frac{(Y_1+Y_2)^2}{8R^2}$$

$K=1+\frac{(Y_1+Y_2)^2}{8R^2}=1+\frac{3080.25}{324839427.7}=1.000009$

⑥ 평면거리(D) 계산

$D=S\times K=912.085\times1.000009=912.093\text{m}$

(2) 표고에 의한 계산

① $D-\frac{(H_1{}'-H_2{}')^2}{2D}$ 계산

$D-\frac{(H_1{}'-H_2{}')^2}{2D}=912.85-0.69=912.16\text{m}$

② 표고에 의한 기준면거리(S) 계산

$$S=D-\frac{(H_1{}'-H_2{}')^2}{2D}-\frac{D(H_1{}'+H_2{}')}{2R}$$

$S=D-\frac{(H_1{}'-H_2{}')^2}{2D}-\frac{D(H_1{}'+H_2{}')}{2R}=912.16-0.015=912.145\text{m}$

③ 평면거리(D) 계산

$D=S\times K=912.145\times1.000009=912.153\text{m}$

(3) 평면거리 평균(D_0) 계산

$D_0=\frac{(912.093+912.153)}{2}=912.12\text{m}$

평 면 거 리 계 산 부

약도

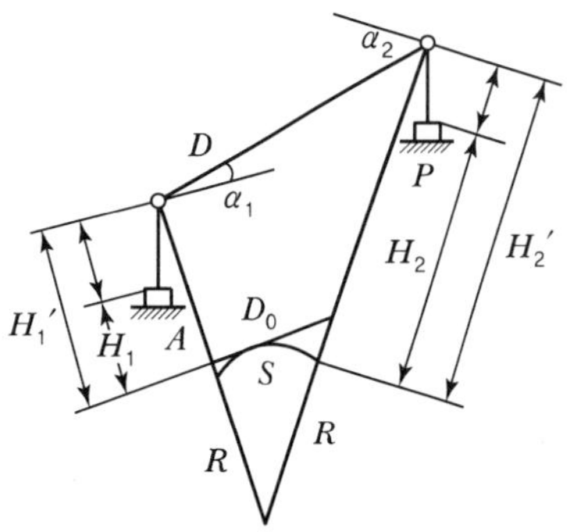

공식

- 연직각에 의한 계산 $S = D \cdot \cos\frac{1}{2}(\alpha_1 + \alpha_2) - \frac{D(H_1' + H_2')}{2R}$
- 표고에 의한 계산 $S = D - \frac{(H_1' - H_2')^2}{2D} - \frac{D(H_1' + H_2')}{2R}$
- 평면거리 $D_0 = S \times K \left[K = 1 + \frac{(Y_1 + Y_2)^2}{8R^2} \right]$

D = 경사거리, S = 기준면거리, H_1, H_2 = 표고
R = 곡률반경(6372199.7m), i = 기계고, f = 시준고
α_1, α_2 = 연직각(절대치), K = 축척계수
Y_1, Y_2 = 원점에서 삼각점까지의 횡선거리(km)

연직각에 의한 계산		표고에 의한 계산	
방향	서울 1 점 → 보 2 점		
D	912.85 m	D	912.85 m
α_1	−2° 19′ 33″	$2D$	1825.70
α_2	+2 20 05	H_1'	123.11
$\frac{1}{2}(\alpha_1 + \alpha_2)$	2 19 49	H_2'	87.54
$\cos\frac{1}{2}(\alpha_1 + \alpha_2)$	0.999173	$(H_1' - H_2')$	35.57
$D \cdot \cos\frac{1}{2}(\alpha_1 + \alpha_2)$	912.10 m	$(H_1' - H_2')^2$	1265.22

$H_1' = H_1 + i$	123.11	$\frac{(H_1' - H_2')^2}{2D}$	0.69
$H_2' = H_2 + f$	87.54	$D - \frac{(H_1' - H_2')^2}{2D}$	912.16
R	6372199.7	R	6372199.7
$2R$	12744399.3	$2R$	12744399.3
$\frac{D(H_1' + H_2')}{2R}$	0.015	$\frac{D(H_1' + H_2')}{2R}$	0.015
S	912.085	S	912.145
Y_1	33.3 km	Y_1	33.3 km
Y_2	22.2 km	Y_2	22.2 km
$(Y_1 + Y_2)^2$	3080.25	$(Y_1 + Y_2)^2$	3080.25
$8R^2$	324839427.7 km	$8R^2$	324839427.7 km
$K = 1 + \frac{(Y_1 + Y_2)^2}{8R^2}$	1.000009	$K = 1 + \frac{(Y_1 + Y_2)^2}{8R^2}$	1.000009
$S \times K$	912.093 m	$S \times K$	912.153 m
평균(D_0)	912.12 m		
계산자		검사자	

05 (1) γ_1, γ_2, γ_3 계산

① γ_1 계산

$\Delta O'P_2P_2'$에서 sine법칙에 의하면 $\dfrac{\overline{O'P_2}}{\sin 90°} = \dfrac{K_2}{\sin r_1}$

$$\sin r_1 = \frac{K_2 \times \sin 90°}{\overline{O'P_2}}$$

$$r_1 = \sin^{-1}\left(\frac{K_2 \times \sin 90°}{\overline{O'P_2}}\right) = \sin^{-1}\left(\frac{2.18 \times \sin 90°}{2343.25}\right) = 0°3'11.9''$$

② γ_2 계산

$\Delta OP_2O'$에서 sine법칙에 의하면 $\dfrac{\overline{OP_2}}{\sin\angle OO'P_2} = \dfrac{K_1}{\sin r_2}$

$$\sin r_2 = \frac{K_1 \times \sin\angle OO'P_2}{\overline{OP_2}}$$

$$r_2 = \sin^{-1}\left(\frac{K_1 \times \sin\angle OO'P_2}{\overline{OP_2}}\right) = \sin^{-1}\left(\frac{3.25 \times \sin 129°51'26.9''}{2345.67}\right) = 0°3'39.4''$$

$$\angle OO'P_2 = (360° - \theta) + a' - r_1 = (360° - 302°36'45.5'') + 72°31'24.3'' - 0°3'11.9''$$

$$= 129°51'26.9''$$

③ γ_3 계산

$\Delta OP_1O'$에서 sine법칙에 의하면 $\dfrac{\overline{OP_1}}{\sin(360° - \theta)} = \dfrac{K_1}{\sin r_3}$

$$\sin r_3 = \frac{K_1 \times \sin(360° - \theta)}{\overline{OP_1}}$$

$$r_3 = \sin^{-1}\left(\frac{K_1 \times \sin(360° - \theta)}{\overline{OP_1}}\right) = \sin^{-1}\left(\frac{3.25 \times \sin(360° - 302°36'45.5'')}{1234.56}\right) = 0°7'37.4''$$

(2) a 계산

$$a + \gamma_3 = (a' - \gamma_1) + \gamma_2$$

$$a = (a' - \gamma_1) + \gamma_2 - \gamma_3 = (72°31'24.3'' - 0°3'11.9'') + 0°3'39.4'' - 0°7'37.4'' = 72°24'14.4''$$

06 (1) 방위각 및 거리 계산

① V_B^C 계산

$$\theta = \tan^{-1}\left(\frac{\Delta Y}{\Delta X}\right) = \tan^{-1}\left(\frac{1493.20-1437.63}{1690.10-1769.10}\right) = \tan^{-1}\left(\frac{+55.57}{-79.00}\right) = 35°07'24''(\text{Ⅱ 상한})$$

$V_B^C = 180° - \theta = 144°52'36''$

② $\overline{BC}$ 계산

$\overline{BC} = \sqrt{-79.00^2 + 55.57^2} = 96.59\text{m}$

③ V_C^D 계산

$$\theta = \tan^{-1}\left(\frac{\Delta Y}{\Delta X}\right) = \tan^{-1}\left(\frac{1534.10-1493.20}{1723.20-1690.10}\right) = \tan^{-1}\left(\frac{+40.90}{+33.10}\right) = 51°01'01''(\text{Ⅰ 상한})$$

$V_C^D = \theta = 51°01'01''$

④ $\overline{AD}$ 계산

$\overline{AD} = \sqrt{(1723.20-1823.40)^2 + (1534.10-1464.40)^2} = 122.06\text{m}$

(2) ϕ 계산

$\phi = V_B^C - V_C^D = 144°52'36'' - 51°01'01'' = 93°51'35''$

(3) H 계산

$$\sin\phi = \frac{H}{\overline{PQ}}$$

$\overline{PQ} = \overline{CD}$이므로 $\overline{CD} = \sqrt{33.10^2 + 40.90^2} = 52.62\text{m}$

$H = \overline{PQ} \cdot \sin\phi = 52.62 \times \sin 93°51'35'' = 52.50\text{m}$

(4) AP 계산

① 평행사변형 면적(F)

☞ 문제에서 ABCD에서 면적증감 없이 경계선 $\overline{AB}$를 $\overline{CD}$에 평행한 직선 $\overline{PQ}$로 정정하므로 면적(F) = □$ADCB$ = □$PDCQ$와 같다.

$$\text{사다리꼴의 넓이}(F) = \frac{1}{2} \times (\text{윗변} + \text{아랫변}) \times \text{높이}$$

$$= \frac{1}{2} \times (\overline{BC} + \overline{AD}) \times H$$

$$= \frac{1}{2} \times (96.59 + 122.06) \times 52.50 = 5739.56\text{m}^2$$

② $\overline{AP} = \overline{AD} - \overline{PD}$이고

평행사변형 면적(F) = 밑변 × 높이 = $\overline{PD} \times H$

$$\overline{PD} = \frac{F}{H} = \frac{5739.56}{52.50} = 109.32\,\text{m}$$

$\therefore\ \overline{AP} = 122.06 - 109.32 = 12.74\text{m}$

07 (1) P점의 좌표

$$X_P = \frac{mX_B + nX_A}{m+n} \text{ 이므로 } X_P = \frac{(4 \times 1086.83) + (3 \times 1061.33)}{4+3} = 1075.90\text{m}$$

$$Y_P = \frac{mY_B + nY_A}{m+n} \text{ 이므로 } Y_P = \frac{(4 \times 2044.27) + (3 \times 2010.27)}{4+3} = 2029.70\text{m}$$

(2) Q점의 좌표 계산(교차점 계산)

① AB 방위각($V_a^{\ b}$)

$$\theta = \tan^{-1}\frac{\Delta Y}{\Delta X} = \tan^{-1}\frac{+34.00}{+25.50} = 53°07'48.4''(\text{ I 상한})$$

$$V_a^{\ b} = \theta = 53°07'48.4''$$

② α 계산

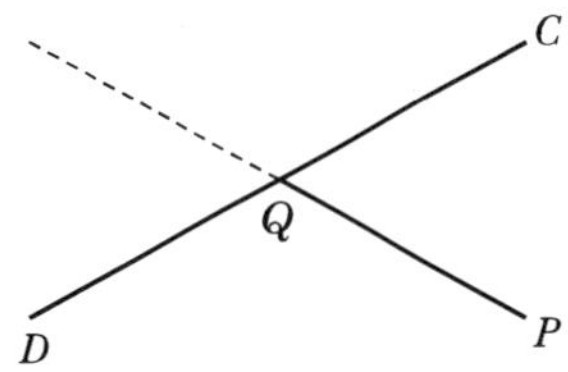

$$\theta = \tan^{-1}\left(\frac{Y_c - Y_d}{X_c - X_d}\right) = \tan^{-1}\frac{+27.15}{+26.21} = 46°00'33.2''(\text{ I 상한})$$

$$\therefore\ \alpha = (V_d^{\ c}) = \theta = 46°00'33.2''$$

③ β 계산

$$\beta(= V_p^{\ a}) = (V_a^{\ b} + 180°) + 90°$$

$$= (53°07'48.4'' + 180°) + 90° = 323°07'48.4''$$

④ $\alpha - \beta = 46°00'33.2'' - 323°07'48.4''$

$$= -277°07'15.2'' + 360° = 82°52'44.8''$$

⑤ 거리(S_1, S_2) 계산

$$\Delta x_d^{\ p} = X_p - X_d = 1075.90 - 1081.33 = -5.43\text{m}$$

$$\Delta y_d^{\ p} = Y_p - Y_d = 2029.70 - 2009.33 = +20.37\text{m}$$

$$S_1 = \frac{\Delta y_d^{\ p}\cos\beta - \Delta x_d^{\ p}\sin\beta}{\sin(\alpha - \beta)}$$

$$= \frac{(20.37 \times \cos 323°07'48.4'') - (-5.43 \times \sin 323°07'48.4'')}{\sin 82°52'44.8''} = 13.1393\text{m}$$

$$S_2 = \frac{\Delta y_d^{\ p}\cos\alpha - \Delta x_d^{\ p}\sin\alpha}{\sin(\alpha - \beta)}$$

$$= \frac{(20.37 \times \cos 46°00'33.2'') - (-5.43 \times \sin 46°00'33.2'')}{\sin 82°52'44.8''} = 18.1948\text{m}$$

(3) 소구점 Q의 좌표 계산

D점에서 Q점 좌표 계산	$X_Q = X_D + (S_1 \times \cos\alpha) = 1081.33 + (13.1393 \times \cos 46°00'33.2'') = 1090.46\text{m}$ $Y_Q = Y_D + (S_1 \times \sin\alpha) = 2009.33 + (13.1393 \times \sin 46°00'33.2'') = 2018.78\text{m}$
P점에서 Q점 좌표 계산	$X_Q = X_P + (S_2 \times \cos\beta) = 1075.90 + (18.1948 \times \cos 323°07'48.4'') = 1090.46\text{m}$ $Y_Q = Y_P + (S_2 \times \sin\beta) = 2029.70 + (18.1948 \times \sin 323°07'48.4'') = 2018.78\text{m}$
Q점 평균좌표	$X = \dfrac{X_{Q_1} + X_{Q_2}}{2} = \dfrac{1090.46 + 1090.46}{2} = 1090.46\text{m}$ $Y = \dfrac{Y_{Q_1} + Y_{Q_2}}{2} = \dfrac{2018.78 + 2018.78}{2} = 2018.78\text{m}$

(4) □$PBCQ$의 면적

측점번호	부호	X_n	Y_n	면적 계산			
				$X_{n+1} - X_{n-1}$ (m)	$Y_{n+1} - Y_{n-1}$ (m)	$X_n(Y_{n+1} - Y_{n-1})$ (m²)	$Y_n(X_{n+1} - X_{n-1})$ (m²)
P		1075.90	2029.70	−3.63	25.49	27424.6910	−7367.8110
B		1086.83	2044.27	31.64	6.78	7368.7074	64680.7028
C		1107.54	2036.48	3.63	−25.49	−28231.1946	7392.4224
Q		1090.46	2018.78	−31.64	−6.78	−7393.3188	−63874.1992
계						−831.1150	831.1150

$2A = -831.1150\text{m}^2$, $2A = +831.1150\text{m}^2$

□$PBCQ$의 면적$(A) = 415.56\text{m}^2$

CHAPTER

02

지적산업기사 실전모의고사 및 해설

실전모의고사 제1회

• NOTICE • 본 실전모의고사는 수험생의 실전 대비 목적으로 작성된 것임을 알려드립니다.

01 교회점의 관측결과에 의하여 주어진 서식을 완성하여 소구점 P점의 좌표를 계산하시오.

(1) 기지점

점명	X	Y
혁신3(A)	441789.67m	227072.14m
혁신5(B)	443024.23m	227072.14m
혁신7(C)	443024.23m	228074.50m

(2) 소구방위각

$V_a = 54°04'50''$

$V_b = 145°12'56''$

$V_c = 207°44'23''$

(3) 약도

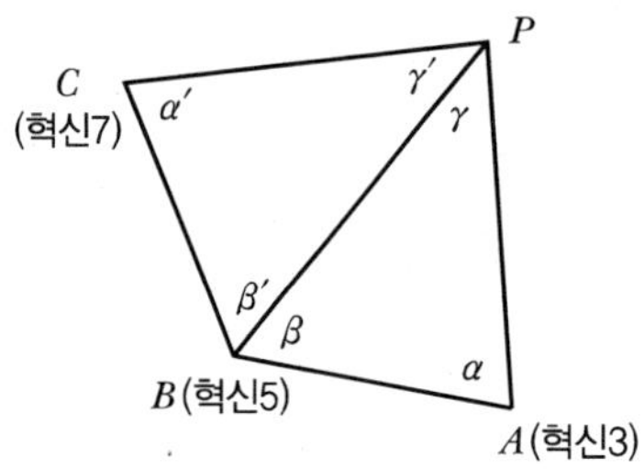

교 회 점 계 산 부

약도

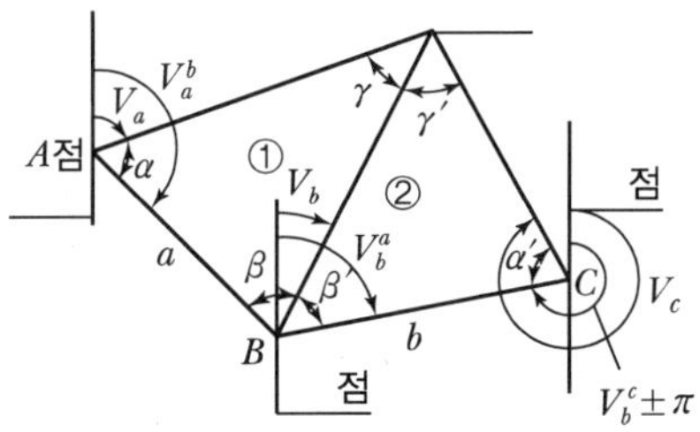

공식

1. 방위(θ) 계산 $\tan\theta = \dfrac{\Delta y}{\Delta x}$
2. 방위각(V) 계산
   Ⅰ상한 : θ Ⅱ상한 : $180° - \theta$
   Ⅲ상한 : $\theta + 180°$ Ⅳ상한 : $360° - \theta$
3. 거리(a 또는 b) 계산 $\sqrt{(\Delta x)^2 + (\Delta y)^2}$
4. 삼각형 내각 계산
   $\alpha = V_a{}^b - V_a$ $\alpha' = V_c - V_b{}^c \pm \pi$
   $\beta = V_b - V_a{}^b \pm \pi$ $\beta' = V_b{}^c - V_b$
   $\gamma = V_a - V_b$ $\gamma' = V_b - V_c$

V_a	V_b	V_c
° ′ ″	° ′ ″	° ′ ″

점명		X	Y	방향	ΔX	ΔY
A		m .	m .	$A \rightarrow B$	m .	m .
B		m .	m .	$B \rightarrow C$	m .	m .
C		m .	m .	$A \rightarrow C$	m .	m .

방 위 각 계 산

방향	→	방향	→
$\theta = \tan^{-1}\dfrac{\Delta Y}{\Delta X}$	° ′ ″	$\theta = \tan^{-1}\dfrac{\Delta Y}{\Delta X}$	° ′ ″
$V_a{}^b$		$V_b{}^c$	

거 리 계 산

$a = \sqrt{(\Delta x)^2 + (\Delta y)^2}$	m .	$b = \sqrt{(\Delta x)^2 + (\Delta y)^2}$	m .

삼 각 형 내 각 계 산

각		내각	각		내각
①	α	° ′ ″	②	α'	° ′ ″
	β			β'	
	γ			γ'	
	합계			합계	

소 구 점 종 횡 선 계 산

①	X_A	m .	①	Y_A	m .
	$\Delta X_1 = \dfrac{a \cdot \sin\beta}{\sin\gamma} \cos V_a$	.		$\Delta Y_1 = \dfrac{a \cdot \sin\beta}{\sin\gamma} \sin V_a$	.
	X_{P1}	.		Y_{P1}	.
②	X_C	.	②	Y_C	.
	$\Delta X_2 = \dfrac{b \cdot \sin\beta'}{\sin\gamma'} \cos V_c$	.		$\Delta Y_2 = \dfrac{b \cdot \sin\beta'}{\sin\gamma'} \sin V_c$	.
	X_{P2}	.		Y_{P2}	.
소구점 X		.	소구점 Y		.

종선교차= m 횡선교차= m 연결교차= m 공차= m

계 산 자 : **검 사 자 :**

02 배각법에 의한 지적도근점측량의 관측성과에 의하여 주어진 서식으로 각 점의 좌표를 계산하시오.(단 도선명은 "가"이고, 축척은 1000분의 1임)

측점	시준점	관측각	수평거리(m)	방위각	X좌표(m)	Y좌표(m)
보1	보2	0°00′00″		78°45′16″	575.75	243.89
보1	1	212°58′13″	85.46			
1	2	53°35′27″	160.31			
2	3	171°15′36″	61.59			
3	4	181°49′54″	126.50			
4	5	176°54′11″	94.27			
5	6	155°27′46″	48.50			
6	7	182°39′25″	45.43			
7	보3	272°33′54″	78.64		75.16	328.59
보3	보4	244°16′23″		290°15′19″		

도 근 측 량 계 산 부(배각법)

측점	시준점	보정치 관측각	반수 수평거리	방위각	종선차(ΔX) 보정치 종선좌표(X)	횡선차(ΔY) 보정치 횡선좌표(Y)
		° ′ ″		° ′ ″	m .	m .
					.	.
					.	.
					.	.
					.	.
					.	.
					.	.
					.	.
					.	.
					.	.
					.	.
					.	.

03 축척 1/1200 지적도 시행지역에서 지번이 100번지인 토지를 분할하여 분할 후 지번이 100, 100−1로 하였을 때 산출면적이 100번지는 245m^2, 100−1번지는 380m^2이었다. 해당 도면의 도곽신축량이 −3.4mm일 경우 도곽신축에 따른 다음 요구사항을 구하시오.(단, 지번 100번지의 원면적은 638m^2이고, 계산은 「공간정보의 구축 및 관리 등에 관한 법률」 및 「지적측량 시행규칙」에 의하고, 도곽신축 보정계수는 소수 4자리까지 구하시오.)

(1) 도곽신축 보정계수

(2) 필지별 보정면적

(3) 신구면적 허용오차

(4) 결정면적

04 세 변의 길이가 다음과 같을 때 삼각형의 면적과 $\angle A$, $\angle B$, $\angle C$를 계산하시오.(단, 면적은 0.1m^2, 각은 1초 단위까지 구하시오.)

$a = 534.67\text{m}$, $b = 723.95\text{m}$, $c = 623.58\text{m}$

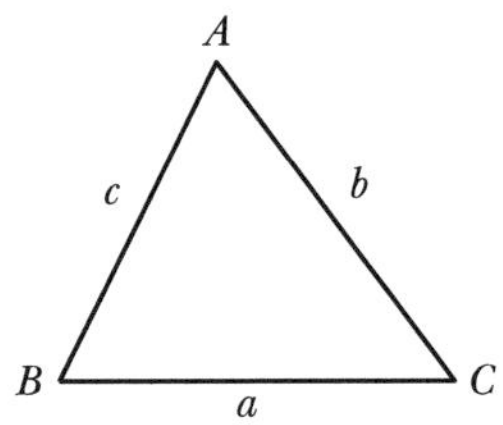

05 토털스테이션을 측점 A에 세우고 3070.45m 떨어져 있는 측점 B를 관측하였을 때, AB 측선에 대하여 직각방향으로 20.21m의 오차가 발생하였다. 이로 인한 방향오차(θ)와 AB' 방위각을 계산하시오.(단, 각은 초 단위, 거리는 cm 단위까지 계산함)

지적측량기준점 좌표	A점 X=1000.0000m, Y=1000.0000m
	B점 X=625.6585m, Y=4047.5452m

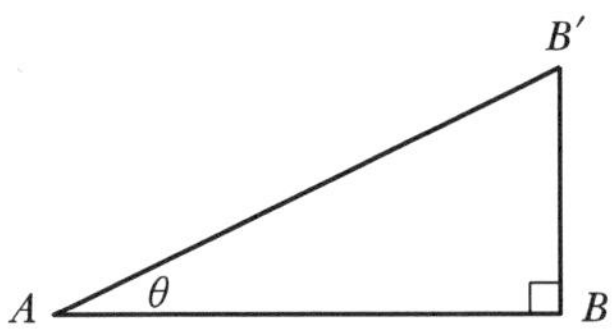

(1) 방향오차(θ)

(2) AB' 방위각

06 다음 그림에서 O, A, B점은 중심점들이다. 주어진 조건에서 S의 길이와 전제면적($\triangle PCD$의 면적), 가구점(C, D)의 좌표를 구하시오.(단, 각도는 초 단위, 거리는 소수점 아래 4자리, 전제면적은 소수점 아래 2자리로 하고 좌표는 cm까지 계산하시오.)

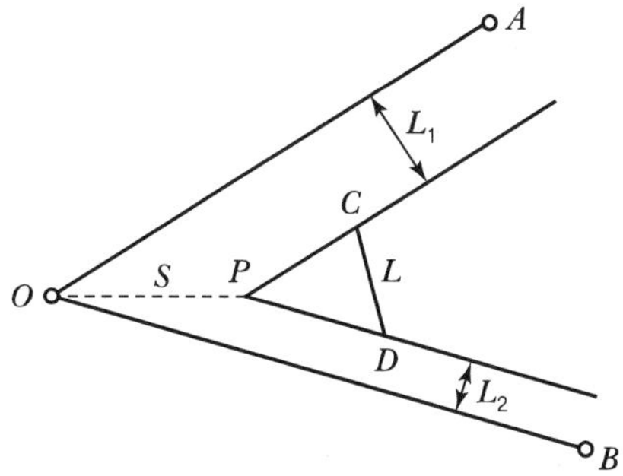

O점의 좌표	X	Y
	420800.94	200878.54
방위각($V_o^{\ a}$)	87°21′56″	
방위각($V_o^{\ b}$)	158°56′33″	
도로폭	$L_1=6\text{m}$, $L_2=5\text{m}$	
CD 길이	$L=5\text{m}$	

(1) 거리(S)

(2) 전제면적($\triangle PCD$의 면적)

(3) 가구점 C, D점의 좌표 계산

실전모의고사 제1회 해설 및 정답

01 (1) ΔX, ΔY 계산

방향	ΔX	ΔY
$A \rightarrow B$	443024.23−441789.67=+1234.56	227072.14−227072.14=0.00
$B \rightarrow C$	443024.23−443024.23=0.00	228074.50−227072.14=+1002.36
$A \rightarrow C$	443024.23−441789.67=+1234.56	228074.50−227072.14=+1002.36

(2) 방위각 계산

① 방향 : 혁신3 → 혁신5

$$\theta = \tan^{-1}\left(\frac{\Delta Y}{\Delta X}\right) = \tan^{-1}\left(\frac{0.00}{+1234.56}\right) = 0°00'00''$$

$V_a{}^b = 0°00'00''$

② 방향 : 혁신5 → 혁신7

$$\theta = \tan^{-1}\left(\frac{+1002.36}{0.00}\right) = 90°00'00''$$

$V_b{}^c = 90°00'00''$

(3) 거리 계산

$$a = \sqrt{(\Delta x)^2 + (\Delta y)^2} = \sqrt{(1234.56)^2 + (0.00)^2} = 1234.56\text{m}$$

$$b = \sqrt{(\Delta x)^2 + (\Delta y)^2} = \sqrt{(0.00)^2 + (1002.36)^2} = 1002.36\text{m}$$

(4) 삼각형 내각 계산

삼각형	내각 계산
$\triangle ABP$	$\alpha = V_a - V_a{}^b = 54°04'50'' - 0°00'00'' = 54°04'50''$
	$\beta = V_b{}^a - V_b = (V_a{}^b \pm 180°) - V_b = (0°00'00'' + 180°) - 145°12'56'' = 34°47'04''$
	$\gamma = V_b - V_a = 145°12'56'' - 54°04'50'' = 91°08'06''$
$\triangle BCP$	$\alpha' = V_c{}^b - V_c = (V_b{}^c \pm 180°) - V_c = (90°00'00'' + 180°) - 207°44'23'' = 62°15'37''$
	$\beta' = V_b - V_b{}^c = 145°12'56'' - 90°00'00'' = 55°12'56''$
	$\gamma' = V_c - V_b = 207°44'23'' - 145°12'56'' = 62°31'27''$

(5) 소구점 종 · 횡선 및 좌표 계산

삼각형	소구점 종 · 횡선 계산 및 소구점 좌표
$\triangle ABP$	$\Delta X_1 = \frac{a \times \sin\beta}{\sin\gamma} \times \cos V_a = \frac{1234.56 \times \sin 34°47'04''}{\sin 91°08'06''} \times \cos 54°04'50'' = +413.26\text{m}$
	$X_{p_1} = X_A + \Delta X_1 = 441789.67 + 413.26 = 442202.93\text{m}$
	$\Delta Y_1 = \frac{a \times \sin\beta}{\sin\gamma} \times \sin V_a = \frac{1234.56 \times \sin 34°47'04''}{\sin 91°08'06''} \times \sin 54°04'50'' = +570.49\text{m}$
	$Y_{p_1} = Y_A + \Delta Y_1 = 227072.14 + 570.49 = 227642.63\text{m}$

삼각형	소구점 종·횡선 계산 및 소구점 좌표
$\triangle BCP$	$\Delta X_2 = \dfrac{b \times \sin\beta'}{\sin\gamma'} \times \cos V_c = \dfrac{1002.36 \times \sin55°12'56''}{\sin62°31'27''} \times \cos207°44'23'' = -821.26\text{m}$
	$X_{p_2} = X_C + \Delta X_2 = 443024.23 + (-821.26) = 442202.97\text{m}$
	$\Delta Y_2 = \dfrac{b \times \sin\beta'}{\sin\gamma'} \times \sin V_c = \dfrac{1002.36 \times \sin55°12'56''}{\sin62°31'27''} \times \sin207°44'23'' = -431.90\text{m}$
	$Y_{p_2} = Y_C + \Delta Y_2 = 228074.50 + (-431.90) = 227642.60\text{m}$

(6) 소구점 좌표 계산

① 소구점 X좌표

$$\frac{X_{P_1} + X_{P_2}}{2} = \frac{442202.93 + 442202.97}{2} = 442202.95\text{m}$$

② 소구점 Y좌표

$$\frac{Y_{P_1} + Y_{P_2}}{2} = \frac{227642.63 + 227642.60}{2} = 227642.62\text{m}$$

(7) 교차 계산

① 종선교차 $= X_{P_2} - X_{P_1} = 442202.97 - 442202.93 = 0.04\text{m}$

② 횡선교차 $= Y_{P_2} - Y_{P_1} = 227642.60 - 227642.63 = -0.03\text{m}$

③ 연결교차 $= \sqrt{(\text{종선교차})^2 + (\text{횡선교차})^2} = \sqrt{(0.04)^2 + (-0.03)^2} = 0.05\text{m}$

④ 공차 $= 0.30\text{m}$

교 회 점 계 산 부

약도

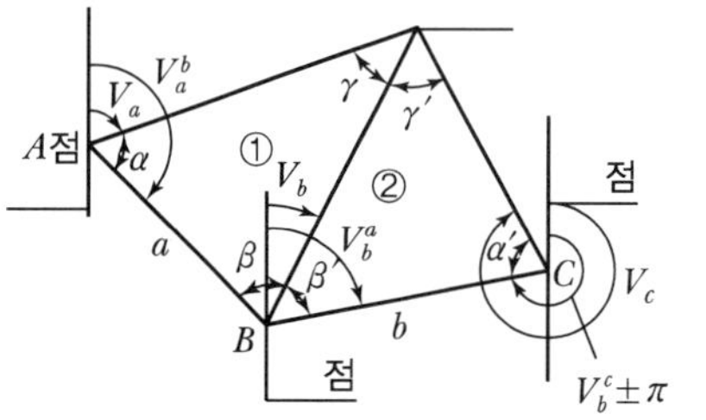

공식

1. 방위(θ) 계산 $\tan\theta = \frac{\Delta y}{\Delta x}$
2. 방위각(V) 계산
   Ⅰ상한 : θ Ⅱ상한 : $180° - \theta$
   Ⅲ상한 : $\theta + 180°$ Ⅳ상한 : $360° - \theta$
3. 거리(a 또는 b) 계산 $\sqrt{(\Delta x)^2 + (\Delta y)^2}$
4. 삼각형 내각 계산
   $\alpha = V_a{}^b - V_a$ $\alpha' = V_c - V_b{}^c \pm \pi$
   $\beta = V_b - V_a{}^b \pm \pi$ $\beta' = V_b{}^c - V_b$
   $\gamma = V_a - V_b$ $\gamma' = V_b - V_c$

V_a	V_b	V_c
54° 04′ 50″	145° 12′ 56″	207° 44′ 23″

점명		X	Y	방향	ΔX	ΔY
A	혁신3	441789.67	227072.14	A→B	+1234.56	0.00
B	혁신5	443024.23	227072.14	B→C	0.00	+1002.36
C	혁신7	443024.23	228074.50	A→C	+1234.56	+1002.36

방 위 각 계 산

방향	혁신3 → 혁신5	방향	혁신5 → 혁신7
$\theta = \tan^{-1}\frac{\Delta Y}{\Delta X}$	0° 00′ 00″	$\theta = \tan^{-1}\frac{\Delta Y}{\Delta X}$	90° 00′ 00″
$V_a{}^b$	0 00 00	$V_b{}^c$	90 00 00

거 리 계 산

$a = \sqrt{(\Delta x)^2 + (\Delta y)^2}$	1234.56	$b = \sqrt{(\Delta x)^2 + (\Delta y)^2}$	1002.36

삼 각 형 내 각 계 산

각		내각	각		내각
①	α	54° 04′ 50″	②	α'	62° 15′ 37″
	β	34 47 04		β'	55 12 56
	γ	91 08 06		γ'	62 31 27
	합계	180 00 00		합계	180 00 00

소 구 점 종 횡 선 계 산

①	X_A	441789.67	①	Y_A	227072.14
	$\Delta X_1 = \frac{a \cdot \sin\beta}{\sin\gamma}\cos V_a$	+413.26		$\Delta Y_1 = \frac{a \cdot \sin\beta}{\sin\gamma}\sin V_a$	+570.49
	X_{P1}	442202.93		Y_{P1}	227642.63
②	X_C	443024.23	②	Y_C	228074.50
	$\Delta X_2 = \frac{b \cdot \sin\beta'}{\sin\gamma'}\cos V_c$	−821.26		$\Delta Y_2 = \frac{b \cdot \sin\beta'}{\sin\gamma'}\sin V_c$	−431.90
	X_{P2}	442202.97		Y_{P2}	227642.60
소구점 X		442202.95	소구점 Y		227642.62

종선교차＝0.04m 횡선교차＝−0.03m 연결교차＝0.05m 공차＝0.30m

계 산 자 :	검 사 자 :

02 (1) 관측각 오차 계산

관측각 오차 $= \sum\alpha - 180(n-1) + T_1 - T_2$

$= 1651°30'49'' - 180°(9-1) + 78°45'16'' - 290°15'19'' = +46''$

(2) 관측각 오차의 공차(폐색오차) 계산

공차(1등 도선) $= \pm 20\sqrt{n}$ 초 $= \pm 20\sqrt{9}$ 초 $= \pm 60''$

(3) 수평거리 합 계산 및 반수 계산

① 수평거리 합=700.70m

② 반수 계산(1000 ÷ 수평거리) 및 반수의 합

1측선	2측선	3측선	4측선	5측선	6측선	7측선	8측선	합계
11.7	6.2	16.2	7.9	10.6	20.6	22.0	12.7	107.9

(4) 각 오차 배부 계산

$$K_n = -\frac{e}{R} \times r$$

(K는 각 측선에 배분할 초단위의 각도, e는 초단위의 오차, R은 폐색변을 포함한 각 측선장 반수의 총합계, r은 각 측선장의 반수)

$$K_1 = -\frac{46}{107.9} \times 11.7 ≒ -4.99 = -5$$

$$K_2 = -\frac{46}{107.9} \times 6.2 ≒ -2.64 = -3$$

$$K_3 = -\frac{46}{107.9} \times 16.2 ≒ -6.91 = -7$$

$$K_4 = -\frac{46}{107.9} \times 7.9 ≒ -3.37 = -3$$

$$K_5 = -\frac{46}{107.9} \times 10.6 ≒ -4.52 = -5$$

$$K_6 = -\frac{46}{107.9} \times 20.6 ≒ -8.78 = -9$$

$$K_7 = -\frac{46}{107.9} \times 22.0 ≒ -9.38 = -9$$

$$K_8 = -\frac{46}{107.9} \times 12.7 ≒ -5.41 = -5$$

소계 $= -46$ 각 오차 $+46''$에 맞도록 오차 배부

(5) 방위각 계산

측점	시준점	방위각 계산	방위각
보1	보2		=78°45′16″
보1	1	78°45′16″−5″+212°58′13″	=291°43′24″
1	2	291°43′24″−180°−3″+53°35′27″	=165°18′48″
2	3	165°18′48″−180°−7″+171°15′36″	=156°34′17″
3	4	156°34′17″−180°−3″+181°49′54″	=158°24′08″
4	5	158°24′08″−180°−5″+176°54′11″	=155°18′14″
5	6	155°18′14″−180°−9″+155°27′46″	=130°45′51″
6	7	130°45′51″−180°−9″+182°39′25″	=133°25′07″
7	보3	133°25′07″−180°−5″+272°33′54″	=225°58′56″
보3	보4	225°58′56″−180°+0″+244°16′23″	=290°15′19″

(6) 종선차(ΔX) 및 횡선차(ΔY) 계산

종선차(ΔX)$=l \times \cos V$, 횡선차(ΔY)$=l \times \sin V$

측점	시준점	종선차(ΔX)	횡선차(ΔY)
보1	1	+31.63	−79.39
1	2	−155.07	+40.64
2	3	−56.51	+24.49
3	4	−117.62	+46.56
4	5	−85.65	+39.39
5	6	−31.67	+36.73
6	7	−31.23	+33.00
7	보3	−54.65	−56.55

(7) 종 · 횡선차 오차 계산

종선차	횡선차
$\Sigma\|\Delta X\|=564.03$	$\Sigma\|\Delta Y\|=356.75$
$\Sigma\Delta X=-500.77$	$\Sigma\Delta Y=+84.87$
기지$=-500.59$	기지$=+84.70$
$f_x=-0.18$	$f_y=+0.17$

(8) 연결오차 및 공차 계산

① 연결오차$=\sqrt{(\text{종선오차})^2+(\text{횡선오차})^2}=\sqrt{(-0.18)^2+(+0.17)^2}=0.25\text{m}$

② 공차(1등 도선)$=\dfrac{M\sqrt{n}}{100}=\dfrac{1000\times\sqrt{7.007}}{100}=\pm 26.47\text{cm}=\pm 0.26\text{m}$

(9) 종 · 횡선차에 대한 보정

$$T = -\frac{e}{L} \times l$$

(T는 각 측선의 종선차 또는 횡선차에 배분할 cm 단위의 수치, e는 종선오차 또는 횡선오차, L은 종선차 또는 횡선차의 절대치 합계, l은 각 측선의 종선차 또는 횡선차)

측점	시준점	종선차(ΔX) 보정치		횡선차(ΔX) 보정치	
보1	1	$-\frac{(-18)}{564.03} \times 31.63$	≒+1.01=0	$-\frac{(+17)}{356.75} \times 79.39$	≒−3.78=−4
1	2	$-\frac{(-18)}{564.03} \times 155.07$	=+5	$-\frac{(+17)}{356.75} \times 40.64$	≒−1.94=−2
2	3	$-\frac{(-18)}{564.03} \times 56.51$	=+2	$-\frac{(+17)}{356.75} \times 24.49$	≒−1.17=−1
3	4	$-\frac{(-18)}{564.03} \times 117.62$	=+4	$-\frac{(+17)}{356.75} \times 46.56$	≒−2.22=−2
4	5	$-\frac{(-18)}{564.03} \times 85.65$	=+3	$-\frac{(+17)}{356.75} \times 39.39$	≒−1.88=−2
5	6	$-\frac{(-18)}{564.03} \times 31.67$	=+1	$-\frac{(+17)}{356.75} \times 36.73$	≒−1.75=−2
6	7	$-\frac{(-18)}{564.03} \times 31.23$	=+1	$-\frac{(+17)}{356.75} \times 33.00$	≒−1.57=−1
7	보3	$-\frac{(-18)}{564.03} \times 54.65$	=+2	$-\frac{(+17)}{356.75} \times 56.55$	≒−2.69=−3
		소계	=+18	소계	=−17

(10) 종 · 횡선좌표 계산

종 · 횡선좌표=기지점의 종 · 횡선좌표+종 · 횡선차(ΔX · ΔY)+보정치

측점	시준점	종선좌표	횡선좌표
보1		575.75	243.89
보1	1	575.75+31.63+0.00=607.38	243.89+(−79.39)+(−0.04)=164.46
1	2	607.38+(−155.07)+0.05=452.36	164.46+40.64+(−0.02)=205.08
2	3	452.36+(−56.51)+0.02 =395.87	205.08+24.49+(−0.01)=229.56
3	4	395.87+(−117.62)+0.04=278.29	229.56+46.56+(−0.02)=276.10
4	5	278.29+(−85.65)+0.03=192.67	276.10+39.39+(−0.02)=315.47
5	6	192.67+(−31.67)+0.01=161.01	315.47+36.73+(−0.02)=352.18
6	7	161.01+(−31.23)+0.01=129.79	352.18+33.00+(−0.01)=385.17
7	보3	129.79+(−54.65)+0.02=75.16	385.17+(−56.55)+(−0.03)=328.59

도 근 측 량 계 산 부(배각법)

측점 "가" 1/1000	시준점	관측각 (보정치)	반수 / 수평거리	방위각	종선차(ΔX) / 보정치 / 종선좌표(X)	횡선차(ΔY) / 보정치 / 횡선좌표(Y)
보1	보2	0° 00′ 00″		78° 45′ 16″	m 575.75	m 243.89
보1	1	−5 212 58 13	11.7 85.46	291 43 24	+31 63 +0 00 607.38	−79 39 −0 04 164.46
1	2	−3 53 35 27	6.2 160.31	165 18 48	−155 07 +0 05 452.36	+40 64 −0 02 205.08
2	3	−7 171 15 36	16.2 61.59	156 34 17	−56 51 +0 02 395.87	+24 49 −0 01 229.56
3	4	−3 181 49 54	7.9 126.50	158 24 08	−117 62 +0 04 278.29	+46 56 −0 02 276.10
4	5	−5 176 54 11	10.6 94.27	155 18 14	−85 65 +0 03 192.67	+39 39 −0 02 315.47
5	6	−9 155 27 46	20.6 48.50	130 45 51	−31 67 +0 01 601.01	+36 73 −0 02 352.18
6	7	−9 182 39 25	22.0 45.43	133 25 07	−31 23 +0 01 129.79	+33 00 −0 01 385.17
7	보3	−5 272 33 54	12.7 78.64	225 58 56	−54 65 +0 02 75.16	−56 55 −0 03 328.59
보3	보4	0 244 16 23	(107.9) 700.70	290 15 19	.	.
	$\Sigma\alpha = 1651°30'49''$ $-180(n-1) = 1440°00'00''$ $+T_1 = 78°45'16''$ $-T_2 = 290°15'19''$				$\Sigma\vert\Delta X\vert = 564.03$ $\Sigma\Delta X = -500.77$ 기지$= -500.59$ $f(x) = -0.18$	$\Sigma\vert\Delta Y\vert = 356.75$ $\Sigma\Delta Y = +84.87$ 기지$= +84.70$ $f(y) = +0.17$
	오차$= +46''$ 공차$= \pm 60''$				연결오차$= 0.25$m 공차$= \pm 0.26$m	

03 (1) 도곽선의 보정계수

$$Z = \frac{X \cdot Y}{\Delta X \cdot \Delta Y}$$

$Z = \frac{X \cdot Y}{\Delta X \cdot \Delta Y} = \frac{400 \times 500}{(400-4.08) \times (500-4.08)} = 1.0186$

$\text{축척} = \frac{\text{도상거리}}{\text{실제거리}},\ \frac{1}{1200} = \frac{-3.4\text{mm}}{\text{실제거리}}$

실제거리 = 3.4mm × 1200 = 4080mm = 4.08m

(2) 필지별 보정면적 계산

필지별 보정면적 = 측정면적 × 도곽선의 보정계수	
100번지 보정면적	245 × 1.0186 = 249.56 = 249.6㎡
100−1번지 보정면적	380 × 1.0186 = 387.07 = 387.1㎡

(3) 신구면적 허용오차

$$A = \pm 0.026^2 M \sqrt{F}$$

$A = \pm 0.026^2 M \sqrt{F} = \pm 0.026^2 \times 1200 \times \sqrt{638} = \pm 20\text{m}^2$

(4) 오차 계산

오차 = 보정면적 합 − 원면적 = $636.7 - 638 = -1.3\text{m}^2$

(5) 산출면적 및 결정면적

$\text{산출면적} = \frac{\text{원면적}}{\text{보정(측정)면적의 합계}} \times \text{필지별 보정(측정)면적}$		결정면적	
100번지 산출면적	$\frac{638}{636.7} \times 249.6 = 250.1$	100번지 결정면적	250㎡
100−1번지 산출면적	$\frac{638}{636.7} \times 387.1 = 387.9$	100−1번지 결정면적	388㎡
소계	638.0㎡	소계	638㎡

04 (1) $\angle A$, $\angle B$, $\angle C$ 계산

코사인 제2법칙을 활용하여

$\angle A = \cos^{-1}\frac{b^2+c^2-a^2}{2bc} = \cos^{-1}\frac{723.95^2+623.58^2-534.67^2}{2 \times 723.95 \times 623.58} = 46°00'35''$

$\angle B = \cos^{-1}\frac{c^2+a^2-b^2}{2ca} = \cos^{-1}\frac{623.58^2+534.67^2-723.95^2}{2 \times 623.58 \times 534.67} = 76°56'44''$

$\angle C = \cos^{-1}\frac{a^2+b^2-c^2}{2ab} = \cos^{-1}\frac{534.67^2+723.95^2-623.58^2}{2 \times 534.67 \times 723.95} = 57°02'41''$

(2) 삼각형의 면적

헤론의 공식 $A = \sqrt{s(s-a)(s-b)(s-c)}$ (단, $s = \frac{a+b+c}{2}$)

$$s = \frac{a+b+c}{2} = \frac{534.67 + 723.95 + 623.58}{2} = 941.10$$

$\triangle ABC$의 면적$(A) = \sqrt{941.10(941.10-534.67)(941.10-723.95)(941.10-623.58)}$

$= 162{,}396.3\text{m}^2$

05 (1) 방향오차(θ) 계산

$\tan\theta = \frac{BB'}{AB}$ 에서 $\theta = \tan^{-1}\frac{BB'}{AB} = \tan^{-1}\frac{20.21}{3070.45} = 0°22'38''$

$\overline{AB} = \sqrt{(-374.3415)^2 + (+3047.5452)^2} = 3070.45\text{m}$

(2) AB' 방위각 계산

① 방위각($V_a^{\ b}$) 계산

$\theta = \tan^{-1}\left(\frac{+3047.5452}{-374.3415}\right) = 82°59'50''$(Ⅱ 상한)

$V_a^{\ b} = (180° - \theta) = 180° - 82°59'50'' = 97°00'10''$

② 방위각($V_a^{\ b'}$) 계산

$V_a^{\ b'} = V_a^{\ b} - \theta = 97°00'10'' - 0°22'38'' = 96°37'32''$

06 (1) 거리(S) 계산

① $\angle AOB$ 계산

$\theta = V_o^{\ b} - V_o^{\ a} = 158°56'33'' - 87°21'56'' = 71°34'37''$

② $OM(=PN)$의 길이

$PN(=OM) = \frac{PN'}{\sin\theta} = \frac{5}{\sin 71°34'37''} = 5.2701\text{m}$

③ MM'의 길이

$MM' = \frac{PM'}{\tan\theta} = \frac{6}{\tan 71°34'37''} = 1.9986\text{m}$

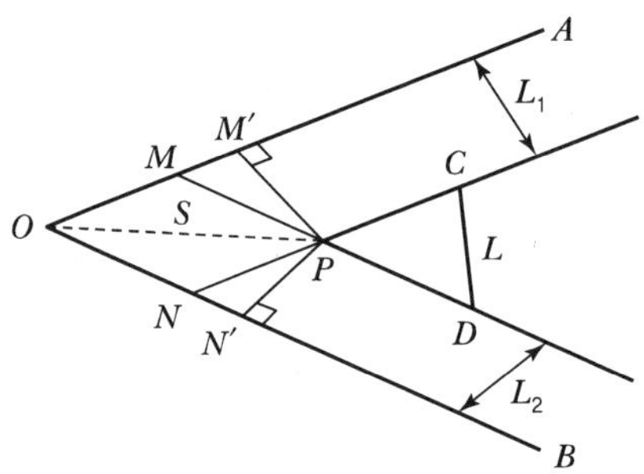

④ OM'의 길이

$OM' = OM + MM' = 5.2701 + 1.9986 = 7.2687\text{m}$

⑤ $OP(=S)$의 길이

$OP(=S) = \sqrt{(OM')^2 + (PM')^2} = \sqrt{(7.2687)^2 + (6)^2} = 9.4252\text{m}$

(2) 전제면적($\triangle PCD$의 면적)

$$전제면적(A) = \left(\frac{L}{2}\right)^2 \times \cot\frac{\theta}{2}$$

$$A = \left(\frac{5}{2}\right)^2 \times \cot\left(\frac{71°34'37''}{2}\right) = 8.67\text{m}^2$$

(3) 가구정점(P), 가구점(C, D)의 좌표 계산

1) 가구정점(P)의 좌표 계산

① $V_o{}^p$ 계산

$$\angle M'OP = \sin^{-1}\frac{PM'}{S} = \sin^{-1}\left(\frac{6}{9.4252}\right) = 39°32'17''$$

$$V_o{}^p = V_o{}^a + \angle M'OP = 87°21'56'' + 39°32'17'' = 126°54'13''$$

② P점의 좌표 계산

$$X_p = X_o + (S \times \cos V_o{}^p) = 420800.94 + (9.4252 \times \cos 126°54'13'') = 420795.28\text{m}$$

$$Y_p = Y_o + (S \times \sin V_o{}^p) = 200878.54 + (9.4252 \times \sin 126°54'13'') = 200886.08\text{m}$$

2) 가구점(C, D)의 좌표 계산

① 전제장 계산

$$전제장(l) = \frac{L}{2} \times \operatorname{cosec}\frac{\theta}{2}$$

$$\overline{PC} = \overline{PD} = \frac{L}{2} \times \operatorname{cosec}\frac{\theta}{2} = \frac{5}{2} \times \operatorname{cosec}\frac{71°34'37''}{2} = 4.2750\text{m}$$

② C점의 좌표 계산

$$X_c = X_p + (\overline{PC} \times \cos V_o{}^a) = 420795.28 + (4.2750 \times \cos 87°21'56'') = 420795.48\text{m}$$

$$Y_c = Y_p + (\overline{PC} \times \sin V_o{}^a) = 200886.08 + (4.2750 \times \sin 87°21'56'') = 200890.35\text{m}$$

③ D점의 좌표 계산

$$X_D = X_p + (\overline{PD} \times \cos V_o{}^b) = 420795.28 + (4.2750 \times \cos 158°56'33'') = 420791.29\text{m}$$

$$Y_D = Y_p + (\overline{PD} \times \sin V_o{}^b) = 200886.08 + (4.2750 \times \sin 158°56'33'') = 200887.62\text{m}$$

실전모의고사 제2회

• NOTICE • 본 실전모의고사는 수험생의 실전 대비 목적으로 작성된 것임을 알려드립니다.

01 지적삼각보조점측량을 교회법으로 실시하여 다음과 같은 방위각을 관측하였다. 주어진 서식에 의하여 보5(P)의 좌표를 구하시오.

기지점			소구방위각	
점명	종선좌표	횡선좌표		
경기10(A)	479751.82	206731.47	V_a	148°17′26″
경기11(B)	477511.48	206731.47	V_b	93°54′44″
경기12(C)	478073.21	207584.21	V_c	138°06′34″

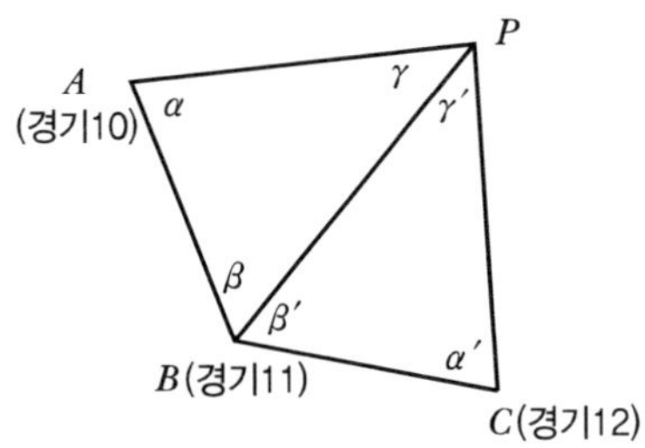

교회점계산부

약도

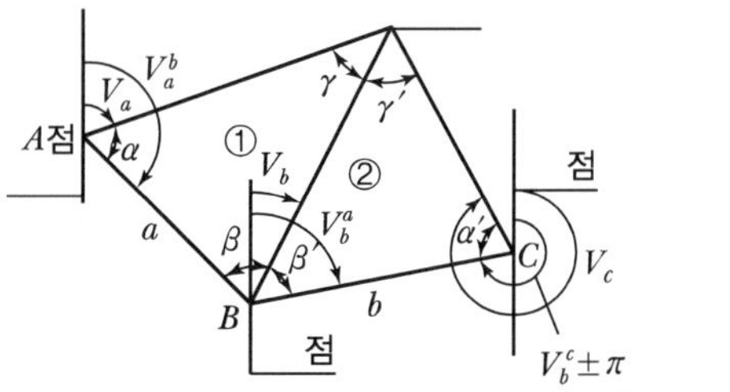

V_a	V_b	V_c
° ′ ″	° ′ ″	° ′ ″

공식

1. 방위(θ) 계산 $\tan\theta = \dfrac{\Delta y}{\Delta x}$
2. 방위각(V) 계산
   Ⅰ상한 : θ Ⅱ상한 : $180° - \theta$
   Ⅲ상한 : $\theta + 180°$ Ⅳ상한 : $360° - \theta$
3. 거리(a 또는 b) 계산 $\sqrt{(\Delta x)^2 + (\Delta y)^2}$
4. 삼각형 내각 계산
   $\alpha = V_a{}^b - V_a$ $\alpha' = V_c - V_b{}^c \pm \pi$
   $\beta = V_b - V_a{}^b \pm \pi$ $\beta' = V_b{}^c - V_b$
   $\gamma = V_a - V_b$ $\gamma' = V_b - V_c$

점명		X	Y	방향	ΔX	ΔY
A		m .	m .	A→B	m .	m .
B		m .	m .	B→C	m .	m .
C		m .	m .	A→C	m .	m .

방위각계산

방향	→	방향	→
$\theta = \tan^{-1}\dfrac{\Delta Y}{\Delta X}$	° ′ ″	$\theta = \tan^{-1}\dfrac{\Delta Y}{\Delta X}$	° ′ ″
$V_a{}^b$		$V_b{}^c$	

거리계산

$a = \sqrt{(\Delta x)^2 + (\Delta y)^2}$	m .	$b = \sqrt{(\Delta x)^2 + (\Delta y)^2}$	m .

삼각형 내각 계산

각		내각	각		내각
①	α	° ′ ″	②	α'	° ′ ″
	β			β'	
	γ			γ'	
	합계			합계	

소구점 종횡선 계산

①	X_A	m .	①	Y_A	m .
	$\Delta X_1 = \dfrac{a \cdot \sin\beta}{\sin\gamma}\cos V_a$	.		$\Delta Y_1 = \dfrac{a \cdot \sin\beta}{\sin\gamma}\sin V_a$	.
	X_{P1}	.		Y_{P1}	.
②	X_C	.	②	Y_C	.
	$\Delta X_2 = \dfrac{b \cdot \sin\beta'}{\sin\gamma'}\cos V_c$	.		$\Delta Y_2 = \dfrac{b \cdot \sin\beta'}{\sin\gamma'}\sin V_c$	.
	X_{P2}	.		Y_{P2}	.
소구점 X		.	소구점 Y		.

종선교차= m 횡선교차= m 연결교차= m 공차= m

계 산 자 :	검 사 자 :

02 다음 배각법에 의한 지적도근점측량의 관측성과에 의하여 주어진 서식으로 각 점의 좌표를 계산하시오.(단, 도선명은 "가"이고 축척은 600분의 1임)

측점	시준점	관측각	수평거리(m)	방위각	X좌표(m)	Y좌표(m)
예11	예12			169°50′36″	7321.67	4217.43
예11	1	301°42′22″	42.78			
1	2	132°24′36″	52.65			
2	3	257°13′42″	37.21			
3	4	191°27′11″	40.15			
4	5	88°34′51″	50.04			
5	6	266°23′37″	62.78			
6	예13	250°15′08″	48.22		7197.34	4394.23
예13	예14	222°24′20″		260°16′51″		

도 근 측 량 계 산 부(배각법)

측점	시준점	보정치 관측각	반수 수평거리	방위각	종선차(ΔX) 보정치 종선좌표(X)	횡선차(ΔY) 보정치 횡선좌표(Y)
		° ′ ″		° ′ ″	m .	m .
					.	.
					.	.
					.	.
					.	.
					.	.
					.	.
					.	.
					.	.
					.	.
					.	.
					.	.

03 도곽신축량이 −3.2mm인 축척 1/1200 지적도에 등록된 원면적 900m²의 토지를 3필지로 분할하여, 분할 후 필지별 산출면적을 $A = 646\text{m}^2$, $B = 88\text{m}^2$, $C = 134\text{m}^2$로 각각 구하였다. 분할 후 각 필지의 면적 결정에 필요한 다음의 사항들을 계산하시오.(단, 계산은 「공간정보의 구축 및 관리 등에 관한 법률」 및 「지적측량 시행규칙」에 의하고, 도곽선의 보정계수는 소수 4자리까지 계산하시오.)

(1) 도곽선의 보정계수

• 계산과정

답 : ______________

(2) 분할 후 각 필지의 신축량 보정면적

• 계산과정

	A	*B*	*C*
보정면적(m²)			

(3) 신구면적 허용오차

• 계산과정

답 : ______________

(4) 분할 후 각 필지의 결정면적

• 계산과정

	A	*B*	*C*
결정면적(m²)			

04 그림과 같이 Y형 교점다각망을 구성하고 교점에서 방향표(P)에 대한 도선별 관측방위각과 교점의 도선별 계산좌표를 아래와 같이 구하였다. 이때 교점에서의 평균 방위각과 평균 종선좌표 및 평균 횡선좌표를 구하시오.(단, 계산은 반올림하여 좌표는 소수 2자리(cm 단위)까지, 각은 초 단위까지 구하시오.)

〈관측방위각 및 계산좌표〉

도선	경중률		관측방위각	계산좌표	
	측점 수	거리(km)		X(m)	Y(m)
(1)	5	1.578	216°42′48″	403276.45	192823.89
(2)	11	1.354	216°43′05″	403276.26	192824.07
(3)	20	0.236	216°43′13″	403276.21	192824.04

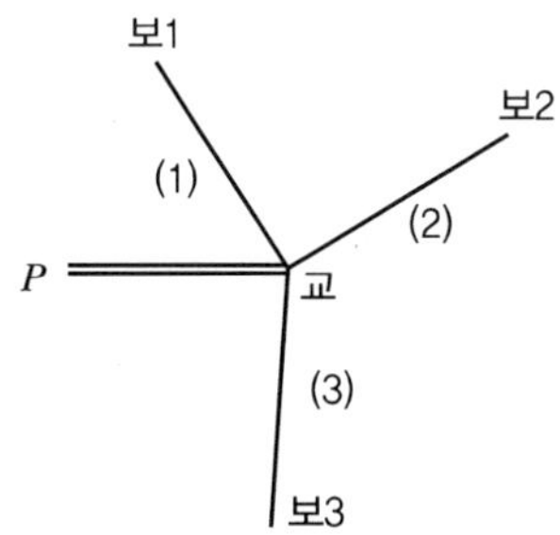

(1) 평균 방위각

• 계산과정

답 : ____________

(2) 평균 종선좌표

• 계산과정

답 : ____________

(3) 평균 횡선좌표

• 계산과정

답 : ____________

05 직각 종횡선좌표로 구획된 우리나라 지적도상의 지적도근점 $P(466299.28,\ 193777.39)$가 존재해야 할 도곽선을 구획하고 도곽선 좌표를 구하시오.(단, 축척은 1/1000 지역임)

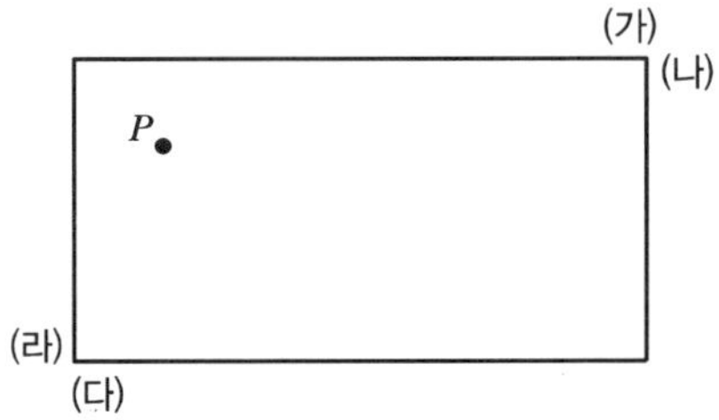

- 계산과정

06 필지별 경계점 A, B, C점의 좌표가 다음과 같을 때, $\triangle ABC$의 면적을 좌표면적계산법에 의하여 구하고, 그림에서 $\triangle ABP : \triangle APC = 2 : 1$이 되도록 면적을 분할할 때 P점의 좌표를 구하시오.(단, 좌표는 cm 단위까지 계산하시오.)

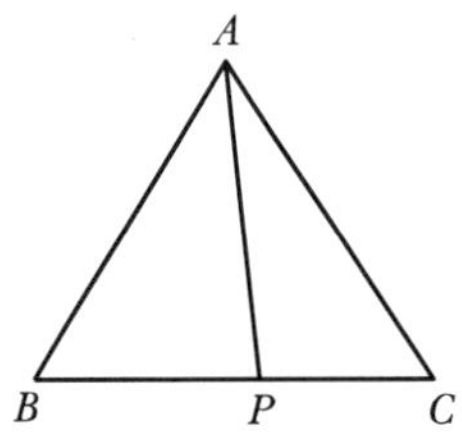

측점	X(m)	Y(m)
A	100	200
B	30	110
C	−20	350

(1) $\triangle ABC$의 면적

측점	X_n	Y_n	$X_n(Y_{n+1}-Y_{n-1})$	$Y_n(X_{n+1}-X_{n-1})$
A				
B				
C				

(2) $\triangle ABP : \triangle APC = 2 : 1$이 되도록 면적을 분할할 때 P점의 좌표

측점	X_n	Y_n	$X_n(Y_{n+1}-Y_{n-1})$
A			
B			
P			

측점	X_n	Y_n	$X_n(Y_{n+1}-Y_{n-1})$
A			
P			
C			

실전모의고사 제2회 해설 및 정답

01 (1) 약도 작성

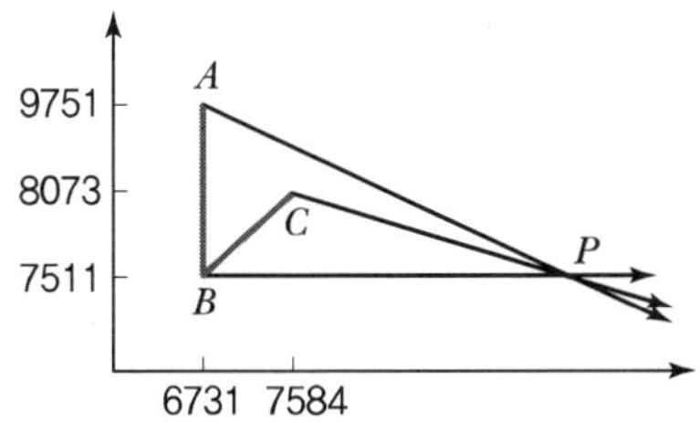

(2) ΔX, ΔY 계산

방향	ΔX	ΔY
$A \rightarrow B$	477511.48−479751.82=−2240.34	206731.47−206731.47=0.00
$B \rightarrow C$	478073.21−477511.48=+561.73	207584.21−206731.47=+852.74
$A \rightarrow C$	478073.21−479751.82=−1678.61	207584.21−206731.47=+852.74

(3) 방위각 계산

① 방향 : 경기10 → 경기11

$$\theta = \tan^{-1}\left(\frac{\Delta Y}{\Delta X}\right) = \tan^{-1}\left(\frac{0.00}{-2240.34}\right) = 180°00'00''$$

$V_a^{\ b} = 180°00'00''$

② 방향 : 경기11 → 경기12

$$\theta = \tan^{-1}\left(\frac{+852.74}{+561.73}\right) = 56°37'32'' \text{ (I 상한)}$$

$V_b^{\ c} = (\theta) = 56°37'32''$

(4) 거리 계산

$$a = \sqrt{(\Delta x)^2 + (\Delta y)^2} = \sqrt{(-2240.34)^2 + (0.00)^2} = 2240.34\,\text{m}$$

$$b = \sqrt{(\Delta x)^2 + (\Delta y)^2} = \sqrt{(561.73)^2 + (852.74)^2} = 1021.13\text{m}$$

(5) 삼각형 내각 계산

삼각형	내각 계산
$\triangle ABP$	$\alpha = V_a^{\ b} - V_a = 180°00'00'' - 148°17'26'' = 31°42'34''$
	$\beta = V_b - V_b^{\ a} = V_b - (V_a^{\ b} \pm 180°) = 93°54'44'' - (180°00'00'' - 180°) = 93°54'44''$
	$\gamma = V_a - V_b = 148°17'26'' - 93°54'44'' = 54°22'42''$
$\triangle BCP$	$\alpha' = V_c^{\ b} - V_c = (V_b^{\ c} \pm 180°) - V_c = (56°37'32'' + 180°) - 138°06'34'' = 98°30'58''$
	$\beta' = V_b - V_b^{\ c} = 93°54'44'' - 56°37'32'' = 37°17'12''$
	$\gamma' = V_c - V_b = 138°06'34'' - 93°54'44'' = 44°11'50''$

(6) 소구점 종 · 횡선 계산

삼각형	소구점 종 · 횡선 계산 및 소구점 좌표
$\triangle ABP$	$\Delta X_1 = \dfrac{a \times \sin\beta}{\sin\gamma} \times \cos V_a = \dfrac{2240.34 \times \sin 93°54'44''}{\sin 54°22'42''} \times \cos 148°17'26'' = -2339.18\text{m}$
	$X_{p_1} = X_A + \Delta X_1 = 479751.82 + (-2339.18) = 477412.64\text{m}$
	$\Delta Y_1 = \dfrac{a \times \sin\beta}{\sin\gamma} \times \sin V_a = \dfrac{2240.34 \times \sin 93°54'44''}{\sin 54°22'42''} \times \sin 148°17'26'' = +1445.24\text{m}$
	$Y_{p_1} = Y_A + \Delta Y_1 = 206731.47 + 1445.24 = 208176.71\text{m}$
$\triangle BCP$	$\Delta X_2 = \dfrac{b \times \sin\beta'}{\sin\gamma'} \times \cos V_c = \dfrac{1021.13 \times \sin 37°17'12''}{\sin 44°11'50''} \times \cos 138°06'34'' = -660.57\text{m}$
	$X_{p_2} = X_C + \Delta X_2 = 478073.21 + (-660.57) = 477412.64\text{m}$
	$\Delta Y_2 = \dfrac{b \times \sin\beta'}{\sin\gamma'} \times \sin V_c = \dfrac{1021.13 \times \sin 37°17'12''}{\sin 44°11'50''} \times \sin 138°06'34'' = +592.50\text{m}$
	$Y_{p_2} = Y_C + \Delta Y_2 = 207584.21 + 592.50 = 208176.71\text{m}$

(7) 소구점 좌표 계산

① 소구점 X좌표

$$\frac{X_{P_1} + X_{P_2}}{2} = \frac{477412.64 + 477412.64}{2} = 477412.64\text{m}$$

② 소구점 Y좌표

$$\frac{Y_{P_1} + Y_{P_2}}{2} = \frac{208176.71 + 208176.71}{2} = 208176.71\text{m}$$

(8) 교차계산

① 종선교차 $= X_{P_2} - X_{P_1} = 477412.64 - 477412.64 = 0.00\text{m}$

② 횡선교차 $= Y_{P_2} - Y_{P_1} = 208176.71 - 208176.71 = 0.00\text{m}$

③ 연결교차 $= \sqrt{(\text{종선교차})^2 + (\text{횡선교차})^2} = \sqrt{(0.00)^2 + (0.00)^2} = 0.00\text{m}$

④ 공차 $= 0.30\text{m}$

교 회 점 계 산 부

약도

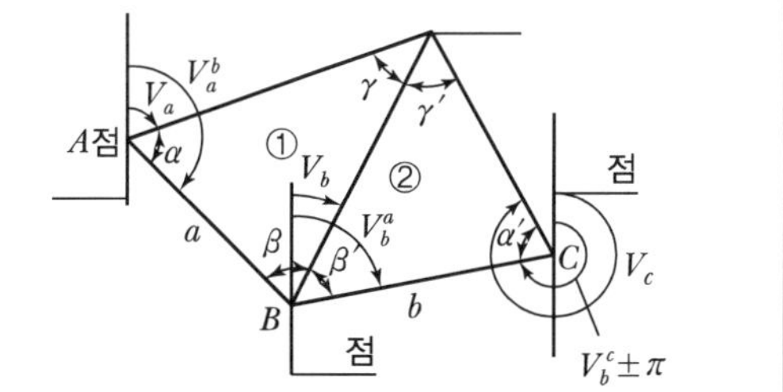

공식

1. 방위(θ) 계산 $\tan\theta = \dfrac{\Delta y}{\Delta x}$
2. 방위각(V) 계산
   Ⅰ상한 : θ Ⅱ상한 : $180° - \theta$
   Ⅲ상한 : $\theta + 180°$ Ⅳ상한 : $360° - \theta$
3. 거리(a 또는 b) 계산 $\sqrt{(\Delta x)^2 + (\Delta y)^2}$
4. 삼각형 내각 계산
   $\alpha = V_a{}^b - V_a$ $\alpha' = V_c - V_b{}^c \pm \pi$
   $\beta = V_b - V_a{}^b \pm \pi$ $\beta' = V_b{}^c - V_b$
   $\gamma = V_a - V_b$ $\gamma' = V_b - V_c$

V_a	V_b	V_c
148° 17′ 26″	93° 54′ 44″	138° 06′ 34″

점명		X	Y	방향	ΔX	ΔY
A	경기10	479751.82	206731.47	A→B	−2240.34	0.00
B	경기11	477511.48	206731.47	B→C	+561.73	+852.74
C	경기13	478073.21	207584.21	A→C	−1678.61	+852.74

방 위 각 계 산

방향	경기10 → 경기11	방향	경기11 → 경기12
$\theta = \tan^{-1}\dfrac{\Delta Y}{\Delta X}$	180° 00′ 00″	$\theta = \tan^{-1}\dfrac{\Delta Y}{\Delta X}$	56° 37′ 32″
$V_a{}^b$	180 00 00	$V_b{}^c$	56 37 32

거 리 계 산

$a = \sqrt{(\Delta x)^2 + (\Delta y)^2}$	2240.34 m	$b = \sqrt{(\Delta x)^2 + (\Delta y)^2}$	1021.13 m

삼 각 형 내 각 계 산

각		내각	각		내각
①	α	31° 42′ 34″	②	α'	98° 30′ 58″
	β	93 54 44		β'	37 17 12
	γ	54 22 42		γ'	44 11 50
	합계	180 00 00		합계	180 00 00

소 구 점 종 횡 선 계 산

①	X_A	479751.82 m	①	Y_A	206731.47 m
	$\Delta X_1 = \dfrac{a \cdot \sin\beta}{\sin\gamma}\cos V_a$	−2339.18		$\Delta Y_1 = \dfrac{a \cdot \sin\beta}{\sin\gamma}\sin V_a$	+1445.24
	X_{P1}	477412.64		Y_{P1}	208176.71
②	X_C	478073.21	②	Y_C	207584.21
	$\Delta X_2 = \dfrac{b \cdot \sin\beta'}{\sin\gamma'}\cos V_c$	−660.57		$\Delta Y_2 = \dfrac{b \cdot \sin\beta'}{\sin\gamma'}\sin V_c$	+592.50
	X_{P2}	477412.64		Y_{P2}	208176.71
소구점 X		477412.64	소구점 Y		208176.71

종선교차=0.00m 횡선교차=0.00m 연결교차=0.00m 공차=0.30m

계 산 자 :	검 사 자 :

02 (1) 관측각 오차 계산

관측각 오차 $= \sum\alpha - 180(n+1) + T_1 - T_2$

$= 1710°25'47'' - 180°(8+1) + 169°50'36'' - 260°16'51'' = -28''$

(2) 관측각 오차의 공차(폐색오차) 계산

공차(1등 도선) $= \pm 20\sqrt{n}$ 초 $= \pm 20\sqrt{8}$ 초 $= \pm 56''$(공차는 반올림하지 않음)

(3) 수평거리 합 계산 및 반수 계산

① 수평거리 합 = 333.83m

② 반수 계산(1000 ÷ 수평거리) 및 반수의 합

1측선	2측선	3측선	4측선	5측선	6측선	7측선	합계
23.4	19.0	26.9	24.9	20.0	15.9	20.7	150.8

(4) 각 오차 배부계산

$$K_n = -\frac{e}{R} \times r$$

(K는 각 측선에 배분할 초 단위의 각도, e는 초 단위의 오차, R은 폐색변을 포함한 각 측선장 반수의 총합계, r은 각 측선장의 반수)

$$K_1 = -\frac{-28}{150.8} \times 23.4 \fallingdotseq +4.34 = +4$$

$$K_2 = -\frac{-28}{150.8} \times 19.0 \fallingdotseq +3.53 = +3$$

$$K_3 = -\frac{-28}{150.8} \times 26.9 \fallingdotseq +4.99 = +5$$

$$K_4 = -\frac{-28}{150.8} \times 24.9 \fallingdotseq +4.62 = +5$$

$$K_5 = -\frac{-28}{150.8} \times 20.0 \fallingdotseq +3.71 = +4$$

$$K_6 = -\frac{-28}{150.8} \times 15.9 \fallingdotseq +2.95 = +3$$

$$K_7 = -\frac{-28}{150.8} \times 20.7 \fallingdotseq +3.84 = +4$$

소계 = +28　　각 오차 $-28''$에 맞도록 오차 배부

(5) 방위각 계산

측점	시준점	방위각 계산	방위각
예11	예12		=169°50′36″
예11	1	169°50′36″+4″+301°42′22″	=111°33′02″
1	2	111°33′02″−180°+3″+132°24′36″	=63°57′41″
2	3	63°57′41″−180°+5″+257°13′42″	=141°11′28″
3	4	141°11′28″−180°+5″+191°27′11″	=152°38′44″
4	5	152°38′44″−180°+4″+88°34′51″	=61°13′39″
5	6	61°13′39″−180°+3″+266°23′37″	=147°37′19″
6	예13	147°37′19″−180°+4″+250°15′08″	=217°52′31″
예13	예14	217°52′31″−180°+0″+222°24′20″	=260°16′51″

(6) 종선차(ΔX) 및 횡선차(ΔY) 계산

종선차(ΔX)$=l \times \cos V$, 횡선차(ΔY)$=l \times \sin V$

측점	시준점	종선차(ΔX)	횡선차(ΔY)
예11	1	−15.71	+39.79
1	2	+23.11	+47.31
2	3	−29.00	+23.32
3	4	−35.66	+18.45
4	5	+24.09	+43.86
5	6	−53.02	+33.62
6	예13	−38.06	−29.60

(7) 종 · 횡선차 오차 계산

종선차	횡선차
$\Sigma\|\Delta X\|=218.65$	$\Sigma\|\Delta Y\|=235.95$
$\Sigma\Delta X=-124.25$	$\Sigma\Delta Y=+176.75$
기지=−124.33	기지=+176.80
$f_x=+0.08$	$f_y=-0.05$

(8) 연결오차 및 공차 계산

① 연결오차$=\sqrt{(\text{종선오차})^2+(\text{횡선오차})^2}=\sqrt{(+0.08)^2+(-0.05)^2}=0.09\text{m}$

② 공차(1등 도선)$=\dfrac{M\sqrt{n}}{100}=\dfrac{600\times\sqrt{3.3383}}{100}=\pm 10.96\text{cm}=\pm 0.10\text{m}$

(9) 종 · 횡선차에 대한 보정

$$T=-\frac{e}{L}\times l$$

(T는 각 측선의 종선차 또는 횡선차에 배분할 cm 단위의 수치, e는 종선오차 또는 횡선오차, L은 종선차 또는 횡선차의 절대치의 합계, l은 각 측선의 종선차 또는 횡선차)

측점	시준점	종선차(ΔX) 보정치		횡선차(ΔX) 보정치	
예11	1	$-\frac{8}{218.65}\times 15.71$	$=-1$	$-\frac{(-5)}{235.95}\times 39.79$	$≒0.84=+1$
1	2	$-\frac{8}{218.65}\times 23.11$	$=-1$	$-\frac{(-5)}{235.95}\times 47.31$	$≒1.00=+1$
2	3	$-\frac{8}{218.65}\times 29.00$	$=-1$	$-\frac{(-5)}{235.95}\times 23.32$	$≒0.49=0$
3	4	$-\frac{8}{218.65}\times 35.66$	$=-1$	$-\frac{(-5)}{235.95}\times 18.45$	$≒0.39=0$
4	5	$-\frac{8}{218.65}\times 24.09$	$=-1$	$-\frac{(-5)}{235.95}\times 43.86$	$≒0.93=+1$
5	6	$-\frac{8}{218.65}\times 53.02$	$=-2$	$-\frac{(-5)}{235.95}\times 33.62$	$≒0.71=+1$
6	예13	$-\frac{8}{218.65}\times 38.06$	$=-1$	$-\frac{(-5)}{235.95}\times 29.60$	$≒0.63=+1$
		소계	$=-8$	소계	$=+5$

(10) 종 · 횡선좌표 계산

종 · 횡선좌표＝기지점의 종 · 횡선좌표＋종 · 횡선차(ΔX · ΔY)＋보정치

측점	시준점	종선좌표	횡선좌표
예11		7321.67	4217.43
예11	1	7321.67+(−15.71)+(−0.01) =7305.95	4217.43+39.79+0.01 =4257.23
1	2	7305.95+23.11+(−0.01) =7329.05	4257.23+47.31+0.01=4304.55
2	3	7329.05+(−29.00)+(−0.01)=7300.04	4304.55+23.32+0.00=4327.87
3	4	7300.04+(−35.66)+(−0.01)=7264.37	4327.87+18.45+0.00=4346.32
4	5	7264.37+24.09+(−0.01)=7288.45	4346.32+43.86+0.01=4390.19
5	6	7288.45+(−53.02)+(−0.02)=7235.41	4390.19+33.62+0.01=4423.82
6	예13	7235.41+(−38.06)+(−0.01)=7197.34	4423.82+(−29.60)+0.01=4394.23

도 근 측 량 계 산 부(배각법)

측점 "가" 1/600	시준점	보정치 / 관측각	반수 / 수평거리	방위각	종선차(ΔX) / 보정치 / 종선좌표(X)	횡선차(ΔY) / 보정치 / 횡선좌표(Y)
예11	예12	0° 00′ 00″		169° 50′ 36″	m 7321.67	m 4217.43
예11	1	+4 301 42 22	23.4 42.78	111 33 02	−15.71 −0.01 7305.95	+39.79 0.01 4257.23
1	2	+3 132 24 36	19.0 52.65	63 57 41	+23.11 −0.01 7329.05	+47.31 +0.01 4304.55
2	3	+5 257 13 42	26.9 37.21	141 11 28	−29.00 −0.01 7300.04	+23.32 0.00 4327.87
3	4	+5 191 27 11	24.9 40.15	152 38 44	−35.66 −0.01 7264.37	+18.45 +0.00 4346.32
4	5	+4 88 34 51	20.0 50.04	61 13 39	+24.09 −0.01 7288.45	+43.86 +0.01 4390.19
5	6	+3 266 23 37	15.9 62.78	147 37 19	−53.02 −0.02 7235.41	+33.62 +0.01 4423.82
6	예13	+4 250 15 08	20.7 48.22	217 52 31	−38.06 −0.01 7197.34	−29.60 +0.01 4394.23
예13	예14	0 222 24 20	(150.8) 333.83	260 16 51		
	$\Sigma\alpha = 1710°25'47''$ $-180(n+1) = 1620°00'00''$ $+T_1 = 169°50'36''$ $-T_2 = 260°16'51''$				$\Sigma\lvert\Delta X\rvert = 218.65$ $\Sigma\Delta X = -124.25$ 기지$= -124.33$ $f_x = +0.08$	$\Sigma\lvert\Delta Y\rvert = 235.95$ $\Sigma\Delta Y = +176.75$ 기지$= +176.80$ $f_y = -0.05$
	오차$= -28''$ 공차$= \pm 56''$				연결오차$=0.09$m 공차$= \pm 0.10$m	

03 (1) 도곽선의 보정계수

$$Z = \frac{X \cdot Y}{\Delta X \cdot \Delta Y}$$

$Z = \frac{X \cdot Y}{\Delta X \cdot \Delta Y} = \frac{400 \times 500}{(400 - 3.84) \times (500 - 3.84)} = 1.0175$

$축척 = \frac{도상거리}{실제거리},\ \frac{1}{1200} = \frac{-3.2\text{mm}}{실제거리}$

실제거리 = 3.2mm × 1200 = 3840mm = 3.84m

(2) 분할 후 각 필지의 신축량 보정면적

필지별 보정면적 = 측정면적 × 도곽선의 보정계수	
A번지 보정면적	$646 \times 1.0175 = 657.3\text{m}^2$
B번지 보정면적	$88 \times 1.0175 = 89.5\text{m}^2$
C번지 보정면적	$134 \times 1.0175 = 136.3\text{m}^2$
소계	883.1m^2

	A	***B***	***C***
보정면적(m^2)	657.3	89.5	136.3

(3) 신구면적 허용오차

$$A = \pm 0.026^2 M \sqrt{F}$$

$A = \pm 0.026^2 M \sqrt{F} = \pm 0.026^2 \times 1200 \times \sqrt{900} = \pm 24\text{m}^2$

(4) 분할 후 각 필지의 결정면적

$산출면적 = \frac{원면적}{보정(측정)면적의\ 합계} \times 필지별\ 보정(측정)면적$	
A번지 산출면적	$\frac{900}{883.1} \times 657.3 = 669.9\text{m}^2$
B번지 산출면적	$\frac{900}{883.1} \times 89.5 = 91.2\text{m}^2$
C번지 산출면적	$\frac{900}{883.1} \times 136.3 = 138.9\text{m}^2$
소계	900.0m^2

	A	***B***	***C***
결정면적(m^2)	670	91	139

04 (1) 평균 방위각

$$\text{방위각} = \frac{\left[\dfrac{\sum\alpha}{\sum N}\right]}{\left[\dfrac{1}{\sum N}\right]} = 216°42' + \frac{\left[\dfrac{48}{5}+\dfrac{65}{11}+\dfrac{73}{20}\right]}{\left[\dfrac{1}{5}+\dfrac{1}{11}+\dfrac{1}{20}\right]} = 216°42'56''$$

(2) 평균 종선좌표

$$\text{종선좌표} = \frac{\left[\dfrac{\sum X}{\sum S}\right]}{\left[\dfrac{1}{\sum S}\right]} = 403276.00 + \frac{\left[\dfrac{0.45}{1.578}+\dfrac{0.26}{1.354}+\dfrac{0.21}{0.236}\right]}{\left[\dfrac{1}{1.578}+\dfrac{1}{1.354}+\dfrac{1}{0.236}\right]} = 403276.24\text{m}$$

(3) 평균 횡선좌표

$$\text{횡선좌표} = \frac{\left[\dfrac{\sum Y}{\sum S}\right]}{\left[\dfrac{1}{\sum S}\right]} = 192823.00 + \frac{\left[\dfrac{0.89}{1.578}+\dfrac{1.07}{1.354}+\dfrac{1.04}{0.236}\right]}{\left[\dfrac{1}{1.578}+\dfrac{1}{1.354}+\dfrac{1}{0.236}\right]} = 192824.03\text{m}$$

05 (1) 도곽선의 지상길이

축척 1/1000 지역에서의 도곽선 지상길이(m) = 300 × 400

(2) 종선 및 횡선좌표 결정

종선좌표 결정	횡선좌표 결정
① 종선좌표에서 500000을 뺌 X=466299.28−500000=−33700.72m	① 횡선좌표에서 200000을 뺌 Y=193777.39−200000=−6222.61m
② 도곽선 종선길이로 나눔 −33700.72÷300=−112.34	② 도곽선 횡선길이로 나눔 −6222.61÷400=−15.56
③ 도곽선 종선길이로 나눈 정수를 곱함 −112×300=−33600m	③ 도곽선 횡선길이로 나눈 정수를 곱함 −15×400=−6000m
④ 원점에서의 거리에 500000을 더함 −33600+500000=466400m ⇒ 상부좌표 (가)	④ 원점에서의 거리에 200000을 더함 −6000+200000=194000m ⇒ 우측좌표 (나)
⑤ 종선의 상부좌표에서 종선길이를 뺌 466400−300=466100m ⇒ 하부좌표 (다)	⑤ 횡선의 우측좌표에서 횡선길이를 뺌 194000−400=193600m ⇒ 좌측좌표 (라)

06 (1) $\triangle ABC$의 면적

측점	X_n	Y_n	$X_n(Y_{n+1}-Y_{n-1})$	$Y_n(X_{n+1}-X_{n-1})$
A	100	200	$100(110-350)=-24000$	$200(30+20)\ =10000$
B	30	110	$30(350-200)\ =4500$	$110(-20-100)=-13200$
C	-20	350	$-20(200-110)=-1800$	$350(100-30)\ =24500$
소계			$2A=-21300$	$2A=+21300$

$\therefore\ \triangle ABC$의 면적$(A)=10{,}650\text{m}^2$

(2) $\triangle ABP : \triangle APC = 2 : 1$이 되도록 면적을 분할할 때 P점의 좌표

P점의 좌표를 X와 Y라 하고 좌표면적계산법을 적용하면 $\triangle ABP$의 배면적은 14200m^2, $\triangle APC$의 배면적은 7100m^2이다.

측점	X_n	Y_n	$X_n(Y_{n+1}-Y_{n-1})$	측점	X_n	Y_n	$X_n(Y_{n+1}-Y_{n-1})$
A	100	200	$100(110-Y)$	A	100	200	$100(Y-350)$
B	30	110	$30(Y-200)$	P	X	Y	$X(350-200)$
P	X	Y	$X(200-110)$	C	-20	350	$-20(200-Y)$
소계			① : $90X-70Y+5000$ $=14200$	소계			② : $150X+120Y-39000$ $=7100$

①, ②를 연립하여 풀면

$X=203.33\text{m},\ Y=130.00\text{m}$

따라서, P점의 좌표$(203.33,\ 130.00)$

실전모의고사 제3회

• NOTICE • 본 실전모의고사는 수험생의 실전 대비 목적으로 작성된 것임을 알려드립니다.

01 그림과 같이 교회망의 기지점좌표와 관측내각이 아래와 같을 경우 소구점(보20)의 좌표를 주어진 서식에 의하여 각은 초 단위까지, 거리와 좌표는 소수 2자리까지 계산하시오.

기지점좌표			관측내각	
점명	종선좌표	횡선좌표		
송파1(A)	465243.28	183707.19	α	78°55′39″
송파3(B)	465243.28	181553.20	γ	45°47′51″
송파5(C)	463539.45	179849.37	γ'	43°15′54″

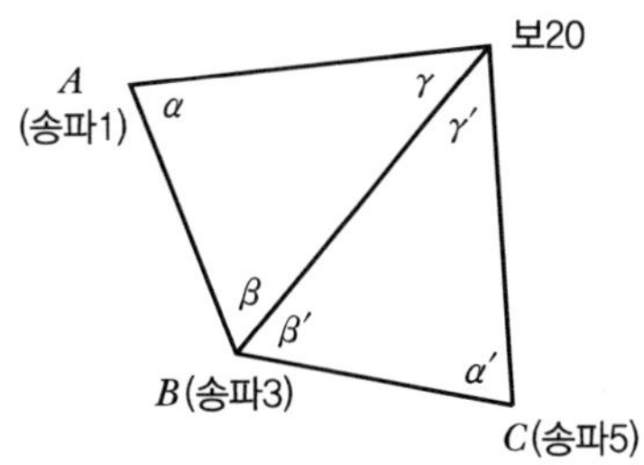

교 회 점 계 산 부

약도

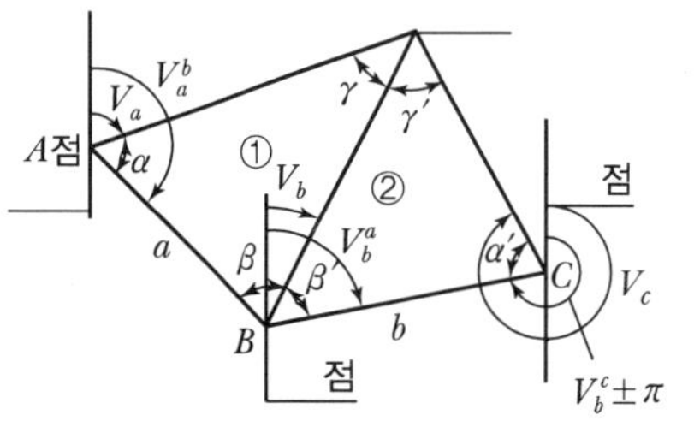

V_a	V_b	V_c
° ′ ″	° ′ ″	° ′ ″

공식

1. 방위(θ) 계산 $\tan\theta = \dfrac{\Delta y}{\Delta x}$
2. 방위각(V) 계산
   Ⅰ상한 : θ Ⅱ상한 : $180° - \theta$
   Ⅲ상한 : $\theta + 180°$ Ⅳ상한 : $360° - \theta$
3. 거리(a 또는 b) 계산 $\sqrt{(\Delta x)^2 + (\Delta y)^2}$
4. 삼각형 내각 계산
   $\alpha = V_a{}^b - V_a$ $\alpha' = V_c - V_b{}^c \pm \pi$
   $\beta = V_b - V_a{}^b \pm \pi$ $\beta' = V_b{}^c - V_b$
   $\gamma = V_a - V_b$ $\gamma' = V_b - V_c$

점명		X	Y	방향	ΔX	ΔY
A		m.	m.	$A \rightarrow B$	m.	m.
B		m.	m.	$B \rightarrow C$	m.	m.
C		m.	m.	$A \rightarrow C$	m.	m.

방 위 각 계 산

방향	→	방향	→
$\theta = \tan^{-1}\dfrac{\Delta Y}{\Delta X}$	° ′ ″	$\theta = \tan^{-1}\dfrac{\Delta Y}{\Delta X}$	° ′ ″
$V_a{}^b$		$V_b{}^c$	

거 리 계 산

$a = \sqrt{(\Delta x)^2 + (\Delta y)^2}$	m.	$b = \sqrt{(\Delta x)^2 + (\Delta y)^2}$	m.

삼 각 형 내 각 계 산

각		내각	각		내각
①	α	° ′ ″	②	α'	° ′ ″
	β			β'	
	γ			γ'	
	합계			합계	

소 구 점 종 횡 선 계 산

①	X_A	m.	①	Y_A	m.
	$\Delta X_1 = \dfrac{a \cdot \sin\beta}{\sin\gamma}\cos V_a$	.		$\Delta Y_1 = \dfrac{a \cdot \sin\beta}{\sin\gamma}\sin V_a$	.
	X_{P1}	.		Y_{P1}	.
②	X_C	.	②	Y_C	.
	$\Delta X_2 = \dfrac{b \cdot \sin\beta'}{\sin\gamma'}\cos V_c$	.		$\Delta Y_2 = \dfrac{b \cdot \sin\beta'}{\sin\gamma'}\sin V_c$	.
	X_{P2}	.		Y_{P2}	.
소구점 X		.	소구점 Y		.

종선교차= m 횡선교차= m 연결교차= m 공차= m

계 산 자 :	**검 사 자 :**

02 축척 1/600 지적도 시행지역에서 배각법으로 관측한 지적도근점측량 성과가 다음과 같을 경우 각 지적도근점의 좌표를 주어진 서식에 의하여 계산하시오.(단, 도선명은 "가"이고 거리의 단위는 m, 소수 2자리까지, 각은 초 단위까지 계산하시오.)

측점	시준점	관측각	수평거리(m)	방위각	*X*좌표(m)	*Y*좌표(m)
보1	보10	0°00′00″		182°40′23″	453389.93	192567.66
보1	1	36°08′40″	30.61			
1	2	132°25′00″	40.14			
2	3	204°25′07″	54.61			
3	4	147°53′40″	33.19			
4	5	112°22′47″	29.57			
5	6	184°23′53″	36.44			
6	보2	158°12′00″	48.79		453242.06	192662.39
보2	보3	113°36′33″		12°07′24″		

도 근 측 량 계 산 부(배각법)

측점	시준점	보정치 관측각	반수 수평거리	방위각	종선차(ΔX) 보정치 종선좌표(X)	횡선차(ΔY) 보정치 횡선좌표(Y)
		° ′ ″		° ′ ″	m	m

03 지적도 축척이 1/1200인 지역에서 3필지(773, 773-1, 773-2)로 분할하고자 한다. 주어진 조건에서 토지대장에 등록하기 위한 도곽선의 보정계수, 신구면적 허용오차, 필지별 보정면적, 필지별 산출면적, 필지별 결정면적을 계산하시오.(단, 계산은 「공간정보의 구축 및 관리 등에 관한 법률」 및 「지적측량 시행규칙」에 의하고, 도곽선의 보정계수는 소수 4자리까지 계산하시오.)

구분	분할 전	분할 후		
지번	773	773	773-1	773-2
면적	1080m²	398m²	341m²	323m²

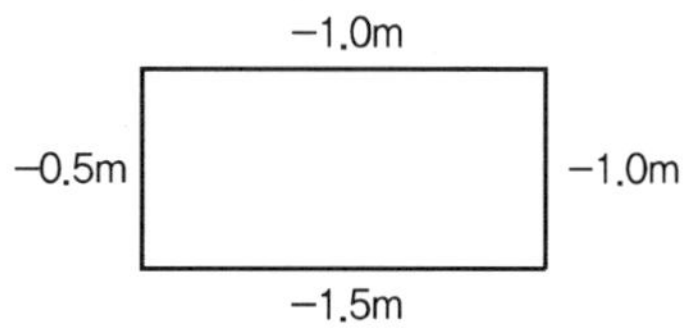

〈도곽신축량〉

※ 도곽신축량을 축척에 따라 환산한 수치

(1) 도곽선의 보정계수

• 계산과정

답 : ____________________

(2) 신구면적 허용오차

• 계산과정

답 : ____________________

(3) 필지별 보정면적, 산출면적, 결정면적

구분	773	773-1	773-2	합계
필지별 보정면적(m^2)				
필지별 산출면적(m^2)				
필지별 결정면적(m^2)				

04 구소삼각원점지역에서 지적도근점을 설치하고 이를 전개할 도곽선을 축척 600분의 1로 구획하려고 한다. 지적도근점의 좌표가 다음과 같을 때 이를 포용하는 지적도의 도곽선 좌표를 계산하시오.

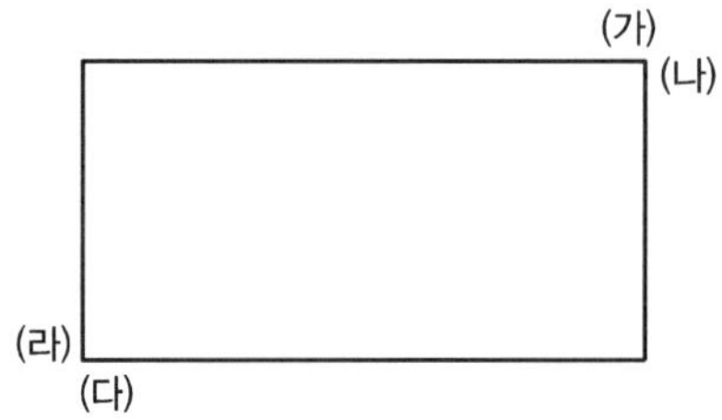

종선(X)좌표 = +4213.46m, 횡선(Y)좌표 = −1329.72m

• 계산과정

답 : 가=__________ 나=__________ 다=__________ 라=__________

05 다음 AB의 거리와 도형의 면적을 구하시오.(단, 계산은 반올림하여 거리는 0.01m 단위까지, 면적은 0.1m^2 단위까지 계산하시오.)

점명	종선좌표	횡선좌표	변장	
A	4758.66m	6031.45m	$A-P$	1524.62m
B	4791.28m	7165.70m	$B-P$	2000.84m

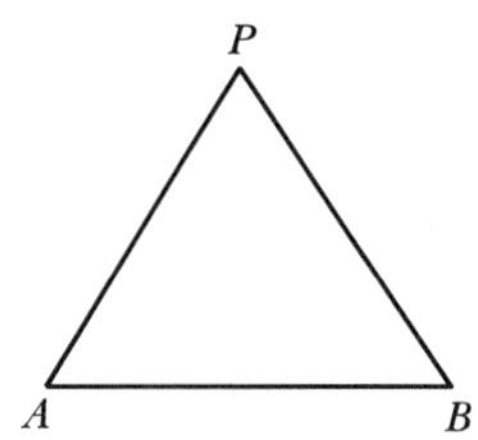

• 계산과정

답 : 거리 ______________, 면적 ______________

06 평판측량방법에 따라 조준의를 사용하여 측정한 경사거리가 89.6m이고 경사분획이 17이었을 때 수평거리를 계산하시오.(단, 거리는 cm 단위까지 계산하시오.)

• 계산과정

답 : ______________

실전모의고사 제3회 해설 및 정답

01 (1) ΔX, ΔY 계산

방향	ΔX	ΔY
$A \rightarrow B$	465243.28−465243.28=0.00	181553.20−183707.19=−2153.99
$B \rightarrow C$	463539.45−465243.28=−1703.83	179849.37−181553.20=−1703.83
$A \rightarrow C$	463539.45−465243.28=−1703.83	179849.37−183707.19=−3857.82

(2) 방위각 계산

① 방향 : 송파1 → 송파3

$$\theta = \tan^{-1}\left(\frac{\Delta Y}{\Delta X}\right) = \tan^{-1}\left(\frac{-2153.99}{0.00}\right) = 270°00'00''$$

$V_a^{\ b} = 270°00'00''$

② 방향 : 송파3 → 송파5

$$\theta = \tan^{-1}\left(\frac{-1703.83}{-1703.83}\right) = 45°00'00''(\text{Ⅲ상한})$$

$V_b^{\ c} = (180° + \theta) = 180° + 45°00'00'' = 225°00'00''$

(3) 거리 계산

$$a = \sqrt{(\Delta x)^2 + (\Delta y)^2} = \sqrt{(0.00)^2 + (-2153.99)^2} = 2153.99\text{m}$$

$$b = \sqrt{(\Delta x)^2 + (\Delta y)^2} = \sqrt{(-1703.83)^2 + (-1703.83)^2} = 2409.58\text{m}$$

(4) 삼각형 내각 및 소구방위각 계산

구분	내각 및 소구방위각 계산
$\triangle ABP$	$\alpha = 78°55'39''$
	$\gamma = 45°47'51''$
	$\beta = 180° - (\alpha + \gamma) = 55°16'30''$
소구 방위각	$V_a = V_a^{\ b} - \alpha = 270°00'00'' - 78°55'39'' = 191°04'21''$
	$V_b = V_b^{\ a} + \beta = (V_a^{\ b} \pm 180°) + \beta = (270°00'00'' - 180°) + 55°16'30'' = 145°16'30''$
	$V_c = V_b - \gamma' = 145°16'30'' - 43°15'54'' = 102°00'36''$
$\triangle BCP$	$\gamma' = 43°15'54''$
	$\alpha' = V_c - V_c^{\ b} = V_c - (V_b^{\ c} \pm 180°) = 102°00'36'' - (225°00'00'' - 180°) = 57°00'36''$
	$\beta' = V_b^{\ c} - V_b = 225°00'00'' - 145°16'30'' = 79°43'30''$

(5) 소구점 종 · 횡선 계산

삼각형	소구점 종 · 횡선 계산 및 소구점 좌표
$\triangle ABP$	$\Delta X_1 = \dfrac{a \times \sin\beta}{\sin\gamma} \times \cos V_a = \dfrac{2153.99 \times \sin 55°16'30''}{\sin 45°47'51''} \times \cos 191°04'21'' = -2423.56\text{m}$
	$X_{p_1} = X_A + \Delta X_1 = 465243.28 + (-2423.56) = 462819.72\text{m}$
	$\Delta Y_1 = \dfrac{a \times \sin\beta}{\sin\gamma} \times \sin V_a = \dfrac{2153.99 \times \sin 55°16'30''}{\sin 45°47'51''} \times \sin 191°04'21'' = -474.27\text{m}$
	$Y_{p_1} = Y_A + \Delta Y_1 = 183707.19 + (-474.27) = 183232.92\text{m}$
$\triangle BCP$	$\Delta X_2 = \dfrac{b \times \sin\beta'}{\sin\gamma'} \times \cos V_c = \dfrac{2409.58 \times \sin 79°43'30''}{\sin 43°15'54''} \times \cos 102°00'36'' = -719.83\text{m}$
	$X_{p_2} = X_C + \Delta X_2 = 463539.45 + (-719.83) = 462819.62\text{m}$
	$\Delta Y_2 = \dfrac{b \times \sin\beta'}{\sin\gamma'} \times \sin V_c = \dfrac{2409.58 \times \sin 79°43'30''}{\sin 43°15'54''} \times \sin 102°00'36'' = +3383.62\text{m}$
	$Y_{p_2} = Y_C + \Delta Y_2 = 179849.37 + 3383.62 = 183232.99\text{m}$

(6) 소구점 좌표 계산

① 소구점 X좌표

$$\frac{X_{P_1} + X_{P_2}}{2} = \frac{462819.72 + 462819.62}{2} = 462819.67\text{m}$$

② 소구점 Y좌표

$$\frac{Y_{P_1} + Y_{P_2}}{2} = \frac{183232.92 + 183232.99}{2} = 183232.96\text{m}$$

(7) 교차 계산

① 종선교차 $= X_{P_2} - X_{P_1} = 462819.62 - 462819.72 = -0.10\text{m}$

② 횡선교차 $= Y_{P_2} - Y_{P_1} = 183232.99 - 183232.92 = +0.07\text{m}$

③ 연결교차 $= \sqrt{(\text{종선교차})^2 + (\text{횡선교차})^2} = \sqrt{(-0.10)^2 + (0.07)^2} = 0.12\text{m}$

④ 공차 $= 0.30\text{m}$

교 회 점 계 산 부

약도

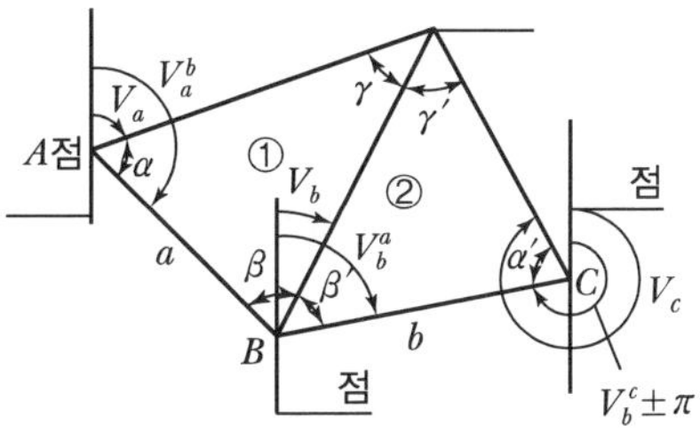

공식

1. 방위(θ) 계산 $\tan\theta = \dfrac{\Delta y}{\Delta x}$
2. 방위각(V) 계산
   Ⅰ상한 : θ Ⅱ상한 : $180° - \theta$
   Ⅲ상한 : $\theta + 180°$ Ⅳ상한 : $360° - \theta$
3. 거리(a 또는 b) 계산 $\sqrt{(\Delta x)^2 + (\Delta y)^2}$
4. 삼각형 내각 계산
   $\alpha = V_a{}^b - V_a$ $\alpha' = V_c - V_b{}^c \pm \pi$
   $\beta = V_b - V_a{}^b \pm \pi$ $\beta' = V_b{}^c - V_b$
   $\gamma = V_a - V_b$ $\gamma' = V_b - V_c$

V_a	V_b	V_c
191° 04′ 21″	145° 16′ 30″	102° 00′ 36″

점명		X	Y	방향	ΔX	ΔY
A	송파1	465243.28 m	183707.19 m	A→B	0.00 m	-2153.99 m
B	송파3	465243.28 m	181553.20 m	B→C	-1703.83 m	-1703.83 m
C	송파5	463539.45 m	179849.37 m	A→C	-1703.83 m	-3857.82 m

방 위 각 계 산

방향	송파1 → 송파3	방향	송파3 → 송파5
$\theta = \tan^{-1}\dfrac{\Delta Y}{\Delta X}$	270° 00′ 00″	$\theta = \tan^{-1}\dfrac{\Delta Y}{\Delta X}$	45° 00′ 00″
$V_a{}^b$	270 00 00	$V_b{}^c$	225 00 00

거 리 계 산

$a = \sqrt{(\Delta x)^2 + (\Delta y)^2}$	2153.99 m	$b = \sqrt{(\Delta x)^2 + (\Delta y)^2}$	2409.58 m

삼 각 형 내 각 계 산

각		내각	각		내각
①	α	78° 55′ 39″	②	α'	57° 00′ 36″
	β	55 16 30		β'	79 43 30
	γ	45 47 51		γ'	43 15 54
	합계	180 00 00		합계	180 00 00

소 구 점 종 횡 선 계 산

①	X_A	465243.28 m	①	Y_A	183707.19 m
	$\Delta X_1 = \dfrac{a \cdot \sin\beta}{\sin\gamma}\cos V_a$	−2423.56		$\Delta Y_1 = \dfrac{a \cdot \sin\beta}{\sin\gamma}\sin V_a$	−474.27
	X_{P1}	462819.72		Y_{P1}	183232.92
②	X_C	463539.45	②	Y_C	179849.37
	$\Delta X_2 = \dfrac{b \cdot \sin\beta'}{\sin\gamma'}\cos V_c$	−719.83		$\Delta Y_2 = \dfrac{b \cdot \sin\beta'}{\sin\gamma'}\sin V_c$	+3383.62
	X_{P2}	462819.62		Y_{P2}	183232.99
소구점 X		462819.67	소구점 Y		183232.96

종선교차 = −0.10m 횡선교차 = +0.07m 연결교차 = 0.12m 공차 = 0.30m

계 산 자 : **검 사 자 :**

02 (1) 관측각 오차 계산

관측각 오차 $= \sum\alpha - 180(n-1) + T_1 - T_2$

$= 1089°27'40'' - 180°(8-1) + 182°40'23'' - 12°07'24'' = +39''$

(2) 관측각 오차의 공차 계산(폐색오차)

폐색오차(1등 도선) $= \pm 20\sqrt{n}$ 초 $= \pm 20\sqrt{8}$ 초 $= \pm 56''$ (공차는 반올림하지 않음)

(3) 수평거리 합 계산 및 반수 계산

① 수평거리 합 = 273.35m

② 반수 계산(1000 ÷ 수평거리) 및 반수의 합

1측선	2측선	3측선	4측선	5측선	6측선	7측선	합계
32.7	24.9	18.3	30.1	33.8	27.4	20.5	187.7

(4) 각 오차 배부 계산

$$K = -\frac{e}{R} \times r$$

(K는 각 측선에 배분할 초 단위의 각도, e는 초 단위의 오차, R은 폐색변을 포함한 각 측선장 반수의 총 합계, r은 각 측선장의 반수)

$$K_1 = -\frac{39}{187.7} \times 32.7 \fallingdotseq -6.79 = -7$$
$$K_2 = -\frac{39}{187.7} \times 24.9 \fallingdotseq -5.17 = -5$$
$$K_3 = -\frac{39}{187.7} \times 18.3 \fallingdotseq -3.80 = -4$$
$$K_4 = -\frac{39}{187.7} \times 30.1 \fallingdotseq -6.25 = -6$$
$$K_5 = -\frac{39}{187.7} \times 33.8 \fallingdotseq -7.02 = -7$$
$$K_6 = -\frac{39}{187.7} \times 27.4 \fallingdotseq -5.69 = -6$$
$$K_7 = -\frac{39}{187.7} \times 20.5 \fallingdotseq -4.26 = -4$$

소계 $= -39$

(5) 방위각 계산

측점	시준점	방위각 계산	방위각
보1	보10		$=182°40'23''$
보1	1	$182°40'23'' + (-7'') + 36°08'40''$	$=218°48'56''$
1	2	$218°48'56'' - 180° + (-5'') + 132°25'00''$	$=171°13'51''$
2	3	$171°13'51'' - 180° + (-4'') + 204°25'07''$	$=195°38'54''$
3	4	$195°38'54'' - 180° + (-6'') + 147°53'40''$	$=163°32'28''$
4	5	$163°32'28'' - 180° + (-7'') + 112°22'47''$	$=95°55'08''$
5	6	$95°55'08'' - 180° + (-6'') + 184°23'53''$	$=100°18'55''$
6	보2	$100°18'55'' - 180° + (-4'') + 158°12'00''$	$=78°30'51''$
보2	보3	$78°30'51'' - 180° + 113°36'33''$	$=12°07'24''$

(6) 종선차(ΔX) 및 횡선차(ΔY) 계산

종선차(ΔX)$=l \times \cos V$, 횡선차(ΔY)$=l \times \sin V$

측점	시준점	종선차(ΔX)	횡선차(ΔY)
보1	1	−23.85	−19.19
1	2	−39.67	6.12
2	3	−52.59	−14.73
3	4	−31.83	9.40
4	5	−3.05	29.41
5	6	−6.53	35.85
6	보2	9.72	47.81

(7) 종 · 횡선차 오차 계산

종선차	횡선차
$\Sigma\lvert\Delta X\rvert=167.24$	$\Sigma\lvert\Delta Y\rvert=162.51$
$\Sigma\Delta X=-147.80$	$\Sigma\Delta Y=+94.67$
기지$=-147.87$	기지$=+94.73$
$f_x=+0.07$	$f_y=-0.06$

(8) 연결오차 및 공차 계산

① 연결오차$=\sqrt{(\text{종선오차})^2+(\text{횡선오차})^2}=\sqrt{(+0.07)^2+(-0.06)^2}=0.09\text{m}$

② 공차(1등 도선)$=\dfrac{M\sqrt{n}}{100}=\dfrac{600\times\sqrt{2.7335}}{100}=9.91\text{cm}=\pm 0.09\text{m}$

(9) 종 · 횡선차에 대한 보정

$$T=-\frac{e}{L}\times l$$

(T는 각 측선의 종선차 또는 횡선차에 배분할 cm 단위의 수치, e는 종선오차 또는 횡선오차, L은 종선차 또는 횡선차의 절대치 합계, l은 각 측선의 종선차 또는 횡선차)

측점	시준점	종선차(ΔX) 보정치		횡선차(ΔX) 보정치	
보1	1	$-\dfrac{7}{167.24}\times 23.85$	$=-1$	$-\dfrac{(-6)}{162.51}\times 19.19$	$=+1$
1	2	$-\dfrac{7}{167.24}\times 39.67$	$=-2$	$-\dfrac{(-6)}{162.51}\times 6.12$	$=0$
2	3	$-\dfrac{7}{167.24}\times 52.59$	$=-2$	$-\dfrac{(-6)}{162.51}\times 14.73$	$=+1$
3	4	$-\dfrac{7}{167.24}\times 31.83$	$=-1$	$-\dfrac{(-6)}{162.51}\times 9.40$	$=0$
4	5	$-\dfrac{7}{167.24}\times 3.05$	$=0$	$-\dfrac{(-6)}{162.51}\times 29.41$	$=+1$
5	6	$-\dfrac{7}{167.24}\times 6.53$	$=0$	$-\dfrac{(-6)}{162.51}\times 35.85$	$=+1$
6	보2	$-\dfrac{7}{167.24}\times 9.72$	$=0\rightarrow -1$	$-\dfrac{(-6)}{162.51}\times 47.81$	$=+2$
		소계	$=-7$	소계	$=+6$

(10) 종 · 횡선좌표 계산

종 · 횡선좌표 = 기지점의 종 · 횡선좌표 + 종 · 횡선차(ΔX · ΔY) + 보정치

측점	시준점	종선좌표	횡선좌표
보1	보10	453389.93	192567.66
보1	1	453389.93+(−23.85)+(−0.01)=453366.07	192567.66+(−19.19)+0.01=192548.48
1	2	453366.07+(−39.67)+(−0.02)=453326.38	192548.48+6.12+0.00=192554.60
2	3	453326.38+(−52.59)+(−0.02)=453273.77	192554.60+(−14.73)+0.01=192539.88
3	4	453273.77+(−31.83)+(−0.01)=453241.93	192539.88+9.40+0.00=192549.28
4	5	453241.93+(−3.05)+0.00=453238.88	192549.28+29.41+0.01=192578.70
5	6	453238.88+(−6.53)+0.00=453232.35	192578.70+35.85+0.01=192614.56
6	보2	453232.35+9.72+(−0.01)=453242.06	192614.56+47.81+0.02=192662.39

도 근 측 량 계 산 부(배각법)

측점 "가" 1/600	시준점	관측각 (보정치)	반수 / 수평거리	방위각	종선차(ΔX) / 보정치 / 종선좌표(X)	횡선차(ΔY) / 보정치 / 횡선좌표(Y)
보1	보10	0° 00′ 00″		182° 40′ 23″	m 453389.93	m 192567.66
보1	1	−7 36 08 40	32.7 30.61	218 48 56	−23.85 −0.01 453366.07	−19.19 +0.01 192548.48
1	2	−5 132 25 00	24.9 40.14	171 13 51	−39.67 −0.02 453326.38	+6.12 0.00 192554.60
2	3	−4 204 25 07	18.3 54.61	195 38 54	−52.59 −0.02 453273.77	−14.73 +0.01 192539.88
3	4	−6 147 53 40	30.1 33.19	163 32 28	−31.83 −0.01 453241.93	+9.40 0.00 192549.28
4	5	−7 112 22 47	33.8 29.57	95 55 08	−3.05 0.00 453238.88	+29.41 +0.01 192578.70
5	6	−6 184 23 53	27.4 36.44	100 18 55	−6.53 0.00 453232.35	+35.85 +0.01 192614.56
6	보2	−4 158 12 00	20.5 48.79	78 30 51	+9.72 −0.01 453242.06	+47.81 +0.02 192662.39
보2	보3	113 36 33	(187.7) (273.35)	12 07 24		
계 $n=8$	$\Sigma\alpha=1089°27'40''$ $-180(n-1)=1260°00'00''$ $+T_1=182°40'23''$ $-T_2=12°07'24''$				$\Sigma\lvert\Delta X\rvert=167.24$ $\Sigma\Delta X=-147.80$ 기지$=-147.87$ $f_x=+0.07$	$\Sigma\lvert\Delta Y\rvert=162.51$ $\Sigma\Delta Y=+94.67$ 기지$=+94.73$ $f_y=-0.06$
	오차$=+39''$ 공차$=\pm56''$				연결오차$=0.09$m 공차$=\pm0.09$m	

03 (1) 도곽선의 보정계수

$$Z = \frac{X \cdot Y}{\Delta X \cdot \Delta Y}$$

$$Z = \frac{X \cdot Y}{\Delta X \cdot \Delta Y} = \frac{400 \times 500}{(400 - 0.75) \times (500 - 1.25)} = 1.0044$$

(2) 신구면적 허용오차

$$A = \pm 0.026^2 M \sqrt{F}$$

$$A = \pm 0.026^2 M \sqrt{F} = \pm 0.026^2 \times 1200 \times \sqrt{1080} = \pm 26\text{m}^2$$

(3) 필지별 보정면적, 산출면적, 결정면적

구분	773	773-1	773-2	합계
필지별 보정면적 (m^2)	필지별 보정면적=측정면적 × 도곽선의 보정계수			
	398×1.0044=399.8	341×1.0044=342.5	323×1.0044=324.4	1066.7m^2
필지별 산출면적 (m^2)	산출면적 = $\frac{\text{원면적}}{\text{보정(측정)면적의 합계}}$ × 필지별 보정(측정)면적			
	$\frac{1080}{1066.7}$×399.8=404.8	$\frac{1080}{1066.7}$×342.5=346.8	$\frac{1080}{1066.7}$×324.4=328.4	1080.0m^2
필지별 결정면적 (m^2)	405m^2	347m^2	328m^2	1080m^2

04 (1) 도곽선의 지상길이

축척 1/600 지역에서의 도곽선 지상길이(m) = 200 × 250

(2) 종선 및 횡선좌표 결정

종선좌표 결정	횡선좌표 결정
① 도곽선 종선길이로 나눔 +4213.46÷200=+21.07	① 도곽선 횡선길이로 나눔 −8468.58÷250=−33.87
② 도곽선 종선길이로 나눈 정수를 곱함 +21×200=+4200m → 하부좌표 (다) X=+4213.46m는 X=0보다 크므로 하부좌표가 먼저 결정됨	② 도곽선 횡선길이로 나눈 정수를 곱함 −33×250500=−8250m → 우측좌표 (나) Y=−1329.72m는 Y=0보다 작으므로 우측좌표가 먼저 결정됨
③ 종선의 하부좌표에 종선길이를 더함 +4200+200=4400m → 상부좌표 (가)	③ 횡선의 우측좌표에 횡선길이를 뺌 −8250−250=−8500m → 좌측좌표 (라)

05 (1) $\overline{AB}$ 거리 계산

$$\overline{AB} = \sqrt{(\Delta x)^2 + (\Delta y)^2}$$

$$= \sqrt{(4791.28 - 4758.66)^2 + (7165.70 - 6031.45)^2} = 1134.72\text{m}$$

(2) $\triangle ABC$의 면적 계산

헤론의 공식 $A = \sqrt{s(s-a)(s-b)(s-c)}$ (단, $s = \dfrac{a+b+c}{2}$)

$$s = \frac{a+b+c}{2} = \frac{1524.62 + 2000.84 + 1134.72}{2} = 2330.09$$

$$\triangle ABC\text{의 면적}(A) = \sqrt{2330.09(2330.09-1524.62)(2330.09-2000.84)(2330.09-1134.72)}$$
$$= 859458.9\text{m}^2$$

06 조준의[앨리데이드(alidade)]를 사용한 경우 수평거리는

$$D = l \times \frac{1}{\sqrt{1+(\frac{n}{100})^2}} = 89.6 \times \frac{1}{\sqrt{1+(\frac{17}{100})^2}} = 88.33\text{m}$$

(D는 수평거리, l은 경사거리, n은 경사분획)

실전모의고사 제4회

• NOTICE • 본 실전모의고사는 수험생의 실전 대비 목적으로 작성된 것임을 알려드립니다.

01 그림의 교회망에서 기지여건과 관측내각이 다음과 같을 경우 소구점(보10)의 좌표를 서식을 이용하여 계산하시오.(단, 각은 초 단위, 거리와 좌표는 소수 2자리까지 구하시오.)

기지점좌표			관측내각	
점명	종선좌표	횡선좌표		
서울1(A)	455010.64m	192643.32m	α	34°53′47″
서울3(B)	455010.64m	195382.80m	γ	100°14′25″
서울5(C)	454006.06m	194056.41m	γ'	50°26′22″

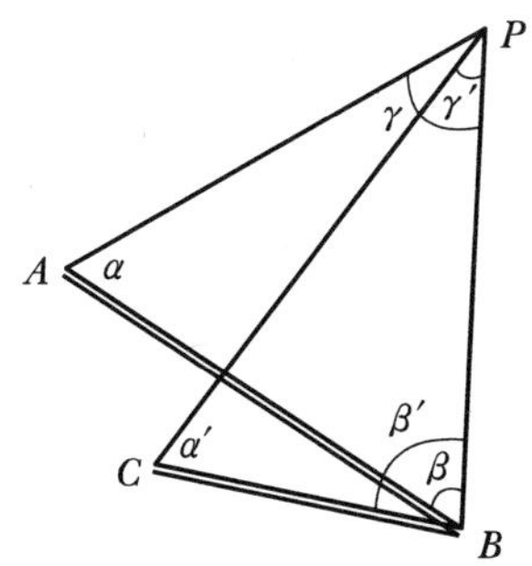

교 회 점 계 산 부

약도

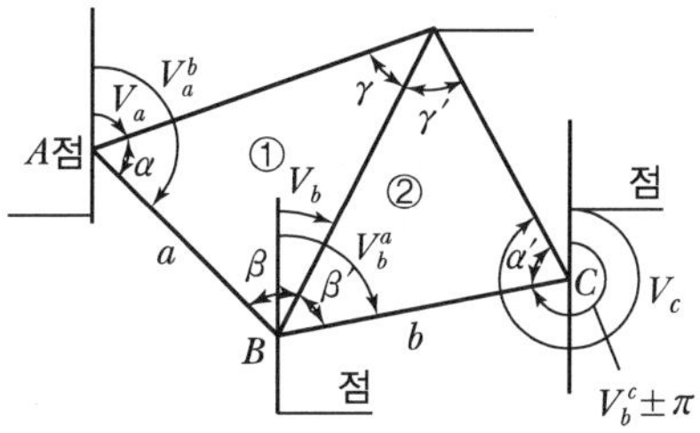

공식

1. 방위(θ) 계산 $\tan\theta = \dfrac{\Delta y}{\Delta x}$
2. 방위각(V) 계산
   Ⅰ상한 : θ Ⅱ상한 : $180° - \theta$
   Ⅲ상한 : $\theta + 180°$ Ⅳ상한 : $360° - \theta$
3. 거리(a 또는 b) 계산 $\sqrt{(\Delta x)^2 + (\Delta y)^2}$
4. 삼각형 내각 계산
   $\alpha = V_a{}^b - V_a$ $\alpha' = V_c - V_b{}^c \pm \pi$
   $\beta = V_b - V_a{}^b \pm \pi$ $\beta' = V_b{}^c - V_b$
   $\gamma = V_a - V_b$ $\gamma' = V_b - V_c$

V_a	V_b	V_c
° ′ ″	° ′ ″	° ′ ″

점명		X	Y	방향	ΔX	ΔY
A		m .	m .	A→B	m .	m .
B		m .	m .	B→C	m .	m .
C		m .	m .	A→C	m .	m .

방 위 각 계 산

방향	→	방향	→
$\theta = \tan^{-1}\dfrac{\Delta Y}{\Delta X}$	° ′ ″	$\theta = \tan^{-1}\dfrac{\Delta Y}{\Delta X}$	° ′ ″
$V_a{}^b$		$V_b{}^c$	

거 리 계 산

$a = \sqrt{(\Delta x)^2 + (\Delta y)^2}$	m .	$b = \sqrt{(\Delta x)^2 + (\Delta y)^2}$	m .

삼 각 형 내 각 계 산

각		내각	각		내각
①	α	° ′ ″	②	α'	° ′ ″
	β			β'	
	γ			γ'	
	합계			합계	

소 구 점 종 횡 선 계 산

①	X_A	m .	①	Y_A	m .
	$\Delta X_1 = \dfrac{a \cdot \sin\beta}{\sin\gamma}\cos V_a$	.		$\Delta Y_1 = \dfrac{a \cdot \sin\beta}{\sin\gamma}\sin V_a$	.
	X_{P1}	.		Y_{P1}	.
②	X_C	.	②	Y_C	.
	$\Delta X_2 = \dfrac{b \cdot \sin\beta'}{\sin\gamma'}\cos V_c$	.		$\Delta Y_2 = \dfrac{b \cdot \sin\beta'}{\sin\gamma'}\sin V_c$	.
	X_{P2}	.		Y_{P2}	.
소구점 X		.	소구점 Y		.

종선교차= m 횡선교차= m 연결교차= m 공차= m

계 산 자 : **검 사 자 :**

02 다음은 방위각법에 의한 지적도근점측량의 측량성과에 의하여 주어진 서식으로 각 점의 좌표를 계산하시오.(단, 도선명은 "가"이고, 축척은 1200분의 1임)

측점	시준점	방위각	수평거리(m)	개정방위각	종선좌표	횡선좌표
파3	파7			306°09′	465062.48	193575.69
파3	1	107°25′	99.46			
1	2	112°15′	77.77			
2	3	59°00′	91.93			
3	4	14°59′	93.27			
4	5	340°16′	74.02			
5	파6	41°23′	93.76		465280.74	193882.45
파6	파5	67°07′		67°09′		

지 적 도 근 측 량 계 산 부(방위각법)

측점	시준점	보정치 방위각	수평거리	개정방위각	종선차(ΔX) 보정치 종선좌표(X)	횡선차(ΔY) 보정치 횡선좌표(Y)
		° ′	m .	° ′	m .	m .
			.		.	.
			.		.	.
			.		.	.
			.		.	.
			.		.	.
			.		.	.
			.		.	.
			.		.	.
			.		.	.
			.		.	.
			.		.	.

03 지적도 축척이 1/1000인 지역에서 원면적이 3400m²인 10번지의 토지를 분할하기 위하여 전자면적계로 면적을 측정하여 10번지는 1265.9m², 10-1번지는 757.0m², 10-2번지는 1400.1m²를 얻었다. 이 도면의 신축량이 -0.6mm일 때 신구면적 허용오차와 주어진 면적측정부 서식을 완성하시오.(단, 계산은 「공간정보의 구축 및 관리 등에 관한 법률」 및 「지적측량 시행규칙」에 의하고, 도곽선의 보정계수는 소수 4자리까지 계산하시오.)

(1) 신구면적 허용오차

(2) 면적측정부

면적측정부						
지번	측정면적	도곽신축 보정계수	보정면적	원면적	산출면적	결정면적
	m²		m²	m²	m²	m²

04 지적도근점측량을 X형의 교점다각망으로 구성하여 다음과 같이 관측방위각과 계산 종횡선좌표를 산출하였다. 주어진 서식을 작성하고 평균 방위각과 평균 종횡선좌표를 계산하시오.

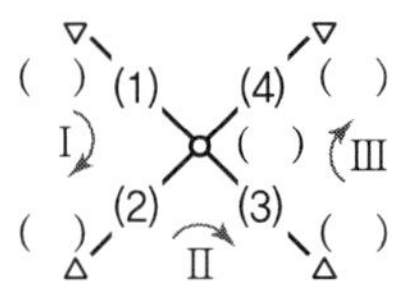

조건식			경중률		ΣN	ΣS
	I	(1) − (2) + W_1 = 0		(1)	12	7.85
	II	(2) − (3) + W_2 = 0		(2)	8	6.94
	III	(3) − (4) + W_3 = 0		(3)	10	9.01
				(4)	15	8.44

(1) 관측방위각	(2) 계산 종선좌표	(3) 계산 횡선좌표
① 217°33′55″	① 461575.50	① 213624.17
② 217°34′11″	② 461575.55	② 213624.23
③ 217°33′46″	③ 461575.67	③ 213624.31
④ 217°34′03″	④ 461575.59	④ 213624.14

교 점 다 각 망 계 산 부(X · Y형)

약도

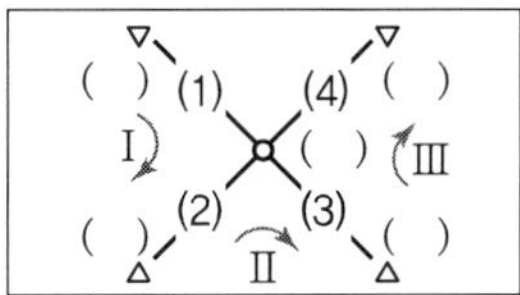

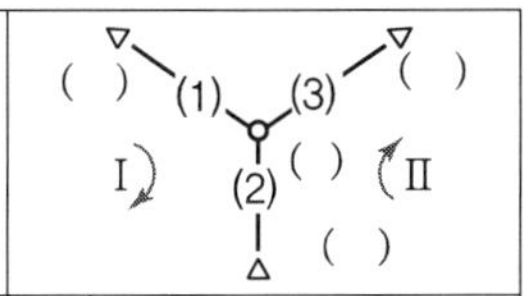

조건식	I	$(1)-(2)+W_1=0$	
	II	$(2)-(3)+W_2=0$	
	III	$(3)-(4)+W_3=0$	
경중률		ΣN	ΣS
	(1)		
	(2)		
	(3)		
	(4)		

조건식	I	$(1)-(2)+W_1=0$	
	II	$(2)-(3)+W_2=0$	
경중률		ΣN	ΣS
	(1)		
	(2)		
	(3)		

1. 방위각

순서	도선	관측	보정	평균
I	(1)	° ′ ″		° ′ ″
	(2)			
	W_1			
II	(2)			
	(3)			
	W_2			
III	(3)			
	(4)			
	W_3			

2. 종선좌표

순서	도선	관측	보정	평균
I	(1)	m .		m .
	(2)	.		.
	W_1	.		
II	(2)	.		.
	(3)	.		.
	W_2	.		
III	(3)	.		.
	(4)	.		.
	W_3	.		

3. 횡선좌표

순서	도선	관측	보정	평균
I	(1)	m .		m .
	(2)	.		.
	W_1	.		
II	(2)	.		.
	(3)	.		.
	W_2	.		
III	(3)	.		.
	(4)	.		.
	W_3	.		

4. 계산

1) 방 위 각 $= \dfrac{\left[\dfrac{\Sigma\alpha}{\Sigma N}\right]}{\left[\dfrac{1}{\Sigma N}\right]} =$

2) 종선좌표 $= \dfrac{\left[\dfrac{\Sigma X}{\Sigma S}\right]}{\left[\dfrac{1}{\Sigma S}\right]} =$

3) 횡선좌표 $= \dfrac{\left[\dfrac{\Sigma Y}{\Sigma S}\right]}{\left[\dfrac{1}{\Sigma S}\right]} =$

W= 오차, N= 도선별 점수, S= 측점 간 거리, α = 관측방위각

05 중부원점지역에 있는 지적도근점의 좌표가 $X = 435752.86\text{m}$, $Y = 197536.45\text{m}$일 때 이 지역의 지적도 축척이 1200분의 1일 때 다음을 계산하시오.

(1) 1200분의 1 지적도 가로와 세로 도곽선의 도상길이(cm)와 지상길이(m)는?

도상길이 : $X=$ $Y=$

지상길이 : $X=$ $Y=$

(2) 지적도근점을 포용할 수 있는 도곽선의 좌표를 계산하시오.

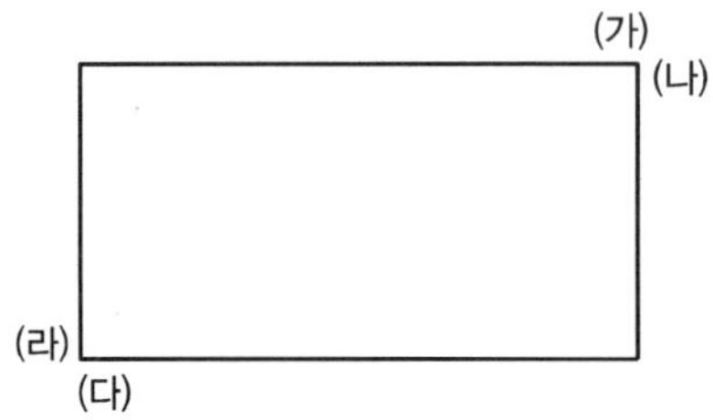

06 평판측량방법에 따라 조준의를 사용하여 측정한 경사거리가 91.6m이고 경사분획이 25이었을 때 수평거리를 계산하시오.(단, 거리는 cm 단위까지 계산함)

• 계산과정

답 : ________________

실전모의고사 제4회 해설 및 정답

01 (1) ΔX, ΔY 계산

방향	ΔX	ΔY
$A \to B$	455010.64－455010.64＝0.00	195382.80－192643.32＝＋2739.48
$B \to C$	454006.06－455010.64＝－1004.58	194056.41－195382.80＝－1326.39
$A \to C$	454006.06－455010.64＝－1004.58	194056.41－192643.32＝＋1413.09

(2) 방위각 계산

① 방향 : 서울1 → 서울3

$$\theta = \tan^{-1}\left(\frac{\Delta Y}{\Delta X}\right) = \tan^{-1}\left(\frac{+2739.48}{0.00}\right) = 90°00'00''$$

$V_a{}^b = 90°00'00''$

② 방향 : 서울3 → 서울5

$$\theta = \tan^{-1}\left(\frac{-1326.39}{-1004.58}\right) = 52°51'38''\ (\text{Ⅲ상한})$$

$V_b{}^c = (180° + \theta) = 180° + 52°51'38'' = 232°51'38''$

(3) 거리 계산

$$a = \sqrt{(\Delta x)^2 + (\Delta y)^2} = \sqrt{(0.00)^2 + (+2739.48)^2} = 2739.48\text{m}$$

$$b = \sqrt{(\Delta x)^2 + (\Delta y)^2} = \sqrt{(-1004.58)^2 + (-1326.39)^2} = 1663.88\text{m}$$

(4) 삼각형 내각 및 소구방위각 계산

구분	내각 및 소구방위각 계산
$\triangle ABP$	$\alpha = 34°53'47''$
	$\gamma = 100°14'25''$
	$\beta = 180° - (\alpha + \gamma) = 44°51'48''$
소구 방위각	$V_a = V_a^b - \alpha = 90°00'00'' - 34°53'47'' = 55°06'13''$
	$V_b = V_b{}^a + \beta = (V_a{}^b \pm 180°) + \beta = (90°00'00'' + 180°) + 44°51'48'' = 314°51'48''$
	$V_c = V_b + \gamma' = 314°51'48'' + 50°26'22'' = 5°18'10''$
$\triangle BCP$	$\gamma' = 50°26'22''$
	$\alpha' = V_c{}^b - V_c = (V_b{}^c \pm 180°) - V_c = (232°51'38'' - 180°00'00'') - 5°18'10'' = 47°33'28''$
	$\beta' = V_b - V_b{}^c = 314°51'48'' - 232°51'38'' = 82°00'10''$

(5) 소구점 종 · 횡선 계산

삼각형	소구점 종 · 횡선 계산 및 소구점 좌표
$\triangle ABP$	$\Delta X_1 = \frac{a\times \sin\beta}{\sin\gamma}\times\cos V_a = \frac{2739.48\times \sin44°51'48''}{\sin100°14'25''}\times\cos55°06'13'' = +1123.46\text{m}$
	$X_{p_1} = X_A + \Delta X_1 = 455010.64 + 1123.46 = 456134.10\text{m}$
	$\Delta Y_1 = \frac{a\times \sin\beta}{\sin\gamma}\times\sin V_a = \frac{2739.48\times \sin44°51'48''}{\sin100°14'25''}\times\sin55°06'13'' = +1610.65\text{m}$
	$Y_{p_1} = Y_A + \Delta Y_1 = 192643.32 + 1610.65 = 194253.97\text{m}$
$\triangle BCP$	$\Delta X_2 = \frac{b\times \sin\beta'}{\sin\gamma'}\times\cos V_c = \frac{1663.88\times \sin82°00'10''}{\sin50°26'22''}\times\cos5°18'10'' = +2128.08\text{m}$
	$X_{p_2} = X_C + \Delta X_2 = 454006.06 + 2128.08 = 456134.14\text{m}$
	$\Delta Y_2 = \frac{b\times \sin\beta'}{\sin\gamma'}\times\sin V_c = \frac{1663.88\times \sin82°00'10''}{\sin50°26'22''}\times\sin5°18'10'' = +197.52\text{m}$
	$Y_{p_2} = Y_C + \Delta Y_2 = 194056.41 + 197.52 = 194253.93\text{m}$

(6) 소구점 좌표 계산

① 소구점 X좌표

$$\frac{X_{P_1} + X_{P_2}}{2} = \frac{456134.10 + 456134.14}{2} = 456134.12\text{m}$$

② 소구점 Y좌표

$$\frac{Y_{P_1} + Y_{P_2}}{2} = \frac{194253.97 + 194253.93}{2} = 194253.95\text{m}$$

(7) 교차 계산

① 종선교차 $= X_{P_2} - X_{P_1} = 456134.14 - 456134.10 = +0.04\text{m}$

② 횡선교차 $= Y_{P_2} - Y_{P_1} = 194253.93 - 194253.97 = -0.04\text{m}$

③ 연결교차 $= \sqrt{(\text{종선교차})^2 + (\text{횡선교차})^2} = \sqrt{(+0.04)^2 + (-0.04)^2} = 0.06\text{m}$

④ 공차 $= 0.30\text{m}$

교 회 점 계 산 부

약도

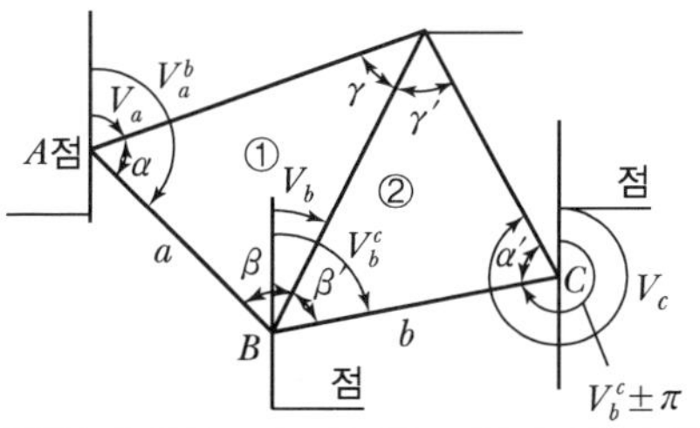

공식

1. 방위(θ) 계산　　$\tan\theta = \dfrac{\Delta y}{\Delta x}$
2. 방위각(V) 계산
   Ⅰ상한 : θ　　Ⅱ상한 : $180° - \theta$
   Ⅲ상한 : $\theta + 180°$　　Ⅳ상한 : $360° - \theta$
3. 거리(a 또는 b) 계산 $\sqrt{(\Delta x)^2 + (\Delta y)^2}$
4. 삼각형 내각 계산
   $\alpha = V_a{}^b - V_a$　　$\alpha' = V_c - V_b{}^c \pm \pi$
   $\beta = V_b - V_a{}^b \pm \pi$　　$\beta' = V_b{}^c - V_b$
   $\gamma = V_a - V_b$　　$\gamma' = V_b - V_c$

V_a	V_b	V_c
55° 06′ 13″	314° 51′ 48″	5° 18′ 10″

점명		X	Y	방향	ΔX	ΔY
A	서울1	455010.64 m	192643.32 m	A→B	0.00 m	+2739.48 m
B	서울3	455010.64 m	195382.80 m	B→C	−1004.58 m	−1326.39 m
C	서울5	454006.06 m	194056.41 m	A→C	−1004.58 m	+1413.09 m

방 위 각 계 산

방향	서울1 → 서울3	방향	서울3 → 서울5
$\theta = \tan^{-1}\dfrac{\Delta Y}{\Delta X}$	90° 00′ 00″	$\theta = \tan^{-1}\dfrac{\Delta Y}{\Delta X}$	52° 51′ 38″
$V_a{}^b$	90 00 00	$V_b{}^c$	232 51 38

거 리 계 산

$a = \sqrt{(\Delta x)^2 + (\Delta y)^2}$	2739.48 m	$b = \sqrt{(\Delta x)^2 + (\Delta y)^2}$	1663.88 m

삼 각 형 내 각 계 산

각		내각	각		내각
①	α	34° 53′ 47″	②	α'	47° 33′ 28″
	β	44 51 48		β'	82 00 10
	γ	100 14 25		γ'	50 26 22
	합계	180 00 00		합계	180 00 00

소 구 점 종 횡 선 계 산

①	X_A	455010.64 m	①	Y_A	192643.32 m
	$\Delta X_1 = \dfrac{a \cdot \sin\beta}{\sin\gamma}\cos V_a$	+1123.46		$\Delta Y_1 = \dfrac{a \cdot \sin\beta}{\sin\gamma}\sin V_a$	+1610.65
	X_{P1}	456134.10		Y_{P1}	194253.97
②	X_C	454006.06	②	Y_C	194056.41
	$\Delta X_2 = \dfrac{b \cdot \sin\beta'}{\sin\gamma'}\cos V_c$	+2128.08		$\Delta Y_2 = \dfrac{b \cdot \sin\beta'}{\sin\gamma'}\sin V_c$	+197.52
	X_{P2}	456134.14		Y_{P2}	194253.93
소구점 X		456134.12	소구점 Y		194253.95

종선교차 = +0.04m　　횡선교차 = −0.04m　　연결교차 = 0.06m　　공차 = 0.30m

계 산 자 :　　**검 사 자 :**

02 (1) 측각오차 계산

$$각오차 = 도착\ 관측방위각 - 도착\ 기지방위각$$

측각오차 $= 67°07' - 67°09' = -2'$

(2) 관측각 오차의 공차(폐색오차) 계산

$$1등\ 도선\ 공차 = \pm\sqrt{n}\ 분\ 이내,\ 2등\ 도선\ 공차 = \pm 1.5\sqrt{n}\ 분\ 이내$$

여기서, n : 폐색변을 포함한 변수

1등 도선의 측각공차 $= \pm\sqrt{n}$ 분 $= \pm\sqrt{7}$ 분 $= \pm 2.65' = \pm 2'$(공차는 반올림 하지 않음)

(3) 측각오차 보정치 계산

$$K_n = -\frac{e}{S} \times s$$

여기서, K_n : 각 측선의 순서대로 배분할 분 단위의 각도

e : 분 단위의 오차

S : 폐색변을 포함한 변의 수

s : 각 측선의 순서

$$K_1 = -\frac{(-2)}{7} \times 1 \fallingdotseq +0.29 = 0$$

$$K_2 = -\frac{(-2)}{7} \times 2 \fallingdotseq +0.57 = +1$$

$$K_3 = -\frac{(-2)}{7} \times 3 \fallingdotseq +0.86 = +1$$

$$K_4 = -\frac{(-2)}{7} \times 4 \fallingdotseq +1.14 = +1$$

$$K_5 = -\frac{(-2)}{7} \times 5 \fallingdotseq +1.43 = +1$$

$$K_6 = -\frac{(-2)}{7} \times 6 \fallingdotseq +1.71 = +2$$

$$K_7 = -\frac{(-2)}{7} \times 7 \fallingdotseq +2.00 = +2$$

(4) 개정방위각 계산

$$개정방위각 = 관측방위각 + 보정치$$

① 출발 기지방위각 306°09′에서 관측방위각과 보정치를 합하여 다음 측선의 개정방위각 산출

② 마지막 측선에서 관측방위각과 보정치를 합한 개정방위각이 도착 기지방위각과 같아야 함

측점	시준점	개정방위각 계산	개정방위각
파3	파7		=306°09′
파3	1	107°25′+0′	=107°25′
1	2	112°15′+1′	=112°16′
2	3	59°00′ +1′	=59°01′
3	4	14°59′ +1′	=15°00′
4	5	340°16′+1′	=340°17′
5	파6	41°23′ +2′	=41°25′
파6	파5	67°07′ +2′	=67°09′

(5) 종선차(ΔX) 및 횡선차(ΔY)

종선차(ΔX)= $L\times \cos V$, 횡선차(ΔY)=$L\times \sin V$

여기서, L : 수평거리, V : 방위각

측점	시준점	종선차(ΔX)		횡선차(ΔY)	
파1	1	99.46×cos 107°25′	=−29.77	99.46×sin 107°25′	=+94.90
1	2	77.77×cos 112°16′	=−29.47	77.77×sin 112°16′	=+71.97
2	3	91.93×cos 59°01′	=+47.32	91.93×sin 59°01′	=+78.81
3	4	93.27×cos 15°00′	=+90.09	93.27×sin 15°00′	=+24.14
4	5	74.02×cos 340°17′	=+69.68	74.02×sin 340°17′	=−24.97
5	파6	93.76×cos 41°25′	=+70.31	93.76×sin 41°25′	=+62.03
합계		$\Sigma\Delta X$	=+218.16	$\Sigma\Delta Y$	=+306.88

(6) 종 · 횡선차 합 및 기지점 오차 계산

① 종 · 횡선차 합 계산

$\Sigma\Delta X=(-29.77)+(-29.47)+47.32+90.09+69.68+70.31=+218.16$

$\Sigma\Delta Y=94.90+71.97+78.81+24.14+(-24.97)+62.03=+306.88$

② 기지점 오차 계산

기지 종선차=도착 기지점의 X좌표−출발 기지점의 X좌표
기지 횡선차=도착 기지점의 Y좌표−출발 기지점의 Y좌표

- 종선좌표 : 465280.74−465062.48=+218.26
- 횡선좌표 : 193882.45−193575.69=+306.76

③ 종선오차, 횡선오차 계산

기지 종선차(f_x)=종선차의 합−기지 종선차
기지 횡선차(f_y)=횡선차의 합−기지 횡선차

$f_x=218.16-218.26=-0.10$

$f_y=306.88-306.76=+0.12$

(7) 연결오차 계산

$$\text{연결오차}=\sqrt{f_x{}^2+f_y{}^2}=\sqrt{(\text{종선오차})^2+(\text{횡선오차})^2}$$

연결오차= $\sqrt{(-0.10)^2+(+0.12)^2}=0.156=0.16\text{m}$

(8) 공차 계산

$$\text{1등 도선}=M\times\frac{1}{100}\sqrt{n}\ \text{cm 이내},\quad \text{2등 도선}=M\times\frac{1.5}{100}\sqrt{n}\ \text{cm 이내}$$

여기서, M : 축척분모

n : 각 측선의 수평거리 총합계를 100으로 나눈 수

공차(1등 도선) $=\dfrac{1200\times\sqrt{5.3021}}{100}=27.63\text{cm}=\pm0.27\text{m}$ (공차는 반올림하지 않음)

(9) 종 · 횡선차에 대한 보정

$$C=-\frac{e}{L}\times l$$

여기서, C : 각 측선의 종선차 또는 횡선차에 배분할 cm 단위의 수치

e : 종선오차 또는 횡선오차

L : 각 측선장의 총합계

l : 각 측선의 측선장

측점	시준점	종선차(ΔX) 보정치		횡선차(ΔY) 보정치	
파1	1	$-\dfrac{-10}{530.21}\times99.46=+1.88$	$=+2$	$-\dfrac{12}{530.21}\times99.46=-2.25$	$=-2$
1	2	$-\dfrac{-10}{530.21}\times77.77=+1.47$	$=+1$	$-\dfrac{12}{530.21}\times77.77=-1.76$	$=-2$
2	3	$-\dfrac{-10}{530.21}\times91.93=+1.73$	$=+2$	$-\dfrac{12}{530.21}\times91.93=-2.08$	$=-2$
3	4	$-\dfrac{-10}{530.21}\times93.27=+1.76$	$=+2$	$-\dfrac{12}{530.21}\times93.27=-2.11$	$=-2$
4	5	$-\dfrac{-10}{530.21}\times74.02=+1.40$	$=+1$	$-\dfrac{12}{530.21}\times74.02=-1.68$	$=-2$
5	파6	$-\dfrac{-10}{530.21}\times93.76=+1.77$	$=+2$	$-\dfrac{12}{530.21}\times93.76=-2.12$	$=-2$
합계			+10		−12

※ f_x가 −0.10m이므로 종선차 보정치의 합이 +0.10m가 되도록 조정

f_y가 +0.12m이므로 횡선차 보정치의 합이 −0.12m가 되도록 조정

(10) 종 · 횡선좌표 계산

종 · 횡선좌표 = 기지점의 종 · 횡선좌표 + 종 · 횡선차(ΔX, ΔY) + 보정치

측점	시준점	종선좌표	횡선좌표
파		465062.48	193575.69
파1	1	465062.48+(−29.77)+0.02=465032.73	193575.69+94.90+(−0.02)=193670.57
1	2	465032.73+(−29.47)+0.01=465003.27	193670.57+71.97+(−0.02)=193742.52
2	3	465003.27+47.32+0.02=465050.61	193742.52+78.81+(−0.02)=193821.31
3	4	465050.61+90.09+0.02=465140.72	193821.31+24.14+(−0.02)=193845.43
4	5	465140.72+69.68+0.01=465210.41	193845.43+(−24.97)+(−0.02)=193820.44
5	파6	465210.41+70.31+0.02=465280.74	193820.44+62.03+(−0.02)=193882.45

지 적 도 근 측 량 계 산 부(방위각법)

측점 "가" 1/1200	시준점	방위각 (보정치)	수평거리	개정방위각	종선차(ΔX) / 보정치 / 종선좌표(X)	횡선차(ΔY) / 보정치 / 횡선좌표(Y)
파3	파7	306° 09′	m	306° 09′	m 465062.48	m 193575.69
파3	1	0 107 25	99.46	107 25	−29.77 +0.02 465032.73	+94.90 −0.02 193670.57
1	2	+1 112 15	77.77	112 16	−29.47 +0.01 465003.27	+71.97 −0.02 193742.52
2	3	+1 59 00	91.93	59 01	+47.32 +0.02 465050.61	+78.81 −0.02 193821.31
3	4	+1 14 59	93.27	15 00	+90.09 +0.02 465140.72	+24.14 −0.02 193845.43
4	5	+1 340 16	74.02	340 17	+69.68 +0.01 465210.41	−24.97 −0.02 193820.44
5	파6	+2 41 23	93.76	41 25	+70.31 +0.02 465280.74	+62.03 −0.02 193882.45
파5	파5	+2 67 07	m (530.21)	67 09	$\Sigma\Delta X$= +218.16 기지= +218.26 f_x = −0.10	$\Sigma\Delta Y$= +306.88 기지= +306.76 f_y = +0.12
계	$n=7$	오차= −2′ 공차= ±2′			연결오차=0.16m 공차= ±0.27m	

03 (1) 신구면적 허용오차

$$A = \pm 0.026^2 M\sqrt{F}$$

$A = \pm 0.026^2 M\sqrt{F} = \pm 0.026^2 \times 1000 \times \sqrt{3400} = \pm 39\text{m}^2$

(2) 도곽선의 보정계수

$$Z = \frac{X \cdot Y}{\Delta X \cdot \Delta Y}$$

$Z = \dfrac{X \cdot Y}{\Delta X \cdot \Delta Y} = \dfrac{300 \times 400}{(300-0.6) \times (400-0.6)} = 1.0035$

축척 $= \dfrac{\text{도상거리}}{\text{실제거리}}$ 에 의해 $\dfrac{1}{1000} = \dfrac{-0.6\text{mm}}{\text{실제거리}}$

실제거리 $= 1000 \times (-0.6\text{mm}) = 600\text{mm} = 0.6\text{m}$

(3) 필지별 보정면적, 산출면적, 결정면적

구분	10번지	10-1번지	10-2번지	합 계
필지별 보정면적 (m^2)	필지별 보정면적=측정면적×도곽선의 보정계수			
	$1265.9 \times 1.0035 = 1270.3$	$757.0 \times 1.0035 = 759.6$	$1400.1 \times 1.0035 = 1405.0$	3434.9m^2
필지별 산출면적 (m^2)	산출면적 $= \dfrac{\text{원면적}}{\text{보정(측정)면적의 합계}} \times$ 필지별 보정(측정)면적			
	$\dfrac{3400}{3434.9} \times 1270.3 = 1257.4$	$\dfrac{3400}{3434.9} \times 759.6 = 751.9$	$\dfrac{3400}{3434.9} \times 1405.0 = 1390.7$	3400.0m^2
필지별 결정면적 (m^2)	1257m^2	752m^2	1391m^2	3400m^2

면적측정부						
지번	측정면적	도곽신축 보정계수	보정면적	원면적	산출면적	결정면적
10	1265.9 (m^2)	1.0035	1270.3 (m^2)	. (m^2)	1257.4 (m^2)	1257. (m^2)
10-1	757.0	.	759.6	.	751.9	752.
10-2	1400.1	.	1405.0	.	1390.7	1391.
10			3434.9	3400.	3400.0	3400.

04 (1) 평균 방위각 계산

$$\text{방위각} = \frac{\left[\dfrac{\Sigma\alpha}{\Sigma N}\right]}{\left[\dfrac{1}{\Sigma N}\right]} = 217°33' + \frac{\left[\dfrac{55}{12} + \dfrac{71}{8} + \dfrac{46}{10} + \dfrac{63}{15}\right]}{\left[\dfrac{1}{12} + \dfrac{1}{8} + \dfrac{1}{10} + \dfrac{1}{15}\right]} = 217°33'59''$$

(2) 평균 종선좌표

$$\text{종선좌표} = \frac{\left[\frac{\sum X}{\sum S}\right]}{\left[\frac{1}{\sum S}\right]} = 461575.00 + \frac{\left[\frac{0.50}{7.85}+\frac{0.55}{6.94}+\frac{0.67}{9.01}+\frac{0.59}{8.44}\right]}{\left[\frac{1}{7.85}+\frac{1}{6.94}+\frac{1}{9.01}+\frac{1}{8.44}\right]} = 461575.57\text{m}$$

(3) 평균 횡선좌표

$$\text{횡선좌표} = \frac{\left[\frac{\sum Y}{\sum S}\right]}{\left[\frac{1}{\sum S}\right]} = 213624.00 + \frac{\left[\frac{0.17}{7.85}+\frac{0.23}{6.94}+\frac{0.31}{9.01}+\frac{0.14}{8.44}\right]}{\left[\frac{1}{7.85}+\frac{1}{6.94}+\frac{1}{9.01}+\frac{1}{8.44}\right]} = 213624.21\text{m}$$

(4) 방위각, 종 · 횡선좌표의 보정값 계산

① 방위각 보정값

도선	방위각 보정값 계산
(1)	217°33′59″ − 217°33′55″ = +4″
(2)	217°33′59″ − 217°34′11″ = −12″
(3)	217°33′59″ − 217°33′46″ = +13″
(4)	217°33′59″ − 217°34′03″ = −4″

② 종 · 횡선좌표 보정값

도선	종선좌표 보정값 계산	횡선좌표 보정값 계산
(1)	461575.57 − 461575.50 = +0.07	213624.21 − 213624.17 = +0.04
(2)	461575.57 − 461575.55 = +0.02	213624.21 − 213624.23 = −0.02
(3)	461575.57 − 461575.67 = −0.10	213624.21 − 213624.31 = −0.10
(4)	461575.57 − 461575.59 = −0.02	213624.21 − 213624.14 = +0.07

교 점 다 각 망 계 산 부(X · Y형)

약도

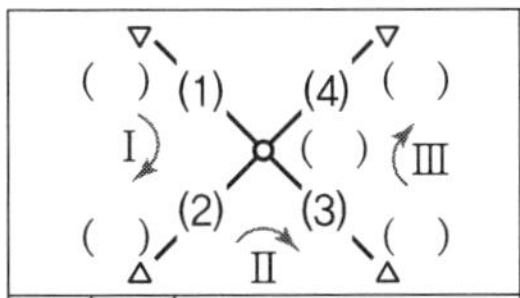

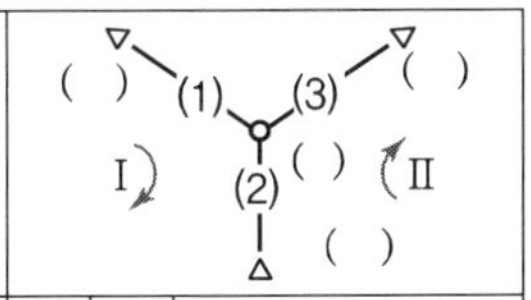

조건식	I	$(1)-(2)+W_1=0$	
	Ⅱ	$(2)-(3)+W_2=0$	
	Ⅲ	$(3)-(4)+W_3=0$	
경중률		$\sum N$	$\sum S$
	(1)	12	7.85
	(2)	8	6.94
	(3)	10	9.01
	(4)	15	8.44

조건식	I	$(1)-(2)+W_1=0$	
	Ⅱ	$(2)-(3)+W_2=0$	
경중률		$\sum N$	$\sum S$
	(1)		
	(2)		
	(3)		

1. 방위각

순서	도선	관측			보정	평균		
I	(1)	217°	33′	55″	+4	217°	33′	59″
	(2)	217	34	11	−12	217	33	59
	W_1			−16				
Ⅱ	(2)	217	34	11	−12	217	33	59
	(3)	217	33	46	+13	217	33	59
	W_2			+25				
Ⅲ	(3)	217	33	46	+13	217	33	59
	(4)	217	34	03	−4	217	33	59
	W_3			−17				

2. 종선좌표

순서	도선	관측	보정	평균
I	(1)	461575.50m	+7	461575.57m
	(2)	461575.55	+2	461575.57
	W_1	−0.05		
Ⅱ	(2)	461575.55	+2	461575.57
	(3)	461575.67	−10	461575.57
	W_2	−0.12		
Ⅲ	(3)	461575.67	−10	461575.57
	(4)	461575.59	−2	461575.57
	W_3	+0.08		

3. 횡선좌표

순서	도선	관측	보정	평균
I	(1)	213624.17m	+4	213624.21m
	(2)	213624.23	−2	213624.21
	W_1	−0.06		
Ⅱ	(2)	213624.23	−2	213624.21
	(3)	213624.31	−10	213624.21
	W_2	−0.08		
Ⅲ	(3)	213624.31	−10	213624.21
	(4)	213624.14	+7	213624.21
	W_3	+0.17		

4. 계산

$$1)\ \text{방 위 각} = \frac{\left[\frac{\sum\alpha}{\sum N}\right]}{\left[\frac{1}{\sum N}\right]} = 217°33' + \frac{\left[\frac{55}{12}+\frac{71}{8}+\frac{46}{10}+\frac{63}{15}\right]}{\left[\frac{1}{12}+\frac{1}{8}+\frac{1}{10}+\frac{1}{15}\right]} = 217°33'59''$$

$$2)\ \text{종선좌표} = \frac{\left[\frac{\sum X}{\sum S}\right]}{\left[\frac{1}{\sum S}\right]} = 461575.00 + \frac{\left[\frac{0.50}{7.85}+\frac{0.55}{6.94}+\frac{0.67}{9.01}+\frac{0.59}{8.44}\right]}{\left[\frac{1}{7.85}+\frac{1}{6.94}+\frac{1}{9.01}+\frac{1}{8.44}\right]} = 461575.57\text{m}$$

$$3)\ \text{횡선좌표} = \frac{\left[\frac{\sum Y}{\sum S}\right]}{\left[\frac{1}{\sum S}\right]} = 213624.00 + \frac{\left[\frac{0.17}{7.85}+\frac{0.23}{6.94}+\frac{0.31}{9.01}+\frac{0.14}{8.44}\right]}{\left[\frac{1}{7.85}+\frac{1}{6.94}+\frac{1}{9.01}+\frac{1}{8.44}\right]} = 213624.21\text{m}$$

W=오차, N=도선별 점수, S=측점 간 거리, α=관측방위각

05 (1) 도곽선의 지상 및 도상길이

> 축척 1/1200 지역에서의 도곽선 지상길이(m) = 400 × 500
> 도곽선 도상길이(cm) = 33.333× 41.667

(2) 종선 및 횡선좌표 결정

종선좌표 결정	횡선좌표 결정
① 종선좌표에서 500000을 뺌 X=435752.86−500000=−64247.14m	① 횡선좌표에서 200000을 뺌 Y=197536.45−200000=−2463.55m
② 도곽선 종선길이로 나눔 −64247.14÷400=−160.62	② 도곽선 횡선길이로 나눔 −2463.55÷500=−4.93
③ 도곽선 종선길이로 나눈 정수를 곱함 −160×400=−64000m	③ 도곽선 횡선길이로 나눈 정수를 곱함 −4×500=−2000m
④ 원점에서의 거리에 500000을 더함 −64000+500000=436000m ⇒ 상부좌표 (가)	④ 원점에서의 거리에 200000을 더함 −2000+200000=198000m ⇒ 우측좌표 (나)
⑤ 종선의 상부좌표에서 종선길이를 뺌 436000−400=435600m ⇒ 하부좌표 (다)	⑤ 횡선의 우측좌표에서 횡선길이를 뺌 198000−500=197500m ⇒ 좌측좌표 (라)

06 조준의[앨리데이드(alidade)]를 사용한 경우 수평거리는

$$D = l \times \frac{1}{\sqrt{1+\left(\frac{n}{100}\right)^2}} = 91.6 \times \frac{1}{\sqrt{1+\left(\frac{25}{100}\right)^2}} = 88.87\text{m}$$

(D는 수평거리, l 은 경사거리, n은 경사분획)

실전모의고사 제5회

• NOTICE • 본 실전모의고사는 수험생의 실전 대비 목적으로 작성된 것임을 알려드립니다.

01 구소삼각지역에 대한 지적삼각보조점측량을 교회법으로 실시하여 다음과 같은 관측결과를 얻었다. 주어진 서식을 완성하고 소구점 P점의 좌표를 구하시오.(단, 각은 초 단위, 거리와 좌표는 소수 2자리까지 구하시오.)

기지점좌표			소구방위각	
점명	종선좌표	횡선좌표		
경기1(A)	762.70m	−6645.26m	V_a	67°22′22″
경기2(B)	1140.31m	−7019.48m	V_b	97°40′09″
경기3(C)	1234.56m	−6543.21m	V_c	114°33′43″

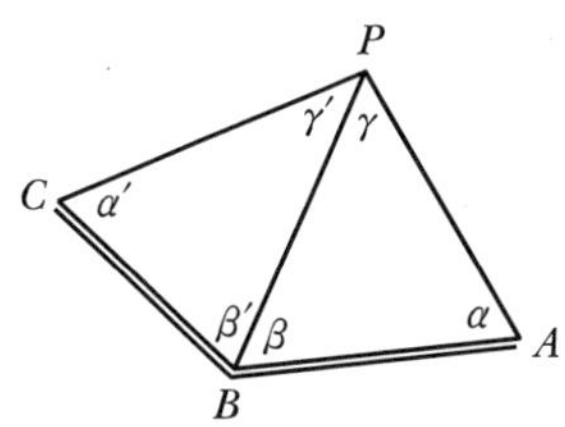

교 회 점 계 산 부

약도

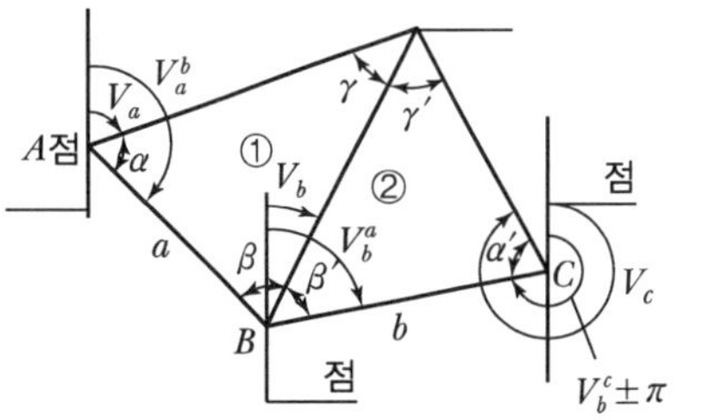

V_a	V_b	V_c
° ′ ″	° ′ ″	° ′ ″

공식

1. 방위(θ) 계산 $\tan\theta = \dfrac{\Delta y}{\Delta x}$
2. 방위각(V) 계산
   Ⅰ상한 : θ Ⅱ상한 : $180° - \theta$
   Ⅲ상한 : $\theta + 180°$ Ⅳ상한 : $360° - \theta$
3. 거리(a 또는 b) 계산 $\sqrt{(\Delta x)^2 + (\Delta y)^2}$
4. 삼각형 내각 계산
   $\alpha = V_a{}^b - V_a$ $\alpha' = V_c - V_b{}^c \pm \pi$
   $\beta = V_b - V_a{}^b \pm \pi$ $\beta' = V_b{}^c - V_b$
   $\gamma = V_a - V_b$ $\gamma' = V_b - V_c$

점명		X	Y	방향	ΔX	ΔY
A		m .	m .	$A \to B$	m .	m .
B		m .	m .	$B \to C$	m .	m .
C		m .	m .	$A \to C$	m .	m .

방 위 각 계 산

방향	→	방향	→
$\theta = \tan^{-1}\dfrac{\Delta Y}{\Delta X}$	° ′ ″	$\theta = \tan^{-1}\dfrac{\Delta Y}{\Delta X}$	° ′ ″
$V_a{}^b$		$V_b{}^c$	

거 리 계 산

$a = \sqrt{(\Delta x)^2 + (\Delta y)^2}$	m .	$b = \sqrt{(\Delta x)^2 + (\Delta y)^2}$	m .

삼 각 형 내 각 계 산

각		내각	각		내각
①	α	° ′ ″	②	α'	° ′ ″
	β			β'	
	γ			γ'	
	합계			합계	

소 구 점 종 횡 선 계 산

①	X_A	m .	①	Y_A	m .
	$\Delta X_1 = \dfrac{a \cdot \sin\beta}{\sin\gamma}\cos V_a$	.		$\Delta Y_1 = \dfrac{a \cdot \sin\beta}{\sin\gamma}\sin V_a$	.
	X_{P1}	.		Y_{P1}	.
②	X_C	.	②	Y_C	.
	$\Delta X_2 = \dfrac{b \cdot \sin\beta'}{\sin\gamma'}\cos V_c$	.		$\Delta Y_2 = \dfrac{b \cdot \sin\beta'}{\sin\gamma'}\sin V_c$	.
	X_{P2}	.		Y_{P2}	.
소구점 X		.	소구점 Y		.

종선교차＝ m 횡선교차＝ m 연결교차＝ m 공차＝ m

계 산 자 : 검 사 자 :

02 다음 배각법에 의한 지적도근점측량의 관측성과에 의하여 주어진 서식으로 각 점의 좌표를 계산하시오.(단, 도선명은 "나", 축척은 1/1200이며 거리의 단위는 m, 소수 2자리까지, 각은 초 단위까지 계산하시오.)

측점	시준점	관측각	수평거리(m)	방위각	X좌표(m)	Y좌표(m)
경1	경2	0°00′00″		245°34′29″	459746.70	198765.33
경1	1	262°47′11″	87.41			
1	2	188°24′30″	71.36			
2	3	172°53′11″	83.82			
3	4	346°00′30″	39.97			
4	5	288°29′20″	41.36			
5	6	328°34′38″	55.01			
6	경3	148°12′15″	59.08		459475.71	198860.32
경3	경5	105°16′30″		106°12′05″		

도 근 측 량 계 산 부(배각법)

측점	시준점	보정치 관측각	반수 수평거리	방위각	종선차(ΔX) 보정치 종선좌표(X)	횡선차(ΔY) 보정치 횡선좌표(Y)
		° ′ ″		° ′ ″	m .	m .
					.	.
					.	.
					.	.
					.	.
					.	.
					.	.
					.	.
					.	.
					.	.
					.	.
					.	.

03 다음 도형에서 AC와 CD의 거리를 구하시오.(단, 거리는 cm 단위까지 구하시오.)

AB=2121.21m α=65°54′43″, β=54°43′32″, $\angle BAC$=90°, $\angle ACD$=90°

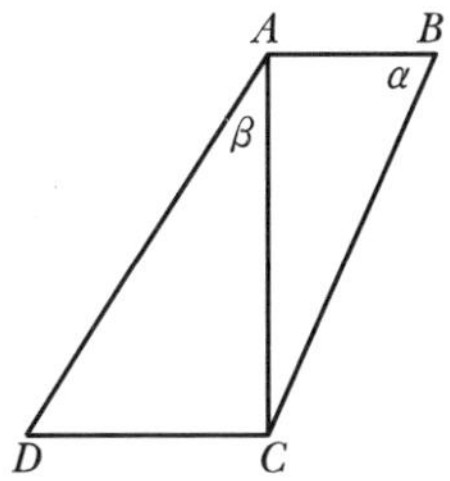

04 다음 그림에서 O, A, B점은 중심점들이다. 주어진 조건에서 S의 길이와 전제면적($\triangle PCD$의 면적), 가구점(C, D)의 좌표를 구하시오.(단, 각도는 초 단위, 거리는 소수점 아래 4자리, 전제면적은 소수점 아래 2자리로 하고 좌표는 cm까지 계산하시오.)

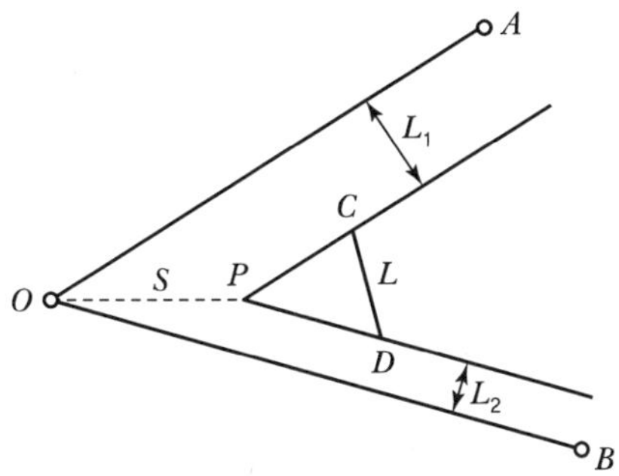

• O점의 좌표 X=471814.96 , Y=189153.14 • 방위각 $V_o{}^a$=106°45′13″ $V_o{}^b$=171°51′33″ • 도로폭 L_1=30m, L_2=20m • CD 길이 L=15m

(1) 거리(S)

(2) 전제면적($\triangle PCD$의 면적)

(3) 가구점 C, D점의 좌표

05 다음 그림과 같이 $\overline{AB}=30\text{m}$, $\overline{AC}=36\text{m}$일 때 A점으로부터 20m 떨어진 AC상의 한 점 Q를 고정점으로 하여 Q점으로부터 AB상의 한 점 P를 연결하여 $\triangle ABC$의 면적을 $m:n=2:3$으로 분할하고자 한다. $\overline{AP}$의 길이는 얼마로 하여야 하는가?(단, 거리는 소수 2자리까지 계산하시오.)

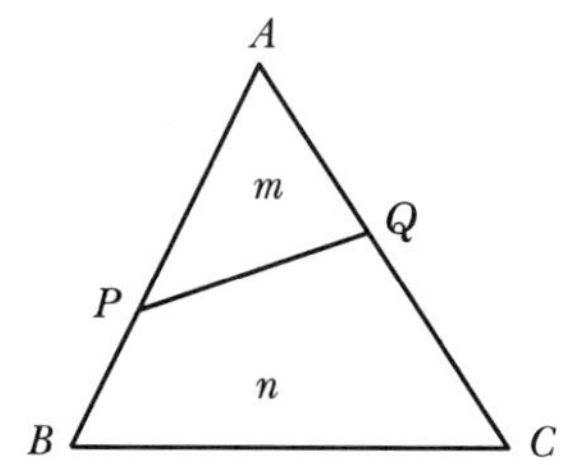

06 지적공부 세계측지계 변환이 완료된 일반원점지역에서 지적도의 도곽선을 구획하려고 한다. 다음 지적도근점이 전개될 도곽선 종 · 횡선 수치를 계산하시오.

지적도근점 좌표
- 종선좌표(X)=436478.33m
- 횡선좌표(Y)=191531.42m

(단, 축척은 1/1200로 작성)

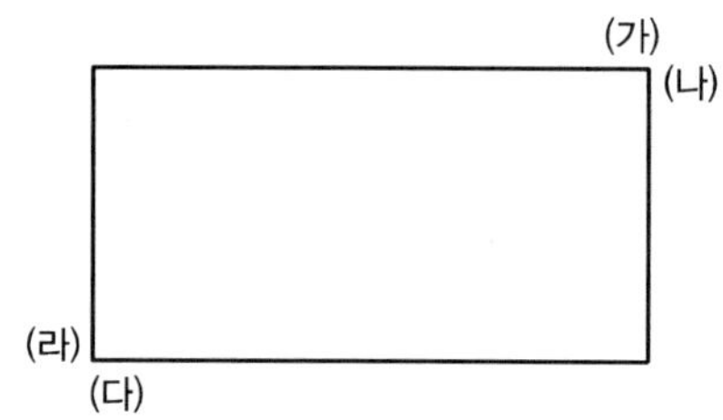

실전모의고사 제5회 해설 및 정답

01 (1) ΔX, ΔY 계산

방향	ΔX	ΔY
$A \rightarrow B$	1140.31−762.70=+377.61	−7019.48−(−6645.26)=−374.22
$B \rightarrow C$	1234.56−1140.31=+94.25	−6543.21−(−7019.48)=+476.27
$A \rightarrow C$	1234.56−762.70=+471.86	−6543.21−(−6645.26)=+102.05

(2) 방위각 계산

① 방향 : 경기1 → 경기2

$$\theta = \tan^{-1}\left(\frac{\Delta Y}{\Delta X}\right) = \tan^{-1}\left(\frac{-374.22}{+377.61}\right) = 44°44'30''(\text{Ⅳ 상한})$$

$V_a^{\ b} = (360° - \theta) = 360° - 44°44'30'' = 315°15'30''$

② 방향 : 경기2 → 경기3

$$\theta = \tan^{-1}\left(\frac{+476.27}{+94.25}\right) = 78°48'22''\ (\text{Ⅰ 상한})$$

$V_b^{\ c} = (\theta) = 78°48'22''$

(3) 거리 계산

$$a = \sqrt{(\Delta x)^2 + (\Delta y)^2} = \sqrt{(+377.61)^2 + (-374.22)^2} = 531.63\text{m}$$

$$b = \sqrt{(\Delta x)^2 + (\Delta y)^2} = \sqrt{(+94.25)^2 + (+476.27)^2} = 485.51\text{m}$$

(4) 삼각형 내각 계산

구분	삼각형 내각 계산
$\triangle ABP$	$\alpha = V_a - V_a^{\ b} = 67°22'22'' - 315°15'30'' = -247°53'08'' + 360° = 112°06'52''$
	$\beta = V_b^{\ a} - V_b = (V_a^{\ b} \pm 180°) - V_b = (315°15'30'' - 180°) - 97°40'09'' = 37°35'21''$
	$\gamma = V_b - V_a = 97°40'09'' - 67°22'22'' = 30°17'47''$
$\triangle BCP$	$\alpha' = V_c^{\ b} - V_c = (V_b^{\ c} \pm 180°) - V_c = (78°48'22'' + 180°) - 114°33'43'' = 144°14'39''$
	$\beta' = V_b - V_b^{\ c} = 97°40'09'' - 78°48'22'' = 18°51'47''$
	$\gamma' = V_c - V_b = 114°33'43'' - 97°40'09'' = 16°53'34''$

(5) 소구점 종 · 횡선 계산

삼각형	소구점 종 · 횡선 계산 및 소구점 좌표
$\triangle ABP$	$\Delta X_1 = \frac{a\times \sin\beta}{\sin\gamma}\times\cos V_a = \frac{531.63\times\sin37°35'21''}{\sin30°17'47''}\times\cos67°22'22'' = +247.32\text{m}$
	$X_{p_1} = X_A + \Delta X_1 = 762.70 + 247.32 = 1010.02\text{m}$
	$\Delta Y_1 = \frac{a\times \sin\beta}{\sin\gamma}\times\sin V_a = \frac{531.63\times\sin37°35'21''}{\sin30°17'47''}\times\sin67°22'22'' = +593.35\text{m}$
	$Y_{p_1} = Y_A + \Delta Y_1 = -6645.26 + 593.35 = -6051.91\text{m}$
$\triangle BCP$	$\Delta X_2 = \frac{b\times \sin\beta'}{\sin\gamma'}\times\cos V_c = \frac{485.51\times\sin18°51'47''}{\sin16°53'34''}\times\cos114°33'43'' = -224.54\text{m}$
	$X_{p_2} = X_C + \Delta X_2 = 1234.56 - 224.54 = 1010.02\text{m}$
	$\Delta Y_2 = \frac{b\times \sin\beta'}{\sin\gamma'}\times\sin V_c = \frac{485.51\times\sin18°51'47''}{\sin16°53'34''}\times\sin114°33'43'' = +491.31\text{m}$
	$Y_{p_2} = Y_C + \Delta Y_2 = -6543.21 + 491.31 = -6051.90\text{m}$

(6) 소구점 좌표 계산

① 소구점 X좌표

$$\frac{X_{P_1} + X_{P_2}}{2} = \frac{1010.02 + 1010.02}{2} = 1010.02\text{m}$$

② 소구점 Y좌표

$$\frac{Y_{P_1} + Y_{P_2}}{2} = \frac{-6051.91 + (-6051.90)}{2} = -6051.90\text{m}$$

(7) 교차 계산

① 종선교차$= X_{P_2} - X_{P_1} = 1010.02 - 1010.02 = +0.00\text{m}$

② 횡선교차$= Y_{P_2} - Y_{P_1} = 6051.90 - (-6051.91) = -0.01\text{m}$

③ 연결교차$= \sqrt{(\text{종선교차})^2 + (\text{횡선교차})^2} = \sqrt{(+0.00)^2 + (-0.01)^2} = 0.01\text{m}$

④ 공차$=0.30\text{m}$

교 회 점 계 산 부

약도

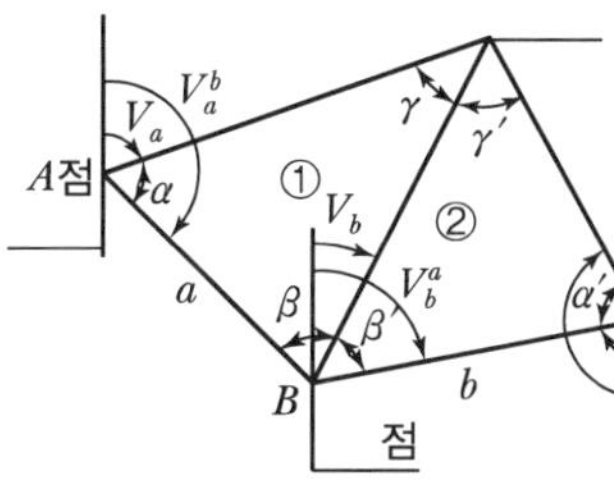

V_a	V_b	V_c
67° 22′ 22″	97° 40′ 09″	114° 33′ 43″

공식

1. 방위(θ) 계산　　$\tan\theta = \dfrac{\Delta y}{\Delta x}$
2. 방위각(V) 계산
   Ⅰ상한 : θ　　Ⅱ상한 : $180° - \theta$
   Ⅲ상한 : $\theta + 180°$　　Ⅳ상한 : $360° - \theta$
3. 거리(a 또는 b) 계산　$\sqrt{(\Delta x)^2 + (\Delta y)^2}$
4. 삼각형 내각 계산
   $\alpha = V_a{}^b - V_a$　　$\alpha' = V_c - V_b{}^c \pm \pi$
   $\beta = V_b - V_a{}^b \pm \pi$　　$\beta' = V_b{}^c - V_b$
   $\gamma = V_a - V_b$　　$\gamma' = V_b - V_c$

점명		X	Y	방향	ΔX	ΔY
A	경기1	762.70m	−6645.26m	A→B	377.61m	−374.22m
B	경기2	1140.31m	−7019.48m	B→C	94.25m	476.27m
C	경기3	1234.56m	−6543.21m	A→C	471.86m	102.05m

방 위 각 계 산

방향	경기1 → 경기2	방향	경기2 → 경기3
$\theta = \tan^{-1}\dfrac{\Delta Y}{\Delta X}$	44° 44′ 30″	$\theta = \tan^{-1}\dfrac{\Delta Y}{\Delta X}$	78° 48′ 22″
$V_a{}^b$	315 15 30	$V_b{}^c$	78 48 22

거 리 계 산

$a = \sqrt{(\Delta x)^2 + (\Delta y)^2}$	531.63m	$b = \sqrt{(\Delta x)^2 + (\Delta y)^2}$	485.51m

삼 각 형 내 각 계 산

각		내각	각		내각
①	α	112° 06′ 52″	②	α'	144° 14′ 39″
	β	37 35 21		β'	18 51 47
	γ	30 17 47		γ'	16 53 34
	합계	180 00 00		합계	180 00 00

소 구 점 종 횡 선 계 산

①	X_A	762.70m	①	Y_A	−6645.26m
	$\Delta X_1 = \dfrac{a \cdot \sin\beta}{\sin\gamma} \cos V_a$	+247.32		$\Delta Y_1 = \dfrac{a \cdot \sin\beta}{\sin\gamma} \sin V_a$	+593.35
	X_{P1}	1010.02		Y_{P1}	−6051.91
②	X_C	1234.56	②	Y_C	−6543.21
	$\Delta X_2 = \dfrac{b \cdot \sin\beta'}{\sin\gamma'} \cos V_c$	−224.54		$\Delta Y_2 = \dfrac{b \cdot \sin\beta'}{\sin\gamma'} \sin V_c$	+491.31
	X_{P2}	1010.02		Y_{P2}	−6051.90
소구점 X		1010.02	소구점 Y		−6051.90

종선교차=0.00m　　횡선교차=−0.01m　　연결교차=0.01m　　공차=0.30m

계 산 자 :	검 사 자 :

02 (1) 관측각 오차 계산

관측각 오차 $= \sum\alpha - 180(n+3) + T_1 - T_2$

$= 1840°38'05'' - 180°(8+3) + 245°34'29'' - 106°12'05'' = +29''$

(2) 관측각 오차의 공차(폐색오차) 계산

공차(1등 도선) $= \pm 20\sqrt{n}$ 초 $= \pm 20\sqrt{8}$ 초 $= \pm 56''$ (공차는 반올림하지 않음)

(3) 수평거리 합 계산 및 반수 계산

① 수평거리 합=438.01m

② 반수 계산(1000 ÷ 수평거리) 및 반수의 합

1측선	2측선	3측선	4측선	5측선	6측선	7측선	합계
11.4	14.0	11.9	25.0	24.2	18.2	16.9	121.6

(4) 각 오차 배부 계산

$$K = -\frac{e}{R} \times r$$

(K는 각 측선에 배분할 초 단위의 각도, e는 초 단위의 오차, R은 폐색변을 포함한 각 측선장 반수의 총 합계, r은 각 측선장의 반수)

$$K_1 = -\frac{29}{121.6} \times 11.4 \fallingdotseq -2.72 = -3$$

$$K_2 = -\frac{29}{121.6} \times 14.0 \fallingdotseq -3.34 = -3$$

$$K_3 = -\frac{29}{121.6} \times 11.9 \fallingdotseq -2.84 = -3$$

$$K_4 = -\frac{29}{121.6} \times 25.0 \fallingdotseq -5.96 = -6$$

$$K_5 = -\frac{29}{121.6} \times 24.2 \fallingdotseq -5.77 = -6$$

$$K_6 = -\frac{29}{121.6} \times 18.2 \fallingdotseq -4.34 = -4$$

$$K_7 = -\frac{29}{121.6} \times 16.9 \fallingdotseq -4.03 = -4$$

소계 $= -29$

(5) 방위각 계산

측점	시준점	방위각 계산	방위각
경1	경2		$=245°34'29''$
경1	1	$245°34'29'' + (-3'') + 262°47'11''$	$=148°21'37''$
1	2	$148°21'37'' - 180° + (-3'') + 188°24'30''$	$=156°46'04''$
2	3	$156°46'04'' - 180° + (-3'') + 172°53'11''$	$=149°39'12''$
3	4	$149°39'12'' - 180° + (-6'') + 346°00'30''$	$=315°39'36''$
4	5	$315°39'36'' - 180° + (-6'') + 288°29'20''$	$=64°08'50''$
5	6	$64°08'50'' - 180° + (-4'') + 328°34'38''$	$=212°43'24''$
6	경3	$212°43'24'' - 180° + (-4'') + 148°12'15''$	$=180°55'35''$
경3	경5	$180°55'35'' - 180° + 105°16'30''$	$=106°12'05''$

(6) 종선차(ΔX) 및 횡선차(ΔY) 계산

종선차(ΔX)$=l \times \cos V$, 횡선차(ΔY)$=l \times \sin V$

측점	시준점	종선차(ΔX)	횡선차(ΔY)
경1	1	−74.42	+45.85
1	2	−65.57	+28.15
2	3	−72.34	+42.35
3	4	+28.59	−27.94
4	5	+18.04	+37.22
5	6	−46.28	−29.74
6	경3	−59.07	−0.96

(7) 종 · 횡선차 오차 계산

종선차	횡선차
$\Sigma\|\Delta X\|=364.31$	$\Sigma\|\Delta Y\|=212.21$
$\Sigma\Delta X=-271.05$	$\Sigma\Delta Y=+94.93$
기지$=-270.99$	기지$=+94.99$
$f_x=-0.06$	$f_y=-0.06$

(8) 연결오차 및 공차 계산

① 연결오차$=\sqrt{(\text{종선오차})^2+(\text{횡선오차})^2}=\sqrt{(-0.06)^2+(-0.06)^2}=0.08\text{m}$

② 공차(1등 도선)$=\dfrac{M\sqrt{n}}{100}=\dfrac{1200\times\sqrt{4.3801}}{100}=25.11\text{cm}=\pm 0.25\text{m}$

(9) 종 · 횡선차에 대한 보정

$$T=-\frac{e}{L}\times l$$

(T는 각 측선의 종선차 또는 횡선차에 배분할 cm 단위의 수치, e는 종선오차 또는 횡선오차, L은 종선차 또는 횡선차의 절대치 합계, l은 각 측선의 종선차 또는 횡선차)

측점	시준점	종선차(ΔX) 보정치		횡선차(ΔY) 보정치	
경1	1	$-\dfrac{-6}{364.31}\times 74.42$	$=+1$	$-\dfrac{-6}{212.21}\times 45.85$	$=+1$
1	2	$-\dfrac{-6}{364.31}\times 65.57$	$=+1$	$-\dfrac{-6}{212.21}\times 28.15$	$=+1$
2	3	$-\dfrac{-6}{364.31}\times 72.34$	$=+1$	$-\dfrac{-6}{212.21}\times 42.35$	$=+1$
3	4	$-\dfrac{-6}{364.31}\times 28.59$	$=0\rightarrow+1$	$-\dfrac{-6}{212.21}\times 27.94$	$=+1$
4	5	$-\dfrac{-6}{364.31}\times 18.04$	$=0$	$-\dfrac{-6}{212.21}\times 37.22$	$=+1$
5	6	$-\dfrac{-6}{364.31}\times 46.28$	$=+1$	$-\dfrac{-6}{212.21}\times 29.74$	$=+1$
6	경3	$-\dfrac{-6}{364.31}\times 59.07$	$=+1$	$-\dfrac{-6}{212.21}\times 0.96$	$=0$
		소계	$=+6$	소계	$=+6$

(10) 종 · 횡선좌표 계산

종 · 횡선좌표 = 기지점의 종 · 횡선좌표 + 종 · 횡선차(ΔX · ΔY) + 보정치

측점	시준점	종선좌표	횡선좌표
경1		459746.70	198765.33
경1	1	459746.70+(−74.42)+0.01=459672.29	198765.33+45.85+0.01=198811.19
1	2	459672.29+(−65.57)+0.01=459606.73	198811.19+28.15+0.01=198839.35
2	3	459606.73+(−72.34)+0.01=459534.40	198839.35+42.35+0.01=198881.71
3	4	459534.40+28.59+0.01=459563.00	198881.71+(−27.94)+0.01=198853.78
4	5	459563.00+18.04+0.00=459581.04	198853.78+37.22+0.01=198891.01
5	6	459581.04+(−46.28)+0.01=459534.77	198891.01+(−29.74)+0.01=198861.28
6	경3	459534.77+(−59.07)+0.01=459475.71	198861.28+(−0.96)+0.00=198860.32

도 근 측 량 계 산 부(배각법)

측점 "나" 1/1200	시준점	보정치 관측각	반수 수평거리	방위각	종선차(ΔX) 보정치 종선좌표(X)	횡선차(ΔY) 보정치 횡선좌표(Y)
경1	경2	0° 00′ 00″		245° 34′ 29″	m 459746.70	m 198765.33
경1	1	−3 262 47 11	11.4 87.41	148 21 37	−74.42 +0.01 459672.29	+45.85 +0.01 198811.19
1	2	−3 188 24 30	14.0 71.36	156 46 04	−65.57 +0.01 459606.73	+28.15 +0.01 198839.35
2	3	−3 172 53 11	11.9 83.82	149 39 12	−72.34 +0.01 459534.40	+42.35 +0.01 198881.71
3	4	−6 346 00 30	25.0 39.97	315 39 36	+28.59 +0.01 459563.00	−27.94 +0.01 198853.78
4	5	−6 288 29 20	24.2 41.36	64 08 50	+18.04 0.00 459581.04	+37.22 +0.01 198891.01
5	6	−4 328 34 38	18.2 55.01	212 43 24	−46.28 +0.01 459534.77	−29.74 +0.01 198861.28
6	경3	−4 148 12 15	16.9 59.08	180 55 35	−59.07 +0.01 459475.71	−0.96 0.00 198860.32
경3	경5	105 16 30	(121.6) (438.01)	106 12 05		
계 $n=8$	$\Sigma\alpha=1840°38'05''$ $-180(n+3)=1980°00'00''$ $+T_1=245°34'29''$ $-T_2=106°12'05''$				$\Sigma\|\Delta X\|=364.31$ $\Sigma\Delta X=-271.05$ 기지$=-270.99$ $f_x=-0.06$	$\Sigma\|\Delta Y\|=212.21$ $\Sigma\Delta Y=+94.93$ 기지$=+94.99$ $f_y=-0.06$
	오차$=+29''$ 공차$=\pm56''$				연결오차$=0.08$m 공차$=\pm0.25$m	

03 (1) $\overline{AC}$ 거리 계산

$\triangle ABC$에서 $\dfrac{AC}{\sin\alpha} = \dfrac{AB}{\sin((180° - (90° + 65°54'43''))}$

$AC = \dfrac{2121.21 \times \sin 65°54'43''}{\sin 24°05'17''} = 4744.68\text{m}$

(2) $\overline{CD}$ 거리 계산

$\triangle ACD$에서 $\dfrac{CD}{\sin\beta} = \dfrac{AC}{\sin((180° - (90° + 54°43'32''))}$

$CD = \dfrac{4744.68 \times \sin 54°43'32''}{\sin 35°16'28''} = 6707.49\text{m}$

04 (1) 거리(S) 계산

① $\angle AOB$ 계산

$\theta = V_o^{\ b} - V_o^{\ a}$

$= 171°51'33'' - 106°45'13'' = 65°06'20''$

② $OM(=PN)$의 길이

$PN(=OM) = \dfrac{PN'}{\sin\theta} = \dfrac{20}{\sin 65°06'20''} = 22.0487\text{m}$

③ MM'의 길이

$MM' = \dfrac{PM'}{\tan\theta} = \dfrac{30}{\tan 65°06'20''} = 13.9220\text{m}$

④ OM'의 길이

$OM' = OM + MM' = 22.0487 + 13.9220 = 35.9707\text{m}$

⑤ $OP(=S)$의 길이

$OP(=S) = \sqrt{(OM')^2 + (PM')^2} = \sqrt{(35.9707)^2 + (30)^2} = 46.8390\text{m}$

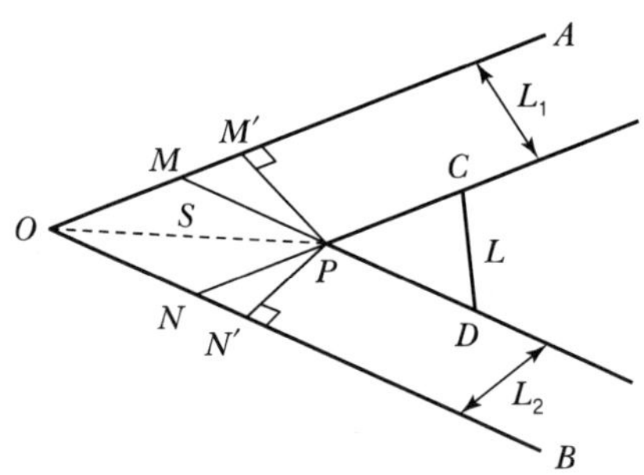

(2) 전제면적($\triangle PCD$의 면적)

$$\text{전제면적}(A) = \left(\frac{L}{2}\right)^2 \times \cot\frac{\theta}{2}$$

$A = \left(\dfrac{15}{2}\right)^2 \times \cot\left(\dfrac{65°06'20''}{2}\right) = 88.12\text{m}^2$

(3) 가구점(C, D)의 좌표 계산

1) 가구정점(P)의 좌표 계산

① $V_o^{\,p}$ 계산

$$\angle M'OP = \sin^{-1}\frac{PM'}{S} = \sin^{-1}\left(\frac{30}{46.8390}\right) = 39°49'43''$$

$$V_o^{\,p} = V_o^{\,a} + \angle M'OP = 106°45'13'' + 39°49'43'' = 146°34'56''$$

② 가구정점(P)의 좌표 계산

$$X_p = X_o + (S \times \cos V_o^{\,p}) = 471814.96 + (46.8390 \times \cos 146°34'56'') = 471775.86\text{m}$$

$$Y_p = Y_o + (S \times \sin V_o^{\,p}) = 189153.14 + (46.8390 \times \sin 146°34'56'') = 189178.94\text{m}$$

2) 가구점(C, D)의 좌표 계산

① 전제장 계산

$$\text{전제장}(l) = \frac{L}{2} \times \operatorname{cosec}\frac{\theta}{2}$$

$$\overline{PC} = \overline{PD} = \frac{L}{2} \times \operatorname{cosec}\frac{\theta}{2} = \frac{15}{2} \times \operatorname{cosec}\frac{65°06'20''}{2} = 13.9385\text{m}$$

② C점의 좌표 계산

$$X_C = X_p + (\overline{PC} \times \cos V_o^{\,a}) = 471775.86 + (13.9385 \times \cos 106°45'13'') = 471771.84\text{m}$$

$$Y_C = Y_p + (\overline{PC} \times \sin V_o^{\,a}) = 189178.94 + (13.9385 \times \sin 106°45'13'') = 189192.29\text{m}$$

③ D점의 좌표 계산

$$X_D = X_p + (\overline{PD} \times \cos V_o^{\,b}) = 471775.86 + (13.9385 \times \cos 171°51'33'') = 471762.06\text{m}$$

$$Y_D = Y_p + (\overline{PD} \times \sin V_o^{\,b}) = 189178.94 + (13.9385 \times \sin 171°51'33'') = 189180.91\text{m}$$

05 $\triangle ABC$와 $\triangle APQ$는 닮은꼴을 이용하여

$$\frac{\triangle APQ}{\triangle ABC} = \frac{AP \times AQ}{AB \times AC} = \frac{m}{m+n}$$

$$\therefore AP = \frac{AB \times AC}{AQ} \times \frac{m}{m+n}$$

$$= \frac{30 \times 36}{20} \times \frac{2}{5} = 21.60\text{m}$$

06 (1) 도곽선의 지상길이

축척 1/1200 지역에서의 도곽선 지상길이(m) = 400 × 500

(2) 종선 및 횡선좌표 결정

종선좌표 결정	횡선좌표 결정
① 종선좌표에서 600000을 뺌 X=436478.33−600000=−163521.67	① 횡선좌표에서 200000을 뺌 Y=191531.42−200000=−8468.58
② 도곽선 종선길이로 나눔 −163521.67÷400=−408.80	② 도곽선 횡선길이로 나눔 −8468.58÷500=−16.94
③ 도곽선 종선길이로 나눈 정수를 곱함 −408×400=−163200m	③ 도곽선 횡선길이로 나눈 정수를 곱함 −16×500=−8000m
④ 원점에서의 거리에 600000을 더함 −163200+600000=436800m → 상부좌표 (가)	④ 원점에서의 거리에 200000을 더함 −8000+200000=192000m → 우측좌표 (나)
⑤ 종선의 상부좌표에 종선길이를 뺌 436800−400=436400m → 하부좌표 (다)	⑤ 횡선의 우측좌표에 횡선길이를 뺌 192000−500=191500m → 좌측좌표 (라)

PART

04

과년도 기출복원문제

CHAPTER

01

지적기사 기출복원문제 및 해설

2024년 제1회 기출복원문제

• NOTICE • 실기시험 기출복원문제는 수험생의 기억을 바탕으로 실전 대비 목적으로 작성된 것임을 알려드립니다.

01 지적삼각점측량을 실시한 결과 다음과 같이 성과를 측정하였다. 사각망 조정계산 서식을 완성하고 보1, 보2의 지적삼각점 좌표를 계산하시오.(단, 거리는 cm 단위, 각은 0.1″ 단위까지 계산하시오.)

(1) 기지점

점명	X_A(m)	Y_A(m)
경1	413081.36	207779.45
경2	413738.38	209587.49

(2) 망도

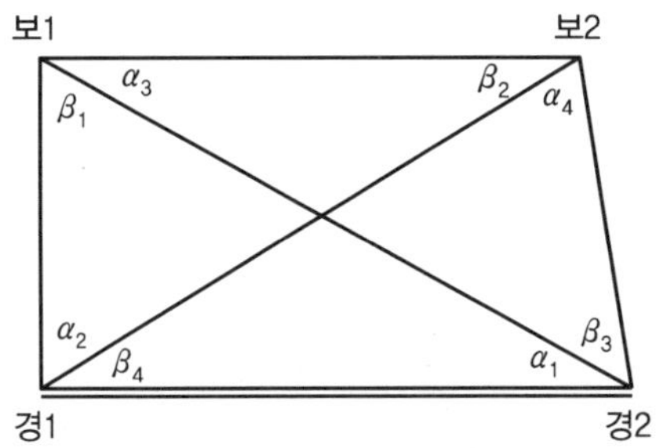

(3) 관측각

$\alpha_1 = 42°19'08.3''$ $\beta_1 = 44°52'02.4''$

$\alpha_2 = 69°04'20.6''$ $\beta_2 = 39°37'47.5''$

$\alpha_3 = 26°25'52.5''$ $\beta_3 = 75°12'13.7''$

$\alpha_4 = 38°44'07.0''$ $\beta_4 = 23°44'39.0''$

사 각 망 조 정 계 산 부

점명	각명	관측각	각규약 ε/8	각규약 e	각규약 조정각	sinα / sinβ	Δα / Δβ	sinα′ / sinβ′	$\alpha - x_1''$ / $\beta + x_1''$	변규약 조정각	변장 $a\times\frac{\sin\alpha(\gamma)}{\sin\beta}$ 점→ 점 (m)	방위각 점→ 점 (° ′ ″)	종횡선좌표 X (m)	종횡선좌표 Y (m)	점명
	α_1	° ′ ″	″	″	° ′ ″	.		.	″	° ′ ″	→	→	.	.	
	β_1	.	.	.	.	.		.	.	.	.	.	.	.	
									γ_1	.	→	→	.	.	
											.	.	.	.	
												평균	.	.	
	α_2	° ′ ″	″	″	° ′ ″	.		.	″	° ′ ″	→	→	.	.	
	β_2	.	.	.	.	.		.	.	.	.	.	.	.	
									γ_2	.	→	→	.	.	
											.	.	.	.	
												평균	.	.	
	α_3	° ′ ″	″	″	° ′ ″	.		.	″	° ′ ″	→	→	.	.	
	β_3	.	.	.	.	.		.	.	.	.	.	.	.	
									γ_3	.	→	→	.	.	
											.	.	.	.	
												평균	.	.	
	α_4	° ′ ″	″	″	° ′ ″	.		.	″	° ′ ″	→	→	.	.	
	β_4	.	.	.	.	.		.	.	.	.	.	.	.	
									γ_4	.	→	→	.	.	
											.	.	.	.	
													.	.	

$\Sigma\alpha + \Sigma\beta =$ ° ′ ″   ° ′ ″

−) 3 6 0 00 00 . 0

$\varepsilon =$.

$\varepsilon/8 =$.

Π sinα	Π sinα′
.	.
E_1 Π sinβ	E_2 Π sinβ′
.	.

약도

$\alpha_1 + \beta_4 =$ ° ′ ″

−) $\alpha_3 + \beta_2 =$

$\frac{e_1}{4} =$

$e_1 =$

$\alpha_2 + \beta_1 =$ ° ′ ″

−) $\alpha_4 + \beta_3 =$

$\frac{e_2}{4} =$

$e_2 =$

$$E_1 = \frac{\Pi \sin\alpha}{\Pi \sin\beta} - 1 =$$

$$E_2 = \frac{\Pi \sin\alpha'}{\Pi \sin\beta'} - 1 =$$

$$|E_1 - E_2| =$$

$\Delta\alpha,\ \Delta\beta = 10''$차임

$$x_1'' = \frac{10'' \times E_1}{|E_1 - E_2|} =$$

$$x_2'' = \frac{10'' \times E_2}{|E_1 - E_2|} =$$

검산 : $x_1'' + x_2'' = 10''$

해설 및 정답

(1) 기지점 간 거리 및 방위각 계산

구분	경1 → 경2
ΔX, ΔY	$\Delta X = 413738.38 - 413081.36 = +657.02$ $\Delta Y = 209587.49 - 207779.45 = +1808.04$
거리	$\sqrt{(\Delta X)^2 + (\Delta Y)^2} = \sqrt{(657.02)^2 + (1808.04)^2} = 1923.72\text{m}$
방위	$\tan^{-1}\left(\frac{1808.04}{657.02}\right) = 70°01'46.1''$(I 상한)
방위각	$V = (\theta) = 70°01'46.1''$

(2) 각규약 조정

① 망규약 오차 계산

망규약 조건	$\Sigma\alpha + \Sigma\beta = 360°$
오차 계산	$\varepsilon = (\Sigma\alpha + \Sigma\beta) - 360°$ $= (176°33'28.4'' + 183°26'42.6'') - 360° = +11.0''$
조정량	$\frac{\varepsilon}{8} = -\frac{+11.0}{8} = -1.4''$

보충 + 설명

망규약 계산으로 발생한 오차의 조정량 부호는 반대부호로 조정한다. 즉, 사각망에서 망규약 조건은 내각의 합이 360°이므로 망규약 오차 조정은 내각의 합이 360° 미만이면 (+), 360°를 초과하면 (−)로 조정한다.
조정량의 합은 오차와 같아야 하므로 90°에 가까운 각을 조정한다.

② 삼각규약 오차 계산

삼각규약 조건	$e_1 = (\alpha_1 + \beta_4) - (\alpha_3 + \beta_2)$	$e_2 = (\alpha_2 + \beta_1) - (\alpha_4 + \beta_3)$
오차	$e_1 = (\alpha_1 + \beta_4) - (\alpha_3 + \beta_2)$	$e_2 = (\alpha_2 + \beta_1) - (\alpha_4 + \beta_3)$
오차 계산	$\alpha_1 + \beta_4 = 66°03'47.3''$ $-)\ \alpha_3 + \beta_2 = 66°03'40.0''$ $e_1 = +7.3''$	$\alpha_2 + \beta_1 = 113°56'23.0''$ $-)\ \alpha_4 + \beta_3 = 113°56'20.7''$ $e_2 = +2.3''$
조정량	$\frac{e_1}{4} = \frac{-(7.3)}{4} = -1.8''$	$\frac{e_2}{4} = \frac{-(2.3)}{4} = -0.6''$
배부방법	e_1이 (+)일 경우, α_1, β_4는 (−)값으로, α_3, β_2는 (+)값으로 배부	e_2이 (+)일 경우, α_2, β_1는 (−)값으로, α_4, β_3는 (+)값으로 배부

③ 각규약 조정각

각명	관측각	$\frac{\varepsilon}{8}$	e	조정각
α_1	42°19′08.3″	−1.4	−1.8	42°19′05.1″
β_1	44°52′02.4″	−1.4	−0.6	44°52′00.4″
α_2	69°04′20.6″	−1.3	−0.6	69°04′18.7″
β_2	39°37′47.5″	−1.4	+1.8	39°37′47.9″
α_3	26°25′52.5″	−1.4	+1.8	26°25′52.9″
β_3	75°12′13.7″	−1.3	+0.6	75°12′13.0″
α_4	38°44′07.0″	−1.4	+0.6	38°44′06.2″
β_4	23°44′39.0″	−1.4	−1.8	23°44′35.8″

(3) 변규약 조정

변 방정식 $\dfrac{\sin\alpha_1 \cdot \sin\alpha_2 \cdot \sin\alpha_3 \cdot \sin\alpha_4}{\sin\beta_1 \cdot \sin\beta_2 \cdot \sin\beta_3 \cdot \sin\beta_4} = 1,\ \dfrac{\Pi \sin\alpha}{\Pi \sin\beta} = 1$

1) E_1 계산

① $\sin\alpha$, $\sin\beta$ 계산

② $E_1 = \dfrac{\Pi \sin\alpha}{\Pi \sin\beta} - 1 = \left(\dfrac{0.673246 \times 0.934029 \times 0.445125 \times 0.625720}{0.705461 \times 0.637827 \times 0.966839 \times 0.402639}\right) - 1$

$= \dfrac{0.175144}{0.175164} - 1 = -0.000114 = -114''$

보충 + 설명

E_1 계산 부호가 (+)이면 $\Delta\alpha$ 계산 수치 앞에 (−)부호, $\Delta\beta$ 계산 수치 앞에 (+)부호를 부여하며, E_1 계산 부호가 (−)이면 $\Delta\alpha$ 계산 수치 앞에 (+)부호, $\Delta\beta$ 계산 수치 앞에 (−)부호를 부여한다.

2) $\Delta\alpha$, $\Delta\beta$ 계산

$\Delta\alpha = 48.4814 \times \cos\alpha$, $\Delta\beta = 48.4814 \times \cos\beta$

3) E_2 계산

① $\sin\alpha'$, $\sin\beta'$ 계산

$\sin\alpha' = \sin\alpha + \Delta\alpha$, $\sin\beta' = \sin\beta + \Delta\beta$

② $E_2 = \dfrac{\Pi \sin\alpha'}{\Pi \sin\beta'} - 1 = \left(\dfrac{0.673282 \times 0.934046 \times 0.445168 \times 0.625758}{0.705427 \times 0.637790 \times 0.966827 \times 0.402595}\right) - 1$

$= \dfrac{0.175184}{0.175125} - 1 = +0.000337 = +337''$

③ $|E_1 - E_2| = |(-114) - 337| = 451$

4) 경정수(x_1'', x_2'') 계산

$x_1''=\frac{10''\times E_1}{\vert E_1-E_2\vert}$	$x_1''=\frac{10''\times(-114)}{451}=-2.5''$	검산 : $x_1''+x_2''=10''$
$x_2''=\frac{10''\times E_2}{\vert E_1-E_2\vert}$	$x_2''=\frac{10''\times(337)}{451}=+7.5''$	

보충 + 설명

x_1'' 의 부호가 (+)이면 각각의 α각에 $(-x_1'')$, 각각의 β각에 $(+x_1'')$를 배부하고,
x_1'' 의 부호가 (−)이면 각각의 α각에 $(+x_1'')$, 각각의 β각에 $(-x_1'')$를 배부한다.

5) 변규약 조정각

① 변규약 조정각

α각의 변규약 조정각=각규약 조정각+$(\alpha-x_1'')$

β각의 변규약 조정각=각규약 조정각+$(\beta+x_1'')$

② γ 결정

$\gamma_1=\alpha_2+\beta_4$, $\gamma_2=\alpha_3+\beta_1$, $\gamma_3=\alpha_4+\beta_2$, $\gamma_4=\alpha_1+\beta_3$

$\gamma_1=(69°04'21.2''+23°44'33.3'')=92°48'54.5''$

$\gamma_2=(26°25'55.4''+44°51'57.9'')=71°17'53.3''$

$\gamma_3=(38°44'08.7''+39°37'45.4'')=78°21'54.1''$

$\gamma_4=(42°19'07.6''+75°12'10.5'')=117°31'18.1''$

각명	각규약 조정각	sinα sinβ	$\Delta\alpha$ $\Delta\beta$	sinα' 계산 sinβ' 계산	sinα' sinβ'	$\alpha-x_1''$ $\beta+x_1''$	변규약 조정각
α_1	42°19'05.1''	0.673246	+36	0.673246+36	0.673282	+2.5	42°19'07.6''
β_1	44°52'00.4''	0.705461	−34	0.705461−34	0.705427	−2.5	44°51'57.9''
γ_1							92°48'54.5''
α_2	69°04'18.7''	0.934029	+17	0.934029+17	0.934046	+2.5	69°04'21.2''
β_2	39°37'47.9''	0.637827	−37	0.637827−37	0.637790	−2.5	39°37'45.4''
γ_2							71°17'53.3''
α_3	26°25'52.9''	0.445125	+43	0.445125+43	0.445168	+2.5	26°25'55.4''
β_3	75°12'13.0''	0.966839	−12	0.966839−12	0.966827	−2.5	75°12'10.5''
γ_3							78°21'54.1''
α_4	38°44'06.2''	0.625720	+38	0.625720+38	0.625758	+2.5	38°44'08.7''
β_4	23°44'35.8''	0.402639	−44	0.402639−44	0.402595	−2.5	23°44'33.3''
γ_4							117°31'18.1''

(4) 변장 및 방위각 계산

① 사각망 구성

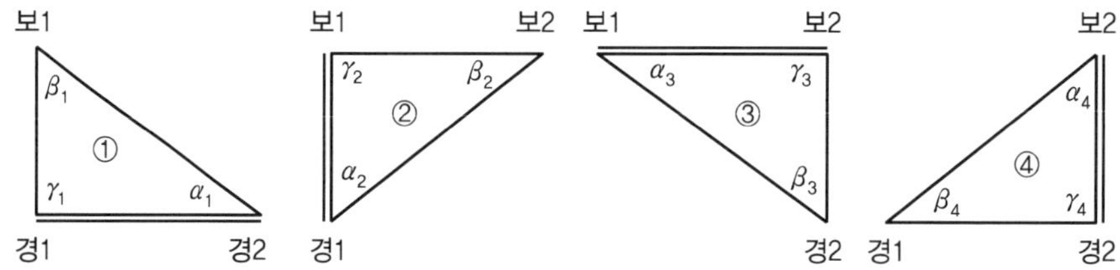

② 변장 계산

방향	변장 계산	변장
경1 → 경2	$\sqrt{(657.02)^2+(1808.04)^2}$	=1923.72m
경2 → 보1	$=\dfrac{\sin\gamma_1}{\sin\beta_1}\times\overline{경1경2}=\dfrac{\sin 92°48'54.5''}{\sin 44°51'57.9''}\times 1923.72$	=2723.64m
경1 → 보1	$=\dfrac{\sin\alpha_1}{\sin\beta_1}\times\overline{경1경2}=\dfrac{\sin 42°19'07.6''}{\sin 44°51'57.9''}\times 1923.72$	=1835.92m
보1 → 보2	$=\dfrac{\sin\alpha_2}{\sin\beta_2}\times\overline{경1보1}=\dfrac{\sin 69°04'21.2''}{\sin 39°37'45.4''}\times 1835.92$	=2688.56m
경1 → 보2	$=\dfrac{\sin\gamma_2}{\sin\beta_2}\times\overline{경1보1}=\dfrac{\sin 71°17'53.3''}{\sin 39°37'45.4''}\times 1835.92$	=2726.46m
보2 → 경2	$=\dfrac{\sin\alpha_3}{\sin\beta_3}\times\overline{보1보2}=\dfrac{\sin 26°25'55.4''}{\sin 75°12'10.5''}\times 2688.56$	=1237.83m
보1 → 경2	$=\dfrac{\sin\gamma_3}{\sin\beta_3}\times\overline{보1보2}=\dfrac{\sin 78°21'54.1''}{\sin 75°12'10.5''}\times 2688.56$	=2723.64m
경2 → 경1	$=\dfrac{\sin\alpha_4}{\sin\beta_4}\times\overline{보2경2}=\dfrac{\sin 38°44'08.7''}{\sin 23°44'33.3''}\times 1237.83$	=1923.73m
보2 → 경1	$=\dfrac{\sin\gamma_4}{\sin\beta_4}\times\overline{보2경2}=\dfrac{\sin 117°31'18.1''}{\sin 23°44'33.3''}\times 1237.83$	=2726.47m

③ 방위각 계산

방향	방위각 계산	방위각
경1 → 경2	$\theta=\tan^{-1}\left(\dfrac{+1808.04}{+657.02}\right)=70°01'46.1''$(Ⅰ상한)	=70°01′46.1″
경2 → 보1	$V_{경2}^{경1}+\alpha_1=(70°01'46.1''+180°)+42°19'07.6''$	=292°20′53.7″
경1 → 보1	$V_{경1}^{경2}-\gamma_1=70°01'46.1''-92°48'54.5''+360°$	=337°12′51.6″
보1 → 보2	$V_{보1}^{경1}-\gamma_2=(337°12'51.6''-180°)-71°17'53.3''$	=85°54′58.3″
경1 → 보2	$V_{경1}^{보1}+\alpha_2=337°12'51.6''+69°04'21.2''$	=46°17′12.8″
보2 → 경2	$V_{보2}^{보1}-\gamma_3=(85°54'58.3''+180°)-78°21'54.1''$	=187°33′04.2″
보1 → 경2	$V_{보1}^{보2}+\alpha_3=85°54'58.3''+26°25'55.4''$	=112°20′53.7″
경2 → 경1	$V_{경2}^{보2}-\gamma_4=(187°33'04.2''+180°)-117°31'18.1''$	=250°01′46.1″
보2 → 경1	$V_{보2}^{경2}+\alpha_4=187°33'04.2''+38°44'08.7''$	=226°17′12.9″

(5) 종 · 횡선좌표 계산

$\Delta X = l \cdot \cos V,\ \Delta Y = l \cdot \sin V$

방향	종선좌표 = 기지점의 X좌표 + ΔX	횡선 Y좌표 = 기지점의 Y좌표 + ΔY
경2 → 보1	413738.38+1035.62=414774.00	209587.49+(−2519.07)=207068.42
경1 → 보1	413081.36+1692.64=414774.00	207779.45+(−711.02)=207068.43
평균	414774.00	207068.42
보1 → 보2	414774.00+191.47=414965.47	207068.42+2681.73=209750.15
경1 → 보2	413081.36+1884.11=414965.47	207779.45+1970.71=209750.16
평균	414965.47	209750.16
보2 → 경2	414965.47+(−1227.10)=413738.37	209750.16+(−162.67)=209587.49
보1 → 경2	414774.00+(−1035.62)=413738.38	207068.42+2519.07=209587.49
평균	413738.38	209587.49
경2 → 경1	413738.38+(−657.02)=413081.36	209587.49+(−1808.05)=207779.44
보2 → 경1	414965.47+(−1884.12)=413081.35	209750.16+(−1970.72)=207779.44
평균	413081.36	207779.44

사각망 조정계산부										
점명	각명	관측각	각규약 ε/8	각규약 e	각규약 조정각	sinα / sinβ	Δα / Δβ	sinα′ / sinβ′	α−x₁″ / β+x₁″	변규약 조정각
경2	α_1	42°19′08″.3	−1″.4	−1″.8	42°19′05″.1	0.673246	+36	0.673282	+2″.5	42°19′07″.6
보1	β_1	44 52 02.4	−1.4	−0.6	44 52 00.4	0.705461	−34	0.705427	−2.5	44 51 57.9
									γ_1	92 48 54.5
경1	α_2	69°04′20″.6	−1″.3	−0″.6	69°04′18″.7	0.934029	+17	0.934046	+2″.5	68°04′21″.2
보2	β_2	39 37 47.5	−1.4	+1.8	39 37 47.9	0.637827	−37	0.637790	−2.5	39 37 45.4
									γ_2	71 17 53.3
보1	α_3	26°25′52″.5	−1″.4	+1″.8	26°25′52″.9	0.445125	+43	0.445168	+2″.5	26°25′55″.4
경2	β_3	75 12 13.7	−1.3	−0.6	75 12 13.0	0.966839	−12	0.966827	−2.5	75 12 10.5
									γ_3	78 21 54.1
보2	α_4	38°44′07″.0	−1″.4	+0″.6	38°44′06″.2	0.625720	+38	0.625758	+2″.5	38°44′08″.7
경1	β_4	23 44 39.0	−1.4	−1.8	23 44 35.8	0.402639	−44	0.402595	−2.5	23 44 33.3
									γ_4	117 31 18.1

변장 $a\times\frac{\sin\alpha(\gamma)}{\sin\beta}$	방위각	종횡선좌표 X	종횡선좌표 Y	점명
경1점 → 경2점	경1점 → 경2점	413081.m36	207779.m45	경1
1923.m72	70°01′46″.1	413738.38	209587.49	경2
경2 → 보1 / 2723.64	경2 → 보1 / 292 20 53 7	414774.00	207068.42	보1
경1 → 보1 / 1835.92	경1 → 보1 / 337 12 51 6	414774.00	207068.43	보1
	평균	414774.00	207068.42	보1
보1 → 보2 / 2685.56	보1 → 보2 / 85 54 58 3	414965.47	209750.15	보2
경1 → 보2 / 2726.46	경1→ 보2 / 46 17 12 8	414965.47	209750.16	보2
	평균	414965.47	209750.16	보2
보2 → 경2 / 1237.83	보2 → 경2 / 187 33 04 2	413738.37	209587.49	경2
보1 → 경2 / 2723.64	보1 → 경2 / 112 20 53 7	413738.38	209587.49	경2
	평균	413738.38	209587.49	경2
경2 → 경1 / 1923.73	경2 → 경1 / 250 01 46 1	413081.36	207779.44	경1
보2 → 경1 / 2726.47	보2 → 경1 / 226 17 12 9	413081.35	207779.44	경1
		413081.36	207779.44	경1

$\Sigma\alpha+\Sigma\beta=$	360°00′11″.0	360°00′00″.0	$\Pi\sin\alpha$	$\Pi\sin\alpha'$
−)	360 00 00.0		0.175144	0.175184
	$\varepsilon=$ +11.0		E_1 $\Pi\sin\beta$	E_2 $\Pi\sin\beta'$
	$\varepsilon/8=$ −1.4		0.175164	0.175125

$\alpha_1+\beta_4=$ 66°03′47″.3

−) $\alpha_3+\beta_2=$ 66 03 40 0

$\frac{e_1}{4}=-1.8''$

$e_1=+7.3''$

$\alpha_2+\beta_1=$ 113°56′23″.0

−) $\alpha_4+\beta_3=$ 113 56 20.7

$\frac{e_2}{4}=-0.6''$

$e_2=+2.3''$

$$E_1=\frac{\Pi\sin\alpha}{\Pi\sin\beta}-1=-114''$$

$$E_2=\frac{\Pi\sin\alpha'}{\Pi\sin\beta'}-1=+337''$$

$$|E_1-E_2|=451$$

$\Delta\alpha,\ \Delta\beta=10''$차임

$$x_1''=\frac{10''\times E_1}{|E_1-E_2|}=-2.5''$$

$$x_2''=\frac{10''\times E_2}{|E_1-E_2|}=+7.5''$$

검산 : $x_1''+x_2''=10''$

약도

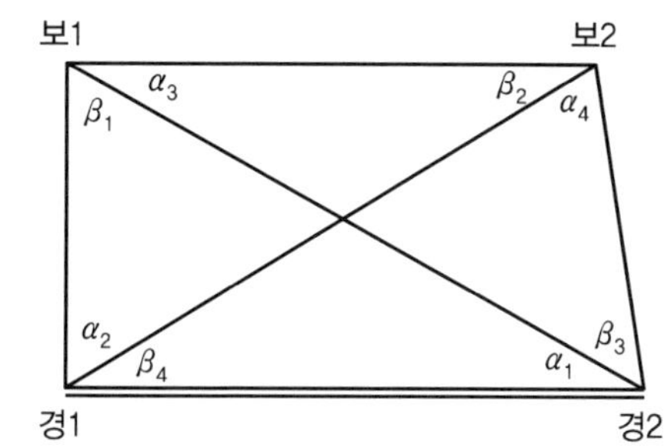

02 두 기지점 전북3과 전북5에서부터 소구점 전북10에 대한 표고를 구하기 위해 연직각을 측정하여 다음과 같은 결과를 얻었다. 주어진 서식을 완성하여 소구점의 표고를 계산하시오.

구분	전북3 → 전북10	전북5 → 전북10
수평거리(L)	1234.56m	2345.67m
연직각(α_1)	$-2°11'06''$	$-2°35'38''$
연직각(α_2)	$+2°13'25''$	$+2°34'51''$
기계고(i_1)	1.70m	1.45m
기계고(i_2)	1.56m	1.50m
시준고(f_1)	2.33m	2.24m
시준고(f_2)	2.71m	2.01m
표고(H_1)	111.11m	169.43m

표 고 계 산 부

약도

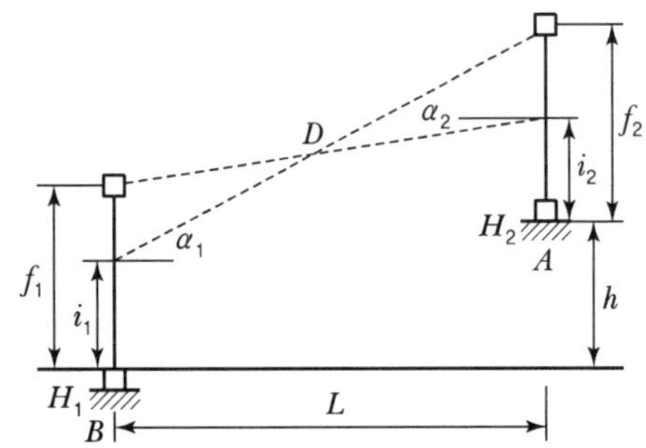

공식

$$H_2 = H_1 + h$$

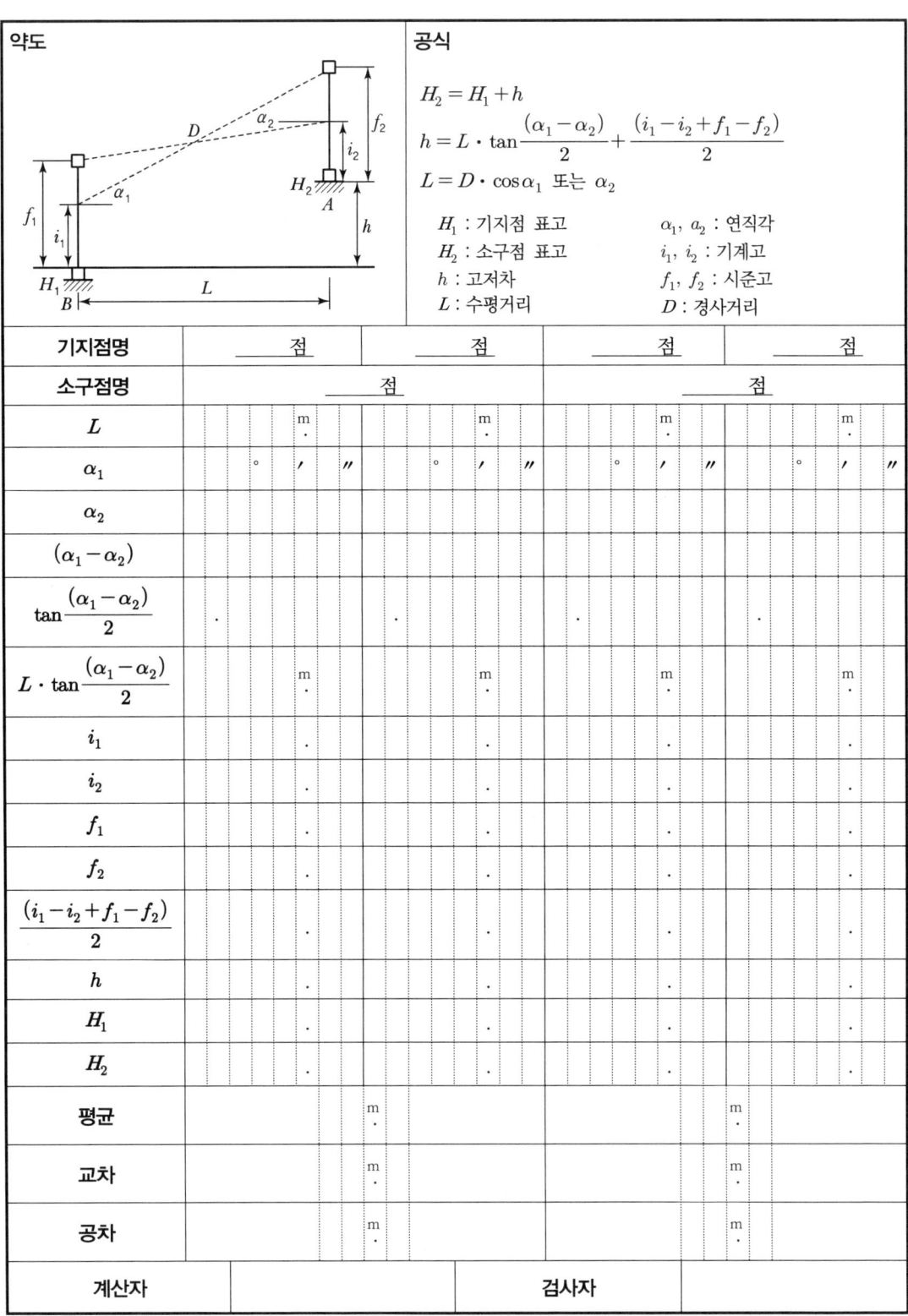

$$h = L \cdot \tan\frac{(\alpha_1 - \alpha_2)}{2} + \frac{(i_1 - i_2 + f_1 - f_2)}{2}$$

$$L = D \cdot \cos\alpha_1 \text{ 또는 } \alpha_2$$

H_1 : 기지점 표고　　α_1, α_2 : 연직각

H_2 : 소구점 표고　　i_1, i_2 : 기계고

h : 고저차　　f_1, f_2 : 시준고

L : 수평거리　　D : 경사거리

기지점명	＿＿점	＿＿점	＿＿점	＿＿점
소구점명	＿＿점		＿＿점	
L	m .	m .	m .	m .
α_1	° ′ ″	° ′ ″	° ′ ″	° ′ ″
α_2				
$(\alpha_1 - \alpha_2)$				
$\tan\frac{(\alpha_1 - \alpha_2)}{2}$	.	.	.	.
$L \cdot \tan\frac{(\alpha_1 - \alpha_2)}{2}$	m .	m .	m .	m .
i_1	.	.	.	.
i_2	.	.	.	.
f_1	.	.	.	.
f_2	.	.	.	.
$\frac{(i_1 - i_2 + f_1 - f_2)}{2}$	.	.	.	.
h	.	.	.	.
H_1	.	.	.	.
H_2	.	.	.	.
평균	m .		m .	
교차	m .		m .	
공차	m .		m .	

계산자		**검사자**	

해설 및 정답

(1) 전북3 → 전북10을 이용한 표고 계산

① 고저차(h) 계산

$$\text{고저차}(h) = L \cdot \tan\frac{(\alpha_1 - \alpha_2)}{2} + \frac{(i_1 - i_2 + f_1 - f_2)}{2}$$

$$\tan\frac{(\alpha_1 - \alpha_2)}{2} = \tan\frac{(-4°24'31'')}{2} = -0.038491$$

$$L \cdot \tan\frac{(\alpha_1 - \alpha_2)}{2} = 1234.56 \times (-0.038491) = -47.52\text{m}$$

$$\frac{(i_1 - i_2 + f_1 - f_2)}{2} = \frac{(1.70 - 1.56 + 2.33 - 2.71)}{2} = -0.12\text{m}$$

$$\text{고저차}(h) = L \cdot \tan\frac{(\alpha_1 - \alpha_2)}{2} + \frac{(i_1 - i_2 + f_1 - f_2)}{2} = -47.52 + (-0.12) = -47.64\text{m}$$

② 표고(H_2) 계산

$$H_2 = H_1 + h = 111.11 + (-47.64) = 63.47\text{m}$$

(2) 전북5 → 전북10을 이용한 표고 계산

① 고저차(h) 계산

$$\tan\frac{(\alpha_1 - \alpha_2)}{2} = \tan\frac{(-5°10'29'')}{2} = -0.045189$$

$$L \cdot \tan\frac{(\alpha_1 - \alpha_2)}{2} = 2345.67 \times (-0.045189) = -106.00\text{m}$$

$$\frac{(i_1 - i_2 + f_1 - f_2)}{2} = \frac{(1.45 - 1.50 + 2.24 - 2.01)}{2} = +0.09$$

$$h = L \cdot \tan\frac{(\alpha_1 - \alpha_2)}{2} + \frac{(i_1 - i_2 + f_1 - f_2)}{2} = -106.00 + 0.09 = -105.91\text{m}$$

② 표고(H_2) 계산

$$H_2 = H_1 + h = 169.43 + (-105.91) = 63.52\text{m}$$

(3) 표고의 평균 계산

$$H_2\text{의 평균} = \frac{(63.47 + 63.52)}{2} = 63.50\text{m}$$

(4) 교차 및 공차 계산

① 교차 $= 63.52 - 63.47 = 0.05$m

② 공차

$$0.05 + 0.05(S_1 + S_2) = 0.05 + 0.05(1.23456 + 2.34567)$$

$$\fallingdotseq 0.229 = \pm 0.22\text{m}\ (\text{공차는 반올림하지 않음})$$

※ S_1, S_2는 기지점에서 소구점까지의 평면거리로서 km 단위로 표시한 수를 말함

표 고 계 산 부

약도

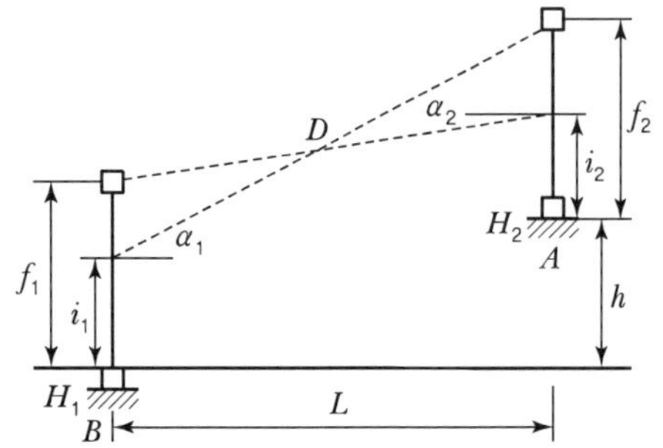

공식

$$H_2 = H_1 + h$$

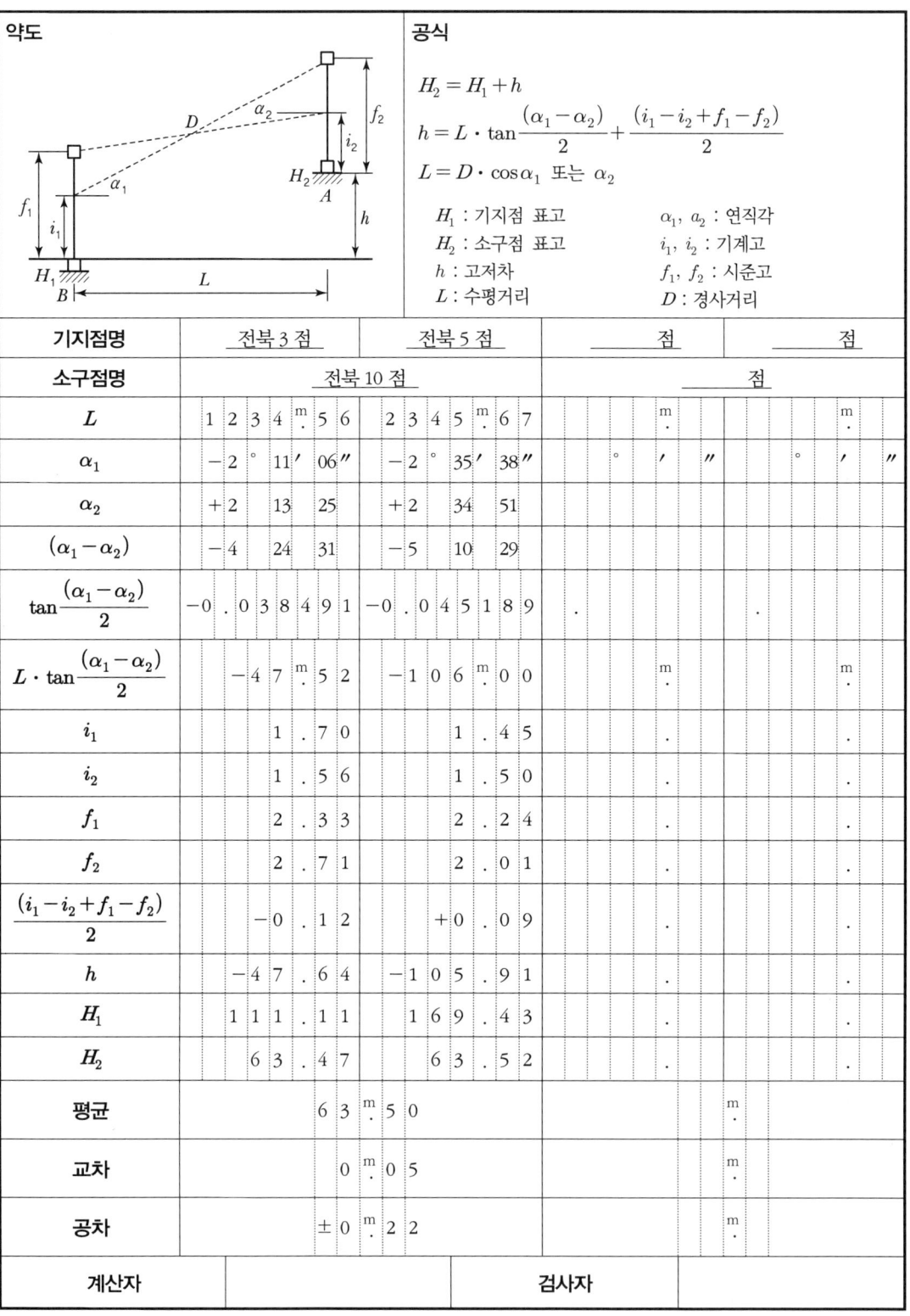

$$h = L \cdot \tan\frac{(\alpha_1 - \alpha_2)}{2} + \frac{(i_1 - i_2 + f_1 - f_2)}{2}$$

$$L = D \cdot \cos\alpha_1 \text{ 또는 } \alpha_2$$

H_1 : 기지점 표고　　α_1, α_2 : 연직각
H_2 : 소구점 표고　　i_1, i_2 : 기계고
h : 고저차　　f_1, f_2 : 시준고
L : 수평거리　　D : 경사거리

기지점명	전북 3 점	전북 5 점	점	점
소구점명	전북 10 점		점	
L	1234.56 m	2345.67 m	m	m
α_1	−2° 11′ 06″	−2° 35′ 38″	° ′ ″	° ′ ″
α_2	+2 13 25	+2 34 51		
$(\alpha_1-\alpha_2)$	−4 24 31	−5 10 29		
$\tan\frac{(\alpha_1-\alpha_2)}{2}$	−0.038491	−0.045189	.	.
$L\cdot\tan\frac{(\alpha_1-\alpha_2)}{2}$	−47.52 m	−106.00 m	m	m
i_1	1.70	1.45	.	.
i_2	1.56	1.50	.	.
f_1	2.33	2.24	.	.
f_2	2.71	2.01	.	.
$\frac{(i_1-i_2+f_1-f_2)}{2}$	−0.12	+0.09	.	.
h	−47.64	−105.91	.	.
H_1	111.11	169.43	.	.
H_2	63.47	63.52	.	.
평균	63.50 m		m	
교차	0.05 m		m	
공차	±0.22 m		m	

계산자		검사자	

03 지적도근점측량을 X형의 교점다각망으로 구성하여 다음과 같이 교점에서 방향표(Q)에 대한 관측방위각과 교점에 대한 좌표를 산출하였다. 교점의 평균방위각과 평균 종 · 횡선좌표를 계산하시오.[단, 계산은 반올림하여 좌표는 소수 2자리(cm 단위)까지, 각은 초 단위까지 구하시오.]

도선	경중률		관측방위각	계산좌표	
	측점수	거리(km)		X(m)	Y(m)
(1)	14	3.84	153°16′46″	431234.50	195584.17
(2)	8	3.00	153°17′11″	431234.48	195584.23
(3)	15	4.18	153°16′55″	431234.57	195584.31
(4)	10	2.99	153°17′03″	431234.53	195584.14

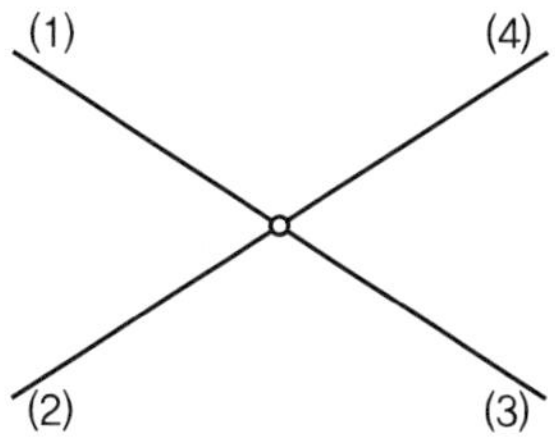

(1) 평균 방위각
- 계산과정

답 : ______________

(2) 평균 종선좌표
- 계산과정

답 : ______________

(3) 평균 횡선좌표
- 계산과정

답 : ______________

해설 및 정답

(1) 평균 방위각 계산

$$\text{방위각} = \frac{\left[\frac{\Sigma\alpha}{\Sigma N}\right]}{\left[\frac{1}{\Sigma N}\right]} = \frac{\left[\frac{46}{14}+\frac{77}{8}+\frac{55}{15}+\frac{63}{10}\right]}{\left[\frac{1}{14}+\frac{1}{8}+\frac{1}{15}+\frac{1}{10}\right]} = 63''$$

평균 방위각 = 153°16′ + 0°0′63″ = 153°16′63″ = 153°17′03″

(2) 평균 종선좌표

$$종선좌표 = \frac{\left[\frac{\Sigma X}{\Sigma S}\right]}{\left[\frac{1}{\Sigma S}\right]} = \frac{\left[\frac{0.50}{3.84}+\frac{0.48}{3.00}+\frac{0.57}{4.18}+\frac{0.53}{2.99}\right]}{\left[\frac{1}{3.84}+\frac{1}{3.00}+\frac{1}{4.18}+\frac{1}{2.99}\right]} = 0.52\text{m}$$

평균 종선좌표 = 431234.00 + 0.52 = 431,234.52m

(3) 평균 횡선좌표

$$횡선좌표 = \frac{\left[\frac{\Sigma Y}{\Sigma S}\right]}{\left[\frac{1}{\Sigma S}\right]} = \frac{\left[\frac{0.17}{3.84}+\frac{0.23}{3.00}+\frac{0.31}{4.18}+\frac{0.14}{2.99}\right]}{\left[\frac{1}{3.84}+\frac{1}{3.00}+\frac{1}{4.18}+\frac{1}{2.99}\right]} = 0.21\text{m}$$

평균 횡선좌표 = 195584.00 + 0.21 = 195,584.21m

04 경계선 $\overline{AC}$ 와 $\overline{BD}$ 가 교차하는 P점 위치의 좌표를 주어진 서식에 의하여 완성하시오.(단, 계산은 각도는 0.1″ 단위까지, S_1, S_2의 거리는 소수 4자리까지, 기타 거리 및 좌표는 cm 단위까지 계산하시오.)

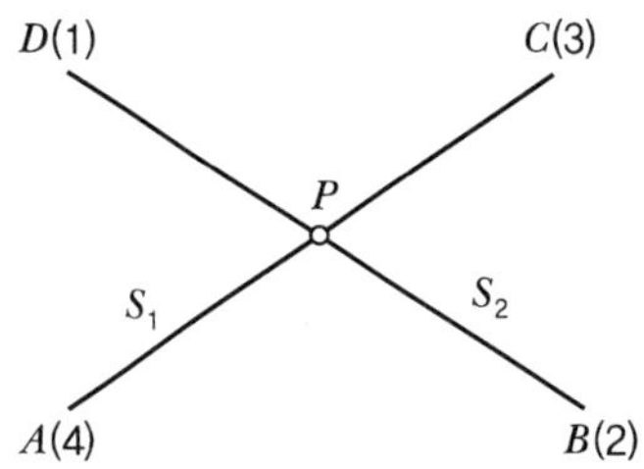

점명	부호	X좌표	Y좌표
1	D	6584.79	4734.89
2	B	6530.34	4911.60
3	C	6589.13	4897.66
4	A	6533.98	4748.10

교 차 점 계 산 부

소구점

공식

$$S_1 = \frac{\Delta y_a{}^b \cos\beta - \Delta x_a{}^b \sin\beta}{\sin(\alpha-\beta)}$$

$$S_2 = \frac{\Delta y_a{}^b \cos\alpha - \Delta x_a{}^b \sin\alpha}{\sin(\alpha-\beta)}$$

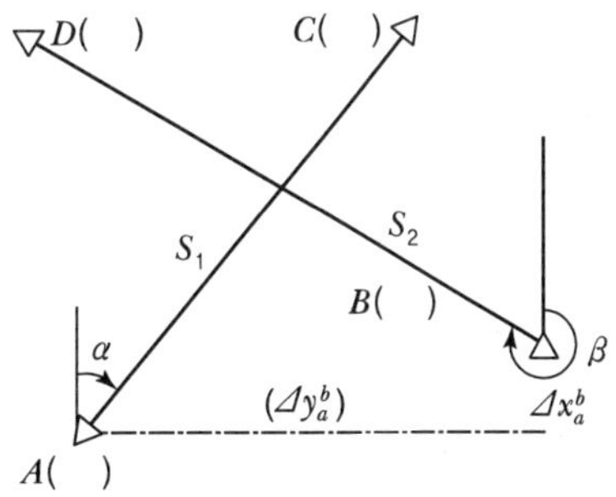

점	x	y	종횡선차	
D(1)	.	.	$\Delta y_b{}^d$	.
B(2)	.	.	$\Delta x_b{}^d$	.
C(3)	.	.	$\Delta y_a{}^c$	.
A(4)	.	.	$\Delta x_a{}^c$	.
$\Delta x_a{}^b$	.	$\Delta y_a{}^b$.	$V_a{}^b$	° ′ ″
α	° ′ ″	$V_a{}^c$ ° ′ ″		
β	° ′ ″	$V_b{}^d$ ° ′ ″		
$\alpha-\beta$	° ′ ″			

$(\Delta y_a{}^b \cdot \cos\beta - \Delta x_a{}^b \cdot \sin\beta)/\sin(\alpha-\beta) = S_1$			.
$S_1 \cdot \cos\alpha$	.	$S_1 \cdot \sin\alpha$	.
x_a	. (+	y_a	. (+
x	.	y	.

$(\Delta y_a{}^b \cdot \cos\alpha - \Delta x_a{}^b \cdot \sin\alpha)/\sin(\alpha-\beta) = S_2$			.
$S_2 \cdot \cos\beta$	.	$S_2 \cdot \sin\beta$	.
x_b	. (+	y_b	. (+
x	.	y	.

X	.	Y	.

해설 및 정답

(1) 방위각 계산

① V_b^d 방위각 계산(β)

$\Delta x_b^d = 6584.79 - 6530.34 = +54.45\text{m}$

$\Delta y_b^d = 4734.89 - 4911.60 = -176.71\text{m}$

$\theta = \tan^{-1}\left(\dfrac{\Delta y}{\Delta x}\right) = \tan^{-1}\left(\dfrac{-176.71}{+54.45}\right) = 72°52'27.3''$(Ⅳ 상한)

$V_b^d = 360° - \theta = 360° - 72°52'27.3'' = 287°07'32.7''$

② V_a^c 방위각 계산(α)

$\Delta x_a^c = 6589.13 - 6533.98 = +55.15\text{m}$

$\Delta y_a^c = 4897.66 - 4748.10 = +149.56\text{m}$

$\theta = \tan^{-1}\left(\dfrac{\Delta y}{\Delta x}\right) = \tan^{-1}\left(\dfrac{+149.56}{+55.15}\right) = 69°45'31.1''$(Ⅰ 상한)

$V_a^c = \theta = 69°45'31.1''$

③ V_a^b 방위각 계산

$\Delta x_a^b = 6530.34 - 6533.98 = -3.64\text{m}$

$\Delta y_a^b = 4911.60 - 4748.10 = +163.50\text{m}$

$\theta = \tan^{-1}\left(\dfrac{\Delta y}{\Delta x}\right) = \tan^{-1}\left(\dfrac{+163.50}{-3.64}\right) = 88°43'28.7''$(Ⅱ 상한)

$V_a^b = 180° - \theta = 180° - 88°43'28.7'' = 91°16'31.3''$

④ $\alpha - \beta$ 계산

$\alpha - \beta = 69°45'31.1'' - 287°07'32.7'' = -217°22'01.6'' + 360° = 142°37'58.4''$

(2) 거리 계산

$$S_1 = \frac{\Delta y_a^b \cos\beta - \Delta x_a^b \sin\beta}{\sin(\alpha - \beta)}, \quad S_2 = \frac{\Delta y_a^b \cos\alpha - \Delta x_a^b \sin\alpha}{\sin(\alpha - \beta)}$$

① S_1 계산

$$S_1 = \frac{\Delta y_a^b \cos\beta - \Delta x_a^b \sin\beta}{\sin(\alpha - \beta)}$$

$$= \frac{(163.50 \times \cos 287°07'32.7'') - (-3.64 \times \sin 287°07'32.7'')}{\sin 142°37'58.4''} = 73.5966\text{m}$$

② S_2 계산

$$S_2 = \frac{\Delta y_a^b \cos\alpha - \Delta x_a^b \sin\alpha}{\sin(\alpha - \beta)}$$

$$= \frac{(163.50 \times \cos 69°45'31.1'') - (-3.64 \times \sin 69°45'31.1'')}{\sin 142°37'58.4''} = 98.8306\text{m}$$

(3) 소구점 P의 좌표 계산

① A점에서 P점 좌표 계산

$P_x = A_x + (S_1 \times \cos\alpha) = 6533.98 + (73.5966 \times \cos 69°45'31.1'') = 6559.44\text{m}$

$P_y = A_y + (S_1 \times \sin\alpha) = 4748.10 + (73.5966 \times \sin 69°45'31.1'') = 4817.15\text{m}$

② B점에서 P점 좌표 계산

$P_x = B_x + (S_2 \times \cos\beta) = 6530.34 + (98.8306 \times \cos 287°07'32.7'') = 6559.44\text{m}$

$P_y = B_y + (S_2 \times \sin\beta) = 4911.60 + (98.8306 \times \sin 287°07'32.7'') = 4817.15\text{m}$

③ P점 좌표 결정

$$P_x = \frac{P_{x1} + P_{x2}}{2} = \frac{6559.44 + 6559.44}{2} = 6559.44\text{m}$$

$$P_y = \frac{P_{y1} + P_{y2}}{2} = \frac{4817.15 + 4817.15}{2} = 4817.15\text{m}$$

교 차 점 계 산 부

공식

$$S_1 = \frac{\Delta y_a^b \cos\beta - \Delta x_a^b \sin\beta}{\sin(\alpha-\beta)}$$

$$S_2 = \frac{\Delta y_a^b \cos\alpha - \Delta x_a^b \sin\alpha}{\sin(\alpha-\beta)}$$

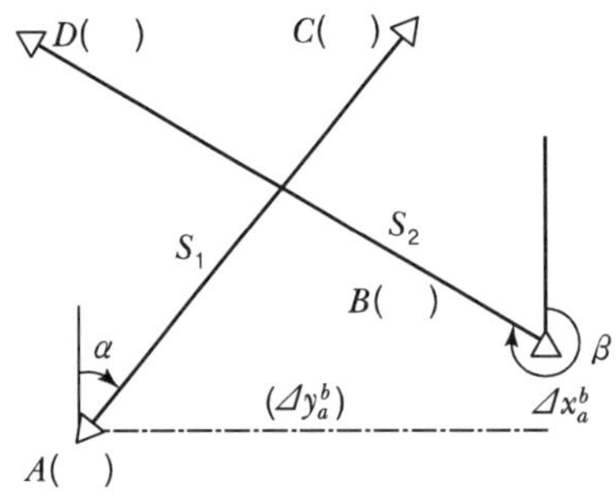

소구점
P

점	x	y	종횡선차	
D(1)	6584.79	4734.89	Δy_b^d	−176.71
B(2)	6530.34	4911.60	Δx_b^d	+54.45
C(3)	6589.13	4897.66	Δy_a^c	+149.56
A(4)	6533.98	4748.10	Δx_a^c	+55.15
Δx_a^b	−3.64	Δy_a^b +163.50	V_a^b	91°16′31.3″
α	69°45′31.1″	V_a^c 69°45′31.1″		
β	287°07′32.7″	V_b^d 287°07′32.7″		
$\alpha-\beta$	142°37′58.4″			

$(\Delta y_a^b \cdot \cos\beta - \Delta x_a^b \cdot \sin\beta)/\sin(\alpha-\beta) = S_1$			73.5966
$S_1 \cdot \cos\alpha$	+25.46	$S_1 \cdot \sin\alpha$	+69.05
x_a	6533.98 (+	y_a	4748.10 (+
x	6559.44	y	4817.15

$(\Delta y_a^b \cdot \cos\alpha - \Delta x_a^b \cdot \sin\alpha)/\sin(\alpha-\beta) = S_2$			98.8306
$S_2 \cdot \cos\beta$	+29.10	$S_2 \cdot \sin\beta$	−94.45
x_b	6530.34 (+	y_b	4911.60 (+
x	6559.44	y	4817.15

X	6559.44	Y	4817.15

05 다음 주어진 조건을 이용하여 ∠PAD와 $\overline{AP}$ 의 길이를 구하시오.

(1) 조건

$\overline{AD}$ = 25.00m

$\overline{AE}$ = 15.00m

$\overline{ED}$ = 20.00m

∠EAP = 116°25′30″

□APDE의 면적 = 400m²

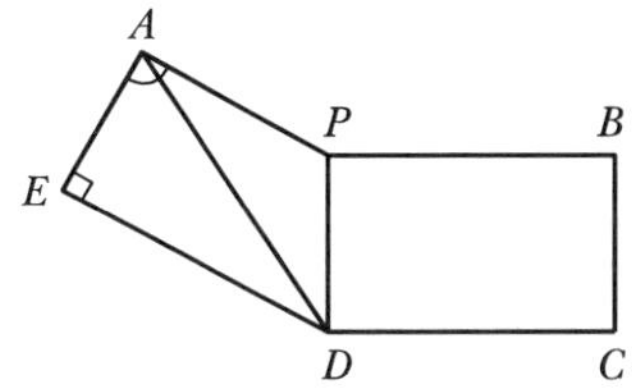

(1) ∠PAD

(2) $\overline{AP}$ 의 길이

해설 및 정답

(1) ∠PAD 계산

① △EAD 내각 A 계산

$$\frac{\overline{AD}}{\sin 90°} = \frac{\overline{ED}}{\sin A} \qquad \frac{25.00}{\sin 90°} = \frac{20.00}{\sin A}$$

$$\sin A = \frac{20.00}{25.00} \times \sin 90°$$

$$A = \sin^{-1}\left(\frac{20}{25} \times \sin 90°\right) = 53°07'48''$$

② △EAD 면적 계산

헤론의 공식 $s = \frac{a+b+c}{2}$, $A = \sqrt{s(s-a)(s-b)(s-c)}$

$$s = \frac{a+b+c}{2} = \frac{15+25+20}{2} = 30$$

$$A = \sqrt{30(30-15)(30-25)(30-20)} = 150\text{m}^2$$

③ ∠PAD = ∠EAP − ∠EAD

= 116°25′30″ − 53°07′48″ = 63°17′42″

(2) $\overline{AP}$ 계산

① △APD 면적 계산

△APD 면적 = □APDE의 면적 − △EAD 면적 = 400 − 150 = 250m²

② $\overline{AP}$

$$\triangle APD \text{면적} = \frac{1}{2} \times \overline{AD} \times \overline{AP} \times \sin(\angle PAD)$$

$$250\text{m}^2 = \frac{1}{2} \times 25\text{m} \times \overline{AP} \times \sin 63°17'42''$$

$$\overline{AP} = \frac{250 \times 2}{25 \times \sin 63°17'42''} = 22.39\text{m}$$

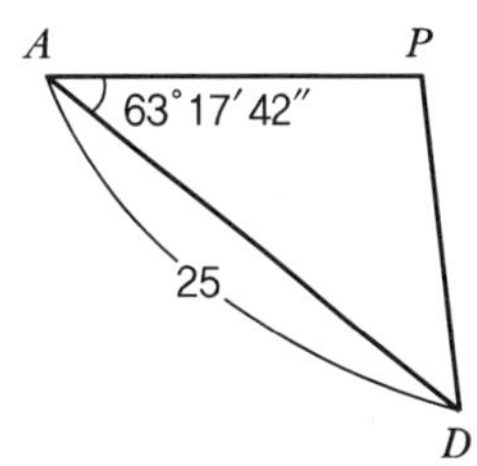

2024년 제2회 기출복원문제

• NOTICE • 실기시험 기출복원문제는 수험생의 기억을 바탕으로 실전 대비 목적으로 작성된 것임을 알려드립니다.

01 지적삼각점측량을 실시한 결과 다음과 같은 측량성과를 취득하였다. 유심다각망 조정계산 서식을 완성하고 소구점 보1, 보2의 좌표를 계산하시오.(단, 거리는 cm 단위, 각은 0.1″ 단위까지 계산하시오.)

※ 삼각형의 각명은 제공하지 않음

(1) 기지점

점명	종선좌표	횡선좌표
서1	424981.83	194264.47
서2	424622.87	197395.42

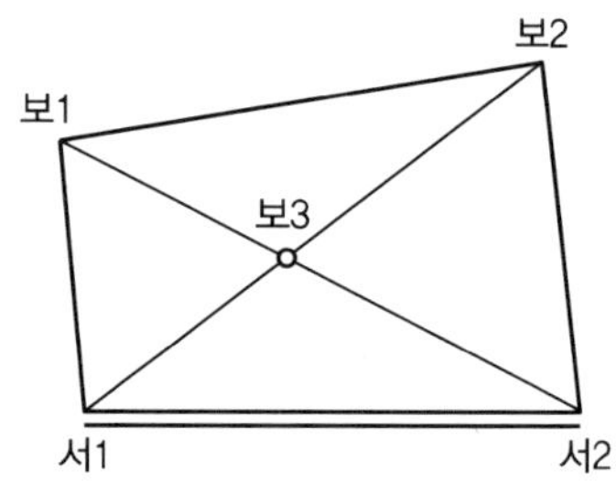

(2) 관측각

각명	관측각	각명	관측각	각명	관측각	각명	관측각
α_1	50°37′57.8″	α_2	37°28′49.8″	α_3	54°13′10.2″	α_4	37°49′11.5″
β_1	39°43′45.9″	β_2	52°09′22.6″	β_3	36°08′38.9″	β_4	51°49′09.8″
γ_1	89°38′22.0″	γ_2	90°21′45.1″	γ_3	89°38′12.9″	γ_4	90°21′42.5″

유 심 다 각 망 조 정 계 산 부

삼각형	점명	각명	관측각	각규약 I	각규약 II	조정각	sinα / sinβ	Δα / Δβ	sinα′ / sinβ′	$\alpha-x_1''$ / $\beta+x_1''$	변규약 조정각	변장 $a\times\frac{\sin\alpha(\gamma)}{\sin\beta}$ 점→ 점	방위각 점→ 점	종횡선좌표 X	종횡선좌표 Y	점명
			° ′ ″	″		° ′ ″				″	° ′ ″	m	° ′ ″	m	m	
1		α_1	° ′ ″	″		° ′ ″	.		.	″	° ′ ″	→	→	.	.	
		β_1	.	.		.	.		.	.	.	.	.	.	.	
		γ_1	.	.	″	.				γ_1	.	→	→	.	.	
		+)	.			.						.	.	.	.	
			1 8 0 00 00 . 0										평 균	.	.	
		−) ε_1 =	.													
2		α_2	° ′ ″	″		° ′ ″	.		.	″	° ′ ″	→	→	.	.	
		β_2	.	.		.	.		.	.	.	.	.	.	.	
		γ_2	.	.	″	.				γ_2	.	→	→	.	.	
		+)	.			.						.	.	.	.	
			1 8 0 00 00 . 0										평 균	.	.	
		−) ε_2 =	.													
3		α_3	° ′ ″	″		° ′ ″	.		.	″	° ′ ″	→	→	.	.	
		β_3	.	.		.	.		.	.	.	.	.	.	.	
		γ_3	.	.	″	.				γ_3	.	→	→	.	.	
		+)	.			.						.	.	.	.	
			1 8 0 00 00 . 0										평 균	.	.	
		−) ε_3 =	.													
4		α_4	° ′ ″	″		° ′ ″	.		.	″	° ′ ″	→	→	.	.	
		β_4	.	.		.	.		.	.	.	.	.	.	.	
		γ_4	.	.	″	.				γ_4	.	→	→	.	.	
		+)	.			.						.	.	.	.	
			1 8 0 00 00 . 0										평 균	.	.	
		−) ε_4 =	.													
5		α_5	° ′ ″	″		° ′ ″	.		.	″	° ′ ″	→	→	.	.	
		β_5	.	.		.	.		.	.	.	.	.	.	.	
		γ_5	.	.	″	.				γ_5	.	→	→	.	.	
		+)	.			.						.	.	.	.	
			1 8 0 00 00 . 0										평 균	.	.	
		−) ε_5 =	.													
6		α_6	° ′ ″	″		° ′ ″	.		.	″	° ′ ″	→	→	.	.	
		β_6	.	.		.	.		.	.	.	.	.	.	.	
		γ_6	.	.	″	.				γ_6	.	→	→	.	.	
		+)	.			.						.	.	.	.	
			1 8 0 00 00 . 0										평 균	.	.	
		−) ε_6 =	.													

Σγ	° ′ ″	제1기선 l_1 m	$\Pi\sin\alpha\cdot l_1$	$\Pi\sin\alpha'\cdot l_1$	점→ 점 / 점→ 점
360° 또는 기지내각	.	제2기선 l_2 .	.	.	. / .
−) e =	.		E_1 $\Pi\sin\beta\cdot l_2$	E_2 $\Pi\sin\beta'\cdot l_2$	**약도**
			.	.	

$\Sigma\varepsilon =$

$(\mathrm{II}) = \frac{\Sigma\varepsilon - 3e}{2n} =$

$(\mathrm{I}) = \frac{-\varepsilon - (\mathrm{II})}{3} =$

n : 삼각형 수

$E_1 = \frac{\Pi\sin\alpha\cdot l_1}{\Pi\sin\beta\cdot l_2} - 1 =$

$E_2 = \frac{\Pi\sin\alpha'\cdot l_1}{\Pi\sin\beta'\cdot l_2} - 1 =$

$|E_1 - E_2| =$

$\Delta\alpha,\ \Delta\beta = 10''$차임

$x_1'' = \frac{10''\times E_1}{|E_1 - E_2|} =$

$x_2'' = \frac{10''\times E_2}{|E_1 - E_2|} =$

검산 : $x_1'' + x_2'' = 10''$

해설 및 정답

(1) 삼각형 각명 결정

유심다각망 망규약 조건에 의해 $\Sigma\gamma=360°$이 되도록 각명 결정

※ α(소구변의 대각), β(기지변의 대각), γ(나머지 각)

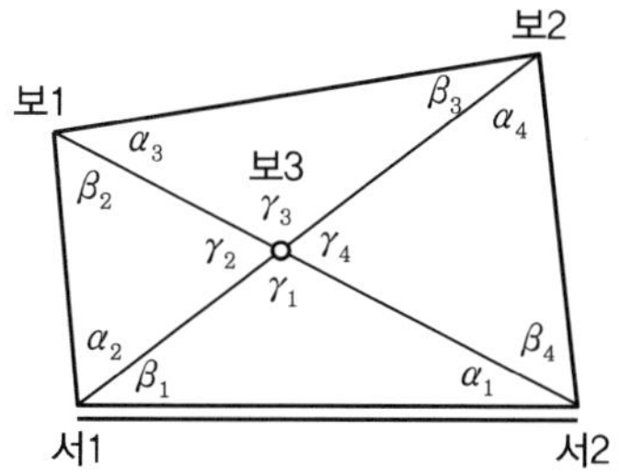

(2) 기지점 간 거리 및 방위각 계산

구분	서1 → 서2
△X, △Y	△X=424622.87−424981.83=−358.96 △Y=197395.42−194264.47=+3130.95
거리	$\sqrt{(-358.96)^2+(3130.95)^2}$ =3151.46m
방위	$\tan^{-1}\left(\frac{+3130.95}{-358.96}\right)$=83°27′34.8″(Ⅱ상한)
방위각	V=(180°−θ)=180°−83°27′34.8″=96°32′25.2″

(2) 각규약 조정

1) 삼각규약 오차 계산

삼각규약 조건	$(\alpha+\beta+\gamma)=180°$	
오차	$\varepsilon=(\alpha+\beta+\gamma)-180°$	
오차 계산	**삼각형 번호**	**관측각의 합**	**$\varepsilon=(\alpha+\beta+\gamma)-180°$**
	①	180°00′05.7″	+5.7″
	②	179°59′57.5″	−2.5″
	③	180°00′02.0″	+2.0″
	④	180°00′03.8″	+3.8″
	오차의 합	$\Sigma\varepsilon=\varepsilon_1+\varepsilon_2+\varepsilon_3+\varepsilon_4$=5.7+(−2.5)+2.0+3.8=+9.0″	

2) 망규약 오차 계산

망규약 조건	$\Sigma\gamma=360°$
오차	$e=\Sigma\gamma-360°$
오차 계산	$\Sigma\gamma$=89°38′22.0″+90°21′45.1″+89°38′12.9″+90°21′42.5″=360°00′02.5″ 기지내각=360°00′00.0″ $e=\Sigma\gamma-360°$=360°00′02.5″−360°00′00.0″=+2.5″

3) 오차 조정

오차 조정은 망규약에 의한 오차(Ⅱ) 조정 이후, 삼각규약에 의한 오차(Ⅰ)를 조정한다.

① 망규약에 의한 오차 배부

$$(\text{Ⅱ}) = \frac{\sum\varepsilon - 3e}{2n} = \frac{(9.0) - (3\times2.5)}{2\times4} = +0.19 = +0.2''$$

② 삼각규약에 의한 오차 배부

$$(\text{Ⅰ}) = \frac{-\varepsilon - (\text{Ⅱ})}{3}$$

①번 삼각형 : $\frac{-(5.7)-(0.2)}{3} = -2.0''$

②번 삼각형 : $\frac{-(-2.5)-(0.2)}{3} = +0.8''$

③번 삼각형 : $\frac{-(2.0)-(0.2)}{3} = -0.7''$

④번 삼각형 : $\frac{-(3.8)-(0.2)}{3} = -1.3''$

4) 각규약 조정각

각명	관측각	각규약		
		I	II	조정각
α_1	50°37′57.8″	−2.0		50°37′55.8″
β_1	39°43′45.9″	−2.0		39°43′43.9″
γ_1	89°38′22.0″	−2.0 → −1.9	+0.2	89°38′20.3″
α_2	37°28′49.8″	+0.8		37°28′50.6″
β_2	52°09′22.6″	+0.8		52°09′23.4″
γ_2	90°21′45.1″	+0.8 → +0.7	+0.2	90°21′46.0″
α_3	54°13′10.2″	−0.7		54°13′09.5″
β_3	36°08′38.9″	−0.7		36°08′38.2″
γ_3	89°38′12.9″	−0.7 → −0.8	+0.2	89°38′12.3″
α_4	37°49′11.5″	−1.3		37°49′10.2″
β_4	51°49′09.8″	−1.3		51°49′08.5″
γ_4	90°21′42.5″	−1.3 → −1.4	+0.2	90°21′41.3″

(3) 변규약 조정

변 방정식

$$\frac{\sin\alpha_1\cdot\sin\alpha_2\cdot\sin\alpha_3\cdot\sin\alpha_4\cdot l_1}{\sin\beta_1\cdot\sin\beta_2\cdot\sin\beta_3\cdot\sin\beta_4\cdot l_2} = 1,\ \frac{\Pi\sin\alpha\cdot l_1}{\Pi\sin\beta\cdot l_2} = 1$$

※ 유심다각망에서는 l_1, l_2는 적용하지 않는다.

1) E_1 계산

① $\sin\alpha$, $\sin\beta$ 계산

② $E_1 = \dfrac{\Pi \sin\alpha \cdot l_1}{\Pi \sin\beta \cdot l_2} - 1$

$= \left(\dfrac{0.773090 \times 0.608494 \times 0.811261 \times 0.613176}{0.639155 \times 0.789689 \times 0.589816 \times 0.786062}\right) - 1 = \dfrac{0.234009}{0.234011} - 1 = -0.000009 = -9$

보충 + 설명

E_1 계산 부호가 (+)이면 $\triangle\alpha$ 계산 수치 앞에 (−)부호, $\triangle\beta$ 계산 수치 앞에 (+)부호를 부여하며, E_1 계산 부호가 (−)이면 $\triangle\alpha$ 계산 수치 앞에 (+)부호, $\triangle\beta$ 계산 수치 앞에 (−)부호를 부여한다.

2) $\triangle\alpha$, $\triangle\beta$ 계산

$\triangle\alpha = 48.4814 \times \cos\alpha$, $\triangle\beta = 48.4814 \times \cos\beta$

3) E_2 계산

① $\sin\alpha'$, $\sin\beta'$ 계산

② $E_2 = \dfrac{\Pi \sin\alpha' \cdot l_1}{\Pi \sin\beta' \cdot l_2} - 1$

$= \left(\dfrac{0.773121 \times 0.608532 \times 0.811289 \times 0.613214}{0.639118 \times 0.789659 \times 0.589777 \times 0.786032}\right) - 1 = \dfrac{0.234055}{0.233964} - 1 = +0.000389$

$= +389$

③ $|E_1 - E_2| = |(-9) - 389| = 398$

4) 경정수(x_1'', x_2'') 계산

$x_1'' = \dfrac{10'' \times E_1}{|E_1 - E_2|} = \dfrac{10'' \times (-9)}{398} = -0.2''$

$x_2'' = \dfrac{10'' \times E_2}{|E_1 - E_2|} = \dfrac{10'' \times (389)}{398} = +9.8''$

검산 : $x_1'' + x_2'' = 10''$

보충 + 설명

x_1'' 의 부호가 (+)이면 각각의 α각에 $(-x_1'')$, 각각의 β각에 $(+x_1'')$를 배부하고, x_1'' 의 부호가 (−)이면 각각의 α각에 $(+x_1'')$, 각각의 β각에 $(-x_1'')$를 배부한다.

5) 변규약 조정각

α각의 변규약 조정각 = 각규약 조정각 + $(\alpha - x_1'')$

β각의 변규약 조정각 = 각규약 조정각 + $(\beta + x_1'')$

각명	각규약 조정각	sinα sinβ	$\Delta\alpha$ $\Delta\beta$	sinα' 계산 sinβ' 계산	sinα' sinβ'	$\alpha - x_1''$ $\beta + x_1''$	변규약 조정각
α_1	50°37′55.8″	0.773090	+31	0.773090+31=	0.773121	+0.2	50°37′56.0″
β_1	39°43′43.9″	0.639155	−37	0.639155−37=	0.639118	−0.2	39°43′43.7″
γ_1	89°38′20.3″						89°38′20.3″
α_2	37°28′50.6″	0.608494	+38	0.608494+38=	0.608532	+0.2	37°28′50.8″
β_2	52°09′23.4″	0.789689	−30	0.789689−30=	0.789659	−0.2	52°09′23.2″
γ_2	90°21′46.0″						90°21′46.0″
α_3	54°13′09.5″	0.811261	+28	0.811261+28=	0.811289	+0.2	54°13′09.7″
β_3	36°08′38.2″	0.589816	−39	0.589816−39=	0.589777	−0.2	36°08′38.0″
γ_3	89°38′12.3″						89°38′12.3″
α_4	37°49′10.2″	0.613176	+38	0.613176+38=	0.613214	+0.2	37°49′10.4″
β_4	51°49′08.5″	0.786062	−30	0.786062−30=	0.786032	−0.2	51°49′08.3″
γ_4	90°21′41.3″						90°21′41.3″

(4) 변장 및 방위각 계산

① 변장 계산

방향	변장 계산
서1 → 서2	$\sqrt{(\Delta x)^2+(\Delta y)^2}=\sqrt{(-358.96)^2+(3130.95)^2}=3151.46\text{m}$
서1 → 보3	$=\dfrac{\sin\alpha_1}{\sin\gamma_1}\times\overline{\text{서1서2}}=\dfrac{\sin 50°37'56.0''}{\sin 89°38'20.3''}\times 3151.46=2436.41\text{m}$
서2 → 보3	$=\dfrac{\sin\beta_1}{\sin\gamma_1}\times\overline{\text{서1서2}}=\dfrac{\sin 39°43'43.7''}{\sin 89°38'20.3''}\times 3151.46=2014.31\text{m}$
보3 → 보1	$=\dfrac{\sin\alpha_2}{\sin\beta_2}\times\overline{\text{서1보3}}=\dfrac{\sin 37°28'50.8''}{\sin 52°09'23.2''}\times 2436.41=1877.38\text{m}$
서1 → 보1	$=\dfrac{\sin\gamma_2}{\sin\beta_2}\times\overline{\text{서1보3}}=\dfrac{\sin 90°21'46.0''}{\sin 52°09'23.2''}\times 2436.41=3085.22\text{m}$
보1 → 보2	$=\dfrac{\sin\gamma_3}{\sin\beta_3}\times\overline{\text{보1보3}}=\dfrac{\sin 89°38'12.3''}{\sin 36°08'38.0''}\times 1877.38=3182.93\text{m}$
보3 → 보2	$=\dfrac{\sin\alpha_3}{\sin\beta_3}\times\overline{\text{보1보3}}=\dfrac{\sin 54°13'09.7''}{\sin 36°08'38.0''}\times 1877.38=2582.24\text{m}$
보2 → 서2	$=\dfrac{\sin\gamma_4}{\sin\beta_4}\times\overline{\text{보2보3}}=\dfrac{\sin 90°21'41.3''}{\sin 51°49'08.3''}\times 2582.24=3284.97\text{m}$
보3 → 서2	$=\dfrac{\sin\alpha_4}{\sin\beta_4}\times\overline{\text{보2보3}}=\dfrac{\sin 37°49'10.4''}{\sin 51°49'08.3''}\times 2582.24=2014.31\text{m}$

② 방위각 계산

방위각 계산			방위각
서1 → 서2	$\theta = \tan^{-1}(\frac{+3130.95}{-358.96}) = 83°27'34.8''$(Ⅱ상한)		$= 96°32'25.2''$
서1 → 보3	$V_{서1}^{서2} - \beta_1$	$= 96°32'25.2'' - 39°43'43.7''$	$= 56°48'41.5''$
서2 → 보3	$V_{서2}^{서1} + \alpha_1$	$= (96°32'25.2'' + 180°) + 50°37'56.0''$	$= 327°10'21.2''$
보3 → 보1	$V_{보3}^{서1} + \gamma_2$	$= (56°48'41.5'' + 180°) + 90°21'46.0''$	$= 327°10'27.5''$
서1 → 보1	$V_{서1}^{보3} - \alpha_2$	$= 56°48'41.5'' - 37°28'50.8''$	$= 19°19'50.7''$
보1 → 보2	$V_{보1}^{보3} - \alpha_3$	$= (327°10'27.5'' - 180°) - 54°13'09.7''$	$= 92°57'17.8''$
보3 → 보2	$V_{보3}^{보1} + \gamma_3$	$= 327°10'27.5'' + 89°38'12.3'' - 360°$	$= 56°48'39.8''$
보2 → 서2	$V_{보2}^{보3} - \alpha_4$	$= (56°48'39.8'' + 180°) - 37°49'10.4''$	$= 198°59'29.4''$
보3 → 서2	$V_{보3}^{보2} + \gamma_4$	$= 56°48'39.8'' + 90°21'41.3''$	$= 147°10'21.1''$

(5) 종 · 횡선좌표 계산

구분	종선좌표 = 기지점의 X좌표 + △X	횡선좌표 = 기지점의 Y좌표 + △Y
서1 → 보3	424981.83 + 1333.68 = 426315.51	194264.47 + 2038.97 = 196303.44
서2 → 보3	424622.87 + 1692.64 = 426315.51	197395.42 + (−1091.98) = 196303.44
평균	426315.51	196303.44
보3 → 보1	426315.51 + 1577.61 = 427893.12	196303.44 + (−1017.70) = 195285.74
서1 → 보1	424981.83 + 2911.29 = 427893.12	194264.47 + 1021.27 = 195285.74
평균	427893.12	195285.74
보1 → 보2	427893.12 + (−164.08) = 427729.04	195285.74 + 3178.70 = 198464.44
보3 → 보2	426315.51 + 1413.52 = 427729.03	196303.44 + 2161.00 = 198464.44
평균	427729.04	198464.44
보2 → 서2	427729.04 + (−3106.16) = 424622.88	198464.44 + (−1069.02) = 197395.42
보3 → 서2	426315.51 + (−1692.64) = 424622.87	196303.44 + 1091.98 = 197395.42
평균	424622.88	197395.42

유심다각망 조정계산부

삼각형	점명	각명	관측각	각규약 I	각규약 II	조정각	sinα / sinβ	Δα / Δβ	sinα′ / sinβ′	$\alpha-x_1''$ / $\beta+x_1''$	변규약 조정각
1	서2	α_1	50°37′57″.8	−2″.0		50°37′55″.8	0.773090	+31	0.773121	+0″.2	50°37′56″.0
	서1	β_1	39 43 45.9	−2.0		39 43 43.9	0.639155	−37	0.639118	−0.2	39 43 43.7
	보3	γ_1	89 38 22.0	−1.9	+0″.2	89 38 20.3					89 38 20.3
		+)	180 00 05.7			180 00 00.0					
			180 00 00.0								
		−) ε_1	= +5.7								
2	서1	α_2	37°28′49″.8	+0″.8		37°28′50″.6	0.608494	+38	0.608532	+0″.2	37°28′50″.8
	보1	β_2	52 09 22.6	+0.8		52 09 23.4	0.789689	−30	0.789659	−0.2	52 09 23.2
	보3	γ_2	90 21 45.1	+0.7	+0″.2	90 21 46.0					90 21 46.0
		+)	179 59 57.5			180 00 00.0					
			180 00 00.0								
		−) ε_2	= −2.5								
3	보1	α_3	54°13′10″.2	−0″.7		54°13′09″.5	0.811261	+28	0.811289	+0″.2	54°13′09″.7
	보2	β_3	36 08 38.9	−0.7		36 08 38.2	0.589816	−39	0.589777	−0.2	36 08 38.0
	보3	γ_3	89 38 12.9	−0.8	+0″.2	89 38 12.3					89 38 12.3
		+)	180 00 02.0			180 00 00.0					
			180 00 00.0								
		−) ε_3	= +2.0								
4	보2	α_4	37°49′11″.5	−1″.3		37°49′10″.2	0.613176	+38	0.613214	+0″.2	37°49′10″.4
	서2	β_4	51 49 09.8	−1.3		51 49 08.5	0.786062	−30	0.786032	−0.2	51 49 08.3
	보3	γ_4	90 21 42.5	−1.4	+0″.2	90 21 41.3					90 21 41.3
		+)	180 00 03.8			180 00 00.0					
			180 00 00.0								
		−) ε_4	= +3.8								
5		α_5	° ′ ″	″		° ′ ″	.		.	″	° ′ ″
		β_5	.	.		.	.		.	.	.
		γ_5	.	.	″	.					.
		+)	.			.					
			180 00 00.0								
		−) ε_5	= .								
6		α_6	° ′ ″	″		° ′ ″	.		.	″	° ′ ″
		β_6	.	.		.	.		.	.	.
		γ_6	.	.	″	.					.
		+)	.			.					
			180 00 00.0								
		) ε_6	= .								
Σγ			360°00′02″.5	제1기선 l_1	m.						
360° 또는 기지내각			360 00 00.0	제2기선 l_2	.						
−) e			= +2.5								

	II sinα · l_1		II sinα′ · l_1
	0.234009		0.234055
E_1	II sinβ · l_2	E_2	II sinβ′ · l_2
	0.234011		0.233964

변장 $a\times\frac{\sin\alpha(\gamma)}{\sin\beta}$	방위각	종횡선좌표 X	종횡선좌표 Y	점명
서1 → 서2	서1 → 서2	424981m.83	194264m.47	서1
3151m.46	96°32′25″.2	424622.87	197395.42	서2
서1 → 보3	서1 → 보3			
2436.41	236 48 41 5	426315.51	196303.44	
서2 → 보3	서2 → 보3			보3
2414.31	327 10 21 2	426315.51	196303.44	
	평균	426315.51	196303.44	
보3 → 보1	보3 → 보1			
1877.37	327 10 27 5	427893.12	195285.74	
서1 → 보1	서1 → 보1			보1
3085.22	19 19 50 7	427893.12	195285.74	
	평균	427893.12	195285.74	
보1 → 보2	보1 → 보2			
3182.93	92 57 17 8	427729.04	198464.44	
보3 → 보2	보3 → 보2			보3
2582.24	56 48 39 8	427729.04	198464.44	
	평균	427729.04	198464.44	
보2 → 서2	보2 → 서2			
3284.97	198 59 29 4	424622.88	197395.42	
보3 → 서2	보3 → 서2			서2
2014.31	147 10 21 1	424622.87	197395.42	
	평균	424622.88	197395.42	
→	→			
.	.	.	.	
→	→			
.	.	.	.	
	평균	.	.	
→	→			
.	.	.	.	
→	→			
.	.	.	.	
	평균	.	.	
점 → 점	점 → 점			
.	.	.	.	

$\Sigma\varepsilon = 5.7+(-2.5)+2.0+3.8 = +9.0''$

$(\text{II}) = \frac{\Sigma\varepsilon - 3e}{2n} = \frac{9.0-(3\times 2.5)}{2\times 4} = +0.2''$

$(\text{I}) = \frac{-\varepsilon-(\text{II})}{3} =$ ① $-2.0''$ ② $+0.8''$ ③ $-0.7''$ ④ $-1.3''$

n : 삼각형 수

$E_1 = \frac{\text{II}\sin\alpha\cdot l_1}{\text{II}\sin\beta\cdot l_2} - 1 = -9$

$E_2 = \frac{\text{II}\sin\alpha'\cdot l_1}{\text{II}\sin\beta'\cdot l_2} - 1 = +389$

$|E_1 - E_2| = 398$

$\Delta\alpha,\ \Delta\beta = 10''$차임

$x_1'' = \frac{10''\times E_1}{|E_1-E_2|} = -0.2''$

$x_2'' = \frac{10''\times E_2}{|E_1-E_2|} = +9.8''$

검산 : $x_1''+x_2'' = 10''$

약도

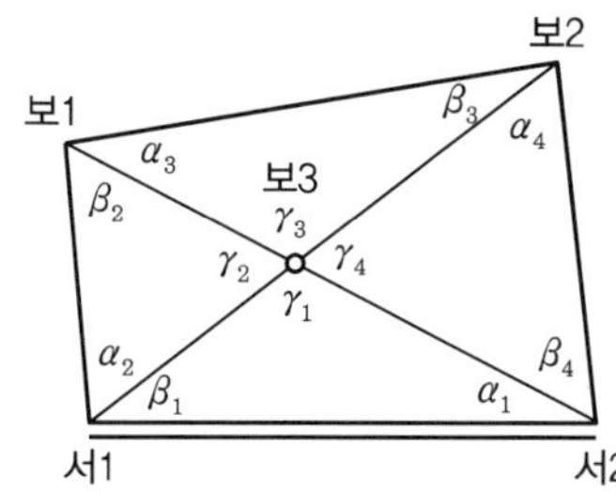

02 지적도근점측량을 H형의 교점다각망으로 구성하여 관측한 교점의 계산결과에 의하여 작성한 상관방정식이 다음과 같을 때 방위각에 대한 표준방정식을 계산하고 다음 서식을 완성하시오.

(1) 상관방정식

순서	ΣN	Ⅰ	Ⅱ	Ⅲ
(1)	8	+1		
(2)	10	−1	+1	
(3)	9		−1	
(4)	15		−1	+1
(5)	7			−1

(2) 표준방정식(방위각)

Ⅰ	Ⅱ	Ⅲ	W_a	Σ
			−23	
			+66	
			−34	

해설 및 정답

주어진 상관방정식에서 Ⅰ=a, Ⅱ=b, Ⅲ=c 라 한다.

(1식) $[Paa]K_1+[Pab]K_2+[Pac]K_3+w_1=0$

(2식) $[Pbb]K_2+[Pbc]K_3+w_2=0$

(3식) $[Pcc]K_3+w_3=0$

(1) 표준방정식(방위각) 계산

① (1식)에서

$[Paa]=(8\times1\times1)+(10\times-1\times-1)=+18$

$[Pab]=(10\times-1\times1)=-10$

$[Pac]=0$

② (2식)에서

$[Pbb]=(10\times1\times1)+(9\times-1\times-1)+(15\times-1\times-1)=+34$

$[Pbc]=(15\times-1\times1)=-15$

③ (3식)에서

$[Pcc]=(15\times1\times1)+(7\times-1\times-1)=+22$

④ Σ 계산

Ⅰ : $+18+(-10)+0+(-23)=-15$

Ⅱ : $(-10)+34+(-15)+66=+75$

Ⅲ : $0+(-15)+22+(-34)=-27$

(2) 표준방정식(방위각) 서식 완성

I	II	III	W_a	Σ	
+18	−10	0	−23	−15	+18+(−10)+0+(−23)=−15
	+34	−15	+66	+75	(−10)+34+(−15)+66=+75
		+22	−34	−27	0+(−15)+22+(−34)=−27

03 다음 조건에 의하여 면적을 지정하여 분할하려고 한다. 점 P, Q의 좌표를 구하시오.(단, 거리는 0.1mm 단위, 각은 0.1″ 단위까지 계산하시오.)

(1) 조건

AD ≠ BC, $\phi=85°30'$, F=900m²

(2) 좌표

구분	A점	B점	C점	D점
종선좌표	5057.58	5027.01	5024.96	5049.00
횡선좌표	4560.92	4560.64	4634.42	4635.12

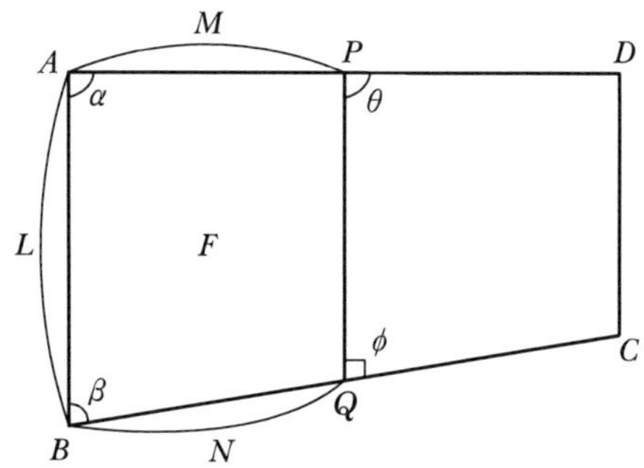

해설 및 정답

(1) 방위각 및 거리계산

① V_A^B 계산

$\Delta x = X_B - X_A = 5027.01 - 5057.58 = -30.57$

$\Delta y = Y_B - Y_A = 4560.64 - 4560.92 = -0.28$

$$\theta = \tan^{-1}\left(\frac{\Delta Y}{\Delta X}\right) = \tan^{-1}\left(\frac{-0.28}{-30.57}\right) = 0°31'29.2''(\text{Ⅲ 상한})$$

$V_A^B = (180° + \theta) = 180° + 0°31'29.2'' = 180°31'29.2''$

② $\overline{AB} = (L)$ 계산

$\overline{AB} = (L) = \sqrt{(\Delta x)^2 + (\Delta y)^2} = \sqrt{(-30.57)^2 + (-0.28)^2} = 30.5713\text{m}$

③ V_A^D 계산

$\Delta x = X_D - X_A = 5049.00 - 5057.58 = -8.58$

$\Delta y = Y_D - Y_A = 4635.12 - 4560.92 = +74.20$

$$\theta = \tan^{-1}\left(\frac{\Delta Y}{\Delta X}\right) = \tan^{-1}\left(\frac{+74.20}{-8.58}\right) = 83°24'14.4''(\text{Ⅱ 상한})$$

$V_A^D = (180° - \theta) = 180° - 83°24'14.4'' = 96°35'45.6''$

④ V_B^C 계산

$\Delta x = X_C - X_B = 5024.96 - 5027.01 = -2.05$

$\Delta y = Y_C - Y_B = 4634.42 - 4560.64 = +73.78$

$\theta = \tan^{-1}\left(\dfrac{\Delta Y}{\Delta X}\right) = \tan^{-1}\left(\dfrac{+73.78}{-2.05}\right) = 88°24'30.3''$(Ⅱ 상한)

$V_B^C = (180° - \theta) = 180° - 88°24'30.3'' = 91°35'29.7''$

⑤ V_B^A 계산

$V_B^A = V_A^B \pm 180° = 180°31'29.2'' - 180° = 0°31'29.2''$

(2) 내각 계산

$\alpha = V_A^B - V_A^D = 180°31'29.2'' - 96°35'45.6'' = 83°55'43.6''$

$\beta = V_B^C - V_B^A = 91°35'29.7'' - 0°31'29.2'' = 91°04'00.5''$

(3) M, N, x 계산

$$M = \frac{(L \cdot \sin\beta) - x}{\sin(\alpha+\beta)},\quad N = \frac{(L \cdot \sin\alpha) + (x \cdot \cos(\alpha+\beta))}{\sin(\alpha+\beta)},$$

$$x = \sqrt{\left(2F - \frac{L^2}{\cot\alpha + \cot\beta}\right) \cdot \tan(\alpha+\beta)}$$

① x 계산

$$x = \sqrt{\left(2F - \frac{L^2}{\cot\alpha + \cot\beta}\right) \cdot \tan(\alpha+\beta)}$$

$$= \sqrt{\left(2 \times 900 - \frac{30.5713^2}{\cot 83°55'43.6'' + \cot 91°04'00.5''}\right) \times \tan(83°55'43.6'' + 91°04'00.5'')}$$

$$= \sqrt{\left(1{,}800 - \frac{934.6044}{\dfrac{1}{\tan 83°55'43.6''} + \dfrac{1}{\tan 91°04'00.5''}}\right) \times \tan(174°59'44.1'')}$$

$= 27.8413\text{m}$

② N계산

$$N = \frac{(L \cdot \sin\alpha) + (x \cdot \cos(\alpha+\beta))}{\sin(\alpha+\beta)}$$

$$= \frac{(30.5713 \times \sin 83°55'43.6'') + (27.8413 \times \cos(83°55'43.6'' + 91°04'00.5''))}{\sin(83°55'43.6'' + 91°04'00.5'')}$$

$= 30.5467\text{m}$

③ M계산

$$M = \frac{(L \cdot \sin\beta) - x}{\sin(\alpha+\beta)}$$

$$= \frac{(30.5713 \times \sin 91°04'00.5'') - 27.8413}{\sin(83°55'43.6'' + 91°04'00.5'')}$$

$= 31.2349\text{m}$

(4) P, Q 좌표 계산

① P점 좌표 계산

$X_P = X_A + (M \times \cos\ V_A^D) = 5057.58 + (31.2349 \times \cos 96°35'45.6'') = 5053.99\text{m}$

$Y_P = Y_A + (M \times \sin\ V_A^D) = 4560.92 + (31.2349 \times \sin 96°35'45.6'') = 4591.95\text{m}$

② Q점 좌표 계산

$X_Q = X_B + (N \times \cos\ V_B^C) = 5027.01 + (30.5467 \times \cos 91°35'29.7'') = 5026.16\text{m}$

$Y_Q = Y_B + (N \times \sin\ V_B^C) = 4560.64 + (30.5467 \times \sin 91°35'29.7'') = 4591.17\text{m}$

04 다음 그림에서 O, C, D점은 중심점들이다. 주어진 조건에서 S의 길이와, 가구점(E)의 좌표를 구하시오.(단, 거리는 cm 단위, 거리(S)는 소수 4자리, 각은 초 단위까지 계산하시오.)

(1) O점의 좌표

X=456771.34m

Y=192965.15m

(2) 방위각

$V_O^C = 45°07'37''$, $V_O^D = 112°52'17''$

(3) 도로폭

$L_1 = 30.00\text{m}$, $L_2 = 20.00\text{m}$

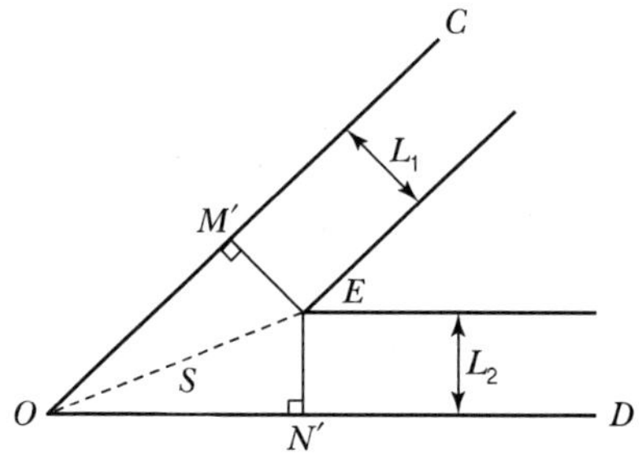

해설 및 정답

(1) ∠COD(=θ) 계산

$\theta = V_O^D - V_O^C = 112°52'17'' - 45°07'37'' = 67°44'40''$

(2) $\overline{MM'}$의 길이

$\tan\theta = \dfrac{L_1}{\overline{MM'}}$ $\overline{MM'} = \dfrac{30.00}{\tan 67°44'40''} = 12.2767\text{m}$

(3) $\overline{OM}$=(NE)의 길이

$\sin\theta = \dfrac{\overline{EN'}(=L_2)}{\overline{NE}}$, $NE = \dfrac{20.00}{\sin 67°44'40''} = 21.6099\text{m}$

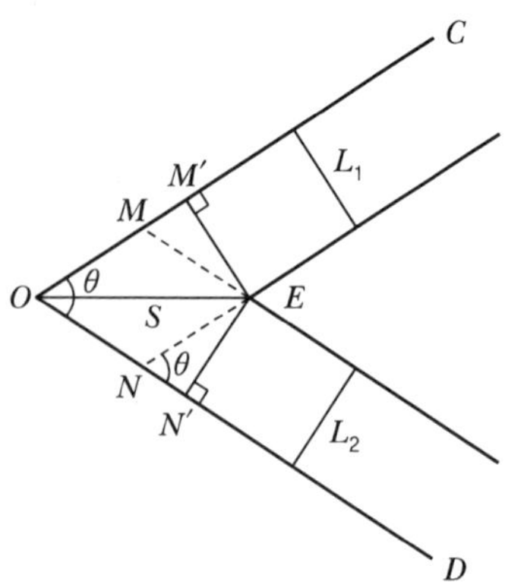

(4) S의 길이

$$S = \sqrt{(\overline{OM} + \overline{MM'})^2 + (L_1)^2} = \sqrt{(21.6099 + 12.2767)^2 + 30^2} = 45.2582\text{m}$$

(5) V_O^E 계산

$$\sin(\angle EOM') = \frac{L_1}{S}$$

$$\angle EOM' = \sin^{-1}\left(\frac{L_1}{S}\right) = \sin^{-1}\left(\frac{30.00}{45.2582}\right) = 41°31'07''$$

$$V_O^E = V_O^C + \angle EOM' = 45°07'37'' + 41°31'07'' = 86°38'44''$$

(6) E점에 대한 좌표

$$X_E = X_O + (S \times \cos V_O^E) = 456771.34 + (45.2582 \times \cos 86°38'44'') = 456773.99\text{m}$$

$$Y_E = Y_O + (S \times \sin V_O^E) = 192965.15 + (45.2582 \times \sin 86°38'44'') = 193010.33\text{m}$$

05 다음 그림과 같이 A점, B점, C점, D점을 측량하기 위해 T점에 기계를 세우고 P점과 Q점에 보조점을 설치하고자 한다. 다음 주어진 조건을 이용하여 P점과 Q점의 좌표를 구하시오.

• 좌표

구분	A점	B점	C점	D점	T점
X	2266.58	2313.01	1276.96	1244.37	1091.22
Y	8573.92	10011.64	10233.42	8300.65	8907.37

• 방위각

$V_T^P = 45°07'37''$, $V_T^Q = 63°15'23''$

• 거리

$\overline{TP} = 10.00\text{m}$, $\overline{TQ} = 6.00\text{m}$

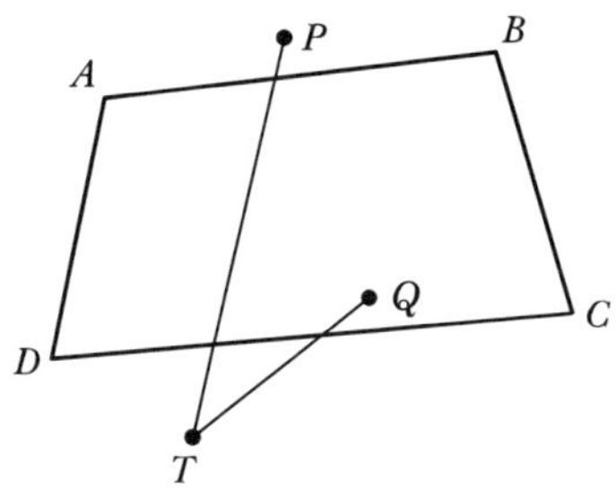

(1) P점의 좌표

(2) Q점의 좌표

해설 및 정답

(1) P점 좌표 계산

$X_P = X_T + (\overline{TP} \times \cos\alpha) = 1091.22 + (10.00 \times \cos 45°07'37'') = 1098.28\text{m}$

$Y_P = Y_T + (\overline{TP} \times \sin\alpha) = 8907.37 + (10.00 \times \sin 45°07'37'') = 8914.46\text{m}$

(2) Q점 좌표 계산

$X_Q = X_T + (\overline{TQ} \times \cos\beta) = 1091.22 + (6.00 \times \cos 63°15'23'') = 1093.92\text{m}$

$Y_Q = Y_T + (\overline{TQ} \times \sin\beta) = 8907.37 + (6.00 \times \sin 63°15'23'') = 8912.73\text{m}$

2024년 제3회 기출복원문제

• NOTICE • 실기시험 기출복원문제는 수험생의 기억을 바탕으로 실전 대비 목적으로 작성된 것임을 알려드립니다.

01 지적삼각점측량을 실시한 결과 다음과 같은 측량성과를 취득하였다. 삽입망 조정계산 서식을 완성하여 소구점 보1, 보2의 좌표를 계산하시오.(단, 거리는 cm 단위, 각은 0.1″ 단위까지 계산하시오.)

(1) 기지점

점명	종선좌표	횡선좌표
경1	426001.94	173715.92
경2	425758.99	173461.66
경3	425334.03	173402.42

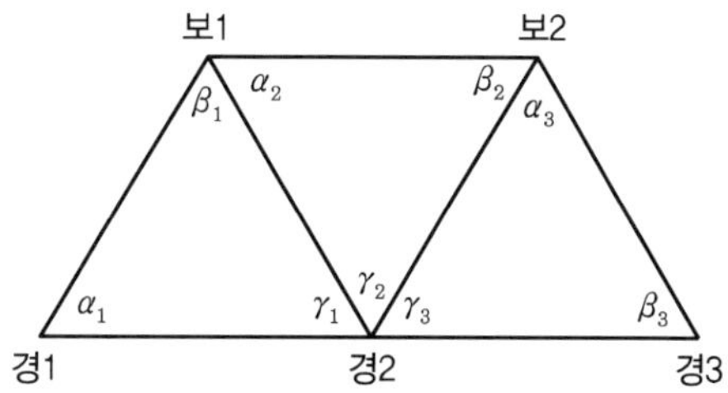

(2) 관측각

각명	관측각	각명	관측각	각명	관측각
α_1	60°17′54.0″	α_2	75°21′25.5″	α_3	74°08′11.7″
β_1	54°56′42.1″	β_2	77°41′27.6″	β_3	55°56′18.0″
γ_1	64°45′25.3″	γ_2	26°57′02.2″	γ_3	49°55′37.7″

삽 입 망 조 정 계 산 부

삼각형	점명	각명	관측각	각규약 I	각규약 II	조정각	sinα / sinβ	Δα / Δβ	sinα′ / sinβ′	$\alpha-x_1''$ / $\beta+x_1''$	변규약 조정각	변장 $a\times\frac{\sin\alpha(\gamma)}{\sin\beta}$ 점→ 점	방위각 점→ 점	종횡선좌표 X	종횡선좌표 Y	점명
			° ′ ″	″	″	° ′ ″				″	° ′ ″	m	° ′ ″	m	m	
1		α_1										→	→			
		β_1														
		γ_1								γ_1		→	→			
		+)														
			1 8 0 00 00 .0										평균			
		−) ε_1 =														
2		α_2										→	→			
		β_2														
		γ_2								γ_2		→	→			
		+)														
			1 8 0 00 00 .0										평균			
		−) ε_2 =														
3		α_3										→	→			
		β_3														
		γ_3								γ_3		→	→			
		+)														
			1 8 0 00 00 .0										평균			
		−) ε_3 =														
4		α_4										→	→			
		β_4														
		γ_4								γ_4		→	→			
		+)														
			1 8 0 00 00 .0										평균			
		−) ε_4 =														
5		α_5										→	→			
		β_5														
		γ_5								γ_5		→	→			
		+)														
			1 8 0 00 00 .0										평균			
		−) ε_5 =														
6		α_6										→	→			
		β_6														
		γ_6								γ_6		→	→			
		+)														
			1 8 0 00 00 .0										평균			
		−) ε_6 =														
$\Sigma\gamma$			° ′ ″	제1기선 l_1		m	$\Pi\sin\alpha\cdot l_1$		$\Pi\sin\alpha'\cdot l_1$			점→ 점	점→ 점			
360° 또는 기지내각				제2기선 l_2												
−) e =							E_1 $\Pi\sin\beta\cdot l_2$		E_2 $\Pi\sin\beta'\cdot l_2$			약도				

$\Sigma\varepsilon=$

$(\mathrm{II})=\dfrac{\Sigma\varepsilon-3e}{2n}=$

$(\mathrm{I})=\dfrac{-\varepsilon-(\mathrm{II})}{3}=$

n : 삼각형 수

$E_1=\dfrac{\Pi\sin\alpha\cdot l_1}{\Pi\sin\beta\cdot l_2}-1=$

$E_2=\dfrac{\Pi\sin\alpha'\cdot l_1}{\Pi\sin\beta'\cdot l_2}-1=$

$|E_1-E_2|=$

$\Delta\alpha,\ \Delta\beta=10''$차임

$x_1''=\dfrac{10''\times E_1}{|E_1-E_2|}=$

$x_2''=\dfrac{10''\times E_2}{|E_1-E_2|}=$

검산 : $x_1''+x_2''=10''$

해설 및 정답

(1) 기지점 간 거리 및 방위각 계산

구분	경2 → 경1	경2 → 경3
△X, △Y	△X=426001.94−425758.99=+242.95 △Y=173715.92−173461.66=+254.26	△X=425334.03−425758.99=−424.96 △Y=173402.42−173461.66=−59.24
거리	$\sqrt{(+242.95)^2+(+254.26)^2}$ =351.67m	$\sqrt{(-424.96)^2+(-59.24)^2}$ =429.07m
방위	$\tan^{-1}\left(\frac{+254.26}{+242.95}\right)$=46°18′11.1″(I 상한)	$\tan^{-1}\left(\frac{-59.24}{-424.96}\right)$=7°56′09.5″(Ⅲ상한)
방위각	V=(θ)=46°18′11.1″	V=(180°+θ) =180°+7°56′09.5″=187°56′09.5″

(2) 각규약 조정

1) 삼각규약 오차 계산

삼각규약 조건	$(\alpha+\beta+\gamma)=180°$	
오차	$\varepsilon=(\alpha+\beta+\gamma)-180°$	
오차계산	**삼각형 번호** / **관측각의 합**	**$\varepsilon=(\alpha+\beta+\gamma)-180°$**
	① / 180°00′01.4″	+1.4″
	② / 179°59′55.3″	−4.7″
	③ / 180°00′07.4″	+7.4″
	오차의 합	$\Sigma\varepsilon=\varepsilon_1+\varepsilon_2+\varepsilon_3$=1.4+(−4.7)+7.4=+4.1″

2) 망규약 오차 계산

망규약 조건	$\Sigma\gamma$= 기지내각
오차	$e=\Sigma\gamma$ − 기지내각
오차 계산	$\Sigma\gamma$=64°45′25.3″+26°57′02.2″+49°55′37.7″=141°38′05.2″ 기지내각= $V_{경2}^{경3}-V_{경2}^{경1}$ =187°56′09.5″−46°18′11.1″=141°37′58.4″ $e=\Sigma\gamma$ − 기지내각=141°38′05.2″−141°37′58.4″=+6.8″

3) 오차 조정

오차 조정은 망규약에 의한 오차(Ⅱ) 조정 이후, 삼각규약에 의한 오차(I)를 조정한다.

① 망규약에 의한 오차 조정

$$(\text{II})=\frac{\Sigma\varepsilon-3e}{2n}=\frac{4.1-(3\times6.8)}{2\times3}=-2.7''$$

② 삼각규약에 의한 오차 조정

$$(\text{I})=\frac{-\varepsilon-(\text{II})}{3}$$

①번 삼각형 : $\frac{-(+1.4)-(-2.7)}{3}=+0.4''$

②번 삼각형 : $\frac{-(-4.7)-(-2.7)}{3}=+2.5''$

③번 삼각형 : $\frac{-(+7.4)-(-2.7)}{3}=-1.6''$

4) 각규약 조정각

각명	관측각	각규약		
		I	II	조정각
α_1	60°17′54.0″	+0.4		60°17′54.4″
β_1	54°56′42.1″	+0.4		54°56′42.5″
γ_1	64°45′25.3″	+0.4 → +0.5	−2.7	64°45′23.1″
α_2	75°21′25.5″	+2.5		75°21′28.0″
β_2	77°41′27.6″	+2.5 → +2.4		77°41′30.0″
γ_2	26°57′02.2″	+2.5	−2.7	26°57′02.0″
α_3	74°08′11.7″	−1.6 → −1.5		74°08′10.2″
β_3	55°56′18.0″	−1.6		55°56′16.4″
γ_3	49°55′37.7″	−1.6	−2.7	49°55′33.4″

보충 + 설명

각 규약(삼각규약 및 망규약)의 합과 각 삼각형의 오차(ε)와 부호는 반대지만 크기가 같아야 한다. 만약, 각 오차와 차이가 발생하면 90°에 가까운 각에 0.1초를 가감한다.

(3) 변규약 조정

변 방정식

$$\frac{\sin\alpha_1 \cdot \sin\alpha_2 \cdot \sin\alpha_3 \cdot \sin\alpha_4 \cdot l_1}{\sin\beta_1 \cdot \sin\beta_2 \cdot \sin\beta_3 \cdot \sin\beta_4 \cdot l_2}=1,\ \frac{\Pi \sin\alpha \cdot l_1}{\Pi \sin\beta \cdot l_2}=1$$

1) E_1 계산

① $\sin\alpha$, $\sin\beta$ 계산

② $E_1=\frac{\Pi \sin\alpha \cdot l_1}{\Pi \sin\beta \cdot l_2}-1$

$$=\left(\frac{0.868618\times0.967523\times0.961914\times351.67}{0.818602\times0.977015\times0.828431\times429.07}\right)-1$$

$$=\frac{284.290070}{284.287998}-1=+0.000007=+7$$

보충 + 설명

E_1 계산 부호가 (+)이면 $\Delta\alpha$ 계산 수치 앞에 (−)부호, $\Delta\beta$ 계산 수치 앞에 (+)부호를 부여하며, E_1 계산 부호가 (−)이면 $\Delta\alpha$ 계산 수치 앞에 (+)부호, $\Delta\beta$ 계산 수치 앞에 (−)부호를 부여한다.

2) $\Delta\alpha$, $\Delta\beta$ 계산

$\Delta\alpha=48.4814\times\cos\alpha$, $\Delta\beta=48.4814\times\cos\beta$

3) E_2 계산

① $\sin\alpha'$, $\sin\beta'$ 계산

② $E_2 = \dfrac{\Pi \sin\alpha' \cdot l_1}{\Pi \sin\beta' \cdot l_2} - 1$

$= \left(\dfrac{0.868594 \times 0.967511 \times 0.961901 \times 351.67}{0.818630 \times 0.977025 \times 0.828458 \times 429.07} \right) - 1 = \dfrac{284.274847}{284.309898} - 1 = -0.000123$

$= -123$

③ $|E_1 - E_2| = |7 - (-123)| = 130$

4) 경정수(x_1'', x_2'') 계산

$x_1'' = \dfrac{10'' \times E_1}{|E_1 - E_2|} = \dfrac{10'' \times (+7)}{130} = +0.5''$

$x_2'' = \dfrac{10'' \times E_2}{|E_1 - E_2|} = \dfrac{10'' \times (-123)}{130} = -9.5''$

검산 : $x_1'' + x_2'' = 10''$

보충 + 설명

x_1'' 의 부호가 (+) 이면 각각의 α각에 ($-x_1''$), 각각의 β각에 ($+x_1''$)를 배부하고,
x_1'' 의 부호가 (−) 이면 각각의 α각에 ($+x_1''$), 각각의 β각에 ($-x_1''$)를 배부한다.

5) 변규약 조정각

α각의 변규약 조정각＝각규약 조정각＋($\alpha - x_1''$)

β각의 변규약 조정각＝각규약 조정각＋($\beta + x_1''$)

각명	각규약 조정각	$\sin\alpha$ $\sin\beta$	$\Delta\alpha$ $\Delta\beta$	$\sin\alpha'$계산 $\sin\beta'$계산	$\sin\alpha'$ $\sin\beta'$	$\alpha - x_1''$ $\beta + x_1''$	변규약 조정각
α_1	60°17′54.4″	0.868618	−24	0.868618−24＝	0.868594	−0.5	60°17′53.9″
β_1	54°56′42.5″	0.818602	+28	0.818602+28＝	0.818630	+0.5	54°56′43.0″
γ_1	64°45′23.1″						64°45′23.1″
α_2	75°21′28.0″	0.967523	−12	0.967523−12＝	0.967511	−0.5	75°21′27.5″
β_2	77°41′30.0″	0.977015	+10	0.977015+10＝	0.977025	+0.5	77°41′30.5″
γ_2	26°57′02.0″						26°57′02.0″
α_3	74°08′10.2″	0.961914	−13	0.961914−13＝	0.961901	−0.5	74°08′09.7″
β_3	55°56′16.4″	0.828431	+27	0.828431+27＝	0.828458	+0.5	55°56′16.9″
γ_3	49°55′33.4″						49°55′33.4″

(4) 변장 및 방위각 계산

① 변장 계산

방향	변장계산		
경1 → 경2	$\sqrt{(\Delta x)^2+(\Delta y)^2}=\sqrt{(-242.95)^2+(-254.26)^2}$		=351.67m
경1 → 보1	$\frac{\sin\gamma_1}{\sin\beta_1}\times(\overline{경1-경2})$	$=\frac{\sin 64°45'23.1''}{\sin 54°56'43.0''}\times 351.67$	=388.57m
경2 → 보1	$\frac{\sin\alpha_1}{\sin\beta_1}\times(\overline{경1-경2})$	$=\frac{\sin 60°17'53.9''}{\sin 54°56'43.0''}\times 351.67$	=373.16m
보1 → 보2	$\frac{\sin\gamma_2}{\sin\beta_2}\times(\overline{보1-경2})$	$=\frac{\sin 26°57'02.0''}{\sin 77°41'30.5''}\times 373.16$	=173.10m
경2 → 보2	$\frac{\sin\alpha_2}{\sin\beta_2}\times(\overline{보1-경2})$	$=\frac{\sin 75°21'27.5''}{\sin 77°41'30.5''}\times 373.16$	=369.53m
보2 → 경3	$\frac{\sin\gamma_3}{\sin\beta_3}\times(\overline{경2-보2})$	$=\frac{\sin 49°55'33.4''}{\sin 55°56'16.9''}\times 369.53$	=341.33m
경2 → 경3	$\frac{\sin\alpha_3}{\sin\beta_3}\times(\overline{경2-보2})$	$=\frac{\sin 74°08'09.7''}{\sin 55°56'16.9''}\times 369.53$	=429.07m

② 방위각 계산

방향	방위각 계산		방위각
경1 → 경2	$\theta=\tan^{-1}\left(\frac{-254.26}{-242.95}\right)$=46°18′11.1″(Ⅲ상한)		=226°18′11.1″
경1 → 보1	$V_{경1}^{경2}-\alpha_1$	=226°18′11.1″−60°17′53.9″	=166°00′17.2″
경2 → 보1	$V_{경2}^{경1}+\gamma_1$	=(226°18′11.1″−180°)+64°45′23.1″	=111°03′34.2″
보1 → 보2	$V_{보1}^{경2}-\alpha_2$	=(111°03′34.2″+180°)−75°21′27.5″	=215°42′06.7″
경2 → 보2	$V_{경2}^{보1}+\gamma_2$	=111°03′34.2″+26°57′02.0″	=138°00′36.2″
보2 → 경3	$V_{보2}^{경2}-\alpha_3$	=(138°00′36.2″+180°)−74°08′09.7″	=243°52′26.5″
경2 → 경3	$V_{경2}^{보2}+\gamma_3$	=138°00′36.2″+49°55′33.4″	=187°56′09.6″

(5) 종 · 횡선 좌표 계산

방향	종선좌표 = 기지점의 X좌표 + ΔX		횡선좌표 = 기지점의 Y좌표 + ΔY	
경1 → 보1	426001.94+(−377.04)=	425624.90	173715.92+93.97=	173809.89
경2 → 보1	425758.99+(−134.09)=	425624.90	173461.66+348.24=	173809.90
평균		425624.90		173809.90
보1 → 보2	425624.90+(−140.57)=	425484.33	173809.90+(−101.02)=	173708.88
경2 → 보2	425758.99+(−274.66)=	425484.33	173461.66+247.22=	173708.88
평균		425484.33		173708.88
보2 → 경3	425484.33+(−150.30)=	425334.03	173708.88+(−306.46)=	173402.42
경2 → 경3	425758.99+(−424.96)=	425334.03	173461.66+(−59.24)=	173402.42
평균		425334.03		173402.42

2024년 제2회 기출복원문제

• NOTICE • 실기시험 기출복원문제는 수험생의 기억을 바탕으로 실전 대비 목적으로 작성된 것임을 알려드립니다.

01 지적삼각보조점측량을 교회망으로 구성하고 그림과 같이 교회망의 기지점 좌표와 관측내각이 아래와 같을 경우 소구점 P(보3)의 좌표를 주어진 서식을 완성하시오.(단, 각은 초 단위까지, 거리와 좌표는 소수 2자리까지 계산하시오.)

기지점좌표			소구방위각	
점명	종선좌표	횡선좌표		
전1(A)	353960.99m	193583.63m	V_a	11°11′11″
전2(B)	355243.28m	192436.43m	V_b	46°29′30″
전3(C)	355243.28m	194583.91m	V_c	345°30′39″

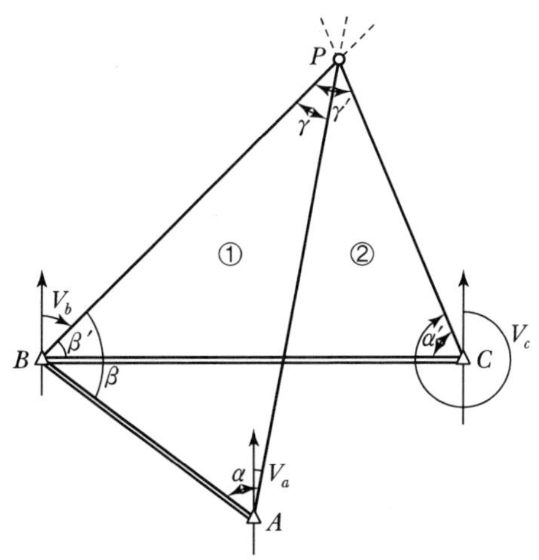

교 회 점 계 산 부

약도

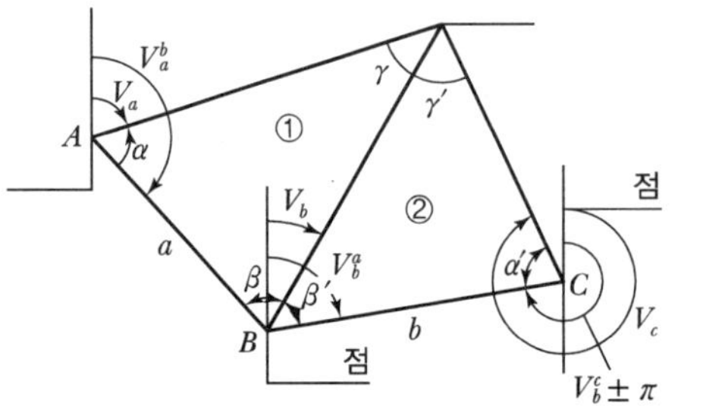

공식

1. 방위(θ) 계산 $\tan\theta = \frac{\Delta y}{\Delta x}$
2. 방위각(V) 계산
   Ⅰ상한 : θ　　Ⅱ상한 : 180° − θ
   Ⅲ상한 : θ + 180°　　Ⅳ상한 : 360° − θ
3. 거리(a 또는 b) 계산 $\sqrt{\Delta x^2 + \Delta y^2}$
4. 삼각형 내각 계산
   $\alpha = V_a^b - V_a$　　$\alpha' = V_c - V_b^c \pm \pi$
   $\beta = V_b - V_a^b \pm \pi$　　$\beta' = V_b^c - V_b$
   $\gamma = V_a - V_b$　　$\gamma' = V_b - V_c$

V_a	V_b	V_c
° ′ ″	° ′ ″	° ′ ″

점명		X	Y	방향	ΔX	ΔY
A		m .	m .	A→B	.	.
B		m .	m .	B→C	.	.
C		m .	m .	A→C	.	.

방 위 각 계 산

방향	→	방향	→
$\theta = \tan^{-1}\frac{\Delta y}{\Delta x}$	° ′ ″	$\theta = \tan^{-1}\frac{\Delta y}{\Delta x}$	° ′ ″
V_a^b		V_b^c	

거 리 계 산

$a = \sqrt{\Delta x^2 + \Delta y^2}$	m .	$b = \sqrt{\Delta x^2 + \Delta y^2}$	m .

삼 각 형 내 각 계 산

각		내각	각		내각
①	α	° ′ ″	②	α′	° ′ ″
	β			β′	
	γ			γ′	
	합계	180 00 00		합계	180 00 00

소 구 점 종 횡 선 계 산

①	X_A	.	①	Y_A	.
	$\Delta X_1 = \frac{a \cdot \sin\beta}{\sin\gamma} \cos V_a$	.		$\Delta Y_1 = \frac{a \cdot \sin\beta}{\sin\gamma} \sin V_a$	.
	X_{P1}	.		Y_{P1}	.
②	X_C	.	②	Y_C	.
	$\Delta X_2 = \frac{b \cdot \sin\beta'}{\sin\gamma'} \cos V_c$	.		$\Delta Y_2 = \frac{b \cdot \sin\beta'}{\sin\gamma'} \sin V_c$	.
	X_{P2}	.		Y_{P2}	.
소구점 X		.	소구점 Y		.

종선교차= m	횡선교차= m	연결교차= m	공차= m

계 산 자 :	검 사 자 :

삽입망 조정계산부

삼각형	점명	각명	관측각	각규약 I	각규약 II	조정각	$\sin\alpha$ / $\sin\beta$	$\Delta\alpha$ / $\Delta\beta$	$\sin\alpha'$ / $\sin\beta'$	$\alpha-x_1''$ / $\beta+x_1''$	변규약 조정각
1	경1	α_1	60°17′54″.0	+0″.4		60°17′54″.4	0.868618	−24	0.868594	−0″.5	60°17′53″.9
	보1	β_1	54 56 42.1	+0.4		54 56 42.5	0.818602	+28	0.818630	+0.5	54 56 43.0
	경2	γ_1	64 45 25.3	+0.5	−2″.7	64 45 23.1				γ_1	64 45 23.1
		+)	180 00 01.4			180 00 00.0					
			180 00 00.0								
		−) ε_1	= +01.4								
2	보1	α_2	75°21′25″.5	+2″.5		75°21′28″.0	0.967523	−12	0.967511	−0″.5	75°21′27″.5
	경3	β_2	77 41 27.6	+2.4		77 41 30.0	0.977015	+10	0.977025	+0.5	77 41 30.5
	경2	γ_2	26 57 02.2	+2.5	−2″.7	26 57 02.0				γ_2	26 57 02.0
		+)	179 59 55.3			180 00 00.0					
			180 00 00.0								
		−) ε_2	= −04.7								
3	보2	α_3	74°08′11″.7	−1″.5		74°08′10″.2	0.961914	−13	0.961901	−0″.5	74°08′09″.7
	경3	β_3	55 56 18.0	−1.6		55 56 16.4	0.828431	+27	0.828458	+0.5	55 56 16.9
	경2	γ_3	49 55 37.7	−1.6	−2″.7	49 55 33.4				γ_3	49 55 33.4
		+)	180 00 07.4			180 00 00.0					
			180 00 00.0								
		−) ε_3	= +07.4								
4		α_4									
		β_4									
		γ_4								γ_4	
		+)									
			180 00 00.0								
		−) ε_4	=								
5		α_5									
		β_5									
		γ_5								γ_4	
		+)									
			180 00 00.0								
		−) ε_5	=								
6		α_6									
		β_6									
		γ_6								γ_6	
		+)									
			180 00 00.0								
		−) ε_6	=								

$\Sigma\gamma$	141°88′05″.2	제1기선 l_1	351ᵐ.67	$\Pi\sin\alpha\cdot l_1$	$\Pi\sin\alpha'\cdot l_1$
360° 또는 기지내각	141 37 58.4	제2기선 l_2	429.07	284.290070	284.274847
−) e	= +6.8			E_1 $\Pi\sin\beta\cdot l_2$	E_2 $\Pi\sin\beta'\cdot l_2$
				284.287998	284.309898

변장 $a\times\frac{\sin\alpha(\gamma)}{\sin\beta}$	방위각	종횡선좌표 X	종횡선좌표 Y	점명
경1 → 경2	경1 → 경2	426001ᵐ.94	173715ᵐ.92	경1
351ᵐ.67	226°18′11″.1	425758.99	173461.66	경2
경1 → 보1 / 388.57	경1 → 보1 / 166 00 17 2	425624.90	173809.89	
경2 → 보1 / 373.16	경2 → 보1 / 111 03 34 2	425624.90	173809.90	보1
	평균	425624.90	173809.90	
보1 → 보2 / 173.10	보1 → 보2 / 215 42 06 7	425484.33	173708.88	
경2 → 보2 / 341.33	경2 → 보2 / 138 00 36 2	425484.33	173708.88	보2
	평균	425484.33	173708.88	
보2 → 보3 / 341.33	보2 → 보3 / 243 52 26.5	425334.03	173402.42	
경2 → 보3 / 429.07	경2 → 보3 / 187 56 09.6	425334.03	173402.42	경3
	평균	425334.03	173402.42	
→	→			
→	→			
	평균			
→	→			
→	→			
	평균			
→	→			
→	→			
	평균			
경2 → 경3 / 429ᵐ.07	경2 → 경3 / 187°56′09″.5	425334.03	173402.42	경3

약도

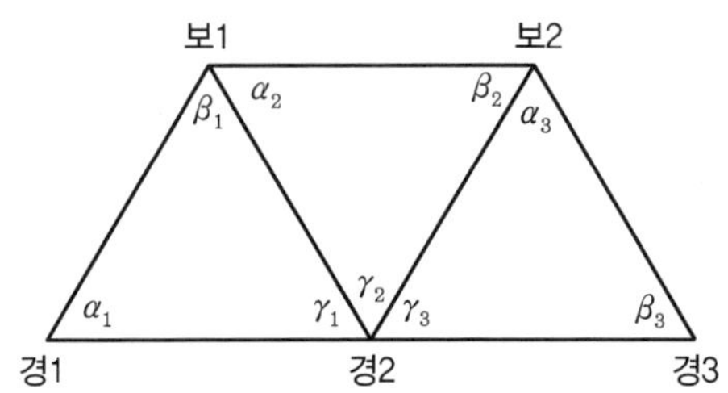

$\Sigma\varepsilon = 1.4 + (-4.7) + 7.4 = +4.1''$

$(\text{II}) = \dfrac{\Sigma\varepsilon - 3e}{2n} = \dfrac{4.1-(3\times 6.8)}{2\times 3} = -2.7''$

$(\text{I}) = \dfrac{-\varepsilon - (\text{II})}{3} =$ ① $+0.4''$ ② $+2.5''$ ③ $-1.6''$

n : 삼각형 수

$E_1 = \dfrac{\Pi\sin\alpha\cdot l_1}{\Pi\sin\beta\cdot l_2} - 1 = +7''$

$E_2 = \dfrac{\Pi\sin\alpha'\cdot l_1}{\Pi\sin\beta'\cdot l_2} - 1 = -123''$

$|E_1 - E_2| = 130$

$\Delta\alpha,\ \Delta\beta = 10''$차임

$x_1'' = \dfrac{10''\times E_1}{|E_1-E_2|} = +0.5''$

$x_2'' = \dfrac{10''\times E_2}{|E_1-E_2|} = -9.5''$

검산 : $x_1'' + x_2'' = 10''$

02 축척 1/500 지역에서 도곽구획 내에 P점(475.000, 710.000)이 있을 때 A점의 좌표와 $\overline{AP}$ 의 길이를 계산하시오.

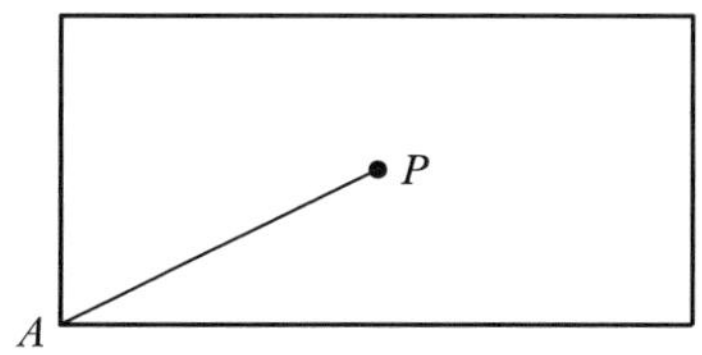

(1) A점의 좌표

(2) $\overline{AP}$ 길이

해설 및 정답

(1) A점 좌표 계산

축척 1/500 지역에서의 도곽선 지상길이(m)=150×200

① 종선·횡선좌표 결정

종선좌표 결정	횡선좌표 결정
도곽선 종선길이로 나눔 475.00÷150=3.17	도곽선 횡선길이로 나눔 710.00÷200=3.55
도곽선 종선길이로 나눈 정수를 곱함 3×150=450m ⇒ 하부좌표 (다)	도곽선 횡선길이로 나눈 정수를 곱함 3×200=600m ⇒ 좌측좌표 (라)
종선의 하부좌표에 종선길이를 더함 450+150=600m ⇒ 상부좌표 (가)	횡선의 우측좌표에 횡선길이를 더함 600+200=800m ⇒ 우측좌표 (나)

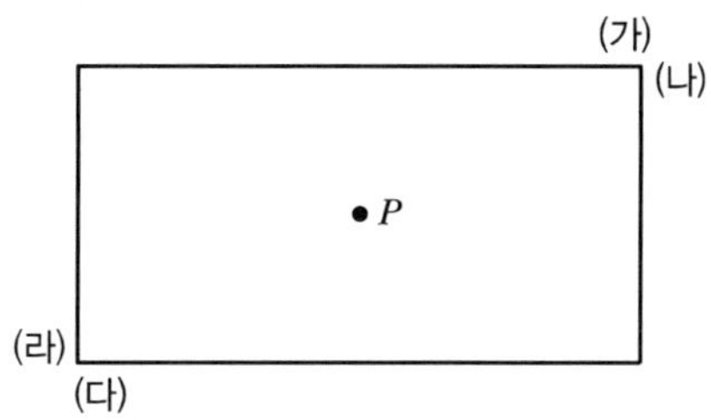

② A점 좌표 결정

A점의 좌표는 도곽선 수치(다, 라)이므로 A점(450.000, 600.000)

(2) $\overline{AP}$ 의 거리

$$\overline{AP} = \sqrt{(X_p - X_A)^2 + (Y_p - Y_A)^2}$$

$$= \sqrt{(475.000 - 450.000)^2 + (710.000 - 600.000)^2}$$

$$= 112.805\text{m}$$

03 지적도근점측량을 X형의 교점다각망으로 구성하여 다음과 같이 교점에서 방향표(Q)에 대한 관측방위각과 교점에 대한 좌표를 산출하였다. 교점의 평균방위각과 평균 종 · 횡선좌표를 계산하시오.[단, 계산은 반올림하여 좌표는 소수 2자리(cm 단위)까지, 각은 초 단위까지 구하시오.]

도선	경중률		관측방위각	계산좌표	
	측점수	거리(km)		X(m)	Y(m)
(1)	12	7.85	217°33′55″	461575.50	213624.17
(2)	8	6.94	217°34′11″	461575.55	213624.23
(3)	10	9.01	217°33′46″	461575.67	213624.31
(4)	15	8.44	217°34′03″	461575.59	213624.14

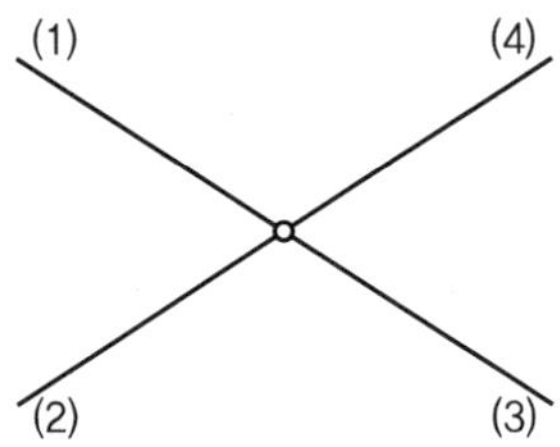

(1) 평균 방위각
- 계산과정

답 : ______________

(2) 평균 종선좌표
- 계산과정

답 : ______________

(3) 평균 횡선좌표
- 계산과정

답 : ______________

해설 및 정답

(1) 평균 방위각 계산

$$방위각 = \frac{\left[\frac{\Sigma\alpha}{\Sigma N}\right]}{\left[\frac{1}{\Sigma N}\right]} = \frac{\left[\frac{55}{12}+\frac{71}{8}+\frac{46}{10}+\frac{63}{15}\right]}{\left[\frac{1}{12}+\frac{1}{8}+\frac{1}{10}+\frac{1}{15}\right]} = 59''$$

평균 방위각 $= 217°33' + 0°0'59'' = 217°33'59''$

(2) 평균 종선좌표

$$종선좌표=\frac{\left[\frac{\sum X}{\sum S}\right]}{\left[\frac{1}{\sum S}\right]}=\frac{\left[\frac{0.50}{7.85}+\frac{0.55}{6.94}+\frac{0.67}{9.01}+\frac{0.59}{8.44}\right]}{\left[\frac{1}{7.85}+\frac{1}{6.94}+\frac{1}{9.01}+\frac{1}{8.44}\right]}=0.57\text{m}$$

평균 종선좌표 = 461575.00 + 0.57 = 461575.57m

(3) 평균 횡선좌표

$$횡선좌표=\frac{\left[\frac{\sum Y}{\sum S}\right]}{\left[\frac{1}{\sum S}\right]}=\frac{\left[\frac{0.17}{7.85}+\frac{0.23}{6.94}+\frac{0.31}{9.01}+\frac{0.14}{8.44}\right]}{\left[\frac{1}{7.85}+\frac{1}{6.94}+\frac{1}{9.01}+\frac{1}{8.44}\right]}=0.21\text{m}$$

평균 횡선좌표 = 213624.00 + 0.21 = 213624.21m

04 다음 그림에서 θ = 84° 45′30″이고 가구변장(우절장) L = 5.00m일 때 전제장(l) 및 전제면적을 구하시오.(단, 거리 및 면적은 소수 3자리까지 계산하시오.)

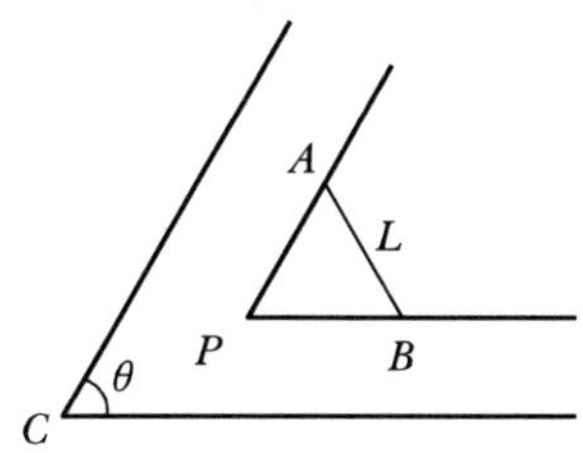

(1) 전제장(l)

(2) 전제면적

해설 및 정답

(1) 전제장

$$l=\frac{L}{2}\times \text{cosec}\frac{\theta}{2}$$

$$l=\frac{5}{2}\times \text{cosec}\frac{84°45'30''}{2}=\frac{2.5}{\sin\left(\frac{84°45'30''}{2}\right)}=3.709\text{m}$$

(2) 전제면적

$$A=\left(\frac{L}{2}\right)^2\times \cot\frac{\theta}{2}$$

$$전제면적(A)=\left(\frac{5}{2}\right)^2\times \cot\frac{84°45'30''}{2}=\frac{6.25}{\tan\left(\frac{84°45'30''}{2}\right)}=6.850\text{m}^2$$

05 A, B, C, D의 경계점좌표가 다음과 같을 때 □ABCD에서 $\overline{AB}$를 4 : 3으로 분할하는 점 P를 지나고 $\overline{AB}$에 수직이 되는 $\overline{PQ}$로 사각형을 분할하고자 한다. P점 및 Q점의 좌표와 □PBCQ의 면적을 계산하시오.(단, 각도는 초 단위까지, 거리는 m 단위로 소수 4자리까지 계산하고 좌표와 면적은 소수 2자리까지 결정하시오.)

(1) P점의 좌표

(2) Q점의 좌표

(3) □PBCQ의 면적

측점	X(m)	Y(m)
A	1081.33	2009.33
B	1107.54	2036.48
C	1086.83	2044.27
D	1061.33	2010.27

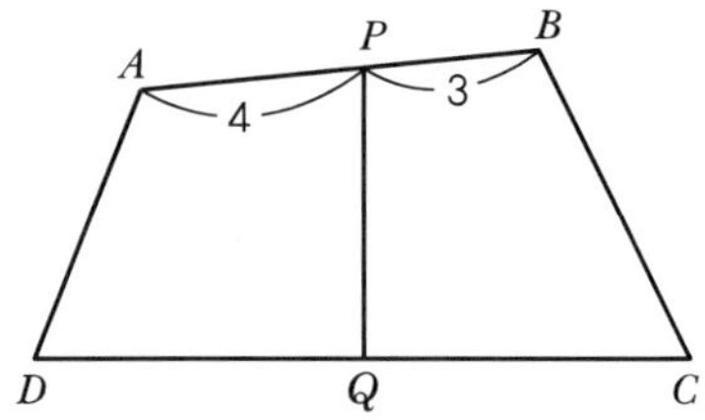

해설 및 정답

(1) P점의 좌표

$$X_P = \frac{mX_B + nX_A}{m+n} \text{ 이므로 } X_P = \frac{(4\times1107.54)+(3\times1081.33)}{4+3} = 1096.31\text{m}$$

$$Y_P = \frac{mY_B + nY_A}{m+n} \text{ 이므로 } Y_P = \frac{(4\times2036.48)+(3\times2009.33)}{4+3} = 2024.84\text{m}$$

(2) Q점의 좌표 계산(교차점 계산)

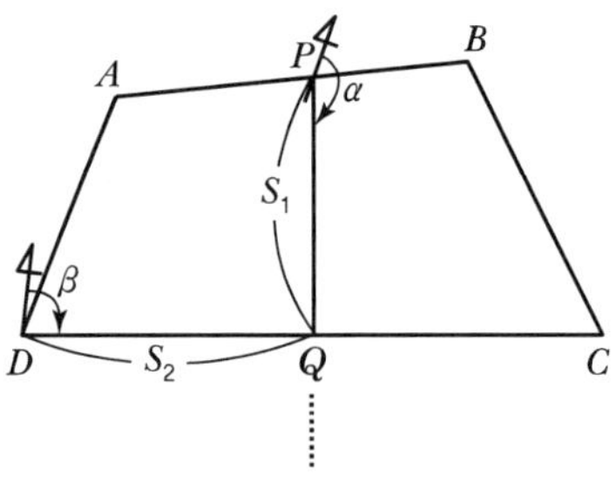

① AB 방위각(V_A^B)

$$\theta = \tan^{-1}\left(\frac{Y_B - Y_A}{X_B - X_A}\right) = \tan^{-1}\left(\frac{2036.48 - 2009.33}{1107.54 - 1081.33}\right) = \tan^{-1}\left(\frac{+27.15}{+26.21}\right) = 46°00'33''(\text{ I 상한})$$

$$V_A^B = \theta = 46°00'33''$$

② V_P^Q $(=\alpha)$ 계산

$$V_P^Q = V_A^B + 90° = 46°00'33'' + 90° = 136°00'33''$$

③ V_D^C $(=\beta)$ 계산

$$\theta = \tan^{-1}\left(\frac{Y_C - Y_D}{X_C - X_D}\right) = \tan^{-1}\left(\frac{2044.27 - 2010.27}{1086.83 - 1061.33}\right) = \tan^{-1}\left(\frac{+34.00}{+25.50}\right) = 53°07'48''(\text{ I 상한})$$

$\therefore\ V_D^C(=\beta) = \theta = 53°07'48''$

④ $\alpha - \beta = 136°00'33'' - 53°07'48'' = 82°52'45''$

⑤ 거리(S_1, S_2) 계산

$\Delta x_P^D = X_D - X_P = 1061.33 - 1096.31 = -34.98$

$\Delta y_P^D = Y_D - Y_P = 2010.27 - 2024.84 = -14.57$

$$S_1 = \frac{\Delta y_P^D \cos\beta - \Delta x_P^D \sin\beta}{\sin(\alpha - \beta)}$$

$$= \frac{(-14.57 \times \cos 53°07'48'') - (-34.98 \times \sin 53°07'48'')}{\sin(82°52'45'')} = 19.3915\text{m}$$

$$S_2 = \frac{\Delta y_P^D \cos\alpha - \Delta x_P^D \sin\alpha}{\sin(\alpha - \beta)}$$

$$= \frac{(-14.57 \times \cos 136°00'33'') - (-34.98 \times \sin 136°00'33'')}{\sin(82°52'45'')} = 35.0479\text{m}$$

⑥ 소구점 Q의 좌표 계산

P점에서 Q점 좌표 계산	$X_Q = X_P + (S_1 \times \cos\alpha) = 1096.31 + (19.3915 \times \cos 136°00'33'') = 1082.36\text{m}$ $Y_Q = Y_P + (S_1 \times \sin\alpha) = 2024.84 + (19.3915 \times \sin 136°00'33'') = 2038.31\text{m}$
D점에서 Q점 좌표 계산	$X_Q = X_D + (S_2 \times \cos\beta) = 1061.33 + (35.0479 \times \cos 53°07'48'') = 1082.36\text{m}$ $Y_Q = Y_D + (S_2 \times \sin\beta) = 2010.27 + (35.0479 \times \sin 53°07'48'') = 2038.31\text{m}$
Q점 평균좌표	$X_Q = \frac{X_{Q1} + X_{Q2}}{2} = \frac{1082.36 + 1082.36}{2} = 1082.36\text{m}$ $Y_Q = \frac{Y_{Q1} + Y_{Q2}}{2} = \frac{2038.31 + 2038.31}{2} = 2038.31\text{m}$

(3) □PBCQ의 면적

측점번호	부호	Xn	Yn	면적계산			
				$X_{n+1} - X_{n-}$	$Y_{n+1} - Y_{n-}$	$X_n(Y_{n+1} - Y_{n-1})$	$Y_n(X_{n+1} - X_{n-1})$
P		1096.31	2024.84	25.18 m	−1.83 m	−2006.2473 m²	50985.4712 m²
B		1107.54	2036.48	−9.48	19.43	21519.5022	−19305.8304
C		1086.83	2044.27	−25.18	1.83	1988.8989	−51474.7186
Q		1082.36	2038.31	9.48	−19.43	−21030.2548	19323.1788
계						471.8990	−471.8990

2A = +471.8990m² 2A = −471.8990m²

□PBCQ의 면적(A) = 235.95m²

CHAPTER

02

지적산업기사

기출복원문제 및 해설

2024년 제1회 기출복원문제

• NOTICE • 실기시험 기출복원문제는 수험생의 기억을 바탕으로 실전 대비 목적으로 작성된 것임을 알려드립니다.

01 지적삼각보조점측량을 교회법으로 실시하여 관측내각이 다음과 같을 경우 소구점(P)의 좌표를 서식을 이용하여 계산하시오.(단, 각은 초단위, 거리와 좌표는 소수 2자리까지 구하시오.)

기지점좌표			관측내각	
점명	종선좌표	횡선좌표		
세종1(A)	263675.71m	199150.95m	β	67°37′15″
세종2(B)	264544.90m	198899.49m	γ	71°33′23″
세종3(C)	264877.24m	198480.66m	γ'	46°00′34″

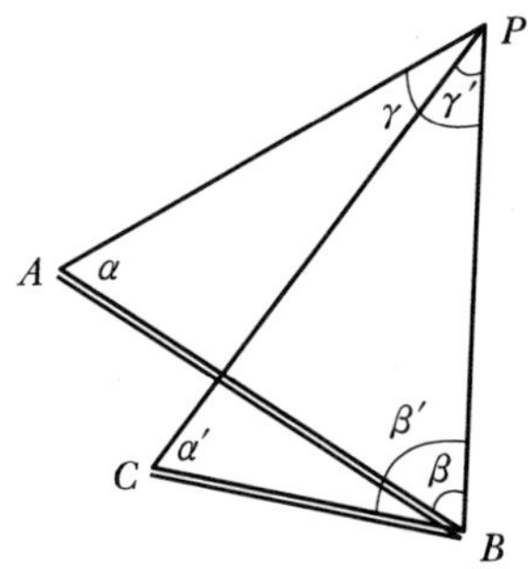

교 회 점 계 산 부

약도

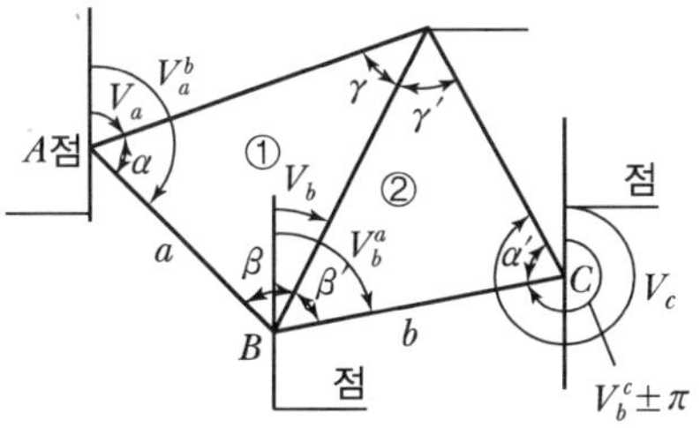

공식

1. 방위(θ) 계산 $\tan\theta = \dfrac{\Delta y}{\Delta x}$
2. 방위각(V) 계산
   Ⅰ상한 : θ　　Ⅱ상한 : $180° - \theta$
   Ⅲ상한 : $\theta + 180°$　　Ⅳ상한 : $360° - \theta$
3. 거리(a 또는 b) 계산 $\sqrt{\Delta x^2 + \Delta y^2}$
4. 삼각형 내각 계산
   $\alpha = V_a^b - V_a$　　$\alpha' = V_c - V_b^c \pm \pi$
   $\beta = V_b - V_a^b \pm \pi$　　$\beta' = V_b^c - V_b$
   $\gamma = V_a - V_b$　　$\gamma' = V_b - V_c$

V_a	V_b	V_c
° ′ ″	° ′ ″	° ′ ″

점명		X	Y	방향	ΔX	ΔY
A		m .	m .	A→B	.	.
B		m .	m .	B→C	.	.
C		m .	m .	A→C	.	.

방 위 각 계 산

방향	→	방향	→
$\theta = \tan^{-1}\dfrac{\Delta y}{\Delta x}$	° ′ ″	$\theta = \tan^{-1}\dfrac{\Delta y}{\Delta x}$	° ′ ″
V_a^b		V_b^c	

거 리 계 산

$a = \sqrt{\Delta x^2 + \Delta y^2}$	m .	$b = \sqrt{\Delta x^2 + \Delta y^2}$	m .

삼 각 형 내 각 계 산

각		내각	각		내각
①	α	° ′ ″	②	α'	° ′ ″
	β			β'	
	γ			γ'	
	합계	180 00 00		합계	180 00 00

소 구 점 종 횡 선 계 산

①	X_A	.	①	Y_A	.
	$\Delta X_1 = \dfrac{a \cdot \sin\beta}{\sin\gamma} \cos V_a$	.		$\Delta Y_1 = \dfrac{a \cdot \sin\beta}{\sin\gamma} \sin V_a$	.
	X_{P1}	.		Y_{P1}	.
②	X_C	.	②	Y_C	.
	$\Delta X_2 = \dfrac{b \cdot \sin\beta'}{\sin\gamma'} \cos V_c$	.		$\Delta Y_2 = \dfrac{b \cdot \sin\beta'}{\sin\gamma'} \sin V_c$	.
	X_{P2}	.		Y_{P2}	.
소구점 X		.	소구점 Y		.

종선교차= m　　횡선교차= m　　연결교차= m　　공차= m

계 산 자 :　　**검 사 자 :**

해설 및 정답

(1) ΔX, ΔY 계산

방향	ΔX	ΔY
$A \to B$	264544.90 − 263675.71 = +869.19	198899.49 − 199150.95 = −251.46
$B \to C$	264877.24 − 264544.90 = +332.34	198480.66 − 198899.49 = −418.83
$A \to C$	264877.24 − 263675.71 = +1201.53	198480.66 − 199150.95 = −670.29

(2) 방위각 계산

① 방향 : 세종1 → 세종2

$$\theta = \tan^{-1}\left(\frac{\Delta Y}{\Delta X}\right) = \tan^{-1}\left(\frac{-251.46}{+869.19}\right) = 16°08'07''(\text{Ⅳ상한})$$

$$V_A^B = (360° - \theta) = 360° - 16°08'07'' = 343°51'53''$$

② 방향 : 세종2 → 세종3

$$\theta = \tan^{-1}\left(\frac{-418.83}{+332.34}\right) = 51°34'05''(\text{Ⅳ상한})$$

$$V_B^C = (360° - \theta) = 360° - 51°34'05'' = 308°25'55''$$

(3) 거리 계산

$$a = \sqrt{\Delta x^2 + \Delta y^2} = \sqrt{(869.19)^2 + (-251.46)^2} = 904.83\text{m}$$

$$b = \sqrt{\Delta x^2 + \Delta y^2} = \sqrt{(332.34)^2 + (-418.83)^2} = 534.67\text{m}$$

(4) 삼각형 내각 및 소구 방위각 계산

구분	내각 및 소구 방위각 계산
$\triangle ABP$	$\beta = 67°37'15''$
	$\gamma = 71°33'23''$
	$\alpha = 180° - (\beta + \gamma) = 40°49'22''$
소구 방위각	$V_a = V_A^B - \alpha = 343°51'53'' - 67°37'15'' = 303°02'31''$
	$V_b = V_B^A + \beta = (V_A^B - 180°) + \beta = (343°51'53'' - 180°) + 67°37'51'' = 231°29'08''$
	$V_c = V_a - (\gamma + \gamma') = 303°02'31'' - (71°33'23'' + 46°00'34'') = 185°28'34''$
$\triangle BCP$	$\gamma' = 46°00'34''$
	$\alpha' = V_C - V_C^B = V_C - (V_B^C + 180°)$ $= 185°28'34'' - (231°29'08'' - 180°00'00'') = 57°02'39''$
	$\beta' = V_B^C - V_B = 308°25'55'' - 231°29'08'' = 76°56'47''$

(5) 소구점 종 · 횡선 계산

삼각형	소구점 종 · 횡선 계산 및 소구점 좌표
$\triangle ABP$	$\Delta X_1 = \frac{a \times \sin\beta}{\sin\gamma} \times \cos V_a = \frac{904.83 \times \sin 67°37'15''}{\sin 71°33'23''} \times \cos 303°02'31'' = +480.90\text{m}$
	$X_{p1} = X_A + \Delta X_1 = 263675.71 + 480.90 = 264156.61\text{m}$
	$\Delta Y_1 = \frac{a \times \sin\beta}{\sin\gamma} \times \sin V_a = \frac{904.83 \times \sin 67°37'15''}{\sin 71°33'23''} \times \sin 303°02'31'' = -739.34\text{m}$
	$Y_{p1} = Y_A + \Delta Y_1 = 199150.95 + (-739.34) = 198411.61\text{m}$
$\triangle BCP$	$\Delta X_2 = \frac{b \times \sin\beta'}{\sin\gamma'} \times \cos V_c = \frac{534.67 \times \sin 76°56'47''}{\sin 46°00'34''} \times \cos 185°28'34'' = -720.65\text{m}$
	$X_{p2} = X_C + \Delta X_2 = 264877.24 + (-720.65) = 264156.59\text{m}$
	$\Delta Y_2 = \frac{b \times \sin\beta'}{\sin\gamma'} \times \sin V_c = \frac{534.67 \times \sin 76°56'47''}{\sin 46°00'34''} \times \sin 185°28'34'' = -69.09\text{m}$
	$Y_{p2} = Y_C + \Delta Y_2 = 198480.66 + (-69.09) = 198411.57\text{m}$

(6) 소구점 좌표 계산

① 소구점 X좌표

$$\frac{X_{P1} + X_{P2}}{2} = \frac{264156.61 + 264156.59}{2} = 264156.60\text{m}$$

② 소구점 Y좌표

$$\frac{Y_{P1} + Y_{P2}}{2} = \frac{198411.61 + 198411.57}{2} = 198411.59\text{m}$$

(7) 교차 계산

① 종선교차$= X_{P2} - X_{P1} = 264156.59 - 264156.61 = -0.02\text{m}$

② 횡선교차$= Y_{P2} - Y_{P1} = 198411.57 - 198411.61 = -0.04\text{m}$

③ 연결교차$= \sqrt{(\text{종선교차})^2 + (\text{횡선교차})^2} = \sqrt{(-0.02)^2 + (-0.04)^2} = 0.04\text{m}$

④ 공차$= 0.30\text{m}$

교 회 점 계 산 부

약도

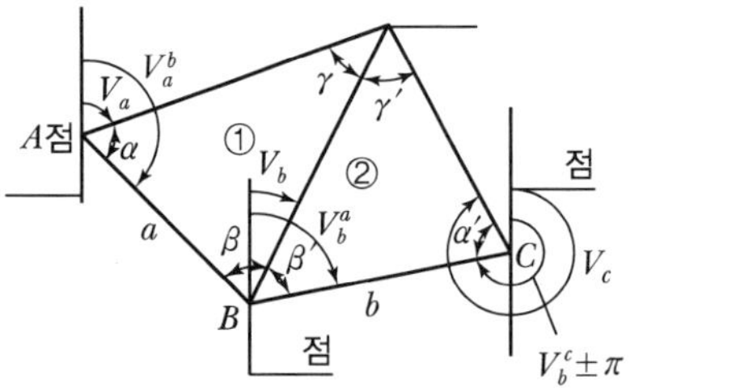

V_a	V_b	V_c
303° 02′ 31″	231° 29′ 08″	185° 28′ 34″

공식

1. 방위(θ) 계산 $\tan\theta = \dfrac{\Delta y}{\Delta x}$
2. 방위각(V) 계산
   Ⅰ상한 : θ Ⅱ상한 : $180° - \theta$
   Ⅲ상한 : $\theta + 180°$ Ⅳ상한 : $360° - \theta$
3. 거리(a 또는 b) 계산 $\sqrt{\Delta x^2 + \Delta y^2}$
4. 삼각형 내각 계산
   $\alpha = V_a^b - V_a$ $\alpha' = V_c - V_b^c \pm \pi$
   $\beta = V_b - V_a^b \pm \pi$ $\beta' = V_b^c - V_b$
   $\gamma = V_a - V_b$ $\gamma' = V_b - V_c$

점명		X	Y	방향	ΔX	ΔY
A	세종1	263675.71 m	199150.95 m	A→B	+869.19	−251.46
B	세종2	264544.90 m	198899.49 m	B→C	+332.34	−418.83
C	세종3	264877.24 m	198480.66 m	A→C	+1201.53	−670.29

방 위 각 계 산

방향	세종1 → 세종2	방향	세종2 → 세종3
$\theta = \tan^{-1}\dfrac{\Delta y}{\Delta x}$	16° 08′ 07″	$\theta = \tan^{-1}\dfrac{\Delta y}{\Delta x}$	51° 34′ 05″
V_a^b	343 51 53	V_b^c	308 25 55

거 리 계 산

$a = \sqrt{\Delta x^2 + \Delta y^2}$	904.83 m	$b = \sqrt{\Delta x^2 + \Delta y^2}$	534.67 m

삼 각 형 내 각 계 산

각		내각	각		내각
①	α	40° 49′ 22″	②	α'	57° 02′ 39″
	β	67 37 15		β'	76 56 47
	γ	71 33 23		γ'	46 00 34
	합계	180 00 00		합계	180 00 00

소 구 점 종 횡 선 계 산

①	X_A	263675.71	①	Y_A	199150.95
	$\Delta X_1 = \dfrac{a \cdot \sin\beta}{\sin\gamma}\cos V_a$	+480.90		$\Delta Y_1 = \dfrac{a \cdot \sin\beta}{\sin\gamma}\sin V_a$	−739.34
	X_{P1}	264156.61		Y_{P1}	198411.61
②	X_C	264877.24	②	Y_C	198480.66
	$\Delta X_2 = \dfrac{b \cdot \sin\beta'}{\sin\gamma'}\cos V_c$	−720.65		$\Delta Y_2 = \dfrac{b \cdot \sin\beta'}{\sin\gamma'}\sin V_c$	−69.09
	X_{P2}	264156.59		Y_{P2}	198411.57
소구점 X		264156.60	소구점 Y		198411.59

종선교차 = −0.02m 횡선교차 = −0.04m 연결교차 = 0.04m 공차 = 0.30m

계 산 자 : **검 사 자 :**

02 다음 배각법에 의한 지적도근점측량의 관측성과에 의하여 주어진 서식으로 각 점의 좌표를 계산하시오.(단, 도선명은 "다"이고, 축척은 1/1000임)

측점	시준점	관측각	수평거리(m)	방위각	X좌표(m)	Y좌표(m)
보1	보2	0°00′00″		358°19′37″	463111.15	212369.38
보1	1	46°54′08″	52.50			
1	2	228°31′35″	71.50			
2	3	152°54′55″	66.63			
3	4	203°30′30″	70.50			
4	5	135°00′23″	45.60			
5	6	205°04′40″	55.55			
6	보3	126°10′39″	83.75		463300.85	212717.94
보3	보4	173°39′40″		10°05′34″		

도 근 측 량 계 산 부(배각법)

측점	시준점	보정치 관측각	반수 수평거리	방위각	종선차(ΔX) 보정치 종선좌표(X)	횡선차(ΔY) 보정치 횡선좌표(Y)
		° ′ ″		° ′ ″	m .	m .
					.	.
					.	.
					.	.
					.	.
					.	.
					.	.
					.	.
					.	.
					.	.
					.	.
					.	.

해설 및 정답

(1) 관측각 오차 계산

관측각 오차 $=\sum\alpha-180(n+1)+T_1-T_2$

$=1271°46'30''-180°(8+1)+358°19'37''-10°05'34''=+33''$

(2) 관측각 오차의 공차(폐색오차) 계산

공차(1등 도선) $=\pm 20\sqrt{n}$ 초 $=\pm 20\sqrt{8}$ 초 $=\pm 56''$ (공차는 반올림하지 않음)

(3) 수평거리 합 계산 및 반수 계산

① 수평거리 합=446.03m

② 반수 계산(1000÷수평거리) 및 반수의 합

1측선	2측선	3측선	4측선	5측선	6측선	7측선	합계
19.0	14.0	15.0	14.2	21.9	18.0	11.9	114.0

(4) 각 오차 배부 계산

$$K_n=-\frac{e}{R}\times r$$

(K는 각 측선에 배분할 초 단위의 각도, e는 초 단위의 오차, R은 폐색변을 포함한 각 측선장 반수의 총 합계, r은 각 측선장의 반수)

$K_1=-\frac{33}{114.0}\times 19.0 \fallingdotseq -5.50=-6$ 반올림

$K_2=-\frac{33}{114.0}\times 14.0 \fallingdotseq -4.05=-4$

$K_3=-\frac{33}{114.0}\times 15.0 \fallingdotseq -4.34=-4$

$K_4=-\frac{33}{114.0}\times 14.2 \fallingdotseq -4.11=-4$

$K_5=-\frac{33}{114.0}\times 21.9 \fallingdotseq -6.34=-6$

$K_6=-\frac{33}{114.0}\times 18.2 \fallingdotseq -5.21=-5$

$K_7=-\frac{33}{114.0}\times 11.9 \fallingdotseq -3.44=-4$ 반올림

소계 $=-33$ 각 오차 $+33''$에 맞도록 오차 배부

(5) 방위각 계산

측점	시준점	방위각 계산	방위각
보1	보2		=358°19′37″
보1	1	358°19′37″+(−6″)+46°54′08″	=45°13′39″
1	2	45°13′39″−180°+(−4″)+228°31′35″	=93°45′10″
2	3	93°45′10″−180°+(−4″)+152°54′55″	=66°40′01″
3	4	66°40′01 ″−180°+(−4″)+203°30′30″	=90°10′27″
4	5	90°10′27″−180°+(−6″)+135°00′23″	=45°10′44″
5	6	45°10′44″−180°+(−5″)+205°04′40″	=70°15′19″
6	보3	70°15′19″−180°+(−4″)+126°10′39″	=16°25′54″
보3	보4	16°25′54″−180°+0″+173°39′40″	=10°05′34″

(6) 종선차(ΔX) 및 횡선차(ΔY) 계산

종선차(ΔX)$=l \times \cos V$, 횡선차(ΔY)$=l \times \sin V$

측점	시준점	종선차(ΔX)	횡선차(ΔY)
보1	1	+36.98	+37.27
1	2	−4.68	+71.35
2	3	+26.39	+61.18
3	4	−0.21	+70.50
4	5	+32.14	+32.34
5	6	+18.77	+52.28
6	보3	+80.33	+23.69

(7) 종 · 횡선차 오차 계산

종선차	횡선차
$\Sigma\|\Delta X\|=199.50$	$\Sigma\|\Delta Y\|=348.61$
$\Sigma\Delta X=+189.72$	$\Sigma\Delta Y=+348.61$
기지$=+189.70$	기지$=+348.56$
$f_x=+0.02$	$f_y=+0.05$

(8) 연결오차 및 공차 계산

① 연결오차$=\sqrt{(\text{종선오차})^2+(\text{횡선오차})^2}=\sqrt{(+0.02)^2+(+0.05)^2}=0.05\text{m}$

② 공차(1등 도선)$=\dfrac{M\sqrt{n}}{100}=\dfrac{1000\times\sqrt{4.4603}}{100}=\pm 21.11\text{cm}=\pm 0.21\text{m}$

(9) 종 · 횡선차에 대한 보정

$$T=-\frac{e}{L}\times l$$

(T는 각 측선의 종선차 또는 횡선차에 배분할 cm 단위의 수치, e는 종선오차 또는 횡선오차, L은 종선차 또는 횡선차의 절대치 합계, l은 각 측선의 종선차 또는 횡선차)

측점	시준점	종선차(ΔX) 보정치		횡선차(ΔY) 보정치	
보1	1	$-\frac{2}{199.50}\times 36.98$	$=-1$	$-\frac{5}{348.61}\times 37.27$	≒$-0.53=-1$
1	2	$-\frac{2}{199.50}\times 4.68$	$=0$	$-\frac{5}{348.61}\times 71.35$	≒$-1.02=-1$
2	3	$-\frac{2}{199.50}\times 26.39$	$=0$	$-\frac{5}{348.61}\times 61.18$	≒$-0.88=-1$
3	4	$-\frac{2}{199.50}\times 0.21$	$=0$	$-\frac{5}{348.61}\times 70.50$	≒$-1.01=-1$
4	5	$-\frac{2}{199.50}\times 32.14$	$=0$	$-\frac{5}{348.61}\times 32.34$	≒$-0.46=0$
5	6	$-\frac{2}{199.50}\times 18.77$	$=0$	$-\frac{5}{348.61}\times 52.28$	≒$-0.75=-1$
6	보3	$-\frac{2}{199.50}\times 80.33$	$=-1$	$-\frac{5}{348.61}\times 23.69$	≒$-0.34=0$
		소계	$=-2$	소계	$=-5$

(10) 종 · 횡선좌표 계산

종 · 횡선좌표 = 기지점의 종 · 횡선좌표 + 종 · 횡선차(ΔX · ΔY) + 보정치

측점	시준점	종선좌표	횡선좌표
보1	보2	463111.15	212369.38
보1	1	463111.15+36.98+(−0.01)=463148.12	212369.38+37.27+(−0.01)=212406.64
1	2	463148.12+(−4.68)+0.00=463143.44	212406.64+71.35+(−0.01)=212477.98
2	3	463143.44+26.39+0.00=463169.83	212477.98+61.18+(−0.01)=212539.15
3	4	463169.83+(−0.21)+0.00=463169.62	212539.15+70.50+(−0.01)=212609.64
4	5	463169.62+32.14+0.00=463201.76	212609.64+32.34+0.00=212641.98
5	6	463201.76+18.77+0.00=463220.53	212641.98+52.28+(−0.01)=212694.25
6	보3	463220.53+80.33+(−0.01)=463300.85	212694.25+23.69+0.00=212717.94

도 근 측 량 계 산 부(배각법)

측점 "다" 1/1000	시준점	보정치 관측각	반수 수평거리	방위각	종선차(ΔX) 보정치 종선좌표(X)	횡선차(ΔY) 보정치 횡선좌표(Y)
보1	보2	0° 00′ 00″		358° 19′ 37″	m 463111.15	m 212369.38
보1	1	−6 46 54 08	19.0 52.50	45 13 39	+36.98 −0.01 463148.12	+37.27 −0.01 212406.64
1	2	−4 228 31 35	14.0 71.50	93 45 10	−4.68 0.00 463143.44	+71.35 −0.01 212477.98
2	3	−4 152 54 55	15.0 66.63	66 40 01	+26.39 0.00 463169.83	+61.18 −0.01 212539.15
3	4	−4 203 30 30	14.2 70.50	90 10 27	−0.21 0.00 463169.62	+70.50 −0.01 212609.64
4	5	−6 135 00 23	21.9 45.60	45 10 44	+32.14 0.00 463201.76	+32.34 0.00 212641.98
5	6	−5 205 04 40	18.0 55.55	70 15 19	+18.77 0.00 463220.53	+52.28 −0.01 212694.25
6	보3	−4 126 10 39	11.9 83.75	16 25 54	+80.33 −0.01 463300.85	+23.69 0.00 212717.94
보3	보4	0 173 39 40	(114.0) 446.03	10 05 34		
$n=8$	$\Sigma\alpha = 1271°46'30''$ $-180(n+1) = 1620°00'00''$ $+T_1 = 358°19'37''$ $-T_2 = 10°05'34''$				$\Sigma\lvert\Delta X\rvert = 199.50$ $\Sigma\Delta X = +189.72$ 기지$= +189.70$ $f_x = +0.02$	$\Sigma\lvert\Delta Y\rvert = 348.61$ $\Sigma\Delta Y = +348.61$ 기지$= +348.56$ $f_y = +0.05$
	오차$= +33''$ 공차$= \pm 56''$				연결오차= 0.05m 공차= ±0.21m	

03 일반원점지역에서 지적도근점의 좌표가 $X = -4572.37\text{m}$, $Y = -2145.39\text{m}$이다. 이를 지적좌표계로 환산하여 지적도근점을 포용하는 축척 1200분의 1 지역의 지적도 도곽선의 좌표를 계산하시오.

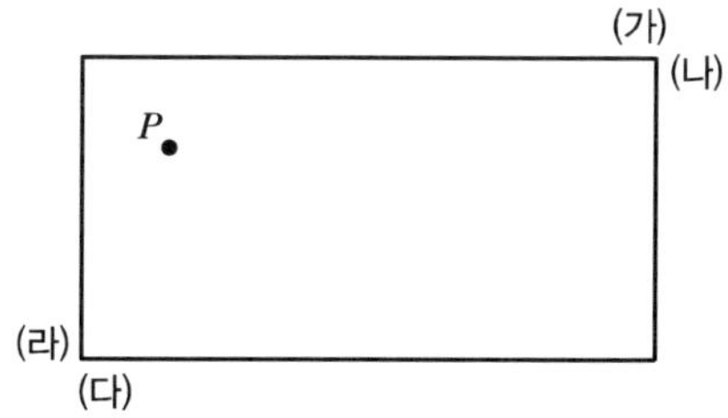

해설 및 정답

(1) 도곽선의 지상 및 도상 길이

축척 1/1200 지역에서의 도곽선 지상길이(m) = 400 × 500
도곽선 도상길이(cm) = 33.333 × 41.667

(2) 종선 및 횡선좌표 결정

종선좌표 결정	횡선좌표 결정
도곽선 종선길이로 나눔 −4572.37 ÷ 400 = −11.43	도곽선 횡선길이로 나눔 −2145.39 ÷ 500 = −4.29
도곽선 종선길이로 나눈 정수를 곱함 −11 × 400 = −4400m	도곽선 횡선길이로 나눈 정수를 곱함 −4 × 500 = −2000m
원점에서의 거리에 500,000을 더함 −4400 + 500000 = 495600m ⇒ 상부좌표(가)	원점에서의 거리에 200,000을 더함 −2000 + 200000 = 198000m ⇒ 우측좌표 (나)
종선의 상부좌표에서 종선길이를 뺌 495600 − 400 = 495200m ⇒ 하부좌표 (다)	횡선의 우측좌표에서 횡선길이를 뺌 198000 − 500 = 197500m ⇒ 좌측좌표 (라)

04 축척 1/1200 지적도 시행지역에서 원면적이 624m²인 123번지의 토지를 분할하기 위하여 전자면적계로 123번지는 220.1m², 123－1번지는 385.5m²로 면적을 측정하였다. 이 지적도의 도면신축량이 －0.5mm일 경우 도곽신축에 따른 다음 요구사항을 구하고 면적측정부를 완성하시오.(단, 계산은 공간정보의 구축 및 관리 등에 관한 법률 및 지적측량시행규칙에 의하고, 도곽선의 보정계수는 소수 4자리까지 계산하시오.)

(1) 도곽선의 보정계수

(2) 보정면적

(3) 신구면적 허용오차

(4) 산출면적

(5) 결정면적

(6) 면적측정부

면적측정부						
지번	측정면적	도곽신축 보정계수	보정면적	원면적	산출면적	결정면적
	m .	.	m .	m .	m .	m .
	.	.	.	.	.	.
	.	.	.	.	.	.
	.	.	.	.	.	.

해설 및 정답

(1) 도곽선의 보정계수

$$Z = \frac{X \cdot Y}{\Delta X \cdot \Delta Y}$$

$$Z = \frac{X \cdot Y}{\Delta X \cdot \Delta Y} = \frac{400 \times 500}{(400-0.6) \times (500-0.6)} = 1.0027$$

$$축척 = \frac{도상거리}{실제거리} 에\ 의해\ \frac{1}{1200} = \frac{-0.5\text{mm}}{실제거리}$$

실제거리 = －0.5mm × 1200 = －600mm = －0.6m

(2) 필지별 보정면적 계산

필지별 보정면적 = 측정면적 × 도곽선의 보정계수	
123번지 보정면적	220.1 × 1.0027 = 220.69 = 220.7m²
123－1번지 보정면적	385.5 × 1.0027 = 386.54 = 386.5m²
소계	607.2m²

(3) 신구면적 허용오차

$$A = \pm 0.026^2 M \sqrt{F}$$

$$A = \pm 0.026^2 M \sqrt{F} = \pm 0.026^2 \times 1200 \times \sqrt{624} = \pm 20\text{m}^2$$

(4) 오차 계산

오차＝보정면적 합－원면적＝607.2－624＝－16.8m^2

(5) 산출면적 및 결정면적

산출면적 = $\frac{\text{원면적}}{\text{보정(측정)면적의 합계}}$ × 필지별 보정(측면)면적		결정면적	
123번지 산출면적	$\frac{624}{607.2} \times 220.7 = 226.8$	123번지 결정면적	227m^2
123－1번지 산출면적	$\frac{624}{607.2} \times 386.5 = 397.2$	123－1번지 결정면적	397m^2
소계	624.0m^2	소계	624m^2

(6) 면적측정부

면적측정부						
지번	측정면적	도곽신축 보정계수	보정면적	원면적	산출면적	결정면적
123	220.1	1.0027	220.7	.	226.8	227.
123－1	385.5	.	386.5	.	397.2	397.
123			607.2	624.	624.0	624.

05 다음 그림에서 $\overline{BC}$ 의 거리를 구하시오.(단, 거리는 소수 2자리까지 계산하시오.)

□$ABCD$의 면적＝1,970m^2
$\overline{AD}$＝76.50m
$\alpha = 71°31'20''$

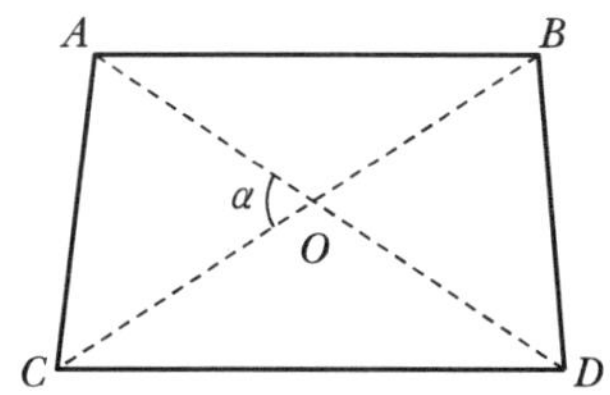

해설 및 정답

$$\triangle ABC = \frac{BC \times OA \times \sin\alpha}{2}$$

$$\triangle BCD = \frac{BC \times OD \times \sin\alpha}{2}$$

$$\square ABCD = \triangle ABC + \triangle BCD = \frac{BC \times OA \times \sin\alpha}{2} + \frac{BC \times OD \times \sin\alpha}{2}$$

여기서 $OA + OD = AD$이므로

$$\square ABCD = \frac{BC \times AD \times \sin\alpha}{2}$$

$$\overline{BC} = \frac{1{,}970 \times 2}{76.5 \times \sin 71°31'20''} = 54.30\text{m}$$

06 도면의 축척이 1/1200인 지역에서 평판을 이용하여 측량한 결과, 경사분획(n), 도상 수평거리(d), 표척의 읽음값(L), 기계고(I)가 다음과 같을 때 기계를 세운 점의 지반고(H_A)가 20.00m인 경우 표척을 세운 지점의 지반고(H_B)는?

경사분획(n)＝10
도상 수평거리(d)＝4.2cm
표척의 읽음값(L)＝1.50m
기계고(I)＝1.00m

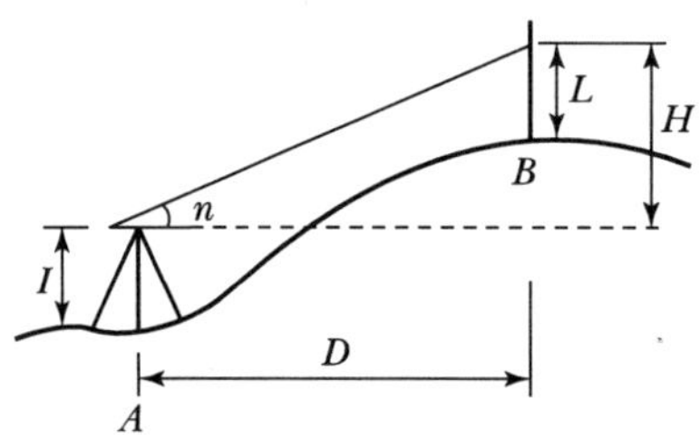

해설 및 정답

$$\text{축척} = \frac{\text{도상길이}}{\text{지상길이}},\ \frac{1}{1200} = \frac{0.042}{\text{지상길이}},\ \text{지상길이}(D) = 50.40\text{m}$$

$$D : H = 100 : n,\ H = \frac{50.40}{100} \times 10 = 5.04\text{m}$$

$$H_B = H_A + I + H - l = 20.00 + 1.00 + 5.04 - 1.50 = 24.54\text{m}$$

해설 및 정답

(1) ΔX, ΔY 계산

방향	ΔX	ΔY
A → B	355243.28−353960.99=+1282.29	192436.43−193583.63=−1147.20
B → C	355243.28−355243.28=0.00	194583.91−192436.43=+2147.48
A → C	355243.28−353960.99=+1282.29	194583.91−193583.63=+1000.28

(2) 방위각 계산

① 방향 : 전1 → 전2

$$\theta = \tan^{-1}\left(\frac{\Delta Y}{\Delta X}\right) = \tan^{-1}\left(\frac{-1147.20}{+1282.29}\right) = 41°49'03'' \text{ (Ⅳ상한)}$$

$V_a^b = (360° - \theta) = 318°10'57''$

② 방향 : 전2 → 전3

$$\theta = \tan^{-1}\left(\frac{+2147.48}{0.00}\right) = 90°00'00''$$

$V_b^c = 90°00'00''$

(3) 거리계산

$$a = \sqrt{\Delta x^2 + \Delta y^2} = \sqrt{(1282.29)^2 + (-1147.20)^2} = 1720.56\text{m}$$

$$b = \sqrt{\Delta x^2 + \Delta y^2} = \sqrt{(0.00)^2 + (2147.48)^2} = 2147.48\text{m}$$

(4) 삼각형 내각 및 소구 방위각 계산

구분	내각 및 소구방위각 계산
△ABP	$\alpha = V_a - V_a^b = 11°11'11'' - 318°10'57'' + 360° = 53°00'14''$
	$\beta = V_b^a - V_b = (V_a^b \pm 180°) - V_b = (318°10'57'' - 180°) - 46°29'30'' = 91°41'27''$
	$\gamma = V_b - V_a = 46°29'30'' - 11°11'11'' = 35°18'19''$
△CBP	$\alpha' = V_c - V_c^b = V_c - (V_b^c \pm 180°) = 345°30'39'' - (90°00'00'' + 180°) = 75°30'39''$
	$\beta' = V_b^c - V_b = 90°00'00'' - 46°29'30'' = 43°30'30''$
	$\gamma' = V_b - V_c = 46°29'30'' - 345°30'39'' + 360° = 60°58'51''$

(5) 소구점 종 · 횡선 계산

삼각형	소구점 종 · 횡선 계산 및 소구점 좌표
△ABP	$\Delta X_1 = \frac{a \times \sin\beta}{\sin\gamma} \times \cos V_a = \frac{1720.56 \times \sin 91°41'27''}{\sin 35°18'19''} \times \cos 11°11'11'' = +2919.26\text{m}$
	$X_{p1} = X_A + \Delta X_1 = 353960.99 + 2919.26 = 356880.25\text{m}$
	$\Delta Y_1 = \frac{a \times \sin\beta}{\sin\gamma} \times \sin V_a = \frac{1720.56 \times \sin 91°41'27''}{\sin 35°18'19''} \times \sin 11°11'11'' = +577.31\text{m}$
	$Y_{p1} = Y_A + \Delta Y_1 = 193583.63 + 577.31 = 194160.94\text{m}$

삼각형	소구점 종 · 횡선 계산 및 소구점 좌표
$\triangle$CBP	$\Delta X_2 = \dfrac{b\times \sin\beta'}{\sin\gamma'}\times\cos V_c = \dfrac{2147.48\times\sin 43°30'30''}{\sin 60°58'51''}\times\cos 345°30'39'' = +1636.94\text{m}$
	$X_{p2} = X_C + \Delta X_2 = 355243.28 + 1636.94 = 356880.22\text{m}$
	$\Delta Y_2 = \dfrac{b\times \sin\beta'}{\sin\gamma'}\times\sin V_c = \dfrac{2147.48\times\sin 43°30'30''}{\sin 60°58'51''}\times\sin 345°30'39'' = -423.01\text{m}$
	$Y_{p2} = Y_C + \Delta Y_2 = 194583.91 + (-423.01) = 194160.90\text{m}$

(6) 소구점 좌표 계산

① 소구점 X좌표

$$\frac{X_{P1} + X_{P2}}{2} = \frac{356880.25 + 356880.22}{2} = 356880.24\text{m}$$

② 소구점 Y좌표

$$\frac{Y_{P1} + Y_{P2}}{2} = \frac{194160.94 + 194160.90}{2} = 194160.92\text{m}$$

(7) 교차계산

① 종선교차 $= X_{P2} - X_{P1} = 356880.22 - 356880.25 = -0.03\text{m}$

② 횡선교차 $= Y_{P2} - Y_{P1} = 194160.90 - 194160.94 = -0.04\text{m}$

③ 연결교차 $= \sqrt{(\text{종선교차})^2 + (\text{횡선교차})^2} = \sqrt{(-0.03)^2 + (-0.04)^2} = 0.05\text{m}$

④ 공차 $= 0.30\text{m}$

교 회 점 계 산 부

약도

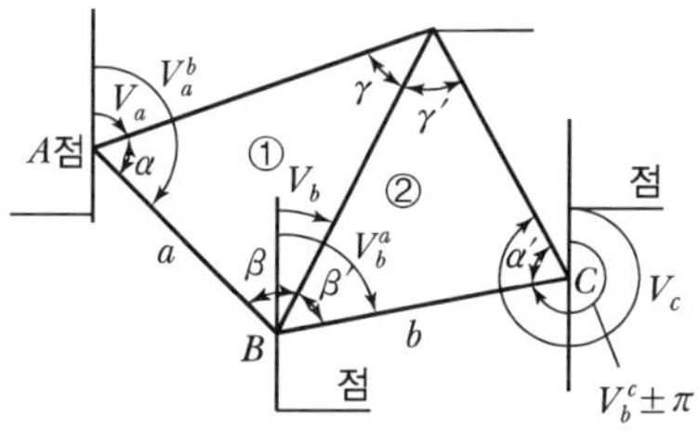

V_a	V_b	V_c
11° 11′ 11″	46° 29′ 30″	345° 30′ 39″

공식

1. 방위(θ) 계산 $\tan\theta = \dfrac{\Delta y}{\Delta x}$
2. 방위각(V) 계산
   Ⅰ상한 : θ Ⅱ상한 : $180° - \theta$
   Ⅲ상한 : $\theta + 180°$ Ⅳ상한 : $360° - \theta$
3. 거리(a 또는 b) 계산 $\sqrt{\Delta x^2 + \Delta y^2}$
4. 삼각형 내각 계산
   $\alpha = V_a^b - V_a$ $\alpha' = V_c - V_b^c \pm \pi$
   $\beta = V_b - V_a^b \pm \pi$ $\beta' = V_b^c - V_b$
   $\gamma = V_a - V_b$ $\gamma' = V_b - V_c$

점명		X	Y	방향	ΔX	ΔY
A	전1	353960.99 m	193583.63 m	A→B	+1282.29	−1147.20
B	전2	355243.28 m	192436.43 m	B→C	+0.00	+2147.48
C	전3	355243.28 m	194583.91 m	A→C	+1282.29	+1000.28

방 위 각 계 산

방향	전1 → 전2	방향	전2 → 전3
$\theta = \tan^{-1}\dfrac{\Delta y}{\Delta x}$	41° 49′ 03″	$\theta = \tan^{-1}\dfrac{\Delta y}{\Delta x}$	90° 00′ 00″
V_a^b	318 10 57	V_b^c	90 00 00

거 리 계 산

$a = \sqrt{\Delta x^2 + \Delta y^2}$	1720.56 m	$b = \sqrt{\Delta x^2 + \Delta y^2}$	2147.48 m

삼 각 형 내 각 계 산

각		내각	각		내각
①	α	53° 00′ 14″	②	α'	75° 30′ 39″
	β	91 41 27		β'	43 30 30
	γ	35 18 19		γ'	60 58 51
	합계	180 00 00		합계	180 00 00

소 구 점 종 횡 선 계 산

①	X_A	353960.99	①	Y_A	193583.63
	$\Delta X_1 = \dfrac{a \cdot \sin\beta}{\sin\gamma}\cos V_a$	+2919.26		$\Delta Y_1 = \dfrac{a \cdot \sin\beta}{\sin\gamma}\sin V_a$	+577.31
	X_{P1}	356880.25		Y_{P1}	194160.94
②	X_C	355243.28	②	Y_C	194583.91
	$\Delta X_2 = \dfrac{b \cdot \sin\beta'}{\sin\gamma'}\cos V_c$	+1636.94		$\Delta Y_2 = \dfrac{b \cdot \sin\beta'}{\sin\gamma'}\sin V_c$	−423.01
	X_{P2}	356880.22		Y_{P2}	194160.90
소구점 X		356880.24	소구점 Y		194160.92

종선교차 = −0.03m 횡선교차 = −0.04m 연결교차 = 0.05m 공차 = 0.30m

계 산 자 : **검 사 자 :**

02 배각법에 의한 지적도근점측량의 관측성과에 의하여 주어진 서식으로 각 점의 좌표를 계산하시오.(단 도선명은 "가"이고, 축척은 1/1200임)

측점	시준점	관측각	수평거리(m)	방위각	X좌표(m)	Y좌표(m)
보1	보3			10°33′11″	264648.78	213614.54
보1	1	132°45′42″	107.11			
1	2	172°01′03″	55.63			
2	3	106°29′45″	219.25			
3	4	223°32′57″	88.31			
4	5	313°48′18″	117.75			
5	6	222°22′33″	101.39			
6	보2	141°09′47″	92.71		264520.98	213713.16
보2	보4	135°20′11″		198°03′03″		

도 근 측 량 계 산 부(배각법)

측점	시준점	보정치 / 관측각	반수 / 수평거리	방위각	종선차(ΔX) / 보정치 / 종선좌표(X)	횡선차(ΔY) / 보정치 / 횡선좌표(Y)
		° ′ ″		° ′ ″	m .	m .
					.	.
					.	.
					.	.
					.	.
					.	.
					.	.
					.	.
					.	.
					.	.
					.	.
					.	.

해설 및 정답

(1) 관측각 오차 계산

관측각 오차 $= \sum\alpha - 180(n-1) + T_1 - T_2$

$= 1447°30'16'' - 180°(8-1) + 10°33'11'' - 198°03'03'' = +24''$

(2) 관측각 오차의 공차(폐색오차) 계산

공차(1등 도선) $= \pm 20\sqrt{n}$ 초 $= \pm 20\sqrt{8}$ 초 $= \pm 56''$ (공차는 반올림하지 않음)

(3) 수평거리 합 계산 및 반수 계산

① 수평거리 합=782.15m

② 반수 계산(1000 ÷ 수평거리) 및 반수의 합

1측선	2측선	3측선	4측선	5측선	6측선	7측선	합계
9.3	18.0	4.6	11.3	8.5	9.9	10.8	72.4

(4) 각 오차 배부계산

$$Kn = -\frac{e}{R} \times r$$

(K는 각 측선에 배분할 초단위의 각도, e는 초단위의 오차, R은 폐색변을 포함한 각 측선장의 반수의 총합계, r은 각 측선장의 반수)

$K_1 = -\frac{24}{72.4} \times 9.3 \fallingdotseq -3.08 = -3$

$K_2 = -\frac{24}{72.4} \times 18.0 \fallingdotseq -5.97 = -6$

$K_3 = -\frac{24}{72.4} \times 4.6 \fallingdotseq -1.52 = -1$

$K_4 = -\frac{24}{72.4} \times 11.3 \fallingdotseq -3.75 = -4$

$K_5 = -\frac{24}{72.4} \times 8.5 \fallingdotseq -2.82 = -3$

$K_6 = -\frac{24}{72.4} \times 9.9 \fallingdotseq -3.28 = -3$

$K_7 = -\frac{24}{72.4} \times 10.8 \fallingdotseq -3.58 = -4$

소계 -24

(5) 방위각 계산

측점	시준점	방위각 계산	방위각
보1	보3		10°33′11″
보1	1	10°33′11″−3″+132°45′42″=	143°18′50″
1	2	143°18′50″−180°−6″+172°01′03″=	135°19′47″
2	3	135°19′47″−180°−1″+106°29′45″=	61°49′31″
3	4	61°49′31″−180°−4″+223°32′57″=	105°22′24″
4	5	105°22′24″−180°−3″+313°48′18″=	239°10′39″
5	6	239°10′39″−180°−3″+222°22′33″=	281°33′09″
6	보2	281°33′09″−180°−4″+141°09′47″=	242°42′52″
보2	보4	242°42′52″−180°+135°20′11″=	198°03′03″

(6) 종선차(ΔX) 및 횡선차(ΔY) 계산

종선차(ΔX)$=l \times \cos V$, 횡선차(ΔY)$=l \times \sin V$

측점	시준점	종선차(ΔX)	횡선차(ΔY)
보1	1	−85.89	+63.99
1	2	−39.56	+39.11
2	3	+103.52	+193.27
3	4	−23.41	+85.15
4	5	−60.33	−101.12
5	6	+20.30	−99.34
6	보2	−42.50	−82.39

(7) 종 · 횡선차 오차계산

종선차	횡선차
$\Sigma\lvert\Delta X\rvert=375.51$	$\Sigma\lvert\Delta Y\rvert=664.37$
$\Sigma\Delta X=-127.87$	$\Sigma\Delta Y=+98.67$
기지$=-127.80$	기지$=+98.62$
$f(x)=-0.07$	$f(y)=+0.05$

(8) 연결오차 및 공차 계산

① 연결오차$=\sqrt{(\text{종선오차})^2+(\text{횡선오차})^2}=\sqrt{(-0.07)^2+(+0.05)^2}=0.09\text{m}$

② 공차(1등도선)$=\dfrac{M\sqrt{n}}{100}=\dfrac{1200\times\sqrt{7.8215}}{100}=33.56\text{cm}=\pm 0.33\text{m}$

(9) 종 · 횡선차에 대한 보정

$$T=-\frac{e}{L}\times l$$

(T는 각 측선의 종선차 또는 횡선차에 배분할 cm 단위의 수치, e는 종선오차 또는 횡선오차, L은 종선차 또는 횡선차의 절대치의 합계, l은 각 측선의 종선차 또는 횡선차)

측점	시준점	종선차(ΔX) 보정치		횡선차(ΔX) 보정치	
보1	1	$-\dfrac{(-7)}{375.51}\times 85.89$	$=+2$	$-\dfrac{(+5)}{664.37}\times 63.99$	$=0$
1	2	$-\dfrac{(-7)}{375.51}\times 39.56$	$=+1$	$-\dfrac{(+5)}{664.37}\times 39.11$	$=0$
2	3	$-\dfrac{(-7)}{375.51}\times 103.52$	$=+2$	$-\dfrac{(+5)}{664.37}\times 193.27$	$=-1$
3	4	$-\dfrac{(-7)}{375.51}\times 23.41$	$=0$	$-\dfrac{(+5)}{664.37}\times 85.15$	$=-1$
4	5	$-\dfrac{(-7)}{375.51}\times 60.33$	$=+1$	$-\dfrac{(+5)}{664.37}\times 101.12$	$=-1$
5	6	$-\dfrac{(-7)}{375.51}\times 20.30$	$=0$	$-\dfrac{(+5)}{664.37}\times 99.34$	$=-1$
6	보2	$-\dfrac{(-7)}{375.51}\times 42.50$	$=+1$	$-\dfrac{(+5)}{664.37}\times 82.39$	$=-1$
		소계	+7	소계	−5

(10) 종 · 횡선좌표 계산

측점	시준점	종선좌표	횡선좌표
보1	보3	264648.78	213614.54
보1	1	264648.78+(−85.89)+0.02 =264562.91	213614.54+63.99+0.00 =213678.53
1	2	264562.91+(−39.56)+0.01 =264523.36	213678.53+39.11+0.00 =213717.64
2	3	264523.36+103.52+0.02 =264626.90	213717.64+193.27+(−0.01) =213910.90
3	4	264626.90+(−23.41)+0.00 =264603.49	213910.90+85.15+(−0.01) =213996.04
4	5	264603.49+(−60.33)+0.01 =264543.17	213996.04+(−101.12)+(−0.01)=213894.91
5	6	264543.17+20.30+0.00 =264563.47	213894.91+(−99.34)+(−0.01)=213795.56
6	보2	264563.47+(−42.50)+0.01 =264520.98	213795.56+(−82.39)+(−0.01)=213713.16

도 근 측 량 계 산 부(배각법)

측점 "가" 1/1200	시준점	보정치 관측각	반수 수평거리	방위각	종선차(ΔX) 보정치 종선좌표(X)	횡선차(ΔY) 보정치 횡선좌표(Y)
보1	보3	0° 00′ 00″		10° 33′ 11″	m 264648.78	m 213614.54
보1	1	−3 132 45 42	9.3 107.11	143 18 50	−85.89 +0.02 264562.91	+63.99 0.00 213678.53
1	2	−6 172 01 03	18.0 55.63	135 19 47	−39.56 +0.01 264523.36	+39.11 0.00 213717.64
2	3	−1 106 29 45	4.6 219.25	61 49 31	+103.52 +0.02 264626.90	+193.27 −0.01 213910.90
3	4	−4 223 32 57	11.3 88.31	105 22 24	−23.41 0.00 264603.49	+85.15 −0.01 213996.04
4	5	−3 313 48 18	8.5 117.75	239 10 39	−60.33 +0.01 264543.17	−101.12 −0.01 213894.91
5	6	−3 222 22 33	9.9 101.39	281 33 09	+20.30 0.00 264563.47	−99.34 −0.01 213795.56
6	보2	−4 141 09 47	10.8 92.71	242 42 52	−42.50 +0.01 264520.98	−82.39 −0.01 213713.16
보2	보4	135 20 11	(72.4) (782.15)	198 03 03	.	.
$n=8$	$\Sigma\alpha = 1447°30'16''$ $-180(n-1) = 1260°00'00''$ $+T_1 = 10°33'11''$ $-T_2 = 198°03'03''$				$\Sigma\lvert\Delta X\rvert = 375.51$ $\Sigma\Delta X = -127.87$ 기지$= -127.80$ $f(x) = -0.07$	$\Sigma\lvert\Delta Y\rvert = 664.37$ $\Sigma\Delta Y = +98.67$ 기지$= +98.62$ $f(y) = +0.05$
	오차$= +24''$ 공차$= \pm 56''$				연결오차$=$0.09m 공차$= \pm$0.33m	

03 지적도근점측량을 X형의 교점다각망으로 구성하여 다음과 같이 교점에서 방향표(Q)에 대한 관측방위각과 교점에 대한 종 · 횡선좌표를 산출하였다. 주어진 서식을 작성하고 평균방위각과 평균종 · 횡선좌표를 계산하시오.

<table>
<tr><td rowspan="8">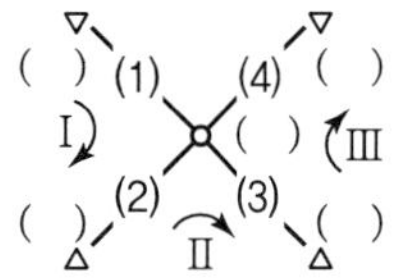</td><td rowspan="8">조
건
식</td><td rowspan="2">Ⅰ</td><td rowspan="2">$(1)-(2)+W_1=0$</td><td rowspan="8">경
중
률</td><td></td><td>ΣN</td><td>ΣS</td></tr>
<tr><td>(1)</td><td>12</td><td>1.488</td></tr>
<tr><td rowspan="3">Ⅱ</td><td rowspan="3">$(2)-(3)+W_2=0$</td><td>(2)</td><td>7</td><td>0.850</td></tr>
<tr><td>(3)</td><td>13</td><td>1.322</td></tr>
<tr><td>(4)</td><td>20</td><td>1.253</td></tr>
<tr><td rowspan="3">Ⅲ</td><td rowspan="3">$(3)-(4)+W_3=0$</td><td></td><td></td><td></td></tr>
</table>

1. 관측방위각	2. 계산 종선좌표	3. 계산 횡선좌표
(1) 137°43′10″	(1) 423575.13	(1) 195327.74
(2) 137°42′56″	(2) 423575.25	(2) 195327.69
(3) 137°43′03″	(3) 423575.21	(3) 195327.71
(4) 137°43′13″	(4) 423575.17	(4) 195327.77

교 점 다 각 망 계 산 부(X · Y형)

약도

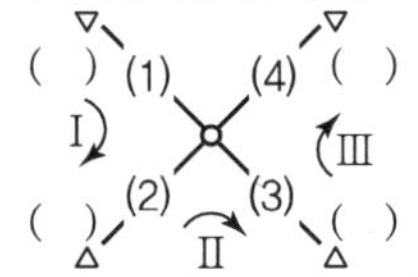

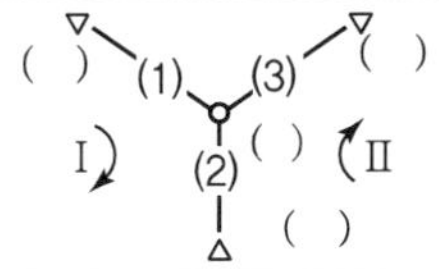

조건식	I	$(1)-(2)+W_1=\theta$
	Ⅱ	$(2)-(3)+W_2=\theta$
	Ⅲ	$(3)-(4)+W_3=\theta$

조건식	I	$(1)-(2)+W_1=\theta$
	Ⅱ	$(2)-(3)+W_2=\theta$

경중률		ΣN	ΣS
	(1)		
	(2)		
	(3)		
	(4)		

경중률		ΣN	ΣS
	(1)		
	(2)		
	(3)		

1. 방위각

순서	도선	관측	보정	평균
I	(1)	° ′ ″		° ′ ″
	(2)			
	W_1			
Ⅱ	(2)			
	(3)			
	W_2			
Ⅲ	(3)			
	(4)			
	W_3			

2. 종선좌표

순서	도선	관측	보정	평균
I	(1)	m .		m .
	(2)	.		.
	W_1	.		.
Ⅱ	(2)	.		.
	(3)	.		.
	W_2	.		.
Ⅲ	(3)	.		.
	(4)	.		.
	W_3	.		.

3. 횡선좌표

순서	도선	관측	보정	평균
I	(1)	m .		m .
	(2)	.		.
	W_1	.		.
Ⅱ	(2)	.		.
	(3)	.		.
	W_2	.		.
Ⅲ	(3)	.		.
	(4)	.		.
	W_3	.		.

4. 계산

1) 방위각 $=\dfrac{\left[\dfrac{\Sigma\alpha}{\Sigma N}\right]}{\left[\dfrac{1}{\Sigma N}\right]}=$

2) 종선좌표 $=\dfrac{\left[\dfrac{\Sigma X}{\Sigma S}\right]}{\left[\dfrac{1}{\Sigma S}\right]}=$

3) 횡선좌표 $=\dfrac{\left[\dfrac{\Sigma Y}{\Sigma S}\right]}{\left[\dfrac{1}{\Sigma S}\right]}=$

W=오차 N=도선별 점수 S=측점 간 거리 α=관측방위각

해설 및 정답

(1) 평균 방위각 계산

$$방위각 = \frac{\left[\dfrac{\Sigma\alpha}{\Sigma N}\right]}{\left[\dfrac{1}{\Sigma N}\right]} = \frac{\left[\dfrac{70}{12}+\dfrac{56}{7}+\dfrac{63}{13}+\dfrac{73}{20}\right]}{\left[\dfrac{1}{12}+\dfrac{1}{7}+\dfrac{1}{13}+\dfrac{1}{20}\right]} = 63''$$

평균 방위각 = 137°43′ + 0°0′63″ = 137°43′63″ = 137°44′03″

(2) 평균 종선좌표

$$종선좌표 = \frac{\left[\dfrac{\Sigma X}{\Sigma S}\right]}{\left[\dfrac{1}{\Sigma S}\right]} = \frac{\left[\dfrac{0.13}{1.488}+\dfrac{0.25}{0.850}+\dfrac{0.21}{1.322}+\dfrac{0.17}{1.253}\right]}{\left[\dfrac{1}{1.488}+\dfrac{1}{0.850}+\dfrac{1}{1.322}+\dfrac{1}{1.253}\right]} = 0.20\text{m}$$

평균 종선좌표 = 423575.00 + 0.20 = 423,575.20m

(3) 평균 횡선좌표

$$횡선좌표 = \frac{\left[\dfrac{\Sigma Y}{\Sigma S}\right]}{\left[\dfrac{1}{\Sigma S}\right]} = \frac{\left[\dfrac{0.74}{1.488}+\dfrac{0.69}{0.850}+\dfrac{0.71}{1.322}+\dfrac{0.77}{1.253}\right]}{\left[\dfrac{1}{1.488}+\dfrac{1}{0.850}+\dfrac{1}{1.322}+\dfrac{1}{1.253}\right]} = 0.72\text{m}$$

평균 횡선좌표 = 195327.00 + 0.72 = 195,327.72m

교 점 다 각 망 계 산 부(X · Y형)

약도

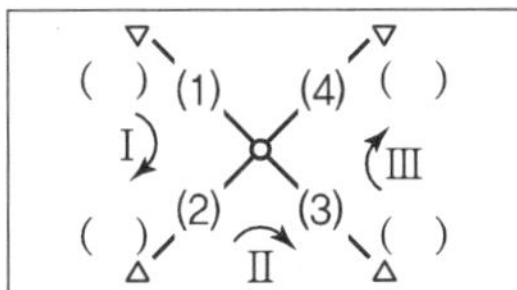

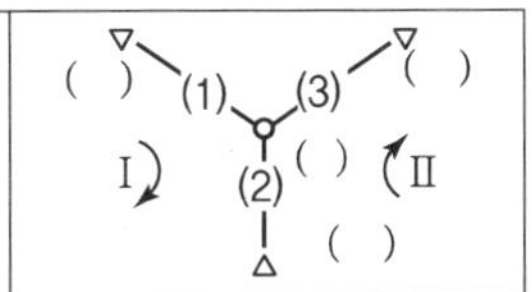

조건식	I	$(1)-(2)+W_1=\theta$	조건식	I	$(1)-(2)+W_1=\theta$
	II	$(2)-(3)+W_2=\theta$		II	$(2)-(3)+W_2=\theta$
	III	$(3)-(4)+W_3=\theta$			

		ΣN	ΣS			ΣN	ΣS
경중률	(1)	12	1.488	경중률	(1)		
	(2)	7	0.850		(2)		
	(3)	13	1.322		(3)		
	(4)	20	1.253				

1. 방위각

순서	도선	관측			보정	평균
I	(1)	137°	43′	10″	−7	
	(2)	137	42	56	+7	
	W_1			+14		
II	(2)	137	42	56	+7	
	(3)	137	43	03	0	137° 43′ 03″
	W_2			−7		
III	(3)	137	43	03	0	
	(4)	137	43	13	−10	
	W_3			−10		

2. 종선좌표

순서	도선	관측	보정	평균
I	(1)	423575.13 m	+7	
	(2)	423575.25	−5	
	W_1	−0.12		
II	(2)	423575.25	−5	
	(3)	423575.21	−1	423575.20 m
	W_2	+0.04		
III	(3)	423575.21	−1	
	(4)	423575.17	+3	
	W_3	+0.04		

3. 횡선좌표

순서	도선	관측	보정	평균
I	(1)	195327.74 m	−2	
	(2)	195327.69	+3	
	W_1	+0.05		
II	(2)	195327.69	+3	
	(3)	195327.71	+1	195327.72 m
	W_2	−0.02		
III	(3)	195327.71	+1	
	(4)	195327.77	−5	
	W_3	−0.06		

4. 계산

1) 방위각 $=\dfrac{\left[\dfrac{\Sigma\alpha}{\Sigma N}\right]}{\left[\dfrac{1}{\Sigma N}\right]}=\dfrac{\left[\dfrac{70}{12}+\dfrac{56}{7}+\dfrac{63}{13}+\dfrac{73}{20}\right]}{\left[\dfrac{1}{12}+\dfrac{1}{7}+\dfrac{1}{13}+\dfrac{1}{20}\right]}=63''$

2) 종선좌표 $=\dfrac{\left[\dfrac{\Sigma X}{\Sigma S}\right]}{\left[\dfrac{1}{\Sigma S}\right]}=\dfrac{\left[\dfrac{0.13}{1.488}+\dfrac{0.25}{0.850}+\dfrac{0.21}{1.322}+\dfrac{0.17}{1.253}\right]}{\left[\dfrac{1}{1.488}+\dfrac{1}{0.850}+\dfrac{1}{1.322}+\dfrac{1}{1.253}\right]}=0.20\text{m}$

3) 횡선좌표 $=\dfrac{\left[\dfrac{\Sigma Y}{\Sigma S}\right]}{\left[\dfrac{1}{\Sigma S}\right]}=\dfrac{\left[\dfrac{0.74}{1.488}+\dfrac{0.69}{0.850}+\dfrac{0.71}{1.322}+\dfrac{0.77}{1.253}\right]}{\left[\dfrac{1}{1.488}+\dfrac{1}{0.850}+\dfrac{1}{1.322}+\dfrac{1}{1.253}\right]}=0.72\text{m}$

W=오차 N=도선별 점수 S=측점 간 거리 α=관측방위각

04 축척 1/1200 지적도 시행지역에서 100번지(원면적 1,500m^2)인 토지를 3필지로 분할하기 위해 면적을 측정한 결과 100번지는 220m^2, 100－1번지는 535m^2, 100－2번지는 753m^2이었다. 해당 지적도의 도곽신축량이 －0.8mm일 경우 도곽신축에 따른 다음 요구사항을 구하시오.(단, 계산은 공간정보의 구축 및 관리 등에 관한 법률 및 지적측량시행규칙에 의하고, 도곽선의 보정계수는 소수 4자리까지 계산하시오.)

(1) 도곽선의 보정계수
(2) 보정면적
(3) 신구면적 허용오차
(4) 결정면적

해설 및 정답

(1) 도곽선의 보정계수

$$Z = \frac{X \cdot Y}{\Delta X \cdot \Delta Y}$$

축척 $= \frac{도상거리}{실제거리}$, $\frac{1}{1,200} = \frac{-0.8mm}{실제거리}$

실제거리 $= -0.8mm \times 1,200 = 960mm = -0.96m$

$$Z = \frac{X \cdot Y}{\Delta X \cdot \Delta Y} = \frac{400 \times 500}{(400-0.96) \times (500-0.96)} = 1.0043$$

(2) 필지별 보정면적 계산

필지별 보정면적＝측정면적×도곽선의 보정계수	
100번지 보정면적	220×1.0043＝220.95＝220.9m^2
100－1번지 보정면적	535×1.0043＝537.30＝537.3m^2
100－2번지 보정면적	753×1.0043＝756.24＝756.2m^2
소계	1,514.4m^2

(3) 신구면적 허용오차

$$A = \pm 0.026^2 M \sqrt{F}$$

$A = \pm 0.026^2 M \sqrt{F} = \pm 0.026^2 \times 1,200 \times \sqrt{1,500} = \pm 31m^2$

(4) 오차 계산

오차＝보정면적 합－원면적＝1,514.4－1,500＝14.4m^2

(5) 산출면적 및 결정면적

산출면적 = $\frac{\text{원면적}}{\text{보정(측정)면적의 합계}}$ × 필지별 보정(측정) 면적		결정면적	
100번지 산출면적	$\frac{1500}{1514.4} \times 220.9 = 218.8$	100번지 결정면적	219m²
100－1번지 산출면적	$\frac{1500}{1514.4} \times 537.3 = 532.2$	100－1번지 결정면적	532m²
100－2번지 산출면적	$\frac{1500}{1514.4} \times 756.2 = 749.0$	100－1번지 결정면적	749m²
소계	1,500.0m²	소계	1,500m²

05 토털스테이션을 측점 A에 세우고 1,934.94m 떨어져 있는 측점 B를 관측하였을 때, AB 측선에 대하여 직각방향으로 12.34m의 오차가 발생하였다. 이로 인한 방향오차(θ)와 AB′방위각을 계산하시오.(단, 각은 초단위, 거리는 cm 단위까지 계산함)

지적측량기준점 좌표	A점 X=351,234.56m, Y=192,436.43m B점 X=353,024.23m, Y=193,172.00m

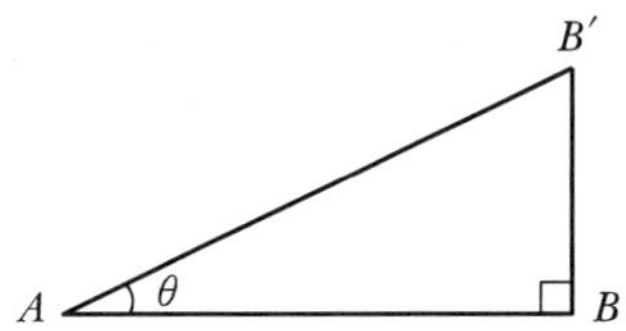

(1) 방향오차(θ)

(2) AB′방위각

해설 및 정답

(1) 방향오차(θ) 계산

$$\tan\theta = \frac{BB'}{AB} \text{에서 } \theta = \tan^{-1}\left(\frac{BB'}{AB}\right) = \tan^{-1}\left(\frac{12.34}{1934.94}\right) = 0°21'55''$$

$$\overline{AB} = \sqrt{(+1,789.67)^2 + (+735.57)^2} = 1,934.94\text{m}$$

(2) AB′방위각 계산

① 방위각(V_a^b) 계산

$$\theta = \tan^{-1}\left(\frac{+1,789.67}{+735.57}\right) = 67°39'25'' \quad (\text{Ⅰ 상한})$$

$$V_a^b = \theta = 67°39'25''$$

② 방위각($V_a^{b'}$) 계산

$$V_a^{b'} = V_a^b - \theta = 67°39'25'' - 0°21'55'' = 67°17'30''$$

06 다음 그림에서 $\overline{AD}$ = 76.66m, $\overline{BC}$ = 85.27m, α = 75°31′20″일 때 사각형의 면적을 구하시오.(단, 면적은 소수 2자리까지 계산하시오.)

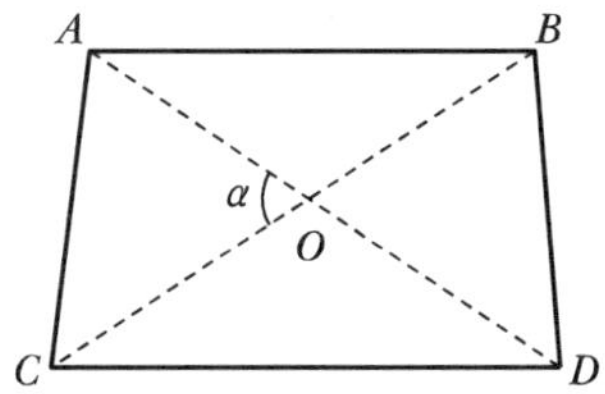

해설 및 정답

$\triangle ABC$의 면적 $= \dfrac{\overline{BC} \times \overline{OA} \times \sin\alpha}{2}$, $\triangle BCD$의 면적 $= \dfrac{\overline{BC} \times \overline{OD} \times \sin\alpha}{2}$

$\square ABCD$ 면적 $= \triangle ABC$면적 $+ \triangle BCD$면적

$$= \frac{\overline{BC} \times \overline{OA} \times \sin\alpha}{2} + \frac{\overline{BC} \times \overline{OD} \times \sin\alpha}{2}$$

여기서, $\overline{OA} + \overline{OD} = \overline{AD}$이므로

$$= \frac{\overline{BC} \times \overline{AD} \times \sin\alpha}{2}$$

$$= \frac{85.27 \times 76.66 \times \sin 75°31'20''}{2}$$

$= 3,164.6\text{m}^2$

2024년 제3회 기출복원문제

• NOTICE • 실기시험 기출복원문제는 수험생의 기억을 바탕으로 실전 대비 목적으로 작성된 것임을 알려드립니다.

01 지적삼각보조점측량을 교회법으로 구성하고 그림과 같이 교회망의 기지점 좌표와 관측내각이 아래와 같을 경우 소구점 P(보3)의 좌표를 주어진 서식을 완성하시오.(단, 각은 초 단위까지, 거리와 좌표는 소수 2자리까지 계산하시오.)

기지점좌표			관측내각	
점명	종선좌표	횡선좌표		
경1(A)	451,741.90	198,219.39	γ	36°19′15″
경2(B)	453,024.23	197,072.14	β'	36°36′31″
경3(C)	453,024.23	199,219.69	γ'	59°12′26″

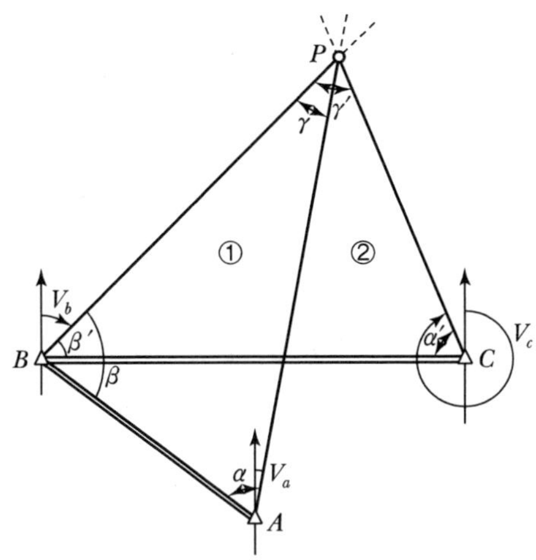

교 회 점 계 산 부

약도

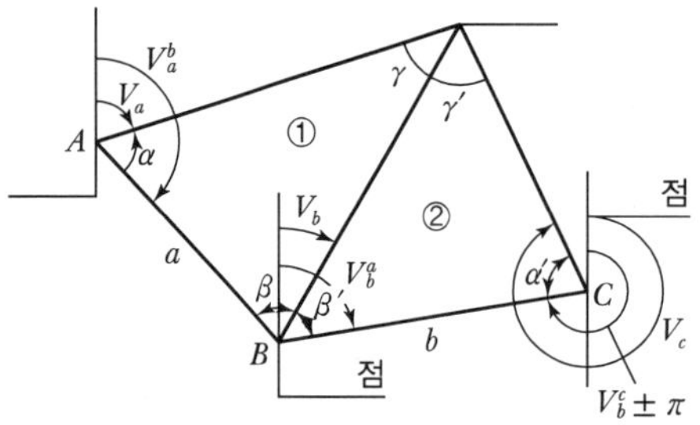

V_a	V_b	V_c
° ′ ″	° ′ ″	° ′ ″

공식

1. 방위(θ) 계산　　$\tan\theta = \dfrac{\Delta y}{\Delta x}$
2. 방위각(V) 계산
   Ⅰ상한 : θ　　Ⅱ상한 : $180° - \theta$
   Ⅲ상한 : $\theta + 180°$　　Ⅳ상한 : $360° - \theta$
3. 거리(a 또는 b) 계산 $\sqrt{\Delta x^2 + \Delta y^2}$
4. 삼각형 내각 계산
   $\alpha = V_a^b - V_a$　　$\alpha' = V_c - V_b^c \pm \pi$
   $\beta = V_b - V_a^b \pm \pi$　　$\beta' = V_b^c - V_b$
   $\gamma = V_a - V_b$　　$\gamma' = V_b - V_c$

점명		X	Y	방향	ΔX	ΔY
A		m .	m .	$A \rightarrow B$	.	.
B		m .	m .	$B \rightarrow C$	.	.
C		m .	m .	$A \rightarrow C$	.	.

방 위 각 계 산

방향	→	방향	→
$\theta = \tan^{-1}\dfrac{\Delta y}{\Delta x}$	° ′ ″	$\theta = \tan^{-1}\dfrac{\Delta y}{\Delta x}$	° ′ ″
V_a^b		V_b^c	

거 리 계 산

$a = \sqrt{\Delta x^2 + \Delta y^2}$	m .	$b = \sqrt{\Delta x^2 + \Delta y^2}$	m .

삼 각 형 내 각 계 산

각		내각	각		내각
①	α	° ′ ″	②	α'	° ′ ″
	β			β'	
	γ			γ'	
	합계	1 8 0 0 0 0 0		합계	1 8 0 0 0 0 0

소 구 점 종 횡 선 계 산

①	X_A	.	①	Y_A	.
	$\Delta X_1 = \dfrac{a \cdot \sin\beta}{\sin\gamma}\cos V_a$	.		$\Delta Y_1 = \dfrac{a \cdot \sin\beta}{\sin\gamma}\sin V_a$	.
	X_{P1}	.		Y_{P1}	.
②	X_C	.	②	Y_C	.
	$\Delta X_2 = \dfrac{b \cdot \sin\beta'}{\sin\gamma'}\cos V_c$	.		$\Delta Y_2 = \dfrac{b \cdot \sin\beta'}{\sin\gamma'}\sin V_c$	.
	X_{P2}	.		Y_{P2}	.
소구점 X		.	소구점 Y		.

종선교차= m	횡선교차= m	연결교차= m	공차= m
계 산 자 :		**검 사 자 :**	

해설 및 정답

(1) ΔX, ΔY 계산

방향	ΔX	ΔY
A → B	453,024.23 − 451,741.90 = +1,282.33	197,072.14 − 198,219.39 = −1,147.25
B → C	453,024.23 − 453,024.23 = 0.00	199,219.69 − 197,072.14 = +2,147.55
A → C	453,024.23 − 451,741.90 = +1,282.33	199,219.69 − 198,219.39 = +1,000.30

(2) 방위각 계산

① 방향 : 경1 → 경2

$$\theta = \tan^{-1}\left(\frac{\Delta Y}{\Delta X}\right) = \tan^{-1}\left(\frac{-1,147.25}{+1,282.33}\right) = 41°49'04'' \text{ (Ⅳ상한)}$$

$$V_a^b = (360° - \theta) = 318°10'56''$$

② 방향 : 경2 → 경3

$$\theta = \tan^{-1}\left(\frac{+2147.55}{0.00}\right) = 90°00'00''$$

$$V_b^c = 90°00'00''$$

(3) 거리계산

$$a = \sqrt{\Delta x^2 + \Delta y^2} = \sqrt{(1,282.33)^2 + (-1,147.25)^2} = 1,720.63\text{m}$$

$$b = \sqrt{\Delta x^2 + \Delta y^2} = \sqrt{(0.00)^2 + (2147.55)^2} = 2147.55\text{m}$$

(4) 삼각형 내각 및 소구 방위각 계산

구분	내각 및 소구방위각 계산
소구 방위각	$V_b = V_b^c - \beta' = 90°00'00'' - 36°36'31'' = 53°23'29''$
	$V_a = V_b - \gamma = 53°23'29'' - 36°19'15'' = 17°04'14''$
	$V_c = V_b - \gamma' = 53°23'29'' - 59°12'26'' + 360° = 354°11'03''$
△CBP	$\beta' = 36°36'31''$
	$\gamma' = 59°12'26''$
	$\alpha' = 180° - (\beta' + \gamma') = 180° - (36°36'31'' + 59°12'26'') = 84°11'03''$
△ABP	$\gamma = 36°19'15''$
	$\alpha = V_a - V_a^b = 17°04'14'' - 318°10'56'' + 360° = 58°53'18''$
	$\beta = V_b^a - V_b = (V_a^b \pm 180°) - V_b = (318°10'56'' - 180°) - 53°23'29'' = 84°47'27''$

(5) 소구점 종 · 횡선 계산

삼각형	소구점 종 · 횡선 계산 및 소구점 좌표
△ABP	$\Delta X_1 = \frac{a\times \sin\beta}{\sin\gamma}\times\cos V_a = \frac{1720.63\times \sin 84°47'27''}{\sin 36°19'15''}\times\cos 17°04'14'' = +2,765.52\text{m}$
	$X_{p1} = X_A + \Delta X_1 = 451,741.90 + 2,765.52 = 454,507.42\text{m}$
	$\Delta Y_1 = \frac{a\times \sin\beta}{\sin\gamma}\times\sin V_a = \frac{1720.63\times \sin 84°47'27''}{\sin 36°19'15''}\times\sin 17°04'14'' = +849.23\text{m}$
	$Y_{p1} = Y_A + \Delta Y_1 = 198219.39 + 849.23 = 199068.62\text{m}$
△CBP	$\Delta X_2 = \frac{b\times \sin\beta'}{\sin\gamma'}\times\cos V_c = \frac{2147.55\times \sin 36°36'31''}{\sin 59°12'26''}\times\cos 354°11'03'' = +1,483.18\text{m}$
	$X_{p2} = X_C + \Delta X_2 = 453,024.23 + 1,483.18 = 454,507.41\text{m}$
	$\Delta Y_2 = \frac{b\times \sin\beta'}{\sin\gamma'}\times\sin V_c = \frac{2147.55\times \sin 36°36'31''}{\sin 59°12'26''}\times\sin 354°11'03'' = -151.07\text{m}$
	$Y_{p2} = Y_C + \Delta Y_2 = 199,219.69 + (-151.07) = 199,068.62\text{m}$

(6) 소구점 좌표 계산

① 소구점 X좌표

$$\frac{X_{P1} + X_{P2}}{2} = \frac{454,507.42 + 454,507.41}{2} = 454,507.42\text{m}$$

② 소구점 Y좌표

$$\frac{Y_{P1} + Y_{P2}}{2} = \frac{199,068.62 + 199,068.62}{2} = 199,068.62\text{m}$$

(7) 교차계산

① 종선교차 $= X_{P2} - X_{P1} = 454,507.41 - 454,507.42 = -0.01\text{m}$

② 횡선교차 $= Y_{P2} - Y_{P1} = 199,068.62 - 199,068.62 = 0.00\text{m}$

③ 연결교차 $= \sqrt{(\text{종선교차})^2 + (\text{횡선교차})^2} = \sqrt{(-0.01)^2 + (0.00)^2} = 0.01\text{m}$

④ 공차 $= 0.30\text{m}$

교 회 점 계 산 부

약도

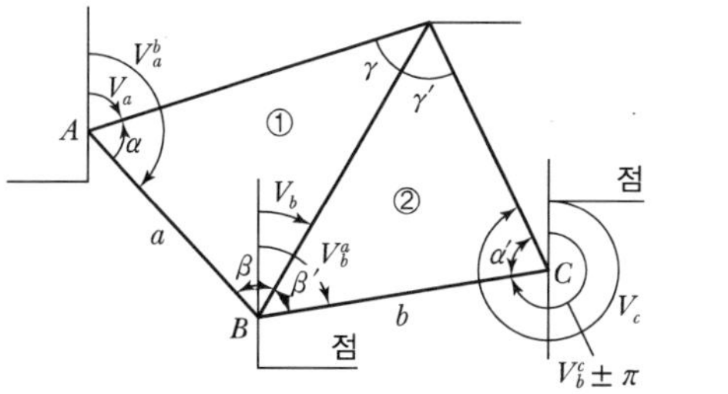

V_a	V_b	V_c
17° 04′ 14″	53° 23′ 29″	354° 11′ 03″

공식

1. 방위(θ) 계산　　$\tan\theta = \dfrac{\Delta y}{\Delta x}$
2. 방위각(V) 계산
   Ⅰ상한 : θ　　Ⅱ상한 : 180° − θ
   Ⅲ상한 : θ + 180°　　Ⅳ상한 : 360° − θ
3. 거리(a 또는 b) 계산 $\sqrt{\Delta x^2 + \Delta y^2}$
4. 삼각형 내각 계산
   $\alpha = V_a^b - V_a$　　$\alpha' = V_c - V_b^c \pm \pi$
   $\beta = V_b - V_a^b \pm \pi$　　$\beta' = V_b^c - V_b$
   $\gamma = V_a - V_b$　　$\gamma' = V_b - V_c$

점명		X	Y	방향	ΔX	ΔY
A	경1	451741.90 m	198219.39 m	A→B	+1282.33	−1147.25
B	경2	453024.23 m	197072.14 m	B→C	0.00	+2147.55
C	경3	453024.23 m	199219.69 m	A→C	+1282.33	+1000.30

방 위 각 계 산

방향	경1 → 경2	방향	전2 → 전3
$\theta = \tan^{-1}\dfrac{\Delta y}{\Delta x}$	41° 49′ 04″	$\theta = \tan^{-1}\dfrac{\Delta y}{\Delta x}$	90° 00′ 00″
V_a^b	318 10 56	V_b^c	90 00 00

거 리 계 산

$a = \sqrt{\Delta x^2 + \Delta y^2}$	1720.63 m	$b = \sqrt{\Delta x^2 + \Delta y^2}$	2147.55 m

삼 각 형 내 각 계 산

	각	내각		각	내각
①	α	58° 53′ 18″	②	α′	84° 11′ 03″
	β	84 47 27		β′	36 36 31
	γ	36 19 15		γ′	59 12 26
	합계	180 00 00		합계	180 00 00

소 구 점 종 횡 선 계 산

①	X_A	451741.90	①	Y_A	198219.23
	$\Delta X_1 = \dfrac{a \cdot \sin\beta}{\sin\gamma}\cos V_a$	+2765.52		$\Delta Y_1 = \dfrac{a \cdot \sin\beta}{\sin\gamma}\sin V_a$	+849.23
	X_{P1}	454507.42		Y_{P1}	199068.62
②	X_C	453024.23	②	Y_C	199219.69
	$\Delta X_2 = \dfrac{b \cdot \sin\beta'}{\sin\gamma'}\cos V_c$	+1483.18		$\Delta Y_2 = \dfrac{b \cdot \sin\beta'}{\sin\gamma'}\sin V_c$	−151.07
	X_{P2}	454507.41		Y_{P2}	199068.62
소구점 X		454507.42	소구점 Y		199068.62

종선교차 = −0.01m　　횡선교차 = +0.00m　　연결교차 = 0.01m　　공차 = 0.30m

계 산 자 :	검 사 자 :

02 배각법에 의한 지적도근점측량의 관측성과에 따라 각 측점의 좌표를 주어진 서식에 의하여 계산하시오.(단 도선명은 "가"이고, 축척은 1/600이며 계산과 서식의 작성은 지적관계법규 및 규정에 따른다.)

측점	시준점	관측각	수평거리(m)	방위각	X좌표(m)	Y좌표(m)
보1	보2			61°10′44″	454,547.04	213,674.27
보1	1	14°23′36″	56.48			
1	2	101°03′27″	66.13			
2	3	187°16′43″	101.25			
3	4	145°03′02″	72.19			
4	5	136°39′45″	90.41			
5	6	126°20′31″	59.18			
6	보3	157°34′08″	95.46		454,694.90	213,513.92
보3	보4	192°11′26″		221°43′37″		

도 근 측 량 계 산 부(배각법)

측점	시준점	보정치 / 관측각	반수 / 수평거리	방위각	종선차(ΔX) / 보정치 / 종선좌표(X)	횡선차(ΔY) / 보정치 / 횡선좌표(Y)
		° ′ ″		° ′ ″	m .	m .
					.	.
					.	.
					.	.
					.	.
					.	.
					.	.
					.	.
					.	.
					.	.
					.	.
					.	.

해설 및 정답

(1) 관측각 오차 계산

관측각 오차 $= \sum\alpha - 180(n-3) + T_1 - T_2$

$= 1{,}060°32'38'' - 180°(8-3) + 61°10'44'' - 221°43'37'' = -15''$

(2) 관측각 오차의 공차(폐색오차) 계산

공차(1등 도선) $= \pm 20\sqrt{n}$ 초 $= \pm 20\sqrt{8}$ 초 $= \pm 56''$ (공차는 반올림하지 않음)

(3) 수평거리 합 계산 및 반수 계산

① 수평거리 합 = 541.10m

② 반수 계산(1,000 ÷ 수평거리) 및 반수의 합

1측선	2측선	3측선	4측선	5측선	6측선	7측선	합계
17.7	15.1	9.9	13.9	11.1	16.9	10.5	95.1

(4) 각 오차 배부계산

$$Kn = -\frac{e}{R} \times r$$

(K는 각 측선에 배분할 초단위의 각도, e는 초단위의 오차, R은 폐색변을 포함한 각 측선장의 반수의 총합계, r은 각 측선장의 반수)

$K_1 = -\frac{-15}{95.1} \times 17.7 \fallingdotseq +2.79 = +3$

$K_2 = -\frac{-15}{95.1} \times 15.1 \fallingdotseq +2.38 = +2$

$K_3 = -\frac{-15}{95.1} \times 9.9 \fallingdotseq +1.56 = +1$

$K_4 = -\frac{-15}{95.1} \times 13.9 \fallingdotseq +2.19 = +2$

$K_5 = -\frac{-15}{95.1} \times 11.1 \fallingdotseq +1.75 = +2$

$K_6 = -\frac{-15}{95.1} \times 16.9 \fallingdotseq +2.67 = +3$

$K_7 = -\frac{-15}{95.1} \times 10.5 \fallingdotseq +1.66 = +2$

소계 +15

(5) 방위각 계산

측점	시준점	방위각 계산	방위각
보1	보2		61°10′44″
보1	1	61°10′44″+3″+14°23′36″=	75°34′23″
1	2	75°34′23″+180°+2″+101°03′27″=	356°37′52″
2	3	356°37′52″−180°+1″+187°16′43″=	3°54′36″
3	4	3°54′36″+180°+2″+145°03′02″=	328°57′40″
4	5	328°57′40″−180°+2″+136°39′45″=	285°37′27″
5	6	285°37′27″−180°+3″+126°20′31″=	231°58′01″
6	보3	231°58′01″−180°+2″+157°34′08″=	209°32′11″
보3	보4	209°32′11″−180°+192°11′26″=	221°43′37″

(6) 종선차(ΔX) 및 횡선차(ΔY) 계산

종선차(ΔX)$=l \times \cos V$, 횡선차(ΔY)$=l \times \sin V$

측점	시준점	종선차(ΔX)	횡선차(ΔY)
보1	1	+14.07	+54.70
1	2	+66.02	−3.89
2	3	+101.01	+6.90
3	4	+61.85	−37.22
4	5	+24.35	−87.07
5	6	−36.46	−46.61
6	보2	−83.05	−47.06

(7) 종 · 횡선차 오차계산

종선차	횡선차
$\Sigma\|\Delta X\|=386.81$	$\Sigma\|\Delta Y\|=283.45$
$\Sigma\Delta X=+147.79$	$\Sigma\Delta Y=-160.25$
기지$=+147.86$	기지$=-160.35$
$f(x)=-0.07$	$f(y)=+0.10$

(8) 연결오차 및 공차 계산

① 연결오차$=\sqrt{(종선오차)^2+(횡선오차)^2}=\sqrt{(-0.07)^2+(+0.10)^2}=0.12\text{m}$

② 공차(1등도선)$=\dfrac{M\sqrt{n}}{100}=\dfrac{600\times\sqrt{5.4110}}{100}=13.95\text{cm}=\pm 0.13\text{m}$

(9) 종 · 횡선차에 대한 보정

$$T=-\frac{e}{L}\times l$$

(T는 각 측선의 종선차 또는 횡선차에 배분할 cm 단위의 수치, e는 종선오차 또는 횡선오차, L은 종선차 또는 횡선차의 절대치의 합계, l은 각 측선의 종선차 또는 횡선차)

측점	시준점	종선차(ΔX) 보정치		횡선차(ΔX) 보정치	
보1	1	$-\frac{(-7)}{386.81}\times 14.07$	=0	$-\frac{10}{283.45}\times 54.70$	=−2
1	2	$-\frac{(-7)}{386.81}\times 66.02$	=+1	$-\frac{10}{283.45}\times 3.89$	=0
2	3	$-\frac{(-7)}{386.81}\times 101.01$	=+2	$-\frac{10}{283.45}\times 6.90$	=0
3	4	$-\frac{(-7)}{386.81}\times 61.85$	=+1	$-\frac{10}{283.45}\times 37.22$	=−1
4	5	$-\frac{(-7)}{386.81}\times 24.35$	=0	$-\frac{10}{283.45}\times 87.07$	=−3
5	6	$-\frac{(-7)}{386.81}\times 36.46$	=+1	$-\frac{10}{283.45}\times 46.61$	=−2
6	보2	$-\frac{(-7)}{386.81}\times 83.05$	=+2	$-\frac{10}{283.45}\times 47.06$	=−2
		소계	+7	소계	+10

(10) 종 · 횡선좌표 계산

측점	시준점	종선좌표		횡선좌표	
보1	보2		454,547.04		213,674.27
보1	1	454747.04+14.07+0.00	=454,561.11	213674.27+54.70+(−0.02)	=213,728.95
1	2	454561.11+66.02+0.01	=454,627.14	213728.95+(−3.89)+0.00	=213,725.06
2	3	454627.14+101.01+0.02	=454,728.17	213725.06+6.90+0.00	=213,731.96
3	4	454728.17+61.85+0.01	=454,790.03	213731.96+(−37.22)+(−0.01)	=213,694.73
4	5	454790.03+24.35+0.00	=454,814.38	213694.73+(−87.07)+(−0.03)	=213,607.63
5	6	454814.38+(−36.46)+0.01	=454,777.93	213607.63+(−46.61)+(−0.02)	=213,561.00
6	보3	454777.93+(−83.05)+0.02	=454,694.90	213561.00+(−47.06)+(−0.02)	=213,513.92

도 근 측 량 계 산 부(배각법)

측점 "가" 1/600	시준점	관측각 (보정치)	반수 / 수평거리	방위각	종선차(ΔX) / 보정치 / 종선좌표(X)	횡선차(ΔY) / 보정치 / 횡선좌표(Y)
보1	보2	0° 00′ 00″		61° 10′ 44″	m 454547.04	m 213674.27
보1	1	+3 14 23 36	17.7 56.48	75 34 23	+14.07 0.00 454561.11	+54.70 −0.02 213728.95
1	2	+2 101 03 27	15.1 66.13	356 37 52	+66.02 +0.01 454627.14	−3.89 0.00 213725.06
2	3	+1 187 16 43	9.9 101.25	3 54 36	+101.01 +0.02 454728.17	+6.90 0.00 213731.96
3	4	+2 145 03 02	13.9 72.19	328 57 40	+61.85 +0.01 454790.03	−37.22 −0.01 213694.73
4	5	+2 136 39 45	11.1 90.41	285 37 27	+24.35 0.00 454814.38	−87.07 −0.03 213607.63
5	6	+3 126 20 31	16.9 59.18	231 58 01	−36.46 +0.01 454777.93	−46.61 −0.02 213561.00
6	보3	+2 157 34 08	10.5 95.46	209 32 11	−83.05 +0.02 454694.90	−47.06 −0.02 213513.92
보3	보4	0 192 11 26	(95.1) (541.10)	221 43 37	.	.
$n=8$	$\Sigma\alpha=1060°32'38''$ $-180(n-3)=900°00'00''$ $+T_1=61°10'44''$ $-T_2=221°43'37''$				$\Sigma\|\Delta X\|=386.81$ $\Sigma\Delta X=+147.79$ 기지$=+147.86$ $f(x)=-0.07$	$\Sigma\|\Delta Y\|=283.45$ $\Sigma\Delta Y=-160.25$ 기지$=-160.35$ $f(y)=+0.10$
	오차$=-15''$ 공차$=\pm 56''$				연결오차$=0.12$m 공차$=\pm 0.13$m	

03 도곽신축량이 −0.7mm인 축척 1/600 지적도에 등록된 150번지의 원면적 785.5m²인 토지를 3필지로 분할하기 위해 면적을 측정한 결과 150번지는 223.53m², 150−1번지는 346.67m², 150−2번지는 217.78m²를 각각 구하였다. 다음의 사항들을 계산하시오.(단, 계산은 공간정보의 구축 및 관리 등에 관한 법률 및 지적측량시행규칙에 의하고, 도곽선의 보정계수는 소수 4자리까지 계산하시오.)

(1) 도곽선의 보정계수

• 계산과정

답 : ____________

(2) 분할 후 각 필지의 신축량 보정면적

• 계산과정

	A	B	C
보정면적(m²)			

(3) 신구면적 허용오차

• 계산과정

답 : ____________

(4) 분할 후 각 필지의 결정면적

• 계산과정

	150번지	150−1번지	150−2번지
결정면적(m²)			

해설 및 정답

(1) 도곽선의 보정계수

$$Z=\frac{X\cdot Y}{\Delta X\cdot \Delta Y}$$

$\text{축척}=\frac{\text{도상거리}}{\text{실제거리}},\ \frac{1}{600}=\frac{-0.7\text{mm}}{\text{실제거리}}$

실제거리 $=-0.7\text{mm}\times 600=-420\text{mm}=-0.42\text{m}$

$Z=\frac{X\cdot Y}{\Delta X\cdot \Delta Y}=\frac{200\times 250}{(200-0.42)\times(250-0.42)}=1.0038$

(2) 분할 후 각 필지의 신축량 보정면적

필지별 보정면적=측정면적 × 도곽선의 보정계수	
150번지 보정면적	$223.53 \times 1.0038 = 224.38m^2$
150－1번지 보정면적	$346.67 \times 1.0038 = 347.99m^2$
150－2번지 보정면적	$217.78 \times 1.0038 = 218.61m^2$
소계	$790.98m^2$

	150번지	1501－번지	150－2번지
보정면적(m^2)	224.38	347.99	218.61

(3) 신구면적 허용오차

$$A = \pm 0.026^2 M \sqrt{F}$$

$A = \pm 0.026^2 M \sqrt{F} = \pm 0.026^2 \times 600 \times \sqrt{785.5} = \pm 11.4m^2$

(4) 분할 후 각 필지의 결정면적

$\text{산출면적} = \frac{\text{원면적}}{\text{보정(측정)면적의 합계}} \times \text{필지별 보정(측정) 면적}$	
150번지 산출면적	$\frac{785.5}{790.98} \times 224.38 = 222.8m^2$
150－1번지 산출면적	$\frac{785.5}{790.98} \times 347.99 = 345.6m^2$
150－2번지 산출면적	$\frac{785.5}{790.98} \times 218.61 = 217.1m^2$
소계	$785.5m^2$

	150번지	1501－번지	150－2번지
결정면적(m^2)	222.7	345.6	217.1

04 우리나라 일반원점지역에 있는 지적도상의 지적도근점 P(445,816.86, 203,747.93)이 존재해야 할 도곽선을 구획하고 도곽선좌표를 구하시오.(단, 축척은 1/1,000 지역임)

해설 및 정답

(1) 도곽선의 지상길이

축척 1/1,000 지역에서의 도곽선 지상길이(m)=300×400

(2) 종선 및 횡선좌표 결정

종선좌표 결정	횡선좌표 결정
종선좌표에서 500,000을 뺌 X=445,816.86−500,000=−54,183.14m	횡선좌표에서 200,000을 뺌 Y=203,747.93−200,000=+3,747.93m
도곽선 종선길이로 나눔 −54,183.14÷300=−180.61	도곽선 횡선길이로 나눔 +3,747.93÷400=+9.37
도곽선 종선길이로 나눈 정수를 곱함 −180 × 300=−54,000m	도곽선 횡선길이로 나눈 정수를 곱함 +9 × 400=3,600m
원점에서의 거리에 500,000을 더함 −54,000+500,000=446,000m ⇒ 상단좌표 (가)	원점에서의 거리에 200,000을 더함 3,600+200,000=203,600m ⇒ 우측좌표 (라)
종선의 상부좌표에서 종선길이를 뺌 446,000−300=445,700m ⇒ 하부좌표 (다)	횡선의 우측좌표에서 횡선길이를 더함 203,600+400=204,000m ⇒ 좌측좌표 (나)

05 다음 도형에서 a = 785.3m, A= 56°57′20″, B= 65°23′40″일 때 b와 c의 거리를 구하시오.(단 거리는 0.01m까지 구하시오.)

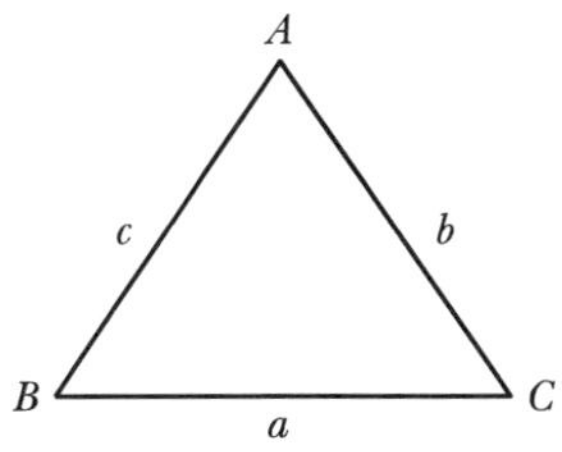

해설 및 정답

$\angle C = 180 - (56°57'20'' + 65°23'40'') = 57°39'00''$

$$\frac{a}{\sin A} = \frac{b}{\sin B} = \frac{c}{\sin C}$$

$$b = a \times \frac{\sin B}{\sin A} = 785.3 \times \frac{\sin 65°23'40''}{\sin 56°57'20''} = 768.18\text{m}$$

$$c = a \times \frac{\sin C}{\sin A} = 785.3 \times \frac{\sin 57°39'00''}{\sin 56°57'20''} = 732.03\text{m}$$

06 다음 AB의 거리와 도형의 면적을 구하시오.(단, 계산은 반올림하여 거리는 0.01m 단위까지, 면적은 $0.1m^2$ 단위까지 계산하시오)

• 좌표

점명	종선좌표	횡선좌표
A	415,233.89m	193,755.30m
B	415,712.34m	194,311.58m

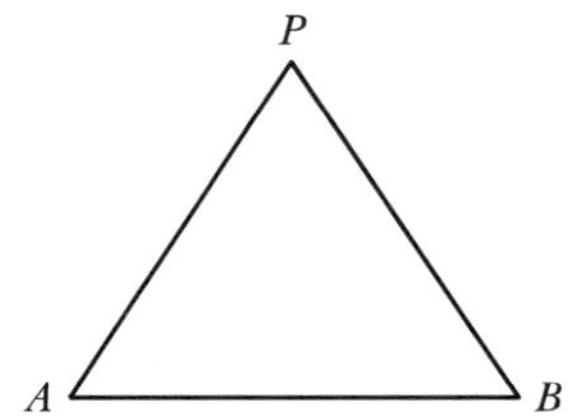

• 변장

$A \rightarrow P$ 1,234.33m

$B \rightarrow P$ 1,490.85m

(1) 거리

(2) 면적

해설 및 정답

(1) $\overline{AB}$ 거리계산

$$\overline{AB} = \sqrt{(X_B - X_A)^2 + (Y_B - Y_A)^2} = \sqrt{(478.45)^2 + (556.28)^2} = 733.73\text{m}$$

(2) $\triangle ABP$의 면적계산

헤론의 공식 $s = \dfrac{a+b+c}{2}$, $A = \sqrt{s(s-a)(s-b)(s-c)}$

$$s = \frac{a+b+c}{2} = \frac{733.73 + 1,234.33 + 1,490.85}{2} = 1,729.46$$

$$A = \sqrt{1,729.46(1,729.46 - 733.73)(1,729.46 - 1,234.33)(1,729.46 - 1,490.85)} = 451,055.5\text{m}^2$$

저자소개

지적 기사·산업기사 실기

■ 민웅기 minbaksa07@gmail.com

[약력]

- 지적기술사
- 측량 및 지형공간정보기술사
- 전주대학교 일반대학원 부동산학과 졸업 (부동산학박사)
- (전) 전주대학교 국토정보학 융합전공 강사

[저서]

- 포인트 지적기술사(공저)/예문사
- 적중 지적기사 · 산업기사 필기(공저)/성안당
- 지적전산학개론(공저)/성안당
- PASS 지적기사 · 산업기사 필기(공저)/예문사
- PASS 지적기술사(공저)/예문사

■ 정완석 jungwansuk@gmail.com

[약력]

- 지적기술사
- 측량 및 지형공간정보기술사
- 인하대학교 공간정보공학과 졸업 (공학박사)
- (전) 인하대학교 공간정보공학과 강사
- (전) 공간정보연구원 연구원

[저서]

- PASS 지적기사 · 산업기사 필기(공저)/예문사
- PASS 지적기술사(공저)/예문사

■ 온정국

[약력]

- 측량 및 지형공간정보기술사
- (현) ㈜하상공 부장

[저서]

- 포인트 측량 및 지형공간정보기술사 실전문제 및 해설 (공저)/예문사
- NEW 측량 및 지형공간정보기술사 기출문제 및 해설 (공저)/예문사
- PASS 지적기사 · 산업기사 필기(공저)/예문사

■ 박동규

[약력]

- 측량 및 지형공간정보기사
- (전) 순천제일대학교 강사
- (현) 서초수도건축토목학원 원장

[저서]

- 포인트 토목기사 실기(공저)/예문사
- 포인트 측량 및 지형공간정보기사 실기(공저)/예문사
- 포인트 측량기능사(공저)/예문사

본서에는 일부 오탈자가 있을 수 있으므로 학습 시 의문사항이 있으면 예문사 또는 저자에게 문의하여 주시기 바랍니다. 또한 본서의 강의는 서초수도건축토목학원(대전)에서 진행되고 있으며 자세한 사항은 서초수도건축토목학원 홈페이지(www.seochosudo.kr)를 참고하시기 바랍니다.

PASS

지적기사 · 산업기사 실기

필답형 + 작업형

발행일 | 2021. 9. 10 초판 발행
2023. 1. 10 개정 1판1쇄
2024. 3. 20 개정 2판1쇄
2025. 2. 20 개정 3판1쇄

저 자 | 민웅기 · 정완석 · 온정국 · 박동규
발행인 | 정용수
발행처 | 예문사

주 소 | 경기도 파주시 직지길 460(출판도시) 도서출판 예문사
TEL | 031) 955 – 0550
FAX | 031) 955 – 0660
등록번호 | 11 – 76호

정가 : 30,000원

ISBN 978-89-274-5741-1 13530